惯性聚变物理

〔意〕Stefano Atzeni，〔德〕Jürgen Meyer-ter-Vehn 著

沈百飞 译

科学出版社

北京

图字：01-2008-3598

内 容 简 介

本书介绍了惯性约束聚变和有关的物理理论. 对激光惯性约束聚变有比较完整的论述，特别注重聚变中的物理过程并推导了所有关键公式，包括定标指数和数值因子等，同时也利用数值模拟结果形象地描述了聚变过程，具体内容包括热稠密物质中的流体力学、流体不稳定性、热输运、辐射和碰撞过程、物态方程、等离子体与高功率激光或离子束的相互作用及核聚变反应等.

本书可供相关领域的学生及教师使用,也可作为科研人员的参考书.

图书在版编目(CIP)数据

惯性聚变物理/（意）阿蔡塞（Atzeni，S.）等著. 沈百飞译. —北京：科学出版社，2008

ISBN 978-7-03-020598-8

Ⅰ. 惯… Ⅱ. ①阿…②沈… Ⅲ. 惯性约束聚变装置-研究 Ⅳ. TL632

中国版本图书馆 CIP 数据核字（2008）第 040887 号

责任编辑：张 静 杨 然/责任校对：陈玉凤

责任印制：赵 博/封面设计：王 浩

科学出版社出版

北京东黄城根北街 16 号

邮政编码：100717

http://www.sciencep.com

北京华宇信诺印刷有限公司印刷

科学出版社发行 各地新华书店经销

*

2008 年 7 月第 一 版 开本：720×1000 1/16

2025 年 3 月第四次印刷 印张：26 1/2

字数：486 000

定价：178.00 元

（如有印装质量问题，我社负责调换）

译 者 序

随着人类社会的不断进步，全球能源问题日益重要．为此，受控聚变能作为一个可能的解决途径，受到人们广泛的重视．在磁约束方面，国际上正合作进行ITER计划，中国也参加了这一计划；在惯性约束方面，美国的国家点火装置即将运行，预期将首次利用高功率激光实现受控聚变点火，并实现较大的能量增益．但目前国内市场还没有全面深入论述惯性约束聚变理论方面的专著，所以此书中译本的引入必将会推动我国这方面的科学研究，并对培养这方面研究人才具有十分重要的意义．

这里，我很高兴地向国内读者推荐S. Atzeni教授和J. Meyer-ter-Vehn教授的这部专著《惯性聚变物理》（The Physics of Inertial Fusion，Oxford Unversity Press，New York，2004）的中译本．

S. Atzeni教授和J. Meyer-ter-Vehn教授都是惯性聚变理论方面的国际著名学者，但都不涉及和军事相关的研究．译者曾有两年时间有幸和J. Meyer-ter-Vehn教授一起进行合作研究，他也一直关心中译本的进展情况，并提供了原书的电子版本．

本书详细、深入地讲述了惯性约束聚变，特别是激光聚变的物理基础，给出聚变过程中各阶段的数值模拟结果和完备的解析理论推导．具体内容包括核聚变反应、热稠密物质中的流体力学、流体不稳定性、热输运、辐射和碰撞过程、物态方程、等离子体与高功率激光或离子束的相互作用等．

在本书的翻译过程中，许多人都付出了努力．张淑彦打印了本书的大部分公式，并在修改插图方面提供了大量帮助；张晓梅和李雪梅打印了部分公式；王凤超、温猛、金张英、张晓梅、李雪梅和吉亮亮对全文进行了校对．

希望这本中译本能为促进我国激光聚变研究的进步，起到一定的作用．

沈百飞
于嘉定

序

该书作者邀请我写个简短的序，强调一下劳伦斯·利弗莫尔国家实验室（LLNL）在激光聚变方面的早期工作. 这个工作的起因是激光有可能产生和热核武器中类似的物质状态和热辐射，同时，从长远来看，少量的 DT 可能不需要裂变的帮助，通过压缩就能点火. 到 1962 年，人们已基本上知道了设计高能量产出-质量比核武器的基本原则，但是“纯聚变”这一让人着迷的挑战依然存在.

同时在 1961 年夏天，位于 Malibu 的休斯研究实验室演示了 Q 开关腔技术，并将它用到红宝石激光器上产生大功率的短脉冲激光，红宝石激光器也正是 1960 年在这个实验室发明的. 这时在美国光学公司，人们发现，用许多稀土氧化物中的任何一种溶解到玻璃中也许就可替代红宝石制造激光器. 这样就有可能用相对便宜的材料作激光介质，并且为建造大尺寸和高功率脉冲激光器开辟了广阔前景.

基于这一极具前途的远景，劳伦斯辐射实验室（当时的名称）在 1962 年春天开始一项探索性的研究计划，研究强光和等离子体的相互作用，对建造具有足够大能量和功率的激光器来点燃 DT 进行评估，同时研究合适的内爆和点火方式. 初期的计算显示，激光脉冲至少要有 100 kJ 的能量，脉冲时间不超过 10 ns. 几个类似的计划也在几个欧洲实验室开展，其中包括前苏联莫斯科的 Lebedev 物理所和法国 Limeil 的 Comissariat 1'Energie Atomique 实验室.

这个探索计划从 1962 年进行到 1972 年. 考虑用来建造大尺寸激光器的是钕玻璃和碘激光器. 后来选了前者，按布儒斯特反射角摆放，建造了由 16 个面泵浦的圆盘组成的原型放大器，这个放大器是多通结构，可放大单个的 5ns 激光脉冲来作激光等离子体相互作用研究. 一个重要结果是和 Lebedev 研究所一起发现了高能的“热”电子，这可使正被压缩的 DT 燃料额外地被预热. 这个效应及短波长激光可以大大改善激光和靶的耦合，促使我们用激光的三次谐波来驱动靶的内爆.

氢弹物理和惯性约束聚变（ICF）物理密切相关，这使得美国和其他拥有核武器的国家将 ICF 的一些研究保密，这些研究，特别是燃料压缩和用热 X 射线驱动内爆被认为是高度机密. 美国到 1971 年才开始解密，当时在英国举行的欧洲物理协会会议上，一篇前苏联的文章已有揭示. 前苏联一直保密到 1981 年，这年官方发表了如下声明：

（1）在热核武器方面，裂变爆炸产生的辐射可用来压缩并点燃装有热核燃料并与之分离的另一装置（Teller-Ulam“辐射内爆”原理）.

（2）对一些 ICF 靶，聚焦能量（如激光和粒子束）转换得到的辐射可用来输运能量、压缩并点燃装有热核燃料并与之分离的另一装置（ICF 的“间接驱动”方法）.

在压缩问题解密后不久，1972 年 5 月，在蒙特利尔举行的国际量子电子学会议上，利弗莫尔的一个研究小组发表了具有里程碑意义的文章. DT 液滴直接驱动内爆的计算模拟结果表明，只要很好地调节驱动内爆的激光功率的时间依赖关系，就可以实现一万倍的燃料压缩及中心“热斑”燃料点火，同时 60 kJ 的激光能量足够用来产生 1800 kJ 的热核能量，即 30 倍的能量增益. 这些重要结果大大提高了美国和其他国家在 ICF 研究方面的兴趣.

在利弗莫尔，我们决定大规模扩大研究计划，并将重点放在发展实现间接驱动热核点火所需的大规模激光系统上. 一系列规模不断扩大、输出能量不断增长的激光器得到发展和测试，最后开始建造目前的 192 路、1.8 MJ 激光，即国家点火装置（NIF）. 类似的激光装置，兆焦耳激光器（laser megajoule，LMJ）正在法国 Bordeaux 建造.

NIF 和 LMJ 有望于 2008 年完成. 它们将为实验室研究高能量密度物质及物质和强辐射的相互作用，也为实现“纯聚变”这一长期挑战提供前所未有的能力. 高能量密度这一领域的一个新生事物就是“超强啁啾脉冲激光”，它可以产生比 ICF 激光大几个数量级的能量密度，在 ICF 和核物理方面可能有各种应用.

在这个即将迅速拓展的物理领域，该书来得非常及时，它对高能量密度物理和惯性约束聚变作了清晰、全面的阐述. 两位作者都来自纯学术部门，和武器研究没有联系. 这本书有利于促进将涉及高功率束流的实验室高能量密度物理建设成具有许多民用的等离子体分支.

Ray Kidder
Pleasanton
2003 年 7 月

前　言

本书专门研究惯性约束聚变和有关的各个物理分支．它覆盖热稠密物质中的流体力学、流体不稳定性、热输运、辐射和碰撞过程、物态方程、等离子体与高功率激光或离子束的相互作用及核聚变反应．本书适用于该领域工作的研究人员、有关教师和学生．实际上它是一个有关基本知识的介绍，但它也可以作为一本参考书，它推导了所有关键公式，包括定标指数和数值因子．

本书来源于在德国和意大利进行的和惯性聚变能有关的高功率激光研究．两位作者都在 20 世纪 80 年代进入这个领域，这已在 Ray Kidder 的序中所讲的开创性年代之后．在 1980 年，人们已很清楚，微小的燃料靶丸必须内爆到很高的密度才能产生很高的聚变能，但许多细节，比如利用热辐射这些基本方面仍然保密．这意味着，大多数物理要素包括模拟程序必须从头开始发展，要经过多年才能慢慢成熟．

在德国 Garching 的 IPP（后来在 MPQ）进行的高功率激光研究由 S. Witkowski 领导．这些早期研究在 1979 年升级，当时 R. Bock 在 Darmstadt 的 GSI 倡导了重离子聚变研究，其目标就是聚变能．正是 MPQ 和 GSI 的这种研究环境决定了我们中一个作者（Meyer-ter-Vehn）的工作内容．同时来自 Karlsruhe 的 KFK 的 G. Kessler 和来自 Wiscosin 大学的 G. Kulscinski 领导的 HIBALL 反应堆研究确立了许多年的靶研究方向．

在意大利，从 1963 年起，关于激光产生等离子体的研究在 CNEN 的 Gas Ionizzati 实验室进行（后来是 ENEA 的聚变室），它由 B. Brunelli 领导．由 U. Ascoli-Bartoli（后来由 A. Caruso）领导的一个研究小组进行了开创性实验研究，并发展了产生烧蚀压的理论．这项工作在 1970 年中断了，但 10 年后得以恢复，当时 ABC 激光器的建造得到批准，同时规划了一个以聚变为目的的小型计划．正是在这个时候（1978 年），我们中的一员（S. Atzeni）作为学生加入到 Frascati 研究小组，做关于激光驱动聚变点火的毕业论文．这标志着他在激光产生等离子体和惯性约束聚变这一领域 20 年研究生涯的开始，研究刚开始是在 ENEA，从 2000 年起是在罗马大学．

本书的第 3～5 章给出 ICF 的一些基本概念：内爆、点火和增益．它们反映（并扩展）了作者在 20 世纪 80 年代早期所做的工作．那时，获得对 ICF 自主的理解是我们实验室的关键课题．ENEA-Frascati 在热斑点火和增益模型理论方面有所贡献，同时还发展了一维 IMPLO 程序，设计了一些 ICF 靶．S. A. 要感谢他的论文导师 B. Brunelli 给予的最初指导. 这些早期工作是在 A. Caruso 领导下，与 A. Giupponi 和 V. A. Pais 合作完成的. 他还要感谢 S. Nakai 和 H. Takabe 建议他对非等压结构进行深入分析. 第 3 章的内容在很大程度上归功于 R. L. McCrory 和 C. Verdon 领导的 Rochester 的同行们，同时也归功于和 S. Bodner 的富有启发性的讨论. 我们还要感谢 M. Basko，M. Herrmann，J. Lindl，M. Key，M. Tabak 和 R. Piriz 在增益曲线方面所交换的看法.

1981 年以后，热辐射在高度对称地驱动靶内爆方面所起的作用逐渐清晰，正是那时 R. Sigel 关于黑腔靶的工作决定了 MPQ 在 12 年中有关辐射流体的研究，其巅峰是在大阪 ILE 进行的德日联合实验，领导者是 R. Sigel 和 H. Nishimura. 关于热波的第 7 章、关于黑腔靶的第 9 章及关于光厚模型的第 10 章的几个小节，其中很大一部分内容正是基于这一时期的结果. 这包括热波解（在 MPQ，最早由 P. Pakula 发现），K. Eidmann 和 G. Tsakiris 发展的高 Z 物质简化光厚模型，T. Löwer，K. Eidmann 和其他人所做的辐射驱动激波实验和光厚测量. R. Ramis 发展了一维和二维 MULTI 程序，这样我们可以为重离子聚变设计黑腔靶；我们要特别感谢 J. Honrubia，M. Murakami，A. Oparin，R. Ramis 和 Th. Schlegel 对第 9 章所作的贡献. 类似的工作也在 ENEA-Frascati 进行，后来发表了关于间接驱动高增益靶的第一个一维模拟（由 A. Caruso 和 V. A. Pais 完成），还得到了辐射对称化效应的解析结果. 所有这些工作都间接地受到我们利弗莫尔同事有关工作的激励，当然有关工作的直接交流直到 1993 年解密之后才有可能.

自 20 世纪 80 年代中期以来，在 ENEA-Frascati，对称性和稳定性已成为理论和模拟研究的焦点. 为此特别发展了二维程序 DUED，有关结果对第 3、8 和 12 章极为重要. 这里 S. Atzeni 要感谢 M. L. Ciampi，A. Guerrieri，S. Graziadei 和 M. Temporal 在 DUED 和模拟研究方面的贡献. 90 年代，欧洲开始研究重离子聚变，它由 C. Rubbia 倡议并受到意大利 R. A. Ricci 和德国 R. Bock 的大力支持，这推动了我们的研究. 关于流体不稳定性的第 8 章非常受益于和许多同事的讨论. 我们要特别感谢 H. Azechi，S. Bodner，S. Haan，N. A. Inogamov，A. R. Piriz，D. Shvarts，H. Takabe 和 J. G. Wouchuk. 这里的内容参考了 H. J. Kull 关于势流模型的评述文章，还参考了 R. Betti 及其合作者关于烧蚀不稳定性的评述文章.

J. Meyer-ter-Vehn 要特别感谢来自莫斯科朗道理论物理所的 S. Anisimov，他对本书几乎所有内容进行了深入了解并提供了十分珍贵的意见，其中特别包括第 6 章中流体动力学和相似解的基本性质. 每年一次的德-俄研讨会（1984～1989，俄罗斯方面由 S. Anisimov 和 V. Fortov 组织）使我们接触到俄罗斯的权威科学家，并得到重要的俄罗斯文献. 我们要感谢在激波及高能量密度物理方面和 V. Fortov 的无数次讨论. J. Meyer-ter-Vehn 还要感谢 1994 年在 GSI 的一个月，那时他写了本书的第一部分. 他要感谢 GSI 的 I. Hofmann 在重离子 ICF 加速器方面所作的许多讨论，还要感谢 D. Hofmann 和 GSI 等离子研究小组在第 11 章中离子束停止方面所作的大量贡献. 这也包括与来自莫斯科 ITEP 的 M. Basko 和 B. Sharkov 及和来自 Sandia 实验室的 T. Mehlhorn 进行的有益讨论.

两位作者都在大阪（日本）的 ILE 做过客座教授，S. Atzeni 在 1993 年，J. Meyer-ter-Vehn 在 1995 年. 本书的一些章节基于当时在 ILE 的讲稿. 我们要感谢 S. Nakai 所长，后来是 K. Mima 所长及我们在 ILE 的同事们在他们研究所创造的奋发向上的氛围. 也要特别感谢和 K. Nishihara，M. Murakami，H. Takabe 及 H. Azechi 和 Y. Kato 的讨论.

2003 年，J. Meyer-ter-Vehn 在加州大学伯克利分校期间完成了第 10 和 11 章，在此他经常有机会接触利弗莫尔的同事，特别是 J. Hammer，S. Hatchett，M. Herrmann，J. Lindl 和 M. Rosen 校验了本书的某些内容，为此他要感谢 Grant Logan 的安排. 关于第 12 章，作者要归功于最近关于聚变靶快点火的一些研讨会，其中要特别感谢 S. Hatchett，M. Key，P. Norreys，M. Roth 和 M. Tabak. J. Meyer-ter-Vehn 要特别感谢和 A. Pukhov 收获颇丰的 6 年合作，这些合作是有关基于粒子模拟的相对论激光等离子体相互作用. 他还要感谢 K. Witte 及 K. Eidmann，E. Fill，G. Tsakiris 在内的 MPQ 实验研究组，以及他们的优秀学生. S. Atzeni 要感谢 M. L. Ciampi，M. Temporal 在二维开点火模拟方面贡献.

最后我们要感谢 R. Bock 和 R. Kidder 阅读了整个手稿，感谢 S. Anisimov，F. V. Frazzoli，S. Hatchett 对某些章节所作的评论，感谢 A. Krenz，Ke Lan，Th. Schlegel 特别是 Zh. M. Sheng 在插图方面的帮助.

写这本书是个引人入胜的工作，但花费的时间大大超过开始时的预期. 这要感谢我们两个家庭，特别是我们两位的妻子 Beatrice 和 Helga 的耐心、理解和支持，有了这些我们才能完成这本书. S. Atzeni 要感谢 Helga 在 A. Garching Meyer-ter-Vehn 家中的热情招待；两位作者还要感谢 Caterina Tomassi-Atzeni 太太（S. Atzeni 的母亲）在意大利阿尔卑斯山 Petrella Liri 她山里的家为我们提供了一个庇护所，在那里我们可以一起高效率地工作.

S. Atzeni（罗马）

J. Meyer-ter-Vehn（Garching）

2003 年 7 月

致　谢

非常感谢一些作者和出版社允许我们使用相关的插图. 插图的说明可参见包含这些图的原始文献，具体的引用情况见下面的参考文献列表.

得到美国物理协会（AIP）同意使用的有

Figure 3.3：*Journal of Applied Physics*，**54**，3662-71. 版权 1983.

Figures 4.8，4.9，5.7，9.15 和 9.19：*Physics of Plasmas*，**2**，3933-4023. 版权 1995.

Figure 5.8：*Physics of Plasmas*，**11**，339-491. 版权 2004.

Figure 7.2：*Physics of Fluids*，**28**，2007-14. 版权 1985.

Figure 7.13b：*Physics of Fluids*，**26**，2011-26. 版权 1983.

Figures 7.14 和 8.15：*Physics of Fluids*，**B1**，170-82. 版权 1989.

Figure 8.18：*Physics of Plasmas*，**5**，1446-54. 版权 1998.

Figure 8.22 和 8.23b：*Physics of Plasmas*，**8**，2344-8. 版权 2001.

Figure 8.29：*Physics of Plasmas*，**5**，1467-76. 版权 1998.

Figure 8.36：*Physics of Plasmas*，**3**，2070-6. 版权 1996.

Figure 9.3：*AIP Conference Proceedings* vol. 152，pp. 89-99. 版权 1986.

Figure 9.4：*Applied Physics Letters*，**49**，377-8. 版权 1986.

Figure 9.11：*Physics of Plasmas*，**3**，4148-55. 版权 1996.

Figure 10.19：*AIP Conference Proceedings*，vol. 547，pp. 238-51. 版权 2000.

Figure 11.14：*Physics of Fluids*，**17**，474-89. 版权 1974.

Figure 11.22a：*Journal of Applied Physics*，**52**，6522-32. 版权 1981.

Figures 12.1，12.2 和 12.3：*Physics of Plasmas*，**6**，3316-26. 版权 1999.

得到美国物理学会（APS）同意的有

Figure 8.7：*Physical Review Letters*，**71**，3473-6. 版权 1993.

Figure 8.19：*Physical Review Letters*，**67**，3259-62. 版权 1991.

Figure 8.20：*Physical Review Letters*，**76**，4536-9. 版权 1996.

Figure 8.21：*Physical Review Letters*，**78**，3318-21. 版权 1997.

Figure 8.28：*Physical Review A*，**44**，2756-8. 版权 1991.

Figure 9. 5：*Physical Review Letters*，**59**，56-9. 版权 1987.

Figure 9. 12：*Physical Review*，**E52**，6703-16. 版权 1995.

Figure 9. 13：*Physical Review Letters*，**73**，2320-3. 版权 1994.

Figure 9. 20：*Physical Review Letters*，**72**，3186-9. 版权 1994.

Figure 10. 14：*Physical Review*，**B61**，9287-94. 版权 2000.

Figure 10. 28：*Physical Review*，**E62**，1202-14. 版权 2000.

Figure 11. 3：*Physical Review Letters*，**48**，1018-21. 版权 1982.

Figure 11. 6：*Physical Review Letters*，**42**，1625-8. 版权 1979.

Figure 11. 8：*Physical Review Letters*，**59**，1193-6. 版权 1987.

Figure 11. 10a：*Physical Review Letters*，**45**，1399-403. 版权 1980.

Figure 11. 10b：*Physical Review Letters*，**53**，1739-42. 版权 1984.

Figure 11. 16：*Physical Review Letters*，**49**，1251-4. 版权 1982.

Figure 11. 17：*Physical Review Letters*，**69**，3623-6. 版权 1992.

Figure 11. 21：*Physical Review Letters*，**74**，1550-3. 版权 1995.

Figures 12. 9 和 12. 10：*Physical Review Letters*，**83**，4772-5. 版权 1999.

Figure 12. 12：*Physical Review Letters*，**79**，2686-9. 版权 1997.

Figure 12. 13：*Physical Review Letters*，**85**，2128-31. 版权 2000.

得到剑桥大学出版社同意的有

Figure 8. 27：*Laser and Particle Beams*，**13**，423-40. 版权 1995.

Figure 8. 31：*Laser and Particle Beams*，**12**，725-50. 版权 1994.

Figures 10. 26 和 10. 27：*Laser and Particle Beams*，**12**，223-44. 版权 1994.

得到 EDP SCIENCES 同意的有

Figure 8. 5：*Europhysics Letters*，**22**，603-9. 版权 1993.

Figures 10. 24 和 10. 25：*Europhysics Letters*，**44**，459-64. 版权 1998.

得到爱思维尔科学出版公司同意的有

Figure 1. 7：核能的现状和前景：裂变和聚变. 费米物理国际学校文集，116集，449-68. 版权 North-Holland 1992.

Figure 9. 7：*Journal of X-ray Sciences and Technology*，**2**，127-48. 版权 1990.

Figures 10. 1，10. 2，10. 20，10. 21 和 10. 22：*Journal of Quantitative Spectroscopy and Radiative Transfer*，**38**，353-68. 版权 1987.

Figure 10. 3：*Journal of Quantitative Spectroscopy and Radiative Trans-*

fer，**23**，517-22. 版权 1980.

Figure 10.17：*Handbook of Plasma Physics*，vol. 3，pp. 63-109. 版权 1991.

Figure 10.18：*Journal of Quantitative Spectroscopy and Radiative Transfer*，**58**，975-89. 版权 1997.

Figure 11.12：*Nuclear Instruments and Methods in Physics Research*，**B197**，22-8. 版权 2002.

得到英物理协会（IOP）同意的有

Figure 7.5：*Plasma Physics*，**42**，B143-B155. 版权 2000.

Figure 7.13a：*Plasma Physics*，**25**，237-85. 版权 1983.

得到日本纯粹与应用物理协会同意的有

Figures 5.6，5.10，5.12 和 5.13：*Japanese Journal of Applied Physics*，**34**，1980-1992. 版权 1995. 1983.

得到国际原子能机构（IAEA）同意的有

Figure 4.14：*Nuclear Fusion*，**36**，443-51. 版权 1996.

Figures 5.2，5.3 和 5.4：*Nuclear Fusion*，**22**，561-5. 版权 1982.

Figure 8.3：*Plasma Physics and Controlled Fusion Research* 1994，vol. 3，pp. 3-12. 版权 1995.

Figure 9.9：*Nuclear Fusion*，**31**，1315-31. 版权 1991.

Figure 12.5：*Nuclear Fusion*，**37**，1665-77. 版权 1997.

得到 Interscience 出版社同意的有

Figure 7.8：R. Courant 和 K. O. Friedrichs，*Supersonic Flow and Shock Waves*. 版权 1948.

得到自然出版集团同意的有

Figure 12.14：*Nature*，**412**，798-802. 版权 2001.

Figure 12.16：*Nature*，**418**，933-4. 版权 2002.

得到意大利物理学会同意的有

Figure 3.17：惯性约束聚变：讲座和研讨会文集 *Villa Monastero*，*Varenna*，意大利，1988 年 9 月 6-16 日，83-123. 版权 1989.

目　　录

第 1 章　核聚变反应

本书主要讨论惯性约束聚变反应产生能量的物理原理.作为开始,本章简要介绍聚变反应.

我们先定义聚变截面和反应率,然后给出并定性证明这两个重要量的标准参数表达式,接着我们考虑一些重要的核反应,用表达式、数据和图表等描述它们的反应截面和反应率.这些结果将在后面的章节中用来导出产生聚变能所需的基本条件,也用来研究在适合的惯性约束燃料中的聚变点火和燃烧.

本章的最后部分简单讨论高密度材料和自旋极化对聚变反应率的影响.最后,我们概述 μ 子催化聚变原理.

1.1　发热核反应:裂变和聚变

根据爱因斯坦的质能关系,如果核反应的最终产物的总质量小于反应前的质量,这个核反应是放热的,放出的能量正比于质量差

$$Q = \left(\sum_{\mathrm{i}} m_{\mathrm{i}} - \sum_{\mathrm{f}} m_{\mathrm{f}}\right)c^2, \tag{1.1}$$

这里符号 m 表示质量,下标 i 和 f 分别表示初始和最终产物,c 为光速.我们可根据各个核子的质量和束缚能来确认发热核反应.一个原子序数为 Z 和质量数为 A 的原子核的质量 m,与 Z 个质子和 $A-Z$ 个中子的总质量是不同的.其差值为

$$\Delta m = Zm_{\mathrm{p}} + (A-Z)m_{\mathrm{n}} - m. \tag{1.2}$$

这里 m_{p} 和 m_{n} 分别为质子和中子的质量.对一个稳定的原子核,Δm 为正.因此人们想把这个原子核分成一堆中子和质子的话,必须提供和束缚能相同的能量,即

$$B = \Delta mc^2. \tag{1.3}$$

因此核反应的 Q 值可写成反应核最终和初始束缚能的差

$$Q = \sum_{\mathrm{f}} B_{\mathrm{f}} - \sum_{\mathrm{i}} B_{\mathrm{i}}. \tag{1.4}$$

有关核质量和束缚能的精确数据已由 Audi 和 Wapstra (1995) 发表.一个特别有用的量是每个核子的平均束缚能 B/A,在图 1.1 中作为核子数 A 的函数给出.我们看到,$A=1$ 时也即对氢核,B/A 为零;随着 A 的增大,B/A 先迅速增大,然后趋向平缓,大约在 $A=56$ 时到达最大值 8.7MeV,然后再缓慢下降.对最重的原子核 $B/A \simeq 7.5$MeV.注意原子核 ^{4}He (α 粒子)的 B/A 很大.符号 D 和 T 同往常一样分别表示氢的两个质量数分别为 2 和 3 的同位素.根据上面的讨论,当终态反应物的

B/A 比反应前的原子核大时，核反应是放热的. 如图 1.1 所示，一个重核分裂成较轻碎片的裂变反应和由两个轻核融合成一个重核的聚变反应都是产热核反应.

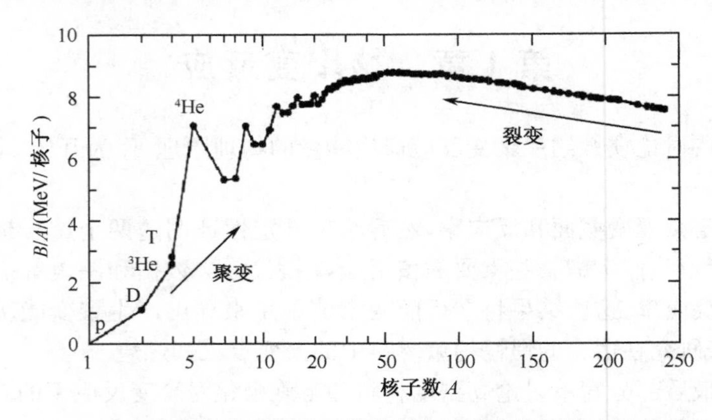

图 1.1　大多数稳定的同质异位数的束缚能和核子数 A 的关系

对 $A=3$，由于在受控聚变中的重要性，不稳定的氚也被包括. 注意核子数在 1～50 范围用对数坐标，在 50～250 范围用线性坐标

1.2　聚变反应物理

对大多数的核反应，两个原子核(X_1 和 X_2)融合形成一个较重的核(X_3)和一个较轻的核(X_4). 我们采用下面两种等价的标准描述：

$$X_1 + X_2 \longrightarrow X_3 + X_4, \tag{1.5}$$

$$X_1(x_2, x_4)X_3. \tag{1.6}$$

由于能量和动量守恒，两个聚变反应产物所分别获得的反应能反比于它们的质量.

在实验室坐标系中，反应核的速度分别为 $\boldsymbol{v}_1$ 和 $\boldsymbol{v}_2$，它们的相对速度为 $\boldsymbol{v}=\boldsymbol{v}_1-\boldsymbol{v}_2$. 在质量中心坐标系中，中心质量能为

$$\varepsilon = \frac{1}{2}m_r v^2, \tag{1.7}$$

这里 $v=|\boldsymbol{v}|$，约化质量为

$$m_r = \frac{m_1 m_2}{m_1 + m_2}. \tag{1.8}$$

1.2.1　截面、反应率和反应速率

分析聚变反应最重要的一个量是截面，它用来度量一对粒子发生反应的概率. 为了更好地理解它，让我们考虑一束粒子“1”组成的速度为 v_1 的均匀粒子束和粒子“2”组成的静止靶相互作用. 截面 $\sigma_{12}(v_1)$ 定义为单位时间内在单位投射粒子流

作用下每个靶原子核的反应数. 单位投射粒子流为单位时间单位面积内有一个粒子. 实际上,上面的定义更普遍地适用于相对速度 v,因此,$\sigma_{12}(v)=\sigma_{21}(v)$.

截面也可用中心质量能(1.7)式表示,所以 $\sigma_{12}(\varepsilon)=\sigma_{21}(\varepsilon)$. 在多数情况下,截面是用实验室坐标系中能量为 ε_1 的粒子束打一个静止靶来测量的. 这个束-靶截面 $\sigma_{12}^{\mathrm{bt}}(\varepsilon_1)$和质量中心截面 $\sigma_{12}(\varepsilon)$的关系为

$$\sigma_{12}(\varepsilon)=\sigma_{12}^{\mathrm{bt}}(\varepsilon_1), \tag{1.9}$$

这里 $\varepsilon_1=\varepsilon\cdot(m_1+m_2)/m_2$. 后面我们使用质量中心截面并省略标记“1”和“2”.

对密度为 n_2 的原子核靶,如果所有的原子核都静止或是以相同的速度运动,那么对所有的投射粒子和靶原子核,其相对速度是相同的,因此原子核“1”在单位路程上反应概率为 $n_2\sigma(v)$. 把它乘上单位时间内移动的距离 v,就得到单位时间的反应概率 $n_2\sigma(v)v$.

另一个重要的量是反应率(reactivity), 它定义为单位靶核密度、单位时间的反应概率. 在这里简单的例子中, 它就是 σv. 通常, 靶原子核是运动的,每对相互作用的原子核的相对速度各不相同. 这时,我们计算平均反应率

$$\langle\sigma v\rangle=\int_0^{\infty}\sigma(v)vf(v)\mathrm{d}v, \tag{1.10}$$

这里, $f(v)$为归一化的相对速度, $\int_0^{\infty}f(v)\mathrm{d}v=1$. 要注意到,当入射粒子和靶粒子相同时, 每个反应被计算了两次.

受控聚变燃料和星体介质通常是几种元素的混合物,标记为“1”和“2”的粒子密度分别为 n_1 和 n_2. 单位时间单位体积内的反应数称为体积反应速率(reaction rate),

$$R_{12}=\frac{n_1n_2}{1+\delta_{12}}\langle\sigma v\rangle=\frac{f_1f_2}{1+\delta_{12}}n^2\langle\sigma v\rangle. \tag{1.11}$$

这里 n 是总的原子核数密度,f_1 和 f_2 分别为粒子“1”和“2”所占的比例. 这里引入 Kronecker 符号 δ_{ij}(如果 $i=j$,$\delta_{ij}=1$;否则,$\delta_{ij}=0$)来表示反应中的粒子是否相同. (1.11)式给出了聚变能研究中的一个重要特点:体积反应速率和混合物的密度平方成正比. 为将来作参考,用反应燃料的质量密度 ρ 来重写这个公式是有用的

$$R_{12}=\frac{f_1f_2}{1+\delta_{12}}\frac{\rho^2}{\bar{m}^2}\langle\sigma v\rangle, \tag{1.12}$$

这里 $\bar{m}$ 是平均原子核质量. 质量密度用 $\rho=\sum_j n_jm_j=n\bar{m}$ 计算,求和是对所有粒子进行,但是电子微小的贡献被忽略. 我们马上看到,单位质量的反应速率正比于质量密度. 这再次表明了燃料密度在实现有效释放聚变能中所起的作用.

1.2.2　聚变截面参数表达式

为了聚变,两个带正电的原子核必须克服库仑斥力碰在一起. 在图 1.2 中,一

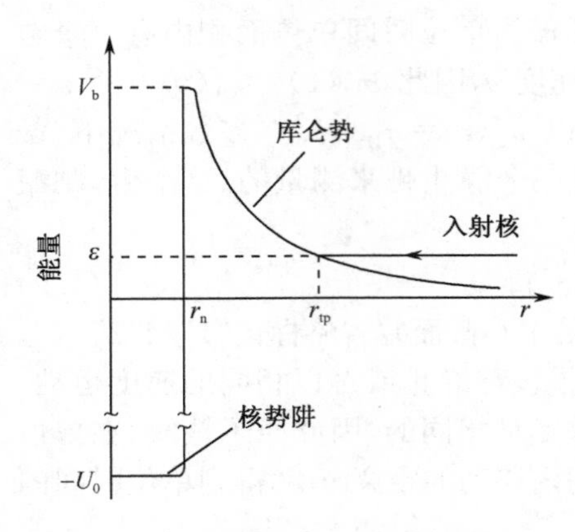

图 1.2　势能和以中心质量能量 ε 相互靠近的两个带电原子核间距离 r 的关系
该图显示了核势阱、库仑势阱和经典折返点

个两原子核系统的势能和距离的关系很清楚地表明了这点. 当距离大于

$$r_n \cong 1.44\times 10^{-13}(A_1^{1/3}+A_2^{1/3})\,\text{cm} \tag{1.13}$$

时，这个势基本是库仑势

$$V_c(r)=\frac{Z_1Z_2e^2}{r}, \tag{1.14}$$

这里距离 r_n 大约为两个原子核半径的和. 在上面的方程中，Z_1、Z_2 为原子序数，A_1、A_2 为相互作用原子核的质量数，e 为电子电荷. 当距离 $r<r_n$ 时，两原子核受核力作用相互吸引. 其势阱深度为 $U_0=30\sim40$MeV.

利用(1.13)和(1.14)式，得到库仑势垒的高度为

$$V_b \simeq V_c(r_n)=\frac{Z_1Z_2}{A_1^{1/3}+A_2^{1/3}}\text{MeV}, \tag{1.15}$$

其量级为 1 兆电子伏特(1MeV). 按照经典力学，只有当原子核动能超过这个值，才能克服势垒而相互作用. 相对能量 $\varepsilon<V_b$ 的两个原子核只能相互靠近到经典折返点

$$r_{tp}=\frac{Z_1Z_2e^2}{\varepsilon}. \tag{1.16}$$

但量子力学允许隧穿有限宽度的势垒，这使得能量小于势垒高度的原子核之间发生聚变反应成为可能.

一个广泛使用的聚变反应截面参数表达式为

$$\sigma \approx \sigma_{geom}\times \mathscr{T}\times \mathscr{R}, \tag{1.17}$$

这里 σ_{geom} 为几何截面，$\mathscr{T}$ 为势垒透明度，$\mathscr{R}$ 为原子核接触融合的概率. 这第一个量的量级为系统德布罗意(de-Broglie)波长的平方

$$\sigma_{geom}\approx \lambda^2=\left(\frac{\hbar}{m_r v}\right)^2 \propto \frac{1}{\varepsilon}, \tag{1.18}$$

这里，$\hbar$ 为约化普朗克常量，m_r 为约化质量[(1.8)式]. 势垒透明度一般可很好地近似为

$$\mathscr{T}\approx \mathscr{T}_G=\exp(-\sqrt{\varepsilon_G/\varepsilon}), \tag{1.19}$$

人们称之伽莫夫(Gamow)因子(伽莫夫为第一个计算它的科学家). 这里

$$\varepsilon_G=(\pi\alpha_f Z_1Z_2)^2 2m_rc^2=986.1Z_1^2Z_2^2A_r\,\text{keV} \tag{1.20}$$

为伽莫夫能量，$\alpha_f=e^2/\hbar c=1/137.04$ 是经常在量子力学中使用的精细结构常数，$A_r=m_r/m_p$. 方程(1.19)仅当 $\varepsilon\ll\varepsilon_G$ 时成立，但这没有给我们所感兴趣的问题产生

限制. 方程(1.19)和(1.20)表明随着原子序数和质量的增加，隧穿的机会迅速减小，这就简单解释了为什么地球上用于能量产生的聚变反应只涉及最轻的原子核.

反应特征值$\mathscr{R}$基本包含了有关反应的所有原子核物理，根据反应的特性，它取很不相同的值. 对强相互核反应，这个值最大，对电磁核相互作用要小几个数量级，对弱相互作用甚至小20个数量极. 对大多数反应，$\mathscr{R}(\varepsilon)$的变化比伽莫夫因子引起的急剧变化要小.

总之，截面通常可写为

$$\sigma(\varepsilon)=\frac{S(\varepsilon)}{\varepsilon}\exp(-\sqrt{\varepsilon_G/\varepsilon}),\tag{1.21}$$

这里函数$S(\varepsilon)$叫做天体物理S因子，对大多数重要的反应，它只随能量微小地变化.

Clayton(1983)关于星体中由轻核产生新元素的经典教科书，对聚变截面和热核反应速率做了很好的计算. 关于核物理的经典参考书可见Blatt和Weisskopf(1953)，Segrè(1964)以及Burcham(1973). 在本节的余下部分，我们简单估计非共振反应的聚变截面，这会证实参数表达式(1.21). 这种处理是简化并且定性化的，但仍很具技巧. 对这些细节不感兴趣的读者可跳过1.2.3节，这不会影响对后面章节的理解.

1.2.3　非共振反应的穿透因子

对各个波分量求和可得到总截面，这些波包含了粒子波函数的各角动量分量l的贡献. 我们把它写为

$$\sigma(v)=\sum_l\sigma_l(v),\tag{1.22}$$

远离共振时，截面分量可以写为

$$\sigma_l(v)\approx 2\pi\lambda\!\!\!^{-2}(2l+1)\beta_l\mathscr{T}_l,\tag{1.23}$$

这里β_l是考虑了核相互作用的函数，$\mathscr{T}_l$是势垒穿越系数，这个因子定义为单位时间内进入原子核的粒子数与入射到势垒上的粒子数之比，它可写为

$$\mathscr{T}_l\approx P_l\left(1+\frac{\lambda\!\!\!^{-2}}{\lambda\!\!\!^{-2}_0}\right)^{-1/2}=P_l\left(1+\frac{U_0}{\varepsilon}\right)^{-1/2}\approx\left(\frac{\varepsilon}{U_0}\right)^{1/2}P_l,\tag{1.24}$$

这是势垒穿透因子P_l和势能不连续因子的积，P_l测量原子核“2”到达原子核“1”表面的概率，势能不连续因子是由自由原子核的波长与该原子核在核势阱中的波长$\lambda\!\!\!^{-}_0=\hbar/(2m_rU_0)^{1/2}$的差别引起的. 按照量子力学，势垒穿透因子可通过求解含时薛定谔方程计算

$$\frac{\hbar^2}{2m_r}\nabla^2\psi+(\varepsilon-V_c)\psi=0,\tag{1.25}$$

这里波函数$\psi(\boldsymbol{r})$描述从$r=0$到无限范围内的库仑势中，两个相互作用的原子核

的相对运动. 用中心势描述的问题,通常可分离径向和角向变量,因此我们可写 $\psi(r,\theta,\phi)=Y(\theta,\phi)\chi(r)/r$. 我们把函数 $\chi(r)$ 展开成角动量分量 $\chi_l(r)$,每个分量满足方程

$$\frac{\mathrm{d}^2}{\mathrm{d}r^2}\chi_l(r)+\frac{2m_\mathrm{r}}{\hbar^2}[\varepsilon-W_l(r)]\chi_l(r)=0, \tag{1.26}$$

$$W_l(r)=V_\mathrm{c}(r)+\frac{\hbar^2 l(l+1)}{2m_\mathrm{r}r^2}, \tag{1.27}$$

这里考虑了第 l 个分量的有效势. 上面这个方程表明,有效势垒高度随 l 增加. 因此截面主要取决于分量 $l=0$(S 波),对轻元素更是如此. 有一种情况是例外,即两个原子核形成的复合原子核,其能级 $l=0$ 是不存在的,但这种情况在和受控核聚变有关的反应中是不存在的.

一旦方程(1.26)的解 $\chi_l(r)$ 知道,角动量 l 的粒子的穿透因子为

$$P_l=\frac{\chi_l^*(r_\mathrm{n})\chi_l(r_\mathrm{n})}{\chi_l^*(\infty)\chi_l(\infty)}. \tag{1.28}$$

精确计算波函数 $\chi_l(r)$ 是可以的,但很复杂(Bloch et al., 1951). 但是,用 WKB 方法(用 Wentzel,Kramers 和 Brillouin 的首字母)可以简单很多,但仍很精确地计算穿透因子. 这在量子力学(Landau,Lifshitz, 1965;Messiah, 1999)或数学物理(Matthews,Walker, 1970)的权威著作中有详细讨论. Clayton(1983)给出计算穿透因子的教学用例子. 这里我们只想说,利用这种方法得到

$$P_l=\left[\frac{W_l(r_\mathrm{n})-\varepsilon}{\varepsilon}\right]^{1/2}\exp(-G_l). \tag{1.29}$$

上式中很重要的指数因子为

$$G_l=2\,\frac{(2m_\mathrm{r})^{1/2}}{\hbar}\int_{r_\mathrm{n}}^{r_\mathrm{tp}(\varepsilon)}[W_l(r)-\varepsilon]^{1/2}\mathrm{d}r, \tag{1.30}$$

这里 r_tp 是折返点距离[(1.16)式]. 对 $l=0$,利用(1.27)式,我们得到

$$G_0=\frac{2}{\pi}\sqrt{\frac{\varepsilon_\mathrm{G}}{\varepsilon}}\left(\arccos\sqrt{\frac{r_\mathrm{n}}{r_\mathrm{tp}}}-\sqrt{\frac{r_\mathrm{n}}{r_\mathrm{tp}}}\sqrt{1-\frac{r_\mathrm{n}}{r_\mathrm{tp}}}\right). \tag{1.31}$$

因为对(1.15)和(1.16)式,$r_\mathrm{n}/r_\mathrm{tp}(\varepsilon)=\varepsilon/V_\mathrm{b}$,并且对我们感兴趣的情况,$\varepsilon\ll V_\mathrm{b}$,(1.31)式可按$(\varepsilon/V_\mathrm{b})$展开,这样可得到

$$G_0=\sqrt{\frac{\varepsilon_\mathrm{G}}{\varepsilon}}\left[1-\frac{4}{\pi}\left(\frac{\varepsilon}{V_\mathrm{b}}\right)^{1/2}+\frac{2}{3\pi}\left(\frac{\varepsilon}{V_\mathrm{b}}\right)^{3/2}+\cdots\right]. \tag{1.32}$$

在低能极限,我们有 $G_0\simeq(\varepsilon_\mathrm{G}/\varepsilon)^{1/2}$,S 波穿透因子变为

$$P_0\simeq\left(\frac{V_\mathrm{b}}{\varepsilon}\right)^{1/2}\exp\left(-\sqrt{\frac{\varepsilon_\mathrm{G}}{\varepsilon}}\right). \tag{1.33}$$

对 $l>0$,穿透因子可近似给出

$$P_l = P_0 \exp\left[-2l(l+1)\left(\frac{V_l}{V_b}\right)^{1/2}\right]$$

$$= P_0 \exp[-7.62l(l+1)/(A_r r_{nf} Z_1 Z_2)^{1/2}], \tag{1.34}$$

这里 r_{nf}是以 1fm(10^{-13}cm)为单位的核半径. 方程(1.34)证实角动量 $l>0$ 的穿透因子远小于 $l=0$ 的值. 这使我们可以在截面展开式(1.22)中只保留 S 波项. 这样我们就可计算势垒透明度和截面

$$\mathscr{T} \simeq \mathscr{T}_0 = \left(\frac{V_b}{U_0}\right)^{1/2} \exp\left(-\sqrt{\frac{\varepsilon_G}{\varepsilon}}\right), \tag{1.35}$$

$$\sigma(\varepsilon) \simeq \sigma_{l=0}(\varepsilon) \simeq \left[\pi \frac{\hbar^2}{m_r} \beta_{l=0} \left(\frac{V_b}{U_0}\right)^{1/2}\right] \frac{\exp(-\sqrt{\varepsilon_G/\varepsilon})}{\varepsilon}. \tag{1.36}$$

(1.36)式中的截面和(1.21)式有相同的形式,方括号中项对应天体物理 S 因子.

(1.35)式的另一个形式为

$$\mathscr{T} = \left(\frac{V_b}{U_0}\right)^{1/2} \exp\left[-\pi\left(\frac{r_{tp}}{a_B^*}\right)^{1/2}\right], \tag{1.37}$$

其中

$$a_B^* = \hbar^2/(2m_r Z_1 Z_2 e^2), \tag{1.38}$$

可以看作是核玻尔半径.

1.3　一些重要的聚变反应

在表 1.1 中,我们列出了对受控聚变和天体物理感兴趣的一些聚变反应. 对每个反应,给出了 Q 值、零能天体物理因子 $S(0)$ 和伽莫夫能量 ε_G 的平方根. 对$S(\varepsilon)$缓慢变化的情况,用 $S=S(0)$,根据(1.21)式可以得到相对精确的截面值.

表 1.1　一些重要聚变反应和截面表达式(1.21)中的参数

	Q/MeV	$\langle Q_\nu \rangle$/MeV	$S(0)$/(keV · b)	$\varepsilon_G^{1/2}$/(keV)$^{1/2}$
主受控聚变燃料				
$D+T \longrightarrow \alpha+n$	17.59		1.2×10^4	34.38
$D+D \longrightarrow T+p$	4.04		56	31.40
$D+D \longrightarrow {}^3He+n$	3.27		54	31.40
$D+D \longrightarrow \alpha+\gamma$	23.85		4.2×10^{-3}	31.40
$T+T \longrightarrow \alpha+2n$	11.33		138	38.45
改进的聚变燃烧				
$D+{}^3He \longrightarrow \alpha+p$	18.35		5.9×10^3	68.75
$p+{}^6Li \longrightarrow \alpha+{}^3He$	4.02		5.5×10^3	87.20
$p+{}^7Li \longrightarrow 2\alpha$	17.35		80	88.11
$p+{}^{11}B \longrightarrow 3\alpha$	8.68		2×10^5	150.3

续表

	Q/MeV	$\langle Q_\nu \rangle$/MeV	$S(0)$/(keV · b)	$\varepsilon_G^{1/2}/(\text{keV})^{1/2}$
p-p 循环				
$p+p \longrightarrow D+e^++\nu$	1.44	0.27	4.0×10^{-22}	22.20
$D+p \longrightarrow {}^3He+\gamma$	5.49		2.5×10^{-4}	25.64
${}^3He+{}^3He \longrightarrow \alpha+2p$	12.86		5.4×10^{3}	153.8
CNO 循环				
$p+{}^{12}C \longrightarrow {}^{13}N+\gamma$	1.94		1.34	181.0
$[{}^{13}N \longrightarrow {}^{13}C+e^++\nu+\gamma]$	2.22	0.71	—	—
$p+{}^{13}C \longrightarrow {}^{14}N+\gamma$	7.55		7.6	181.5
$p+{}^{14}N \longrightarrow {}^{15}O+\gamma$	7.29		3.5	212.3
$[{}^{15}O \longrightarrow {}^{15}N+e^++\nu+\gamma]$	2.76	1.00	—	—
$p+{}^{15}N \longrightarrow {}^{12}C+\alpha$	4.97		6.75×10^{4}	212.8
碳燃烧				
${}^{12}C+{}^{12}C \longrightarrow {}^{23}Na+p$	2.24			
${}^{12}C+{}^{12}C \longrightarrow {}^{20}Na+\alpha$	4.62		8.83×10^{19}	2769
${}^{12}C+{}^{12}C \longrightarrow {}^{24}Mg+\gamma$	13.93			

注：这里 Q 值包括了正电子分解能和中微子能量(如果相关)，量$\langle Q_\nu \rangle$是平均中微子能量. 截面用核物理中常用的单位 b；$1b=10^{-24}cm^2$.

表 1.2 给出了一些主要反应在 ε=10keV 和 ε=100keV 时的截面测量值，也给出了最大截面 σ_{max}和对应的能量 ε_{max}. 圆括号中为 pp 和 CC 反应的理论值. 在表中和下面的讨论中，按照感兴趣的领域对反应进行归类.

表 1.2　聚变反应：质量中心能为 10keV 和 100keV 时的截面，最大截面 σ_{max}和其所处的位置 ε_{max}(括号中的为理论计算值，其他的为测量值)

反应	σ(10keV)/b	σ(100keV)/b	σ_{max}/b	ε_{max}/keV
$D+T \longrightarrow \alpha+n$	2.72×10^{-2}	3.43	5.0	64
$D+D \longrightarrow T+p$	2.81×10^{-4}	3.3×10^{-2}	0.096	1250
$D+D \longrightarrow {}^3He+n$	2.78×10^{-4}	3.7×10^{-2}	0.11	1750
$T+T \longrightarrow \alpha+2n$	7.90×10^{-4}	3.4×10^{-2}	0.16	1000
$D+{}^3He \longrightarrow \alpha+p$	2.2×10^{-7}	0.1	0.9	250
$p+{}^6Li \longrightarrow \alpha+{}^3He$	6×10^{-10}	7×10^{-3}	0.22	1500
$p+{}^{11}B \longrightarrow 3\alpha$	(4.6×10^{-17})	3×10^{-4}	1.2	550
$p+p \longrightarrow D+e^++v$	(3.6×10^{-26})	(4.4×10^{-25})		
$p+{}^{12}C \longrightarrow {}^{13}N+\gamma$	(1.9×10^{-26})	2.0×10^{-10}	1.0×10^{-4}	400
${}^{12}C+{}^{12}C$(所有分支)		(5.0×10^{-103})		

大量不断修正的聚变反应数据库已由 NACRE(Nuclear Astrophysics Compilation REaction Rates)小组建立并修订(Angulo et al.，1999)，并可通过因特网使用(http://pntpm.ulb.ac.be/nacre.htm). 聚变反应速率可用 Fowler 等(1967)

编辑的数据和其修订值(Fowler et al.，1975；Haris et al.，1983)作参考标准. 和天体物理相关的许多聚变反应的数据，最近 Adelberger 等(1998)做了综述. Bosch 和 Hale(1992)批判性地评述了 DD、DT 和 D^3He 反应的数据. 关于 $p^{11}B$ 的最新资料可见 Nevins 和 Swain(2000). 一个热核反应的有趣目录已由 Cox 等(1990)发表. 和聚变能有关的一些反应截面和质量中心能的关系见图 1.3.

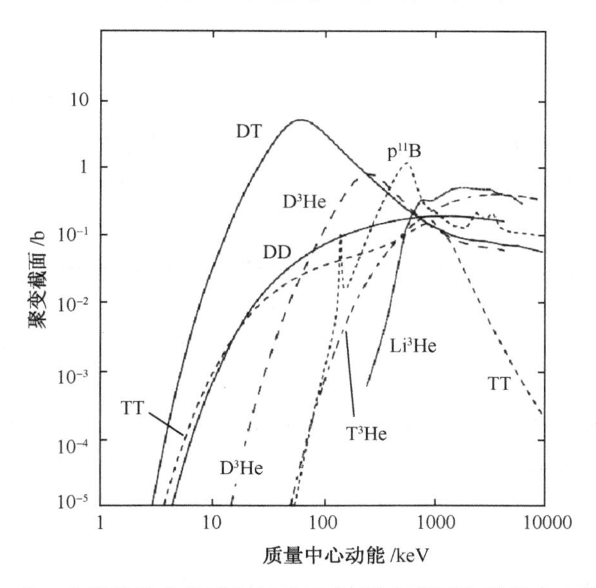

图 1.3　对一些受控聚变能感兴趣的反应，聚变截面和质量中心能的关系
标为 DD 的曲线表示它的几个反应分支的截面之和

1.3.1　主要受控聚变燃料

我们先考虑氢的同位素氘和氚的反应，这在受控核聚变研究中最为重要. 由于 $Z=1$，这些氢的反应中 ε_G 相对较小而隧穿性相对较大，它们的 S 值也相对较大.

DT 反应的截面最大

$$D + T \longrightarrow \alpha(3.5\text{MeV}) + n(14.1\text{MeV}), \tag{1.39}$$

它在不太高的能量 64keV，就达到最大值(大约 5b)(图 1.3). 反应中 $Q_{DT}=17.6$MeV，也是这类反应中最大的. 它在形成复合原子核 ^5He 时，反应截面的特点是在 $\varepsilon\simeq 64$keV 有宽的共振区. 因此，天体物理因子 S 在感兴趣的能量范围有一个大的变化.

两个 DD 反应几乎是等概率的

$$D + D \longrightarrow T(1.01\text{MeV}) + p(3.03\text{MeV}), \tag{1.40}$$

$$D + D \longrightarrow {}^3He(0.82\text{MeV}) + n(2.45\text{MeV}). \tag{1.41}$$

当能量在(10～100)keV区间时，它们每个反应的截面要比DT小100倍，而反应$D(d,\gamma)^4He$的截面要比(1.40)式和(1.41)式还要小10,000倍.

TT反应的截面和DD差不多

$$T+T\longrightarrow \alpha+2n+11.3MeV. \tag{1.42}$$

因为反应有三个产物，它们各自携带的能量不能由守恒定律唯一确定.

1.3.2　改进的聚变燃料

下面我们考虑氢同位素和轻核(氦、锂和硼)的反应. 在受控聚变研究中，氢和这些元素的混合物叫改进的聚变燃料(Dawson, 1981). 对这组反应，伽莫夫能比前面的一组要高，因此在较低能量时，截面比前面小. 高能时，截面在DD和DT之间.

质子-硼反应不涉及放射性燃料，而只释放带电粒子，这特别让人感兴趣

$$p+{}^{11}B\longrightarrow 3\alpha+8.6MeV, \tag{1.43}$$

它的反应截面在$\varepsilon=148keV$有一个很窄的共振峰，这时的S因子也达到峰值3500MeV · b. 能量$\varepsilon=580keV$时，有一个宽的共振，这时$S\approx 380MeV\cdot b$.

D^3He反应也不涉及放射性燃料和释放中子，但D^3He燃料会产生氚，并且不可避免地会由DD反应发射中子.

1.3.3　p-p循环

作为太阳中产生能量的主要反应涉及p-p循环，这些反应是天体物理的重要基础. 这个循环的最初两个反应是pp反应和pD反应，其伽莫夫能是所有聚变反应中最低的，但它们的截面比前面的反应小很多. 实际上，pp反应涉及一个低概率的β衰变，这导致它的S值比DT反应小25个数量级. pD反应涉及一个电磁跃迁，它的可能性比pp反应大很多，但仍比基于强相互作用的反应(1.39)～(1.43)式小得多.

1.3.4　CNO循环

接着，表1.1考虑了CNO循环反应，这是星体中和能量产生及氢燃烧相关的另一个主要循环. 这里S因子不太小，但伽莫夫能量的取值接近40MeV，因此在较低温度时，其截面要比p-p循环的小. 事实上，在中心温度为1.3keV的太阳上p-p链占主导(Bahcall et al., 2001). 当温度超过1.5keV时，CNO循环战胜p-p循环而占主导.

1.3.5　CC反应

最后，表1.1列出了^{12}C原子核之间的反应数据. 这些原子核是一些白矮星的

主要成分. 可以看到, S 因子很大但由于特别巨大的库仑势垒, 即使能量达到 100keV, 截面仍小于 $10^{-100}\mathrm{cm}^2$. 在 1.5.3 节中我们将看到, 在白矮星中由于密度可达 $10^9\mathrm{g/cm^3}$, CC 反应成为可能.

1.4　麦克斯韦平均的聚变反应率

前面我们看到, 表征聚变燃烧效率的特征值是反应率 $\langle\sigma v\rangle$. 在受控核聚变和天体物理中, 我们通常处理不同种类原子核的混合物. 在热平衡时, 可用麦克斯韦速度分布描述.

$$f_j(v_j)=\left(\frac{m_j}{2\pi k_\mathrm{B}T}\right)^{3/2}\exp\left(-\frac{m_jv_j^2}{2k_\mathrm{B}T}\right), \tag{1.44}$$

这里下标 j 表示粒子种类, T 是温度, k_B 是玻尔兹曼常量. 现在平均反应率可写为

$$\langle\sigma v\rangle=\iint \mathrm{d}\boldsymbol{v}_1\mathrm{d}\boldsymbol{v}_2\sigma_{1,2}(v)vf_1(v_1), \tag{1.45}$$

这里 $v=|\boldsymbol{v}_1-\boldsymbol{v}_2|$, 积分是对三维速度空间. 为了把(1.45)式写成适合积分的形式, 我们用相对速度和质量中心速度 $\boldsymbol{v}_\mathrm{c}=(m_1\boldsymbol{v}_1+m_2\boldsymbol{v}_2)/(m_1+m_2)$ 来表示速度 $\boldsymbol{v}_1$ 和 $\boldsymbol{v}_2$, 即

$$\boldsymbol{v}_1=\boldsymbol{v}_\mathrm{c}+\boldsymbol{v}m_2/(m_1+m_2); \tag{1.46}$$

$$\boldsymbol{v}_2=\boldsymbol{v}_\mathrm{c}-\boldsymbol{v}m_1/(m_1+m_2). \tag{1.47}$$

这样方程(1.45)就变成为

$$\begin{aligned}\langle\sigma v\rangle=&\frac{(m_1m_2)^{3/2}}{(2\pi k_\mathrm{B}T)^3}\\&\times\iint \mathrm{d}\boldsymbol{v}_1\mathrm{d}\boldsymbol{v}_2\exp\left[-\frac{(m_1+m_2)\boldsymbol{v}_\mathrm{c}^2}{2k_\mathrm{B}T}-\frac{m_\mathrm{r}v^2}{2k_\mathrm{B}T}\right]\sigma(v)v,\end{aligned} \tag{1.48}$$

这里 m_r 是由(1.8)式定义的约化质量, 下标"1,2"已被省略. 可以证明(Clayton, 1983)对 $\mathrm{d}\boldsymbol{v}_1\mathrm{d}\boldsymbol{v}_2$ 的积分可用 $\mathrm{d}\boldsymbol{v}_\mathrm{c}\mathrm{d}\boldsymbol{v}$ 代替, 这样我们得到

$$\begin{aligned}\langle\sigma v\rangle=&\left[\left(\frac{m_1+m_2}{2\pi k_\mathrm{B}T}\right)^{3/2}\int \mathrm{d}\boldsymbol{v}_\mathrm{c}\exp\left(-\frac{(m_1+m_2)}{2k_\mathrm{B}T}\boldsymbol{v}_\mathrm{c}^2\right)\right]\\&\times\left(\frac{m_\mathrm{r}}{2\pi k_\mathrm{B}T}\right)^{3/2}\int \mathrm{d}\boldsymbol{v}\exp\left(-\frac{m_\mathrm{r}}{2k_\mathrm{B}T}\boldsymbol{v}^2\right)\sigma(v)v.\end{aligned} \tag{1.49}$$

方括号中的项是对归一化麦克斯韦分布的积分, 其值为 1. 这样我们只剩下对相对速度的积分. 把速度空间的体积元写为 $\mathrm{d}\boldsymbol{v}=4\pi v^2\mathrm{d}v$, 那么利用(1.7)式对质量中心能 ε 的定义, 我们最终得到

$$\langle\sigma v\rangle=\frac{4\pi}{(2\pi m_\mathrm{r})^{1/2}}\frac{1}{(k_\mathrm{B}T)^{3/2}}\int_0^\infty\sigma(\varepsilon)\varepsilon\exp(-\varepsilon/k_\mathrm{B}T)\mathrm{d}\varepsilon. \tag{1.50}$$

1.4.1 非共振反应的伽莫夫形式

利用截面的简单表达式(1.21),可以得到一个有用且有启发性的反应率解析表达式.这样,方程(1.50)中的积分元为

$$y(\varepsilon)=S(\varepsilon)\exp\left[-\left(\frac{\varepsilon_G}{\varepsilon}\right)^{1/2}-\frac{\varepsilon}{k_B T}\right]=S(\varepsilon)g(\varepsilon,k_B T). \tag{1.51}$$

当 $T\ll\varepsilon_G$ 时,可得到一个有趣的结果.函数 $g(\varepsilon,k_B T)$ 是来自麦克斯韦分布的衰减指数和来自势垒穿透性的上升函数的积(图 1.4),它在伽莫夫峰值能时,达到最大值

$$\varepsilon_{Gp}=\left(\frac{\varepsilon_G}{4k_B T}\right)^{1/3}k_B T=\xi k_B T, \tag{1.52}$$

$$\xi=6.2696(Z_1Z_2)^{2/3}A_r^{1/3}T^{-1/3}, \tag{1.53}$$

这里用了(1.20)式,温度单位是 keV.为了求积分,我们利用鞍点理论,即先对 $y(\varepsilon)$ 在 $\varepsilon=\varepsilon_{Gp}$ 处进行泰勒级数展开,这样我们有

$$y(\varepsilon)\cong S(\varepsilon)\exp\left[-3\xi+\left(\frac{\varepsilon-\varepsilon_{Gp}}{\Delta/2}\right)^2\right], \tag{1.54}$$

$$\Delta=\frac{4}{\sqrt{3}}\xi^{1/2}k_B T. \tag{1.55}$$

方程(1.54)表明,对反应率的贡献主要来自以 $\varepsilon=\varepsilon_{Gp}$ 为中心、宽度为 Δ 的相对窄的一个区域,这个区域在速度分布函数的高能部分(图 1.4).

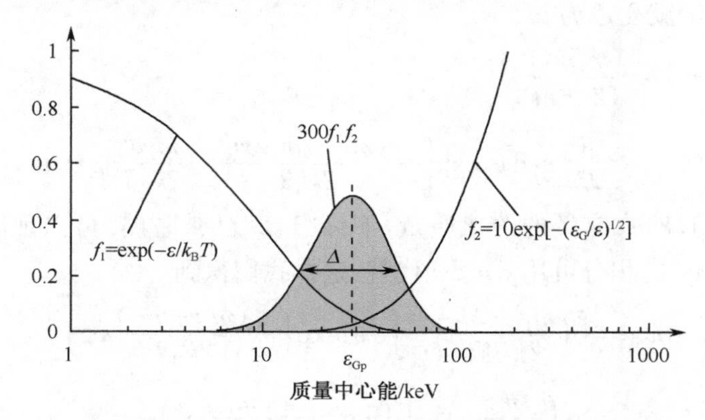

图 1.4 T=10keV 时 DD 反应的伽莫夫峰,大多数的反应率来自质量中心能在 10keV 和 60keV 之间的原子核反应

利用方程(1.51)~(1.55),并进一步假定 $S(\varepsilon)$ 为非指数形式变化,我们对(1.49)式积分得到所谓伽莫夫形式的反应速率

$$\langle \sigma v \rangle = \frac{8}{\pi\sqrt{3}} \frac{\hbar}{m_r Z_1 Z_2 e^2} \overline{S} \xi^2 \exp(-3\xi). \tag{1.56}$$

这里我们用了 $\int_0^\infty \exp(-x^2)\mathrm{d}x = \sqrt{\pi}/2$. 并用 $\overline{S}$ 表示 S 的合适平均值. 当 S 随 ε 缓慢变化时,人们可简单地令 $\overline{S}=S(0)$. 在下面 $\overline{S}$ 和 $S(0)$ 的区别不是本质性时,我们只简单地用符号 S 来表示. Clayton(1983)和 Bahcall(1966)考虑了 S 对 ε 的依赖关系,得到了更好的近似. 代入数值常数,方程(1.56)变成

$$\langle \sigma v \rangle = \frac{6.4 \times 10^{-18}}{A_r Z_1 Z_2} S \xi^2 \exp(-3\xi) \mathrm{cm}^3/\mathrm{s}, \tag{1.57}$$

这里 S 的单位是 keV · b,ξ 由(1.53)式给出. 需指出伽莫夫形式对在一定范围内不共振的反应是适用的,特别对 DD 反应率是个很好的近似,但对 DT 和 D^3He 反应不是最好.

方程(1.57)能很好描述反应率的低温行为. 由微分可得

$$\frac{\mathrm{d}\langle \sigma v \rangle}{\langle \sigma v \rangle} = -\frac{2}{3} + \xi \frac{\mathrm{d}T}{T}, \tag{1.58}$$

由此导出,当 $\xi \gg 1$ 时有

$$\langle \sigma v \rangle \propto T^{\xi}. \tag{1.59}$$

因此当 $T \ll 6.27 Z_1^2 Z_2^2 A_r$,反应率强烈依赖于温度. 这清楚表明,对聚变燃烧,存在一个温度阈值,这个阈值是相互作用原子核质量的递增函数.

1.4.2　共振反应率

当在感兴趣的能量区间反应率有共振现象时,参数表达式(1.21)中的天体物理因子 S 是个随能量急剧变化的因子. 其结果是,反应率不能用伽莫夫形式(1.56)式来表示. 对于在能量 ε_r 处有单一共振的反应,我们用 Breit-Winger 形式的截面(Segrè, 1964,第 11 章;Burcham, 1973,第 15 章;Blatt, Weisskopf, 1953,第 8 章).

$$\sigma \propto \lambda^2 \frac{\Gamma_a \Gamma_b}{(\varepsilon - \varepsilon_r)^2 + (\Gamma/2)^2}, \tag{1.60}$$

这里 Γ 为共振宽度,Γ_a 和 Γ_b 是所谓反应输入和输出通道的分宽度. 当 Γ 足够小时,在以 $\varepsilon=\varepsilon_r$ 为中心的较窄的范围内,截面有一个较大的值. 在这个区间内,通道宽度可取为常数. 假定只有能量落在共振峰的原子核对反应率有贡献,我们可简单地计算出相关麦克斯韦分布的反应率,即

$$\langle \sigma v \rangle \simeq \sigma(\varepsilon_r) f(\varepsilon_r) v_r \frac{\Gamma}{2} \propto T^{-3/2} \exp\left(-\frac{\varepsilon_r}{T}\right), \tag{1.61}$$

这里 $f(v)$ 是麦克斯韦速度分布函数,$v_r = (2\varepsilon_r/m_r)^{1/2}$.

1.4.3 可控聚变燃料的反应率

利用能得到的最佳截面,对(1.44)式进行数值积分,可得到随温度变化的反应率曲线.图 1.5 给出了和受控聚变有关的反应率曲线,我们看到 DT 反应在 400keV 以下的整个温度区间都有很大的反应率,它的最大值大约在 64keV,最大值附近反应率比较平坦.当温度在 10~20keV 区间时,它比其他反应大 100 倍以上;在 50keV 时,大 10 倍以上.温度 $T<25$keV 时,第二个最可能的反应是 DD 反应;温度为 25keV$<T<$250keV 时,则为 D^3He 反应.$p^{11}B$ 反应率在温度大约为 250keV 时和 D^3He 相同;温度大约为 400keV 时,和 DT 反应相同.在这种很高的温度下,其他核反应(如 T^3He,p^9Be,D^6Li)的反应率与 $p^{11}B$ 可比.但对受控核聚变,它们让人不太感兴趣,因为它们要么包含稀有的同位素,要么有放射性.

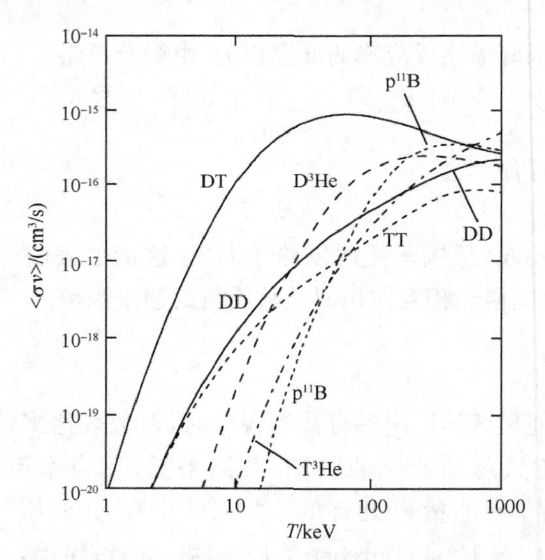

图 1.5 对一些受控聚变感兴趣的反应,麦克斯韦平均的反应率和温度的关系

在(1~100)keV 这一温度区间,DT、DD 和 D^3He 的反应率已被精确拟合,其函数形式为(Bosch,Hale,1992)

$$\langle\sigma v\rangle = C_1\zeta^{-5/6}\xi^2\exp(-3\zeta^{1/3}\xi), \tag{1.62}$$

$$\zeta = 1-\frac{C_2T+C_4T^2+C_6T^3}{1+C_3T+C_5T^2+C_7T^3}, \tag{1.63}$$

这里 ξ 由(1.53)式给出,它可写为

$$\xi = C_0/T^{1/3}. \tag{1.64}$$

可以看到,当 $T\to 0$ 时,$\zeta\to 1$,我们可回到伽莫夫形式(1.57)式.在高温时,这个假定的函数形式包括了发生在翼部的反应.(1.62)~(1.64)式中的常数 C_0 和拟合系

数 $C_1 \sim C_7$ 已列在表 1.3 中. 这表还给出了估计的拟合误差.

表 1.3　公式(1.62)～(1.65)中用来拟合反应率的参数

反应		T(d,n)α	D(d,p)T	D(d,n)^{3}He	^{3}He(d,p)α	^{11}B(p,α)2α
拟合(方程)		1.62	1.62	1.62	1.62	1.65
C_0	keV$^{1/3}$	6.6610	6.2696	6.2696	10.572	17.708
$C_1 \times 10^{16}$	cm^3/s	643.41	3.7212	3.5741	151.16	6382
$C_2 \times 10^3$	1/keV	15.136	3.4127	5.8577	6.4192	−59.357
$C_3 \times 10^3$	1/keV	75.189	1.9917	7.6822	−2.0290	201.65
$C_4 \times 10^3$	1/(keV^2)	4.6064	0	0	−0.019108	1.0404
$C_5 \times 10^3$	1/(keV^2)	13.500	0.010506	−0.002964	0.13578	2.7621
$C_6 \times 10^3$	1/(keV^3)	−0.10675	0	0	0	−0.0091653
$C_7 \times 10^3$	1/(keV^3)	0.01366	0	0	0	0.00098305
温度范围	keV	0.2～100	0.2～100	0.2～100	0.5～190	50～500
误差		<0.25%	<0.35%	<0.3%	<2.5%	<1.5%

注:这里能量和温度单位是 keV,反应率是 cm^3/s. 和往常一样,简记 A(b,c)D 表示 A+B⟶C+D.

p^{11}B 的反应率可用下面的表达式很好地拟合(Nevins,Swain, 2000):

$$\langle\sigma v\rangle_{\mathrm{pB}} = C_1 \zeta^{-5/6} \xi^2 \exp(-3\zeta^{1/3}\xi) + 5.41 \times 10^{-15} T^{-3/2} \times \exp(-148/T)\,\mathrm{cm}^3/\mathrm{s}, \tag{1.65}$$

这里 ξ 仍由(1.63)式给出,系数 $C_0 \sim C_7$ 也列在表 1.3 中. (1.65)式中的第二项对应前面提到的在 148keV 的窄共振,其函数形式是(1.61)式. 在公式(1.65)和接下来的(1.66)～(1.71)式中,温度单位是 keV.

简化公式对迅速估算是有用的. 对目前聚变研究中最重要的 DT 反应,表达式为

$$\langle\sigma v\rangle_{\mathrm{DT}} = 9.10 \times 10^{-16} \exp\left(-0.572 \left|\ln \frac{T}{64.2}\right|^{2.13}\right) \mathrm{cm}^3/\mathrm{s}, \tag{1.66}$$

它在 3～100keV 区间的精度为 10%;在 0.3～3keV 区间为 20%. 幂函数表达对解析研究有用,特别是在温度为 8～25keV 时 DT 反应率在精度为 15%范围内可近似写为

$$\langle\sigma v\rangle_{\mathrm{DT}} = 1.1 \times 10^{-18} T^2\,\mathrm{cm}^3/\mathrm{s}. \tag{1.67}$$

对 DD 反应的两个分支,略微修正的伽莫夫表达式给出了很好的近似

$$\langle\sigma v\rangle_{\mathrm{DDp}} = 2 \times 10^{-14} \frac{1 + 0.00577 T^{0.949}}{T^{2/3}} \exp\left(-\frac{19.31}{T^{1/3}}\right) \mathrm{cm}^3/\mathrm{s}, \tag{1.68}$$

$$\langle\sigma v\rangle_{\mathrm{DDn}} = 2.72 \times 10^{-14} \frac{1 + 0.00539 T^{0.917}}{T^{2/3}} \exp\left(-\frac{19.80}{T^{1/3}}\right) \mathrm{cm}^3/\mathrm{s}, \tag{1.69}$$

这里下标 DDp 和 DDn 分别表示是释放一个质子的反应(1.40)式和释放一个中子的反应(1.41)式. 在温度区间 3～100keV,它们的精度大约为 10%.

对 D^3He 反应,人们可用下面这个表达式(Hively, 1983),它在温度区间0.5~100keV 时,精度为 10%:

$$\langle\sigma v\rangle_{D^3He}=4.98\times10^{-16}\exp\left(-0.152\left|\ln\frac{T}{802.6}\right|^{2.65}\right)\mathrm{cm^3/s},\qquad(1.70)$$

把上面的反应率和 pp 反应(Angulo et al., 1999)相比是有趣的,即

$$\langle\sigma v\rangle_{pp}=1.56\times10^{-37}T^{-2/3}\exp\left(-\frac{14.94}{T^{1/3}}\right)$$
$$\times(1+0.044T+2.03\times10^{-4}T^2+5\times10^{-7}T^3)\mathrm{cm^3/s}.\qquad(1.71)$$

我们马上发现,在温度区间 1~10keV,pp 反应率要比 DT 小 24 或 25 个数量级,让人吃惊的是,在太阳中心发生的这种聚变反应产生的功率只有微乎其微的 0.018W/kg,这只有人体生化反应热的 1/50.

1.5 高密度物质中的聚变反应率

前面计算反应率时假定了具有麦克斯韦分布的自由离子,并忽略等离子体电子的任何影响.这样,反应率只是温度的函数,而体反应速率正比于反应率乘上密度平方.实际上对实验室等离子体这种描述被证明是足够的,但对自然界,以及也许实验室中能产生的其他情况,高密度效应就得考虑.在本节中我们简单考虑这个问题,对完整处理感兴趣的读者可参考专门书籍,如最近一本 Ichimaru(1994)的书.

在 1.4 节中,我们看到当反应原子核具有温度为 $0.1\mathrm{keV}\geqslant T\geqslant100\mathrm{keV}$ 的麦克斯韦分布时,大多数的反应率来自能量 $\varepsilon\approx\varepsilon_{Gp}\gg k_BT$ 的热原子核.这就说明了热核聚变这个名称的合理性.在低密度等离子体中,热能 k_BT 又远远超过平均势能,势能的典型值可写为 $V_{c0}=V_c(a)$,这里 $V_c(a)$是距离为平均粒子间距离 a 时的势能.如果用所谓的等离子体参数 $\Gamma=Ze^2/ak_BT$,1.4 节结果的适用条件是

$$\Gamma\ll1\ll\varepsilon_{Gp}/k_BT.\qquad(1.72)$$

在高密度时,或更确切地,当 Γ 和 1 可比时,电子对原子核电荷的屏蔽和离子修正变得重要.即使这样,只要 $\varepsilon_{Gp}\gg V_{c0}$,反应率仍主要由离子分布尾巴(即最热的离子)决定,我们仍然可讲热核聚变.下面我们将表明,这种过程对太阳上的 pp 反应率有一个小的修正,而对实验室惯性约束聚变的影响实际上可以忽略.在一些强相互作用等离子体中,修正可能是大的,但这时的反应率极小,因此聚变根本不会发生.

当密度大到不仅 $\Gamma\gg1$,而且平均势能大于伽莫夫峰值能时,会出现新的情况.现在热运动不再是大多数反应的原因,而反应率只依赖密度.对这个区域,Cameron(1959)造了一个词,叫超密核聚变(pycnonuclear 来自意为"稠密"的希腊语

$\pi \upsilon \kappa \nu o \sigma$).

极低温度下的晶状固体被预言是一个极端超密核区域，因为在这种固体上，冻结在晶格上的离子围绕平衡位置做零点量子力学振荡. 超密核区域是高度压缩的白矮星上碳燃烧的原因.

在 1.5.1 小节中，我们将分别对弱电子屏蔽等离子体($\Gamma<1$；$\varepsilon_{Gp}\gg V_{c0}$)、强耦合等离子体($1<\Gamma<170$；$\varepsilon_{Gp}>V_{c0}$)和晶体($\Gamma>170$)概括它们的详细处理的主要结果. 图 1.6 对氢和碳等离子体在密度-温度平面给出了前面几种情况所在的区域. 惯性约束聚变(ICF)燃料、太阳内部、白矮星和巨行星的代表性条件也已指出. 显然，太阳内部和惯性约束聚变等离子体只和稠密等离子体效应稍有关系，但它在行星内部和白矮星则是重要的.

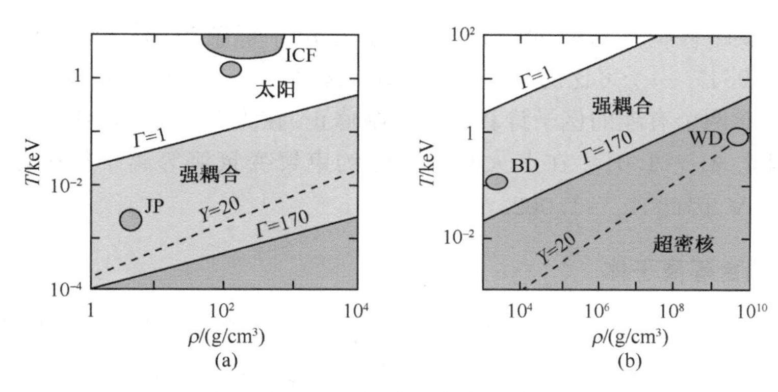

图 1.6 密度-温度平面强耦合和高密度效应起作用的区域

(a)氢；(b)碳

这些点分别表示惯性约束燃烧的 DT 等离子体(ICF)、太阳中心、木星(JP)、棕矮星(BD)和白矮星(WD)

本节中，我们处理所谓的静态屏蔽，也就是说，计算的屏蔽只考虑能量等于平均离子能 $k_B T$ 的试探粒子. 为完整起见，我们提到一些作者研究的动态屏蔽效应. 这个效应来源于能量为伽莫夫能的试探粒子感受的势能和统计平衡下具有同样动能的等离子体离子所感受势能的差别. 有关动力学效应的论题还在争论，作为例子可见最近 Brawn 和 Sawyer(1997)与 Shaviv(1999)的评论.

1.5.1 电子屏蔽、弱耦合等离子体

根据 $\Gamma\ll 1$ 时适用的经典等离子体理论，每个粒子只有当距离小于德拜长度 λ_D 才会感受到粒子的效应，而在更长尺度上等离子体是电中性的(11.1 节). 一个原子核离另一个距离为 r 时的势能可很好地近似表示为

$$V_{\text{eff}}(r)=V_c(r)\exp(-r/\lambda_D), \tag{1.73}$$

这里因子 $\exp(-r/\lambda_D)$ 考虑了电子的屏蔽效应. 在聚变反应中隧穿的有效势垒可近似表示为

$$V(r)=\frac{Z_1Z_2e^2}{r}\exp(-r/\lambda_D)\approx\frac{Z_1Z_2e^2}{r}-\frac{Z_1Z_2e^2}{\lambda_D}=V_c(r)-\varepsilon_s, \quad (1.74)$$

这里 $\varepsilon_s=Z_1Z_2e^2/\lambda_D$. 利用 WKB 近似(1.2.3 节),我们发现势垒透明性和(1.35)式形式相同,只是能量 ε 代替为 $\varepsilon'=\varepsilon+\varepsilon_s$. 结果伽莫夫峰值能偏移了一个小量,$\varepsilon_{Gps}=\varepsilon_{Gp}-\varepsilon_s$,伽莫夫峰的宽度没有变化,而(1.51)式中积分元的最大值增加一个因子 $\exp(\varepsilon_s/k_BT)=\exp(\sqrt{3}\Gamma_e^{3/2})$,这里 $\Gamma_e=V_c(a_e)/k_BT$ 是平均电子间距下的等离子体参数. 因此反应速率可写为

$$\langle\sigma v\rangle_{es}\approx A_{se}\langle\sigma v\rangle\cong(1+\sqrt{3}\Gamma_e^{3/2})\langle\sigma v\rangle, \quad (1.75)$$

这里 $\langle\sigma v\rangle$ 是忽略任何屏蔽时的计算值,A_{se} 是由电子屏蔽引起的反应率放大因子(Salpeter, 1954). 一个可比的效应和离子修正有关(Ichimaru, 1994). 现在我们用上面的结果对两个有趣的例子计算电子屏蔽修正. 在太阳中心,$\rho\approx130\text{g/cm}^3$,$T=1.5\text{keV}$,因此 $A_{se}=1.014$. 在点火时的惯性约束聚变氘氚等离子体中,$\rho\approx100\text{g/cm}^3$,$T=5\text{keV}$,因此 $A_{se}=1.002$.

1.5.2 强耦合等离子体

当 Γ 接近 1 或者甚至超过 1 时,一个原子核所看到的屏蔽场不能再用(1.73)式近似表达,同时离子修正也变得重要. 精确处理需要高等等离子体统计理论(Ichimaru, 1994). 在简单尝试的基础上(得到了合适计算的确认),我们仍将电子屏蔽近似写为和(1.73)式相同的形式,但用粒子间距 a 来代替德拜长度. 在 $\varepsilon_{Gp}>k_BT$ 时,我们得到电子屏蔽引起的反应率的修正值的量级为 $A_{se}\approx\exp\Gamma_e$. 一个类似的修正为离子屏蔽,它们在数值上可比拟. 离子修正也会导致反应率增加,其增大因子可粗略估计为 $A_i=\exp(\Gamma_i)$,这里 Γ_i 是平均离子间距下的等离子体参数.

刚才讨论的反应率修正是大的,但涉及的是低温等离子体,因为 $T(\text{keV})\simeq0.02Z_1Z_2[\rho(\text{g/cm}^3)]^{1/3}/\Gamma_i$. 因此,它们所影响的反应率对聚变研究、天体物理和地球物理这些地方没有多少实际的意义.

1.5.3 晶状固体:超密核极限

当 $\Gamma_i>170$ 时,每个离子都被冻结在晶格上并围绕平衡位置以频率 ω 做振荡. 当这种量子力学振动的基态能 $\varepsilon_0=(4\pi n_iZ^2e^2/3m_i)^{1/2}$ 超过离子热能很多时(即当 $Y=\varepsilon_0/k_BT>20$ 时),会发生一个极端情况. 这里,Z、m_i 和 n_i 分别为离子电荷、质量和离子数密度. 在这种情况下,每个原子核只做和粒子间距(且粒子间距 $\alpha\propto\rho^{-1/3}$)成正比的小振幅振荡,并只能和邻近晶格上的原子核相互作用. 根据(1.37)式,对

势垒透明性起主导作用的指数因子定标为 $G \propto r_{tp}^{1/2} \propto \alpha^{1/2} \propto \rho^{-1/6}$. 因此透明性正比于 $\exp(-\rho^{1/6})$，而根本不依赖温度. $\Gamma_i > 170$ 且 $Y > 20$ 时 CC 反应率的精确计算证实这种行为，其结果为 $\langle\sigma v\rangle_{CC} = 10^7 \rho_8^{-0.6} \exp(-258\rho_8^{-1/6})\,cm^3/s$. 这里 ρ_8 是以 10^{-8} g/cm^3 为单位的密度(Salpeter，Van Horn，1969；Ichimaru，1994). 考虑有限温度时，这个表达式可以改进(Ichimaru，1994，5.3 节 D). 很密也较冷的白矮星以碳锥形式突然释放能量就和超密核区有关. 当这个锥被压缩到密度大约为 $10^9\,g/cm^3$ 时，反应率迅速增大，达到高温低密度时可达到的值，从而点燃了碳，使之燃烧.

1.6　反应核的自旋极化

在 1.5 节中，我们讨论了稠密物质效应对聚变速率的影响，稠密物质效应改变库仑势，或者说改变相互作用原子核的运动，但不改变核聚变过程的内在特征. 但对一些反应可利用自旋极化燃料来对核因子 S 起作用. 这里，我们以 DT 反应作例子，因为对 DT 反应这个效应比较容易理解，类似的论述也适用 D^3He.

DT 反应是通过形成复合物 ^5He 进行的，大约 99% 的情况下激发态具有能量 64keV、偶宇称 Π 和角动量 $J=3/2$(单位是 $\hbar$). 已发现相碰撞的具有偶宇称和角动量 $J=3/2$ 的 DT 系统，其反应概率比具有不同宇称或角动量的系统大两个数量级. 对于角动量，它通常是对相互作用原子核的自旋和角动量求和而得(按照通常的量子力学规则). 这些允许的不同组态的统计权重为 $g_J = 2J+1$. 对目前这个例子，根据 1.2.3 节中的讨论，我们可把注意力集中在 $l=0$ 的系统. 因此，J 就是反应原子核 D 和 T 的自旋之和. 因为 D 的自旋为 1 而 T 的为 1/2，因此我们要么有 $J=1/2(g_{1/2}=2)$ 或者是 $J=3/2(g_{3/2}=4)$. 因此，如果原子核是随机极化的，最终所有碰撞中 $g_{3/2}/(g_{3/2}+g_{1/2})=2/3$ 可能引起反应. 相反，如果人们能极化燃料，也即 D 和 T 的自旋都沿给定轴排列使得对所有碰撞都有 $J=3/2$，那么截面可增加 50%.

Kulsrud 等(1982，1986)已提出了在受控聚变实验中利用自旋极化. More (1983)讨论了它在惯性约束聚变中的应用. 尽管实用性还有待演示，我们心中还是应记住自旋极化，因为它对反应率的增加可能不可忽略，而且它还可放松对聚变点火的要求.

1.7　μ 催化聚变

1.4 节中计算反应率时，假定原子核能自由运动. 因为每个原子核 1 能和任何原子核 2 反应，体反应速率正比于反应种类的密度积. 对束缚在双原子分子中的原子核反应率要用不同的方法计算. 这时，体反应速率 R 由分子密度 n 乘上单位时

间内每个分子的反应概率ν给出. 反应概率正比于只依赖反应核的特征常数A_s乘上反应成分零分量波函数的平方

$$R = n\nu = nA_s|\psi(0)|^2. \tag{1.76}$$

可以证明,A_s和天体物理因子S的关系为$A_s = S/\pi\alpha_f c m_r$,波函数$\psi(0)$可通过对合适势求解薛定谔方程计算得到,起主导作用的指数因子可用WKB隧穿积分估计.

上面的反应率特别适用于室温下氢同位素的分子. 束缚电子会产生一个吸引势(Schiff, 1968),这样原子核平衡距离的量级为玻尔半径

$$a_B = \frac{\hbar^2}{m_e e^2} = 0.529 \times 10^{-8}\,\text{cm}. \tag{1.77}$$

更精确地,氢原子核的距离为0.74×10^{-8}cm. 当原子核靠近到$r \ll r_c$时,它们感受到库仑排斥势[(1.13)式]. 氘分子的聚变反应速率已由Van Sieclen和Jones(1986)利用(1.76)式计算得到,结果反应频率是$\nu = w^{-1} \approx 10^{-63}$/s,因此其反应时间$\tau_f$即使以宇宙尺度来衡量,实际上也是无限大. 实际上,根据(1.37)式,相应的势垒透明度可写为

$$\mathcal{T} \approx \exp\left[-2\sqrt{2Z_1Z_2}\left(\frac{r_{tp}}{a_B}\frac{m_r}{m_e}\right)^{1/2}\right], \tag{1.78}$$

这里m_r是两核系统的约化质量,我们已经忽略了(1.37)式中的因子$(V_b/U_0)^{1/2}$. 对D_2分子中的DD反应,取$r_{tp} = a_B$,我们得到一个特别小的值$\mathcal{T} \approx \exp(-121) = 3\times10^{-53}$.

根据方程(1.78)式,减小平衡距离a_B可增大隧穿因子,因此可增大反应速率,而(1.77)式表明,a_B反比于束缚分子的带负电粒子的质量. 1947年Frank(1947)和Sacharov(1989)独立提出由μ介子束缚的准分子或准离子发生核聚变的可能性很大. μ介子和电子一样,带电荷$-e$,其质量$m_\mu = 208m_e$. 它不稳定,其半衰期为$\tau_\mu = 2.2\mu$s. 几年后,实验上探测到了μ介子催化的聚变反应. Alvarez等(1957)根据(1.78)式,束缚在μ介子分子中的原子核其隧穿因子比通常分子中的要大50个数量级. 事实上,精确计算表明,这个优势甚至更大. 对DμT准分子中的DT反应,人们得到$\tau_f = 7\times10^{-13}$s;对DμD准分子中的DD反应,人们得到$\tau_f = 1.5\times10^{-9}$s. 反应后,大多数的$\mu$介子获得自由,并可催化后面的反应. 人们因此开始研究μ介子催化的聚变反应用于产生能源的可能性(Ponomarev, 1990; Bertin, Vitale, 1992).

为了用μ介子催化聚变产生能量,平均由一个μ介子催化的N_f个反应释放的能量要大于产生这个μ介子本身所需的能量. μ介子可由π介子衰变得到,其代价估计为5GeV. 假定聚变能转化为电能的效率为40%,回想到DT反应释放17.6MeV,反应堆自我维持需要$N_f > 3000/(17.6\times0.4) = 700$,对实际能源产生需要$N_f > 3000$.

图 1.7 演示了一个用 DT 混合物进行 μ 介子催化的简单循环(Bertin, Vitale, 1992). μ 介子可形成 $T\mu$ 或 $D\mu$ 准原子,最后一个情况中,μ 介子在时间 τ_{DT} 内转移给氚来形成 $T\mu$. 然后在时间 $\tau_{DT\mu}\approx10^{-9}$ s 内形成 $D\mu T$ 分子. 这里 DT 反应的时间是 $\tau_f=7\times10^{-13}$ s. 反应后,大多数 μ 介子获得自由并可再用来催化反应. 刚才描述的整个循环时间为 $\tau_c\simeq5\times10^{-9}$ s. 小部分 μ 介子会被 α 粒子捕获而离开循环,理论预言这个概率为 $w_s\simeq0.006$. 这样我们可估计 $N_f=1/(w_s+\tau_c/\tau_\mu)\leqslant120$,这不足于产生能源,但实验上测得的 N_f 可达 200,并还有可能得到改善. Bertin 和 Vitale (1992)与 Ponomarev(1990)对这个领域的研究作了评述. 目前研究的主要目标是理解 μ 介子循环中的每个步骤,找到减小循环时间和 μ 介子黏附到 α 粒子的可能方法.

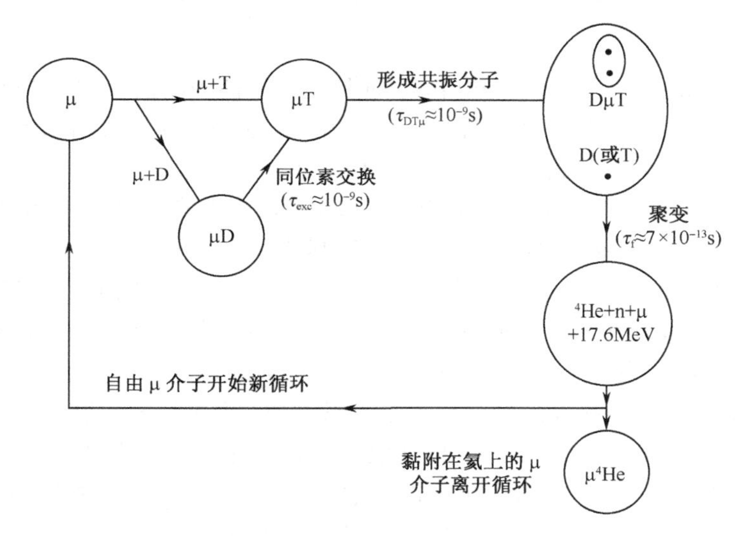

图 1.7　$DT\mu$ 催化循环

对每个过程给出了平均反应时间(Bertin, Vitale, 1992)

1.8　历 史 回 顾

1920 年,Aston 发现氦原子核的质量要比氢原子质量的 4 倍小. 不久 Eddington(1920a,1926)发现氢转变成氦所产生的能量足以维持太阳,提出了核反应提供星球能量的机制. 但使他迷惑的是所知的星球温度远小于人们认为粒子进行有效核反应所必需的温度.

在量子力学发展初期,Gurney 和 Condon(1929) 以及伽莫夫(1928)分别独立地计算了隧穿势垒的概率,伽莫夫表明量子力学隧穿可解释观测到的 α 粒子衰变. 第二年, Atkinson 和 Houtermans(1929a, b)利用伽莫夫的结果指出,隧穿打开了氢聚变反应之路,它是星球上能量产生的原因.

1932 年, L. 卢瑟福领导的剑桥大学卡文迪许(Cavendish)实验室的 Cockroft 和 Walton 用他们设计并制造的加速器(Cockroft, Walton, 1932)中产生的 100keV 的质子束轰击锂样品,第一次产生并探测到了聚变反应. 以后的两年中,在同一个实验室 L. 卢瑟福领导的小组,也包括 Oliphant, Lewis, Hartweck, Kempton, Shire 和 Crouther 发现,轻元素和加速了的质子或氘核之间会发生许多其他聚变反应(Chadwick, 1965; Oliphant, 1934a, b).

实际上, 1932 年 Urey 和合作者就发现了氘 (Urey, Teal, 1935),并生产了可测量的纯氘. 不久 Cavendish 实验室得到了少量氘,并证明了氘诱发的反应. 1934 年,一个 DD 反应分支产生的氚也被发现,而氚的不稳定性到 1939 年才被 Alvarez 发现.

1937 年 von Weizsaecker 提出 pp 反应链是太阳能源的根源. 第二年 Bethe 和 Critchfield(1938)根据费米以及伽莫夫和 Teller 有关 β 衰变的工作发展了反应理论,从而平息了认为相关截面不足于满足天文观测的争论.

不久, Bethe(1939)发展了星球上由 CNO 循环产生能量的理论. 几年后,依靠 Bethe, von Weizsaecker, 伽莫夫, Teller 和其他一些人的重要贡献,星球上由轻核产生化学元素的基本概念建立了起来. 主要的反应被确认,它们的反应截面被近似计算,结果和可得到的星球成分数据作了比较. Burbidge 等(1957)的一篇著名文章对轻核反应产生化学元素的早期研究作了经典综述.

在战时,一些发展裂变武器的科学家考虑了开发聚变反应武器的可能性. 聚变能研究在费米、Teller、Konopinski 和其他人的讨论中奠定了基础. 同一时期, DD 反应的截面被相当精确地测量. Purdue 大学的一个小组,可能按照 Bethe 的建议,测量了 DT 反应截面. 出乎每个人的意料,在很宽的能量范围内, DT 反应的截面要比 DD 反应大很多(Diven et al., 1983). 这个结果,经过改善后到 1948 年才公开(Hanson et al., 1949). DT 反应理论由 Flowers(1950)发表,而 DD 反应的处理在 20 世纪 30 年代后期就已出现, Konopinski 和 Teller(1948)对此进行了批判性评述.

和 D 有关的反应截面在 20 世纪 50 年代早期被精确测量(Arnold, 1954). 可以说,那个时候,对于受控能量产生感兴趣的核聚变反应,它的物理基础已经建立.

从 1949～1955 年,冷战推动了热核武器的发展,这是人类制造的利用聚变反应释放能量的第一个装置(见 3.5 节中引用的文献). 在 1946～1950 年,一些国家在绝密分类下开始受控聚变研究. 到 20 世纪 50 年代中期,这些研究被解密,以前的工作被公开评述(Post, 1956; Longmire et al., 1959). 主要工业化国家开始大的聚变项目,现在已成为经典的关于等离子体和受控热核反应的著作开始出现(Spizter, 1962; Glasstone, Lovberg, 1960; Rose, Clarke, 1961; Artsimovich, 1964).

第 2 章　热核聚变和约束

这章介绍惯性约束聚变(ICF),作为比较也介绍磁约束聚变(MCF)和更广义的热核聚变的基本特点. 惯性约束聚变和磁约束聚变是受控聚变的两条主要途径. 在强调产生能源这个目的时,我们也称它们为磁聚变能(MFE)和惯性聚变能(IFE).

磁聚变能是想通过磁场约束获得一个稳定的等离子体,而惯性约束聚变本质上是一个脉冲概念:以几个赫兹的速率点燃并燃烧一个个的燃料小球. 这两种聚变反应是相同的,并需要相似的等离子体温度,但是密度和压力区域却完全不同,其差别高达 11 个数量级. 表 2.1 给出了一些典型值.

表 2.1　磁约束和惯性热核聚变等离子体的温度、密度、压力和约束时间的数量级

	MFE	IFE
T/keV	10	10
n/(1/cm^3)	10^{14}	10^{25}
p/bar	10	10^{12}

这里我们想通过一些简单表达式,来理解这些等离子体参数. 我们推导稳态磁约束聚变条件,也推导高增益惯性约束聚变压缩条件 ρR. 我们的着重点在于聚变能产生和不同燃烧循环的普遍特点. 下面的章节将详细描述惯性约束聚变压缩动力学和稠密等离子体物理.

2.1　热 核 聚 变

2.1.1　束聚变和热核聚变

在前面章节中,我们已看到,地球上最适合能量产生的聚变反应是

$$\mathrm{D}+\mathrm{T}\longrightarrow \alpha+\mathrm{n}. \tag{2.1}$$

当碰撞能量 $\varepsilon=25\sim300\mathrm{keV}$ 时,反应截面 $\sigma_{\mathrm{DT}}(\varepsilon)$ 为 1～5b, 释放的能量为 $Q_{\mathrm{DT}}=17.6\mathrm{MeV}$. 初一看,只要把氘原子核入射到氚靶上就可获得可利用的聚变能,这是很吸引人的,这种方法叫做束聚变. 实际上,人们可以用这种方法触发聚变反应. 但是尽管比值 $Q_{\mathrm{DT}}/\varepsilon$ 很大,这种机制不能用来产生能源,原因是库仑散射截面远大于 Q_{DT}. 因此大多数束粒子在产生聚变前就已损失能量,它们只能加热靶而已. 这个问题 Post(1956)在关于受控核聚变的一篇经典文献,以及 Artsimovich(1964)的

书，还有其他一些地方讨论过.

当反应物形成的等离子体温度足够高时，可得到净能量产生. 在热平衡时，库仑碰撞只能在等离子体粒子中重新分配动能，而经过一系列的碰撞后聚变反应最终会触发，这种方法叫热核聚变. 当然，这要求等离子体有一定的温度和密度，并保持足够长的时间. 关于约束热核聚变的条件在 2.1.2 小节中会讨论. 作为开始，我们用一个简单模型来给出所需的等离子体温度.

2.1.2 理想点火温度

当聚变产生的内部能量超过各种能量损失，以至不需要进一步的外部加热等离子体就能保持燃烧，等离子体就被热核反应点燃了. 根据聚变燃料和相关的能量损失机制，点火需要一定的温度. 这里我们只考虑韧致辐射引起的辐射损失，来给出氘氚等离子体的理想点火温度 T_{id}. 当然其他一些重要的能量损失机制会提高点火温度. 因此，在一定意义上 T_{id} 可称为理想温度.

完全电离等离子体辐射损失的主要机制是韧致辐射(10.6.3 节). 它所导致的单位体积功率损失为

$$W_b = C_b n_e^2 T^{1/2} = 5.34 \times 10^{-24} n^2 T^{1/2} \mathrm{erg/(s \cdot cm^3)}, \tag{2.2}$$

这里密度单位为 $1/\mathrm{cm}^3$，温度单位为 keV，1erg＝10^{-7}J. 因为离子电荷 $Z=1$，并且气体完全电离，电子密度和离子密度相同，即 $n_e=n_i=n$. 我们假定等离子体为光性薄，也即对辐射是透明的，还忽略了相对论效应和电子-电子韧致辐射，因为温度小于 50keV 时，这些效应很小(Dawson，1981). 磁化等离子体还产生回旋辐射，但只在温度比点火温度更高时才变得重要(Bornatici et al.，1983). 反应速率(1.11)式和 Q_{DT} 相乘可以得到单位体积产生的热核能，它和两种反应粒子的密度积成正比. 因此氘氚混合物的最佳比例应为两者相同，即 $n_D=n_T=n/2$. 对应的单位体积功率为

$$W_{fus} = \frac{1}{4} n^2 \langle \sigma v \rangle Q_{DT} = 7.04 \times 10^{-6} n^2 \langle \sigma v \rangle \mathrm{erg/(s \cdot cm^3)}, \tag{2.3}$$

这里和后面我们写反应率 $\langle \sigma v \rangle$ 时省略了下标 DT. 聚变能量的 80％由 14.1MeV 的中子携带，我们假定它们自由离开系统. 剩下的 20％能量由 α 粒子携带，它们能留在等离子体中并沉积功率 $W_\alpha=(1/5)W_{fus}$.

需要指出的是，加热功率和损失功率都和密度平方有关，但只和温度一次方有关. 和 n^2 相关是因为聚变反应和韧致辐射都涉及相互碰撞两个粒子. 因此功率平衡 $W_\alpha=W_b$ 能唯一地决定点火温度 T_{id}. 图 2.1 给出了 W_α/n^2、W_b/n^2 和 T 的关系，可以看出当

$$T_{id} = 4.3 \mathrm{keV}. \tag{2.4}$$

时，α 粒子的加热超过韧致辐射的损失. 因此，氘氚聚变等离子体的特征温度为 5keV 或更高些. 其他燃料的点火温度要高得多，这将在 2.7.2 节中讨论.

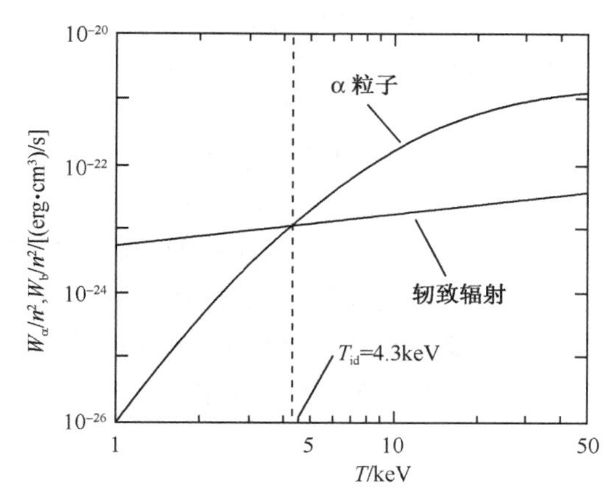

图 2.1 等摩尔氘氚等离子体中聚变 α 粒子的能量沉积和韧致辐射功率与等离子体温度的关系
它们在理想点火温度 T_{id} 时的值相同

但是这个特点只对光性薄的燃料成立，因此密度足够高时可能就不对了. 这里重要的是逆韧致光吸收的平均自由程(比较 10.6.3 节和 11.2.1 节)和 n^2 成正比，而体吸收能正比于 n^3. 因为这本质上是三体过程. 因此在足够稠密的等离子体中韧致辐射光子会被重新吸收. 这时燃料等离子体对它自己的辐射是光性厚的(就像恒星内部)，并且辐射接近热平衡. 因此重新吸收阻止了主要的损失机制，聚变能可以在等离子体中积累起来. 因而在比 T_{id} 更低的初始等离子体温度就可实现点火(可比较后文中的 4.5 节、图 4.11 和图 4.14). 根据 Teller(2001，311 页起)的研究，在光性厚燃料中点火是热核武器 Teller-Ulam 设计的重要内容(参见该书前言和 Rhoeds，1995，23、24 章). Teller-Ulam 设计的另一个方面是利用向内辐射来压缩燃料来达到点火平衡.

2.2 等离子体约束

在给定 10keV 量级的高温下，关键问题是如何约束这样的聚变等离子体. 任何结构的材料至多在几千开尔文这样的温度下就会融化. 那又如何把温度为几百万开尔文的等离子体放在一个合适的容器中而不被那么大的能量和质量所损坏. 下面是两种主要方法：磁约束和惯性约束.

2.2.1 磁约束

磁约束充分利用等离子体是带电粒子气体这个突出特点. 在强磁场中，带电粒子只能在场线方向自由运动，而横向运动几乎被抑制了. 因此在合适的磁场位形下,等离子体粒子有可能被约束.这方面的例子有托卡马克、仿星器、场箍缩等(作为例子可看 Teller, 1981; Miyamoto, 1988; Wesson, 1987; Wesson, Campbell, 1997).

在磁约束中,约束等离子体的密度由磁场强度决定.一个基本结论是等离子体的动力压 $p=(n_e+n_i)k_BT$ 不能大于磁场压 $p_B=B^2/8\pi$ 和因子 β_{max} 的积. β_{max} 和具体位形有关,对托卡马克通常小于 10%. 考虑到材料强度,磁场的极限大约为 100kG,所以对托卡马克反应堆,最大粒子密度大约为 $10^{14}/cm^3$ 量级.这个密度比标准条件下的空气密度低 5 个数量级.实际上这样低密度的等离子体对它们的轫致辐射(10.6.3 节)和聚变中子(3.3 节和 4.1.3 节)是透明的.

2.2.2 惯性约束

惯性约束不涉及外部约束手段,而只依赖物质惯性.假定聚变等离子体处在一个小的球形范围内,物质惯性使它们在一小段时间内聚在一起.这时间为声波从表面行进到中心所需的时间.聚变燃烧必须在这段时间内发生.和磁约束聚变的稳态约束相反,惯性约束聚变的约束时间很短,通常只有 1/10ns. 这可马上得出两个结论:

(1)为了在这么短的时间内燃烧足够多的燃料,人们必须使用极端高密度等离子体来获得很高的反应速率.在 2.5 节我们将表明,氘氚燃料必须被压缩到几千倍固体密度.

(2)惯性约束的能量产生必然是脉冲过程.少量的燃料不断被点火燃烧,能量以一系列微爆炸的形式释放.

目前达到这些条件是用高能短脉冲激光或离子束脉冲加热并压缩燃料小球.本书的大部分内容就是关于这些聚变靶丸物理.关于驱动束流和重复运行的反应堆的物理和技术问题留给其他著作(IAEA, 1995; Velarde et al., 1993).

2.3 热核点火:磁约束聚变和核惯性约束聚变

让我们在磁约束聚变和惯性约束聚变范围内考虑热核聚变点火问题.在稳态磁约束聚变反应堆中,输出功率 P_{fus} 是恒定的,而为了补偿因辐射、热传导和对流引起的能量损失,要以功率 P_{aux} 给等离子体补充能量来保持运行条件.度量反应堆的一个重要量是比值

$$\mathcal{Q}=\frac{P_{fus}}{P_{aux}}. \tag{2.5}$$

实际上,反应堆设计者希望由聚变 α 粒子释放的能量能够补偿燃料的能量损失.这样当等离子体达到运行温度后,辅助加热就不需要了,这时 $P_{aux}=0$, $\mathcal{Q}=\infty$,人们

称之为热核点火. 一旦点火实现,几乎稳态的条件能够维持,新的燃料均匀地加入反应堆来替代燃尽的燃料.

对惯性约束聚变,一个合适的驱动器以高能短脉冲的形式给聚变靶能量,这引起一个超短爆炸来释放聚变能. 这种过程周期性重复,每次辐照一个新靶. 这样,比较由驱动束给予靶的能量 E_d 和由这个靶释放的能量 E_{fus} 是很合适的. 这个基本量叫做靶能量增益,即

$$G = \frac{E_{fus}}{E_d}. \tag{2.6}$$

我们将看到能源生产需要 $G=30\sim100$.

对惯性约束聚变,点火是高增益的必要条件;相反,对磁约束聚变,点火是希望能实现但不是绝对必需的,而且原则上这对应无限能量增益.

下面章节我们讨论稳态磁约束聚变反应堆持续反应和点火所需的限制条件. 我们得到一个和劳森判据类似的条件. 惯性约束聚变所需的约束条件和点火过程的定性讨论将在 2.5 节和 2.6 节进行.

2.4　磁约束聚变的劳森型和 $n\tau T$ 点火条件

2.4.1　功率平衡和能量约束时间

即使用封闭场结构和稳态运行模式,磁约束聚变装置的能量约束从来不是完美的. 除了辐射损失,被约束的等离子体由于横向穿过磁力线不断损失能量. 认识并控制这种横向运动是磁聚变研究中最困难的问题之一. 总体上讲,它可以用能量约束时间 τ_E 来描述. 这个时间定义为扩散能损失等于等离子体的总能量 $(3/2)(n_i+n_e)k_BTV$,这里 V 是等离子体体积. 对氢等离子体,$n=n_i=n_e$,对应的能量损失为

$$P_{dif} = 3nkT_BV/\tau_E. \tag{2.7}$$

包含韧致辐射的总能量损失为

$$P_L = P_b + P_{dif} = \left(W_b + \frac{3nk_BT}{\tau_E}\right)V. \tag{2.8}$$

为了达到稳态,P_L 必须由外部辅助加热和内部 α 粒子加热 P_{in} 补偿,即

$$P_L = P_{in} \cong P_{aux} + P_\alpha, \tag{2.9}$$

这里 $P_\alpha=W_\alpha V=(1/5)W_{fus}V$.

2.4.2　劳森型判据

持续运行的条件可用等离子体密度、温度和约束时间更明显地写出来. 引入关于 P_L 的(2.8)式和联系辅助功率与聚变功率的(2.5)式,(2.9)式变为

$$W_{\mathrm{b}}+\frac{3nk_{\mathrm{B}}T}{\tau_{\mathrm{E}}}=W_{\mathrm{fus}}\left(\frac{1}{\mathscr{Q}}+\frac{1}{5}\right). \tag{2.10}$$

再利用(2.2)式和(2.3)式,这个条件最后可写为

$$n\tau_{\mathrm{E}}=\frac{3k_{\mathrm{B}}T}{\frac{1}{4}[(1/\mathscr{Q})+(1/5)]Q_{\mathrm{DT}}\langle\sigma v\rangle-C_{\mathrm{b}}T^{1/2}}, \tag{2.11}$$

这里 $C_{\mathrm{b}}=5.34\times10^{-24}\,(\mathrm{erg}\cdot\mathrm{cm}^3)/(\mathrm{s}\cdot\mathrm{keV}^{1/2})$, $Q_{\mathrm{DT}}=2.86\times10^{-5}\,\mathrm{erg}$, $k_{\mathrm{B}}=1.602\times10^{-9}\,\mathrm{erg/keV}$. (2.11)式左边密度和能量约束时间的积叫做约束参数. 对稳态运行,它必须等于(2.11)式的右边,这只是温度的函数. 如果(2.11)式中取 $\mathscr{Q}=2.5$,就可得到原始的劳森判据(Lawson, 1957). 图 2.2 给出了点火($\mathscr{Q}=\infty$)和以较低值($\mathscr{Q}=5$)持续运行所需的劳森参数 $n\tau_{\mathrm{E}}$ 曲线. $T=T_{\mathrm{id}}$ 是点火曲线的垂直渐近线,在 $T\simeq20\mathrm{keV}$ 时,有极小值 $n\tau_{\mathrm{E}}\simeq2\times10^{14}\,\mathrm{s/cm^3}$.

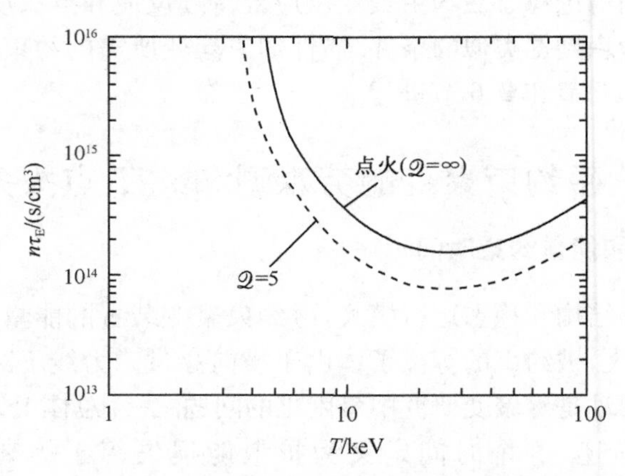

图 2.2 点火和以 $\mathscr{Q}=5$ 稳态运行时劳森条件 $n\tau_{\mathrm{E}}$ 随温度 T 的变化

这里假定等摩尔 DT 等离子体,并假定聚变 α 粒子得到很好约束

2.4.3 $n\tau T$ 点火条件

对固定 $\mathscr{Q}$ 画出量 $n\tau_{\mathrm{E}}T$ 随运行温度变化的曲线可得到一个有趣的结果. 图 2.3 显示 $n\tau_{\mathrm{E}}T$ 与 T 关系曲线在很宽的温度范围内几乎是平坦的. 特别的对 $8\mathrm{keV}\leqslant T\leqslant25\mathrm{keV}$,点火实现时

$$n\tau_{\mathrm{E}}T\simeq3.3\times10^{15}\,(\mathrm{s}\cdot\mathrm{keV})/\mathrm{cm}^3, \tag{2.12}$$

参数 $n\tau_{\mathrm{E}}T$ 经常被用来评价磁聚变能研究的进展. 在第 4 章中我们将对惯性约束聚变导出类似条件. 应注意的是 $n\tau_{\mathrm{E}}T\propto p\tau_{\mathrm{E}}$,这里 p 是等离子体压力.

设定 $\mathscr{Q}=\infty$,忽略轫致辐射损失,并用(1.67)式来表示 DT 反应率,由(2.11)式可近似得到(2.12)式,其值为 $n\tau_{\mathrm{E}}T=3\times10^{15}\,(\mathrm{s}\cdot\mathrm{keV})/\mathrm{cm}^3$.

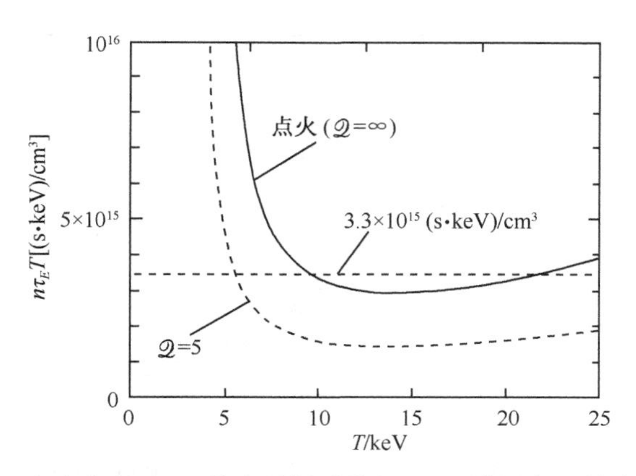

图 2.3 点火和以 $\mathcal{Q}=5$ 稳态运行时乘积 $n\tau_{\mathrm{E}}T$ 随温度 T 的变化

可以看到，对 $8\mathrm{keV}\leqslant T\leqslant 25\mathrm{keV}$，点火曲线几乎不变

2.5 惯性约束聚变点火和高增益条件

2.5.1 约束参数 ρR

我们现在回到惯性约束物质，并考虑图 2.4 所示意的燃烧中 DT 燃料的球形等离子体. 为简单起见，我们假定 $t=0$ 时，它有均匀质量密度 ρ 和温度 T，在半径 R_{f} 处有自由边界. 除了它自身的质量惯性，没有物理机制约束等离子体. 气体动力学告诉我们等离子体球将以图 2.4 所示的稀疏波形式膨胀，稀疏波的详细内容将在 6.3 节中讨论，根据公式

$$R = R_{\mathrm{f}} - c_{\mathrm{s}} t, \tag{2.13}$$

$$c_{\mathrm{s}} = \sqrt{2k_{\mathrm{B}}T/m_{\mathrm{f}}}, \tag{2.14}$$

波前向内运动，c_{s} 为等温声速，m_{f} 为燃料离子的平均质量. 对等摩尔 DT 等离子体 $m_{\mathrm{f}}=2.5m_{\mathrm{p}}$，$m_{\mathrm{p}}$ 为质子质量. 声速中的因子 2 是考虑了等离子体电子，因此有 $c_{\mathrm{s}}=2.8\times10^{7}T^{1/2}\mathrm{cm/s}$，这里 T 的单位是 keV. 等离子体的约束时间为

$$\tau_{\mathrm{conf}} = R_{\mathrm{f}}/c_{\mathrm{s}}, \tag{2.15}$$

这个约束时间描述质量约束，不要和(2.7)式定义的描述磁约束聚变中能量约束的约束时间 τ_{E} 相混.

在惯性约束聚变中，τ_{conf}必须和聚变反应时间可比，即

$$\tau_{\mathrm{fus}} = \frac{1}{\langle\sigma v\rangle n_0}, \tag{2.16}$$

这里 $n_0=\rho/m_{\mathrm{f}}$ 是等离子体离子数密度. 这两个时间的比为

$$\frac{\tau_{\mathrm{conf}}}{\tau_{\mathrm{fus}}} = \langle\sigma v\rangle n_0 \tau_{\mathrm{conf}}. \tag{2.17}$$

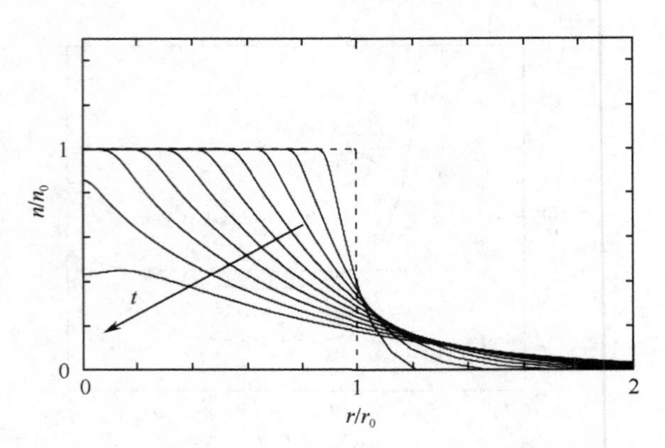

图 2.4 等离子体球在不同时间的径向密度分布
初始密度分布用虚线表示，在后面时刻，稀疏波往里跑.
温度和压力的分布和密度类似

它决定在约束时间内所能燃烧的燃料量. 和磁聚变相似，它由密度和特征时间的积 $n_0\tau_{\mathrm{conf}}$ 控制. 在惯性聚变中，约束参数通常用质量密度和半径的积表示

$$n_0\tau_{\mathrm{conf}} = \frac{1}{m_{\mathrm{f}}c_{\mathrm{s}}}\rho R_{\mathrm{f}}. \tag{2.18}$$

燃烧一定比例燃料所需的 ρR_{f} 值将在 2.6 节中给出.

2.5.2 燃烧效率

燃烧效率(或者叫燃耗比)定义为总的聚变反应数 N_{fus} 和初始时等离子体体积 V_0 中 DT 对数量 $N_{\mathrm{DT}}^{(0)}=n_0V_0/2$ 之比

$$\Phi = \frac{N_{\mathrm{fus}}}{N_{\mathrm{DT}}^{(0)}}. \tag{2.19}$$

在体积 $V(t)$ 中，时间间隔 $\mathrm{d}t$ 内的聚变反应数为

$$\mathrm{d}N_{\mathrm{fus}} = \langle\sigma v\rangle n_{\mathrm{D}}n_{\mathrm{T}}V(t)\mathrm{d}t. \tag{2.20}$$

在 $\Phi\ll 1$ 极限(低燃烧情况)并假定均匀等摩尔 DT 时，人们得到

$$n_{\mathrm{D}} = n_{\mathrm{T}} \simeq n_0/2 = \rho/2m_{\mathrm{f}}, \tag{2.21}$$

它不依赖时间，但燃烧燃料的体积 $V(t)$ 依赖时间. 这里我们假定只有在图 2.4 所示中心非稀疏区的燃料才燃烧，稀疏区的燃料由于温度和密度迅速减小而不作贡献. 对球形结构，我们得到

$$V(t)/V_0 = \left[\frac{R(t)}{R_{\mathrm{f}}}\right]^3 = \left(1-\frac{c_{\mathrm{s}}t}{R_{\mathrm{f}}}\right)^3, \tag{2.22}$$

这里 $R(t)$ 是燃烧核半径，R_{f} 是初始半径. 对(2.22)式在燃料被约束这段时间内积分可得到

$$\int_0^{\tau_{\mathrm{conf}}}\left[\frac{V(t)}{V_0}\right]\mathrm{d}t=\frac{R_{\mathrm{f}}}{4c_{\mathrm{s}}},\tag{2.23}$$

这表明，有效约束时间只有 $\tau_{\mathrm{conf}}=R_{\mathrm{f}}/c_{\mathrm{s}}$ 的 1/4. 因此总的聚变反应数为

$$N_{\mathrm{fus}}\simeq\langle\sigma v\rangle\frac{n_0{}^2}{4}\frac{V_0R_{\mathrm{f}}}{4c_{\mathrm{s}}},\tag{2.24}$$

而低燃烧区的燃烧效率为

$$\Phi\simeq\rho R_{\mathrm{f}}/H_{\mathrm{B}},\tag{2.25}$$

$$H_{\mathrm{B}}=8c_{\mathrm{s}}m_{\mathrm{f}}/\langle\sigma v\rangle,\tag{2.26}$$

这里 H_{B} 为燃烧参数.

对惯性聚变应用，大部分的燃料要被燃烧，燃料损耗不能忽略. 一个考虑了燃烧损耗的常用近似公式为(Fraley et al. , 1974)

$$\Phi\approx\frac{\rho R_{\mathrm{f}}}{H_{\mathrm{B}}+\rho R_{\mathrm{f}}}.\tag{2.27}$$

它在低燃烧极限 $\rho R_{\mathrm{f}}\ll H_{\mathrm{B}}$ 下，重新得到(2. 25)式；而在完全燃烧极限 $\rho R_{\mathrm{f}}\gg H_{\mathrm{B}}$ 下，有 $\Phi\simeq 1$. (2. 27)式和燃烧的完整模拟的比较可见 4. 6 节.

2. 5. 3　燃烧参数 H_{B}

燃烧参数(2. 26)式可由下式计算：

$$H_{\mathrm{B}}(T)\simeq 9\,\frac{\sqrt{T/100\mathrm{keV}}}{\langle\sigma v\rangle/(10^{-15}\,\mathrm{cm}^3/\mathrm{s})}\,\mathrm{g/cm}^2,\tag{2.28}$$

它已在图 2. 5 中给出. 可以看到在和聚变燃烧有关的很大温度区间内(20keV$\leqslant T\leqslant$100keV)，DT 燃料的 H_{B} 变化不大. 图 2. 5 中还给出了其他聚变燃料的$H_{\mathrm{B}}(T)$，它们将在 2. 7. 2 节中讨论.

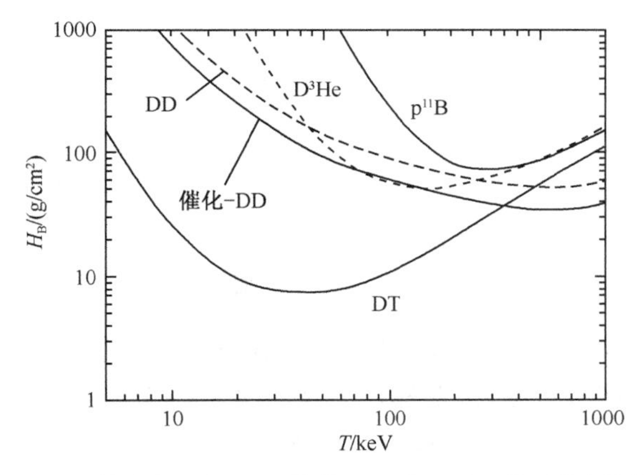

图 2. 5　等摩尔 DT、DD、催化 D、D^3He 和 p^{11}B 混合物的燃烧参数随温度的变化

我们将在 4.6 节和第 5 章进行更详细的讨论，详细的模拟表明，用(2.27)式，取燃烧参数 H_B 为 6～9g/cm^2 的一个常数值，可以很好地近似计算典型的氘氚惯性约束聚变靶的燃烧效率. 下面我们取参考值为

$$H_B = 7\text{g/cm}^2. \tag{2.29}$$

2.6 惯性聚变能生产的总体要求

2.6.1 惯性聚变能反应堆的增益要求

用惯性约束聚变产生能源所需的靶能量增益，可通过考虑图 2.6 所示意的反应堆能量平衡计算. 一个驱动脉冲将能量 E_d 给靶，其所释放的聚变能为 E_{fus}，那么，对应的能量增益为 $G=E_{fus}/E_d$. 这些能量先转化为反应室中外围区(再生区，blanket) 的热能，然后通过标准热循环以效率 η_{th}转化为电. 电能的一部分(比例为 f)重新循环给驱动器能量，它转化成束能量的效率为 η_d. 这个循环的能量平衡可写为

$$f\eta_d\eta_{th}G = 1. \tag{2.30}$$

取 $\eta_{th}=40\%$并要求电能的再循环部分小于 1/4，我们得到的条件为

$$G\eta_d > 10. \tag{2.31}$$

假定驱动器效率能达到 $\eta_d=10\%\sim33\%$，那么能源生产所需的靶增益为 $G=30\sim100$.

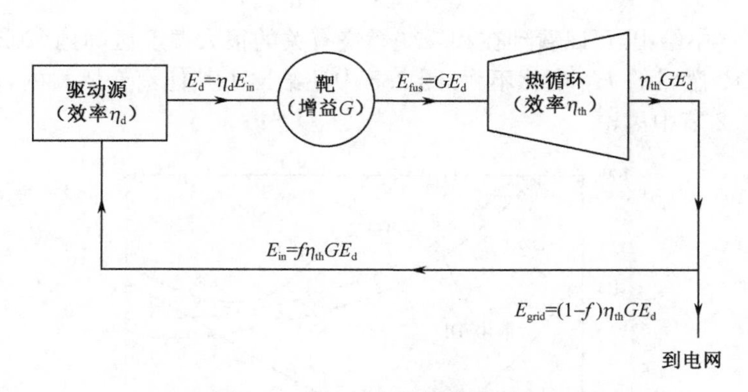

图 2.6 ICF 反应堆的能量平衡

图 2.6 所示的循环忽略了一些相对小的项. 实际上，在反应堆外围区，放热中子反应也对能源生产有贡献，因此输出功率可乘上一个因子 $M=1.25$ (2.7.1 小节)，而工厂附属设备会用掉一部分输出功率.

2.6.2 容许的燃料质量

单个微爆炸释放的能量必须限制在几吉焦，这样即使以每秒几次运行也能控制在反应室中而不会毁坏它. 完全燃烧 1mg 的 DT 释放 337MJ 的聚变能. 假定燃耗为 30%，那么人们要把燃料质量限制在几十毫克.

1GJ 已相当于 250kg 高效炸药释放的能量. 但是，人们在确定这种爆炸的威力时，要记住聚变能是以高速粒子(中子、离子)和光子的形式释放. 其单位能量所携带的动量相对较小，它要比释放相同能量的化学爆炸威力小得多，因为后者是以速度低很多的气体形式释放.

2.6.3 高燃料压缩

为了燃烧这么小的燃料质量，人们必须获得极高的燃料压缩，因为为了充分燃烧，燃料要达到高的 ρR 值. (2.27)和(2.29)式意味着 DT 燃料 30%的燃烧需要

$$H_{\mathrm{f}} = \rho R_{\mathrm{f}} \simeq 3\mathrm{g/cm^2}. \tag{2.32}$$

对球形燃料，其质量为

$$M_{\mathrm{f}} = \frac{4\pi}{3}\rho R_{\mathrm{f}}^3 = \frac{4\pi}{3}\frac{(\rho R_{\mathrm{f}})^3}{\rho^2}, \tag{2.33}$$

因此，燃料密度为

$$\rho = \sqrt{\frac{4\pi}{3}\frac{H_{\mathrm{f}}^3}{M_{\mathrm{f}}}} \simeq \frac{300}{M_{\mathrm{f}}^{1/3}}\mathrm{g/cm^3}, \tag{2.34}$$

这里 M_{f} 的单位是 mg. 当 $M_{\mathrm{f}}=1\mathrm{mg}$ 时，密度为 $\rho=300\mathrm{g/cm^3}$. 换句话，对密度为 $\rho_{\mathrm{DT}}=0.225\mathrm{g/cm^3}$ 的固体 DT，压缩因子为

$$\rho/\rho_{\mathrm{DT}} \simeq 1500. \tag{2.35}$$

这么高的燃料压缩要求是惯性约束聚变的一个最突出的特征.

压缩可以增加聚变反应速率这一优点已经知道了一段时间，但 1000 倍的压缩要求和如何用激光驱动爆聚实现这种压缩，最早在 1972 年才由 Nuckolls 等首先发表. 之前不久，Basov 在会议上发表的一篇文章声称“据估计，用球形流体爆聚可实现 100～1000 倍的压缩.”(Kinder, 1998). Nuckolls 和合作者提出用燃料球的激光驱动爆聚来实现所需的压缩和加热. 他们还描述了如何利用驱动脉冲的时间形状来实现几乎等熵的燃料压缩. 这些文章标准标志了国际激光微聚变研究的元年，虽然在 Livermore(Kinder, 1998)和一些前苏联实验室在 10 年前就已作为绝密项目进行研究(3.5 节).

2.6.4 热斑点火和燃烧传播

将聚变燃料均匀加热到点火温度 5keV 不足以获得惯性聚变能所需的能量增

益. 用均匀加热得到的增益可估计为

$$G = \frac{17.6\text{MeV}}{30\text{keV}}\Phi\eta \approx 20. \tag{2.36}$$

这里 DT 反应释放的 17.6MeV 的聚变能除以温度为 5keV 时两个离子和两个电子的热能 $4(3/2)k_{\mathrm{B}}T=30\text{keV}$，再乘上燃烧效率 $\Phi=0.3$ 和束-燃料耦合效率 $\eta=0.1$. 这些都是乐观的估计，因此增益 $G\approx20$ 代表的是上限，这对惯性聚变能太低了.

解决的办法是只点燃燃料的一小部分，即所谓的热斑，然后由传播的燃烧波点燃压缩冷燃料的剩下部分. 冷燃料将用最小的能量压缩，这样投资到燃料上的总能量大为减小. 热斑点火和燃烧传播的概念将在第 3～5 章中阐述.

当然，热斑必须足够大，可以自我加热，并为燃烧传播产生足够的聚变能，这点将在第 4 章中详细研究. 其条件是大部分的聚变 α 粒子在热斑区域内沉积它们的能量，这就要求

$$\rho_{\mathrm{h}}R_{\mathrm{h}} > 0.2 \sim 0.5\text{g/cm}^2; \qquad T_{\mathrm{h}} = 5 \sim 12\text{keV}. \tag{2.37}$$

不同于热斑点火的另一种方法是在远低于理想点火温度的温度下进行点火，这可获得十分稠密而光性厚的等离子体，因此能吸收部分韧致辐射，这种所谓的体点火机制将在 4.5 节中讨论. 但是估计的能量增益要小于局域点火所能得到的(5.5.2 小节).

2.7 燃料循环

2.7.1 DT 循环和氚增殖

等摩尔 DT 混合物是具有最低点火温度和最高产额比的燃料，有个问题是氚是一种不稳定的同位素，它衰变到^{3}He的半衰期为 12.3 年，因此需要在 DT 燃料循环中来产生. 根据下面的反应，用中子辐照锂可进行氚增殖

$$^6\text{Li} + \text{n} \longrightarrow \text{T} + \alpha + 4.86\text{MeV}, \tag{2.38}$$

$$^7\text{Li} + \text{n} \longrightarrow \text{T} + \alpha + \text{n} - 2.87\text{MeV}. \tag{2.39}$$

这些反应的截面如图 2.7 所示，注意反应(2.39)式是吸热的，其阈值为 2.87MeV. 因此只要有足够量的氚启动反应堆，DT 反应释放的 14.1MeV 的中子就可用来产生氚. 这在围绕反应堆腔的外围区（再生区）实现. 因此 DT 聚变的基本原始燃料是氘和锂，它们都是地球上可大量获得的(USGS, 2001).

氚再生区(Conn, 1981; Kulcinski et al., 1995)包含锂和对(n,2n)反应有大截面的材料(如铍或铅). 一个正的增殖平衡可由反应(2.39)式实现，它在增殖氚的同时释放一个额外的中子，也可由铍或铅中的(n,2n)反应实现. 我们看到 n^{6}Li 反应是产热的，在聚变反应堆中，它对能量产生有贡献. 在一个很好设计的惯性约束

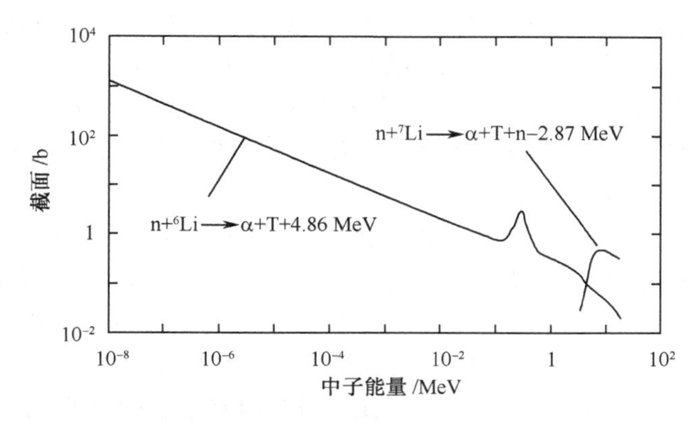

图 2.7　氚增殖反应界面，数据来自 ENDF/B-6 (2000)

聚变反应堆中，它能增加 25%的能量输出(Kulcinski et al.，1995).

氚的一个缺点是它的放射性，且它的高挥发性使问题更加严重，但氚能快速脱离人体组织缓解了这个问题. 另一个困难涉及中子诱发的对结构的激活和破坏. 在一些 ICF 反应堆研究中有人设想，保护反应堆壁的液体壁层可能会解决这个问题(Kulcinski et al.，1995).

2.7.2　氘和改进型燃料

作为 DT 的替代，人们考虑了其他在可获得性及环境影响方面有潜在优势的燃料(Dawson，1981). 但所有这些燃料都特别难于点燃并有较高的 ICF 燃烧参数(这导致在给定燃料约束参数 H_f 时，有较低的燃烧比例). 这可以在列有选定燃料的点火温度、最小燃烧参数和相应温度以及产额比的表 2.2 中看到. DT、D^3He 和 $p^{11}B$ 的数据都是针对等摩尔混合物的.

表 2.2　受控聚变材料的主要性质

	T_{id}/keV	H_B^{min}/(g/cm²)	$T(H_B^{min})$/keV	产额/(GJ/mg)
DT	4.3	7.3	40	0.337
DD	35	52	500	0.0885
DD(全催化)	25	35	500	0.350
D^3He	28	51	38	0.0357
$p^{11}B$	—	73	250	0.0697

我们先考虑基于氘，且含氚很少的燃料. 纯氘不需要获得任何增殖，但仍能通过 $D(d,n)^3He$ 反应直接产生 2.45MeV 的中子. 氚能通过 D(d,p)T 反应增殖，因此通过氘和氚之间的次级反应能产生 14.1MeV 的中子. 这导致了氘的催化燃烧概念(Miley，1976)，这指 DD 反应能产生 T 和 ^3He，而它们又能和其他的氘核反应

(实际上,这是乐观的,因为计算表明,在可设想的氘靶中,大多数的氚被燃烧,而大多数的^{3}He剩下没被燃烧). 值得一提的是,目前看来,在 MCF 和 ICF 中用纯氘点火是不现实的. 但是,一个小的 DT 种子可以触发氘的燃烧(Miley, 1976). 在合适的参数下,ICF 中,氚增殖不是必须的,因为作为种子所需的氚可以在靶燃料循环中产生(12.3.3 小节).

D^{3}He 反应看起来是有趣的,因为它只产生带电粒子,并在 30～500keV 温度范围内其反应率比 DD 高. 就像 DD 反应一样,它也可由 DT 种子点燃. 但是通过 DD 反应和次级的 DT 反应会产生大量的中子,并且地球上^{3}He很稀少.

因为 p^{11}B 反应不涉及任何放射性材料也不释放中子,因而特别有吸引力. 其理想点火(按 2.1.2 节的定义)的可行性还未知. 但是通过燃烧燃料使能量平衡也许可以实现,方法是离子温度维持在比电子温度高许多的水平,这样可增大聚变产生能量和辐射损失能量之比. 但是,由于低产出和很高的燃烧温度,在目前考虑的 ICF 概念中,看来是不可能通过燃烧质子-硼混合物达到获得 ICF 反应堆所需的能量增益的.

第3章　球形内爆惯性约束

惯性约束聚变(ICF)是将几毫克的燃料压缩到1000倍液体密度,并在由于惯性使燃料保持在一起的这段时间内燃烧它.它所需的密度可通过外部驱动器的高功率辐照对球壳的内爆来实现.这种机制叫直接驱动ICF.

不同类型的外部辐照被考虑用来驱动内爆(如激光束、离子束和X射线),尽管这些束能的沉积不同,通常球壳表面都会被加热并烧蚀从而产生驱动内爆的压力,因此靶丸的内爆、点火和燃烧过程基本和驱动器、辐照机制无关.

本章用简单但几乎自我完备的方式讨论ICF的基本原理,并用典型的激光驱动靶内爆的模拟结果来讲解.

然后,后面的第4章和第5章将讨论热核点火物理并发展能量增益这一ICF应用首先关心的量的模型.对于ICF,这几章是本书的中心,下面的第6～11章特别详细处理个别物理问题并应用到高能量密度物质这一更宽的领域.第9章特别讨论间接驱动ICF,那里靶丸由辐射腔内的X射线驱动.

3.1　球形内爆模拟

图3.1简要给出直接驱动内爆的几个阶段.辐照导致表面烧蚀[图3.1(a)],并驱动燃料内爆[图3.1(b)],当内爆材料在中心转滞(stagnate)时,它的动能被转化成内能.这时[图3.1(c)]燃料是一个高度压缩的球壳,中心是点燃燃料的热斑.燃烧波从热斑开始并点燃所有燃料,燃料爆炸了[图3.1(d)].

球形内爆压缩的标准机制用数值模拟结果讲解是最好的,这里我们针对直接驱动激光聚变给出一个简单靶设计的模拟,它由McCrory和Verdon(1989)开发.模拟用意大利Frascati ENEA实验室在20世纪70年代后期和80年代早期开发的一维程序IMPLO-升级版进行.在关于激光聚变流体模型的一篇评述文章中(Atzeni,1987),有这个程序特点的概述和原始参考文献.这里我们只简单说,这个程序求解一组描写流体速度、质量密度、电子温度、离子温度和压力的径向分布和时间演化的方程.材料性质用包含了电离、简并等的物态方程描述.模型也考虑了等离子体碰撞过程引起的能量输运(热流和电子-离子弛豫)和辐射过程.激光相互作用是用几何光学近似,并考虑了等离子体折射和碰撞吸收.最后程序包含了核聚变反应、燃料燃耗和聚变带电产物与中子的输运.所有这些过程在本书后面章节中会讨论.

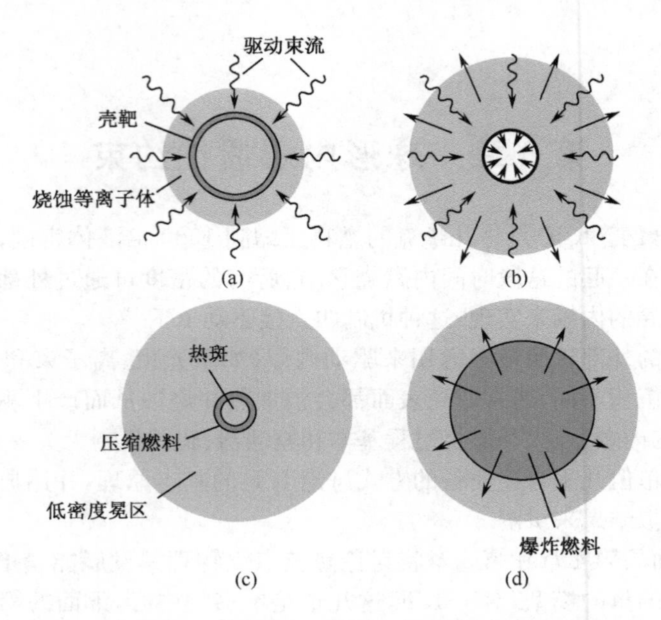

图 3.1 球形内爆惯性约束聚变原理

(a)辐照;(b)烧蚀驱动的内爆;(c)中心点火;(d)燃烧和爆炸

3.1.1 靶和激光脉冲

图 3.2 画了靶的一个扇面. 它由中空靶丸和其外面 1.67mg 的塑料烧蚀层与 1.68mg 的(低温)固体 DT 燃料层组成,壳的外半径略小于 2mm,它的形状因子(半径和厚度比)大约为 10. 中心的空腔充满 DT 气体,在内爆后它形成点火热斑的一部分. 在和低温 DT 层达到压力平衡时,气体的密度 ρ_V 可通过调整温度 T_0 来控制. 靶温度保持在 $T_0 \simeq 17.9$K 时,可获得密度的设计值 $\rho_V = 0.3\text{mg/cm}^3$. 使用中空壳层和低温燃料的动机在 3.1.3 小节的 2 和 3 中讨论.

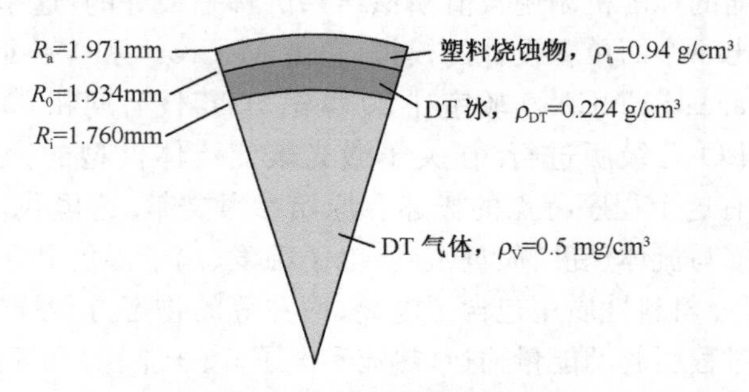

图 3.2 直接驱动激光聚变靶

它是一个中空壳丸,壳由外面的$(CH_2)_n$塑料烧蚀物层和固体 DT 燃料层组成,腔中充满 DT 气体靶丸用 22.7ns 长的紫外(0.25μm)激光照射. 用大量交叉重叠的激光束来提供均匀照射,图 3.3 显示了利用放置在距靶丸几米的透镜聚焦的方法(Skupsky, Lee, 1983). 这种建立在大 f 数光学基础上的照射机制对反应堆室上的小尺度激光束入射孔是有利的. 另一方面,它也有两个缺点,首先,靶丸内爆时,部分束能量会脱离靶;其次,因为激光光线不垂直靶丸表面,它们在等离子体冕区会折射,这引起额外的能量损失. 在这里讨论的模拟中,这两个因素都已考虑,这里激光物质相互作用是用两维射线跟踪算法描述的.

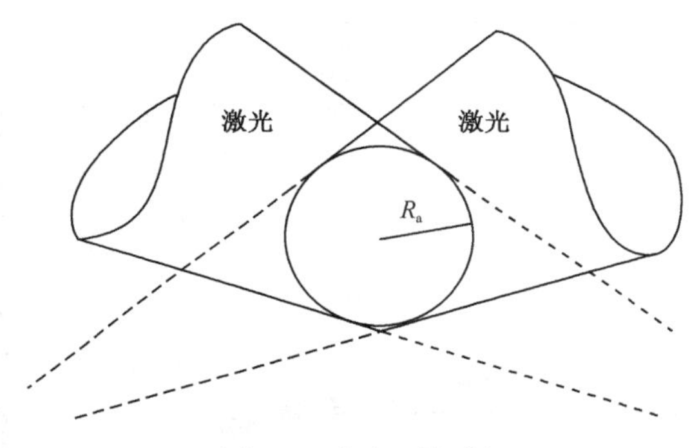

图 3.3　靶辐照机制

靶丸被大量重叠的束辐照,这确保近似球形辐照,光束用 f/18 透镜聚焦(Skupsky, Lee, 1983)

脉冲功率随时间的变化可见图 3.4,其总的脉冲能量为 $E_d=1.7$MJ. 其开始部分是 12ns 长,功率为 1.3TW 的预脉冲,然后上升到大约为 600TW 的峰值功率. 这样一个脉冲形状几乎可确保等熵压缩(见 3.1.3 小节中 1).

3.1.2　内爆图

内爆在图 3.4(b)中用流形图(flow diagram)的形式体现出来. 在模拟中,靶球在径向被分成 221 个网格. 选定网格的轨迹在半径-时间平面被画出来. 这种表达对使用拉格朗日方法的流体计算结果是很自然的. 由于在靶壳上取了大量的网格,这一区域的轨迹很密,因而,在图上变成一个黑色区域. 请注意,网格质量不是均匀的,在需要精细分辨的地方,网格密一些. 但为了防止非物理的不连续,网格质量随半径光滑变化.

从图 3.4(b),我们看到,靶丸外表面的一些网格被激光加热后,汽化、电离并膨胀,加热网格的分界面不断从表面剥离并向外烧蚀. 动量守恒使得内部未被烧蚀的靶丸在烧蚀压作用下向内运动. 最初,$p\simeq 1$Mbar 的激波被驱动进入壳层,这个激波在 $t\simeq 14$ns 时,突破燃料层的内表面,大约在这个时候驱动脉冲功率极大地增加[图 3.4(a)],这引发更强的烧蚀和更大的烧蚀压. 随后的激波导致整个固体层

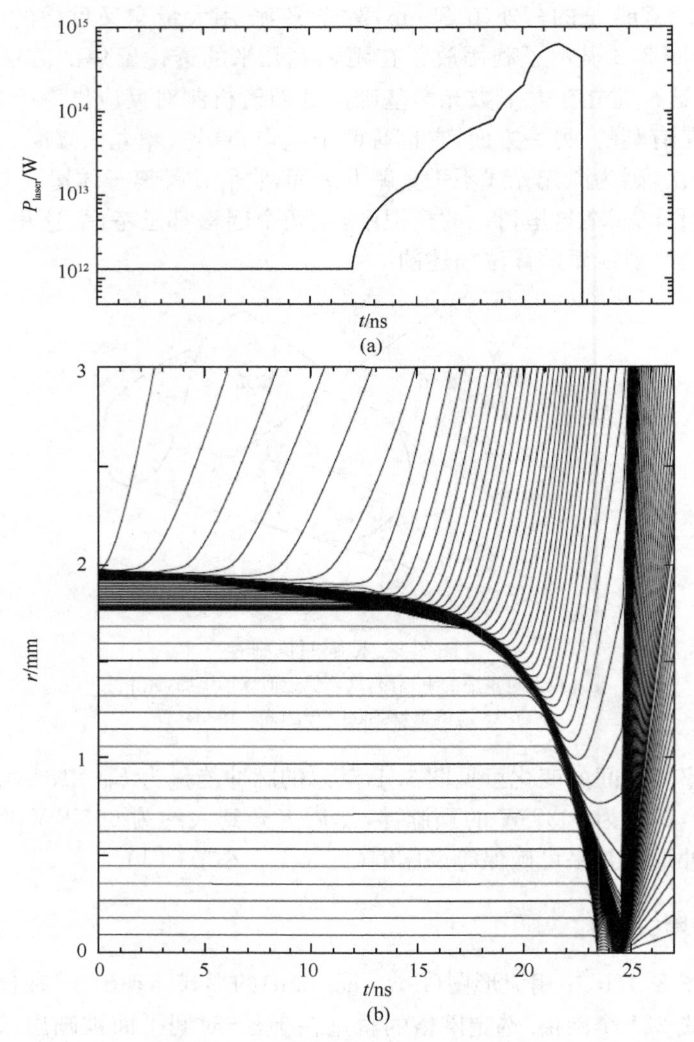

图 3.4　图 3.2 中靶丸的内爆

(a)激光脉冲功率随时间的变化；(b)内爆图

的光滑加速. 在峰值激光强度，烧蚀压大约为 130Mbar. 在 22.8ns 时，驱动脉冲关掉，这时靶丸已吸收了 1.35MJ 的激光能量，90%的塑料层已被烧蚀，现在壳层内爆到只有原来一半的半径，它正以 3.5×10^{7}cm/s 的速度向内航行. 在 24.5ns 时，它抵达中心，开始静止. 这时，靶丸压力达到 250Gbar，而热斑的峰值温度大约为 10keV，在中心形成的约束参数为 $\rho_{h}R_{h}\simeq0.25$g/cm^{2}，热斑周围更冷的燃料已被压缩到 $\rho\simeq400$g/cm^{3}. 在这个转滞阶段，当燃料参数接近最大 ρR 时，中心热斑开始点火了. 然后燃烧波向外跑，点燃所有燃料，如内爆图所显示的那样燃料迅速膨胀. 燃料保持约束并高效燃烧的时间大约为 50ps. 大约 19%的燃料被烧掉，产生的聚变能为 105MJ，相应的靶增益系数为 $G=65$.

一维模拟的细节在 3. 1. 4～3. 1. 6 小节给出. 各种靶的表现在 3. 1. 7 小节中作总结，那里也讨论增加靶增益的方法. 偏离球对称和不稳定性造成的局限性将在 3. 2 节中阐述，这需要二维和三维的处理. 在进入这些细节之前，在 3. 1. 3 小节中，我们有意识地提出简单、基本的设计选择，包括脉冲形状和靶结构.

3.1.3　整形脉冲驱动的中空壳靶

1. 等熵压缩和脉冲整形

燃料压缩必须迅速并等熵地实现. 根据热力学第一定律，$de=Tds-pdV$，一小块物质的比内能由于热传输 $dq=Tds$（比熵增加 ds），或者通过作功 $-pdV$ 会增加 de，这里 p 是这块物质的压力，$V=1/\rho$ 是它的比体积. 因此等熵压缩 $ds=0$（6. 3 节）使得投资的能量最小. 另一方面，ICF 要求快速压缩，这里考虑的高功率束脉冲驱动的动力学压缩可导致强激波，这会产生大量的熵. 气体动力学表明，激波波前的压缩是有限的，典型值为 4～6 倍（6. 2. 5 小节）. 图 3. 5 中，一个压力为 p 的激波在密度为 ρ_0 压力为 p_0 的气体中传播，对比热指数为 $\gamma=5/3$ 的理想气体，我们画出了压缩和激波强度的关系. 图表明，超过一定值后，增加激波强度不能有效增加压缩. 对比较大的 p/p_0，渐渐地 $\rho/\rho_0\rightarrow4$. 而等熵压缩有$\rho/\rho_0=(p/p_0)^{\gamma-1}$，这可得到任意高的压缩.

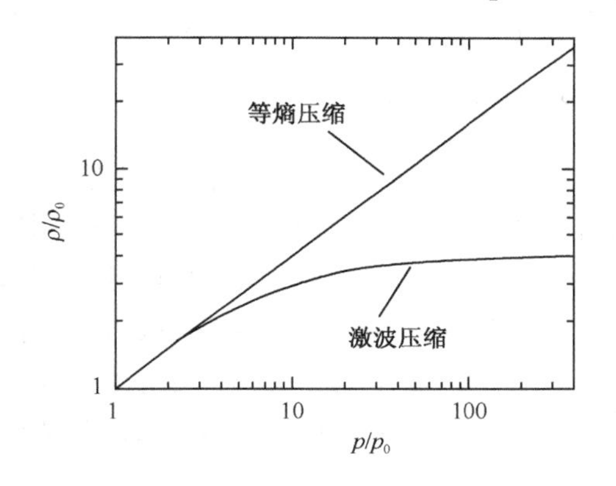

图 3. 5　比热指数为 $\gamma=5/3$ 的理想气体的等熵压缩和激波压缩

图给出了气体压缩和最终压力与初始压力之比的关系

快速且接近等熵的压缩可通过叠加成一个激波系列来实现. 原则上，利用无限多强度为无限小的激波，通过等熵压缩，迅速达到任意密度是可能的. 但这个系列中的每个激波，其速度要比前面的激波大，从而能在一定时间后赶上. 因此随时间增长的压力所制造的激波系列必须仔细整形使得这些激波在同一时刻汇合. 这将在 6. 3. 5 小节和 6. 7. 9 小节中讨论. 在 ICF 中，所需的时间整形的驱动压是通过对驱动束时间整形的方法产生的，如图 3. 4(a).

注释框 3.1　简并燃料和等熵参数

特别高的燃料压缩，会涉及费米简并燃料，这是惯性约束聚变的突出特点.这时，压缩燃料压力的参考值为费米简并冷电子气的压力

$$p_{\mathrm{deg}}(\rho) = \mathscr{A}_{\mathrm{deg}}\rho^{5/3}, \tag{3.1}$$

这里密度 ρ 的单位是 $\mathrm{g/cm^3}$.对等摩尔 DT，有 $\mathscr{A}_{\mathrm{deg}} = 2.17\times10^{12}\,(\mathrm{erg/g})/(\mathrm{g/cm^3})^{2/3}$.

表征这种压缩的另一个重要参数是度量燃料熵的比值

$$\alpha = p(\rho, T)/p_{\mathrm{deg}}(\rho), \tag{3.2}$$

因此，等熵压缩时，α 是常数，因此 α 叫等熵参数.因为在 ICF 中，我们要在给定压力下，获得最大压缩，我们必须使 α 尽可能的小.这是任何 ICF 机制的基本要求.在目前的靶设计中，压缩燃料区 α 的平均值在 1.5～4.

2. 中空壳聚变靶

ICF 靶燃料必须在低熵情况下内爆到很高的速度，在此意义上，如果中空球形靶的厚度 ΔR_0 远小于初始外半径 R_0，那对完全球形内爆是最好的(Kidder, 1976a).一个原因是燃料可以加速较长的距离，并且达到内爆速度 u_{imp} 需要较低的驱动压 p.比如，加速一个恒定质量的壳层到速度 u 所需的压力定标为 $p\propto u_{\mathrm{imp}}^2/A_{\mathrm{r0}}$，这里 $A_{\mathrm{r0}}=R_0/\Delta R_0$ 是壳层的初始形状因子.降低所需的驱动压确实非常有益，因为等离子体不稳定性限制了激光或热辐射驱动的烧蚀所能产生的压力(5.4.1 小节).

中空靶的第二个好处是容易等熵压缩.当激波在均匀材料中球形汇聚，接近中心时激波强度急剧增加(比较 6.7.11 小节)，相反，穿过薄球壳的激波因为没有汇聚加强而较为平缓，当然在随后的球形汇聚中压缩几乎是绝热的.

根据上面的讨论，特别是为了减小驱动强度，人们倾向于把燃料物质放在大半径的很薄的球壳里.但是，在对称性和稳定性考虑方面有严格限制.目前大多数的反应堆靶设计用初始形状因子为 $A_{\mathrm{r0}}\approx10$，半径为 1～3mm 的低温燃料层，内爆这样的壳层达到速度 $u_{\mathrm{imp}}=350\mathrm{km/s}$ 需要的峰值压力大约为 100Mbar.

在内爆时，人们看到燃料层被压缩并变得比初始薄.这种效应在图 3.4(b)的流形图中是很显然的，特别在 $17\mathrm{ns}<t<23\mathrm{ns}$ 时更是如此.结果，壳层瞬态飞行形状因子 $A_{\mathrm{if}}=R/\Delta R$ 要比初始形状因子 A_{r0} 大很多.人们容易想到对稳定性的考虑会对 A_{if} 有额外的限制，这些将在第 8 章中讨论.

3. 低温燃料和内部气体

一个 ICF 靶中大多数燃料是低温形式的，需要使燃料的熵最小决定了这点.

在密度为 ρ_0 的燃料中由压力 p_0 驱动的第一个激波产生的熵为 $\alpha \propto p_0/\rho_0^{5/3}$，因此人们要用尽可能高的初始密度，也就是固体或液体燃料. 对 DT，这要求温度低于三相点，$T_t=19.7$K.

使用低温靶会遇到许多技术问题(IAEA，1995，3.3 节). 它们涉及靶制造、制造和运送到反应堆时的冷却、冰表面的品质等. 成本很高，因此对商业运行的 ICF 是极为重要的.

低温靶的另一个技术问题是中空球内部要根据低温燃料层的气压填上燃料气体. 在本章讨论的聚变靶标准设计中，这些气体燃料对点火起重要作用. 内爆中激发的激波越过壳层后会进入这些气体. 因为气体的密度要小得多，它们比在壳层中产生更多的熵. 在转滞阶段，内爆材料堆积在中心并开始静止，高熵气体比周围的低熵燃料达到更高的温度，并形成热斑的中心部分，这作为点火的火花塞.

3.1.4　辐照和内爆

燃料壳层的内爆由束能沉积驱动. 要理解不是束压作用在靶表面，而是束加热后膨胀材料的反冲力产生的烧蚀压. 因为粒子或光子能量和它们的动量比 $E/\mathscr{P}$ 基本上正比于它们的速度，因此束压可以忽略. 光压和等离子体动能压之比为 $p_r/p \sim u/c$，这里 u 是流体的特征速度，c 是光速，这个比值很小，$u/c \approx 10^{-3}$. 因此，高功率激光束的角色是运载能量到靶表面，并迅速加热靶丸表层，然后烧蚀过程产生驱动压，在烧蚀过程中，热材料以远低于束的速度向外膨胀.

图 3.4(b)显示了靶外层的这种快速膨胀. 这个材料是稀薄热等离子体，它马上变得对激光透明，激光能穿过它，并在靠近固体表面的更冷更稠密的等离子体层中被吸收. 然后更多的材料被烧蚀，这可在图中清楚看到. 这个过程的许多特点可在图 3.6 中看到，图 3.6 给出了激光功率接近最大，即 $t=21$ns 时，不同流体动力学量的径向分布. 图 3.6 表明，激光穿过稀薄等离子体冕区，到达对应所谓临界密度(对等离子体中的光传播)(7.8.1 小节)的临界半径. 如图 3.6(a)所示，大多数的光被吸收在 0.5mm 厚的一层中，这里比沉积功率达到大约 10^{18} W/g. 这个功率是传递给等离子体中的电子的. 沉积能通过热传导向外输运，使得向外膨胀的物质几乎等温[图 3.6(b)]，而向内部分，则引起固体的烧蚀. 等离子体中离子通过和电子碰撞被加热(10.9 节)，在低密度冕区，它们比电子要冷. 烧蚀产生的压力刚好在壳表面达到最大值，其值大约为 100Mbar. 图 3.6(c)显示烧蚀的等离子体以超过 5×10^7cm/s 的速度膨胀，而内爆的激波以速度 2×10^7cm/s 到达稠密壳层和内部气体. 激光等离子体相互作用和烧蚀压的产生将分别在第 11 章和第 7 章讨论. 在那里我们还要讨论选择激光参数的评判标准，特别要说明使用紫外光的理由.

我们回到烧蚀驱动壳的动力学过程，其早期阶段在图 3.7 中用流形图进行演示. 我们看到激光预脉冲将第一个激波送进壳层. 激波前沿在 $t=14$ns 时，到达固

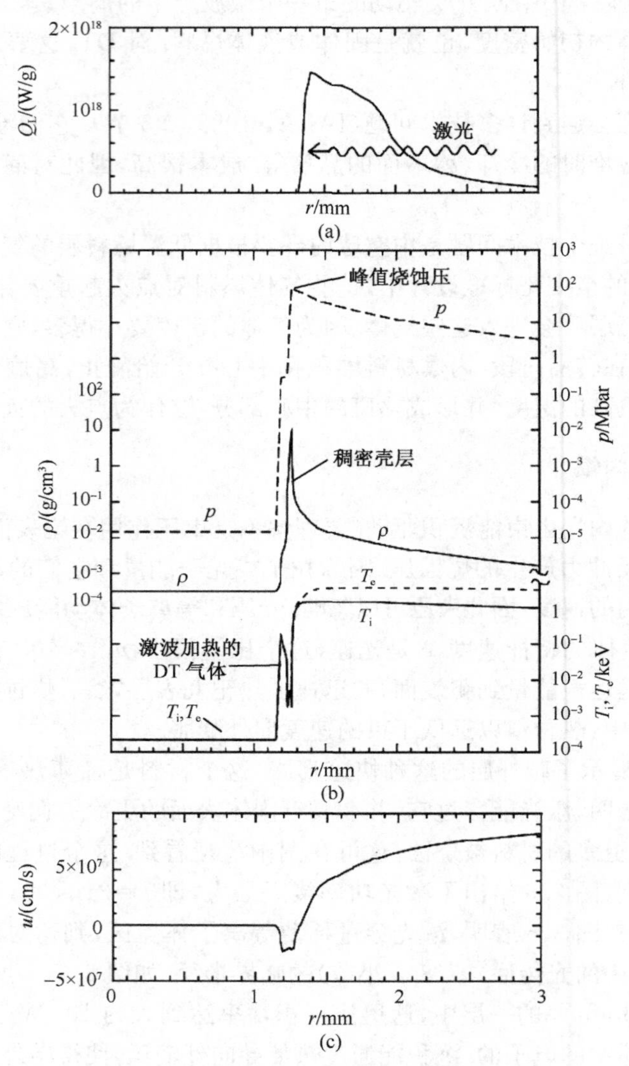

图 3.6 激光吸收和烧蚀驱动

在 $t=21\text{ns}$ 时，流体动力学量的径向轮廓

(a)激光吸收比能；(b)温度、质量密度和压力；(c)流体速度

体-气体分界面. 从这个时刻起整个壳层开始运动. 同时，急剧增大的激光功率驱动另一个强很多的激波，它在 $t=17.5\text{ns}$ 赶上前面的激波. 图 3.7(b)也显示了激波穿过材料分界面时产生的稀疏波. 这个现象将在 6.2 节中描述.

当时间 $t>17.5\text{ns}$ 时，在激光驱动烧蚀产生、作用在壳外表面的压力驱动下，壳层像小船一样运动. 这个运动可描述为"球形火箭"，7.10 节中给出的有关公式

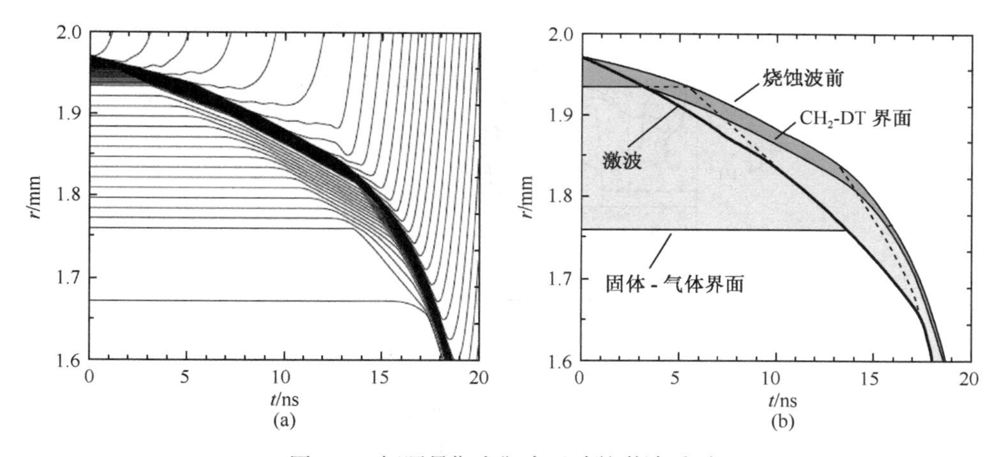

图 3.7　辐照早期在靶中运动的激波系列

(a)图 3.4(b)内爆图的放大.这里画的拉格朗日线更密,它在烧蚀物中不均匀,而在初始低温壳中是等间隔的;(b)同样的内爆图,这里给出材料分界面、激波(粗线)和稀疏波(虚线)的轨迹

可用来计算这个火箭的流体动力学效率,它定义为火箭负载(也就是内爆球形壳)从所吸收的束能中获得能量的比例.

现在的模拟表明,在激光辐照结束时($t=22.7$ns),聚变靶已吸收了 $E_{abs}=1.35$MJ 的激光能量,相应的吸收效率为 $\eta_{abs}=E_{abs}/E_d=78\%$. 这时,外面的塑料层几乎被完全烧蚀,燃料以大约 350km/s 的速度内爆,其获得的动能为 $E_{kin}=120$kJ. 这所对应的流体动力学效率为 $\eta_h\simeq9\%$,而总体耦合效率为 $\eta=\eta_{abs}\eta_h\simeq7\%$.

壳层的烧蚀内爆也可看图 3.8,图中给出了在 5 个选定时刻电子温度、质量密度和压力的径向分布,这 5 个时刻是(1)初始时刻 $t=0$;(2)和(3)壳层向内加速阶段的两个时刻,也即 $t_2=20$ns 和 $t_3=22.4$ns;(4)$t_4=23.6$ns,这在第一个激波从中心反弹后 0.1ns;(5)$t_5=24.46$ns,这大约是点火时刻. 注意图 3.8(a)和(c)未给出标记为(1)的曲线,因为密度和压力的初始值太小了.

图 3.8(b)中的密度轮廓(1)～(3)清楚显示了在作用于壳表面的压力[图 3.8(c)]驱动下,压缩壳层向内运动. 当内爆激波到达中心时(曲线 4)内部气体被加热到温度超过 1keV. 在 t_4 和 t_5 间这个时间段,燃料密度和温度持续上升. 在 $t_5=24.46$ns 时,峰值压力超过 200Gbar,这比峰值烧蚀压大 1000 倍. 发生在 $t>t_4$ 后的过程,在后面两节中详细讨论.

3.1.5　内爆转滞和热斑产生

激光脉冲结束时,壳层正高速向内航行. 同时因球面汇聚加强的一个强激波穿过内部气体. 图 3.9(a)中的流形图显示,在时刻 $t=23.5$ns 时,这个激波到达中心,并被反射. 反射激波后面的气体减速,图 3.9(a)中几乎水平的轨迹 $r(t)$ 清楚地表

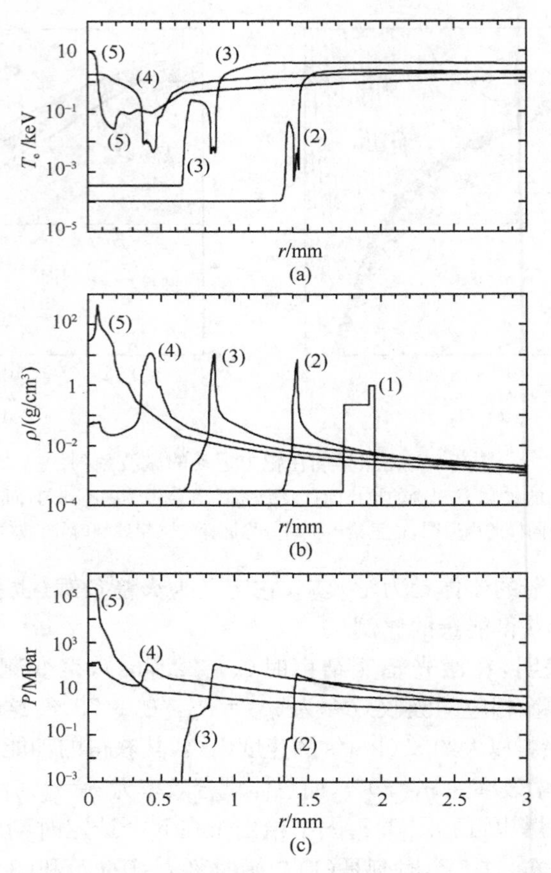

图 3.8　内爆时(a)电子温度、(b)密度和(c)压力的径向轮廓

(1)t=0;(2)t=20ns;(3)t=22.4ns;(4)t=23.6ns;(5)t=24.46ns

明了这点.在 t=23.95ns 时,反射激波碰到稠密壳层的内表面,壳层开始转滞.激波前沿再返回穿过内部气体,这在图 3.9(a)中用粗虚线表示.

图 3.9(b)表明,在 24.2ns<t<24.5ns 这一时间间隔内,超过 2/3 的壳层动能转变成内能.在这个时间段内,燃料被压缩到很高的平均密度,在中心形成了热斑.

这一系列的激波和一系列比较温和的压缩将气体加热到很高的温度.这可以在图 3.9(a)中看到,这里灰色区域表示离子温度超过 4keV,它可作为判断开始聚变反应的阈值(见 2.1.2 小节中定义的理想点火温度概念).我们看到,t>24.3ns 时,主燃料的内层也超过这个温度.从图 3.9(c),我们看到,在 23.5ns<t<24.45ns 这段时间内,中心气体质量平均的离子温度几乎以指数形式从 0.5keV 增加到 10keV.在这段时间里,由机械功引起的气体加热超过因辐射和热传导引起的冷却.同时[图 3.9(d)]稠密壳层被持续压缩,而总的约束参数增长到峰值ρR=

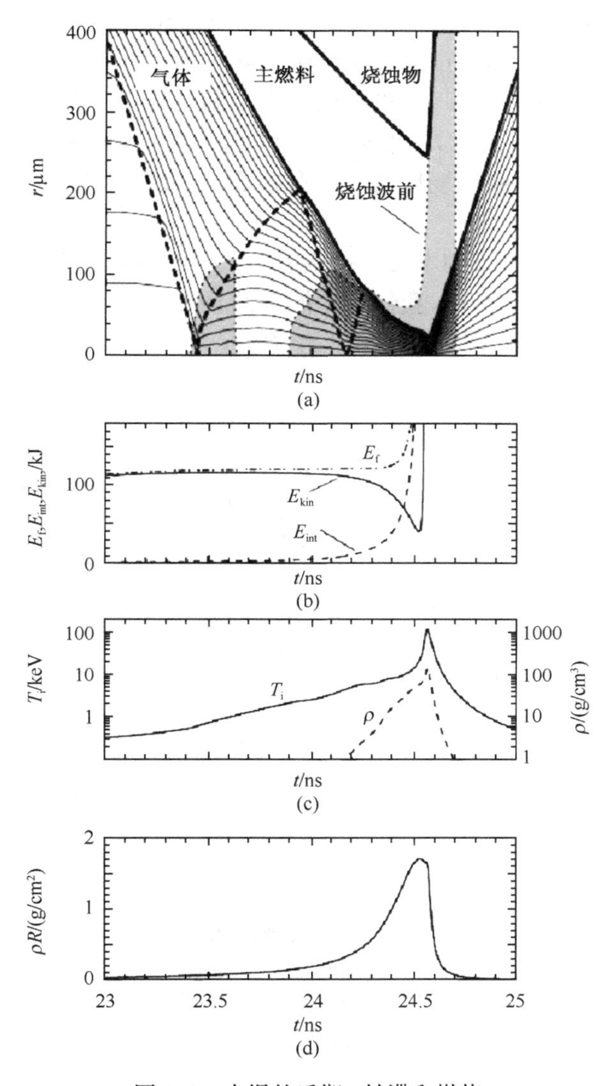

图 3.9　内爆的后期，转滞和燃烧

(a)图 3.4(b)在时间为 23～25ns 的流形图放大. 流形图中的拉格朗日线选在 DT 气体区域和初始低温层的边界. 粗虚线代表激波轨迹，点线围着的灰色区表示离子温度超过 4keV 的燃料区域；(b)总燃料能量 E_f、动能 E_{kin} 和内能 E_{int} 的时间演化；(c)DT 气体区质量平均的离子温度和密度的时间演化；(d)总约束参数 ρR 的时间演化

1.7g/cm^3.

图 3.9 中所有 4 个图表明在 $t=24.5\text{ns}$ 时，所画量的行为有个突然的变化. 在图 3.9(a)中，我们观察到热斑非常迅速地向外运动，这用点虚线包围的灰色区域

表示,这里的温度超过 4keV. 图 3.9(b)显示,$t>24.5\text{ns}$ 时,燃料内能和动能都快速增加. 这表明一个额外的源正给燃料传递能量. 这是 DT 聚变反应释放能量的沉积. 同时[图 3.9(c)],在不到 50ps 的时间内中心温度从 10keV 上升到 100keV. 热区迅速膨胀. 如图 3.9(d)所示,在不到 100ps 的时间内,约束参数下降到非常小的值. 这些特点是自持点火和燃烧传播的固有特征,这在 3.1.6 小节中讲解,并将在第 4 章中详细讨论.

为突显聚变能沉积所起的本质作用,我们在人为关掉聚变能量沉积后运行目前这个靶的模拟. 在图 3.10 中,我们给出燃料总动能、总内能和气体温度的演化. 我们看到,在这种情况下,总能量几乎是常数,温度在 $t=24.5\text{ns}$ 时达到峰值 10keV,然后单调下降.

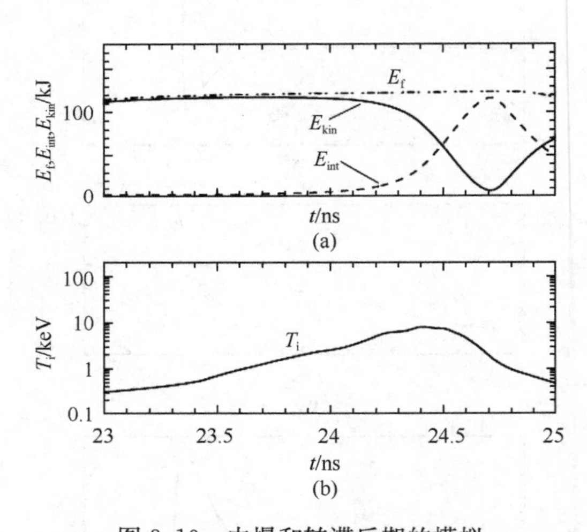

图 3.10 内爆和转滞后期的模拟

聚变能量沉积被人为关掉

(a)总燃料能量 E_f、动能 E_{kin} 和内能 E_{int} 的时间演化;

(b)DT 气体区质量平均的离子温度

现在我们描述点火时刻的燃料结构. 图 3.11 给出了离子温度、电子温度、密度和压力的径向轮廓. 我们看到,这个结构由中心热斑和周围一层稠密得多的燃料组成. 中心的离子温度超过 10keV,在 $R\leqslant R_h=60\mu\text{m}$ 这一区域则超过 4keV. 这里密度轮廓和温度轮廓是相匹配的,这保证压力实际上是常数,$p=230\text{Gbar}$. 热斑的约束参数是$(\rho R)_h=0.25\text{g/cm}^2$,而热斑的平均密度为$\langle\rho\rangle\simeq 40\text{g/cm}^3$. 在稠密燃料层,密度达到峰值 450g/cm^3,而温度只有几百电子伏特. 值得注意的是,在大部分的压缩燃料中压力变化很小. 这种近似等压点火结构是 ICF 中心内爆的特点,它有一个中心热斑,其周围是稠密得多也冷得多的燃料. 在 6.4.3 小节中,我们要讨论一个关于这种等压燃料结构的解析模型.

图 3.9(a)和图 3.11(a)表明，点火时热斑半径和燃料半径只是初始壳半径的一小部分，这通常定量描述为汇聚比(convergence ratio)，它指某个分界面的初始半径和转滞时同一个分界面的半径之比. 靶设计者通常使用整个燃料的汇聚比 $C_f=R_0/R_f$ 和热斑汇聚比 $C_h=R_i/R_h$. 这里 R_0 和 R_i 分别为壳的初始外半径和内半径(图 3.2)，R_f 是转滞时包含 90%燃料的球面半径. 在目前这个例子中，根据图 3.11 有 $C_f\simeq 18$ 和 $C_h\simeq 30$. 在本章后面，我们将讨论会聚比、驱动能和对称性要求之间的关系.

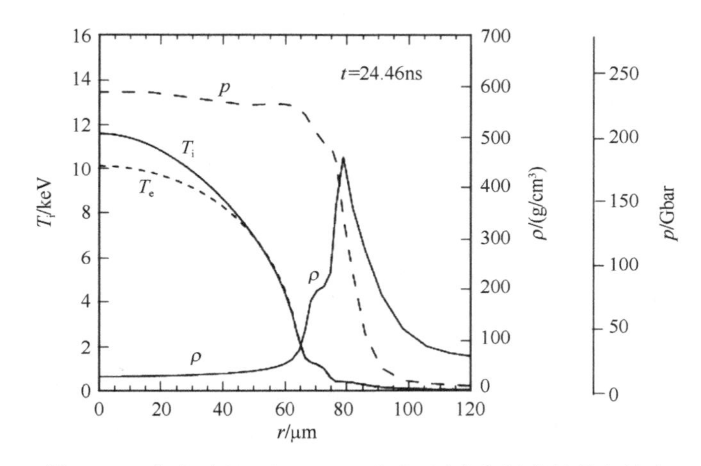

图 3.11　点火时($t=24.46$ns)，密度、压力和温度的径向轮廓

中心热斑被更稠密的燃料包围，在热斑和部分高压缩燃料中，压力几乎是均匀的

热斑和稠密燃料区的熵值有本质的不同. 这是通过使用不同密度的材料(固体和气体燃料)、脉冲整形和球面汇聚实现的. 实际上，在固体中只会较少加热的同一个激波在低密度气体中就能产生很高的熵(3.1.3 小节的 3). 另外，整形激光脉冲在稠密壳中产生一系列不太强的激波，但这些激波能在内部气体中融合成单个强大的激波，结果在融合半径内的材料被驱动到很高的熵. 最后，球形汇聚加强了激波，这将在 6.4 节中讨论.

图 3.12 用 $\lg\rho$-$\lg T$ 平面内一个气体元(a)和一个壳层内部点的轨迹表明了它们行为的本质区别. 这里绝热压缩是有固定斜率的一条线，$\lg T=(2/3)\lg\rho$. 图 3.12 曲线(a)表明，经过初始的辐射预加热(曲线的垂直部分)后，气体被单一强激波加热到几百电子伏特，然后我们发现温度逐渐上升，但这部分曲线的坡度和绝热情况是不同的. 这是因为，一方面其他的激波要使它变陡，同时另一方面，它由于辐射和热传导损失能量. 在 $t=24.46$ns 时，图 3.11 中的点火热斑已经形成，这个气体元的温度大约为 10keV，密度大约为 30g/cm^3. 图 3.12 曲线(b)是关于壳内部的一个

燃料元的. 这里,第一个激波只把材料加热到大约 1eV,随后几乎绝热的压缩使这个燃料元达到所需的很高密度和相对温和的温度,这样可有效使用驱动能. 在 $t=24.46$ns 时,这个燃料元的密度为 $\rho=450\text{g/cm}^3$,温度为大约 300eV.

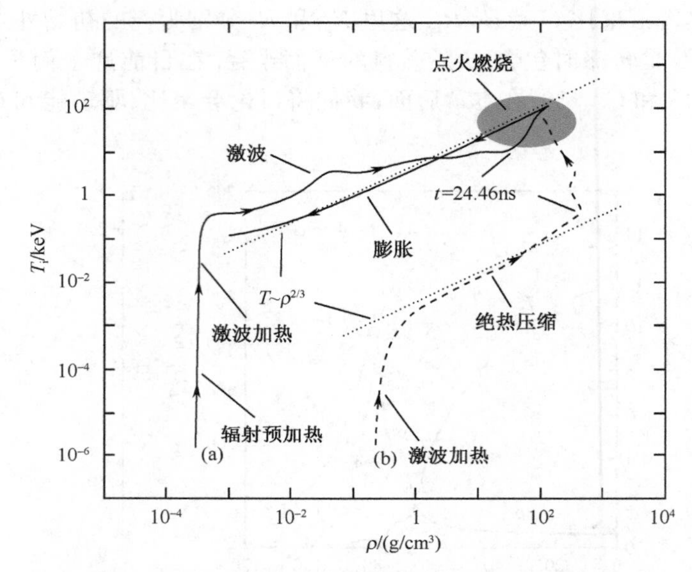

图 3.12　密度-温度平面内燃料元的轨迹

(a)初始为气体的单元;(b)低温燃料层内部的单元

在膨胀阶段,曲线(a)和(b)重叠

3.1.6　燃料点火和燃烧

图 3.13 可说明点火、燃烧传播和最终燃料膨胀的其他一些特点,图 3.13(a)给出了以点火时刻为中心 300 ps 时间内的流形图;图 3.13(b)为中心温度演化;图 3.13(c)为约束参数演化和图 3.13(d)为释放聚变能的演化.

在时刻 $t=24.46$ns,燃料变成图 3.11 所示的那样,DT 聚变反应释放功率大约为 3×10^{15}W. 热斑对 14.1MeV 的中子几乎是透明的,而其大小和密度足够留下 3.5MeV α 粒子能量的 50%(4.1.2 小节). 这个能量沉积超过了由韧致辐射、电子热传导和热斑自加热引起的能量损失[图 3.9(b)和图 3.13(b)中心温度的突然上升]. 同时,由电子热传导和逃逸 α 粒子输运到热斑外部的能量没有丢失. 这些燃料也开始燃烧,燃烧波形成了,它以高达 5×10^8cm/s 的速度向外穿过所有燃料:见图 3.13(a)流形图中的粗虚线.

燃烧波的传播也可见图 3.14,图给出了(a)燃料燃烧过程中温度、(b)密度和(c)压力的一系列径向轮廓. 值得注意的是,燃烧区的温度和密度都随燃烧波传播

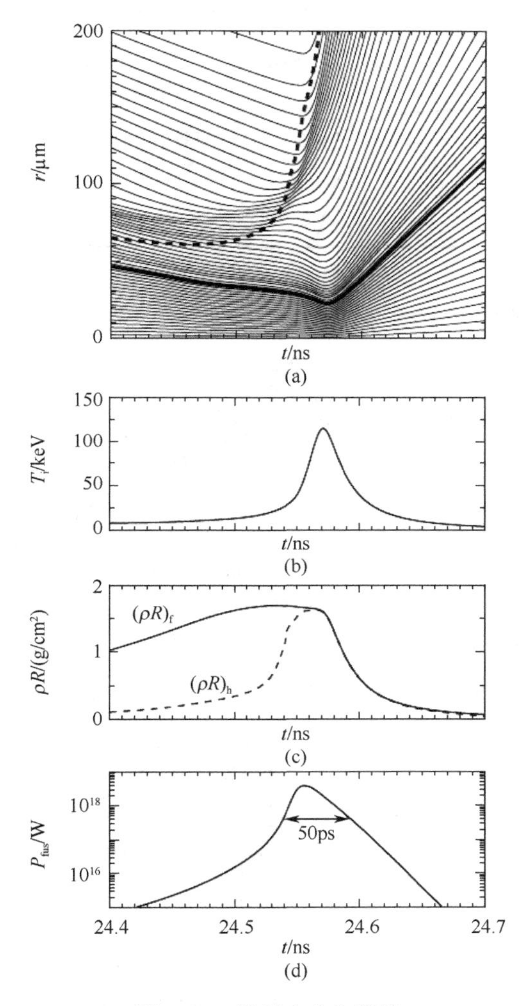

图 3.13　燃料点火和燃烧

(a)图 3.4(b)中的流形图，在 24.4ns 到 24.7ns 间的放大图. 粗实线是对应初始时冰冻 DT 和气体 DT 分界面的拉格朗日线；(b)中心离子温度的时间演化；(c)总的燃料约束参数 $(\rho R)_f$ 和在燃烧的燃料的约束参数 $(\rho R)_h$ 的时间演化；(d)聚变反应释放能量的演化

而增加. 我们看到峰值温度和压力在 $t=24.570$ns 时，分别大约为 100keV 和 10^4Gbar，然后随着燃料解体迅速下降. 在 $t=24.55$ns 时，聚变功率达到最大 3.6×10^{18}W，90%的聚变能在这 50ps 的猛烈爆炸中被释放.

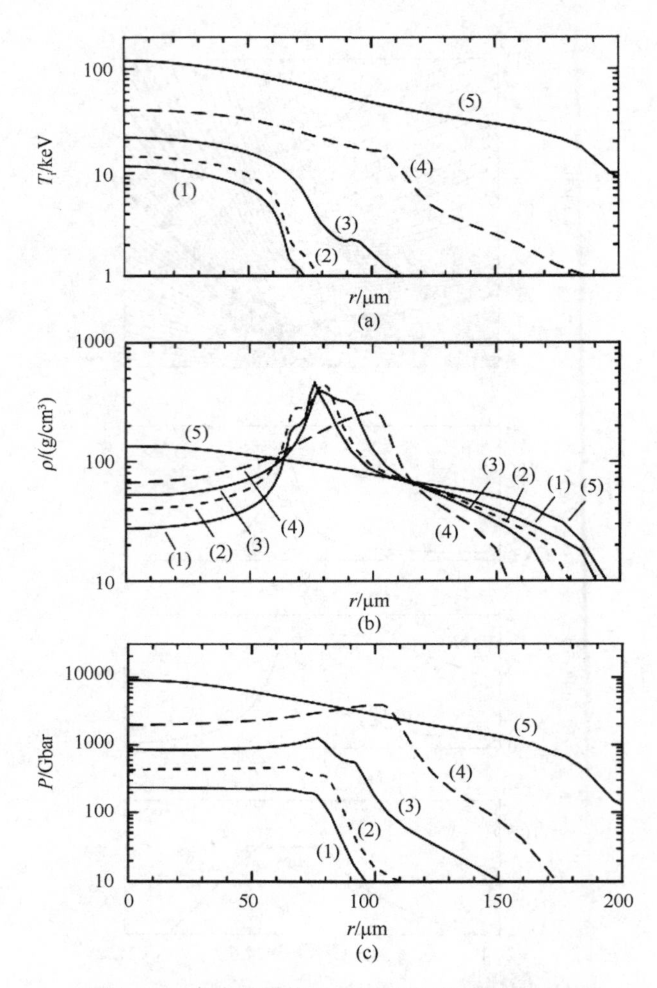

图 3.14　点火和燃烧时(a)离子温度、(b)密度和(c)压力的系列径向轮廓

(1) t=22.460ns；(2) t=24.500ns；(3) t=24.530ns；(4) t=24.550ns；(5) t=24.570ns

3.1.7　模拟结果总结

初始靶和脉冲参数及表征内爆的主要模拟结果总结在表 3.1 中. 表中也包括了一些目前还未讨论的量值,这些值在本书后面将用到.

表 3.1　直接驱动激光靶:参数和表现

靶丸外半径	1.971 mm
DT 外半径	1.943 mm
DT 内半径	1.760 mm
烧蚀物质量	1.67 mg
DT 燃料质量	1.68 mg
DT 气体质量	3×10^{-4} g/cm^3
激光波长	0.25 μm
激光能量	1.7 MJ
激光峰值功率	600 TW
吸收的激光能量	1.35 MJ
临界密度处的峰值强度	3×10^{15} W/cm^2
烧蚀质量	1.60 mg
脉冲结束时内爆速度	3.5×10^7 cm/s
燃料峰值动能	122 kJ
流体动力学效率	9%
整体耦合效率	7%
初始燃料形状因子	11.1
激光峰值功率时飞行形状因子	30
90%燃料的汇聚比	18
热斑汇聚比	30
峰值压力(反应结束后)	170 Gbar
热斑峰值温度(反应结束后)	9 keV
热斑$(\rho R)_h$(反应结束后)	0.2 g/cm^2
峰值 ρR(反应结束后)	2.90 g/cm^3
燃料峰值 ρR(反应进行时)	1.7 g/cm^2
峰值密度(反应进行时)	440 g/cm^3
燃料燃耗	19.2%
释放的聚变能	105 MJ
能量增益	65
燃料能增益	950

注释框 3.2　简单的参数估计

尽管 IFE 物理很复杂,靶和束参数可以通过很简单的考虑来估计. 只能在很窄范围内变化的参数有燃料质量 M_f、燃料形状因子 $A_{r0}=R_0/\Delta R_0$ 和内爆速度 u_{imp}. 质量不应超过几毫克以便控制住这个微爆炸,同时在相反方面,选择很小的质量会对内爆对称性提出太高的限制. 燃料形状因子受制于对称性和稳定性. 内爆速度必须超过一个最小值来产生一个中心点火所需的热斑. 其他参数可根据表 3.2 中第二列的公式计算. 这里假定脉冲时间近似等于内爆时间,而脉冲峰值功率是平均功率的两倍. 取 $M_f=2$mg,$A_{r0}=10$,$u_{imp}=350$km/s,并假定整体耦合效率为 $\eta=0.08$,可得到表中第三列给出的靶和脉冲参数. 这些数据和表 3.1 中相比,显示了相当的一致性.

表 3.2 DT 燃料质量为 2mg 的聚变靶丸的主要参数与用 M_f、A_{r0}、u_{imp} 和 η 进行计算的表达式

燃料质量	M_f	2mg
形状因子	A_{r0}	10
内爆速度	u_{imp}	3.5×10^7 cm/s
总体耦合效率	η	0.08
初始外半径	$R_0\approx[M_fA_{r0}/(4\pi\rho_{DT})]^{1/3}$	0.2cm
燃料能量	$E_f=M_fu_{imp}^2/2$	120kJ
驱动能量	$E_d=E_f/\eta$	1.5MJ
脉冲时间	$t_p\approx t_{imp}\approx R_0/u_{imp}$	6ns
峰值功率	$P_p\approx 2E_d/t_p$	500TW
$r=R_0$ 处峰值强度	$I_p\approx P_p/4\pi R_0^2$	10^{15} W/cm^2
加速度	$\alpha\approx u_{imp}/t_{imp}$	6×10^{15} cm/s^2

3.1.8 优化靶增益

在这章中模拟的靶能量增益为 $G=65$. 根据(2.31)式,如果驱动器的效率大于 $1000/G=16\%$,这对能源生产是足够的. 可人们预计激光驱动器的效率较低(IAEA, 1995),那么人们可能会问,如何增加能量增益? 模拟和模型显示,通过改善设计,对 IFE 合适的增益是可以取得的,但这并不改变本章讨论的基本机制.

首先,通过几何地定标靶,可以增加靶的尺寸,于是有 $M_f\propto R_0^3$ 和 $E_d\propto M_f$. 因为约束参数 ρR 随 M_f 增大,增益也随 M_f 增大,同时增益也随 E_d 增大. 增益和驱动能量的定标关系将在第 5 章讨论.

修改靶和脉冲设计,也可增大增益. 这里我们只提一些可能的选择,并简要讨论其优缺点. 比如,只要把填充气体密度 ρ_V 降低为原来的 1/3,在目前这个例子中就能使增益从 65 改善到 80. 这可以通过稍微降低靶的初始温度实现. 其缺点是减小了热斑半径(即增加了热斑汇聚比),这使得靶对不稳定性更敏感.

改变激光形状来减小熵产生,从而增加燃料密度也可改善增益,但是,这使得在内爆阶段壳层变薄,飞行形状因子增加,因此靶会对流体不稳定性更敏感.

最后,在我们讨论的模拟中已看到,20%的激光能量因几何和折射效应而损失. 在最近提出的设计中(Bodner et al., 2000),焦点在辐照过程中可以变化,这样可按照靶丸半径的变化调节.

最近,海军研究实验室的研究者提出了一种高增益的直接驱动靶设计,这个设计包含了上面的改进并用局域辐射预加热来减小对瑞利-泰勒不稳定的敏感. 模拟预言,用 1.3MJ 的激光脉冲可获得能量增益 $G=125$(Bodner et al., 2000). 其他用来减小壳层不稳定,从而可容许更高增益的概念将在 8.8.4 小节中讨论.

3.2　对称性和稳定性

像本章中目前讨论的一维模拟是高度理想化的，它们所用的球对称是不能保证的. 图 3.15 中的两维模拟表明(Atzeni，1990)，实际上即使小的辐照不均匀也能引起大的内爆不对称.

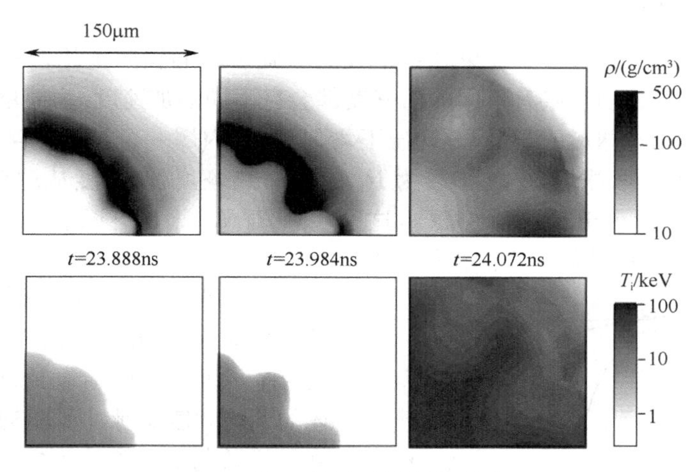

图 3.15　不均匀辐照靶的燃烧

用灰度表示选定时刻的密度和温度

图 3.15 所用的靶和前面研究的几乎一样，但辐照的激光稍微偏离球形. 我们用模式为 $l=8$，峰-谷振幅为大约 0.7%的勒让德多项式 $P_l(\cos\theta)$ 来描述激光(图 3.16 讲解用两维程序模拟球形靶丸的方法). 模拟用 20 世纪 80 年代在 ENEA-Frascati 开发的两维拉格朗日程序 DUED(Atzeni，1986，1990)进行.

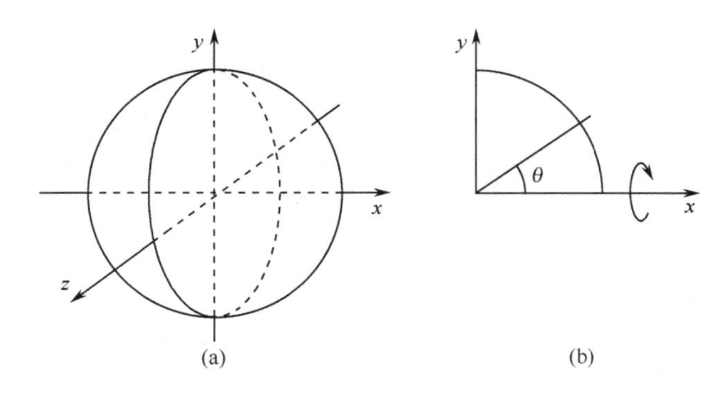

图 3.16　球形靶的两维轴对称模拟

(a)整个靶；(b)模拟的两维扇面

图 3.15 给出了点火和燃烧时的系列分图. 可以看到，很小的辐照不均匀导致形成非球形的热斑和相当大的壳扭曲. 尽管这样，靶能点火并燃烧，得到的能量增益几乎和一维模拟相同. 一个有点大的激光扰动则可导致点火失败.

球形对称是靶丸内爆最关键的问题. 我们把扰动分成两类，波长和壳半径可比的一类以及波长要短得多的一类.

3.2.1　长波扰动

长波扰动通常与有限驱动束和靶中大的瑕疵引起的辐照不均匀有关. 靶的不同部分受不同的驱动压或有不同的面密度都会有不同的加速度. 为简单起见，我们现在假定一个完全球形的靶，但驱动压不均匀. 为了内爆一个初始内半径为 R_0 的中空壳，并得到近似球形，平均半径为 R_h 的压缩热斑，驱动强度从球对称的相对偏离 $\delta p/p$ 必须远小于 $R_h/R_0=1/C_h$，这里 $C_h=R_0/R_h$ 为热斑汇聚比. 对本章所讨论的靶，$C_h\simeq30$，这种偏离不能大于 1%.

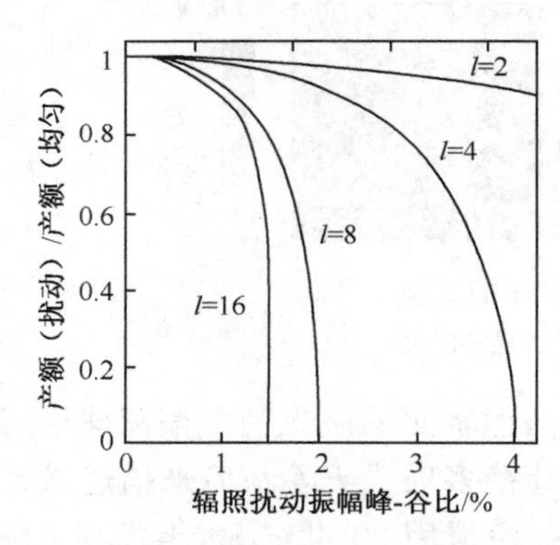

图 3.17　勒让德模式为 $l=2$，4，8 和 16 时，直接驱动激光聚变靶丸产出随辐照不均匀振幅的减小(McCrory, Verdon, 1989)

上面我们已经用二维模拟显示了长波扰动的影响. 一些研究小组研究了用单个球面模式(l 阶勒让德多项式)描述的不均匀激光脉冲所驱动的靶，并计算了增益与 l 和微扰振幅的关系. McCrory 和 Verdon(1989)首先证明，对 $2\leqslant l\leqslant16$ 可容许的扰动振幅随模式数 l 减小. 使用本章中前面模拟所用的靶所得到的结果总结在图 3.17 中. 我们看到，对每一个 l 值，当微扰超过一个临界值时，增益迅速下降为零. 对 $l=2$，微扰的峰-谷振幅可大于 6%，而对 $l=8$，则必须限制到大约 1%. 图 3.17 没有给出模 $l>16$ 时的结果. 因为，一方面，稳态束花样被认为对这种谐波贡献很小；另一方面，对应的压力不均匀性会由于等离子体输运过程而大大光滑.

随后的研究证明，图 3.17 中所示的这种趋势是普遍性的(Atzeni, 1990; Kishony, Shvarts, 2001)，所容许的不均匀依赖特定的靶(Atzeni, 1990)，比如有些靶只容忍比图中所示要小二三倍的扰动.

上面的结果可以这样解释. 有一定波数的驱动扰动产生具有同样周期的变形的热斑(图 3.18)，而振幅随驱动不均匀振幅 A_l 增大而增大. 可以期望，这种变形的热斑和球形的具有几乎一样的体积和平均密度，因此会释放差不多同样的聚变能. 但它的表面积随着模数和扰动振幅而增大，相应的热传导损失和 α 粒子能量的

逃逸部分随 l 和 A_l 增加. 但是,非均匀性也依赖图 3.18 所示的靶的点火宽裕度. 实际上,如果靶内爆所产生的热斑比点火所需的小,任何微小的不对称都会导致点火失败. 相反,如果热斑更大,那么能在一定程度上容忍因一定不对称性引起的额外能量损失.

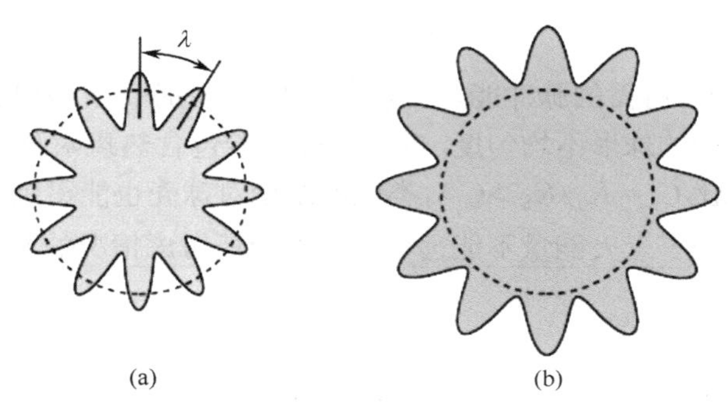

图 3.18　点火富裕(ignition margin)概念

非均匀辐照造成的热斑变形(在图中用灰色区域表示). 它的表面积/体积比随模式数 $l\simeq 2\pi R_\mathrm{h}/\lambda$ 和变形振幅增大. 如果虚线圈表示点火所需的热斑,那么热斑(a)不能够点燃,而(b)因为有大的富裕,虽然有大的变形,仍能点燃. 为简单起见,图中显示的是正弦变形,而像图 3.15 所示的两维模拟假定的是勒让德模式微扰

由详细两维模拟证实的一些简单几何考虑表明,更高的汇聚比要求更小的驱动不均匀. 另一方面,点火要求的驱动能随会聚比急剧下降. (箱子 3.3). 因此,发展高度均匀的辐照机制是微聚变研究的主要任务. 对直接驱动方法,用大量重叠的束辐照聚变靶丸,同时,一些特殊技术用来光滑单个脉冲的分布. Richardson (1991,5.7 节)和 Bodner(1991,6.2 节)的评论文章对束光滑技术作了很好介绍. 对间接驱动方法,则依赖包围聚变靶丸的材料中辐射能输运所起的光滑作用(9.4 节).

注释框 3.3　ICF 靶的流体动力学定标

本章讨论的模拟只对一种 ICF 靶给出一种参数选择. 问题是改变靶的大小时,这些参数如何定标(Kidder, 1998). 为简单估计,我们取控制约束的燃料 ρR 和实现点火所需的内爆速度 u_{imp} 为不变量,假定整体耦合效率是常数,流体动力学定标的基本关系是

$$E\simeq\frac{1}{2}Mu_{\mathrm{imp}}^2\sim\rho R^3\sim\frac{(\rho R)^3}{\rho^2}. \tag{3.3}$$

因为 ρR 由聚变物理确定,方程(3.3)表达了微聚变的基本特征:脉冲能量随燃料压缩减小. 但是,脉冲能量不能定标到任意小的值. 一个限制是内爆对称性,它由

所能获得的燃料汇聚比 $C_f=R_0/R$ 表示,这里 R_0 和 R 分别为燃料的初始和最终半径.

假定我们从一个密度为 ρ_0 的均匀燃料球开始,把它压缩为密度 ρ 的均匀燃料,由质量守恒,我们有 $\rho/\rho_0=(R_0/R)^3$ 和 $\rho=\rho_0 C_f^3$. 从方程(3.3),我们有

$$E \sim C_f^{-6}. \tag{3.4}$$

这种定标表明,所需的脉冲能量对燃料汇聚比特别敏感,因此也受限于靶丸制造和靶丸辐照中的球形不均匀度. 当模型进一步包含热斑对称性的限制时(其表征是热斑汇聚比 $C_h=R_0/R_h>C_f$),类似的结论对球壳也能得到.

这些结果表明了点火能量不能远小于本章中所考虑情况的基本原理.

3.2.2 瑞利-泰勒不稳定

短波扰动对 ICF 靶的威胁更大,因为它们会被流体不稳定性放大. 这意味着壳表面的小振幅扰动会随指数增长. 这种不稳定性和瑞利-泰勒不稳定(RTI)有关,它发生在不同密度流体的分界面,条件是分界面向较密的流体加速. ICF 靶丸内爆过程中有两个阶段是不稳定的,第一个不稳定期发生在稠密壳层的外表面,这时烧蚀的低密度等离子体把稠密物质向里加速,这甚至可能导致壳层的撕裂. 第二个不稳定期发生在内爆要结束时,这时低密度燃料压力形成的点火火花在上升,它使得进来的稠密燃料可转滞.

人们可以想象,这些不稳定性对壳层飞行形状因子、小尺寸靶粗糙度振幅和小尺度辐照不均匀性的限制. RTI 的详细讨论放在第 8 章.

3.3 聚变靶能量输出

在等摩尔 DT 靶中,99%以上的聚变能来自 DT 反应,不到 1%的来自 DD 反应. 因此 80%的产物和 14.1MeV 的中子相关,20%的产物和 3.5MeV 的 α 粒子相关. 表 3.3 给出了反应堆第一个壁上的能量分布. 这里给的是和本章所讲类似的激光直接驱动靶以及由离子束驱动具有重物质外层的靶. 间接驱动靶的能量分布和第二种情况相似.

表 3.3 典型反应尺寸靶的输出能量分布

	激光直接驱动	有高 Z 层的靶
中子	75%	70%
X 射线	6%	22%
其他	19%	8%

图 3.19 给出了典型直接驱动靶的 X 光光谱辐射. 大多数 X 光是燃烧 DT 产生的硬光子. 对有高 Z 壁的靶,像间接驱动靶,X 光的贡献更大些(Kessler et al.,1993). 由于部分硬光子被壁中的重材料吸收,硬成分会减小,同时可观察到壁辐射的 1～3keV 的光子的重要贡献.

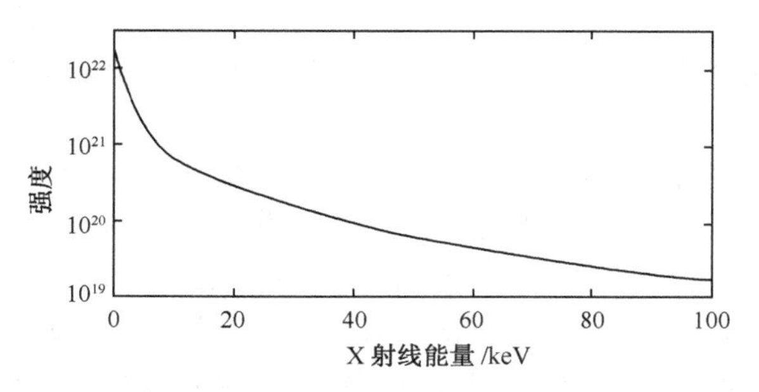

图 3.19　和本章模拟类似的一个靶的时间积分 X 光光谱

靶释放了 135MJ 的聚变能和大约 8MJ 的 X 光(Badger 等, 1984)

输出中子谱由 14.1MeV 附近的一个大峰、14～2.5MeV 的低得多的平坦区域、2.45MeV 附近的一个小峰和低能尾巴组成. 下面作简单解释,在低 Z 等离子体中,14.1MeV 的中子和等离子体核基本作弹性碰撞,被原子质量为 A 的核散射后,中子能量在初始能量 E_0 和 $E_0[(A-1)/(A+1)]^2$ 之间等概率分布. 在 DT 等离子体中的相对截面大约是 $0.9\text{barn}=0.9\times10^{-24}\text{cm}^2$ (Piera, Martinez-Val, 1993; 中子截面的大量数据可自由使用, ENDF/B-6, 2000). 因此, DT 中 14.1MeV 的中子的平均自由程 l_n 满足 $\rho l_n\approx4.7\text{g/cm}^2$. 马上可以看出,对本章中模拟的具有 $\rho R=1.7\text{g/cm}^2$ 靶,大多数中子不受任何碰撞,而其他粒子大多经历了一次散射,这导致了 14MeV 到大约 2.5MeV 间的平台. DD 反应的速率大约只有 DT 的 1/100,它在 2.45MeV 附近产生了一个小峰.

3.4　历 史 回 顾

惯性约束聚变的根源可追溯到第二次世界大战前的基础研究和 20 世纪 50 年代热核武器的发展. 但真正的研究在最初的激光发展后才开始.

关于最早期聚变研究的资料可见 Goncharov(1996)的文章. 关于压缩对聚变反应速率起的作用,Eddington 在关于星球能量关系的工作中就已强调,而最早提到用压缩实现地球上的聚变,可能是一位日本科学家 Hagiwara 在 1940 年末所作的报告. 几年后,德国科学家 Trinks 为实现聚变进行了压缩氘的实验. 同一时期,德国数学家 Guderley 发展了系统的内爆激波理论(6.7.11 小节),这和军事活动没有联系. 在裂变武器中用压缩实施内爆实际上最早是 Neddermeyer 建议的.

早在 1941 年 9 月费米和 Teller 就考虑了发展热核武器的可能性,在 Manhattan 计划框架下,一些理论工作最早在 Berkeley,然后在 Los Alamos 进行. 不久就很清楚,聚变必须用裂变装置点燃.

在 20 世纪 50 年代早期,热核武器开始发展. 关于这些发展的有趣报道现在可以看到(Hansen, 1988;Rhodes, 1995;Goncharov, 1996). 这里值得注意的是,除了燃料压缩,另两个关键点是利用 DT 反应和利用热辐射来驱动可聚变材料的压缩.

在 20 世纪 50 年代后期,了解热核武器的科学家知道,将热核装置的尺寸减小到可实现受控微爆需要很高的压缩和具有很强的功率源. 在 1960～1962 年,紧跟着最早激光器的运转,甚至在用 Q 开关技术产生短脉冲之前,几位科学家就独立提出用脉冲激光来驱动内爆和实现聚变. 这些人包括美国的 R. Kidder(Kidder, 1998)、J. Nuckolls 和 S. Colgate (Lindl, 1995)以及苏联的 A. D. Sacharov(Pavlovskii, 1991)、N. G. Basov 和 O. Krokhin(Basov, 1993). 所有上面这些发展都发生在绝密环境中,秘密的实验研究在 1963 年左右开始(Kidder, 1998).

在聚变方面,用激光加热等离子体的文章最早由 Basov 和 Krokhin(1964)及 Dawson(1964)发表. 不久 Daiber 等(1966)研究了激波压缩的激光加热等离子体. 1968 年,Basov 等报告了激光加热等离子体产生中子. 20 世纪 60 年代中期,在许多实验室,不只是在美国和苏联,也在法国、德国和意大利,进行了关于激光等离子体相互作用的公开实验和理论研究. 关于其他有趣的历史资料和参考文献可见 Duderstadt 和 Moses(1982)所写书的第 1 章.

最早提出用激光诱导内爆进行等离子体压缩来实现聚变是在 1971 年 Basov 所作的报告中(Kidder, 1998),这个概念已在美国解密,并已有 Nuckolls 等(1972)的文章给以引用. 几个国家开始了公开的激光聚变项目. 最早报道有热核中子产生的激光驱动内爆的是莫斯科 Lebedev 实验室(Basov et al., 1971),随后是 KMS 聚变(Charatis et al., 1975). 最早清楚演示压缩的是 Rochester, LLE(Yaakobi et al., 1977). 同时,在几个地方,特别是 Lawrence Livermore 国家实验室(Lindl, 1995),对间接驱动方法进行秘密研究. 到 1979 年,我们所讲的 ICF 标准方法已被清楚地刻画. 所需的激光能量被确认为大约 1MJ,有效吸收、预加热、对称性和稳定性这些关键问题已被确认(Bodner, 1981). 这在一定程度上标志着 ICF 研究开始成熟,因为上面这些关键问题已被系统地阐述了. 本书在合适的地方将引用这些重要结果.

1980 年,美国政府第一次提到了间接驱动,但没给细节. 但是其他国家公开进行了关于间接驱动的基础研究(第 9 章引用的文献),这样到 20 世纪 80 年代末,在科学圈子,已有这种机制相当完整的图像. 1993 年末,美国进行了重大解密,关于间接驱动 20 年研究的主要结果公开发表,原先关于机制的图像被证实了. Lindl

(1995)的一篇评论文章对这些工作作了有趣的评论.

超过30年的ICF研究所积累的知识用来设计实现实验室点火的实验看来是足够的.(Lindl, 1995, 1997; André, 1999; Paisner et al., 1999).间接驱动是首选方案,但最近的进展已推动设计直接和间接驱动机制都可用的装置.

3.5 文献回顾

一些评述文章和书已经讨论了惯性聚变研究.ICF研究完整全面的评述有Brueckner和Jorna(1974),Johnson(1984),McCall(1983),Lindl(1995,1997),Lindl等(2004).比较这些文章,人们能抓住30年研究进展的本质.Motz(1979)及Duderstadt和Moses(1982)出版了很好的书,其中一些部分对读者很有启发性,对ICF简短的介绍可见Yamanaka(1991)写的书.Kruer(1988)出版了关于激光等离子体相互作用的教科书.一些多位作者合编的更深入演讲和评论文章的合集也值得一提.关于ICF(主要是激光聚变)物理几个方面的演讲,可见国际夏季学校文集(Caruso和Sindoni, 1989; Hooper, 1986, 1996).关于激光产生等离子体的精彩评述被收集在Rubenchick和Witkowski(1991)编的书中.Velarde等(1993)编的书汇集的文章涉及ICF物理和技术的许多方面.国际原子能机构出版的一本书(IAEA, 1995)讨论了惯性聚变能的技术和工程问题.关于ICF诊断技术的论文收集在最近的会议文集中(Stott et al., 2002).关于ICF物理和技术的教学性文章可见Nuckolls(1982)、Hogan等(1992)和Lindl等(1992).关于ICF研究的进展定期在国际会议上报告.我们特别要提到IAEA聚变能会议(以前叫IAEA受控聚变和等离子体会议)、欧洲激光物质相互作用会议、惯性聚变科学和应用国际会议(以前叫激光相互作用和相关等离子体现象研讨会,如Hora和Miley,1991)、美国物理学会等离子体物理年会、国际重离子聚变国际会议.大多数会议文集以系列出书或科技杂志特刊的方式发表.有兴趣的读者很容易通过网络用合适关键词找到它们.

第 4 章　点火和燃烧

热核聚变点火和燃烧的概念已在第 2 章介绍，并在第 3 章中以典型靶演化的方式进行定性描述. 在本章中，我们更仔细地分析点火和热核聚变.

我们先考虑由高平均密度球对称结构和中心热斑预拼装的简单例子，这可使我们决定自加热和点火条件，并分析热核燃烧波物理的基本内容. 然后我们将研究热斑形成动力学.

正如我们在第 3 章所看到的，在高度压缩燃料中产生一个小的中心热斑要求高度的内爆对称性，这个问题不在这章中讨论. 不对称辐照对典型靶点火的影响已在 3.2 节中处理，而流体不稳定性将在第 8 章中讨论.

本章的大部分内容是关于局域点火，点火发生在镶嵌在较冷燃料中的中心热斑，点火后燃烧将传播. 但是，我们也将讨论均匀加热燃料的点火，这被称为体点火.

本章中，我们将使用一维数值模拟，它们用 3.1 节中已简单描述的 IMPLO-升级版程序进行.

4.1　点火球的功率平衡

点火的精确研究建立在流体数值模拟基础之上，模拟包括许多物理过程的细致处理. 但是对热斑形成、自加热和燃烧传播的基本认识用简单模型就能获得. 它已被许多作者以稍有不同的形式发展并运用. 在合适地方会给出原始工作的参考文献. 在最简化的版本中，模型考虑镶嵌在更大更冷燃料中的均匀热燃料球的功率平衡(图 4.1). 通常我们把热斑内能密度 E 的变化速率写为

$$\frac{\mathrm{d}E}{\mathrm{d}t}=W_{\mathrm{dep}}-W_{\mathrm{m}}-W_{\mathrm{r}}-W_{\mathrm{e}},\tag{4.1}$$

这里 W_{dep} 是聚变产生并沉积的功率密度，W_{m} 是机械做功的贡献，W_{r} 和 W_{e} 分别是由辐射和热传导损失的功率密度.

在这节中，我们对半径为 R_{h}、质量密度为 ρ_{h}、温度为 T_{h}(对电子和离子相同)的均匀热等摩尔 DT 燃料球，写出对功率平衡的一些单项贡献. 因此方程(4.1)中的不同项可看作所考虑燃料区域的平均值. 球的面积为 $S=4\pi R_{\mathrm{h}}^{2}$，而体积为 $V=(4/3)\pi R_{\mathrm{h}}^{3}$. 我们用下标“h”表示热斑量，“c”表示周围冷燃料的量. 量的意义明显时，下标省略.

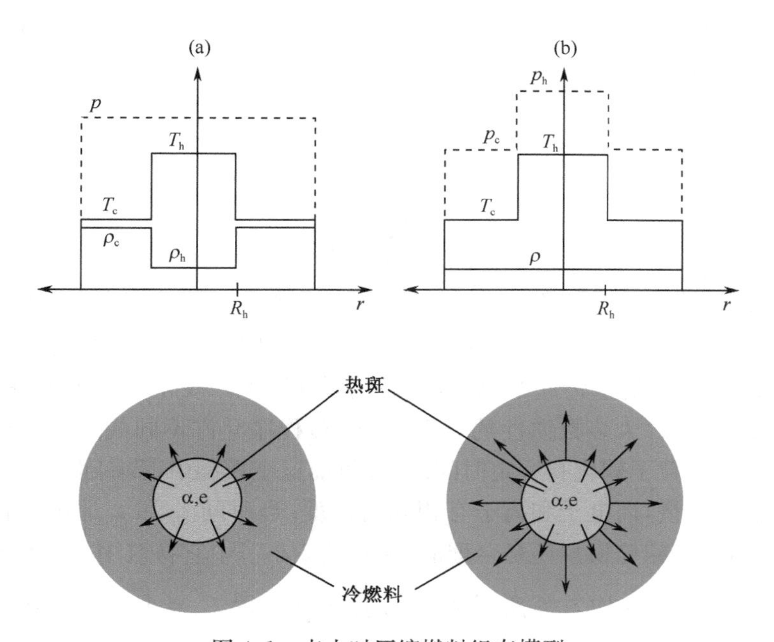

图 4.1 点火时压缩燃料组态模型

(a)具有中心热斑的等压拼装;(b)具有中心热斑的等容拼装

两种组态都画出了温度 T、密度 ρ 和压力 p 的径向轮廓. 如轮廓下方的示意图显示,α 粒子和电子热传导从热斑传输能量给冷燃料. 在等容情况下,压力不平衡驱动一个强烈膨胀的激波,这在图中用长箭头表示

4.1.1 聚变功率沉积

等摩尔 DT 等离子体释放的聚变功率密度由(2.3)式给出,它也可写为

$$W_{\text{fus}} = 5W_\alpha = 5A_\alpha \rho_h^2 \langle \sigma v \rangle, \tag{4.2}$$

这里 W_α 是和 3.5MeVα 粒子有关的功率密度,$A_\alpha = 8\times10^{40}\,\text{erg/g}^2$,$\langle \sigma v\rangle$ 是 DT 反应率(见 1.4 节,为简洁,我们省略了下标 DT).

这些能量中的一部分,f_{dep},由 α 粒子和中子沉积在热球内,我们有

$$W_{\text{dep}} = W_{\text{fus}} f_{\text{dep}} = W_\alpha (f_\alpha + 4f_n), \tag{4.3}$$

这里 f_α 和 f_n 分别是和 α 粒子及中子有关的比例. 现在我们分别讨论 α 粒子及中子与热等离子体的相互作用,并给出 f_α 和 f_n 的近似表达式.

4.1.2 聚变带电产物

3.5MeV 的 α 粒子和更普遍的聚变带电产物的软化将在 11.5.9 小节中讨论. 这里,对温度低于 25~30keV 的 DT 等离子体,我们使用刻画这个过程的简单近似表达式. 这里对 α 粒子停下来贡献最大的,是和电子的小角度碰撞(Fraley et al. ,1974;Gus'kov et al. , 1974;Cormann et al. , 1975). α 粒子几乎沿直线运动，它们的速度衰减可写为

$$\frac{\mathrm{d}v_\alpha}{\mathrm{d}t}=-\frac{v_\alpha}{2t_{\alpha e}}, \tag{4.4}$$

其中

$$t_{\alpha e}\simeq\frac{42T_e^{3/2}}{\rho\ln\Lambda_{\alpha e}}\mathrm{ps}. \tag{4.5}$$

这里 $t_{\alpha e}$是能量沉积特征时间,$\Lambda_{\alpha e}$是描述 α 粒子和电子碰撞的库仑对数(10.9 节)，T_e 是电子温度,单位是 keV. 聚变能到反应等离子体原子核的耦合通过下面两个步骤进行:α 粒子把能量传递给电子,然后电子在时间尺度 τ_{ei}上和离子平衡(10.9 节). 实际上 $t_{\alpha e}\approx t_{ei}$. 大多数惯性约束聚变(ICF)程序允许不同的电子温度和离子温度并考虑了 α 粒子软化有一定时间. 但在目前这个模型中,我们假定 α 粒子在瞬间沉积它们的能量,而电子和离子有相同的温度. 当时间 $t_{\alpha e}$和 t_{ei}远小于自加热所需的时间时,这个粗糙模型还是合理的. 在 4.2.3 小节中它将被用其他数据检验.

3.5MeVα 粒子在均匀等离子体中的射程可以用 $l_\alpha=\int_0^\infty v_\alpha\mathrm{d}t$ 得到,再利用(4.4)式,我们得到

$$l_\alpha=2v_{\alpha0}t_{\alpha e}\simeq 0.107\frac{T_e^{3/2}}{\rho\ln\Lambda_{\alpha e}}\mathrm{cm}, \tag{4.6}$$

这里 $v_{\alpha0}=1.29\times10^9\mathrm{cm/s}$ 是 3.5MeVα 粒子的速度. α 粒子在半径为 R_h 的均匀且相当热的球中的能量沉积比例由 Krokhin 和 Rozanov(1973)给出

$$f_\alpha=\begin{cases}\dfrac{3}{2}\tau_\alpha-\dfrac{4}{5}\tau_\alpha^2, & \tau_\alpha\leqslant 1/2,\\[2mm] 1-\dfrac{1}{4\tau_\alpha}+\dfrac{1}{160\tau_\alpha^3}, & \tau_\alpha\geqslant 1/2.\end{cases} \tag{4.7}$$

这里 $\tau_\alpha=R_h/l_\alpha$ 为燃烧球半径 R_h 和 α 粒子射程 l_α 之比. 利用(4.6)式,我们可以得到

$$\tau_\alpha=\frac{R_h}{l_\alpha}\simeq 45\,\frac{\ln\Lambda_{\alpha e}}{5}\,\frac{\rho_h R_h}{T_h^{3/2}}. \tag{4.8}$$

注意,如果忽略库仑对数对密度的弱依赖,那么 $\tau_\alpha=\tau_\alpha(\rho_h R_h,T_h)$只依赖 $\rho_h R_h$ 和 T_h.

这些描述聚变产物能量沉积到燃料等离子体的参数的更普遍的表达式可以见 Fraley 等(1974)和 Basko(1987)等的文章. 他们同时考虑了电子和离子碰撞对 α 粒子软化的贡献(也见 11.5.9 小节).

方程(4.4)和(4.5)的一个重要结论是,周围冷得多通常也更稠密的燃料能非常有效地使离开热斑的 α 粒子停下来. 因此,α 粒子输运导致紧贴在热斑外面的一

薄层燃料被迅速加热，这就是驱动聚变燃烧波第一阶段传播的过程.

4.1.3　中子

在3.3节中已看到，DT反应释放的14.1MeV的中子主要通过弹性碰撞和等离子体原子核相互作用. 在和质量数A的核碰撞一次，它们平均损失比例为$2A/(A+1)^2$的能量. 对氘，相关的截面是$0.8\times10^{-24}\text{cm}^2$；对氚是$10^{-24}\text{cm}^2$. 相应的中子平均自由程为$l_n=1/\sigma n$，这里$n$是离子密度，$\sigma$是对等离子体离子平均的截面. 在DT中，$\rho l_n\approx4.7\text{g/cm}^2$. 这比典型点火热斑的$\rho_h R_h$大很多，并且它和整个燃料的$\rho R$可比. 因此我们对中心点火忽略中子能量沉积，而在研究燃料燃烧(如第3章所模拟的)或考虑大质量燃料的体点火时，我们又考虑它. 对后一种情况，我们把沉积功率比例近似为(Avrorin et al., 1980)

$$f_n=\frac{\rho R}{\rho R+H_n},\tag{4.9}$$

这里$H_n=20\text{g/cm}^2$，这对有均匀中子源的均匀DT球适用.

4.1.4　热传导

我们现在考虑热传导引起的损失. 普遍地，流过单位面积的功率为$-\chi_e\nabla T_e$，这里χ_e和∇T_e分别为电子传导率和热斑表面的电子温度梯度. 对经典碰撞DT等离子体，$\chi_e=A_eT_e^{5/2}/\ln\Lambda$，这里$A_e=9.5\times10^{19}\text{erg}/(\text{s}\cdot\text{cm}\cdot\text{keV}^{7/2})$(Spitzer, 1962；这在后面7.1.2小节讨论). 这个公式不能立刻适用于目前这个很简单的模型，因为模型假定在热斑表面的梯度为无限大. 但是，利用量纲分析，我们能估计$-\chi_e\nabla T_e\propto\chi_e(T_h)T_h/R_h\propto T_h^{7/2}/R_h$，因此可写

$$W_e=-\frac{\chi_e\nabla T_eS}{V}\simeq\frac{3C_eA_e}{\ln\Lambda}\frac{T_h^{7/2}}{R_h^2},\tag{4.10}$$

这里C_e为接近1的数值系数. 离子热传导可以忽略，因为电子传导率要比离子大$(m_i/m_e)^{1/2}$，这里m_e和m_i分别为电子质量和离子平均质量(Spitzer, 1967).

4.1.5　韧致辐射

在温度为几个keV时，主导的辐射机制是电子韧致辐射(10.6.3小节). 对DT等离子体，单位体积的辐射功率为

$$W_r=A_b\rho_h^2T_h^{1/2}\equiv W_b,\tag{4.11}$$

这里$A_b=3.05\times10^{23}(\text{erg}\cdot\text{cm}^3)/(\text{g}^2\cdot\text{s}\cdot\text{keV}^{1/2})$. 等离子体为光性薄时，(4.11)式适用，也就是说，尺寸要比普朗克平均自由程(10.7.1小节)小. 对等摩尔DT有

$$l_P = (\rho\kappa_P)^{-1} = 14.4 T_h^{7/2}/\rho_h^2 \text{cm}, \quad (4.12)$$

这里 κ_P 是自由-自由普朗克光厚，T 的单位是 keV，而 ρ 是 g/cm^3. 实际上(4.11)式给出的辐射流(单位面积功率)要大于半径 $R > R_* = (3\sigma_B/A_b)T_h^{7/2}$ 的球的黑体辐射 $F_{bb} = \sigma_B T_h^4$. 这里 $\sigma_B = 1.03 \times 10^{24}$ erg/(cm^2 · s · keV^4)是斯特藩-玻尔兹曼常量. 直接计算给出 $R_* = (3/4)l_P$. 对惯性聚变靶，条件 $R_h \ll l_P$ 总是满足的. 光性厚等离子体的辐射将在 4.5 节考虑低温体点火时讨论.

4.1.6 机械功

热燃料球还通过机械功和周围的等离子体交换能量. 如果质量元的压力为 p，其体积变化为 dV，那么体积元做的功为 d$E = p$dV. 因此，对所考虑的均匀球功率平衡所作的相应贡献为 $W_m = (1/V)(\mathrm{d}E_h/\mathrm{d}t) = (P_h/V)(\mathrm{d}V/\mathrm{d}t) = p_h(S/V)u$，这里 u 是球面速度，而面积体积比为 $S/V = 3/R_h$. 利用理想气体物态方程，$p = \Gamma_B \rho T$ [这里 Γ_B 是气体常量，对 DT 有 $\Gamma_B = 7.66 \times 10^{14}$ erg/(g · keV)]，我们得到

$$W_m = 3\frac{p_h u}{R_h} = 3\frac{\Gamma_B \rho_h T_h u}{R_h}. \quad (4.13)$$

对图 4.1 中所示等压和等容点火结构，可写出 u 的简单表达式. 当点火燃料完全等压时($p_h = p_c$)，有 $u = 0$. 相反，当燃料是等容时，热斑的压力远大于其周围的燃料，激波被驱动进入冷燃料. 这种情况下，我们对 u 可采用强激波背后材料的速度表达式. 利用 $\gamma = 5/3$ 的理想气体物态方程，我们有

$$u \simeq \left(\frac{3p_h}{4\rho_c}\right)^{1/2} = \left(\frac{3}{4}\Gamma_B T\frac{\rho_h}{\rho_c}\right)^{1/2}. \quad (4.14)$$

总之，功率密度(4.13)式可写为

$$W_m = A_m \rho_h R_h^{-1} T_h^{3/2}, \quad (4.15)$$

$$A_m = \begin{cases} 0, & \text{等压点火}, \\ 5.5 \times 10^{22} \text{cm}^3/(\text{s}^3 \cdot \text{keV}^{3/2}), & \text{等容点火}. \end{cases} \quad (4.16)$$

4.2 预拼装燃料的中心点火

我们现在分析开始时静止的预拼装结构中球形热斑的功率平衡. 我们特别要提到图 4.1 所示初始时等压和等容这两种情况. 我们回顾一下，在点火时，标准 ICF 壳中的内爆燃料几乎是等压的，热斑周围是较冷较密的燃料，所于对大多数的燃料压力几乎是常数(图 3.11). 等容条件，则和另一种快点火方案有关(Tabak et al.,1994)，这将在第 12 章中描述. 在本章中，等容热斑如图 4.1(b)所示已放在燃料球的中心，这样可方便地使用一维模拟. 对于快点火，热斑不对称地位于压缩燃料核的边缘，因为其想法是用外部束流来加热.

和前面的讨论相一致，我们假定热斑光性薄，中子沉积和辐射输运被忽略．但在本章的模拟中，所有这些效应都包括了．

4.2.1　自加热条件

我们现在可以推导镶嵌在冷等离子体中且初始时静止的热斑的自加热条件了．根据(4.1)式，热斑温度上升的条件是

$$W_{\mathrm{dep}} > W_{\mathrm{e}} + W_{\mathrm{r}} + W_{\mathrm{m}}, \tag{4.17}$$

也就是说，聚变产物沉积功率超过所有损失功率之和．把(4.3)、(4.10)、(4.11)和(4.15)式分别代入(4.17)式，并将每项乘上 R_{h}^2，我们得到的热斑自加热条件是

$$(A_\alpha \langle \sigma v \rangle f_\alpha - A_{\mathrm{b}} T_{\mathrm{h}}^{1/2})(\rho_{\mathrm{h}} R_{\mathrm{h}})^2 - A_{\mathrm{m}} T_{\mathrm{h}}^{3/2}(\rho_{\mathrm{h}} R_{\mathrm{h}}) - \frac{3c_{\mathrm{e}} A_{\mathrm{e}} T_{\mathrm{h}}^{7/2}}{\ln\Lambda} > 0, \tag{4.18}$$

这里 $\langle \sigma v \rangle$ 只依赖温度 T_{h}，$f_\alpha = f_\alpha(\rho_{\mathrm{h}} R_{\mathrm{h}}, T_{\mathrm{h}}, \ln\Lambda)$．忽略库仑对数对密度十分微小的依赖，方程(4.18)和形式 $g(\rho_{\mathrm{h}} R_{\mathrm{h}}, T_{\mathrm{h}}) > 0$ 等价，后者可写为

$$\rho_{\mathrm{h}} R_{\mathrm{h}} > h(T_{\mathrm{h}}). \tag{4.19}$$

这样我们发现了联系约束参数和等离子体温度的条件，这形式上和2.4节介绍的劳森判据相似．我们现在分析方程(4.19)两个重要的特例．

在等压极限下($A_{\mathrm{m}} = 0$)，自加热条件特别简单，形式也有启发性(Atzeni，Caruso，1984；Basko，1990)，

$$\rho_{\mathrm{h}} R_{\mathrm{h}} > \left(\frac{3c_{\mathrm{e}} A_{\mathrm{e}} (\ln\Lambda)^{-1} T_{\mathrm{h}}^{7/2}}{A_\alpha \langle \sigma v \rangle f_\alpha - A_{\mathrm{b}} T_{\mathrm{h}}^{1/2}} \right)^{1/2}. \tag{4.20}$$

图4.2中的灰色区域表示在 $\rho_{\mathrm{h}} R_{\mathrm{h}}$-$T_{\mathrm{h}}$ 平面(4.20)式满足的区域．当聚变能量沉积

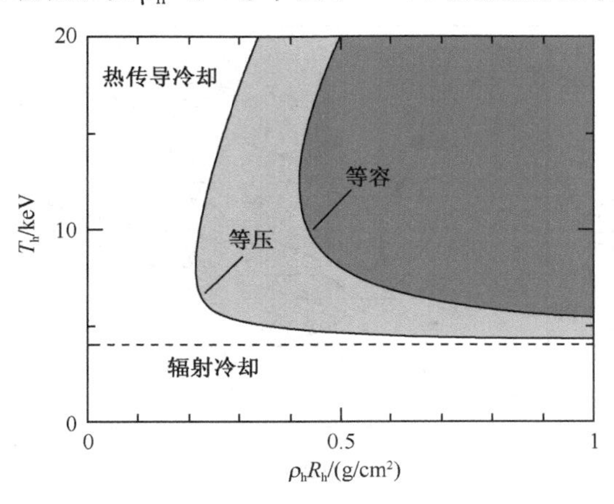

图4.2　在 $\rho_{\mathrm{h}} R_{\mathrm{h}}$-$T_{\mathrm{h}}$ 平面，对等压和等容拼装的DT热斑，用(4.18)式得到的自加热条件

参数在灰色区域的热斑因 α 粒子加热而自加热

超过辐射损失时，(4.20)式中的分母为正. 取极限 $f_\alpha=1$，我们回到 2.1.2 小节中理想点火温度的定义. 在低于自加热的区域，辐射损失主导功率平衡. 在高温区，相对于聚变功率沉积，轫致辐射损失变小，聚变沉积要和热传导冷却竞争. 因此图的左上部分由热传导损失主导.

等容情况下的自加热展示了相似的趋势，从图 4.2 可以看到，它比等压情况的要求更高. 这是由于燃烧的燃料在做机械功，而这是额外的功率损失(Atzeni, 1995). 马上可以看到，这些曲线和全面的一维数值模拟符合得很好.

4.2.2　点火条件

到目前为止，我们考虑了瞬态功率平衡，它能决定一定参数条件下的热斑是变热还是变冷. 图 4.3 给出了不同初始参数条件下，热斑的演化轨迹. 这些曲线是用完整的一维程序对初始等密度 DT 结构模拟所得[当然，模拟中的实际轮廓和模型中拼装的阶梯状轮廓是不同的. 图中所示的轨迹是指初始热斑区的质量平均温度 T_* 和这个区域的约束参数 $(\rho R)_*$，这里 $T>\min(4\mathrm{keV}; T_*/2)$]. 图 4.3 显示，热斑自加热发生的区域和 4.2.1 小节用解析方法得到的几乎完全一致. 实际上，如果初始参数在这个区域(如 D 点)或者甚至刚好在边界上(如点 C、F、H 和 I)，那么温度要么单调增，要么最多先稍微下降(如图中 C 和 D 点)，然后再达到很高的值. 但是，图中可以看出，自加热区域外的热斑也可能实现点火(如图 4.3 中 B 点). 在这种情况下，热斑先变冷，然后自加热并点火. 这可以这样解释(Gus'kov et al., 1976; Atzeni, Caruso, 1984)，4.1 节中讨论的损失机制使热斑冷却，但是 α 粒子和电子热传导加热周围一薄层的冷物质，它变热并烧蚀. 因此热斑的质量随时间增

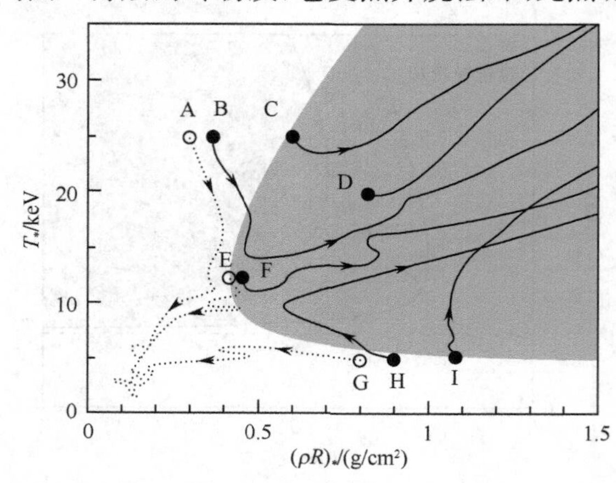

图 4.3　自加热解析模型(阴影区)和用一维程序对不同初始等容参数模拟得到的热斑轨迹比较

实心圆和实线表示点火结构，空心圆和虚线表示非点火情况

大，热斑损失的部分能量恢复了. 然后可能碰巧热斑刚开始在冷却，但 ρR 却在增加. 这样热斑能捕获更多的 α 粒子[(4.7)式]并可能最终加热并点火.

上面的讨论使我们可以定义一条点火曲线，来区分最终能导致高温燃烧的初始条件和最终导致燃烧熄灭的初始条件. 图 4.4 给出了这条点火曲线.

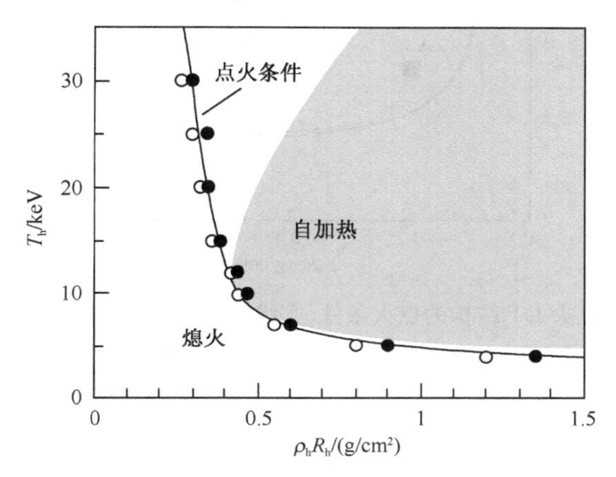

图 4.4　点火条件(实线)是导致点火(实心圆)的初始条件和导致熄火的初始条件(空心圆)之间的分界线

该图考虑的是初始等容结构

预拼装燃料的点火条件已通过根据图 4.1 所示的燃料结构所做的大量数值模拟确定. 模拟证实，实现点火只依赖三个参数 T_h、$\rho_h R_h$ 和 ρ_c/ρ_h，特别对可设想的 ρ_c 值更如此. 因此点火条件可以以密度比 ρ_c/ρ_h 为参数，画在 $\rho_h R_h$-T_h 平面. 图 4.5 对初始密度比 $\rho_c/\rho_h=16$，给出了等压初始条件下的点火条件，也给出了等容初始条件下的点火条件. 两条曲线间的区别是由机械功引起的.

在图 4.5 中，我们标记了 A 和 B 两个点，分别对应 $\rho_c/\rho_h=16$ 时等压初始条件下和等容初始条件下最小能量时的点火. 我们把它们作为第 5 章中发展的靶增益模型的参考点火点. 对 A 点，热斑参数为

$$\rho_h R_h = 0.25\text{g/cm}^2, \quad T_h = 8\text{keV}, \tag{4.21}$$

相应的热斑内能 $E_h=2\pi\Gamma_B T_h\times(\rho_h R_h)^3/\rho_h^2$ 为

$$E_h^{\text{isobaric}} = 6/\hat{\rho}_h^2\text{kJ}, \tag{4.22}$$

这里，$\hat{\rho}_h$ 的单位是 100g/cm^3. 对 B 点，则有

$$\rho_h R_h = 0.5\text{g/cm}^2, \quad T_h = 12\text{keV}, \tag{4.23}$$

$$E_h^{\text{isochoric}} = 72/\hat{\rho}_h^2\text{kJ}. \tag{4.24}$$

从(4.22)式和(4.24)式，人们可认识到这两种情况下压缩的有益作用.

等压和等容时点火条件的一个有趣表达可通过画出量 $\rho_h R_h T_h\sqrt{\rho_c/\rho_h}$ 和温度的关系曲线得到. 如图 4.6 所示，在这个 $5\text{keV}\leqslant T_h\leqslant 15\text{keV}$ 区间，等压点火和等

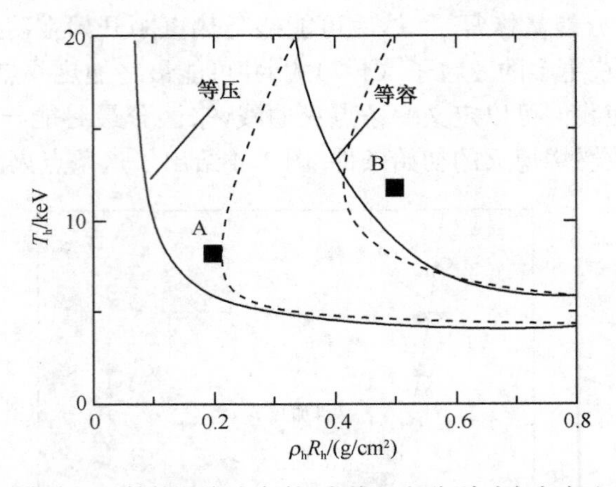

图 4.5 中心点火 DT 结构的点火条件(实线),它分别对应密度比为 $\rho_h/\rho_c=16$ 的初始等压条件和初始等容条件

虚线表示自加热的解析条件,点 A 和 B 分别表示等压和等容条件下几乎优化的结构

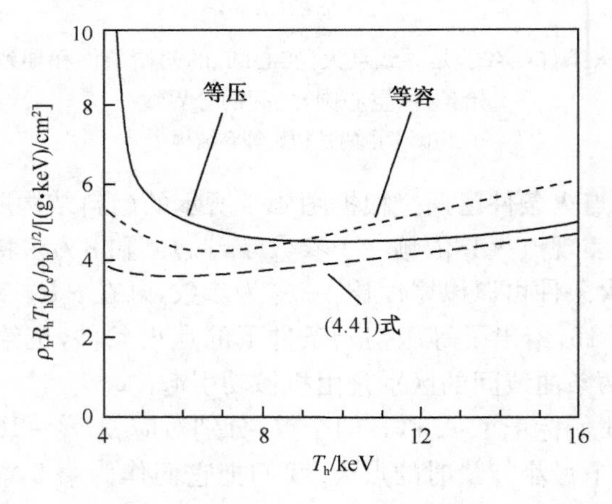

图 4.6 点火所需的量值 $\rho_h R_h T_h(\rho_c/\rho_h)^{1/2}$ 和初始热斑温度 T_h 之间的关系

标记为等压和等容的粗线由数值模拟得到,细的虚线由 4.4.1 节中的解析模型得到

容点火两条曲线靠近,并只略微依赖温度. 因此一个很简单的点火判据在温度为 $5\text{keV}\leqslant T_h\leqslant 15\text{keV}$ 时可写为

$$\rho_h R_h T_h > 6\left(\frac{\rho_h}{\rho_c}\right)^{0.5}\ (\text{g}\cdot\text{keV})/\text{cm}^2, \tag{4.25}$$

注意参数 $\rho_h R_h T_h$ 和磁约束聚变中用的三项积 $n\tau_E T$ 相似(2.4.3 小节).

4.2.3 自加热时间

热斑自加热具有有限时间 t_{sh}. 点火和燃烧传播的一个必要条件是,这个时间要小于拼装压缩燃料的约束时间. 这里我们给出 t_{sh}的解析估计.

我们假定 α 粒子瞬间在燃烧区沉积比例为 f_α 的聚变能,同时忽略中子沉积和所有损失机制(它们可在形式上包括进 f_α). 根据(4.3)式,体沉积功率为 $W_{dep}=f_\alpha A_\alpha \rho_h^2\langle\sigma v\rangle$. 具有 $\Gamma_B=7.66\times10^{14}\,\mathrm{erg/(g\cdot keV)}$ 的热等离子体其能量密度 $E_h=(3/2)\Gamma_B\rho_h T_h$ 随时间增长,$\mathrm{d}E_h/\mathrm{d}t\approx W_{dep}$. 因此自加热时间可以估计为

$$t_{sh}=\frac{T_h}{\mathrm{d}T_h/\mathrm{d}t}=\frac{E_h}{W_{dep}}\approx\frac{(3/2)\Gamma_B T_h}{f_\alpha\rho_h A_\alpha\langle\sigma v\rangle}=\frac{q(T_h)}{\rho_h f_\alpha},\tag{4.26}$$

这里,函数 q 只依赖温度. 在图 4.7 中,我们给出了 q 和 T 的关系. 右边的垂直坐标也给出了 $\rho_h=50\mathrm{g/cm^3}$ 和 $f_\alpha=0.5$ 时热斑的自加热时间. 由等压热斑中心点火的典型参数(比如 $T_h=8\mathrm{keV}$,$\rho_h=40\mathrm{g/cm^3}$ 和 $f_\alpha=0.5$),我们得到 $t_{sh}=100\mathrm{ps}$,这大体上和第 3 章中的模拟结果一致. 图 4.7 也表明,当温度降到 5keV 以下时,自加热时间迅速增长.

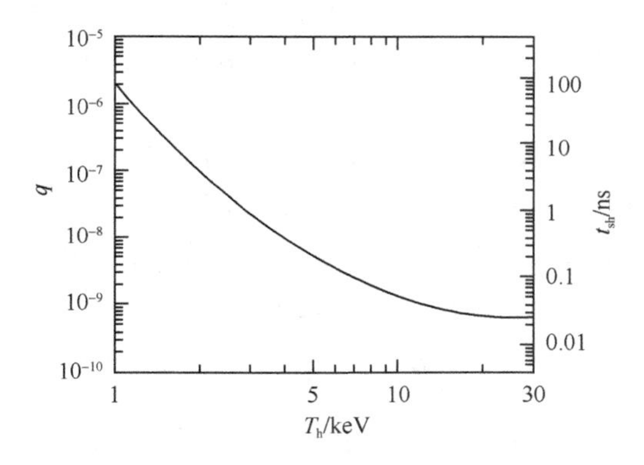

图 4.7　左边垂直坐标为(4.26)式定义的函数 $q(T_h)$和热斑温度 T_h 的关系;右边垂直坐标是具有密度 $\rho_h=50\mathrm{g/cm^3}$ 和 $f_\alpha=0.5$ 的热斑的自加热时间

计算(4.26)式中的等离子体能量密度时,我们设定 E_h 等于粒子能量密度 $E_{part}=(3/2)\Gamma_B\rho_h T_h$,并忽略光子能量密度 $E_{phot}=4\sigma_B T_{phot}^4/c$,这里 T_{phot}是光子(或辐射)温度. 下面我们证明这是对的. 对光性薄的物质,$T_{phot}\ll T_h$,因此对高密度光性薄等离子体 $E_{phot}/E_{part}\ll1$. 相反,对光性厚等离子体,$T_{phot}\approx T_h$. 代入数值,对光性厚 DT 等离子体,我们有 $E_{phot}/E_{part}=0.12T_h^3/\rho$,这里 T_h的单位是 keV,ρ 单位是 $\mathrm{g/cm^3}$. 但是,光性厚度条件 $l_P/R<1$ 限制温度和密度. 利用关于 l_P 的(4.12)式,这个条件可以写为 $T_h^{7/2}<0.07\rho_h^2R_h$. 把球形燃料密度表达为质量的函数,$\rho_h=(4\pi/3M)^{1/2}(\rho_h R_h)^{3/2}$,我们最终得到

$$\frac{E_{phot}}{E_{part}}<0.01M_{mg}^{2/7}(\rho_h R_h)^{9/14},\tag{4.27}$$

这里,M_{mg}是单位为 mg 的质量. 这个方程清楚表明对 mg 大小的 ICF 燃烧等离子

体,辐射能是可以忽略的.

我们现在比较自加热时间和 α 粒子能量传递特征时间 $t_{\alpha e}$. 由(4.26)式和(4.5)式,我们有

$$\frac{t_{sh}}{t_{\alpha e}}=\frac{2.4\times10^{10}q(T_h)\ln\Lambda}{f_\alpha T_h^{3/2}}. \tag{4.28}$$

利用图 4.7 中 q 的值,并设定 $\ln\Lambda\approx5$ 和 $f_\alpha\approx0.5$,对点火过程的典型温度 5～10keV,我们有 $t_{sh}\gg t_{ae}$. 这证明了 α 离子瞬态停止的假定,这个假定是目前这个关于点火和自加热的模型的基础.

4.3 热斑产生动力学

到目前为止,我们考虑了初始静止并具有预拼装中心热斑的燃料. 在这节中,我们则强调热斑的产生问题. 我们将考虑在内爆壳中心产生热斑的情况. 在第 12 章我们考虑对预压缩燃料的一部分进行外部加热从而产生的热斑,这和快点火机制相关.

用 Kirkpatick,Lindl,Wheeler 和 Widner 等(Lindl, 1995)发展的模型,热斑形成的动力学已有分析. 它考虑的是具有很高熵的内爆壳的中心部分. 下面,我们描述内爆的终态,这时热斑以速度 $u=-u_{imp}<0$ 收缩. 利用方程(4.3)、(4.10)、(4.11)和(4.13),热斑自加热条件(4.17)式可以写为

$$(A_\alpha\langle\sigma v\rangle f_\alpha-A_bT^{1/2})(\rho R)^2+3\Gamma_B Tu_{imp}\rho R-\frac{3c_eA_eT^{7/2}}{\ln\Lambda}\geqslant0, \tag{4.29}$$

这里下标"h"已经省略. 在图 4.8 中,我们在 ρR-T 平面对内爆速度 $u_{imp}=3\times10^7$cm/s 进行分析. 图中显示了两个损失区(阴影区),这里燃料温度下降,而在增益区(白色区)燃料温度上升. 图中还画了曲线 a-a,在这条线上,传导损失等于辐射损失,即

$$T=\left(\frac{A_b\ln\Lambda}{3c_eA_e}\right)^{1/3}(\rho R)^{2/3}, \tag{4.30}$$

曲线 b-b 则表示 α 粒子加热等于机械加热,即

$$\frac{\langle\sigma v\rangle f_\alpha}{T}=\frac{3\Gamma_B}{A_\alpha}\frac{u_{imp}}{\rho R}. \tag{4.31}$$

损失区分别由辐射损失和热传导损失主导. 在增益区,我们区分机械功转化的内能的中心热斑区和 α 粒子加热占主导的自加热区. 为实现点火,热斑必须从图左边的建立区移动到增益区的自加热区.

但是注意,在压缩的最后阶段和点火时热斑表面的速度变化很大,而图 4.8 只是针对单一的速度 u_{imp}. 更完整的图像在图 4.9 中给出,图中给出不同内爆速度下的增益区边界(Lindl, 1995). 显然,初始内爆速度要足够大,才能最终进入

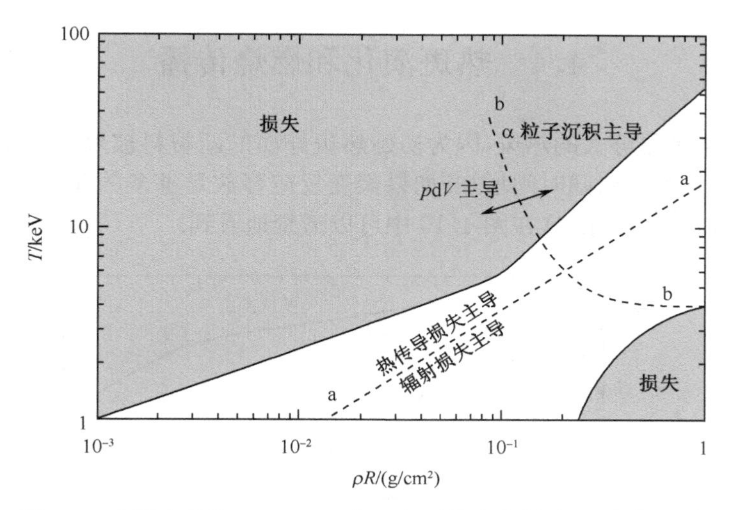

图 4.8　内爆速度为 $u_{imp}=3\times10^7\,\mathrm{cm/s}$ 时热斑的增益区(白色)和损失区(灰色)(Lindl, 1995)

聚变增益区. 针对为国家点火装置设计的参考靶,图 4.9 中也给出了点火热斑的轨迹.

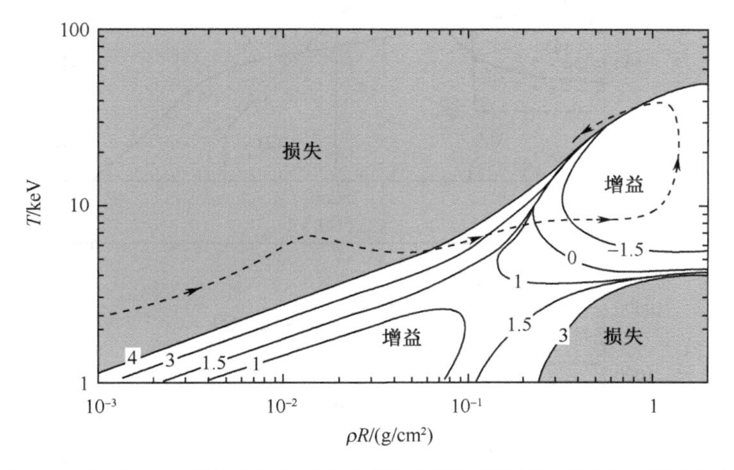

图 4.9　和图 4.8 相同,但对一组不同的内爆速度给出了增益区和损失区

数值模拟得到的一个热斑的轨迹在图中用虚线表示(Lindl, 1995)

数值模拟表明,产生点火热斑需要的内爆速度为 250km/s 或更大. 随着靶丸质量的降低,内爆速度的低限上升.

4.4　热斑演化和燃烧传播

一旦产生了足够大的热斑，因为初始热斑外面的新材料被聚变产物和电子热传导加热，燃烧的燃料随时间增加。如果聚变反应释放足够多的能量，这个过程引起热核燃烧波球形膨胀，这在图 4.10 中可以清楚地看到。

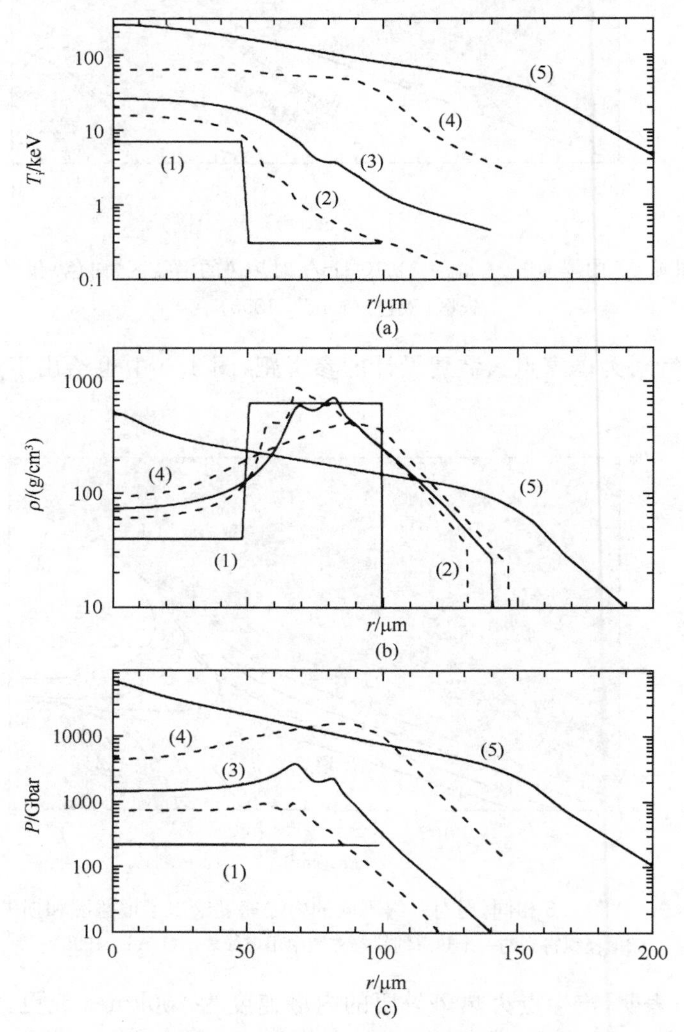

图 4.10　初始等压、等摩尔 DT 结构靶点火和燃烧的一维模拟

在几个选定时间离子温度(a)、密度(b)和压力(c)的径向轮廓. 初始条件为：$T_h=7$keV，$\rho_h R_h=0.2$g/cm^2，$\rho_h=40$g/cm^3，$\rho_c=640$g/cm^3

(1)$t=0$；(2)$t=100$ps；(3) $t=120$ps；(4)$t=130$ps；(5)$t=140$ps

4.4.1　早期演化和解析点火判据

许多热斑演化的有趣性质可用 Gus'kov 等(1976)与 Atzeni 和 Caruso(1984)发展的零维模型描述. 这个模型给出包围有密度为 ρ_c 的冷燃料的质量为 M,能量为 eM 的热斑的时间演化. 它假定整个燃料初始时静止. 为了简化符号,在这小节中,我们对 $t>0$ 的热斑量不用任何下标,而对初始量,我们仍使用下标"h".

如 4.2.2 小节所讲,热斑中大多数的能量由 α 粒子传输出去,但电子不损失,它会把热波波前推进到冷物质,这会增加 M. 所以,整个燃烧区的能量守恒可以写为

$$\frac{\mathrm{d}(eM)}{\mathrm{d}t}=(W_\alpha-W_\mathrm{b})V-pSu, \tag{4.32}$$

这里 e 是燃烧燃料的比能(specific energy),u 是燃烧波波前的速度. 假定逃逸的 α 粒子和电子功率刚好增加冷物质的比能,可简单估计质量增加的速率是

$$e\frac{\mathrm{d}M}{\mathrm{d}t}=[W_\alpha(1-f_\alpha)+W_\mathrm{e}]V, \tag{4.33}$$

这里,为简单,我们假定燃烧波波前的燃料内能和 e 比是小的. 注意,从(4.32)式中去掉(4.33)式,我们可回到(4.1)式.

燃烧波波前速度就是热燃料球半径的膨胀速度 $\mathrm{d}R/\mathrm{d}t$. 对于完全等压系统,这个速度为零,但是,热斑压力增加时,压力不平衡就开始发展了(图 4.10). 它驱动一个激波,并向外传播到远超过燃烧燃料的地方. 热斑前沿在已经经过了激波的燃料中前进,这就像在通常的迅速燃烧中发生的那样(7.7.1 小节). 燃烧前沿相对于经过了激波的材料的相对速度和材料速度 u_sm 比要小得多. 因此我们可近似地令 $\mathrm{d}R/\mathrm{d}t=u_\mathrm{sm}$. 因为材料速度是亚声速的(6.2 节),在燃烧区域有时间达到压力平衡. 这就解释了图 4.10 中几乎平坦的压力轮廓.

把(4.32)和(4.33)式写成量纲为一的形式是有用的,

$$\frac{t_*}{T}\frac{\mathrm{d}T}{\mathrm{d}t}=K_\alpha f_\alpha-K_\mathrm{b}-K_\mathrm{e}-2, \tag{4.34}$$

$$\frac{t_*}{T}\frac{\mathrm{d}\rho}{\mathrm{d}t}=K_\alpha(1-f_\alpha)+K_\mathrm{e}-3, \tag{4.35}$$

这里 $t_*=R/u_\mathrm{sm}$ 是流体动力学特征时间. 定义在时间 t_* 内交换的能量和当时的等离子体内能之比的量纲为一的函数为

$$K_\alpha=\frac{W_\alpha t_*}{\rho e},\quad K_\mathrm{b}=\frac{W_\mathrm{b}t_*}{\rho e},\quad K_\mathrm{e}=\frac{W_\mathrm{e}t_*}{\rho e}. \tag{4.36}$$

K_α 的定义为评价点火过程提供了有用的规范,实际上,反应进行要求在流体动力学特征时间内产生的能量和燃料的已有能量之比是随时间增长的函数(至少在燃烧很好发展起来前是这样).

把聚变反应率写成温度的幂函数，$\langle\sigma v\rangle\propto T^m$，可以得到有指导意义的结果，对$u_{sm}$采用强激波极限(4.14)式，我们得到

$$t_* = (R/\sqrt{e/2})\left(\frac{\rho_c}{\rho}\right)^{1/2} = \frac{2R}{(3\Gamma_B T_h)^{1/2}}\left(\frac{\rho_c}{\rho}\right)^{1/2}. \tag{4.37}$$

当然，对 $t=0$ 时初始等压的情况，最后这个假定不是严格成立，但在随后的演化中，就相当合理了. 利用(4.34)、(4.35)和(4.37)式对 K_α 的表达式进行时间微分，可以得到

$$\frac{t_*}{K_\alpha}\frac{dK_\alpha}{dt} = \frac{1+2(m-2)f_\alpha}{2}K_\alpha - (2-m)K_e - \frac{2m-3}{2}K_b + \frac{5}{2} - 2m. \tag{4.38}$$

有个幸运的条件是，温度在区间 7～20keV 时，我们可取 $m\approx 2$[(1.67)式]，这样(4.38)式简化为

$$\frac{t_*}{K_\alpha}\frac{dK_\alpha}{dt} = \frac{1}{2}(K_\alpha - K_b - 3). \tag{4.39}$$

这表明，如果括号中的项为正，K_α无限增长. 结论是，如果$(K_\alpha - K_b)_{t=0} > 3$，燃料最终将被点燃. 利用(4.36)式 K_α和 K_b的定义，最后这个条件可写为

$$(W_\alpha - W_b)t_{*0} > 3\rho_h e_h, \tag{4.40}$$

这里下标"h"表示热斑参数的初值，$t_{*0}=t_*(t=0)$. 把关于 W_α，W_b 和 t_{*0} 的方程(4.2)，(4.11)和(4.37)引入(4.40)式就得到 Lawson 形不等式，即

$$\rho_h R_h T_h > \frac{9\sqrt{3}}{4}\frac{\Gamma_B^{3/2}T_h^{5/2}}{A_\alpha\langle\sigma v\rangle - A_b T_h^{1/2}}\left(\frac{\rho_h}{\rho_c}\right)^{1/2} = \frac{1.1T_h^{1/2}}{1-3.47T_h^{-3/2}}\left(\frac{\rho_h}{\rho_c}\right)^{1/2}\ \mathrm{g/cm^2}, \tag{4.41}$$

这里，对$\langle\sigma v\rangle$用了(1.67)式，T_h的单位是 keV. 这个推导清楚地表明热斑周围的稠密燃料充当热斑膨胀的缓冲，这可改善约束并通过因子$(\rho_h/\rho_c)^{1/2}$ 放松点火条件. 图 4.6 表明，(4.41)式大体上和数值模拟得到的点火条件一致.

4.4.2 自调制燃烧波

燃烧过程的另一个重要特点是燃烧区域大小对 α 粒子射程的动态自调制(self-regulation)，这可使 α 粒子的光厚 τ_α几乎为常数[(4.8)式]. 这意味着初始对 α 粒子透明的($\tau_\alpha\ll 1$)的热斑，先增长它的大小，而不是温度(实际上它甚至可能下降). 相反，一个光性厚的热斑先持续升温，以变得对 α 粒子透明，然后才膨胀(Gus'kov，Rozanov，1976，1993；Atzeni，Caruso，1981a，1984).

一旦燃烧传播，燃烧区的光厚保持近似恒定，这样逃离燃烧燃料的 α 粒子功率比例几乎为常数，这部分功率驱动着燃烧波的传播. 根据 α 粒子射程与等离子体密度和温度的依赖关系可知，燃烧波传播时，燃烧区温度单调上升(图 3.14 和图

4.10). 这些图也显示了燃烧传播的迅速性,对典型的靶,在不到100ps的时间内燃烧可传到整个燃料.

燃烧波传播的自调制性质表明,它可用一组合适的流体和动力学方程的相似解来描述. 但是,这只能在严格的假定下获得,并需要复杂的数学处理. 有兴趣的读者可参考Gus'kov和Rozanov(1993)的评论,关于燃烧波的早期工作可见另一个有趣的文献,Nozachi和Nishihara(1977).

4.4.3　热核燃烧传播区

刚才描述的演化特征是中心点火ICF靶燃烧传播早期和中间阶段的. 传播的另两个可能发生的阶段也应有简短的描述.

当燃烧球和周围区域的压力跳变很大以致燃料仅被激波就加热到点火阈值温度 T_{ign}时,这第一个阶段就开始了. 这时,燃烧波的波前以激波速度前进. 像7.7.1小节讨论的那样,这是一个爆轰(detonation),发生这种情况的近似条件将在下面找到. 假定燃烧燃料和激波刚刚到达时燃料的压力可比,利用理想气体的物态方程,我们有 $\rho_h T_h = \rho_{sm} T_{sm}$. 这里下标"h"和"sm"分别指热斑区域和正好在激波波前后面的物质. 根据强激波的跳变条件(6.2节),我们有 $\rho_{sm} \simeq 4\rho_c$和 $T_{sm} = T_h \rho_h / 4\rho_c$,这里 ρ_c是冷燃料的初始密度. 要求 $T_{sm} > T_{igm} \approx 7\text{keV}$,我们发现发生爆轰的条件是

$$T_h > \frac{4\rho_c}{\rho_h} T_{ign} \approx 30 \frac{\rho_c}{\rho_h} \text{keV}. \tag{4.42}$$

因此,当初始等容燃料的温度 $T_h > 30\text{keV}$时,爆轰会发生,这实际上排除了标准靶的可能性,这时 $\rho_c \gg \rho_h$.

燃烧传播的另一个可能区域是所谓的纯燃烧波区,这时,燃烧波前进得太快以致物质密度没时间变化. 当经过燃烧波前的能流大大超过相应机械功的贡献时,这种情况就发生了. 用和4.4.1小节相同的记号,这可写为

$$K_\alpha (1 - f_\alpha) + K_e \gg 2. \tag{4.43}$$

这个不等式的两边在燃烧的早期是可比的. 但是当燃烧前进时,左边大大增长,最终就进入纯燃烧波区. 这样的燃烧波区在图4.10中可以看到. 实际上,曲线(2)~(4)显示了燃烧波传播过程中密度轮廓相对温和的变化.

4.5　光厚燃料的体点火

在2.6.4小节,我们已经发现,把整个ICF靶燃料加热到理想点火温度是不能得到足够的能量增益的. 克服这个限制的标准解决方法是局域点火,然后燃烧传播. 但另一种可能性是低温体点火. 实际上,如果燃料组合足够大并且周密,它就变成光性厚,这样辐射损失大大降低. 并且,由中子携带的很大一部分功率能保留在

燃料中. 光性厚燃料点火的第一个模拟由 Fraley(1974)发表. 简单的解析模型由 Caruso(1974)发展. 下面的讨论是他原始处理的直接推广.

我们把均匀 DT 球靶放在真空中,这样功率平衡只包括 α 粒子和中子的能量沉积与辐射损失. 现在我们需要任意光厚等离子体的辐射表达式. 我们用两种不同的方法来估计. 首先我们有

$$W_{\mathrm{r}} = W_{\mathrm{b}}\left(1+\frac{W_{\mathrm{b}}V}{F_{\mathrm{bb}}S}\right)^{-1}, \tag{4.44}$$

这里,$F_{\mathrm{bb}}=\sigma_{\mathrm{B}}T^4$ 是 4.1.5 小节定义的黑体辐射率. 表达式有正确的光性薄极限 $W_{\mathrm{r}}=W_{\mathrm{b}}$和光性厚极限 $W_{\mathrm{r}}=F_{\mathrm{bb}}S/V$,这个极限对整个球温度均匀时是正确的. 所以,自加热条件为 $W_{\mathrm{dep}}>W_{\mathrm{r}}$,利用(4.3)和(4.4)式,我们有

$$A_{\alpha}\langle\sigma v\rangle\,\tilde{f} > A_{\mathrm{b}}T^{1/2}\left(1+\frac{A_{\mathrm{b}}}{3\sigma_{\mathrm{B}}}\frac{\rho^2 R}{T^{7/2}}\right)^{-1}, \tag{4.45}$$

这里$\tilde{f}=(f_{\alpha}+4f_{\mathrm{n}})$,$f_{\alpha}=f_{\alpha}(\rho R,T)$和 $f_{\mathrm{n}}=f_{\mathrm{n}}(\rho R)$分别由(4.7)和(4.9)式定义. 对光性薄的燃料,括号中的项接近 1,这时我们回到通常的低温度阈值(如果所有 α 粒子保留而所有中子自由逃逸,$T>T_{\mathrm{id}}$). 光性厚时,自加热不只是温度和约束参数的函数,也是密度的函数. 因为密度 ρ、约束参数 ρR 和质量 M 有 $M=(4/3)\pi(\rho R)^3\rho^{-2}$相联系,我们可以在 ρR,T 平面以质量 M 为参数画一组点火边界. 在图 4.11(a)中,M=10mg 时的自加热条件在 ρR、T 平面用曲线 a-o-b 表示. 显然,自加热发生在温度比 T_{id}低很多的时候.

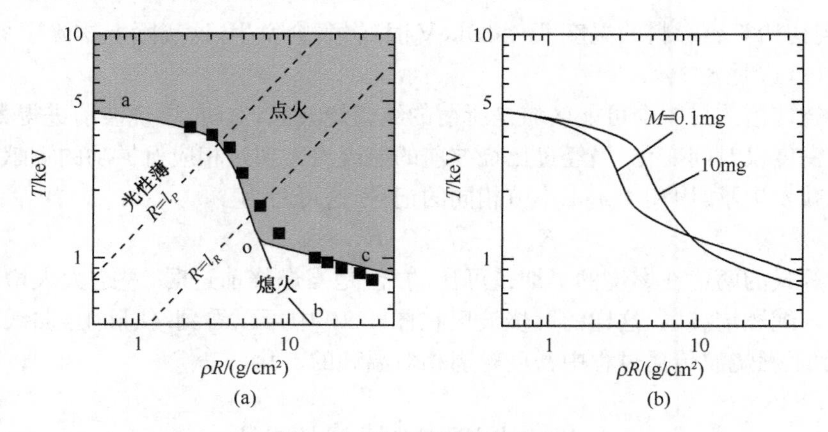

图 4.11　DT 燃料的体点火

(a)粗实线 a-o-c 表示燃料质量 M=10mg 时,ρR、T 平面的点火条件. 曲线 a-o-b 表示(4.45)式定义的自加热边界,曲线 o-c 为(4.46)式定义的部分平面内的自加热约束边界. 实心方框表示导致有效燃烧的初始条件,这是由 IMPLO-升级版程序模拟得到;(b)数值模拟得到的不同燃料质量时的点火条件

注意,方程(4.45)只提供自加热条件,但没有说明相应的时间 t_{sh},这时间无论如何必须比压缩结构的约束时间要短. 因此方程(4.45)还得加一个条件 $t_{\mathrm{sh}}<t_{\mathrm{c}}$. 作

为粗略估计，对 t_c，我们用(4.26)式(f_α用$\tilde{f}$替代)，并把约束时间写为 $t_c \approx R/4c_{s0}$，这里 $c_{s0}=c_0 T^{1/2}$是声速，$c_0=2.8\times10^7\text{cm}/(\text{s}\cdot\text{keV}^{1/2})$(2.5.1 小节). 这样我们得到条件为

$$\rho R > 4\frac{c_0 T^{1/2} q(T)}{\tilde{f}}, \tag{4.46}$$

这里 q 是(4.26)式定义的函数. 在图 4.11(a)中，自加热发生的这个约束条件在部分平面内用曲线 c-o 表示. 点火要求(4.45)和(4.46)式同时满足，因此相关的点火曲线在图 4.11(a)中就由粗曲线 a-o-c 表示. 图还给出了曲线 $R=l_P$，它表示系统光厚的最低条件. 我们看到光性薄的系统只有在 $T_h > T_{id}=4.3\text{keV}$ 时才能点火，而光性厚的系统可以在较低的温度点火，这个温度大体上由约束条件(4.46)式决定，同时也依赖 M. 如果能达到很高的密度，在低至 1～1.5keV 的温度点火是可能的. 比如，在 1.3keV 点火要求约束参数为 $\rho R=8.8\text{g/cm}^2$. 对 1mg 的燃料，对应的密度为 1690g/cm^3，对 10mg 的燃料，对应的密度为 534g/cm^3. 图显示了这条点火曲线，它被详细的一维数值模拟定性证实(Atzeni, 1995; Basko, 1990). 图 4.11(b)给出了两种不同燃料质量条件下，一维数值模拟得到的点火曲线.

当系统尺寸大大超过辐射 Rosseland 平均自由程 l_R时，前面关于辐射的估计是不合适的. 在这种情况下，根据扩散近似(7.1.2 小节和 7.3.5 小节)有 $F=-(16/3)\sigma_B l_R \times T^3(\mathrm{d}T/\mathrm{d}r)$，这里 $T=T(r)$是温度. 对等摩尔 DT(10.7.1 小节)有

$$l_R = (\rho\kappa_R)^{-1} = 400 T^{7/2}/\rho^2\,\text{cm}, \tag{4.47}$$

这里 T 的单位是 keV，ρ 的单位是 g/cm^3. 利用量纲分析，所考虑等离子体球的体辐射可写为

$$W_{\text{r-thick}} = SF(r=R)/V \approx 16 c_r \sigma_B l_R T^4/R^2, \tag{4.48}$$

这里 T 应被解释为平均温度. 这个表达式给出的辐射比(4.44)式低. 但是注意，前面关于点火的结果没有影响，因为图 4.11(a)表明，在 $R \gg l_R$的区域，点火是由这个条件决定的.

质量为 10mg，初始温度为 1.1keV，密度为 1200g/cm^3 的预压缩燃料拼装靶的体点火模拟结果见图 4.12. 可以看到，开始是缓慢的加热阶段(达到温度 8keV 需要 114ps)，然后是温度迅速上升，在 8ps 的时间内，温度上升到 200keV.

在估计能量增益时，要注意，对低温点火，有效燃烧开始时，部分燃料已不再被约束[图 4.12(b)]. 结果，燃烧燃料质量和有效约束参数要比初始值小，并且关于燃烧效率的普通公式(2.27)不再适用.

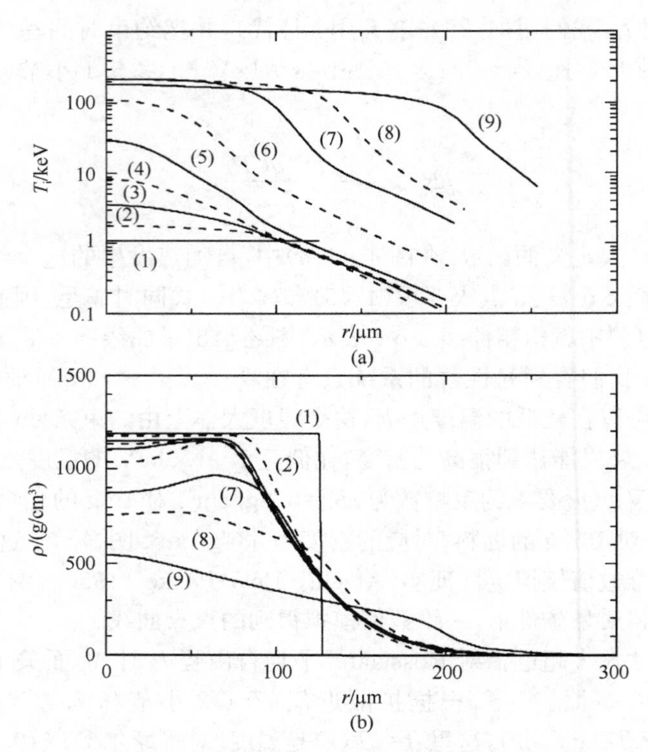

图 4.12　质量为 10mg，初始密度为 ρ=1200g/cm³，温度为 T=1.1keV 的体点火和燃烧的一维模拟，图给出了离子温度(a)和密度(b)的径向轮廓

(1)t=0；(2)t=90ps；(3)t=110ps；(4)t=114ps；(5)t=116ps；(6)t=118ps；(7)t=122ps；(8)t=126ps；(9)t=134ps

4.6　完全燃烧模拟和燃烧效率

燃烧效率对 IFE 是一个关键量，它的计算需要对靶丸整个燃烧过程的模拟. 计算的燃烧效率和简单公式(2.27)比较特别有意义. 方程(2.27)是由 Fraley 等(1974)提出的，他对毫克大小的体点火靶给出了相对精确的结果. 许多随后的工作讨论了不同点火结构和不同燃料质量下燃烧公式的精确性. 这里我们给出两个这种计算的例子.

图 4.13 是 3mgDT 燃料拼装靶的 IMPLO 模拟结果. 燃料初始时是等压的，它由初始参数为 T_h=8keV 和 $H_h=\rho_h R_h$=0.2g/cm² 的中心热斑点火. 热和冷燃料密度的选择方法是使 $H_f=\int \rho\, dR$，并且保证等压. 可以看到，对 H_B=9g/cm²，当 H_f 在 IFE 应用的范围内($2\text{g/cm}^2 \leqslant H_f \leqslant 6\text{g/cm}^2$)(2.27)式给出模拟结果的很好拟合.

由 Oparin 等(1996)得到的不同模拟结果见图 4.14. 他们对聚变产物在背景聚变等离子体的传播采用动力学处理(粒子模拟). 燃料运动是用流体动力学处理的. 初始结构为均匀燃料球. 图 4.14 中的曲线对应不同的 DT 燃料质量和初始温度. 这些结果证实当初始温度高于理想点火温度 $T_{\mathrm{id}}=4.3\mathrm{keV}$ 时,燃料燃烧比实际上只依赖燃料的 $H_{\mathrm{f}}=\rho R$(比较 2.1.2 小节). 对 $T<T_{\mathrm{id}}$,只有当燃料变得光性厚时,点火才发生. 因为全部电离等离子体球的光学厚度定标为 $\tau=\kappa\rho R\propto\rho^2 R$(10.7.1 小节),通常的 ρR 定标被打破,而燃烧比同时依赖 H_{f} 和燃料质量. 这在图 4.14 中通过不同质量下 4keV 曲线的分离可以看到.

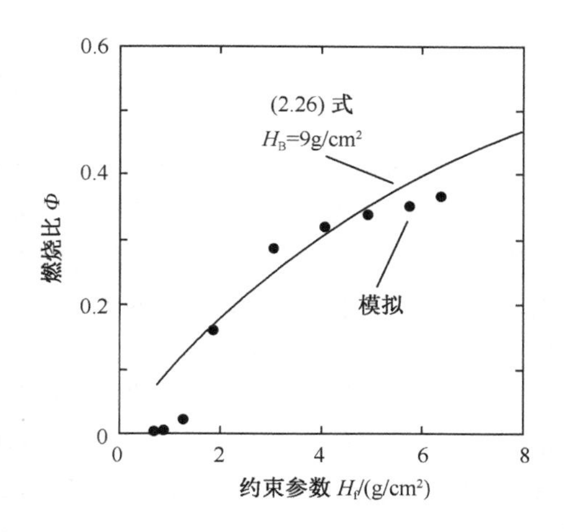

图 4.13　燃烧比和约束参数 $H_{\mathrm{r}}=\int\rho\mathrm{d}R$ 的关系

这些点是用 IMPLO-升级版程序对初始等压的中心点火结构模拟得到,这里质量为 $M_{\mathrm{f}}=3\mathrm{mg}$,初始热斑参数为 $T_{\mathrm{h}}=8\mathrm{keV}$ 和 $H_{\mathrm{h}}=\rho_{\mathrm{h}}R_{\mathrm{h}}=0.2\mathrm{g/cm^2}$

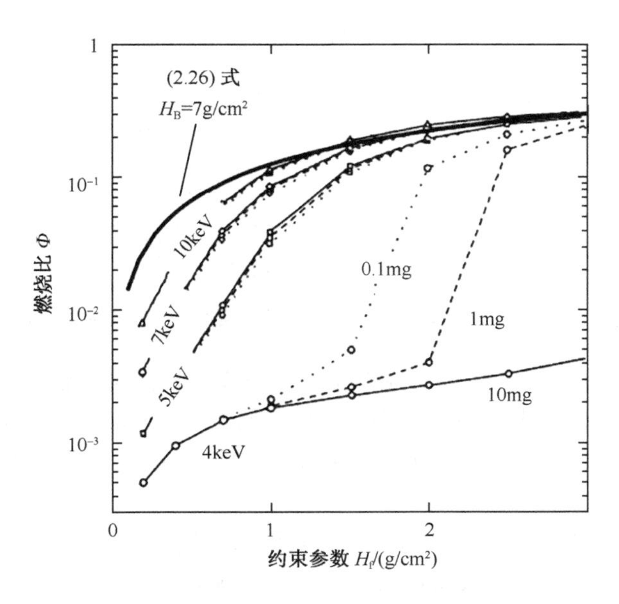

图 4.14　初始均匀 DT 球在不同质量和不同温度下(见标记),燃烧比和 $H_{\mathrm{f}}=\rho R$ 的关系

如果燃料足够稠密而变成光性厚时,对 $T\leqslant 4\mathrm{keV}$,点火可以发生(Oparin et al., 1996)

4.7 纯氘的点火

现在我们简要考虑纯氘的点火. 在第 2 章,我们已经看到和 DT 相比这种燃料有几个优点. 复杂的氚增殖再生区不再需要,反应堆中存储的氚大为减少,这意味着更安全,在发生事故时对环境的影响更小. 另外,14.1MeV 中子数的减少和中子谱的软化将减轻中子引起损坏的问题,这种损坏大多是由能量超过 4MeV 或 5MeV 的中子引起的.

纯氘的自加热和点火近似条件已经用和 4.2 节中 DT 相似的方法找到. 在这种情况下,我们必须考虑氚和 ^{3}He 的部分催化燃烧和所有的聚变产物. 用这种模型计算得到的近似自加热和点火曲线见图 4.15[最早由 Basko(1990)对等压情况计算,后来 Atzeni 和 Ciampi(1999)对等容情况进行了计算]. 对 DT 的类似曲线见图 4.5.

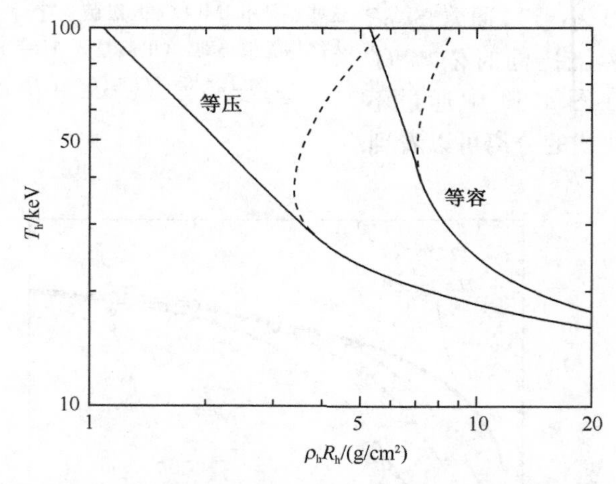

图 4.15 中心点火纯氘燃料的点火条件(实线)和自加热条件(虚线)

可以对点火所需的能量 $E=eM\propto T(\rho R)^3/A\rho^2$ 做粗略的估计,这里 A 是燃料核的平均质量数. 计算表明,如果压缩到同样的密度,纯氘点火所需的能量比 DT 要多 10^4 倍. 另外简单的考虑表明(Basko, 1990),满足点火条件的等压热斑不能通过内爆产生.

作为氘点火问题的一个解决方法,有人提出使用有小的 DT 区的靶,把它作为点火触发器(Miley, 1976;Tabak, 1996). 点火热斑在 DT 中产生,然后点燃并触发燃烧波,这最终传播到氘区. 这种机制对大的并且高度压缩的靶是有效的. 这种机制用于能源生产的潜力将在第 12 章讨论.

4.8 总 结

在这章的不同小节中,我们对不同预拼装燃料结构的点火条件进行了讨论.在图 4.16 中,我们总结一些主要的结果.我们给出了预拼装 DT 和纯氘燃料的点火条件.对 DT 我们包括了中心点火和体点火.我们还定性指出了实现点火的途径.

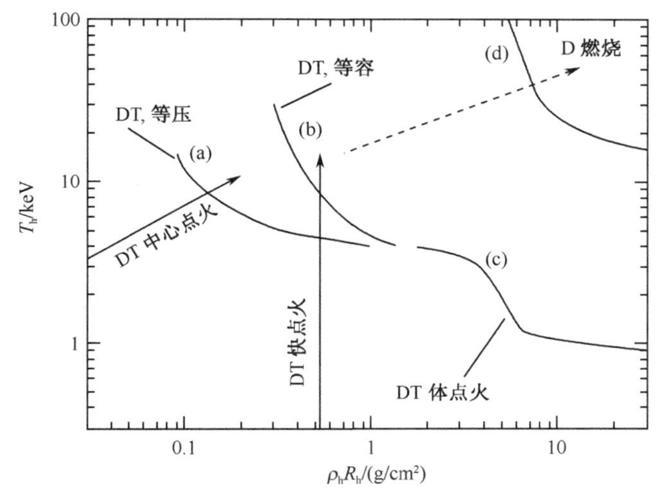

图 4.16 在 $\rho_h R_h$-T_h平面对 DT 和纯 D 点火条件的总结

(a)中心等压 DT 点火($\rho_c/R_h=16$);(b)中心等容 DT 点火;(c)DT 体点火($M=$10mg);(d)纯 D 等容点火

如果初始热斑参数在相关曲线的上方,点火就可发生.图也显示了不同 ICF 机制中实现点火的途径

回顾一下,在第 3 章中,我们用很大篇幅描述了和标准 ICF 方法相关的等压初始条件.由于流体动力学过程,在转滞燃料的中心产生热斑,这个过程需要足够高的内爆速度,高度的内爆对称性和流体不稳定性的控制.不对称对点火的影响在 3.2 节中已有讨论,而不稳定性将在第 8 章中处理.

和快点火有关的等容热斑点火在第 12 章描述,这里,主要的驱动脉冲压缩燃料,而第二束脉冲在近似均匀的燃料上产生一个点火热斑.相关点火条件需要比等压点火更高的 ρR 和 T 值.但是我们将在第 5 章发现,如果人们把靶增益作为投资能量的函数,情况就相反了,等容条件更具优越性.另外,因为中心的小热斑不再需要,内爆对称性和不稳定性的限制就放宽了.超强激光束的传递和有效耦合则是为这种诱人特点所付出的代价.

图 4.16 还显示，在温度低至 1keV 时体点火仍可实现，但是需要很大的约束参数，这意味着很大的密度. 最后，纯氘的燃烧需要很高的温度和很大的 $\rho_h R_h$，但它也可由包含在氘靶中的足够大的 DT 种子触发，这样就可用上面的一种机制点火.

第5章 能量增益

能量增益概念和热斑点火物理已分别在第2章和第4章中讨论. 这里,我们发展一种用少数几个物理参数给出增益的模型,并给出定标关系. 用它可以解释用复杂数值模拟得到的增益曲线,这对点火实验和未来的反应堆特别重要. 本章大部分内容处理具有中心热斑的等压点火结构. 但是,我们也讨论等容热斑和体点火结构.

5.1 热斑点火模型

像4.2节和图4.1一样,我们假定点火时刻的燃料结构为一个球,中心是热斑,周围是高度压缩的燃料壳. 两个燃料区都静止,温度、密度和压力都均匀. 作为参考,我们再次在图5.1中给出了径向轮廓和有关记号. 对等压情况,热和冷燃料具有相同压力,$p=p_h=p_c$. 但是对增益,我们也讨论其他热斑结构,比如整个燃料区具有均匀密度的等容点火结构.

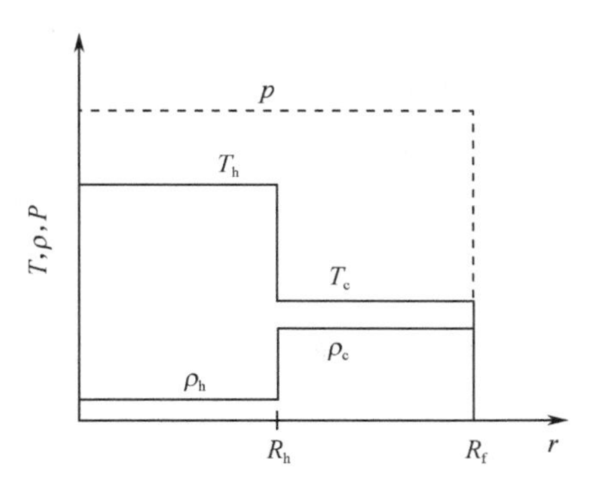

图5.1 内爆转滞时,等压点火结构的压力、温度和密度径向轮廓

下标h表示中心热斑的量,而下标c表示周围的冷燃料

我们的表述按照等压模型的原始推导(Meyer-ter-Vehn, 1982). 等容初始条件的简单模型更早些由Kidder(1976b)和Bodner(1981)发展. 这个模型后来由Rosen和Lindl(1984)推广到具有任意比值ρ_h/ρ_c和p_h/p_c的结构.

5.1.1 靶增益、燃料增益、耦合效率η

靶能量增益定义为

$$G=\frac{E_{\mathrm{fus}}}{E_{\mathrm{d}}}=\frac{q_{\mathrm{DT}}M_{\mathrm{f}}\Phi}{E_{\mathrm{d}}}, \tag{5.1}$$

这里$q_{DT}=3.37\times10^{11}$ J/g是单位质量燃烧释放的聚变能量,Φ是燃烧比. 对所考虑的结构,燃料质量可写为

$$M_{\mathrm{f}}=M_{\mathrm{h}}+M_{\mathrm{c}}=(4\pi/3)[\rho_{\mathrm{h}}R_{\mathrm{h}}^3+\rho_{\mathrm{c}}(R_{\mathrm{f}}^3-R_{\mathrm{h}}^3)]. \tag{5.2}$$

假定燃料点燃,那么燃烧比可近似为

$$\Phi = H_f/(H_B + H_f), \tag{5.3}$$

这里 H_B是 2.5.2 小节引入的燃烧参数[见(2.26)和(2.28)式],在 4.6 节我们做过进一步的讨论,即

$$H_f = H_h + \rho_c(R_f - R_h), \tag{5.4}$$

$$H_h = \rho_h R_h. \tag{5.5}$$

在模型中,连接入射驱动能 E_d 和点火时燃料能 E_f 的所有过程被吸收进一个单一参数,即整体耦合系数

$$\eta = E_f/E_d. \tag{5.6}$$

对直接驱动靶,η 考虑吸收的驱动能(11.2 节)以及燃料的耦合(7.10.3 小节). 对间接驱动,这包括驱动能转化为热 X 射线的中间步骤和 X 射线到燃料的耦合(见第 9 章). 对实际的靶,人们可期望整体耦合效率在 3%~10%这个范围.

除了(5.1)式定义的靶增益,我们引入燃料能增益(fuel energy gain)

$$G_f = E_{fus}/E_f, \tag{5.7}$$

这是聚变能输出和点火前一刻燃料所具有的能量之比. 增益曲线 $G(E_d)$和$G_f(E_f)$都是有趣的,它们之间的关系为

$$G(E_d) = \eta G_f(\eta E_d). \tag{5.8}$$

5.1.2 热斑

热斑燃料用密度为 ρ_h、温度为 T_h的理想气体描述,它的压力和比内能为

$$p_h = \rho_h \Gamma_B T_h, \tag{5.9}$$

$$e_h = \frac{3}{2}\Gamma_B T_h. \tag{5.10}$$

对等摩尔氘氚(DT)燃料,气体常数为

$$\Gamma_B = 4k_B/(m_D + m_T) = 0.766 \times 10^{15} \mathrm{erg/(g \cdot keV)}, \tag{5.11}$$

这里 m_D 和 m_T 分别为氘和氚核的质量. 因子 4 是考虑到每对 DT 有两个电子和两个离子. 把(5.9)式中的压力乘上热斑半径 R_h,我们得到

$$\mathscr{F}_{DT} = p_h R_h = H_h \Gamma_B T_h. \tag{5.12}$$

这个量完全由核聚变点火物理决定,这在第 4 章已讨论过. 这里,我们看到,对等压和等容情况,在温度区间 5keV$\leqslant T_h \leqslant$15keV,点火条件都近似为

$$H_h T_h \simeq 6\left(\frac{\rho_h}{\rho_c}\right)^{0.5} (\mathrm{g/cm^2}) \cdot \mathrm{keV}. \tag{5.13}$$

因为对典型点火等压燃料我们有 $\rho_c/\rho_h \approx 10$,下面我们用更简化的近似点火条件:

$$H_h T_h \simeq 2(\mathrm{g/cm^2}) \cdot \mathrm{keV}, \tag{5.14}$$

由此，得

$$\mathscr{F}_{DT} = H_h \Gamma_B T_h = p_h R_h \simeq 15\text{Tbar}\cdot\mu\text{m}. \tag{5.15}$$

这个条件对图 4.5 中参考点 A 的相应一组值适用，即

$$T_h = 8\text{keV}, \quad H_h = 0.25\text{g/cm}^2, \tag{5.16}$$

对第 3 章讨论的模拟也适用(特别见图 3.11). 它还适用早期增益研究用过的这组值(Meyer-ter-Vehn, 1982),

$$T_h = 5\text{keV}, \quad H_h = 0.4\text{g/cm}^2, \tag{5.17}$$

方程(5.15)中的条件 $F_{DT}=p_h R_h$ 意味着一旦压力或者火花半径给定，热斑就确定了. 如果把压力作为独立变量，我们得到

$$\begin{aligned} R_h &= \mathscr{F}_{DT}/p_h \propto p_h^{-1}, \\ \rho_h &= H_h/R_h \propto p_h, \\ M_h &= (4\pi/3)R_h^3\rho_h \propto p_h^{-2}, \\ E_h &= e_h M_h \propto p_h^{-2}, \end{aligned} \tag{5.18}$$

这里 M_h 和 E_h 分别是热斑的质量和内能.

5.1.3　冷燃料：等熵参数 α

前面几章中已经讨论过，燃料高达几千倍液体密度的压缩对惯性聚变是关键性要求. 因此热斑周围的燃料必须在内爆时保持低熵，使得用最小的驱动能代价实现压缩. 在这种条件下，压缩氢的压力主要是由于简并的电子. 因此我们把这种冷燃料描述为部分简并费米气体(10.2.3 小节). 这样压力和比内能可写为

$$p_c(\rho_c, T_c) = \alpha p_{\deg}(\rho_c) = \alpha \mathscr{A}_{\deg}\rho_c^{5/3}, \tag{5.19}$$

$$e_c(\rho_c, T_c) = \alpha e_{\deg}(\rho_c) = \frac{3}{2}\alpha \mathscr{A}_{\deg}\rho_c^{2/3}, \tag{5.20}$$

这里下标“deg”表示完全简并的电子气体(10.2.3 小节)，其特征常数为

$$\begin{aligned} \mathscr{A}_{\deg} &= \frac{2}{5}\frac{\hbar^2}{2m_e}\frac{(3\pi^2)^{2/3}}{[(m_D+m_T)/2]^{5/3}} \\ &= 2.17\times 10^{12}(\text{erg/cm}^3)/(\text{g/cm}^3)^{5/3}. \end{aligned} \tag{5.21}$$

这里量 α 是我们在第 3 章引入的等熵参数. 它是真实燃料压力和相同密度下完全简并燃料压力之比.

下面，我们需要冷燃料量与压力和等熵参数的关系，它们是

$$\rho_c = (\alpha \mathscr{A}_{\deg})^{-3/5} p_c^{3/5}, \tag{5.22}$$

$$e_c = \frac{3}{2}(\alpha \mathscr{A}_{\deg})^{3/5} p_c^{2/5}. \tag{5.23}$$

冷燃料的内能由 $E_c=E_f-E_h$ 决定，它是总燃料能在建立热斑后剩下的. 这样，冷燃料质量为 $M_c=E_c/e_c$.

5.1.4　等压结构:压力 p

对等压结构,我们有

$$p = p_{\mathrm{h}} = p_{\mathrm{c}}, \tag{5.24}$$

这意味着

$$E_{\mathrm{f}} = \frac{3}{2} p V_{\mathrm{f}} = 2\pi p R_{\mathrm{f}}^{3}. \tag{5.25}$$

这个关系使我们可以把总燃料体积 V_{f} 和它的半径 R_{f} 写成 p 和 E_{f} 的函数. 值得注意的是,因为 p 是均匀的,我们有 $E_{\mathrm{h}}=(3/2)pV_{\mathrm{h}}=2\pi pR_{\mathrm{h}}^{3}$,因此

$$\frac{E_{\mathrm{h}}}{E_{\mathrm{f}}} = \left(\frac{R_{\mathrm{h}}}{R_{\mathrm{f}}}\right)^{3}. \tag{5.26}$$

当然,等压条件只是实际靶点火时真实情况的近似. 这种模型的局限性和可能的改善在 5.3.4 小节中讨论.

让我们总结一下决定燃料拼装靶主要量和增益的公式. 把整体耦合效率 η、燃料等熵参数 α 和转滞压 p 作为自由参数,我们把增益写为

$$G = \frac{4\pi}{3} \frac{q_{\mathrm{DT}}}{E_{\mathrm{d}}} [\rho_{\mathrm{h}} R_{\mathrm{h}}^{3} + \rho_{\mathrm{c}} (R_{\mathrm{f}}^{3} - R_{\mathrm{h}}^{3})] \frac{H_{\mathrm{h}} + H_{\mathrm{c}}}{H_{\mathrm{B}} + H_{\mathrm{h}} + H_{\mathrm{c}}}, \tag{5.27}$$

这里

$$\rho_{\mathrm{h}} = H_{\mathrm{h}} p / \mathscr{F}_{\mathrm{DT}}, \tag{5.28}$$

$$R_{\mathrm{h}} = \mathscr{F}_{\mathrm{DT}} / p, \tag{5.29}$$

$$\rho_{\mathrm{c}} = (\alpha A_{\mathrm{deg}})^{-3/5} p^{3/5}, \tag{5.30}$$

$$R_{\mathrm{f}} = (\eta E_{\mathrm{d}} / 2\pi p)^{1/3}, \tag{5.31}$$

$$H_{\mathrm{c}} = \rho_{\mathrm{c}} (R_{\mathrm{f}} - R_{\mathrm{h}}). \tag{5.32}$$

由 DT 聚变物理决定的常数参数为 q_{DT}、H_{B}、H_{h} 和 $\mathscr{F}_{\mathrm{DT}}$.

5.2　等压模型的增益曲线

现在我们可以计算

$$G = G(E_{\mathrm{d}}; \eta, p, \alpha; \mathscr{F}_{\mathrm{DT}}, H_{\mathrm{h}}, H_{\mathrm{B}}, q_{\mathrm{DT}}), \tag{5.33}$$

即能量增益与驱动束能量 E_{d},自由参数 η、p、α,以及聚变物理确定的参数 $\mathscr{F}_{\mathrm{DT}}$、$H_{\mathrm{h}}$、$H_{\mathrm{B}}$、$q_{\mathrm{DT}}$ 的关系. 可以看出,这个模型也适用于等摩尔 DT 以外的燃料. 不过,下面讨论的例子是针对等摩尔 DT 的,这当然是目前最感兴趣的燃料. 对确定的 DT 参数,本章中我们用这些值

$$\mathscr{F}_{\mathrm{DT}} = \hat{\mathscr{F}}_{\mathrm{DT}} \equiv 15\mathrm{Tbar} \cdot \mu\mathrm{m}, \tag{5.34}$$

$$H_{\mathrm{h}} = \hat{H}_{\mathrm{h}} \equiv 0.25\mathrm{g/cm^{2}}, \tag{5.35}$$

$$H_{\mathrm{B}} = \hat{H}_{\mathrm{B}} \equiv 7\mathrm{g/cm^{2}}, \tag{5.36}$$

$$q_{\mathrm{DT}} = \hat{q}_{\mathrm{DT}} \equiv 3.374 \times 10^{11}\,\mathrm{J/g}. \tag{5.37}$$

通常我们把这些参数归一化到它们的参考值，即

$$\mathscr{F}_{\mathrm{DT}} = \hat{\mathscr{F}}_{\mathrm{DT}} f_{\mathscr{F}}, \tag{5.38}$$

$$H_{\mathrm{h}} = \hat{H}_{\mathrm{h}} f_{H_{\mathrm{h}}}, \tag{5.39}$$

$$H_{\mathrm{B}} = \hat{H}_{\mathrm{B}} f_{H_{\mathrm{B}}}, \tag{5.40}$$

$$q_{\mathrm{DT}} = \hat{q}_{\mathrm{DT}} f_{q_{\mathrm{DT}}}, \tag{5.41}$$

这些 f 的意义是显然的. 用这个模型得到的增益曲线的基本性质在 5.2.1 小节说明. 图 5.2～5.4 摘自 Meyer-ter-Vehn(1982) 的原始文献，所用的点火参数由(5.17)式给出.

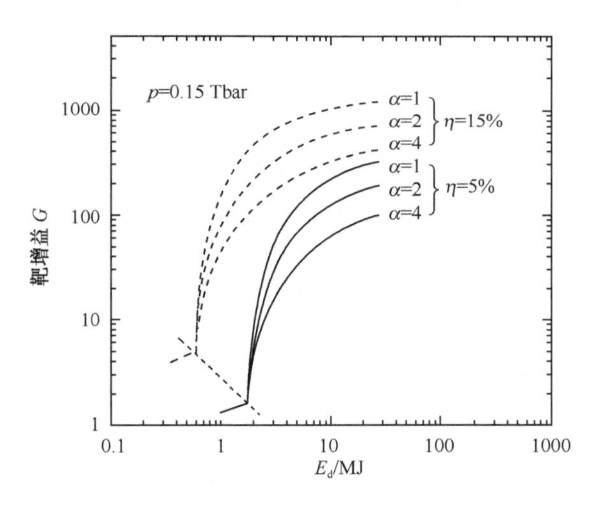

图 5.2　在反应堆靶相关范围内，对不同整体耦合效率 η 和等熵参数 α 的等压增益曲线

火花半径和压力 p 是固定的，不同 η 的点火点位于一条点虚线上(Meyer-ter-Vehn, 1982)

5.2.1　对 η、α、p 的依赖

我们先分析固定压力 $p=0.15\mathrm{Tbar}$ 和相应热斑半径 $R_{\mathrm{h}}=100\mu\mathrm{m}$[比较(5.15)式]下，$G$ 对整体耦合效率 η 和等熵参数 α 的依赖. 在和反应堆靶有关的参数区间内，结果见图 5.2.

保持其他参数固定，只变化整体耦合效率时，结果只是每条增益曲线沿点虚线简单的斜向平移. 在双对数坐标中，这是按照定义(5.33)式和定标关系$G_{\mathrm{f}}(\eta E_{\mathrm{d}})=G(E_{\mathrm{d}})/\eta$得到的. 在图 5.2 中，不同 η 的点火点位于一条点虚线上，这里束能量刚足够在给定压力下建立点火火花. 在这个模型中，这条线为

$$E_{\mathrm{d}}^{\mathrm{ign}} = 2\pi \mathscr{F}_{\mathrm{DT}}^{3}/(\eta p^{2}), \tag{5.42}$$

$$G^{\mathrm{ign}} = (\eta q_{\mathrm{DT}}/e_{\mathrm{h}}) H_{\mathrm{h}}/(H_{\mathrm{B}} + H_{\mathrm{h}}). \tag{5.43}$$

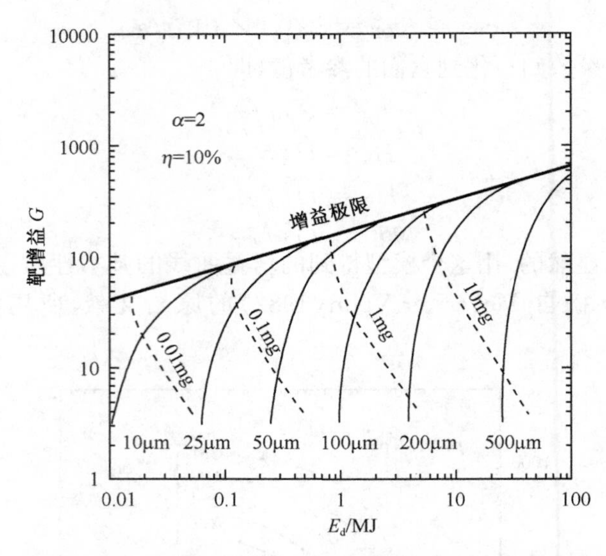

图 5.3　固定 α、η 和点火参数，在不同压缩燃料压力下(相应的热斑半径也不同，见实线下面的说明)的等压增益曲线 $G(E_d)$

这组曲线的包络定义为极限增益，图也显示了恒定燃料质量时的增益曲线(虚线)(Meyer-ter-Vehn，1982)

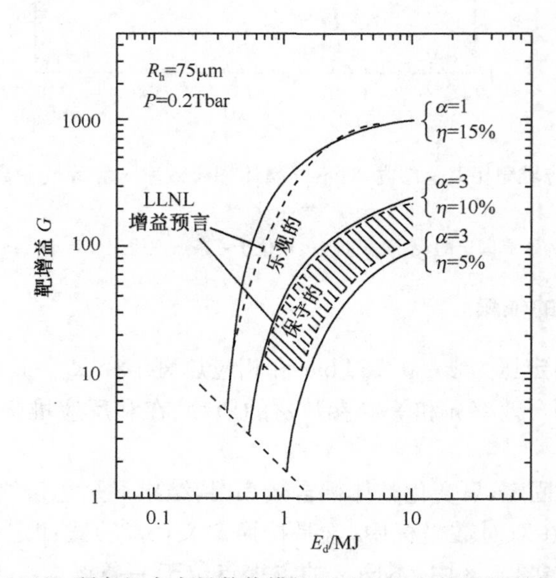

图 5.4　LLNL 研究组在大量数值模拟基础上发表的增益预言和用给定压缩燃料压力的等压模型得到的曲线(Meyer-ter-Vehn，1982)

如果有更多的能量来形成点火火花周围的压缩燃料区，燃烧就可传播了．由于迅速

增长的 ρR 和燃料燃烧比，增益也快速上升. 对高的束能量，增益曲线由于燃烧耗尽趋向变直，它们演化的渐近线为

$$G(E_{\mathrm{d}} \to \infty) \propto \eta q_{\mathrm{DT}}/e_{\mathrm{c}} \propto 1/(p^{2/5}\alpha^{3/5}). \tag{5.44}$$

内爆时预加热效应引起的高等熵参数 α 会削弱高增益区. 定标率 $G \propto \alpha^{-3/5}$ 可在图 5.2 中清楚看出. 当 α 增加一个因子 2，增益大约减小 35%.

图 5.3 显示不同压力值 p 或者等价的不同热斑半径 $R_{\mathrm{h}} = \mathscr{F}_{\mathrm{DT}}/p_{\mathrm{h}}$ 时的增益曲线，这里 α、η 是固定的. 图 5.3 也显示了这些曲线的演化(粗实线)，它给出的是极限增益 $G^*(E_{\mathrm{d}})$，也就是给定驱动能情况下所能得到的最大能量增益. 极限增益可以精确拟合

$$G^* = 6000\eta\left(\frac{\eta E_{\mathrm{d}}}{\alpha}\right)^{0.3}, \tag{5.45}$$

这里驱动能 E_{d} 的单位是 MJ. 这个定标率将在 5.3.2 小节解析推导. 在 10～100kJ 这个低段，是早期乐观主义者认为用小反应堆单元实现能源生产的地方. 实际上，在束能量为大约 20kJ 时，模型得到的增益可达 50，这相当于每枪 1MJ 的聚变能. 对每秒一枪的速率，功率为 1MW. 每个靶丸只包含 10μg 的燃料，但是，大多数燃料要沿着 $\alpha = 2$ 的等熵线压缩 2×10^4 倍以实现 5 Tbar 的转滞压力和 3μm 的热斑半径. 目前，由于对称性原因，这被认为是不大可行的. 对能源生产，惯性聚变靶丸至少要包含 1mg 的 DT 燃料.

从(5.44)式可以看出，增加压力会减少增益. 初一看，很让人吃惊. 这是因为，在渐近区，人们处理的靶结构有厚的冷燃料层，这样增加压力意味着对冷燃料投资的能量太多. 当然，在火花区和冷燃料区的质量和能量分配方面有个优化问题，这在 5.3 节详细研究.

5.2.2 模型增益曲线和详细计算的比较

许多可信赖的增益曲线都是用大量复杂的数值模拟得到的. 1979 年，Lawrence Livermore 国家实验室(LLNL)的研究者用保守增益带和乐观增益带的形式总结了他们的增益预言(Nuckolls, 1980). 令人吃惊的是，那些用固定点火结构的压力以及参数 η 和 α 的简单等压模型得到的增益曲线与 LLNL 的结果精确符合. 这在图 5.4 中给出，等压模型计算曲线时用的参数为 $p = 0.2\mathrm{Tbar}$，点火参数 $H_{\mathrm{h}} = 0.4\mathrm{g/cm^2}$ 和 $T_{\mathrm{h}} = 5\mathrm{keV}$. 保守增益区的范围是在整体耦合效率为 $5\% < \eta < 10\%$ 并取 $\alpha = 3$. 乐观增益曲线的拟合值为 $\eta = 15\%$ 和 $\alpha = 1$. 可以看到保守增益曲线的上限可以用更小的值 $\eta = 3.5\%$ 拟合，这接近在不久的将来用黑腔靶时有可能实现的值，具体参数为 $\alpha = 1$，$p = 0.25\mathrm{Tbar}(R_{\mathrm{h}} = 49\mu\mathrm{m})$，$H_{\mathrm{h}} = 0.2\mathrm{g/cm^2}$，$T_{\mathrm{h}} = 8\mathrm{keV}$.

尽管在过去 20 年中，对靶已经了解了很多，对反应堆靶增益的估计没有改变

多少.人们仍然认为要实现靶增益 $G=50\sim200$ 所需要的驱动能量范围在 1～10MJ. 根据图 5.3 和图 5.4,反应堆窗口估计在这个区域,即

$$\begin{aligned}&50<\text{增益}<100,\\&1\text{MJ}<E_{\rm d}<10\text{MJ},\\&50\mu\text{m}<R_{\rm h}<200\mu\text{m},\\&1\text{mg}<M_{\rm f}<10\text{mg}.\end{aligned}\tag{5.46}$$

上限由反应堆腔室所能承受的微爆炸给出,这还没有很好定义. 对 $E_{\rm d}=10$MJ 和 $G=100$,必须承受 1GJ 的爆炸能量.

5.3 极限增益曲线

在本节我们研究给定燃料质量时的增益曲线性质,并推导极限增益和形成点火结构所需最小能量的解析表达式.

5.3.1 给定燃料质量的增益曲线

现在从另一个角度看给定燃料质量时,增益随压力的变化(图 5.5). 冷燃料的熵保持固定. 从低压开始,最初的压缩不足以实现点火. 在某个点,点火条件(5.15)式被均匀燃料结构满足了. 由于缺少冷燃料,增益是低的. 进一步增加压力,周围是冷燃料的中心热斑结构产生了,这需要较少的能量,因此会实现较高的燃烧比和较高的增益. 在某个压力 $p^{\rm M}$(燃料能量 $E_{\rm f}^{\rm M}$),燃料增益达到最大值 $G_{\rm f}^{\rm M}$. 对更强的压缩,增益又开始下降,因为太多能量花在压缩燃料上了. 图还给出了火花半径沿曲

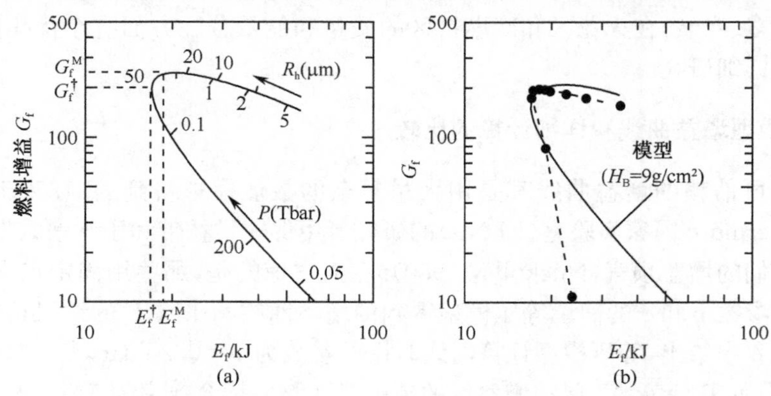

图 5.5 固定燃料质量 $M_{\rm f}=3$mg、η 和 α 时的增益曲线

压力和火花半径沿增益轨迹变化

(a)等压模型计算得到的曲线,p 和 $R_{\rm h}$ 沿着曲线给出,最大增益和最小驱动能下的增益也给出;(b)模型得到的增益曲线和完全流体模拟 IMPLO-升级版的结果比较

线的变化.

另一个重要方面是形成点火结构所需投资的能量,它先下降到最小能量 $E^{\dagger}$,然后随密度增加. 可以看到 $E^{\dagger}\simeq 0.8E^{\mathrm{M}}$,因此 $G_{\mathrm{f}}^{\dagger}=G_{\mathrm{f}}(E^{\dagger})$ 只比 $G_{\mathrm{f}}^{*}=G_{\mathrm{f}}(E^{\mathrm{M}})$ 小20%. 增益这种行为的定量表达和不同量的优化值在5.3.2小节和5.3.3小节讨论.

常数质量的增益曲线,和上面讨论的一样,是用一维数值流体模拟得到的,模拟包括了对燃烧物理、辐射和碰撞输运等的恰当处理(Atzeni, 1995). 它重复了模型得到的定性性质. 选择 $H_{\mathrm{B}}=9\mathrm{g/cm^2}$,也就是 $\mathscr{F}_{H_{\mathrm{B}}}\simeq 1.3$,在具有优化表现周围的重要区域,模型和模拟符合得很好,在低压区,即曲线的低增益部分则有很大的不一致[图5.5(b)]. 实际上,这时小质量热斑周围有大质量冷燃料这一假设不再成立,因此点火条件(5.12)式和模型所用的燃烧比(5.3)式不精确了.

5.3.2 极限增益的解析推导

在本小节中,我们按照Rosen和Lindl(1984)的方法,对图5.3中的极限增益曲线和相应的定标关系进行解析研究. 为此,我们固定 $E_{\mathrm{f}}=\eta E_{\mathrm{d}}$ 和 α,变化 p 来寻找最大增益.

接近最大增益时,燃料结构的特征有 $M_{\mathrm{h}}\ll M_{\mathrm{f}}$ 和 $H_{\mathrm{h}}\ll H_{\mathrm{f}}\approx H_{\mathrm{B}}$. 大多数燃料为冷燃料,只有很小一部分用作热斑,我们在本小节后面一点要验证这点. 如果和整个的燃料值相比可以忽略 M_{h} 和 H_{h},并取 $M_{\mathrm{f}}\simeq M_{\mathrm{c}}$, $H_{\mathrm{f}}\simeq H_{\mathrm{c}}$,我们就可进行解析研究. 燃烧比可近似用幂函数表达

$$\Phi=\frac{H_{\mathrm{f}}}{H_{\mathrm{B}}+H_{\mathrm{f}}}\simeq\frac{1}{2}\left(\frac{H_{\mathrm{f}}}{H_{\mathrm{B}}}\right)^{1/2}\simeq\frac{1}{2}\left(\frac{H_{\mathrm{c}}}{H_{\mathrm{B}}}\right)^{1/2}, \tag{5.47}$$

$0.30H_{\mathrm{B}}\leqslant H_{\mathrm{f}}\leqslant 3.5H_{\mathrm{B}}$,精度为20%.

这样燃料增益可近似写为

$$G_{\mathrm{f}}=\frac{q_{\mathrm{DT}}M_{\mathrm{f}}\Phi}{E_{\mathrm{f}}}\simeq\frac{1}{2}\,\frac{q_{\mathrm{DT}}M_{\mathrm{c}}}{E_{\mathrm{f}}}\left(\frac{H_{\mathrm{c}}}{H_{\mathrm{B}}}\right)^{1/2}, \tag{5.48}$$

这里

$$M_{\mathrm{c}}=\rho_{\mathrm{c}}(V_{\mathrm{f}}-V_{\mathrm{h}})=\left(\frac{p}{\alpha\mathscr{A}_{\mathrm{deg}}}\right)^{3/5}\frac{2E_{\mathrm{f}}}{3p}\left[1-\left(\frac{R_{\mathrm{h}}}{R_{\mathrm{f}}}\right)^{3}\right], \tag{5.49}$$

$$H_{\mathrm{c}}=\rho_{\mathrm{c}}(R_{\mathrm{f}}-R_{\mathrm{h}})=\left(\frac{p}{\alpha\mathscr{A}_{\mathrm{deg}}}\right)^{3/5}\left(\frac{E_{\mathrm{f}}}{2\pi p}\right)^{1/3}\left(1-\frac{R_{\mathrm{h}}}{R_{\mathrm{f}}}\right). \tag{5.50}$$

这里,(5.22)和(5.25)式被用来表示冷燃料密度、燃料体积和燃料半径,它们都写为压力和燃料内能 $E_{\mathrm{f}}=\eta E_{\mathrm{d}}$ 的函数. 对固定 E_{f}、η 和 α,变化 G 时,为 p 引入一个替代的变量是方便的,即

$$x=R_{\mathrm{h}}/R_{\mathrm{f}}. \tag{5.51}$$

利用等压条件(5.24)、(5.25)式和点火条件(5.15)式,可以得到

$$p = \left[2\pi \frac{\mathscr{F}_{\mathrm{DT}}^3}{E_{\mathrm{f}} x^3} \right]^{1/2}. \tag{5.52}$$

要注意对(5.26)式,热斑能量和总能量之比为$E_{\mathrm{h}}/E_{\mathrm{f}}=x^3$.因此增益可写为

$$G_{\mathrm{f}} = A_G \left(\frac{E_{\mathrm{f}}}{\alpha^3} \right)^{3/10} f(x), \tag{5.53}$$

$$A_G = \frac{q_{\mathrm{DT}}}{3(2\pi)^{3/10} H_{\mathrm{B}}{}^{1/2} \mathscr{A}_{\mathrm{deg}}{}^{9/10} \mathscr{F}_{\mathrm{DT}}{}^{2/5}}, \tag{5.54}$$

它包含了一些数值常数和聚变物理参数,并且

$$f(x) = x^{2/5}(1-x^3)(1-x)^{1/2}. \tag{5.55}$$

函数$f(x)$在x趋向0或1时为零,对$x=x^* \simeq 0.3485$有极大值$f(x^*)=0.507$.对x在相当大的区间内,函数f接近它的最大值,也就是对$0.12<x<0.6$,有$f(x)>0.4$.选择$x=x^*$,可得到极限增益的定标关系,即

$$G_{\mathrm{f}}^* \simeq 6610 \left(\frac{E_{\mathrm{f}}}{\alpha^3} \right)^{3/10} f_{\mathscr{F}}^{-2/5} f_{q_{\mathrm{DT}}} f_{H_{\mathrm{B}}}^{-1/2}, \tag{5.56}$$

这里E_{f}的单位是MJ,$f_{\mathscr{F}}$、$f_{q_{\mathrm{DT}}}$、$f_{H_{\mathrm{B}}}$表示在它们参考值附近的固定参数变量[(5.38)~(5.40)式].在图5.3中,对$\alpha=2$,(5.56)式描述的极限增益曲线精度很高.图5.6表明,一维完全流体动力学模拟证实了(5.56)式与E_{f}和α的定标关系,但前面有一个因子,相当于燃烧参数$H_{\mathrm{B}} \simeq 9.5\mathrm{g/cm^2}$(Atzeni, 1995).

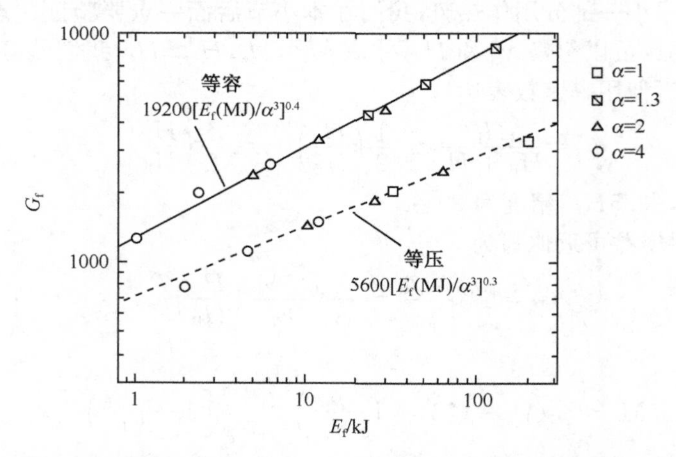

图5.6 极限燃料增益随参数(E_{f}/α^3)的定标,由IMPLO-升级版进行的一维流体模拟检验(Atzeni, 1995)

图是针对等压(5.2节和5.3节)和等容燃料结构的(5.5.1小节),模型预言的函数依赖关系在很大精度上得到重复

让我们更仔细看一下最大增益时点火结构的特征.我们已经知道,对(5.26)式,火花和燃料半径的比是固定的,对能量也是.这就有

$$R_h^*/R_f^* \simeq 0.35 \text{ 和 } E_h^*/E_f^* = (R_h^*/R_f^*)^3 \simeq 0.042. \tag{5.57}$$

因此,对最大增益,只有4%的燃料能量用来点火.火花所含的质量比$M_h/M_f=\rho_h R_h^3/\rho_f R_f^3$,通常更是小于1%,它依赖密度比$\rho_h/\rho_f$,这里$\rho_f$是平均燃料密度.

其他一些量的有用定标关系列在下面:

$$p^* \simeq 0.22 E_f^{-1/2} f_{\mathscr{F}}^{3/2}\,\mathrm{Tbar}, \tag{5.58}$$

$$p_h^* \simeq 67 E_f^{1/2} f_{\mathscr{F}}^{-1/2}\,\mu\mathrm{m}, \tag{5.59}$$

$$p_h^* \simeq 37 E_f^{-1/2} f_{\mathscr{F}}^{1/2} f_{H_h}\,\mathrm{g/cm^3}, \tag{5.60}$$

$$p_h^* \simeq 1011(\alpha^2 E_f)^{-3/10} f_{\mathscr{F}}^{9/10}\,\mathrm{g/cm^3}, \tag{5.61}$$

$$M_f^* \simeq 29 E_f^{6/5}(\alpha f_{\mathscr{F}})^{-3/5}\,\mathrm{mg}, \tag{5.62}$$

$$H_f^* \simeq 12.8\alpha^{-3/5} E_f^{1/5} f_{\mathscr{F}}^{2/5} + 0.25 f_{H_h}\,\mathrm{g/cm^2}, \tag{5.63}$$

这里$E_f=\eta E_d$的单位是MJ.

注意,定标关系对固定x的所有结构都适用,但有不同的前置系数.我们也可以用上面的关系来得到点火时燃料能量与压力p和内爆速度u_{imp}的关系.首先从(5.58)式,我们有

$$E_f \propto 1/p^2, \tag{5.64}$$

关于内爆速度,我们考虑像第3章中模拟的简单靶,点火结构仅仅由一个燃料壳层的内爆建立.这种情况下,内爆燃料的动能转化为同一燃料的内能.暂且设$E_f \approx M_f u_{imp}^2/2$,利用(5.62)式可以得到

$$E_f \propto \alpha^3/u_{imp}^{10}. \tag{5.65}$$

这表明,能量对速度有很强的依赖.我们在5.4.2小节要回到这个问题.

5.3.3 燃烧给定质量燃料所需的最小能量

另一个感兴趣的问题是关于点燃并燃烧给定质量燃料所需的最小驱动能量$E^\dagger=E_f^\dagger/\eta$(图5.5).容易导出表达式$E_f^\dagger(M_f)$.像5.3.2小节一样,相对$M_c$我们忽略$M_h$,这样我们可写$M_f=M_h+M_c\approx M_c$,利用(5.49)式来联系$M_c$和燃料能量.对能量解(5.49)式,我们得到

$$E_f = (3/2)^{5/6}(2\pi)^{1/6}(\alpha\mathscr{A}_{deg})^{1/2} M_f^{5/6}\mathscr{F}_{DT}^{1/2} g(x), \tag{5.66}$$

这里$g(x)=x^{-1/2}(1-x^3)^{-5/6}$,函数$g(x)$在$x=x^\dagger=6^{-1/3}=0.55$时有最小值为$g(x^\dagger)\simeq 1.57$.对应的半径比和能量比为

$$R_h^\dagger/R_f^\dagger = 0.55, \quad E_h^\dagger/E_f^\dagger = 0.55^3 \simeq 0.17, \tag{5.67}$$

最小能量为

$$E_f^\dagger \simeq 0.054\alpha^{1/2} M_f^{5/6} f_{\mathscr{F}}^{1/2}\,\mathrm{MJ}, \tag{5.68}$$

这里,质量M_f的单位是mg.所有关于最小的量都用剑形符号标记.

对应最小能量$E^\dagger=E_f^\dagger/\eta$的增益可对$x=x^\dagger$用(5.53)式得到,即

$$G_{\rm f}^{\dagger} \simeq 5740\left(\frac{E^{\dagger}}{\alpha^{3}}\right)^{3/10} f_{\mathscr{F}}^{-2/5} f_{H_{\rm B}}^{-1/2} f_{q_{\rm DT}}, \tag{5.69}$$

这里能量的单位是 MJ. 也可以利用(5.68)式得到

$$G_{\rm f}^{\dagger} \simeq 2390\left(\frac{M_{\rm f}}{\alpha^{3}}\right)^{1/4} f_{\mathscr{F}}^{-1/4} f_{H_{\rm B}}^{-1/2} f_{q_{\rm DT}}, \tag{5.70}$$

这里质量 $M_{\rm f}$ 的单位是 mg.

如果是考虑定标指数，带剑形标记的量和能量的定标关系与那些最大增益量是一样的，不同的是前面的因子. 特别的，我们有 $G_{\rm f}^{\dagger}(E_{\rm f})\approx 0.87G_{\rm f}^{*}(E_{\rm f})$，$p_{\rm f}^{\dagger}(E_{\rm f})\approx 0.5p^{*}(E_{\rm f})$，$R_{\rm h}^{\dagger}(E_{\rm f})\approx 2R_{\rm h}^{*}(E_{\rm f})$. 这些关系表明这些点上的增益接近最大增益，而这是可以投资同样的能量得到的，但是压力要低很多，这大大放宽了对驱动压和对称性的要求. 人们可以认为这个最小能量点是优化工作点.

把剑形标记量表达成燃料质量的函数是有用的. 我们有

$$p^{\dagger} = 0.48\alpha^{-1/4} M_{\rm f}^{-5/12} f_{\mathscr{F}}^{5/4}\,{\rm Tbar}, \tag{5.71}$$

$$R_{\rm h}^{\dagger} = 31\alpha^{1/4} M_{\rm f}^{5/12} f_{\mathscr{F}}^{-1/4}\,\mu{\rm m}, \tag{5.72}$$

$$\rho_{\rm h}^{\dagger} = 81\alpha^{-1/4} M_{\rm f}^{-5/12} (f_{\mathscr{F}} f_{H_{\rm h}}^{1/4})\,{\rm g/cm^3}, \tag{5.73}$$

$$\rho_{\rm c}^{\dagger} = 1614\alpha^{-3/4} M_{\rm f}^{-1/4} f_{\mathscr{F}}^{3/4}\,{\rm g/cm^3}, \tag{5.74}$$

$$e_{\rm c}^{\dagger} = 45\alpha^{1/2} M_{\rm f}^{-1/6} f_{\mathscr{F}}^{1/2}\,{\rm MJ/g}, \tag{5.75}$$

$$H_{\rm f}^{\dagger} = 4.1\alpha^{-1/2} M_{\rm f}^{1/6} f_{\mathscr{F}}^{1/2} + 0.25 f_{H_{\rm h}}\,{\rm g/cm^2}, \tag{5.76}$$

$$E_{\rm fus}^{\dagger} = 129\alpha^{-1/4} M_{\rm f}^{13/12} f_{\mathscr{F}}^{1/4} f_{H_{\rm B}}^{-1/2} f_{q_{\rm DT}}\,{\rm MJ}, \tag{5.77}$$

这里燃料质量 $M_{\rm f}$单位是 mg.

表征产生压缩结构的内爆壳层的两个重要量为内爆速度和热斑汇聚比. 这两个量都可获得，内爆速度通过最大燃料动能$(1/2)M_{\rm f}u_{\rm imp}^{2}$等于点火时燃料能计算，我们有

$$u_{\rm imp}^{\dagger} = 3.28\times 10^{7}\alpha^{1/4} M_{\rm f}^{-1/12} f_{\mathscr{F}}^{1/4}\,{\rm cm/s}. \tag{5.78}$$

对于薄燃料壳层热斑汇聚比 $C_{\rm h}^{\dagger}=R_{0}/R_{\rm h}^{\dagger}$，对初始形状因子为 $A_{\rm r0}$，$M_{\rm f}=4\pi\rho_{\rm DT}R_{0}^{3}/A_{\rm r0}$，这样我们有

$$C_{\rm h}^{\dagger} = 22.6A_{\rm r0}^{1/3}\alpha^{-1/4} M_{\rm f}^{-1/12} f_{\mathscr{F}}^{1/4}. \tag{5.79}$$

从(5.68)到(5.78)式，我们看到，一旦这些描述聚变物理的 f 参数确定，优化结构的主要参数只依赖燃料质量和熵. 只有热斑汇聚比还依赖燃料壳层的初始形状因子.

在表 5.1 中，对广泛研究的靶的代表性质量参数值和熵参数，我们列出了优化结构的主要参数. 情况(a)是指 NIF 激光器上点火实验的设计点，$M_{\rm f}=0.2$mg，$\alpha=1.5$(Lindl, 1995)；情况(b)对应第 3 章讨论的直接驱动靶的参数，$M_{\rm f}=1.7$mg，$\alpha=3$；情况(c)可以作为大反应堆尺寸靶的代表，$M_{\rm f}=5$mg，$\alpha=1.5$. 对所有情况，我们假设所有 $f_{i}'=1$ 和 $A_{\rm r0}=10$.

表 5.1　给定 DT 燃料质量和等熵参数时优化点火靶结构的参数

			(a)	(b)	(c)
DT 燃料质量	M_f	mg	0.2	1.7	5
等熵参数	α		1.5	3	1.5
燃料能量	$E_f^{\dagger}$	MJ	0.0173	0.146	0.253
内爆速度	$u_{imp}^{\dagger}$	cm/s	4.1×10^7	4.1×10^7	3.1×10^7
热斑密度	$\rho_h^{\dagger}$	g/cm³	143	49	37
热斑半径	$R_h^{\dagger}$	μm	17.5	51	67
蓄积密度	$\rho_c^{\dagger}$	g/cm³	1780	620	796
燃料压力	$p^{\dagger}$	Tbar	0.85	0.29	0.22
约束参数	$H_c^{\dagger}$	g/cm²	2.8	2.8	4.6
热斑汇聚比	$C_h^{\dagger}$		50	35	38
聚变输出	$E_{fus}^{\dagger}$	MJ	20.4	174	666
靶增益	$G^{\dagger}$		1179η	1197η	2637η

我们发现，情况(a)转滞时的参数接近 NIF 的参考设计(Lindl，1995). 对情况(b)，模型得到比第 3 章讨论的模拟更高的压缩和蓄积密度，因此增益也更高. 这表明这个设计可以进一步优化.

5.3.4　模型的缺点和推广

目前发展的模型使我们认识控制靶增益的参数. 关于点火时靶结构和点火燃烧过程的简化假定使我们能确定这些参数. 这里，我们简要讨论这个模型的缺点以及改善的方法.

关于点火，我们用了简单点火条件(5.15)式，它是指初始为静止的预拼装燃料结构. 但我们应该认识到，点火要和内爆动力学竞争，热斑自加热的时间受限于燃料的约束时间，而约束时间依赖内爆速度. Basko(1995)讨论过这个问题，他提出对一个合适区间内的 u_{imp}，用表达式 $\rho_h R_h >$ 常数 · u_{imp} 来代替(5.15)式.

另外模型考虑的是高度对称的燃料结构(图 5.1). 它假定台阶状温度和密度. 实际上，热传导会抹平温度轮廓，这样在热斑和几乎简并的燃料之间形成一个过渡层. 这种效应及其对燃料增益的影响由 Piriz 和 Wouchuk(1992)讨论过.

当然，等压条件只是实际靶内爆真实情况的粗略近似. 实际上转滞燃料的压力分布不是均匀的，而是在外边界降到较低的值. 因此等压模型多估计了投资到冷燃料的能量. 但为什么模型仍能拟合得很好呢？这可以这样理解，假定冷燃料压力 $p_c = f_c p_h$ 比火花压力 p_h 小一个因子 f_c，那么比内能下降为

$$e_c = (3/2)(\alpha \mathscr{A}_{deg})^{3/5}(f_c p_h)^{2/5} \propto (f_c^{2/3}\alpha)^{3/5}. \qquad (5.80)$$

而决定增益的冷燃料质量 $M_c = E_c / e_c$ 和约束参数 $H_c \approx M_c/(4\pi R_h^2)$ 就增加 $\propto (f_c^{2/3}\alpha)^{-3/5}$，结论是通过重新归一化等熵参数，$\alpha_{\text{eff}} \approx f_c^{2/3}\alpha$，实际的压力分布被有效地包括在了等熵模型中.

5.4 约束增益曲线和靶设计

大多精确的增益曲线是用考虑细致物理模型的数值模拟得到的. 图 5.7 就是一个例子. 它所给出的增益曲线是 Livermore 研究小组得到的(Lindl，1995)，它用来帮助确定美国国家点火装置的参数. 这个图是关于间接驱动靶的，它显示了两个增益带(阴影)，并用不同内爆速度值和辐射温度做标记. 界定每个带的两条曲线对应靶表面光滑性的不同假定. 图 5.7 还给出了 NIF 的参考设计靶点，这个靶应能实现中等增益($G \approx 10$). 通过增加整体耦合效率和增加驱动能量可获得更大的增益.

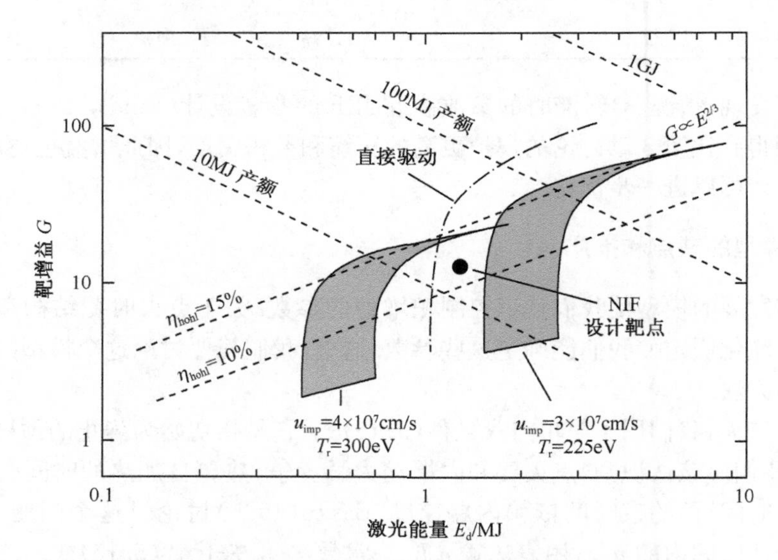

图 5.7 对间接驱动靶 LLNL 得到的增益曲线(Lindl，1995)

图显示了两个增益带(灰色)，它们对应不同的内爆速度. 极限增益(虚线)按 $G \propto E_d^{2/3}$ 定标. 黑圆点对应 NIF 设计靶点. 点划线是高能激光实验室(Laboratory for Laser Energetics)设计的直接驱动靶. 计算这些结果时假定空腔效率为 $\eta_{\text{hohl}} = 15\%$. 对更低的效率，它们沿常数产出线平移，比如移到 $\eta_{\text{hohl}} = 10\%$ 这条线. 空腔效率是吸收效率、转化效率和第 9 章定义的输运效率的乘积

图 5.7 中一个主要的新结果是关于增益定标. 这些模拟建议为 $G \propto E_d^{2/3}$，而不是图 5.3 所显示的等压模型得到的 $G \propto E_d^{0.3}$. 显然，各个模拟对应参数空间不同的

选择. 原来,保持转滞燃料的等熵参数为常数而改变驱动能对实际靶设计不是合适的选择. 由于必须考虑的不稳定性,这里有两个限制. 它们在图 5.8 中说明.

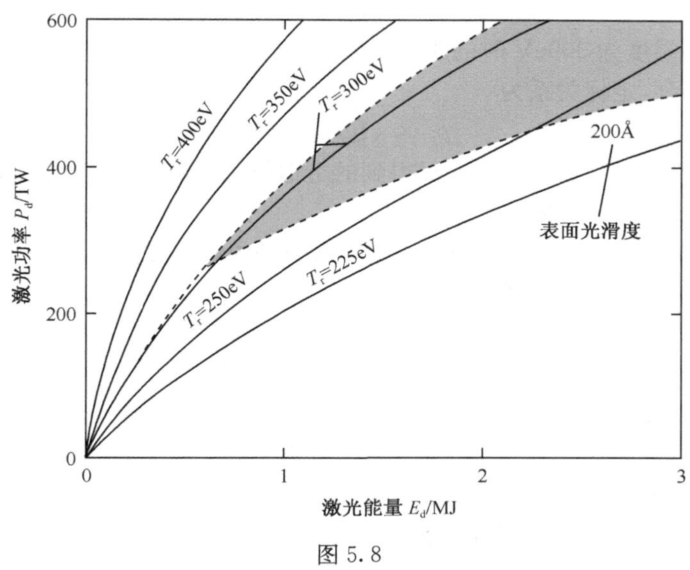

图 5.8

图中的灰色区表示是激光能量-激光功率平面内间接驱动惯性约束聚变(ICF)靶能点火的地方,图中的不同曲线在 5.4.3 小节讨论(Lindl et al., 2004)

第一个限制与高激光强度时的激光等离子体不稳定性和吸收有关. 它设定可容许的激光功率的上限. 对空腔靶,不稳定性首先是受激拉曼散射和相应的热电子(参考 11.4 节),它发生在激光束穿过空腔中低密度等离子体时,这限制了空腔的温度. 对直接驱动,为确保足够的激光吸收,对激光强度有类似的限制(参考 11.2 节).

第二个限制和瑞利-泰勒不稳定性(RTI)有关. 它对内爆壳层的飞行形状因子设定了上限,这又导致靶点火所需激光能量的下限. 在图 5.8 中,可容许的形状因子用壳层制造时烧蚀物表面的光洁度表示,它确定 RTI 增长时种子的尺寸.

在图 5.8 中,阴影区域给出的激光脉冲能量和功率足以在激光等离子体和流体不稳定性限制下驱动空腔靶点火. 上面的定界曲线对应的驱动温度大约为 300eV,下面的定界曲线对应的表面粗糙度为 20nm. 阴影区域和大量细致的靶模拟是一致的. 这些定界曲线已由考虑的模型决定(Lindl, 1995). 这里我们用本书其他章节推导的定标关系讨论这些曲线和相关的物理原理.

5.4.1 烧蚀压和内爆壳层速度

第一个任务是把烧蚀压 p_a 和内爆速度 u_{imp} 与驱动参数联系,这些参数有间接

驱动的辐射温度 T_r 以及直接驱动的激光强度 I_L 和波长 λ_L. 热辐射驱动的烧蚀压在 7.7.2 小节中推导，它的定标关系为

$$p_a \propto T_r^{3.5}. \tag{5.81}$$

对烧蚀物 Be，温度为 300eV 时的压力大约为 200Mbar. 对直接激光辐照，烧蚀压在 7.8.2 小节得到，定标关系为

$$p_a \propto (I_L/\lambda_L)^{2/3}. \tag{5.82}$$

对 $I_L = 10^{15}\,\mathrm{W/cm^2}$ 和 $\lambda_L = 0.35\mu\mathrm{m}$，得到的近似值为 100Mbar. 这些驱动参数接近激光等离子体不稳定性能容许的最大值.

另一个表征壳层内爆和转滞压的重要参数是内爆速度. 它由 7.10.3 小节的火箭模型得到. 用飞行等熵参数 α_{if} 和飞行形状因子 A_{if}，我们在 7.10.4 小节中发现对间接驱动有

$$u_{imp} \propto \alpha_{if}{}^{3/5} A_{if} T_r{}^{9/10}, \tag{5.83}$$

对直接驱动，则有

$$u_{imp} \propto \left[\alpha_{if}{}^{3/5} A_{if} (I_L/\lambda_L)^{4/15}\right]^{1/2}. \tag{5.84}$$

这里，飞行形状因子 A_{if} 受流体不稳定性限制（第 8 章），而辐射温度和激光强度受等离子体不稳定性限制. 这设定了内爆速度的上限.

5.4.2　点火能量随内爆速度的定标

在 5.1～5.3 节发展的模型把能量增益表达为转滞燃料参数的函数. 还没确定的问题是如何把这些参数和内爆壳层的参数联系起来. 一个很根本的问题是由 α_{if} 表征的飞行燃料熵在转滞时如何变化. 在内爆的航行阶段熵近似为常数，在转滞阶段，由于强激波穿过燃料，它肯定会上升. 它对点火能量和增益有重要影响.

用向内运动的壳层来描述转滞燃料的状态的解析模型将在 6.7.13 小节发展并建立在相似解之基础上. 它适用于有均匀马赫数 $\mathscr{M}_0$ 的内爆中空壳层，这时空心区域还在，并在中心产生了具有几乎均匀压力 p 的压缩气体. 气体动力学在图 6.18 显示，可以看到转滞压几乎只依赖内爆马赫数，定标关系为

$$\frac{p}{p_0} \approx 3.6\mathscr{M}_0^2. \tag{5.85}$$

这个定标关系在图 6.19 中演示得很清楚. 马赫数定义为 $\mathscr{M}_0 = u_{imp}/c_{if}$. 这里飞行声速 c_{if} 与壳层的内能、压力和等熵参数相联系 $c_{if}^2 \propto e_{if} \propto \alpha_{if}^{3/5} p_{if}^{2/5}$，这里用了(5.23)式. 确定飞行压力和烧蚀压力的关系 $p_{if} \approx p_a$，我们由(5.85)式有

$$p \propto u_{imp}^3 \alpha_{if}^{-9/10} p_a^{2/5}. \tag{5.86}$$

这个关系用三个参数表示转滞压来表征内爆过程，所有这三个参数都和上面讨论的限制有关：

- 烧蚀压 p_a 与激光强度限制和等离子不稳定性引起的空腔温度限制有关；

- 内爆速度 u_{imp} 还受形状因子的限制，这和流体不稳定性有关；
- 飞行等熵参数 α_{if} 与预加热和脉冲整形有关，这决定激波和熵的演化.

在等压模型中，转滞压是核心问题，因为它和驱动能直接相关. 利用(5.64)和(5.86)式我们得到重要的定标律(Atzeni, Meyer-ter-Vehn, 2001; Kemp et al., 2001),

$$E_d = \frac{E_f}{\eta} \propto \frac{1}{\eta p^2} \propto \alpha_{if}^{1.8} u_{imp}^{-6} p_a^{-0.8} \eta^{-1}. \tag{5.87}$$

它决定燃料点火所需的驱动能如何与上面讨论的内爆参数定标.

在这点上，我们要强调，这个定标律最早是由 Herrmann 等(2001)得到的，它建立在大量的数值模拟和不同于这里的独立模型推导. 分析大量的模拟结果，我们发现点火时的燃料能量可以很好地近似为

$$E_d^{ign} \approx \frac{0.43}{(\eta/0.1)} \alpha_{if}^{1.88\pm0.05} \left(\frac{u_{imp}}{3\times10^7\,\mathrm{cm/s}}\right)^{-5.89\pm0.12} \times \left(\frac{p_a}{100\mathrm{Mbar}}\right)^{-0.77\pm0.12} \mathrm{MJ}. \tag{5.88}$$

应该注意，几乎所有的指数在误差范围内和(5.87)式符合. 这是让人吃惊的，因为在推导(5.87)式时作了许多简化近似.

和(5.65)式比较就知道，(5.88)式表达的点火定标律和(5.87)式的模型解释有了巨大的进步. 导致 $E\propto\alpha^3 u_{imp}^{-10}$ 的假定 $\alpha\approx\alpha_{if}$ 和 $e\approx u_{imp}^2/2$ 是不正确的. 它们必须要用(5.85)式代替，它包括了由转滞激波引起的燃料熵增加，所以能恰当地描述转滞动力学.

5.4.3 激光功率-激光能量窗口

我们现在讨论图 5.8 所示的激光能量和功率之间的关系. 这里，我们沿用 Lindle(1995)对间接驱动靶的原始推导. 经过简单的修改，它可适用于直接驱动靶. 为简单起见，我们又省略了推导中前面的因子. 我们把内爆一个半径为 R_{cap} 的靶丸所需的激光功率写为

$$p_d \approx \frac{E_d}{\tau_{imp}} \approx \frac{E_d u_{imp}}{R_{cap}}, \tag{5.89}$$

这里，我们假定脉冲宽度为内爆时间 $\tau_{imp}\approx R_{cap}/u_{imp}$ 的量级. 下面消掉(5.89)式中的半径. 我们把吸收的靶丸能量写为

$$E_{cap} \approx 4\pi R_{cap}^2 F_{rad}\tau_{imp}, \tag{5.90}$$

这里 $F_{rad}=\sigma_B T_r^4$ 是热辐射流，σ_B 是斯特藩-玻尔兹曼常量. 吸收的靶丸能量 E_{cap} 和激光能量的关系为 $E_{cap}=\eta_{hohl}E_d$，η_{hohl} 为空腔耦合效率. 它可表示为 $\eta_{hohl}=\eta_{abs}\eta_{con}\eta_{trans}$，这里 η_{abs} 是吸收效率(在 11.2 节讨论)，η_{con} 和 η_{trans} 分别为 X 射线转换效率和输运效率(见第 9 章). 把 η_{hohl} 作为参数，再近似用 $\tau_{imp}\approx R_{cap}/u_{imp}$，我们可以把(5.90)式

写为

$$R_{\text{cap}} \propto (\eta_{\text{hohl}} E_{\text{d}} u_{\text{imp}} T_{\text{r}}^{-4})^{1/3}. \tag{5.91}$$

把关于R_{cap}的表达式(5.91)和关于内爆速度的表达式(5.83)代入(5.89)式，我们得到驱动功率的表达式

$$P_{\text{d}}(E_{\text{d}}, \alpha_{\text{if}}, A_{\text{if}}, T_{\text{r}}) \propto \eta_{\text{hohl}}^{-1/3} E_{\text{d}}{}^{2/3} \alpha_{\text{if}}^{2/5} A_{\text{if}}^{2/3} T_{\text{r}}{}^{29/15}. \tag{5.92}$$

因为T_{r}受等离子体不稳定性的限制而A_{if}受流体动力学不稳定性的限制，(5.92)式设定了激光功率限制$P_{\text{d}}<P_{\text{crit}}$. 在图5.9(a)中，我们对固定参数值$\eta_{\text{hohl}}$、$\alpha_{\text{if}}$和$A_{\text{if}}$以及不同的温度值$T_{\text{r}}$给出了曲线$P_{\text{d}}(E_{\text{d}})$. 灰色区域表示激光能量-功率平面允许的温度区域，这里上限是由最大容许温度决定.

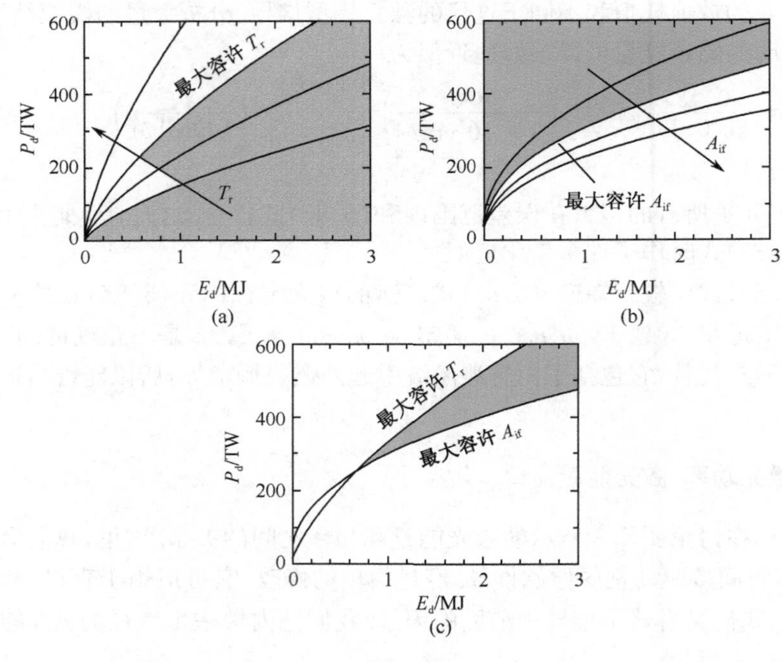

图 5.9

(a)给定形状因子时，在不同辐射温度下的曲线$P_{\text{d}}(E_{\text{d}})$[(5.92)式]. 箭头表示$T_{\text{r}}$增大的方向. 给定最大容许$T_{\text{r}}$，激光参数$E_{\text{d}}$、$P_{\text{d}}$必须位于这条极限曲线下面的灰色区域；(b)不同飞行形状因子A_{if}时的曲线$P_{\text{d}}(E_{\text{d}})$[(5.96)式]. 箭头表示$A_{\text{if}}$增大的方向. 给定最大容许$A_{\text{if}}$，激光参数$E_{\text{d}}$、$P_{\text{d}}$必须位于这条极限曲线上面的灰色区域；(c)在$E_{\text{d}}$、$P_{\text{d}}$平面允许的部分由分幅(a)和(b)的交叉部分决定

另一方面，下限可由内爆飞行形状因子为$A_{\text{if}}< A_{\text{if}}^{\max}$的点火条件获得. 为了表明这点，我们从(5.87)式开始，把点火所需的最低驱动能写为

$$E_{\text{d}} \geqslant E_{\text{ign}} \sim \eta_{\text{hohl}}^{-1} \alpha_{\text{if}}^{1.8} u_{\text{imp}}^{-6} p_{\text{a}}^{-0.8}. \tag{5.93}$$

将u_{imp}的表达式(5.83)和p_{a}的表达式(5.81)代入，我们发现

$$E_{\text{ign}} \propto \eta_{\text{hohl}}^{-1} \alpha_{\text{if}}^{-1.8} A_{\text{if}}^{-6} T_{\text{r}}^{-8.2}. \tag{5.94}$$

对辐射温度求解可以得到

$$T_r \geqslant T_{ign} \propto (\eta_{hohl} E_d)^{-0.12} \alpha_{if}^{-0.22} A_{if}^{-0.73}. \tag{5.95}$$

将最后一个表达式代入(5.92)式,我们最终发现激光功率必须满足

$$P_{Laser} \geqslant P_{ign}(E_d, \alpha_{if}, A_{if}) \propto \eta_{hohl}^{-0.56} E_d^{0.43} \alpha_{if}^{0.02} A_{if}^{-0.74}. \tag{5.96}$$

这个方程意味着所需激光功率随飞行形状因子 A_{if}增加以及激光能量减小而减小.对固定值 η_{hohl}和 α_{if},图 5.9(b)给出了不同 A_{if}值的曲线 $P_{ing}(E_d)$.因为 A_{if}受流体动力学不稳定性限制,其最大值为 A_{if}^{max},这样,激光能量和功率必须位于 $A_{if}=A_{if}^{max}$对应的曲线 $P_{ing}(E_d)$的上方区域.所以,在激光能量-功率平面内所允许的区域就由图中的灰色区域表示.

图 5.9(a)和图 5.9(b)所允许的交叉区域定义了一个运转窗口,这由图 5.9(c)中灰色区域表示.左下点对应点火所需的最小能量和功率.上面的讨论解释了图 5.8 中已给出的 LLNL 研究者所确认的设计窗口.

最后,注意图 5.8 中由表面光洁度表示和图 5.9(b)中由 A_{if}表示的同一组曲线.这两种标记是等价的,因为所容许的表面粗糙度和壳层的飞行形状因子是相关的(8.8 节).

5.5 非等压结构的增益曲线

在本节中,我们讨论非等压初始条件下,拼装压缩燃料的能量增益.

5.5.1 有热斑的等容拼装

像我们将在第 12 章要讨论的那样,等容拼装的结构为一个中心热斑和具有相同密度的冷燃料,它可以用来模拟快点火机制.这里我们对等压模型稍作修改来发展增益的解析模型(Kidder, 1976b;Bodner, 1981;Rosen,Lindl, 1983),显然均匀密度假定 $\rho=\rho_h=\rho_c$要代替均匀压力,同时要用不同的点火条件.

和等压时一样,我们可得到不同质量密度时的增益曲线.用热斑点火模型可计算极限增益,即

$$G_f^* = 0.0828 \frac{q_{DT}}{\mathscr{A}_{deg}^{7/6} H_B^{1/2} \mathscr{F}_{DT}^{2/9} H_h^{4/9}} \left(\frac{E_f}{\alpha^3}\right)^{7/18}, \tag{5.97}$$

我们在 4.2.2 小节已看到,等容点火的合适点火条件为 $\rho_h R_h T_h = 6(\text{g/cm}^2)\cdot$keV,使用和 5.1.2 小节相同的符号,我们可以写

$$\mathscr{F}_{DT} = p_h R_h \simeq 46\text{Tbar}\cdot\mu\text{m} = 3.8\hat{\mathscr{F}}_{DT}. \tag{5.98}$$

这个条件对图 4.5 中的参考点 B 适用,其参数为

$$T_h = 12\text{keV}, \quad H_h = 0.5\text{g/cm}^2. \tag{5.99}$$

这样(5.97)式变为

$$G_{\mathrm{f}}^{*}=2.18\times 10^{4}\left(\frac{E_{\mathrm{f}}}{\alpha^{3}}\right)^{7/18}. \tag{5.100}$$

相应的密度为

$$\rho^{*}\simeq 67.2\left(\frac{H_{\mathrm{h}}}{0.5\mathrm{g/cm^{2}}}\right)\left(\frac{\mathscr{F}_{\mathrm{DT}}}{46\mathrm{Tbar}\cdot\mu\mathrm{m}}\right)^{1/2}E_{\mathrm{f}}^{-1/2}. \tag{5.101}$$

增益曲线也已用一维模拟得到(Atzeni, 1995). 对固定等熵参数 $\alpha=2$,图 5.10 中给出了不同燃料质量 M_{f}时的曲线. 极限增益可拟合为

$$G_{\mathrm{f}}^{*}=19200\left(\frac{E_{\mathrm{f}}}{\alpha^{3}}\right)^{0.4}, \tag{5.102}$$

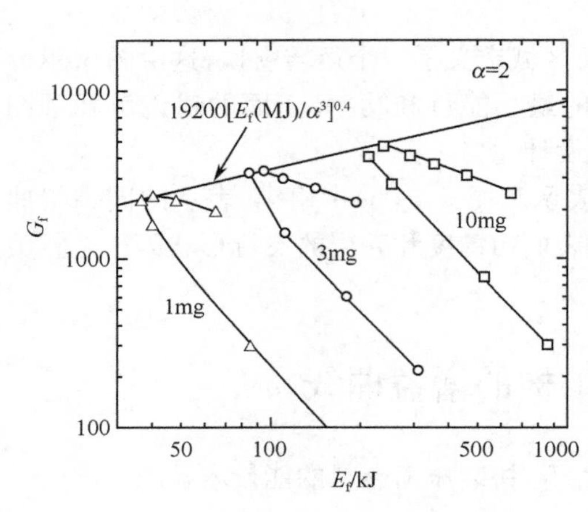

图 5.10 常数质量时的增益曲线和 $\alpha=2$ 的初始等压拼装的极限增益
圆圈表示模拟结果(Atzeni, 1995)

如果燃烧参数设定为 $H_{\mathrm{B}}=8.5\mathrm{g/cm^{2}}$,它和(5.97)式符合得很好. 对燃料能量在范围 $30\mathrm{kJ}\leqslant E_{\mathrm{DT}}\leqslant 300\mathrm{kJ}$,等熵参数在 $1\leqslant\alpha\leqslant 4$ 和燃料质量在 $1\mathrm{mg}\leqslant M_{\mathrm{f}}\leqslant 10\mathrm{mg}$,(5.102)式的精确性受到了检验. 我们看到,和等压时一样,驱动能量 E_{d}和等熵参数 α 通过组合 $E_{\mathrm{d}}/\alpha^{3}$进入. 一个重要点是,在对 IFE 感兴趣的能量范围,等容结构的增益比等压情况要大[比较(5.102)和(5.61)式]. 这点将在 5.5.3 小节进一步讨论. 这也容易解释,注意到对给定 E_{d}等容点火的最大增益发生的密度要比等压点火低[比较(5.101)和(5.61)式],因为冷燃料的压力不需要等于热斑. 结果投资到燃料压缩上的能量变小. 这个正面的效应超过了低约束以及点火条件(5.99)式的要求比等压结构高的负面效应.

5.5.2 光厚 DT 燃料的体点火

我们现在讨论体点火燃料所能取得的增益,燃料有均匀质量 M_{f}(初始密度 ρ_{f}、半径 R_{f}和温度 T_{f}),它在整个体积点燃而不是在中心热斑. 我们在 4.5 节已经看到,大而密的靶可能是光性厚的,这样 DT 点火在 1~1.5keV 这样低的温度就可发生,这大大低于理想点火温度 $T_{\mathrm{id}}=4.3\mathrm{keV}$. 这样低的点火温度可部分补偿在整个燃料加热方面的缺点.

对这种情况,没有关于增益的解析模型,因为燃烧比不再只和 ρR 定标,而且点火条件依赖辐射平均自由程,定标关系为$\propto\rho^{2}R$. 因此我们只能用数值模拟. 现在,燃料增益不只是燃料质量 M_{f}和约束参数 $H_{\mathrm{f}}=\rho_{\mathrm{f}}R_{\mathrm{f}}$的函数,还是初始温度的函

数. 比如在图 5.11 中,我们考虑的燃料质量为 $M_f=10\text{mg}$. 增益等高线显示增益为 T_f 和 H_f 的函数. 图还给出了线 $l_P=R_f$(虚线),这里 l_P 为普朗克平均自由程. 对 4.5 节讨论的固定 $\rho_f R_f$ 和低于点火阈值的温度,增益实际上为零. 超过这个阈值时增益迅速上升,在优化温度 $T_{opt}=T_{opt}(M_f, H_f)$ 达到最大值,这个优化温度只比阈值大一点点. 再增大 T_f,我们看到一个平台,这里更高的燃烧比和更高的内能抗衡,然后有一个明显的下降. 从图 5.11 我们看到,比较大的增益只能在光厚系统和很大的约束参数下 $H_f>10\text{g/cm}^2$ 获得,这意味着很高的密度. Fraley 等(1974)在 ICF 研究早期对微克大小的燃料就发表过类似的增益曲线. 后来 Basko(1990)发表了毫克大小燃料的结果.

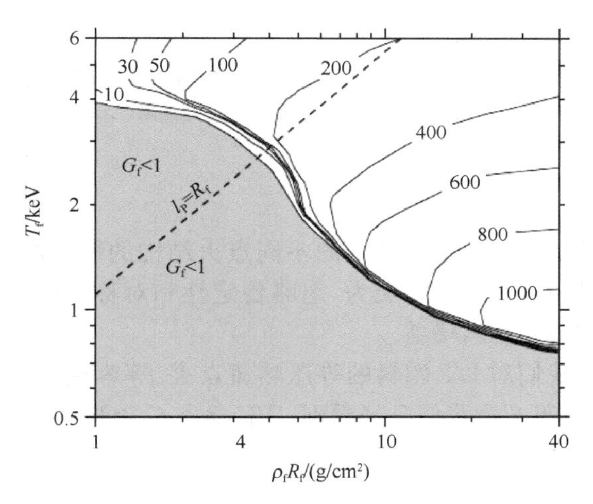

图 5.11 体点火 DT 燃料的燃烧($M_f=10\text{mg}$)

图显示了 $\rho_f R_f$-T_f 平面的等增益曲线,这个结果由大量一维数值模拟所得

和前面中心点火类似,对体点火,我们也可以对常数燃料质量画增益曲线. 在图 5.12 中,我们给出了一组由一维 IMPLO-升级版程序模拟得到的增益曲线. 曲线上的每个点代表这种结构优化温度时的增益. 与等压和等容点火一样,这些增益曲线的包络给出极限增益,它在某个驱动能量下获得. 这个极限燃料增益可近似为

$$G_f^* = 1000 E_f^{0.16}, \tag{5.103}$$

这里 E_f 的单位是 MJ. 对燃料质量在 $1\text{mg}\leqslant M_f\leqslant 10\text{mg}$,燃料能量在 $0.2\text{MJ}\leqslant E_f\leqslant 4\text{MJ}$ 范围内,这个公式已受到检验. 它甚至对燃料质量为 240mg 和燃料能量为 30MJ 也适用(Atzeni, 1995).

和均匀体点火稍有不同,人们也考虑更实际的密度和温度轮廓,比如利用从流体方程(6.4.3 小节)得到的自相似解作为内爆系统,Johzaki 等(1998)称之为低温点火(LTI). 更细致的数值模拟表明,在这种情况下,极限增益依赖关系和(5.103)式相同,只是前面的因子改为 1700.

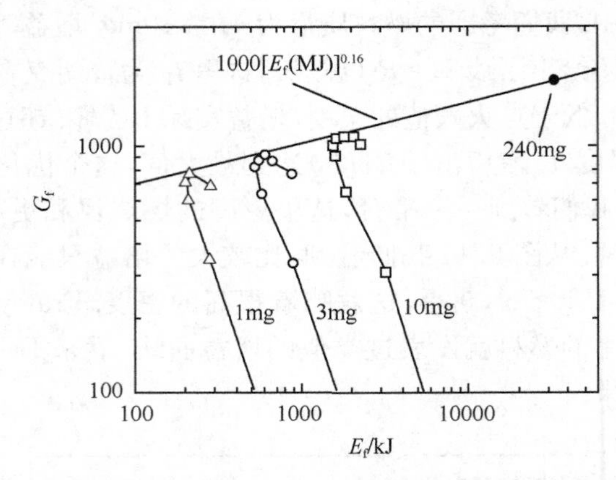

图 5.12　体点火.对体点火拼装,不同燃料质量下的增益曲线

圆圈表示一维流体模拟结果,粗实线表示增益极限(Atzeni, 1995)

5.5.3　不同结构和燃料的比较

现在我们比较本章各小节中分析的不同点火结构的燃料能量增益.为简单起见,我们考虑极限燃料增益,它定义为,忽略稳定性和对称性限制时给燃料一定量的能量所能获得的最大燃料增益.

在图 5.13 中,我们对 DT 燃料的等压热斑点火、等容热斑点火和体点火给出了极限燃料增益.在第 2 章我们已经看到,IFE 要求 $G_f \geqslant 10/(\eta_d \eta)$.对 $\eta_d = \eta = 0.1$,

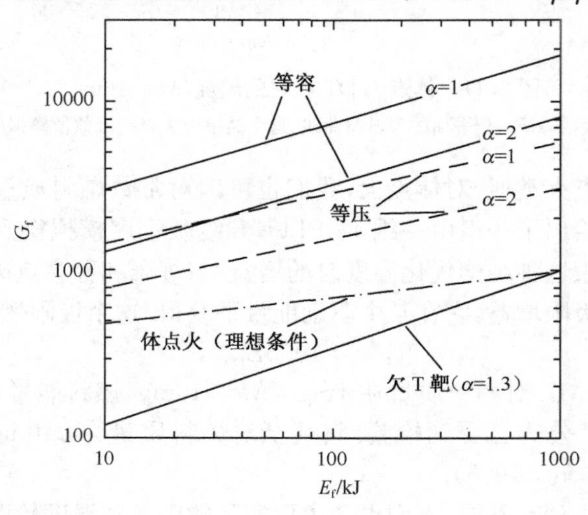

图 5.13　不同初始结构压缩 DT 拼装燃料极限增益的比较(Atzeni, 1995)

图也给出了欠 T 靶(氚含量 $F_T = 0.5\%$)的极限增益,这种情况不需要氚增殖(见 12.3.3 小节;Atzeni, Ciampi, 1997).每条曲线的等熵参数 α 已标出

这对应为 $G_f \geqslant 1000$. 对热斑点火靶,极限增益依赖等熵参数,我们对每种结构画出两条曲线,分别对应 $\alpha=1$ 和 $\alpha=2$. 体点火的曲线是对优化点火温度的. 图 5.13 显示,在和 IFE 有关的能量区间 $50\text{kJ} \leqslant E_f \leqslant 500\text{kJ}$ 和相同的 α 情况下,等容燃料的增益比等压大 2 或 3 倍. 这个优势看上去可能不大. 另一方面,如果考虑实现给定增益所需的能量,人们就发现要小 7～10 倍!

关于体点火燃料,我们看到,它们所达到的燃料增益只是刚刚满足 IFE 的需要. 在图中,我们对 DT 点火只有少量氚的氘燃料画出了极限增益曲线,这种情况不需要氚增殖(见 12.3.3 小节),这里 $\alpha=1.3$. 我们看到,燃料能量大约为 1MJ 时这些燃料所能实现的增益和等摩尔 DT 体点火可比.

第6章　流体动力学

这一章主要讲能量的流体动力学集聚，特别是汇聚流体对物质的等熵冷压缩. 这里我们的讨论限制在一维平面、柱和球几何，只考虑理想气体动力学，并忽略热传导. 热输运将在第7章考虑. 我们简要介绍激波和稀疏波，然后导出中心汇聚和膨胀解的不同形式. 它们统一的方面是定标不变量. 我们用物理观点导出所支持的系统，然后着重对惯性约束聚变(ICF)给出定标-不变相似解的例子. 对可压缩气体动力学的精彩介绍，可在一些经典著作中找到，如 Courant 和 Friedrichs(1948)，Landau 和 Lifshitz(1959)以及 Zeldovich 和 Raizer(1967). Stanykovich(1960)也给出了出色的表述.

6.1　理想气体动力学

6.1.1　守恒形式的基本方程

从质量、动量和能量守恒可得到基本的流体方程，它们可写为

$$\frac{\partial}{\partial t}\rho + \frac{\partial}{\partial x_k}(\rho u_k) = 0,$$

$$\frac{\partial}{\partial t}(\rho u_i) + \frac{\partial}{\partial x_k}(\rho u_i u_k + p\delta_{ik}) = 0, \tag{6.1}$$

$$\frac{\partial}{\partial t}\left(\left(e + \frac{u^2}{2}\right)\rho\right) + \frac{\partial}{\partial x_k}\left(\left(h + \frac{u^2}{2}\right)\rho u_k + q_k\right) = \mathscr{P}.$$

这里密度 ρ、速度 $\boldsymbol{u}$、压力 p、比能 e、比焓 $h=e+p/\rho$、热流 $\boldsymbol{q}$ 和外部能源 $\mathscr{P}$ 都是空间矢量 $\boldsymbol{x}$ 和时间 t 的函数. 矢量 $\boldsymbol{v}$ 写成笛卡儿坐标分量 $v_i(i=1,2,3)$，δ_{ik} 为单位张量，在乘积中有两个 k 时，求和符号省略. 这些方程再加上关于压力和比能的物态方程就完备了，它们通常是密度和温度 T 的函数

$$p = p(\rho,T), \quad e = e(\rho,T), \tag{6.2}$$

用 $\boldsymbol{q}$ 和 $\mathscr{P}$ 表示的能量输运和沉积，在惯性聚变中涉及相当复杂的物理. 电子热传导和辐射输运占主导，这将在第7章中描述，而激光和离子束能量沉积在第11章处理. 关于能量输运，特别困难的是，在许多重要情况下，它本质上是非局域的. 但对本书中的定性讨论，我们限制在局域热传导近似，这样热流用温度梯度和热传导率表示为

$$\boldsymbol{q} = -\chi(\rho,T)\,\nabla T, \tag{6.3}$$

这是密度和温度的局域函数. 对温度的非线性依赖,对模拟具有台阶状波前特征的热波是重要的,详细讨论见第 7 章.

6.1.2　物理限制

利用建立在物态方程和输运系数基础上的流体动力学方程意味着热平衡,这要求平均自由程 l 以及碰撞时间 τ 与等离子体尺度以及靶丸内爆燃烧的流体动力学时间相比是短的. 表 6.1 对 ICF 靶的典型等离子体参数,给出了 l 和 τ 的值. 这些数值应该与典型等离子体尺度 100μm、典型内爆时间 1～10ns 和燃烧时间10～100ps 比较.

表 6.1　典型 ICF 等离子体的碰撞长度和时间

	$n_i/(1/\mathrm{cm}^3)$	T/keV	l/cm	τ/s
热斑	10^{25}	10	10^{-4}	10^{-12}
冷燃料	10^{26}	1	10^{-7}	10^{-14}

可以看到流体描述对靶等离子体的稠密区域是合适的. 但是对烧蚀的激光等离子体和高温下燃烧的聚变等离子体中那些低密度区,宏观和微观量变得可比,因此对定量描述,可能需要动力学方程. 特别是,由于巨大的质量差别,电子和离子间的能量转移要比电子自身间和离子自身间的要慢得多. 在流体动力学模拟中,这种情况通常使用不同的电子和离子温度以及能清晰处理电子-离子弛豫的相应双流体模型.

6.1.3　欧拉描述

用等价的不同形式写流体动力学方程是有用的. 强调守恒定律的(6.1)式对稳态流问题和推导流体不连续的跳变条件是很方便的. 更常用的表达是把质量连续性方程写为

$$\frac{\partial}{\partial t}\rho+\nabla\cdot(\rho\boldsymbol{u})=0, \tag{6.4}$$

用它得到欧拉形式的动量方程和能量方程

$$\left(\frac{\partial}{\partial t}\boldsymbol{u}+\boldsymbol{u}\cdot\nabla\boldsymbol{u}\right)=-\frac{1}{\rho}\nabla p, \tag{6.5}$$

$$\left(\frac{\partial}{\partial t}+\boldsymbol{u}\cdot\nabla\right)e+p\left(\frac{\partial}{\partial t}+\boldsymbol{u}\cdot\nabla\right)\frac{1}{\rho}=-\frac{1}{\rho}\nabla\cdot\boldsymbol{q}+\frac{1}{\rho}\mathscr{P}. \tag{6.6}$$

表示跟随流体元运动而对单个流体元进行时间导数的微分算符这里写为

$$\frac{\mathrm{D}}{\mathrm{D}t}\equiv\left(\frac{\partial}{\partial t}+\boldsymbol{u}\cdot\nabla\right). \tag{6.7}$$

方程(6.6)右边可写为这个流体元比熵 s 的变化,即

$$T\frac{\mathrm{D}}{\mathrm{D}t}s=-\frac{1}{\rho}\nabla\cdot\boldsymbol{q}+\frac{1}{\rho}\mathscr{P}. \tag{6.8}$$

这个形式表明了热力学第一定律 $\mathrm{D}e=T\mathrm{D}s-p\mathrm{D}(1/\rho)$ 中，能量方程的来源，这里应用于流动的质量元. 对在 ICF 靶中起重要作用的等熵流，比熵是运动常数，因此能量方程可替换为

$$\mathrm{D}s/\mathrm{D}t=0. \tag{6.9}$$

对多方气体，绝热定律成为

$$p/\rho^{\gamma}=\mathscr{A}(s), \tag{6.10}$$

这里 γ 是绝热指数，$\mathscr{A}(s)$是熵 s 的函数. 这样方程(6.9)可变为

$$\frac{\mathrm{D}}{\mathrm{D}t}\left(\frac{p}{\rho^{\gamma}}\right)=0. \tag{6.11}$$

理想气体动力学由方程(6.4)、(6.5)和(6.11)确定，下面几节要详细讨论和 ICF 有关的解.

6.1.4 一维拉格朗日描述

前面，我们把流体变量表示为 $\boldsymbol{x}$ 和 t 的函数，来看物质在空间上固定的格点里流动，这就是流体的欧拉描述. 对许多问题，选择随物质运动的空间坐标更为方便，这时确定的是单个的流体元而不是空间的固定点. 这导致流体的拉格朗日描述. 对于材料强烈压缩和因为同时有几种材料而需跟踪分界面时，这种方法特别具有优势. 因此大多数 ICF 数值模拟采用拉格朗日坐标.

拉格朗日描述对一维问题特别有用，这时，流体变量对平面($n=1$)、柱($n=2$)和球($n=3$)几何，都只依赖一个空间坐标. 流体元的轨迹可以用 $R=R(a,t)$来描述，它是平面层中的深度或者柱几何和球形结构中的半径. 表示流体元的拉格朗日坐标 a 这里选为

$$a\equiv R(a,0), \tag{6.12}$$

这就是时刻 $t=0$ 时，流体元的位置. 一个薄层或薄壳(具有几何因子 $g_1=1,g_2=2\pi$ 和 $g_3=4\pi$)的质量 m，在拉格朗日坐标中自然保持不变，则

$$\mathrm{d}M=g_n\rho(R,t)R^{n-1}\mathrm{d}R=g_n\rho(a,0)a^{n-1}\mathrm{d}a. \tag{6.13}$$

从初始密度分布 $\rho_0(a)\equiv\rho(a,0)$和 $R=R(a,t)$，可由(6.13)式确定密度 $\rho(R,t)$，这里 R 由对$\partial R(a,t)/\partial t=u(a,t)$积分得到.

现在，重要的一步是把所有流体变量 $X(r,t)$表达为拉格朗日坐标 $\widetilde{X}(a,t)$的函数. 这意味着时间导数 $\mathrm{D}X(r,t)/\mathrm{D}t$ 变成$\partial\widetilde{X}(a,t)/\partial t$，因为 a 是一起运动的坐标，因此对单个流体元的导数[比较(6.7)式]已经用通常的偏导数表达了，也就是时间导数 $\mathrm{D}X(r,t)/\mathrm{D}t$ 变成$\partial\widetilde{X}(a,t)/\partial t$. 下面，我们对拉格朗日描述和欧拉描述的方程中的物理量用相同的符号，而不再明显地标出波浪号. 在可能引起混淆时，我

们在文中说明采用的是哪种坐标.

这样流体动力学方程(6.4)～(6.6)的拉格朗日描述分别为

$$\frac{\partial V}{\partial t}=\frac{1}{\rho_0(a)a^{n-1}}\frac{\partial}{\partial a}(R^{n-1}u),$$
$$\frac{\partial u}{\partial t}=-\frac{R^{n-1}}{\rho_0(a)a^{n-1}}\frac{\partial p}{\partial a},\tag{6.14}$$
$$\frac{\partial e}{\partial t}+p\frac{\partial V}{\partial t}=-\frac{1}{\rho_0(a)a^{n-1}}\frac{\partial}{\partial a}(R^{n-1}q)+V\mathscr{P},$$

这里 $V=1/\rho$ 是比容. 对平面几何,利用 $\mathrm{d}m=\rho_0(a)\mathrm{d}a$,可得到特别简单的形式

$$\frac{\partial V}{\partial t}=\frac{\partial u}{\partial m},\qquad \frac{\partial u}{\partial t}=-\frac{\partial p}{\partial m},$$
$$\frac{\partial e}{\partial t}+p\frac{\partial V}{\partial t}=-\frac{\partial q}{\partial m}+V\mathscr{P}.\tag{6.15}$$

6.2　激　　波

对 ICF,在靶内爆过程中,激波对确定燃料的熵起着至关重要的作用. 为了实现近似等熵压缩,必须通过驱动脉冲整形仔细控制激波强度(比较 3.1.3 节 1). 这节,作为参考我们给出激波关系的简单推导. 对更深入的表达读者可参考,比如,Zeldovich 和 Raizer(1967)的书.

6.2.1　不连续性

流体动力学方程的一个突出特征是,其解可能不连续. 这意味着会有运动界面,在这个面上,密度、压力和速度等流体动力学变量不连续变化,或者有不连续的空间导数.

界面上的跳变条件由守恒定律决定. 让我们考虑界面上以速度 u_s 沿法向 $\boldsymbol{n}$ 运动的一个小截面,局域的笛卡儿坐标系统 x、y、z 和界面一起运动,并取 x 轴垂直界面. 在这个参考系,速度可写为

$$\boldsymbol{v}=\boldsymbol{u}-u_s\boldsymbol{n}.\tag{6.16}$$

我们现在用这个参考系的流体方程(6.1)来描述经过截面的流动. 注意,这些方程有守恒定律的普遍形式,$\partial g/\partial t+\nabla\cdot\boldsymbol{j}=0$. 这里 g 是守恒量,而相应的流 $\boldsymbol{j}(\boldsymbol{v})$ 用速度 $\boldsymbol{v}$ 来定义. 对随着一起运动的一个体积,从界面的一边积分到另一边可导致这样的结果,即这些广义流的法线分量 j_x 在穿越界面时是连续的

$$j_{x1}=j_{x2}.\tag{6.17}$$

这里 j_{x1} 和 j_{x2} 表示 j_x 在界面两侧的值. 在(6.1)式中使用(6.17)式这个普遍条件,我们由质量守恒得到

$$\rho_1 v_{x1} = \rho_2 v_{x2}. \tag{6.18}$$

从动量守恒得到

$$\begin{aligned} \rho_1 v_{x1}^2 + p_1 &= \rho_2 v_{x2}^2 + p_2, \\ \rho_1 v_{y1} v_{x1} &= \rho_2 v_{y2} v_{x2}, \\ \rho_1 v_{z1} v_{x1} &= \rho_2 v_{z2} v_{x2}, \end{aligned} \tag{6.19}$$

从能量守恒得到

$$(h_1 + v_1^2/2)\rho_1 v_{x1} + q_1 = (h_2 + v_2^2/2)\rho_2 v_{x2} + q_2. \tag{6.20}$$

这里,我们假定方程(6.1)中描写能量沉积的源 $\mathscr{P}$ 在界面处规则变化. 如果穿过界面时,有能量(比如以化学或核反应的形式)增加给流体,能流的跳变条件要做修改. 这种情况将在 7.7.1 小节中考虑.

下面我们只考虑 $\boldsymbol{q}=0$ 的理想气体动力学. 根据是否有质量流过界面,我们发现有两种类型的不连续:

- 接触不连续. 没有质量流时 $v_{x1}=v_{x2}=0$,除压力保持连续外,所有变量可以跳变. 如果还满足条件 $v_{y1}=v_{y2}$ 和 $v_{z1}=v_{z2}$,也就是没有切变流,这种界面被称为接触不连续.

- 激波不连续. 对有限质量流 ρv_x,在激波波前压力是不连续的. 跨越激波波前的跳变条件是

$$\begin{aligned} \rho_1 v_{x1} &= \rho_2 v_{x2}, \\ \rho_1 v_{x1}^2 + p_1 &= \rho_2 v_{x2}^2 + p_2, \\ h_1 + v_1^2/2 &= h_2 + v_2^2/2; \end{aligned} \tag{6.21}$$

切向速度必须是连续的,即 $v_{x1}=v_{x2}$, $v_{y1}=v_{y2}$,在合适的坐标系中它们变为零.

6.2.2 于戈尼奥条件(Hugoniot condition)

如图 6.1 所示,一个平面激波波前从左向右跑进气体. 因为只考虑法向即 x 方向的速度,下标 x 被省略. 为了用(6.21)式计算波前后面的物质状态,我们先用质量流 $j=\rho_1 v_1=\rho_2 v_2$ 与比容 $V_1=1/\rho_1$ 和 $V_2=1/\rho_2$ 来消去速度 $v_1=jV_1$ 和 $v_2=jV_2$. 由(6.21)式的前两个方程,我们发现

$$j = \sqrt{(p_2 - p_1)/(V_1 - V_2)}; \tag{6.22}$$

而第三个给出于戈尼奥条件

$$h(p_2, V_2) - h(p_1, V_1) = \frac{1}{2}(V_1 + V_2)(p_2 - p_1). \tag{6.23}$$

这样只要作为 p 和 V 函数的比焓 $h(p,V)$ 知道,就可以用激波前面的量 p_1、V_1 来

决定激波后面的量 p_2、V_2. 运用 $h=e+pV$,于戈尼奥条件也可用比内能 e 写成

$$e(p_2,V_2)-e(p_1,V_1)=\frac{1}{2}(p_1+p_2)(V_1-V_2), \tag{6.24}$$

一旦这个关系被求解,速度跳变和激波速度也可以得到,即

$$u_2-u_1=v_2-v_1=\sqrt{(p_2-p_1)(V_1-V_2)}, \tag{6.25}$$

$$u_s=u_1+|j|V_1=u_2+|j|V_2. \tag{6.26}$$

从(6.22)式和(6.26)式,还可以得到另一个有用的关系式,即

$$p_2-p_1=\rho_1(u_2-u_1)(u_s-u_1). \tag{6.27}$$

6.2.3　理想气体中的激波

对理想气体,有 $e=pV/(\gamma-1)$,于戈尼奥条件(6.24)式可写为

$$\frac{\rho_2}{\rho_1}=\frac{V_1}{V_2}=\frac{(\gamma+1)p_2+(\gamma-1)p_1}{(\gamma+1)p_1+(\gamma-1)p_2}, \tag{6.28}$$

如果用压力比,也可写为

$$\frac{p_2}{p_1}=\frac{(\gamma+1)V_1-(\gamma-1)V_2}{(\gamma+1)V_2-(\gamma-1)V_1}. \tag{6.29}$$

对 $\gamma=5/3$,图 6.2 画出了在单个激波作用下从气体态 p_1、V_1 所能到达的态 p_2、V_2. 尽管激波压缩只有在弱激波近似下才是绝热的,p、V 平面内的这条曲线有时还是被称为于戈尼奥绝热线. 作为比较,图 6.2 也给出了泊松绝热线,它定义为 $pV^\gamma=p_1V_1{}^\gamma$. 它给出了熵保持不变时,通过真正的绝热压缩由 p_1、V_1 所能达到的所有态.

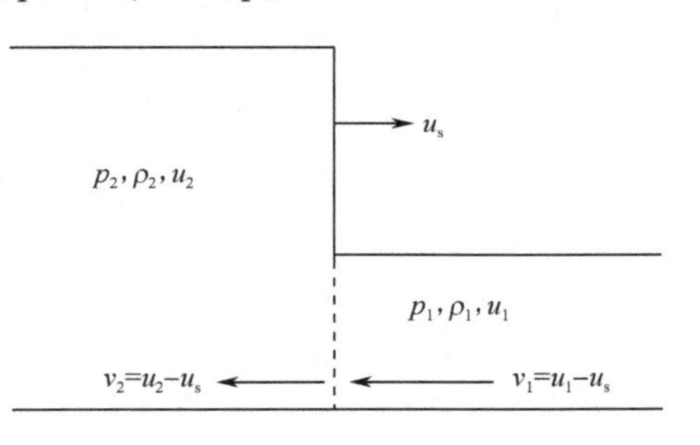

图 6.1　平面激波示意图

定义了不连续面前(标记为 1)后(标记为 2)的流体变量、激波速度 u_s 和相对波前的物质速度 v_1、v_2

6.2.4　弱激波

从图 6.2 可以看到两条绝热线在 p_1、V_1 处光滑地接在一起. 这可以直接从于戈尼奥条件(6.24)式理解. 在极限情况 $p_2\to p_1=p$,它变为 $\mathrm{d}e=p\mathrm{d}V$,这样弱激波只由做功 $p\mathrm{d}V$ 增加能量,而产生的热 $T\mathrm{d}s$ 或熵 $\mathrm{d}s$ 可以忽略. 因此于戈尼奥绝热和泊松绝热在 p_1、V_1 附近几乎是相同的,在这里一阶和二阶导数都相同. 这也意味着弱波和声波一样以绝热声速 $c^2=-V^2(\mathrm{d}p/\mathrm{d}V)_s$ 传播.

6.2.5　强激波

对强激波(定义为 $p_2\gg p_1$),情况根本不同. 对理想气体的绝热压缩,可得到任

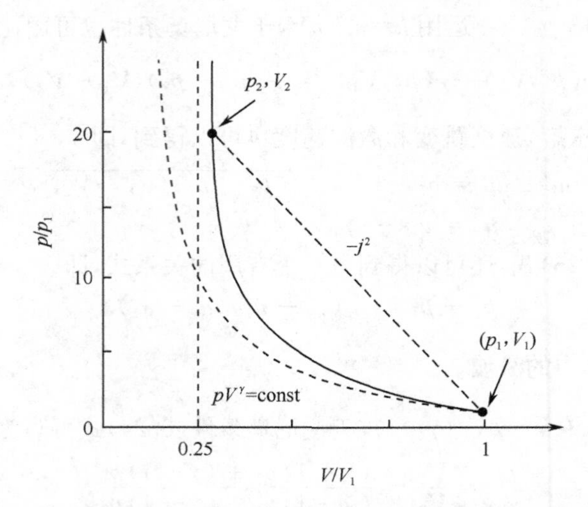

图 6.2　对 $\gamma=5/3$ 的理想气体，在压力-体积相平面图中的于戈尼奥曲线（实线）

从激波前的态 p_1、V_1 到激波后的态 p_2，V_2 的割线的斜率等于质量流 $-j^2$.

细虚线是从初态由泊松绝热 $pV^\gamma=\mathrm{const}$ 得到

意高的压缩，而激波压缩根据(6.28)式可得到上限为

$$(\rho_2/\rho_1)_{\max}=(\gamma+1)/(\gamma-1), \tag{6.30}$$

对气体的强烈加热阻止了进一步的压缩. 图 6.2 显示，在 p、V 平面，这个区域的于戈尼奥曲线要比泊松绝热线高得多，这表明产生了熵更高的态.

在强激波极限，有一个简单关系. 假定 $u_1=0$，那么激波速度和激波后的物质速度分别为

$$u_s=\sqrt{\frac{\gamma+1}{2}\frac{p_2}{\rho_1}}, \tag{6.31}$$

$$u_2=\sqrt{\frac{2}{\gamma+1}\frac{p_2}{\rho_1}}. \tag{6.32}$$

从这以及(6.30)式，可以得到

$$u_2^2/2=p_2V_1/(\gamma+1)=p_2V_2/(\gamma-1)=e_2. \tag{6.33}$$

这表明给气体增加的动能和内能相等，而初始内能 e_1 可以忽略.

6.2.6　稀疏波和激波稳定性

到目前为止，我们考虑的激波，如图 6.1 所示有 $p_2>p_1$ 和 $\rho_2>\rho_1$，也就是质量由低密度流向高密度. 对 $p_2<p_1$ 和 $\rho_2<\rho_1$，守恒定律也可成立. 这时在激波界面，物质从高密度一边流向低密度一边，这就是所谓稀疏波. 但对一般的物态方程，由

于终态 2 的熵要比初态 1 的小，即 $s_2 < s_1$，这是不可能发生的，这违反了热力学第二定律. 显然，只有那些在 p、V 平面泊松绝热线上方的那些于戈尼奥线才有可能. 对图 6.2 中的理想气体，体积小于 V_1 对应压缩激波，但并不是体积大于 V_1 就对应稀疏波. 对更一般的物态方程，只要绝热线是凹的，即$(\mathrm{d}^2 p/\mathrm{d}V^2)_s > 0$(这通常能满足)，上面的描述是正确的.

上面关于熵的分析讨论和激波的稳定性条件密切相关，稳定性要求进入激波波前的流是超声速的，而离开激波波前的是亚声速的. 这就有

$$v_1 > c_1, \quad v_2 < c_2, \tag{6.34}$$

这里 c_1 和 c_2 分别为刚刚在波前前面和后面的绝热声速. 对理想气体，从(6.22)、(6.26)和(6.28)式以及 $c_1^2 = \gamma p_1 V_1$ 和 $c_2^2 = \gamma p_2 V_2$，有

$$(v_1/c_1)^2 = [(\gamma+1)p_2/p_1 + (\gamma-1)]/(2\gamma), \tag{6.35}$$

$$(v_2/c_2)^2 = [(\gamma+1)p_1/p_2 + (\gamma-1)]/(2\gamma). \tag{6.36}$$

显然，对 $p_2 > p_1$ 的压缩激波，稳定性条件是满足的，而对 $p_2 < p_1$ 就不是，这时在波前前面可能有 $v_1 < c_1$. 在不连续面前面的亚声速流可能意味着波前扰动比波前本身更快传到未扰动物质，这可能会引起不连续界面毁坏. 这个过程的详细描述可见 Zeldovich 和 Raizer(1967)的书.

6.3 平面等熵流

这里用特征线方法对平面等熵流做稍细致的处理，我们可对稀疏流构筑显式解. 我们也给出可导致无限密度的等熵压缩波的第一个例子.

6.3.1 等熵流

等熵流是一个可压缩物质流，它不只对单个的流体元绝热，而是所有流体元有相同的常数熵 s_0. 等熵流在惯性核聚变中起着举足轻重的作用，这里我们只限于讨论比热指数为 γ 的多方气体物态方程，这样许多重要的解析解可以得到. 在这里

$$p/\rho^\gamma = \mathscr{A}(s_0) \tag{6.37}$$

是流体全域不变量. 替代压力和密度，起中心作用的绝热声速为

$$c^2 = \mathrm{d}p/\mathrm{d}\rho = \gamma p/\rho, \tag{6.38}$$

合并(6.37)式和(6.38)式我们有

$$\rho/\rho_0 = (c/c_0)^{2/(\gamma-1)}, \tag{6.39}$$

$$p/p_0 = (c/c_0)^{2\gamma/(\gamma-1)}, \tag{6.40}$$

这里 c_0、p_0 和 ρ_0 都是关于合适的参考态的.

6.3.2 特征线和黎曼不变量

现在让我们考虑平面等熵流. 它只依赖一个空间坐标(x 轴),并用密度 $\rho(x,t)$、压力 $p(x,t)$、x 方向的速度 $u(x,t)$ 和声速 $c(x,t)$ 描述. 流体动力学方程(6.4)和(6.5)现在变为

$$\begin{aligned} &\frac{\partial\rho}{\partial t}+\rho\frac{\partial u}{\partial x}+u\frac{\partial\rho}{\partial x}=0,\\ &\frac{\partial u}{\partial t}+u\frac{\partial u}{\partial x}+\frac{c^2}{\rho}\frac{\partial\rho}{\partial x}=0, \end{aligned} \tag{6.41}$$

这里$\partial p/\partial x=c^2\partial\rho/\partial x$,后者代替表示压力梯度. 第一个方程乘上$\pm c/\rho$ 再加上第二个方程,可以得到

$$\left(\frac{\mathrm{D}}{\mathrm{D}t}\right)_{C_\pm} u \pm \frac{c}{\rho}\left(\frac{\mathrm{D}}{\mathrm{D}t}\right)_{C_\pm}\rho = 0, \tag{6.42}$$

$$\left(\frac{\mathrm{D}}{\mathrm{D}t}\right)_{C_\pm} \equiv \frac{\partial}{\partial t} + (u\pm c)\frac{\partial}{\partial x}. \tag{6.43}$$

(6.43)式表示在 x、t 平面沿特定轨迹 $xC_\pm(t)$的时间导数. 这些轨迹叫特征线 $C_\pm$,它们定义为

$$\left(\frac{\mathrm{d}x}{\mathrm{d}t}\right)_{C_\pm} = u(x,t)\pm c(x,t), \tag{6.44}$$

从物理上讲,特征线 $C_\pm$ 描述向右和向左运动的小振幅微扰(声波). 这样由(6.42)式得到一个沿 $C_\pm$ 的常数量

$$J_\pm = u \pm \int_{C_\pm}\frac{c}{\rho}\mathrm{d}\rho, \tag{6.45}$$

它们是黎曼不变量. 对多方气体,利用(6.39)式导出的 $\mathrm{d}c=[(\gamma-1)/2](c/\rho)\mathrm{d}\rho$,人们有

$$J_\pm = u \pm \frac{2}{\gamma-1}c, \tag{6.46}$$

图 6.3 说明了用特征线和黎曼不变量构筑显式解的方法. 在 x、t 平面画了一些特征线 C_+ 和 C_-. 这里假定初始条件定义在粗线上,并且黎曼不变量在这些地方取值. 让我们跟着从 A 点开始特征线 C_+^A 和从 B 点开始的特征线 C_-^B. 它们携带黎曼不变量到达时空的其他区域

$$J_+^A = u + \frac{2}{\gamma-1}c = u_A + \frac{2}{\gamma-1}c_A,$$

$$J_{+}^{B}=u-\frac{2}{\gamma-1}c=u_{\mathrm{B}}+\frac{2}{\gamma-1}c_{\mathrm{B}}. \tag{6.47}$$

这完全确定它们交会点 O 的气体状态

$$\begin{aligned} u_0 &= (J_+^A+J_-^B)/2, \\ c_0 &= (J_+^A-J_-^B)/2. \end{aligned} \tag{6.48}$$

当然，这种方法只有在特征值能容易确定的情况下有用. 当有一组特征线 C_+ 或 C_- 是直线时，可得到一类重要的解. 这种流被叫做简单波.

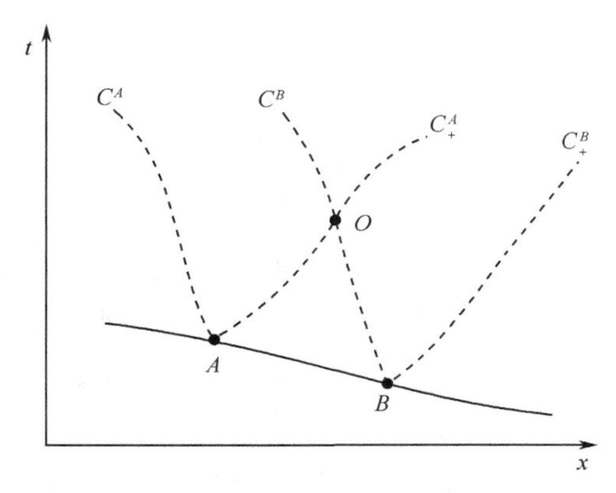

图 6.3　在 x、t 平面内，从一条初始值确定的线上 A、B 两点出发的特征线 C_+(虚线)和 C_-(点线)

在 A、B 处取值的黎曼不变量 J_+^A 和 J_-^B 在特征线 C_+^A 和 C_-^B 上保持，由此决定在交叉点 O 的流体

6.3.3　简单波

一个简单但有启发性的例子是静止均匀气体. 让我们假定 $t=0$ 时，它在半平面 $x\geqslant 0$ 内，具有压力 p_0、密度 ρ_0、速度 $u_0=0$ 和声速 $c_0=\sqrt{\gamma p_0/\rho_0}$. 图 6.4 给出了有相应特征线的 x、t 平面. 从 x 轴正半轴出发的特征线 C_+ 和 C_-，因为它们来自同样的初态，其黎曼不变量有相同的值，即

$$J_+=\frac{2}{\gamma-1}c_0,\quad J_-=-\frac{2}{\gamma-1}c_0. \tag{6.49}$$

从它们的交叉点得到的态和初始态一样

$$u=(J_++J_-)/2=0,\quad c=(J_+-J_-)/2=c_0, \tag{6.50}$$

结果，所有由 $\mathrm{d}X_{C_\pm}/\mathrm{d}t=\pm c_0$ 给出的特征线为直线. 这个常数气体区在图 6.4 中标记为 I.

现在我们设想在 $x=0$，气体被一个活塞约束，活塞从 $t=0$ 开始沿轨迹 $X_p(t)$ 向左运动. 运动的第一个信号沿着从 $x=0$、在 $t=0$ 出现的特征线 C_+ 进入均匀气

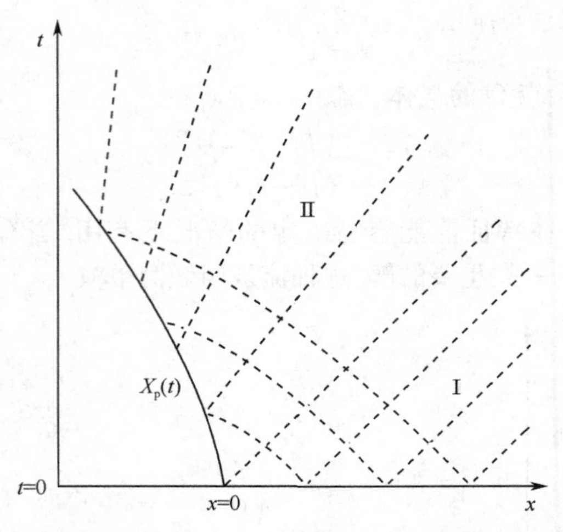

图 6.4 恒定气体的特征线(由粗虚线分开的区域 I)和邻近的简单波(区域 II)
区域 II 的左边界为活塞轨迹线 $X_p(t)$,特征线 $C_+(C_-)$分别由虚线(点线)给出

体.这在图 6.4 中用粗间断线表示,这形成了未扰动区 I 和扰动区 II 的边界.穿过这个边界的特征线 C_-(点线),其携带的不变量为

$$J_- = u - 2c/(\gamma - 1) = -2c_0/(\gamma - 1), \tag{6.51}$$

它进入区域 II,使得 u 和 c 之间的线形关系为

$$c = c_0 + \frac{\gamma - 1}{2}u. \tag{6.52}$$

结果是这个区域的特征线 C_+ 全部为直线,尽管它们不必相互平行.这是因为沿着每条 C_+,相应的 J_+ 不变量确定第二个条件,从而完全确定沿着 C_+ 的 u 和 c,这意味着 C_+ 是直的.其精确斜率和不变量为

$$(\mathrm{d}x/\mathrm{d}t)_{C_+} = u + c = c_0 + u_p(\gamma + 1)/2, \tag{6.53}$$

$$J_+ = u + 2c/(\gamma - 1) = 2u_p + 2c_0/(\gamma - 1). \tag{6.54}$$

这里 $u_p = \mathrm{d}X_p/\mathrm{d}t$ 是活塞速度.当活塞加速向左时(膨胀),特征线形 C_+ 成一把展开的扇子,这时可构筑显式解.下面要对常数活塞速度进行讨论,显然这些邻近常数流区的膨胀流区总是简单波.

当活塞加速向右时(压缩),出现了比较复杂的情况.因为相邻的 C_+ 线相互靠近,并在某个点交叉.同一类特征线交叉的流区有双值流体变量,这是非物理的.交叉意味着形成了激波不连续面,而流体不再等熵.不管怎样,在有限时间段内,压缩简单波是存在的,和 ICF 相关的一个突出例子在 6.3.5 小节给出.

6.3.4 中心稀疏波

让我们先考虑这样一个活塞,它在短时间内向左加速,然后趋向一个恒定速度

u_p. 一旦当恒定速度达到时，从活塞轨迹出发的特征线 C_+ 就和(6.52)式定义的斜线平行. 按照上面的讨论可以得出结论，所有接近活塞的物质具有速度 u_p. 根据(6.52)式，声速也为常数，这样根据(6.39)和(6.40)式，密度和压力也为常数. 这样靠近活塞的流体(下标为 1)就是以活塞速度运动的恒定气体.

$$\begin{aligned} u_1 &= u_p, \\ c_1 &= c_0 + u_p(\gamma-1)/2, \\ \rho_1/\rho_0 &= (c_1/c_0)^{2/(\gamma-1)}, \\ p_1/p_0 &= (c_1/c_0)^{2\gamma/(\gamma-1)}. \end{aligned} \tag{6.55}$$

连接初始恒定气体和活塞附近恒定气体的稀疏流依赖活塞加速的细节. 它用扇状发散的直特征线 C_+ 描述. 在初始气体的右边界其斜率为 c_0，在活塞气体的左边界则是 u_1+c_1. 现在考虑加速时间为零这种极限情况，这时扇子是从位于 $x=0,t=0$ 的单个基点出发. 这就叫中心稀疏波，图 6.5(a)给出了相应特征线的图像. 通过构建，我们发现在扇区有

$$(\mathrm{d}x/\mathrm{d}t)_{C_+} = x/t = u + c, \tag{6.56}$$

把它和(6.52)式合并得到

$$c = c_0 + u(\gamma-1)/2, \tag{6.57}$$

这样我们得到中心稀疏波的显式表达为

$$\begin{aligned} u(x,t) &= \frac{2}{\gamma+1}(x/t - c_0), \\ c(x,t) &= c_0 + \frac{\gamma-1}{\gamma+1}(x/t - c_0). \end{aligned} \tag{6.58}$$

它成立的区间为

$$c_0 + u_p(\gamma+1)/2 \leqslant x/t \leqslant c_0. \tag{6.59}$$

其密度和压力按(6.39)和(6.40)式计算. 速度、声速和密度作为 $t=t_0$ 时刻 x 的函数在图 6.5(b)中给出.

有一个重要的特殊例子发生在活塞速度超过临界速度时，即

$$|u_{\mathrm{crit}}| = 2c_0/(\gamma-1). \tag{6.60}$$

从(6.55)式可以看出，对临界速度，声速 c_1、密度 ρ_1 和压力 p_1 在活塞处为零. 如果活塞运动得更快，它就会逃离气体，而在中间留下一个真空间隙. 这就是均匀气体的自由膨胀情况，u_{crit} 表示波前速度.

6.3.5　等熵压缩到任意密度

让我们构筑一个中心压缩波. 想像活塞推进一个静止的均匀气体，而所有从活塞截面出发的特征线在空间和时间上都来自同一个点. 这种情况可见图 6.6. 为方便，这个截面的位置放在 $x=0,t=0$，而活塞的初始位置在负时间 t_0，这样 $x_0=$

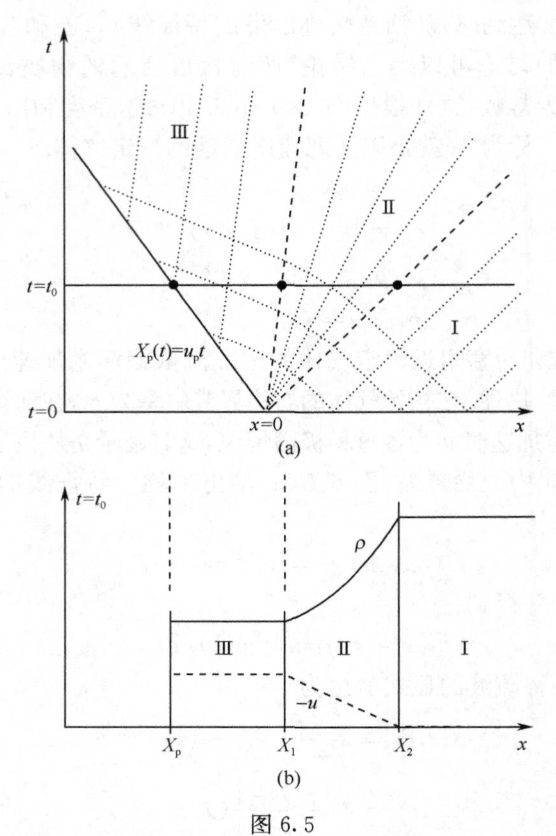

图 6.5

(a)中心稀疏波特征线(II),它连接初始恒定气体(I)和恒定气体(III),区域 III 左边界为直的活塞轨迹;(b)t_0 时刻相应的密度和速度轮廓;X_1 和 X_2 表示稀疏波的脚和头

c_0t_0. 我们要找合适的活塞运动方式 $X_p(t)$.

第一个微扰是沿着线 $x=c_0t$ 跑进均匀气体的,这在图 6.6(a)中用粗间断线表示.压缩区位于这条线和活塞之间.实际上这个区代表的是简单波,其理由是它临近恒定气体,因此满足(6.52)式

$$c = c_0 + u(\gamma - 1)/2. \tag{6.61}$$

通过构建,它的中心为

$$x/t = u + c. \tag{6.62}$$

这些正是决定上一节中讨论的中心稀疏波流动的方程,特别是方程(6.58)中的 $u(x,t)$ 和 $c(x,t)$. 实际上在 x、t 平面中心压缩波是中心稀疏波的镜像,反演点是原点.

我们仍需做的是,决定能够产生中心压缩波的活塞轨迹 $X_p(t)$. 为此,我们特别注意到(6.61)和(6.62)式在活塞处成立,这里 $u=\mathrm{d}x_p/\mathrm{d}t$, $c=c_p$. 我们发现

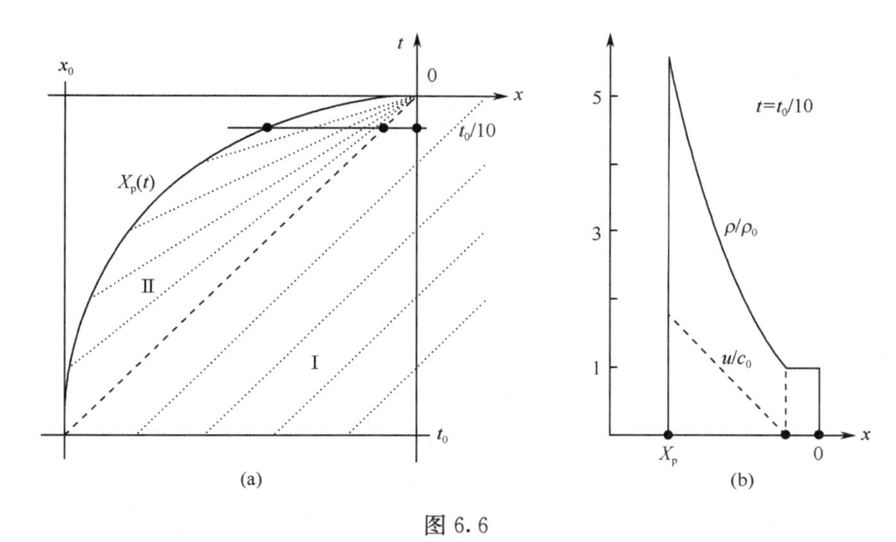

图 6.6

(a)跑进恒定气体(I)的中心压缩波的特征线(II)和活塞轨迹 $X_p(t)$;(b)在 $t_0/10$ 时,密度 ρ/ρ_0 和速度 u/c_0 的分布,这在(a)中用带点的实线表示

$$\frac{\mathrm{d}c_p(t)}{\mathrm{d}t}=-\frac{\gamma-1}{\gamma+1}\frac{c_p}{t},\tag{6.63}$$

积分后得到

$$\frac{c_p(t)}{c_0}=\left(\frac{\rho_p(t)}{\rho_0}\right)^{(\gamma-1)/2}=\left(\frac{p_p(t)}{p_0}\right)^{(\gamma-1)/2\gamma}=\left(\frac{t_0}{t}\right)^{(\gamma-1)/(\gamma+1)},\tag{6.64}$$

这里(6.39)和(6.40)式又用来得到活塞处的密度 $\rho_p(t)$ 和压力 $p_p(t)$. 从(6.64)和(6.62)式我们可以导出活塞轨迹为

$$\frac{X_p(t)}{x_0}=\frac{\gamma+1}{\gamma-1}\left(\frac{t}{t_0}\right)^{2/(\gamma+1)}-\frac{2}{\gamma-1}\frac{t}{t_0}.\tag{6.65}$$

开始时,活塞缓慢运动,然后逐渐加速. 当 $t\to 0$ 时,活塞线趋向为 $X_p(t)\propto |t|^{2/(\gamma+1)}$,速度则为无穷. 在活塞处的密度也趋向无穷. 在 $t=0$ 时,初始时位于 $[0,x_0]$ 的这层物质被压缩为无限薄的一层. 应该认识到,这种压缩是完全等熵的,这是个值得注意的结果. 当然,它所需要的驱动能在 $t\to 0$ 时也发散.

$$P_M(t)\propto p_p(t)u_p(t)\propto |t|^{-(3\gamma-1)/(\gamma+1)}.\tag{6.66}$$

这个解属于可累积压缩波这一类,在 6.7.9 小节中,这将用更普遍的方式进行讨论. 图 6.6(b)给出了时间为 $t_0/10$ 时,图 6.6(a)所标线的密度分布.

6.3.6 拉格朗日坐标系中的稀疏波

为后面作参考,我们在拉格朗日坐标系处理平面气体稀疏波问题. 我们考虑绝

热指数 $\gamma>1$ 的多方气体，$t=0$ 时，它位于半平面内 $x>0$，在 $x=0$ 处有自由真空边界. 它有均匀密度 ρ_0、压力 p_0、温度 $\Gamma T_0=p_0/\rho_0$ 和声速 $c_0=\sqrt{\gamma p_0/\rho_0}$，初始时刻为静止. 利用拉格朗日质量坐标 $m=\rho_0 z$ 的流体方程为

$$\begin{aligned}\partial V/\partial t &= \partial u/\partial m,\\ \partial u/\partial t &= -\partial p/\partial m.\end{aligned} \tag{6.67}$$

我们还需要关系式 $p/p_0=(\rho/\rho_0)^\gamma$. 对 ρ_0、c_0、m 和 t 进行量纲分析（比较 6.5 节）知道，稀疏波问题只包含一个量纲为一的量为

$$\xi = m/(\rho_0 c_0 t). \tag{6.68}$$

因此流体是自相似的，各个变量为

$$\begin{aligned}V(m,t) &= (1/\rho_0)\mathscr{V}(\xi),\\ u(m,t) &= c_0 U(\xi),\\ p(m,t) &= p_0 P(\xi).\end{aligned} \tag{6.69}$$

可以用只依赖相似变量 ξ 的体积 $\mathscr{V}(\xi)$、速度 $U(\xi)$ 和压力 $P(\xi)$ 的函数表示稀疏波的头以速度 c_0 跑进气体，其位置为 $m_f=\rho_0 c_0 t$，这对应 $\xi_f=1$. 在这点，气体还未被扰动，因此其边界条件为

$$\mathscr{V}(1) = P(1) = 1,\quad U(1) = 0. \tag{6.70}$$

在自由真空边界，我们还有 $P(0)=0$. 把(6.69)和(6.68)式代入(6.67)式可得到 $P(\xi)\mathscr{V}(\xi)^\gamma=1$ 和一组常微分方程，即

$$\begin{aligned}-\xi\mathscr{V}(\xi)' &= U(\xi)',\\ \gamma\xi U(\xi)' &= P(\xi)',\end{aligned} \tag{6.71}$$

这里撇表示微分. 由(6.71)式，我们有 $-\xi^2\mathscr{V}'=P'=-\mathscr{V}'/\mathscr{V}^{\gamma+1}$，对 $\xi\geqslant 1$，对应未扰动气体的解为

$$\mathscr{V}(\xi) = P(\xi) = 1,\quad U(\xi) = 0. \tag{6.72}$$

而对 $0\leqslant\xi\leqslant 1$，对应稀疏波区的解为

$$\mathscr{V}(\xi) = 1/\xi^{2/(\gamma+1)}. \tag{6.73}$$

对稀疏波的整个解为

$$\begin{aligned}u(m,t) &= -\frac{2c_0}{\gamma-1}\left(1-\xi^{(\gamma-1)/(\gamma+1)}\right),\\ \rho(m,t) &= \rho_0\xi^{2/(\gamma+1)},\\ P(m,t) &= p_0\xi^{2\gamma/(\gamma+1)},\\ T(m,t) &= T_0\xi^{2(\gamma-1)/(\gamma+1)}.\end{aligned} \tag{6.74}$$

6.3.7　等温稀疏波

$\gamma=1$ 是一种特别感兴趣的情况. 这不是说对任何材料 $\gamma=1$ 是个好值. 但它有效地描述气体的等温膨胀，这时温度由于其他过程（比如热传导）保持恒定，也不在

目前的处理中明显包括. 在这种情况下，用有效值 $\gamma=1$ 来描述 $\gamma=5/3$ 的等离子体是有意义的.

设定 $\gamma=1$，并对(6.71)式积分，可得到解为

$$\begin{aligned} u(m,t) &= c_0\ln\xi, \\ \rho(m,t) &= \rho_0\xi, \\ p(m,t) &= p_0\xi, \\ T(m,t) &= T_0. \end{aligned} \tag{6.75}$$

显然，它描述的是具有均匀温度 T_0 的等温稀疏波. 注意，速度和 ξ 有对数依赖关系，这意味着在真空边界 $\xi=0$ 有无限速度，而密度和压力随 $\xi=m/(\rho_0 c_0 t)$ 线形增长. 单个气体元的轨迹可通过对 $\mathrm{d}x=\mathrm{d}m/\rho=c_0 t\mathrm{d}\xi/\xi$ 积分得到，即

$$x(m,t) = c_0 t(1+\ln\xi). \tag{6.76}$$

显然对任意时间 $t>0$ 等温稀疏波的真空波前在 $m=0$ 处趋向为 $x(0,t)=-\infty$，这和绝热激波不同，绝热激波以有限速度膨胀进入真空[比较(6.60)式].

利用(6.76)式，我们得到等温稀疏波的欧拉描述为

$$\begin{aligned} u(x,t) &= x/t-c_0, \\ \rho(x,t) &= \rho_0\exp(-x/c_0 t), \\ p(x,t) &= p_0\exp(-x/c_0 t), \\ T(x,t) &= T_0, \end{aligned} \tag{6.77}$$

这里我们选择在 $x=0$ 处波头静止的参考系. 在这个最佳参考系里我们将在第 7 章用等温稀疏波研究激光和 X 光烧蚀. 这通常是 $\gamma=5/3$ 的完全电离等离子体，并由于热传导或直接能量沉积保持等温. 作为参考，让我们确定包含在这样一个波中的总能量. 利用(6.77)式，我们得到

$$E_{\text{tot}} = \int_{-\infty}^{0}\mathrm{d}x(\rho u^2/2+3\rho\Gamma T_0/2) = 4\rho_0 c_0^3 t. \tag{6.78}$$

驱动这个波的总功率是 $\mathrm{d}E_{\text{tot}}/\mathrm{d}t=4\rho_0 c_0^3$. 另一方面，计算在 $x=0$ 进入波的总能流 $(u^2/2+h)\rho c_0$，我们发现为 $3\rho_0 c_0^3$. 其中的差值是由其他流所给，这必须要投入到波中(比如由外力)来保持等温.

6.4　$u(r,t)\propto r$ 的径向流

在球(或柱)几何的径向流解析解中，特别重要的那些速度场有形式

$$u(r,t) = \frac{r}{R_0(t)}\frac{\mathrm{d}R_0(t)}{\mathrm{d}t}, \tag{6.79}$$

这里 $R_0(t)$ 给定流体元(比如球形气体的外边界)的轨迹. 这种流在理解 ICF 和天体物理中内爆动力学时起重要作用. 它们在许多地方已有讨论，特别推荐 Sedov

(1959)的书作为参考. 它们属于定标不变解,它们在流体动力学对称性分析中的系统归类在 6.6 节给出. 这里我们用特别的一节,利用 6.1.4 小节介绍的拉格朗日描述,讲述它们的关系,并说明如何直接得到它们.

6.4.1 均匀绝热流

考虑用拉格朗日坐标 a 表述的流体元径向轨迹 $R(a,t)$. 这个元的速度为

$$u(a,t) = \partial R(a,t)/\partial t. \tag{6.80}$$

把它代入(6.79)式,设 $r=R(a,t)$,然后对时间从 0 到 t 积分,可得到

$$\frac{R(a,t)}{R(a,0)} = \frac{R_0(t)}{R_0(0)} \equiv h(t). \tag{6.81}$$

这就是说,每个流体元 a 随时间都按同样的规律运动,也就是不依赖 a,因此有

$$R(a,t)/R_0 = ah(t). \tag{6.82}$$

这里我们已经把所有半径归一化到初始外半径 $R_0 \equiv R_0(0)$,并定义拉格朗日坐标为 $a \equiv R(a,0)/R_0$. 一些作者称这种流为均匀的.

现在,让我们用拉格朗日形式的流体方程(6.14). 质量守恒(6.13)式就决定了密度和时间的依赖关系为

$$\rho(a,t) = \rho(a,0)\frac{R_0^3 a^2 \mathrm{d}a}{R(a,t)^2 \mathrm{d}R} = \rho(a,0)/h(t)^3. \tag{6.83}$$

在这里和本节的以后部分,为简单起见,我们只考虑球几何,适用于柱几何的变化形式很容易导出. 如果只考虑 $\gamma=5/3$ 的绝热气体流,我们还可以得到

$$p(a,t) = p(a,0)/h(t)^5, \tag{6.84}$$

这里用了绝热定律

$$\frac{p(a,t)}{\rho(a,t)^{5/3}} = \frac{p(a,0)}{\rho(a,0)^{5/3}} = \mathscr{A}(a), \tag{6.85}$$

这里每个流体元的熵常数 $\mathscr{A}(a)$ 可以不同,但在时间上是恒定的. 函数 $\rho(a,0)$ 和 $p(a,0)$ 给出了 $t=0$ 时密度和压力的径向分布.

利用(6.15)式的选择,质量和能量方程可以满足,因此欧拉方程为

$$\frac{\partial^2 R(a,t)}{\partial t^2} = -\frac{R(a,t)^2}{R_0^3 \rho(a,0) a^2}\frac{\partial p(a,t)}{\partial a}. \tag{6.86}$$

然后由(6.82)和(6.84)式,就有

$$h^3 \frac{\mathrm{d}^2 h(t)}{\mathrm{d}t^2} = -\frac{1}{R_0^2 \rho_0(a) a}\frac{\mathrm{d}p_0(a)}{\mathrm{d}a} = \pm\frac{1}{t_0^2}, \tag{6.87}$$

这里依赖时间和空间的项已经分离,$\pm 1/t_0^2$ 为分离常数.

应注意的是三个空间函数 $\rho(a,0)$、$p(a,0)$ 和 $\mathscr{A}(a)$ 只由两个方程联系,即绝热方程(6.85)和(6.87)中的空间部分. 因此,有一个空间函数仍可以自由选择,这为模拟不同情况(比如我们在 6.4.2 小节和 6.4.3 小节所做的),提供了可观的自

由度.

对于 $t=0$ 时静止流体的初始条件 $h=1$ 和 $\mathrm{d}h/\mathrm{d}t=0$,(6.87)式的时间部分可解析求积分,结果是

$$h(t) = \sqrt{1 \pm (t/t_0)^2}. \tag{6.88}$$

这里负号描述向中心加速的内爆流. 显然,它可将所包围的物质压缩到任意密度,而这是用完全绝热的方式. 这是个值得注意的解,它首先由 Kidder(1974,1976a)用来对球面等熵压缩进行解析研究. 另一方面,正号对 $t<0$ 表示内爆流,而对 $t>0$ 表示膨胀流,在 $t=0$ 得到最大的有限压缩态. 这个解描述 ICF 内爆的转滞过程,至少在点火前是有用的. 这两个应用下面都将讨论.

6.4.2　Kidder 的累积内爆

我们先更仔细地讨论负号解. 对所有流体最终都归到一点(对柱几何是一条线)的汇聚流,称之为可累积的. 当然这样的流意味着无限大的压力,在靠近奇点时,物理上变得不现实. 但是对中间的时间,累积解对 ICF 流体是有用的近似,这里可达到超过 1000 倍的压缩因子.

在对应 $a=1$ 的时刻,让我们用球面活塞代替驱动束流,即

$$R_0(t) = R_0 h(t). \tag{6.89}$$

我们用表面上的初始值 ρ_0 和 p_0 对密度和压力进行归一化为

$$\begin{aligned} \rho(a,0)/\rho_0 &= G(a), \\ p(a,0)/p_0 &= P(a). \end{aligned} \tag{6.90}$$

利用量纲为一的密度 $G(a)$ 和压力 $P(a)$,(6.87)式的空间部分变为

$$\frac{1}{G(a)a}\frac{\mathrm{d}P(a)}{\mathrm{d}a} = \frac{(R_0/t_0)^2}{p_0/\rho_0}, \tag{6.91}$$

其边界条件为 $G(1)=P(1)=1$. 现在考虑具有均匀熵的气体,也就是 $p_0/\rho_0^{5/3}=\mathscr{A}_0$,$P(a)=G^{5/3}(a)$,那么方程可写为

$$\frac{\mathrm{d}G^{2/3}(a)}{\mathrm{d}a^2} = \frac{(R_0/c_0 t_0)^2}{3}, \tag{6.92}$$

$$c_0 = \sqrt{(5/3)p_0/\rho_0}, \tag{6.93}$$

c_0 是表面的绝热声速,R_0/c_0 是声波穿过这个球所需的时间. 由它的值,可以得到实心球或内表面在某点 a_i 处的中空球壳的密度分布. 对 ICF 应用,中空壳层解(Kidder, 1976a)特别有趣,并将在下面讨论. 对(6.92)式积分可以得到密度为

$$G(a) = \left(\frac{a^2 - a_\mathrm{i}^2}{1 - a_\mathrm{i}^2}\right)^{3/2}. \tag{6.94}$$

利用 $P(a)=G^{5/3}(a)$,可得到压力为

$$P(a) = \left(\frac{a^2 - a_\mathrm{i}^2}{1 - a_\mathrm{i}^2}\right)^{5/2}. \tag{6.95}$$

图 6.7 画出了这个解的粒子轨迹和密度轮廓. 显然,这些轮廓描述的不是具有均匀密度和零压力的初始靶壳,而是当第一系列的激波和稀疏波过去后的壳层. 目前的讨论就是指这个阶段. 把解(6.94)式代入(6.92)式,可以发现内爆时间 t_0 与壳层大小和声速的关系,即

$$t_0^2 = (1 - a_{\mathrm{i}}^2)/(3c_0^2). \tag{6.96}$$

对厚度 $d=(1-a_i)R_0 \ll R_0$ 的薄壳,我们有

$$1 - a_{\mathrm{i}}^2 \simeq 2/\zeta_A, \tag{6.97}$$

$$\zeta_A = R_0/d = 1/(1-a_{\mathrm{i}}). \tag{6.98}$$

这里 ζ_A 是壳层的形状因子. 从这,我们得到薄壳的内爆时间为

$$t_0 = \sqrt{\frac{2}{3}}\,\frac{R_0}{c_0}\,\frac{1}{\sqrt{\zeta_A}}. \tag{6.99}$$

把 R_0/c_0 作为常数,可以看到,薄壳比厚壳或者实心球要内爆得更快.

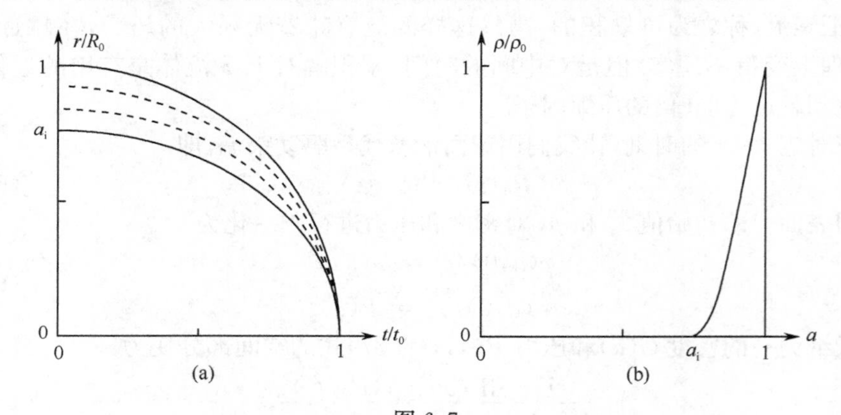

图 6.7
(a)流形图;(b)Kidder 内爆壳层解的密度轮廓

现在我们计算这个虚拟活塞在气体表面所做的机械功 P_M. 它为

$$P_M(t) = 4\pi(R_0 h)^2(p_0/h^5)(R_0\,\mathrm{d}h/\mathrm{d}t), \tag{6.100}$$

代入(6.88)式,可以得到

$$P_M(t) = \frac{4\pi R_0^3 p_0}{t_0}\,\frac{t/t_0}{[1-(t/t_0)^2]^2}. \tag{6.101}$$

如我们所料,在垮塌时间 t_0,驱动功率为无穷. 我们发现,$\gamma=5/3$ 气体的球面等熵压缩需要的脉冲形状在 $t \to t_0$ 时为

$$P_M(t) \propto 1/(t-t_0)^2. \tag{6.102}$$

在 Nuckolls 等(1972)的那篇开创国际惯性聚变研究的著名论文中,用大量数值模拟导出了这个关键结果. 在 ICF 文献中,这里的解析推导最早是由 Kidder(1974)所给. 但这些结果已隐含在 Sedov(1959)的书中. 6.7.9 小节在球和柱几何情况下,

对任意 γ 给出了(6.102)式的简单推导，将从更普遍的角度，来阐述可累积汇聚流.

6.4.3　转滞流

依赖时间的第二类解是

$$h(t) = \sqrt{1+(t/t_0)^2}, \tag{6.103}$$

它描述内爆结束接近转滞时的减速流. 图 6.8 给出了一个特别流体元(通常但不是必须是气体的外表面半径)的双曲线轨迹 $R_0(t)=R_0h(t)$. 对应的速度为

$$u(t) = u_{\text{imp}}t/\sqrt{t^2+t_0^2}, \tag{6.104}$$

$$u_{\text{imp}} = R_0/t_0, \tag{6.105}$$

这里 u_{imp} 是在时间为 $t\to-\infty$ 时，壳层的初始内爆速度. 在 $t=0$ 时，速度变为零，内爆转滞，图 6.8 中的轨迹达到它的最小值 R_0. 现在 t_0 表示气体有效静止的时间间隔.

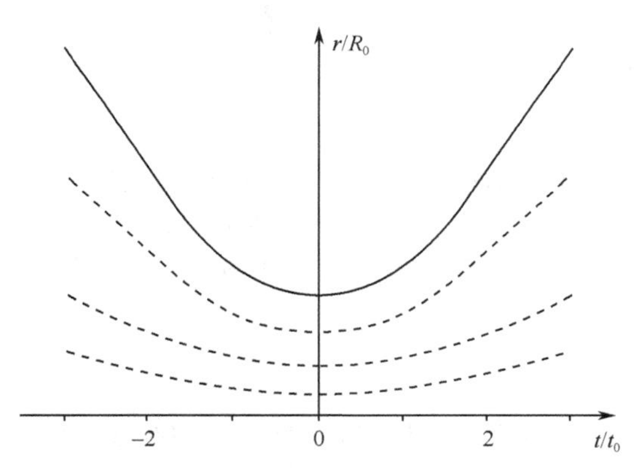

图 6.8　转滞流解的轨迹

转滞流在中心处有最大密度 ρ_0 和压力 p_0. 和(6.90)式一样引入量纲为一的密度 $G(a)$ 和压力 $P(a)$，用中心最大值做归一化的量，(6.91)式可写为

$$\mathrm{d}P(a)/\mathrm{d}a = -G(a)a/\Omega, \tag{6.106}$$

它的边界条件为 $G(0)=P(0)=1$，同时

$$\Omega = \frac{p_0/\rho_0}{(R_0/t_0)^2}. \tag{6.107}$$

再利用(6.105)式，我们有关系式

$$\Omega u_{\text{imp}}^2 = p_0/\rho_0, \tag{6.108}$$

它把内爆速度和转滞时压缩物质中心的状态相联系. 对理想气体，$p_0/\rho_0=\Gamma T_0$ 给出中心温度.

现在通过对 $G(a)$ 和 $P(a)$ 关系的不同选择，我们考虑一些重要的例子，这个关

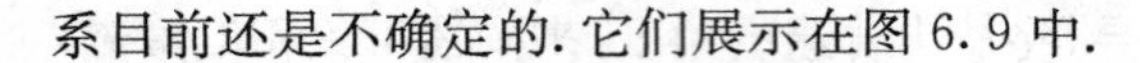

系目前还是不确定的. 它们展示在图 6.9 中.

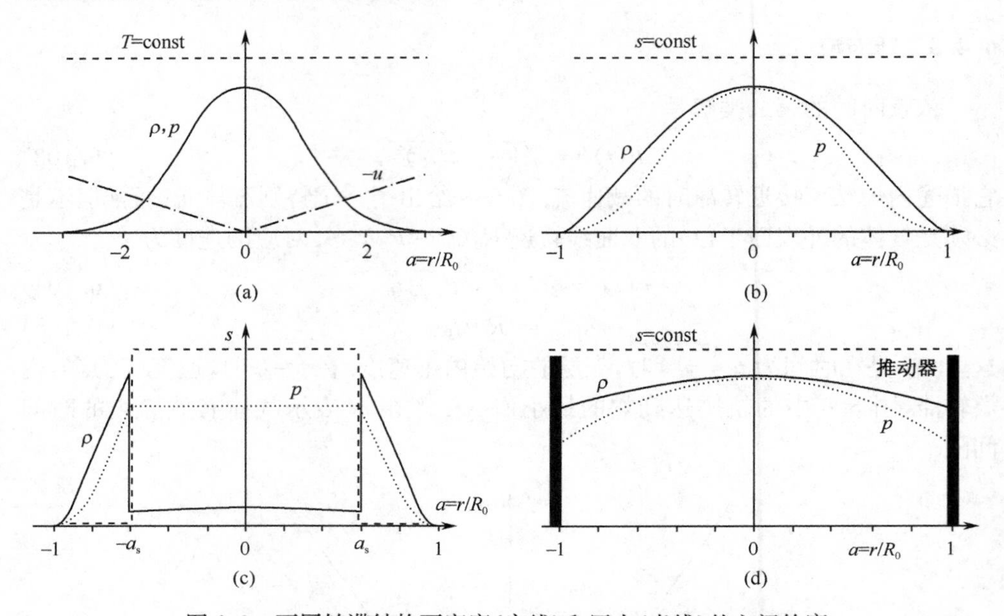

图 6.9　不同转滞结构下密度(实线)和压力(虚线)的空间轮廓

(a)等温气体;(b)等熵气体;(c)两个等熵区组成的点火结构,内火花区具有高熵常数 $\mathscr{A}_s$,外火花区具有低熵常数 $\mathscr{A}_c=\mathscr{A}_s/50$;(d)具有推动者的等熵结构;推动者位于 $M_p=2M_g$,其质量为 $a=1$

1. 等温结构

对具有均匀温度 T_0 的理想气体,对任意 a 人们有 $G(a)=P(a)$,对(6.106)式积分给出

$$G(a)=P(a)=\exp\left(-\frac{a^2}{2\Omega}\right). \tag{6.109}$$

这描述具有高斯密度轮廓的等温气体的收缩和膨胀. 因为这个轮廓在有限半径没有尖锐表面,人们可以选择 $R_0=c_0t_0$,这里 $c_0^2=p_0/\rho_0=\Gamma T_0$ 是等温声速. 这导致 $\Omega=1$. 在欧拉坐标系中完整解为

$$\begin{aligned}
T(r,t)&=T_0/h^2(t),\\
\rho(r,t)&=\rho_0\exp\left(-\frac{r^2}{2R_0^2}\right)/h^3(t),\\
p(r,t)&=p_0\exp\left(-\frac{r^2}{2R_0^2}\right)/h^5(t),\\
u(r,t)&=r\mathrm{d}h/\mathrm{d}t.
\end{aligned} \tag{6.110}$$

这里 $h(t)=\sqrt{1+(t/t_0)^2}$.

2. 等熵结构

对 $\gamma=5/3$ 的均匀熵气体，$p_0/\rho_0^{5/3}=\mathscr{A}_0$，$P(a)=G(a)^{5/3}$，人们从(6.106)式可以得到

$$G(a)=P(a)^{3/5}=\left(1-\frac{a^2}{5\Omega}\right)^{3/2}. \tag{6.111}$$

如我们在图 6.9(b)中看到的，压力在有限边界降为零，形成一个自由面(没有活塞!). 在转滞表面要求 $a=r/R_0=1$，因此我们有 $G(1)=0$，$\Omega=0.2$.

对 ICF 这个解特别适合模拟 4.5 节讨论的所谓体点火. 作为参考，我们给出总质量、初始比动能和 $t=0$ 时的比内能为

$$M=4\pi\rho_0R_0^3\int_0^1(1-a^2)^{3/2}a^2\mathrm{d}a=\frac{\pi^2}{8}\rho_0R_0^3, \tag{6.112}$$

$$E_{\mathrm{kin}}/M=\frac{\rho_0u_{\mathrm{imp}}^2}{2}\frac{4\pi R_0^3}{M}\int_0^1(1-a^2)^{3/2}a^2a^2\mathrm{d}a=\frac{3}{16}u_{\mathrm{imp}}^2. \tag{6.113}$$

$$E_{\mathrm{int}}/M=\frac{3p_0R_0^3}{2M}\int_0^1(1-a^2)^{5/2}4\pi a^2\mathrm{d}a=\frac{15}{16}\frac{p_0}{\rho_0}. \tag{6.114}$$

能量守恒要求 $E_{\mathrm{kin}}=E_{\mathrm{int}}$，这导致

$$u_{\mathrm{imp}}^2=5p_0/\rho_0, \tag{6.115}$$

这关系和(6.108)式一致，同时我们有 $\Omega=0.2$.

3. 火花点火

通过选择具有常数熵的两个均匀熵区域，可得到描述火花点火的结构.

(1)对火花区有 $\mathscr{A}_s$：$0\leqslant a\leqslant a_s$；

(2)对冷燃料区有 $\mathscr{A}_c$：$a_s\leqslant a\leqslant 1$.

定义比值 $\mathscr{R}=\mathscr{A}_s/\mathscr{A}_c$，并再利用(6.106)式，我们发现火花区($0\leqslant a\leqslant a_s$)的压力为

$$P_s(a)=\left(1-\frac{a^2}{5\Omega}\right)^{5/2}, \tag{6.116}$$

这里对应边界条件 $P(0)=G(0)=1$ 有 $P(a)/G(a)^{5/3}=1$. 在壳层区($a_s\leqslant a\leqslant 1$)，我们得到

$$P_c(a)=\mathscr{R}^{3/2}\left(\frac{1-a^2}{5\Omega}\right)^{5/2}, \tag{6.117}$$

这里 $P(a)/G(a)^{5/3}=\mathscr{R}^{-1}$，$P(1)=G(1)=0$. 由表示在火花和冷燃料界面 a_s 压力是连续的条件 $P_s(a_s)=P_c(a_s)$，可以决定

$$\Omega=[a_s^2+\mathscr{R}^{3/5}(1-a_s^2)]/5. \tag{6.118}$$

对应的密度解在界面 a_s 是不连续的

$$G_s(a) = P_s(a)^{3/5} = \left(\frac{1-a^2}{5\Omega}\right)^{3/2}, \quad 0 \leqslant a \leqslant a_s,$$
$$G_c(a) = (\mathscr{R}P_c(a))^{3/5} = \left(\frac{\mathscr{R}(1-a^2)}{5\Omega}\right)^{3/2}, \quad a_s \leqslant a \leqslant 1. \tag{6.119}$$

其密度比为

$$G_c/G_s = \mathscr{R}^{3/5}. \tag{6.120}$$

图 6.9(c)给出了密度和压力轮廓，这里的结构为 $a_s=0.6$，$\mathscr{R}=50$，2.4%的质量在火花区. 可以看到在中心区几乎是等压的，在外层则降为零. 这种解吸引人的特点是它可以动力学地模拟火花结构.

4. 推动者解

有一种简单方法可考虑推动材料. 这里只给出推动者的质量 M_p，并假定它没有进一步的结构. 它在表面 $R(a=1,t)=R_0h(t)$ 以压力 $p(a=1,t)=p_0P(1)h^5(t)$ 驱动气体. 推动者的运动方程为

$$M_pR_0\frac{d^2h}{dt^2} = \frac{4\pi(R_0h)^2p_0P(1)}{h^5}. \tag{6.121}$$

回想到关系 $h^3(t)d^2h/dt^2=1/t_0^2$，和(6.107)式对 Ω 的定义，我们发现

$$M_p = 4\pi\rho_0R_0^3\Omega P(1). \tag{6.122}$$

另外，所包围的气体质量为

$$M_g = 4\pi\rho_0R_0^3\int_0^1 G(a)a^2da, \tag{6.123}$$

对(6.106)式积分得到

$$P(1) - P(0) = -\frac{1}{\Omega}\int_0^1 G(a)a\,da, \tag{6.124}$$

这里 $P(0)=1$. 利用比值 M_p/M_g，在(6.124)式中代入 $P(1)$，可以得到

$$\Omega = \int_0^1 G(a)a\,da + \frac{M_p}{M_g}\int_0^1 G(a)a^2da. \tag{6.125}$$

关于这个推动者的所有信息都包含在这个关系中. 等温、等熵和火花结构加上在 $a=1$ 约束气体的球形推动壳，在上面都用同样的方式给出. 这里除 Ω 外，它必须由(6.125)式给出. 由质量为 $M_p=2M_g$ 的推动者驱动的等熵气体的密度和压力轮廓在图 6.9(d)中给出. 对大的推动质量，包围气体的轮廓变得越来越均匀，人们发现它趋向 $\Omega=M_p/(3M_g)$. 根据(6.108)式，我们马上有 $M_pu_{imp}^2/2=(3p_0/2\rho_0)M_g$. 它所描述的情况是所有内爆动能开始都在推动者，最终它转化为转滞气体的内能.

6.5 量纲分析

在内爆或爆炸流的研究中,相似解非常有用,它们代表具有特别对称性质的流体方程的解,并经常有解析形式.

在许多例子中,相似解可通过量纲分析得到.它的基础是物理方程对各个维度是均匀的,把它们写成量纲为一的形式可减少独立变量的数目.用数学形式,它可以表达为下面要推导的Ⅱ理论(Buckingham ,1914).读者也可参考Brienblatt (1979)的书.关于量纲分析在压缩流体方面的应用,Sedov(1959)的书是知识的珍贵来源.Bareblatt(1979)强调了相应解的渐近特性,这通常作为更普遍的流吸引子.在6.5.1小节中,按照Barenblatt的方法用形式推导给出量纲分析理论,然后用强爆炸的Sedov-Taylor解进行剖析,这个例子和本书主题密切相关.

6.5.1 理论

我们把一个量 a 写成依赖于其他 n 个量 $a_1,a_2,\cdots,a_n$ 的形式为

$$a = f(a_1,a_2,\cdots,a_n). \tag{6.126}$$

所有这些物理量都是有量纲的,他们可用某种单位系统表达.量纲分析的基本观点是由(6.126)式表达的物理定律不能依赖所选择的某种特殊单位系统.从这能得到什么?

我们把这些物理量的量纲记为 $[a]$ 和 $[a_1],[a_2],\cdots,[a_n]$.通常它们不是相互独立的,而是一些量可以用另一些表示.对(6.126)式中左边的量 a 更是如此,一个物理方程等式两边的量纲应该是相同的.挑出一组具有独立量纲的量,比如说 a_1, $a_2,\cdots,a_k$,这里 $k\leqslant n$,其他的量可以用合适的指数 q 表达为

$$[a] = [a_1]^{q_1}[a_2]^{q_2}\cdots[a_k]^{q_k}, \tag{6.127}$$

$$[a_{k+i}] = [a_1]^{q_{i,1}}[a_2]^{q_{i,2}}\cdots[a_k]^{q_{i,k}}, \tag{6.128}$$

这里 $i=1,\cdots,n-k$.这样我们可得到量纲为一的量

$$\Pi=\frac{a}{a_1^{q_1}a_2^{q_2}\cdots a_k^{q_k}}, \tag{6.129}$$

$$\Pi_i=\frac{a_i}{a_1^{q_{i,1}}a_2^{q_{i,2}}\cdots a_k^{q_{i,k}}},\quad i=k+1,\cdots,n. \tag{6.130}$$

现在在有量纲的方程(6.126)中,a 用 Π_3,$a_k+1,a_k+2,\cdots,a_n$ 用 $\Pi_1,\Pi_2,\cdots,\Pi_{n-k}$ 代替,关键的是我们注意到,$a_1,a_2,\cdots,a_k$ 也被消去了.如果它们还在,这个方程仍然依赖一些具有独立量纲 $[a_1],[a_2],\cdots,[a_k]$ 的量,也就是依赖表达这些量的特别单位系统.这就违反了物理定律不随所采用的单位而改变这一基本论断.

结果,物理定律(6.126)式形式上可写为

$$\Pi = \Phi(\Pi_1, \Pi_2, \cdots, \Pi_{n-k}). \tag{6.131}$$

这就是所谓Π理论. 约化的方程(6.131)联系量纲为一的量Π和量纲为一的量Π_1, $\Pi_2, \cdots, \Pi_{n-k}$,这些量要比(6.126)式中 $a_1, a_2, \cdots, a_n$少k 个.

如果 $k=n$,a 就完全由指数定律形式决定

$$a = \Phi_0 a_1^{q_1} a_2^{q_2} \cdots a_k^{q_k}, \tag{6.132}$$

这里(6.131)式右边约化到唯一不确定常数 Φ_0. 如果 $k=n-1$,可得到自相似形式的方程为

$$a/(a_1^{q_1} a_2^{q_2} \cdots a_k^{q_k}) = \Phi(a_n/(a_1^{q_{n,1}} a_2^{q_{n,2}} \cdots a_k^{q_{n,k}})), \tag{6.133}$$

它仍然包含一个依赖相似条件 $\xi = a_n/(a_1^{q_{n,1}} a_2^{q_{n,2}} \cdots a_k^{q_{n,k}})$的自由函数 $\Phi(\xi)$.

6.5.2　例子:点爆炸

作为一个值得注意的例子,我们考虑均匀气体中的强爆炸,寻找从爆炸中心出现的球形激波的时间演化. 我们预料激波传播由释放的能量 E_0 和气体密度 ρ_0 作为控制参数决定. 在时间 t,激波波前半径 $R_s(t)$写成不确定的形式

$$R_s(t) = f(t; E_0, \rho_0, \gamma). \tag{6.134}$$

这里我们加了量纲为一的气体比热指数 γ,因为它是强激波的基本参数. 显然,只涉及长度 L、时间 T 和质量 M,所以 $k=3$. 因为也有 $n=3$,应该有一个简单的定标律. 表 6.2 给出了相应的量纲矩阵,从这里我们可容易发现

$$\Pi = R_s/(E_0^{1/5} \rho_0^{-1/5} t^{2/5}), \quad \Pi_1 = \gamma. \tag{6.135}$$

相应地,激波传播方程为

$$R_s = \Phi(\gamma) E_0^{1/5} \rho_0^{-1/5} t^{2/5}. \tag{6.136}$$

表 6.2　点爆炸的量纲矩阵

单位	R_s	t	E_0	ρ_0
cm	1	0	2	−3
g	0	0	1	1
s	0	1	−2	0

这是由 Sedov 和 Taylor 在第二次世界大战期间独立导出的著名结果. Taylor (1950a)发表了和核爆炸所得数据的比较. 实际上,他分析了电影胶片,从胶片上,他可以得到激波随时间的膨胀,确定具有激波波前的火球的边缘. 这些图像在 Sedov(1959)的书中得到重复. 图 6.10 给出 Taylor 所画的 R 和 t 的关系. 可以看到,除开自相似区还未达到的早期,这些数据确实符合(6.136)式中 $t^{2/5}$的时间定标. 从这条线上的绝对位置,Taylor 取空气密度作为 ρ_0 能够推断出爆炸产出大约为相当 20kt 的 TNT. 前面的因子 $\Phi(\gamma)$几乎为 1,并且只稍稍依赖 γ.

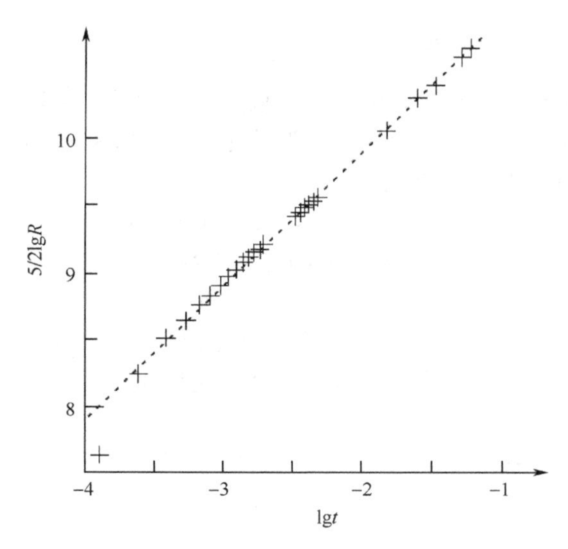

图 6.10　观测到的强爆炸半径-时间演化(数据来自 Taylor, 1950a)

我们可能会问波前后面的流体又是如何随半径和时间演化的. 把上面的分析再推广一下,我们可以得到密度、压力和速度场的表达式

$$\rho(r,t) = \rho_0 G(\xi), \tag{6.137}$$

$$p(r,t) = E_0^{2/5}\rho_0^{3/5}t^{-6/5}P(\xi), \tag{6.138}$$

$$u(r,t) = E_0^{1/5}\rho_0^{-1/5}t^{-3/5}U(\xi). \tag{6.139}$$

这些指数积只是 E_0、ρ_0 和 t 的组合,它们分别产生密度、压力和速度的量纲. 这些量纲为一的函数 $G(\xi)$、$P(\xi)$和 $U(\xi)$依赖相似坐标

$$\xi = r/(E_0^{1/5}\rho_0^{-1/5}t^{2/5}). \tag{6.140}$$

Sedov 第一个用解析形式导出它们,这个推导将在 6.7.8 小节中讨论.

6.6　对称群和相似解

相似解的根源是有关微分方程(DE)的对称性质,它用群论描述是很合适的. 在这节中,我们讨论一维气体动力学的李群. 从物理的视角,这里的讨论所需的数学水平超过了本书的其他部分,主要对实际结果感兴趣的读者可以直接跳过这节到 6.7 节. 但那些想更深刻理解关于定标不变相似解(6.182)和(6.183)式成立以及希望完整理解的读者会发现本节是有用的. 除了三个描述时间、半径和质量标尺转换的算符,群还包括时间平移和投影算符,这些导出随时间指数变化或在时间轴上有一个或多个奇点的相似解.

6.6.1 DE 李群理论的一些要素

建立在李群理论基础上的对称性分析从点变换出发，寻找在这些变化下给定方程的不变量. 我们考虑 n 维空间的点. 形式上，从坐标为 $\boldsymbol{x}=(x_1,\cdots,x_n)$的点 P 到 $\boldsymbol{x}'=(x_1',\cdots,x_n')$的 P'的变换可以写为

$$x'_i = f_i(\boldsymbol{x};a), \quad i=1,\cdots,n. \tag{6.141}$$

对于流体动力学和热传导，只有像平移、旋转、扩展和其他简单的变换起作用. 转换(6.141)式依赖连续变量 a(如旋转的角度)，而函数 $f_i(\boldsymbol{x};a)$假定对 a 可任意阶连续微分. 现在我们一个接着一个进行两个分别标记为 a 和 b 的变换，其得到的联合变换为 c. 可容易证明这些转化满足群的公理. 它们组成连续点变换群；a 叫做群参数.

现在我们看一个变换 a_0，并探讨它邻近的 $a_0+\delta a$，我们发现

$$x_i'+\delta x_i' = f_i(\boldsymbol{x};a_0+\delta a), \tag{6.142}$$

这个增量 $\delta x_i'$可写为

$$\delta x'_i = \left(\frac{\partial f_i(\boldsymbol{x};a)}{\partial a}\right)_{a=a_0}\delta a. \tag{6.143}$$

不失一般性，我们这里令 $a_0=0$，并考虑原点 $\boldsymbol{x}$ 附近的变量 $\delta \boldsymbol{x}_i$. 这种无限小连续点变换的群叫李群. 其导数叫坐标函数，即

$$\xi_i(\boldsymbol{x}) = \left(\frac{\partial f_i(\boldsymbol{x};a)}{\partial a}\right)_{a=0}, \tag{6.144}$$

因为它们包含了李群的所有信息，在理论中起重要作用.

下一步是研究在无穷小变换(6.142)式下函数 $F(\boldsymbol{x})$的行为. 当 a 在 $a=0$ 附近变化时，$F(\boldsymbol{x})$的变化可以写为

$$\delta F(\boldsymbol{x}) = \delta a\,\frac{\partial \boldsymbol{x}}{\partial a}\cdot\frac{\partial F(\boldsymbol{x})}{\partial \boldsymbol{x}}, \tag{6.145}$$

我们引入记号

$$\frac{\delta F}{\delta a} = \left(\sum_{i=1}^{n}\xi_i(\boldsymbol{x})\,\frac{\partial}{\partial x_i}\right)F \equiv UF, \tag{6.146}$$

$$U = \sum_{i=1}^{n}\xi_i(\boldsymbol{x})\,\frac{\partial}{\partial x_i}. \tag{6.147}$$

这里 U 叫无穷小变换算符. 简单的例子有 x 方向的空间平移算符和空间扩展算符，即

$$U_x = \partial/\partial x, \tag{6.148}$$

$$U_{\mathrm{sx}} = x\partial/\partial x. \tag{6.149}$$

对 x 的函数 $g(x)$，坐标的有限平移和扩展可这样得到

$$\exp(\varepsilon U_x)g(x) = g(x+\varepsilon), \tag{6.150}$$

$$\exp(\varepsilon U_{sx})g(x) = g(e^{\varepsilon}x), \tag{6.151}$$

这可以利用 $g(x)$ 的泰勒展开验证.

现在我们可以得到方程在这种变换下的不变量,如果对所有 U 值,有

$$UF(\boldsymbol{x}) \equiv 0, \tag{6.152}$$

那么,方程 $F(\boldsymbol{x})=0$ 被叫做 U 下不变. 条件(6.152)式可用来决定方程不变的所有变换. 这组用算符 $U_1,\cdots,U_n$ 表示的对称变换叫做方程的对称群. 发现这个群的系统方法是,把 U 的普遍形式(6.147)式代入(6.152)式,然后寻找解这个方程的所有可能坐标函数.

一般来说,这是个烦人的工作. 对微分方程组,(6.146)式对 U 的假定必须扩展来考虑正确的导数变换,然后确定的坐标函数方程组应该是一组微分方程本身(幸好是线形的). 对像流体动力学和热传导这样的偏微分方程组(PDEs),对称群的推导可能要写满好几页. 可能因为这种复杂性,才阻止了物理学家更广泛地使用这种方法. 下面我们只给对一个代数方程推导对称变换的非常简单的例子,然后简单引用比如由 Coggeshall 和 Axford(1986)推导的一维流体动力学结果. 为系统研究,读者应参考标准书籍,如由 Ovsiannikov 和 Olver(1986)写的那本.

为了给出清晰的说明,我们考虑笛卡儿坐标系中半径为 r 的球方程为

$$F(x,y;r) \equiv x^2 + y^2 - r^2 = 0. \tag{6.153}$$

在这种情况下,对称条件(6.152)式变为

$$UF = \left(\xi(x,y)\frac{\partial}{\partial x} + \eta(x,y)\frac{\partial}{\partial y}\right)F = 2\xi(x,y)x + 2\eta(x,y)y \equiv 0. \tag{6.154}$$

考虑全局因子,解为

$$\xi(x,y) = y, \quad \eta(x,y) = -x, \tag{6.155}$$

而算符为

$$U_{\text{rot}} = y\frac{\partial}{\partial x} - x\frac{\partial}{\partial y}. \tag{6.156}$$

它表示一维旋转无穷小算符,其所在平面里,圆是变换不变的.

6.6.2　一维流体动力学的李群

包括非线形热传导和一个热源的三维(3D)流体方程(6.1)的李群由 Coggeshall 和 Meyer-ter-Vehn(1992)推导,它包含 14 个不同的对称变换. 这里我们讨论属于一维流体的亚群,流体方程为

$$\frac{\partial\rho}{\partial t} + u\frac{\partial\rho}{\partial r} + \rho\frac{\partial u}{\partial r} + \frac{(n-1)\rho u}{r} = 0,$$

$$\frac{\partial u}{\partial t} + u\frac{\partial u}{\partial r} + \frac{c^2}{\gamma\rho}\frac{\partial\rho}{\partial r} + \frac{2c}{\gamma}\frac{\partial c}{\partial r} = 0,$$

$$\left(\frac{\partial}{\partial t}+u\frac{\partial}{\partial r}\right)\frac{c^2}{\rho^{\gamma-1}}=0. \tag{6.157}$$

它们是将压力的绝热关系 $p=\rho c^2/\gamma$ 代入(6.4)～(6.6)式得到的，所以，现在流体由三个依赖半径 r 和时间 t 的函数，即速度 $u(r,t)$、声速 $c(r,t)$ 和密度 $\rho(r,t)$ 表示.

在数学图像中，流体可看作由 r、t、u、c、ρ 张开的 5 维空间的几何物体，对称变换的算符就在这个空间运作. 方程(6.157)容许有 5 个算符表示的对称变换

$$\begin{aligned}
U_t &= \partial_t,\\
U_{s\rho} &= \rho\partial_\rho,\\
U_{st} &= t\partial_t - u\partial_u - c\partial_c,\\
U_{sr} &= r\partial_r + u\partial_u + c\partial_c - n\rho\partial_\rho,\\
U_p &= t^2\partial_t + rt\partial_r + (r-ut)\partial_u - ct\partial_c - n\rho t\partial_\rho,
\end{aligned} \tag{6.158}$$

这里记号 $\partial_v \equiv \partial/\partial v$ 表示对变量 v 的偏微分.

尽管严格的数学推导(Coggeshall，Axford，1986)相当费力，物理图像倒是一目了然. 前 4 个算符表示方程(6.157)关于时间平移，密度、时间和空间标尺扩展的不变量. 也许只通过仔细审视，它们就可获得. 第 5 个算符可能较难理解，它代表一个投影算符，要获得它必须满足条件

$$n = 2/(\gamma-1), \tag{6.159}$$

这包括球几何 $n=3$ 时的重要例子 $\gamma=5/3$.

6.6.3　不变解的分类

知道了对称群，我们可以从两方面得益(Ovsiannikov，1982)：

(1)我们通过找到独立变量 r 和 t 的组合 $\xi=F(r,t)$，能用它把一个偏微分方程组(PDEs)变成常微分方程组(ODEs)，这里 $\xi=F(r,t)$ 是群变换下的不变量，并用来作为新的独立变量.

(2)我们能用它从已知解产生新的解. 当然，我们这里谈论的解限于在群中一个或其他对称变换下不变的几类解. 普遍来说，解不要求和相应方程有相同的对称性. 另一个值得注意的是在一个对称运算下寻找不变解时，边界条件也要满足同样的对称性.

原则上，在 5 维空间用算符的任意线形组合可约化到 ODEs，即

$$U = a_t U_t + a_{st}U_{st} + a_{sr}U_{sr} + a_p U_p + a_{s\rho}U_{s\rho}, \tag{6.160}$$

但是这种约化经常是相互等价的，也就是它们可通过 $U'=\exp(\varepsilon U_i)U\exp(-\varepsilon U_i)$ (这里 $i=1,\cdots,5$ 标记群的算符)这种群运算相互变换. 为了去掉冗余，我们可利用关系

$$\begin{aligned}
\exp(\varepsilon U_t)U\exp(-\varepsilon U_t) &= (a_t + a_{st}\varepsilon + a_p\varepsilon^2)U_t\\
&\quad + (a_{st}+2a_p\varepsilon)U_{st} + (a_{sr}+a_p\varepsilon)U_{sr}
\end{aligned}$$

$$+a_{\mathrm{p}}U_{\mathrm{p}}+a_{s\rho}U_{s\rho},$$

$$\exp(\varepsilon U_{\mathrm{p}})U\exp(-\varepsilon U_{\mathrm{p}})=a_tU_t+(a_{\mathrm{st}}-2a_t\varepsilon)U_{\mathrm{st}}$$
$$+(a_{\mathrm{sr}}-a_{\mathrm{st}}\varepsilon)U_{\mathrm{sr}}+(a_{\mathrm{p}}-a_{\mathrm{st}}\varepsilon+a_t\varepsilon^2)U_{\mathrm{p}}$$
$$+a_{s\rho}U_{s\rho},$$

$$\exp(\varepsilon U_{\mathrm{st}})U\exp(-\varepsilon U_{\mathrm{st}})=a_te^{-\varepsilon}U_t+a_{\mathrm{st}}U_{\mathrm{st}}+a_{\mathrm{sr}}U_{\mathrm{sr}}+a_{\mathrm{p}}e^{+\varepsilon}U_{\mathrm{p}}$$
$$+a_{s\rho}U_{s\rho}. \tag{6.161}$$

推导时用了

$$\exp(\varepsilon A)B\exp(-\varepsilon A)=B+[A,B]\varepsilon+[A,[A,B]]\varepsilon^2/2+\cdots, \tag{6.162}$$

这里用了算符 A 和 B 的对易子$[A,B]=AB-BA$. 表 6.3 给出了对易子$[U_i,U_j]$. 我们注意到 U_{sr} 和 $U_{s\rho}$ 对所有算符都对易，因此 U 是不变的. 还有，$U_{s\rho}$ 不出现在表 6.3 对易子的结果中. 因此，$U_{s\rho}$ 不能去掉. 但是对任意 a_{st} 和 a_t 使用 U_{p} 总可以去掉 a_{p}，这样对合适的 ε 可得到 $a'_{\mathrm{p}}=a_{\mathrm{p}}-a_{\mathrm{st}}\varepsilon+a_t\varepsilon^2=0$. 因为 a_{st} 可以不依赖 U_t 而移动，这总是可能的. 看例子 $a_{\mathrm{p}}=0$，我们最终得到 5 个非等价对称类型的优化系统

$$\begin{aligned}
S_1&=U_{\mathrm{st}}+a_{\mathrm{sr}}U_{\mathrm{sr}}+a_{s\rho}U_{s\rho}\\
S_2&=\pm U_t+U_{\mathrm{sr}}+a_{s\rho}U_{s\rho}\\
S_3&=U_t+a_{s\rho}U_{s\rho}\\
S_3&=U_{\mathrm{sr}}+a_{s\rho}U_{s\rho}\\
S_5&=U_{s\rho}.
\end{aligned} \tag{6.163}$$

第一个是对 $a_{\mathrm{st}}\neq 0$，利用 U_t 实现 $a'_t\neq 0$，再利用 U_{st} 实现 $a'_{\mathrm{st}}=1$. 其他的是对 $a_{\mathrm{st}}=0$，a_t 和 a_{sr} 要么都非零，要么其中一个为零或都为零. 每个对称类型导致特别的一类不变解，并允许(6.157)式的一组 PDEs 约化为 ODEs. 但第五类除外，它不涉及时间和空间，也不容许约化.

表 6.3　对易子$[U_i,U_j]$

	U_t	U_{p}	U_{st}	U_{sr}	$U_{s\rho}$
U_t	0	$2U_{\mathrm{st}}+U_{\mathrm{sr}}$	U_t	0	0
U_{p}	$-(2U_{\mathrm{st}}+U_{\mathrm{sr}})$	0	$-U_{\mathrm{p}}$	0	0
U_{st}	$-U_t$	U_{p}	0	0	0
U_{sr}	0	0	0	0	0
$U_{s\rho}$	0	0	0	0	0

现在我们叙述如何确定某类解的结构. 我们讲过，解在数学上可看作是由 $\boldsymbol{x}=(r,t,u,c,\rho)$ 张开的 5 维空间的几何物体，有坐标函数矢量 $\boldsymbol{\xi}=(\xi_r,\xi_t,\xi_u,\xi_c,\xi_\rho)$ 的算符 $U=\xi_r\partial_r+\xi_t\partial_t+\xi_u\partial_u+\xi_c\partial_c+\xi_\rho\partial_\rho$ 可诱导一个无穷小的变换，即

$$d\boldsymbol{x} = d\varepsilon U\boldsymbol{x} = d\varepsilon\boldsymbol{\xi}. \tag{6.164}$$

一项一项地讨论上面这个方程时，可得到所谓的特征方程为

$$d\varepsilon = \frac{dr}{\xi_r} = \frac{dt}{\xi_t} = \frac{du}{\xi_u} = \frac{dc}{\xi_c} = \frac{d\rho}{\xi_\rho}, \tag{6.165}$$

这里要代入对应算符 S_1、S_2、S_3 或 S_4 的坐标函数. 下面我们对每类对称性的方程进行积分.

6.6.4　定标不变解

对 S_1 表示的定标对称性，特征方程为

$$d\varepsilon = \frac{dr}{a_{sr}r} = \frac{dt}{t} = \frac{du}{(a_{sr}-1)u} = \frac{dc}{(a_{sr}-1)c} = \frac{d\rho}{(a_{s\rho}-na_{sr})\rho}, \tag{6.166}$$

对此积分可得到解

$$\frac{r/r_0}{(t/t_0)^\alpha} = \xi, \quad \frac{u/u_0}{(t/t_0)^{\alpha-1}} = U, \quad \frac{c/c_0}{(t/t_0)^{\alpha-1}} = C, \quad \frac{\rho/\rho_0}{(r/r_0)^\kappa} = G, \tag{6.167}$$

这里 $\alpha=a_{sr}$，$\kappa=a_{s\rho}/a_{sr}-n$. 积分常数 ξ、U、C、G 在定标变换 S_1 下不变. 这里引入量纲单位 r_0、t_0、u_0、c_0、ρ_0 只是为了使 ξ、U、C、G 明显量纲归一化. 选择 $u_0=c_0=\alpha\xi r_0/t_0$，我们可以把(6.167)式用物理形式写为

$$\begin{aligned}
&u(r,t) = (\alpha r/t)U(\xi),\\
&c(r,t) = (\alpha r/t)C(\xi),\\
&\rho(r,t) = \rho_0(r/r_0)^\kappa G(\xi),\\
&\xi = (r/r_0)/(t/t_0)^\alpha.
\end{aligned} \tag{6.168}$$

定标不变解的这种形式在 6.7 节把 PDEs 约化到 ODEs. 在约化的 ODEs 中，定标不变量 ξ 变成新的独立变量，定标不变量 U、C、G 变成新的不独立变量.

6.6.5　时间为指数形式的解

由 S_2 对称可产生特别不同的一组解，S_2 是时间平移和空间定标变换的组合. 其特征方程为

$$d\varepsilon = \pm\, dt = \frac{dr}{r} = \frac{du}{u} = \frac{dc}{c} = \frac{d\rho}{(a_{s\rho}-n)\rho}. \tag{6.169}$$

对此积分可得到

$$\frac{r}{r_0}e^{\mp t/t_0} = \xi, \quad \frac{u}{u_0}e^{\mp t/t_0} = U, \quad \frac{c}{c_0}e^{\mp t/t_0} = C, \quad \frac{\rho}{\rho_0}e^{\mp\kappa t/t_0} = G, \tag{6.170}$$

这里 $\kappa=a_{s\rho}-n$. 用物理的写法就是

$$\begin{aligned}
&u(r,t) = u_0\exp(\pm t/t_0)U(\xi),\\
&c(r,t) = c_0\exp(\pm t/t_0)C(\xi),\\
&\rho(r,t) = \rho_0\exp(\pm \kappa t/t_0)G(\xi),
\end{aligned}$$

$$\xi = (r/r_0)\exp(\mp t/t_0). \tag{6.171}$$

显然,这类解描写所有不独立变量和半径都随时间指数变化的流体. 详细讨论见 Simonsen 和 Meyer-ter-Vehn(1997).

6.6.6　S_3 和 S_4 对称

对 S_3 对称,特征线方程变为 $dt/t_0=d\rho/\rho$ 和 $dr=du=dc=0$. 这意味着 $G=(\rho/\rho_0)\exp(-t/t_0)$,$\xi=r/r_0$,$U=u/u_0$,$C=c/c_0$. 半径 r 以及速度 u 和 c 不随 S_3 变换变化,因此它们自己是不变量. 物理解的结构为

$$\begin{aligned} u(r,t) &= u_0 U(r/r_0), \\ c(r,t) &= c_0 C(r/r_0), \\ \rho(r,t) &= \rho_0 \exp(t/t_0) G(r/r_0). \end{aligned} \tag{6.172}$$

而 S_4 对称性的特征线方程为 $dt=0$ 和 $dr/r=du/u=dc/c=d\rho/\kappa\rho$. 它的不变量为 $\xi=t/t_0$,$U=(u/u_0)/(r/r_0)$,$C=(c/c_0)/(r/r_0)$,$G=(\rho/\rho_0)/(r/r_0)^\kappa$,这里 $\kappa=a_\varphi-n$ 为自由参数. 不变解为

$$\begin{aligned} u(r,t) &= u_0(r/r_0)U(t/t_0), \\ c(r,t) &= c_0(r/r_0)C(t/t_0), \\ \rho(r,t) &= \rho_0(r/r_0)^\kappa G(t/t_0). \end{aligned} \tag{6.173}$$

6.6.7　投影得到的新解

从已知解通过 $\exp(\varepsilon U)$运算产生新的解,这大大增强了用这四类不变解处理物理问题的灵活性,这里 U 是(6.158)式中的一个群算符或者是它们的线形组合. 当然,比如用 S_1 作用在(6.168)式的 S_1 不变解上只能在这些解内部变换它们自己,而不会产生新的解. 但是,任何其他的组合会的. 特别感兴趣的是这样一个投影算符

$$U_p = t^2\partial_t + rt\partial_r + (r-ut)\partial_u - ct\partial_c - n\rho t\partial_\rho, \tag{6.174}$$

如果 $n=2/(\gamma-1)$成立,它表示(6.157)式的对称变换. 在上面寻找最小一组非等价对称类型时,它被完全忽略了. 现在我们用恢复 U_p 对称支这一例子来说明从已知解发现新解的方法. 由于 U_p 有丰富的内在结构,可以预料会有有趣的新解.

考虑一个解,其一般形式为

$$\begin{aligned} u &= f(r,t), \\ c &= h(r,t), \\ \rho &= g(r,t), \end{aligned} \tag{6.175}$$

这里函数 $f(r,t)$、$h(r,t)$、$g(r,t)$为已知. 在 5 维空间,我们用矢量($r^{(0)}$,$t^{(0)}$,$u^{(0)}$,$c^{(0)}$,$\rho^{(0)}$)来表示它,其变换方式为

$$\exp(\varepsilon U_p)(r^{(0)},t^{(0)},u^{(0)},c^{(0)},\rho^{(0)}) = (r^{(\varepsilon)},t^{(\varepsilon)},u^{(\varepsilon)},c^{(\varepsilon)},\rho^{(\varepsilon)}). \tag{6.176}$$

这里当群沿着群轨道移动时,用群参数 ε 标记这个解,$\varepsilon=0$ 对应初始解(6.175)式. 作为 ε 的函数,对相应 U_p 的特征线积分可得到解

$$\mathrm{d}\varepsilon=\frac{\mathrm{d}r^{(\varepsilon)}}{r^{(\varepsilon)}t^{(\varepsilon)}}=\frac{\mathrm{d}t^{(\varepsilon)}}{t^{(\varepsilon)2}}=\frac{\mathrm{d}u^{(\varepsilon)}}{(r^{(\varepsilon)}-u^{(\varepsilon)}t^{(\varepsilon)})}=-\frac{\mathrm{d}c^{(\varepsilon)}}{c^{(\varepsilon)}t^{(\varepsilon)}}=-\frac{\mathrm{d}\rho^{(\varepsilon)}}{n\rho^{(\varepsilon)}t^{(\varepsilon)}}. \tag{6.177}$$

如果积分是对足够小的时间间隔[0,ε],并且在这段时间内(6.177)式中的所有分母为正,我们可以得到

$$\begin{aligned}
r^{(\varepsilon)} &= r^{(0)}/(1-\varepsilon t^{(0)}),\\
t^{(\varepsilon)} &= t^{(0)}/(1-\varepsilon t^{(0)}),\\
u^{(\varepsilon)} &= u^{(0)}/(1-\varepsilon t^{(0)})+\varepsilon r^{(0)},\\
c^{(\varepsilon)} &= c^{(0)}/(1-\varepsilon t^{(0)}),\\
\rho^{(\varepsilon)} &= \rho^{(0)}/(1-\varepsilon t^{(0)})^{n}.
\end{aligned} \tag{6.178}$$

可以看到,U_p 诱导一个空间和时间坐标的投影变换. 用物理的写法,新解为

$$\begin{aligned}
u^{(\varepsilon)} &= (f(r^{(\varepsilon)}s^{(\varepsilon)},t^{(\varepsilon)}s^{(\varepsilon)})+\varepsilon r^{(\varepsilon)})s^{(\varepsilon)},\\
c^{(\varepsilon)} &= h(r^{(\varepsilon)}s^{(\varepsilon)},t^{(\varepsilon)}s^{(\varepsilon)})s^{(\varepsilon)},\\
\rho^{(\varepsilon)} &= g(r^{(\varepsilon)}s^{(\varepsilon)},t^{(\varepsilon)}s^{(\varepsilon)})(s^{(\varepsilon)})^{n},
\end{aligned} \tag{6.179}$$

这里 $s^{(\varepsilon)}=1/(1+\varepsilon t^{(\varepsilon)})$. 显然 U_p 变换创造了新解,它在时间 $t^{(\varepsilon)}=-1/\varepsilon$ 处有奇点. 这是有深远意义的结果,因为在 $n=2/(\gamma-1)$ 这个条件下,它可用到一维流体方程(6.157)的任何解(6.175)式.

我们考虑一个简单例子来说明这个结果. 我们选择静止的均匀气体,其已知解为

$$\begin{aligned}
u^{(0)} &= 0,\\
c^{(0)} &= h(r^{(0)},t^{(0)})=c_0,\\
\rho^{(0)} &= g(r^{(0)},t^{(0)})=\rho_0,
\end{aligned} \tag{6.180}$$

用 U_p 来投影它. 设 $\varepsilon=-1/t_0$,并省略所有记号 ε,投影解为

$$\begin{aligned}
u(r,t) &= -(r/t_0)(1-t/t_0),\\
c(r,t) &= c_0/(1-t/t_0),\\
\rho(r,t) &= \rho_0(1-t/t_0)^{n}.
\end{aligned} \tag{6.181}$$

这是随时间变化的解,在 $t=t_0$ 有奇点,它描写内爆($t_0>0$)或爆炸($t_0<0$)流. 假定 $n=2/(\gamma-1)$,它是方程(6.157)的解. 这个流体对应线性轨迹 $R(a,t)=a(1-t/t_0)$,这在图 6.11(a)和(b)中 r、t 平面里给出. 在任何给定时间,声速、密度和压力是均匀的,流体速度正比于半径. 显然,它属于 6.4 节描写的这类解. 尽管作为投影理论的一个例子它是有意义的,可这个特殊解需要非寻常的初始和边界条件来使轨迹为直线. 接近物理条件的汇聚和分散流体在 6.7 节讨论.

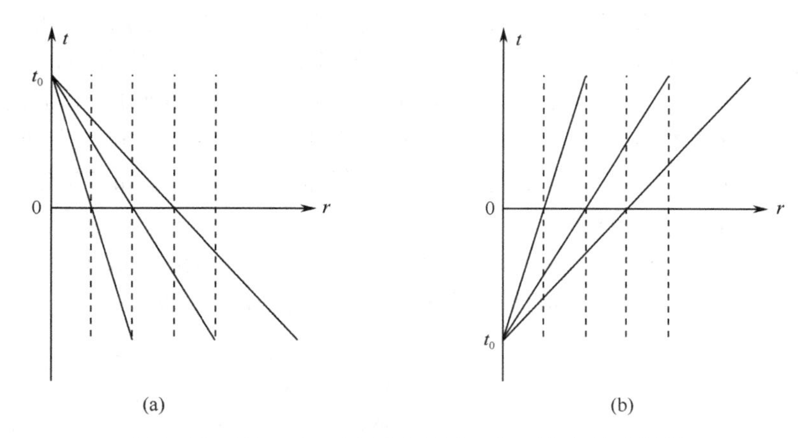

图 6.11　用 r、t 平面内流体轨迹显示恒定气体的投影

细虚线是静止的均匀气体，粗线是投影流体

(a)$t_0>0$ 时可累积的内爆；(b)$t_0<0$ 时沿直线轨迹的爆炸

6.7　定标不变相似解

对惯性聚变、天体物理和其他领域的应用，建立在定标不变基础上的自相似解是很重要的. 这些解包括在柱或球几何下向中心汇聚或从中心散开的奇异流体. 例子有 6.5.2 节中量纲分析时已经讨论过的 Guderley 的汇聚激波和点爆炸激波. 这里我们推导它们和其他一些解，来强调他们共同的起源. 在记号方面，我们按照 Guderley(1942)的工作. 和惯性聚变靶特别相关的是最后讨论的内爆壳层解. 在天体物理方面的应用，可参见比如 Bogoyavlensky(1985)的书.

6.7.1　相似坐标

在一般的定标变换下不变的相似解可以表达为

$$\begin{aligned} u(r,t) &= (\alpha r/t)U(\xi), \\ c(r,t) &= (\alpha r/t)C(\xi), \\ \rho(r,t) &= \rho_0(r/r_0)^{\kappa}G(\xi), \end{aligned} \tag{6.182}$$

这里自相似坐标定义为

$$\xi = \frac{r/r_0}{|t/t_0|^{\alpha}}, \tag{6.183}$$

这个结果已经在 6.6.4 小节中得到. 自相似指数 α 和密度指数 κ 是自由参数. 这里假定半径 r、时间 t 和密度 ρ 的单位分别为 r_0、t_0 和 ρ_0.

对汇聚到一个点 $r=0$、$t=0$ 的内爆球面波或对从点 $r=0$、$t=0$ 向外跑的激波这样的奇异波,(6.182)和(6.183)式的假定是很有用的,因为激波波前在一定条件下沿具有常数 ξ 的线运动. 例如,在 6.5.2 节我们发现均匀气体中强点爆炸的激波波前沿 $R_s/r_0=\xi_s(t/t_0)^{2/5}$ 运动,这里自相似指数 $\alpha=2/5$ 由量纲分析得到. 图 6.12 给出了 r、t 平面常数 ξ 的线. 对 $t<0$ 和 $t>0$, ξ 线从 $r=0$、$t=0$ 对称地出现,时间轴 $r=0$ 对应 $\xi=0$,而半径轴 $t=0$ 对应 $\xi=\infty$. 材料边界、激波波前和特征线可以和 ξ 线一致,这在 6.7.2 小节讨论.

这里我们再提一下(6.182)式中,$t=0$ 时,假定的特别形式. 假定 $t=0$ 时有极限存在,在时刻 $t\to 0$,自相似流体的变量遵守简单的幂函数,即

$$\begin{aligned} u(r,t=0) &= u_0(r/r_0)^{-\lambda}, \\ c(r,t=0) &= c_0(r/r_0)^{-\lambda}, \\ \rho(r,t=0) &= \rho_0 r^{\kappa}, \\ p(r,t=0) &= p_0 r^{\kappa-2\lambda}, \\ A(r,t=0) &= p/\rho^{\gamma} = A_0 r^{-\varepsilon}, \end{aligned} \tag{6.184}$$

常数由(6.182)式获得,在极限 $\xi\to\infty$ 有 $|t/t_0|=((r/r_0)/\xi)^{1/\alpha}$. (6.184)式和下面出现的基本参数组合 n、γ、α、κ 列在这里以作参考:

$$\begin{aligned} \lambda &= 1/\alpha-1, \\ \varepsilon &= \kappa(\gamma-1)+2\lambda, \\ \mu &= 2/(\gamma-1), \\ \beta &= n-\mu\lambda, \\ v &= n\gamma+\kappa-2\lambda. \end{aligned} \tag{6.185}$$

对 $\varepsilon=0$,有等熵流. 还应注意(6.184)式中自相似流有个特征值,就是 $t=0$ 时的均匀马赫数 $\mathcal{M}_0=u_0/c_0$.

6.7.2　粒子轨迹和特征线

由表达式(6.182)可以直接导出一些重要关系. 我们引入气体元(也叫粒子)轨迹 $R(t,a)$,这里粒子的拉格朗日坐标 $a:=R(t_1,a)$ 定义为在一个合适时间 t_1 的位置. 一个特别的粒子轨迹在图 6.12 中给出. 把 $\mathrm{d}R/\mathrm{d}t=u(R,t)$ 与 $u(R,t)=(\alpha R/t)U(\xi)$ 和 $\xi=(R/r_0)/|t/t_0|^{\alpha}$ 结合,人们从(6.182)和(6.183)式经演算得到

$$\mathrm{dln}R(\xi,a)/\mathrm{dln}\xi = U(\xi)/(U(\xi)-1), \tag{6.186}$$

这里时间已被消去,$R(\xi,a)$ 现在可解释为 ξ 和 a 的函数. 由此可得粒子轨迹和 ξ 线一致的条件是

$$U = 1, \tag{6.187}$$

这意味着,比如,自由表面的自相似运动可由 $U=1$ 描述.

(6.186)式的右边不依赖 a,由此可得到另一个重要结果

$$R(\xi_1,a_1)/R(\xi_2,a_1) = R(\xi_1,a_2)/R(\xi_2,a_2), \tag{6.188}$$

它对任意点(ξ_1, a_1)和(ξ_2, a_2)都成立. 这意味着粒子a_1在不同线ξ_1和ξ_2上位置$R(\xi, a_1)$的比值和粒子a_2或者任何其他粒子都一样. 像(6.188)式这样的等式对粒子密度也成立，即

$$\rho(\xi_1, a_1)/\rho(\xi_2, a_1) = \rho(\xi_1, a_2)/\rho(\xi_2, a_2), \tag{6.189}$$

这里用了记号$\rho(\xi, a) := \rho(R(\xi, a), t(\xi, a))$，这种等式对所有其他的状态变量，像压强$p$、温度$T$等也都成立. 关系式(6.189)是由方程(6.182)和(6.188)组合得到的. 这些通用的关系式对后面讨论特殊解的性质非常有用.

特征线$R^{\pm}(t, a)$定义为(比较 6.3.2 小节)

$$dR^{\pm}/dt = u(R^{\pm}, t) \pm c(R^{\pm}, t). \tag{6.190}$$

再利用关系式(6.182)和(6.183)，我们可导出

$$d\ln R^{\pm}/d\ln\xi = (U \pm C)/(U \pm C - 1). \tag{6.191}$$

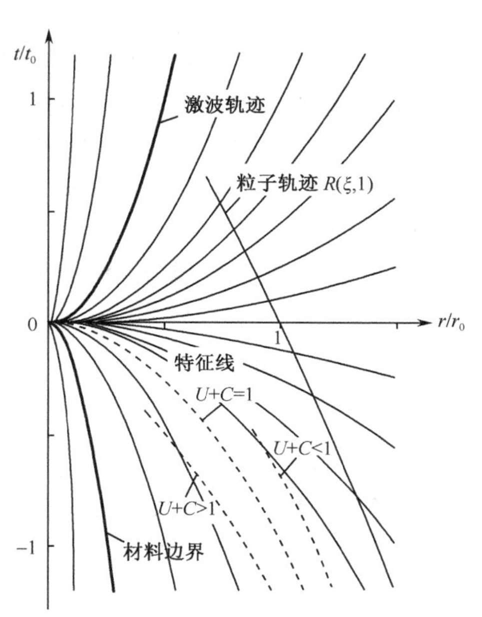

图 6.12　在r、t平面展示各种坐标线

细实线表示$\xi = (r/r_0)/|t/t_0|^{\alpha}$是常数的$\xi$线(这里$\alpha = 1/2$)，有些$\xi$线可以和材料边界、激波轨迹(粗实线)或特征线(虚线)一致，这里也给出了粒子轨迹$R(\xi, 1)$

从这里可看出，当$U \pm C = 1$满足时，特征线$R^{\pm}$和ξ线完全一致. 这种所谓的极限特征线(limiting characteristics)对将要讨论的流体中的因果关系起重要作用. 它们区分流体区域，即按在$r=0, t=0$处与气体有无因果关系而分. 对时间$t<0$，已在图 6.12 中显示.

6.7.3　质量和熵守恒

方程(6.157)中第一和第三式表示的质量和熵守恒可导致通积分，这样可把G和R用代数形式写成U和C的函数. 我们重温一下，只要没有激波通过，这种绝热流体每个气体元的熵是守恒的.

代入关系式(6.182)和(6.183)，方程(6.157)中的连续性方程变为

$$dU + (U-1)\,d\ln G + (n+\kappa)U\,d\ln\xi = 0, \tag{6.192}$$

把它除以$(U-1)$再利用(6.186)式，我们可得到全微分，这里用了积分

$$(1-U)GR^{n+\kappa} = K_1, \tag{6.193}$$

K_1为积分常数.

另一方面，由绝热积分 $p/\rho^{\gamma}=\rho^{1-\gamma}c^2/\gamma=$常数可得到

$$(R^{\kappa}G)^{1-\gamma}(\alpha(\xi/R)^{1/\alpha}RC)^2=K_2(a). \tag{6.194}$$

由守恒定律(6.193)和(6.194)式，可把 $G(\xi)$ 和 $R(\xi)$ 表示为 $U(\xi)$ 和 $C(\xi)$ 的函数为

$$G(\xi)=K_3(\alpha\xi^{1/\alpha}C(\xi))^{\mu(n+\kappa)/\beta}(1-U(\xi))^{(\kappa+\mu\lambda)/\beta}, \tag{6.195}$$

$$R(\xi,a)=K_4 a(\alpha\xi^{1/\alpha}C(\xi))^{-\mu/\beta}(1-U(\xi))^{-1/\beta}. \tag{6.196}$$

这里 $\mu=2/(\gamma-1)$，$\beta=n-\mu\lambda$，$\lambda=1/\alpha-1$，常数 K_3 和 K_4 不依赖 ξ 和 a. 注意，由于(6.188)式，$R(\xi,a)/a$ 必须不依赖 a. 关于密度和粒子轨迹的这些代数关系把数学问题归结为发现 $U(\xi)$ 和 $C(\xi)$.

6.7.4 约化到 ODE

代入(6.182)和(6.183)式关于 $u(r,t)$、$c(r,t)$、$\rho(r,t)$ 的假定，偏微分方程(6.157)可约化为 ODEs. 这个假定中对于 S_1 的不变量，表示方程(6.157)的定标对称，并确保约化方程只依赖不变函数 $U(\xi)$、$C(\xi)$ 和 $G(\xi)$，人们有

$$\begin{aligned}
&U'+(U-1)[\ln G]'+(n+\kappa)U=0,\\
&(U-1)U'+(C^2/\gamma)[\ln(GC^2)]'+[U(U-1/\alpha)+(\kappa+2)C^2/\gamma]=0,\\
&(U-1)[\ln(C^{\mu}/G)]'+[U(\mu-\kappa)-\mu/\alpha]=0,
\end{aligned} \tag{6.197}$$

这里用了记号 $[\cdots]':=\mathrm{d}[\cdots]/\mathrm{d}\ln\xi$. 利用第三个方程进一步在第一、第二个方程中消去 $[\ln G]'$，可得到微分形式

$$\begin{aligned}
a_1\mathrm{d}U+b_1\mathrm{d}C+d_1\mathrm{d}\ln\xi=0,\\
a_2\mathrm{d}U+b_2\mathrm{d}C+d_2\mathrm{d}\ln\xi=0.
\end{aligned} \tag{6.198}$$

系数为

$$\begin{aligned}
&a_1=C/\mu,\quad b_1=U-1,\\
&a_2=U-1,\quad b_2=\mu C,\\
&d_1=C[U(1+n/\mu)-1/\alpha],\\
&d_2=U(U-1/\alpha)+C^2\left[\mu+\frac{\kappa+\mu\lambda}{\gamma(1-U)}\right],
\end{aligned} \tag{6.199}$$

这里 $\mu=2/(\gamma-1)$，$\lambda=1/\alpha-1$. Guderley(1942)最早注意到这种约化的一个值得注意的特点，就是(6.199)式系数只依赖 U 和 C，而不依赖 G 和 ξ. 这意味着对 U 和 C 只要解一个 ODE，即

$$\mathrm{d}U/\mathrm{d}C=\Delta_1(U,C)/\Delta_2(U,C), \tag{6.200}$$

这里行列式值为

$$\begin{aligned}
\Delta_1(U,C)=b_1d_2-d_1b_2,\\
\Delta_2(U,C)=d_1a_2-a_1d_2.
\end{aligned} \tag{6.201}$$

明显地写出行列式值为

$$\Delta_1 = U(1-U)(1/\alpha - U) - C^2[nU + (\kappa - 2\lambda)/\gamma], \tag{6.202}$$

$$\Delta_2 = C\left[(1-U)\left(\frac{1}{\alpha} - U\right) + U\left(\lambda + \frac{(n-1)(U-1)}{\mu}\right) - C^2 + \frac{\varepsilon}{2\gamma}\frac{C^2}{U-1}\right]. \tag{6.203}$$

先对合适边界条件求解(6.200)式获得$U(C)$,然后通过积分可得函数$C(\xi)$.

$$\frac{\mathrm{d}\ln\xi}{\mathrm{d}C} = \frac{\Delta(U(C),C)}{\Delta_2(U(C),C)}, \tag{6.204}$$

$$\Delta = a_1b_2 - b_1a_2 = C^2 - (1-U)^2, \tag{6.205}$$

函数$U(\xi)$也可相应得到. 有了$U(\xi)$和$C(\xi)$,从(6.195)式就可得到密度函数$G(\xi)$.

6.7.5　概述U、C平面解

一般来说,方程(6.200)和(6.204)必须数值求解. 精确解析解只对少数几个重要例子有,这在下面的几节中给出. 关于方程(6.200)解的很普遍性的评述已由Guderley(1942)给出,他工作中很重要的一张图在图6.13中重新给出. 它显示U、C平面内的各种曲线. U、C平面的选定区域$U<1,C>0$包含了所有下面要讨论的不同解,这提供了统一的图像. 这个U、C平面的投影方式为:$U=-\infty$和$C=+\infty$这两条坐标线都画在P_6P_7这条线上. 这样画的优点是解在无穷远处的结构能清楚地看出来.

在常微分方程(6.200)的普通区域,$\mathrm{d}U/\mathrm{d}C$具有单值解$U(C)$,曲线不会相交. 但是,它们确实会在一些奇点相交,这时,两个行列式值都为零,$\Delta_1(U,C)=0$, $\Delta_2(U,C)=0$. 在图6.13所示的U、C平面这一区域中,人们能找到7个这种奇点,用Guderly的记号写为$P_1\sim P_7$. 人们可看到节点(node point)(P_2,P_4,P_5,P_6)吸引解曲线,而鞍点(saddle point)(P_1,P_3,P_7)排斥解曲线. 有区分作用的解曲线叫分界线,它们连接那些奇点,在图中用点短划线表示. 因为大多数奇点表示有物理意义的边界条件,分离线描述重要的物理情况. 这将在后面的几节讨论.

为了再把解$U(C)$和空间-时间坐标ξ联系起来,人们必须对(6.204)式积分来得到$\xi(C)$. 图6.13中解曲线上的箭头表示ξ增长的方向. 在这方面,线$U+C=1$起特殊的作用,因为$\xi(C)$在这条线上有极值(见6.7.6小节),这样当解曲线穿过这条线时,ξ增长的方向会反转. 这种行为意味着,由$\xi(C)$反转而得的函数$C(\xi)$对某些ξ是双值的. 这在物理上是不能接受的,因此相应的解要去除.

图6.13所示的解的特殊图像是在设定参数$n=3,\gamma=7/5,\alpha=0.75,\kappa=0$后得到的. 如果逐渐变化$\gamma$、$\alpha$、$\kappa$或者从球($n=3$)变到柱($n=2$)或平面几何($n=1$),解的图像也随之变化. 对某些值,那些奇点会交换它们的相互位置甚至消失,因此图像的拓扑结构会发生变化. 本书不打算探究所有可能的情况,而是讨论一些重要的例子.

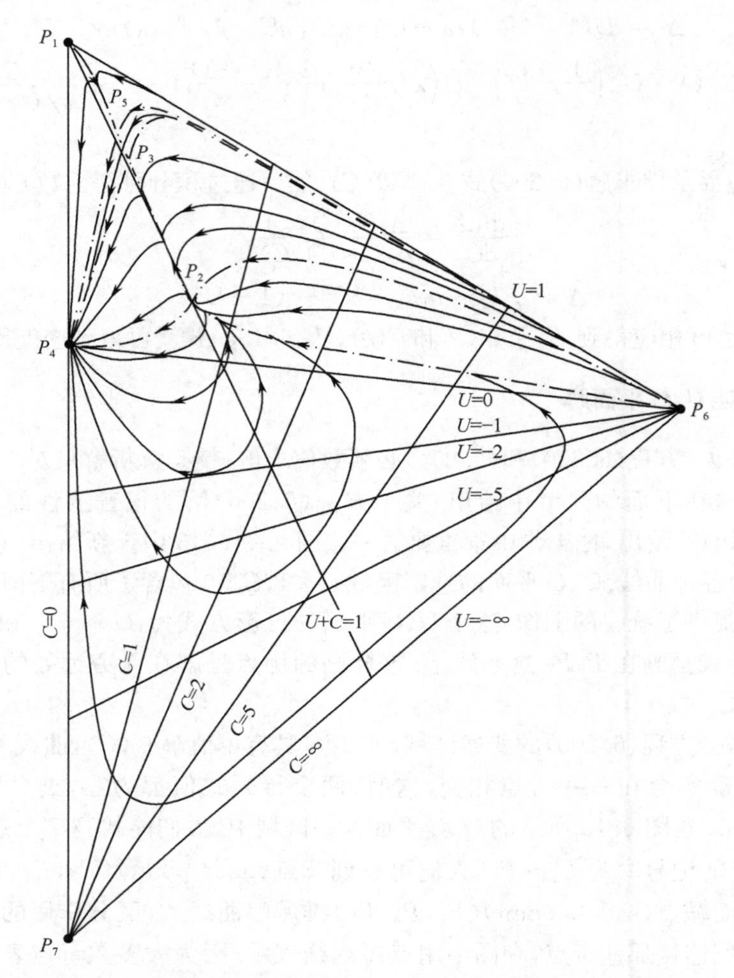

图 6.13 在 U、C 平面对 $n=3,\gamma=7/5,\alpha=0.75,\kappa=0$，Guderley 解的图

奇点被标记为 $P_1 \sim P_7$. 实线表示(6.200)式的解，点划线是分界线. 箭头表示 ξ 增长的方向. 直线是坐标，它们的 U 和 C 值已标出，U、C 平面的这种投影方法是为了无穷远的解也可以看到(Guderley, 1942)

在 6.8 节，通过解析分析它们的结构，导出不同奇点的物理含义. 对技巧部分不太感兴趣的读者可直接跳到 6.7.8 小节，在那我们开始讨论物理上重要的例子.

6.7.6 奇点

方程(6.198)的奇点和这些为零的行列式值有关

$$\Delta = a_1 b_2 - b_1 a_2 = 0,$$

$$\Delta_1 = b_1 d_2 - d_1 b_2 = 0,$$

$$\Delta_2 = d_1 a_2 - a_1 d_2 = 0. \tag{6.206}$$

方程(6.204)中声奇点由 $\Delta=0$ 给出,这里最先讨论.然后在 U、C 平面寻找两个行列式值都为零的位置,来决定方程(6.200)中奇点.例子有

(1) $a_1=a_2=b_1=b_2=0$,(P_1);

(2) $a_1/a_2=b_1/b_2=d_1/d_2$,(P_2 和 P_3);

(3) $d_1=d_2=0$,(P_4 和 P_5).

其他的奇点 P_6、P_7 在 C 或 U 为无限值时可以找到,这也已在图 6.13 中给出.这里我们是用上面给的坐标和系数(6.199)式来确定这些奇点在 U、C 平面的位置.在下面几节和特别的物理流体联系时,它们的物理意义就变得清楚了.

在图 6.13 中沿着声线 $U+C=1$,条件 $\Delta=C^2-(1-U)^2=0$ 可以满足.它区分曲线上方的亚声速流($C>1-U$)和下方的超声速流($C<1-U$).这里速度是和速度 $U=1$ 相比,这适用于 ξ 线.在声线 $U+C=1$ 上的点对应声波轨迹(特征线),它和 ξ 线一致[见(11.67)式和图 6.12],所以被称作极限特征线.在亚声速区,声波跑得比 ξ 线 $U+C>1$ 快,因此这个区域的流体和在 $r=0$、$t=0$ 的流体有接触.相反,在超声速区,声波跑得比 ξ 线 $U+C<1$ 慢,而这个区域的流体和在 $r=0$、$t=0$ 的流体不接触.

1. P_1 描述自由表面

点 P_1 位于 $U_1=1$,$C_1=0$,这里有 $a_1=a_2=b_1=b_2=0$.现在研究靠近 P_1 的地方,只保留重要的阶次,行列式值(6.202)和(6.203)式为

$$\begin{aligned} \Delta_1 &\approx \lambda(1-U)-(v/\gamma)C^2, \\ \Delta_2 &\approx \frac{C}{\mu}\left(\lambda-\frac{\kappa+\mu\lambda}{\gamma}\,\frac{C^2}{1-U}\right). \end{aligned} \tag{6.207}$$

靠近 P_1 并满足 $\mathrm{d}U/\mathrm{d}C=\Delta_1/\Delta_2$ 的有趣解为

$$\lambda(1-U)=(v/\gamma)C^2, \tag{6.208}$$

正如图 6.13 所示,它代表跑进 P_1 的分界曲线.显然,P_1 有鞍点特性.利用(6.204)和(6.195)式,有

$$\begin{aligned} C(\xi)^2 &\simeq 2\lambda/\mu\cdot\ln(\xi/\xi_0), \\ G(\xi) &\cong \ln(\xi/\xi_0)^{(n+\kappa+\varepsilon)/\beta}. \end{aligned} \tag{6.209}$$

人们发现,ξ 沿着分界线跑进 P_1,并接近一个有限值 $\xi_0>0$.它代表沿着 $R_1(t)/r_0=\xi_0\,|t/t_0|^{\alpha}$ 的内部边界,这时,温度趋向零,而压力和熵为

$$\begin{aligned} P(\xi) &\cong GC^2\cong\ln(\xi/\xi_0)^{(n+\kappa)/\beta}, \\ A(\xi) &\cong P/G^{\gamma}\cong\ln(\xi/\xi_0)^{-\gamma\varepsilon/\beta}. \end{aligned} \tag{6.210}$$

对$(n+\kappa)>0$,$\beta>0$ 这个重要例子,密度和压力在波前消失,证明它是一个自由边

界面.熵为零还是发散,取决于熵指数 ξ 的符号.我们提一下,P_1 具有鞍点特性,而坐标线 $C=0$ 和 $U=1$(对 $\varepsilon\neq0$)也分别穿过它,但还没有明显的物理意义.

2. P_2 和 P_3 描写极限特征线

点 P_2 和 P_3 位于声线上 $U+C=1$,这里 $\Delta=a_1b_2-b_1a_2=0$.它们对应极限特征线.正如我们已讨论的,从流体区 $U+C>1$ 到流体区 $U+C<1$ 的物理解曲线必须在 P_2 点或 P_3 点穿过声线.它们的坐标可由 $a_1/a_2=b_1/b_2=d_1/d_2$ 得到,这可得到一个二次方程为

$$(n-1)\gamma U^2+[\kappa-2\lambda-\gamma(n-1-\lambda)]U-(\kappa-2\lambda)=0, \tag{6.211}$$

它可给出 $U_{2,3}$ 和 $C_{2,3}=1-U_{2,3}$.显然要得到实数解,必须满足一定参数条件

$$(\gamma(n-1-\lambda)-(\kappa-2\lambda))^2\geqslant-4\gamma(n-1)(\kappa-2\lambda). \tag{6.212}$$

3. P_4 连接 $t<0$ 到 $t>0$ 的流体

点 P_4 位于 $U_4=0,C_4=0$,这里 $d_1=d_2=0$.在这个点的附近,方程(6.200)变为 $\mathrm{d}U/\mathrm{d}C\cong U/C$,这表明 P_4 是个正常节点.解曲线在直线上进入,即

$$U=\mathscr{M}C, \tag{6.213}$$

这里斜率 $\mathscr{M}$ 为马赫数.另外,方程(6.204)式变为 $\mathrm{d}\ln\xi/\mathrm{d}C\cong-\alpha/C$,其积分为

$$\xi\sim1/C^{\alpha}, \text{对 } C\rightarrow0. \tag{6.214}$$

这表明 P_4 对应 $\xi=\infty(\alpha>0)$ 并描述在时刻 $t\neq0$ 时,$r\rightarrow\infty$ 时的流体和 $t=0,r>0$ 时的流体,这里 $\xi=(r/r_0)/|t/t_0|^{\alpha}$ 会发散.在这方面,仔细看速度轮廓是重要的,对 $|t|\rightarrow0$ 或者等价的 $\xi\rightarrow\infty$,有

$$u(r,t)=\frac{\alpha r}{t}U(\xi)=\operatorname{sgn}(t)\frac{\alpha r_0}{t_0}\left(\frac{r}{r_0}\right)^{1-1/\alpha}\xi^{1/\alpha}U(\xi). \tag{6.215}$$

从方程(6.213)和(6.214)人们发现,对有限 u_0,极限 $u(r,t=0)=u_0(r/r_0)^{1-1/\alpha}$ 确实存在,这表明 $t=0$ 时的速度分布只是简单的半径幂函数.从 $t<0$ 到 $t>0$,它是连续的.对约化的速度 $U(\xi)$,这意味着 $\operatorname{sgn}(t)U(\xi)$ 是连续的,而 $U(\xi)$ 控制正负号.这样在轴 $U=0$ 镜面反射跑进 P_4 的曲线就可匹配 $t<0$ 的解和 $t>0$ 的解.这对接近 P_4 的地方是有效的,在离 P_4 有点距离的地方镜像曲线就得按照 $t>0$ 的流体条件以它自己的方式来发展.

4. P_5 描述累积流

点 P_5 代表对应 $d_1=d_2=0$ 的另一个解,它位于

$$\begin{aligned}U_5&=\frac{\mu}{\alpha(n+\mu)},\\C_5&=\frac{\sqrt{n}}{\alpha(n+\mu)}\left[1+\frac{(\kappa+\mu\lambda)(n+\mu)}{(\mu+2)(n-\mu\lambda)}\right]^{-1/2}.\end{aligned} \tag{6.216}$$

沿一条经过 P_5 的解曲线靠近 P_5，人们发现，对常数 $D_0\neq 0$，有

$$\mathrm{d}\ln\xi/\mathrm{d}C = \Delta/\Delta_2 \cong D_0/(C-C_5). \tag{6.217}$$

当 P_5 不在声线上时，也就是 $\Delta\neq 0$，这是成立的. 由此，对 $|C-C_5|\to 0$，有

$$\xi(C) \sim |C-C_5|^{D_0}. \tag{6.218}$$

对下面讨论的相关例子，人们发现在 P_5，$D_0<0$ 且 $\xi\to\infty$. 这意味着 P_5 和 P_4 一样描写时刻 $t=0$ 时的流体. 不同点是 $U_5>0$，因此从 $\mathrm{d}R(a,t)/\mathrm{d}t\cong(\alpha R/t)U_5$ 计算得到的所有粒子轨迹在 $t\to 0$ 时跑进 $R=0$，其形式为

$$R(a,t) \sim |t|\alpha^{U_5}. \tag{6.219}$$

这意味着在 $t=0$，所有质量都堆积在中心，或者说无限压缩，这种流叫可累积的. 假如 $D_0>0$，跑进 P_5 的解曲线描写累积流.

5. P_6 描写中心爆炸

图 6.13 还有两个奇点 P_6 和 P_7 分别位于 $C\to\infty$（U 有限）和 $U\to-\infty$（C 有限）. 对 $C\to\infty$ 只保留主要阶次项，行列式值(6.202)和(6.203)式变为

$$\Delta_1 \cong -C^2\left[nU+\frac{\kappa-2\lambda}{\gamma}\right], \tag{6.220}$$

$$\Delta_2 \cong -C^3\left[1+\frac{\varepsilon}{2\gamma(1-U)}\right], \tag{6.221}$$

而方程(6.200)变为

$$\frac{\mathrm{d}U}{\mathrm{d}C} \simeq \frac{1-U}{C}\frac{nU+(\kappa-2\lambda)/\gamma}{1-U+\varepsilon/(2\gamma)}. \tag{6.222}$$

如果变换到新变量 $S=1/C$，$M=U/C$，人们发现，变换后的点 P'_6 在 $S=0$，$M=0$. 利用方程(6.220)和(6.221)，微分方程(6.200)变为

$$\frac{\mathrm{d}M}{\mathrm{d}S} = \frac{M}{S} - \frac{Mn+S(\kappa-2\lambda)/\gamma}{S(1+\varepsilon/[2\gamma(1-M/S)])}, \tag{6.223}$$

这里在右边的表达式中，分子和分母在 P'_6 都为零，这也证明了 P'_6 和 P_6 为奇点.

观察图 6.13 可发现，有两类解曲线跑进 P_6. 对物理应用最重要的是较低的分界线. 沿着这条线，我们发现 $\xi\to 0$，说明它描述在中心（$C_6=\infty$）具有无限温度（$\xi=0$，$t\neq 0$）的流体. 在 6.7.8 节，将讨论它如何与点爆炸和惯性聚变应用中的中心点火区相联系.

其他的解曲线依赖熵指数 ε. 对 $\varepsilon>0$（如图 6.13 所示），P_6 是个节点，曲线以正切线方式跑向轴 $U=1$. 和 P_1 流相似，它们描写有内边界的内爆，但现在里面的波前处温度发散. 在 $C\to\infty$，$U\to 1$ 时，对(6.200)和(6.204)式积分，再利用(6.220)和(6.221)式，我们发现 $(1-U)C^{2\nu/\varepsilon}=\mathrm{const}$，其积分为

$$C = C_F(1-U)^{-\varepsilon/2\nu}, \tag{6.224}$$

还发现 $\mathrm{d}U/\mathrm{d}\ln\xi\cong-\nu/\gamma$，其积分为

$$\xi = \xi_F \exp((1-U)\gamma/\nu). \tag{6.225}$$

这里 $C_F>0$,$\xi_F>0$ 为积分常数. 可以看到,如果 $\varepsilon/2\nu>0$,对 $C\to\infty$,解曲线靠近 $U=1$,并且在 P_6,有 $\xi\to\xi_F>0$. 从方程(6.195)、(6.224)和(6.225),我们还得到

$$G(\xi) \sim 1/C(\xi)^2. \tag{6.226}$$

这表明,当接近 $U=1$ 后,P_6 描写一个密度 $\rho=r^{\kappa}G$ 变零的内波前,而温度 $T\sim C^2\to\infty$发散. 奇怪的是在 P_6 压力不为零,而是在波前接近一个有限值 $p\sim C^2G\to p_F>0$. 因此,这些解不满足自由面的边界条件. 不管怎样,对内爆 ICF 靶,它们代表重要的极限情况,我们在 6.7.12 小节还要讨论.

6.7.7 激波边界

激波不连续代表另一种重要的边界情况. 假定激波边界由 ξ 线表示,它们满足这里考虑的定标变换对称性,这意味着激波必须以速度 $R_s/r_0=\xi_s|t/t_0|^{\alpha}$ 沿着 $u_s=\alpha R_s/t$ 运动,并且它们由不变坐标 ξ_s 和不变速度 $U_s=1$ 描述.

用激波前面的态 U_{s1}、C_{s1},表示激波后面的态 U_{s2}、C_{s2} 的跳变条件,可以从于戈尼奥条件(6.21)式导出. 对理想气体,使用 $p=\rho c^2/\gamma$ 和 $h=c^2/(\gamma-1)$,我们发现

$$\begin{aligned} U_{s2} &= 1-\left[\frac{\gamma-1}{\gamma+1}+\frac{2}{\gamma+1}\left(\frac{C_{s1}}{1-U_{s1}}\right)^2\right](1-U_{s1}), \\ C_{s2}^2 &= \frac{2\gamma(\gamma-1)}{(\gamma+1)^2}(1-U_{s1})^2+\left[1-2\left(\frac{\gamma-1}{\gamma+1}\right)^2-\frac{2(\gamma-1)}{(\gamma+1)^2}\left(\frac{C_{s1}}{1-U_{s1}}\right)^2\right]C_{s1}^2, \end{aligned} \tag{6.227}$$

而密度不连续性为

$$\frac{G_{s2}}{G_{s1}} = \frac{1-U_{s1}}{1-U_{s2}}. \tag{6.228}$$

我们讲过,进入激波波前的流体总是超声速的($1-U_{s1}>C_{s1}$),而从激波波前出来的流体是亚声速的($1-U_{s2}<C_{s2}$). 显然,激波波前有可能连接超声速区和亚声速区. 因此它代表一种重要的替代途径来越过图 6.13 中的声线 $U+C=1$,而不必通过 P_2 或 P_3.

对跑进静止气体的强激波,我们有 $U_{s1}=0$ 和 $C_{s1}\to 0$,这样从(6.227)式可得到

$$U_A = \frac{2}{\gamma+1}, \quad C_A = \frac{\sqrt{2\gamma(\gamma-1)}}{\gamma+1}, \tag{6.229}$$

这里用 U_A 和 C_A 来表示强激波后面的态. 这意味在强激波后面的态在 U、C 平面有只依赖 γ 的固定位置. 图 6.14 画出了相应的曲线,我们注意到,它位于声线上方的亚声速区 $U_A+C_A>1$.

6.7.8 中心爆炸(P_6 流)

在本小节,我们讨论从一个中心点或一条轴出来的强激波后面的流体解. 它们

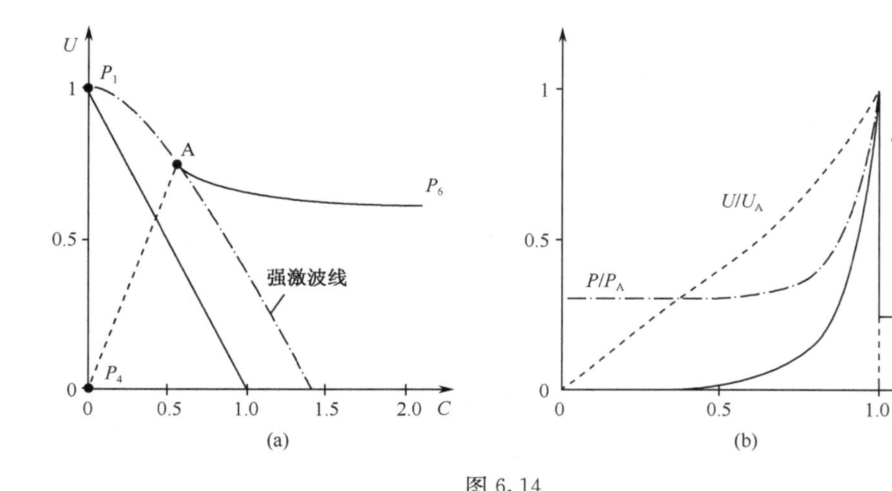

图 6.14

(a)在 U、C 平面强点爆炸的 Sedov-Taylor 解，参数为 $n=3,\gamma=5/3,\alpha=2/5,\kappa=0$；(b)归一化到激波边界值的相应密度 ρ、压力 p 和速度 u 和半径 r 的关系

对应图 6.13 中低的分界线 P_2P_6，讨论包括 Sedov 和 Taylor 的点爆炸(比较 6.5.2 小节)，也包括从球或柱内爆中心反弹回来的激波波前后面的流体. 对这两种情况，中心流体都要和激波波前外部的区域联系. 对应不同边界条件的例子在图 6.14、图 6.16、图 6.17 和图 6.18 中给出.

1. 渐近 P_6 流

靠近 P_6 时，分界线 P_2P_6 为

$$U=-(\kappa-2\lambda)/n\gamma. \tag{6.230}$$

这是从方程(6.222)得到的. 把方程(6.230)代入(6.204)，我们得到 $\mathrm{d}\ln\xi/\mathrm{d}\ln C=-1/(1+\varepsilon n/2\nu)$，这里 $\varepsilon=\kappa(\gamma-1)+2\lambda$，$\nu=(n\gamma+\kappa-2\lambda)$，$\lambda=(1/\alpha-1)$，由此可得积分

$$\xi\sim C^{-1/(1+\varepsilon n/2\nu)}. \tag{6.231}$$

这意味着，对所研究的情况满足的条件 $\varepsilon n/2\nu>-1$，当接近这条线上的 P_6 时，对 $C\to\infty$ 有 $\xi\to\infty$. 因此这是一个包括中心 $r=0$ 的解.

利用(6.230)和(6.231)式，从(6.182)和(6.195)式可以得到一些重要表达式，即

$$\begin{aligned}
&u(r,t)=-(\alpha(\kappa-2\lambda)/n\gamma)r/t,\\
&\rho(r,t)\sim r^{n\varepsilon/\nu}t^{\alpha(\kappa-n\varepsilon/\nu)},\\
&T(r,t)\sim c^2\sim r^{-n\varepsilon/\nu}t^{\alpha(-2\lambda+n\varepsilon/\nu)},\\
&p(r,t)\sim r^0t^{\alpha(\kappa-2\lambda)},
\end{aligned} \tag{6.232}$$

它们描写 $r\to0,t>0$ 时流体的渐近性质. 这个解的另一个特性是在中心处压力 $p\sim r^0$

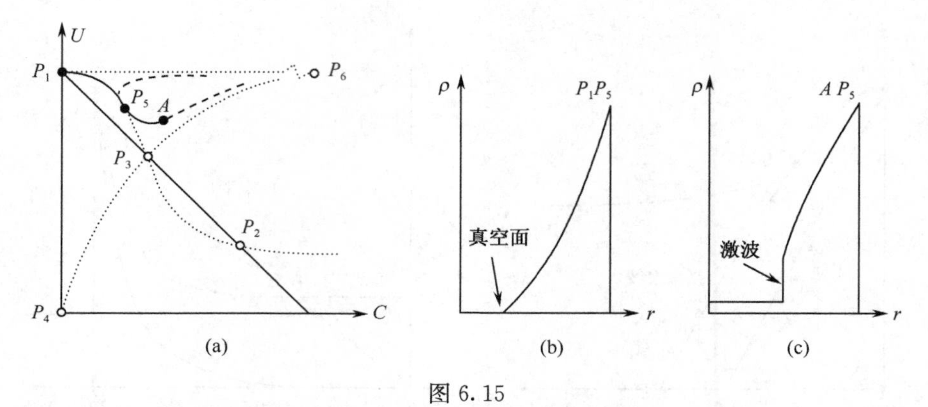

图 6.15

(a)连接 P_5 与 P_1 和 A 的解曲线(粗线)的示意图,他们描述可累积内爆;(b)对应 P_1P_5 具有自由真空面的密度轮廓;(c)对应 AP_5 具有强激波波前,在内边界传向未扰动气体的密度轮廓

是均匀的,在中心,密度 $\rho \sim r^{n\varepsilon/\nu}$ 为零,而温度 $T \sim r^{-n\varepsilon/\nu}$ 发散,这里假定了熵指数 $\varepsilon > 0$,所以也有 $\nu > 0$.

为了把这个渐近解推广到更大的半径,我们通常要对(6.200)式数值积分.典型情况是中心流被一个向外走的激波所束缚.因此我们试图利用激波条件(6.227)式将内部亚声速解和在超声速区的外部解联系,超声速的解是和 P_4 相联系的,它描写大半径的流体.对下面要讨论的例子可以找到解析解.

2. 等压中心气体

对 $r \to 0, t > 0$ 有效的渐近解(6.232)式,在 $\kappa = 2\lambda$ 时,原来对任何 r 都是精确解.在这种情况下,U、C 平面中的解曲线(6.230)式和轴 $U=0$ 一致,方程(6.204)约化为 $\mathrm{d}\ln\xi/\mathrm{d}C = -\alpha/C$,它有解 $\xi/\xi_0 = (C/C_0)^{-\alpha}$.这里 ξ_0 和 C_0 为某个激波边界上的值.我们容易检验,这个解是描述中心静止的等压气体.它的密度随半径 $\propto r^{2\lambda}$ 变化,而温度随半径 $\propto r^{-2\lambda}$ 变化.

3. 点爆炸的解析解

利用能量守恒,还可以找到点爆炸的解析解.对点爆炸,能量在很小的时空区域释放,它被约束在一个球面激波($n=3$)内,这个球面激波从中心出发,在时刻 t 扩展到 $R_s(t)$.这些论述可推广到从一个轴或一个平面层瞬时释放能量的柱几何($n=2$)和平面几何($n=1$).确定流体是自相似的,并按照(6.182)和(6.183)式演化,那么其总能量为

$$E = g_n \int_0^{R_s} \mathrm{d}r r^{n-1} \rho(r,t) \left(\frac{u(r,t)^2}{2} + \frac{c(r,t)^2}{\gamma(\gamma-1)} \right)$$

$$\propto t^{\alpha(n+\kappa+2)-2}\int_0^{\xi_s}\mathrm{d}\xi\xi^{n-1+\kappa+2}G(\xi)\left(\frac{U(\xi)^2}{2}+\frac{C(\xi)^2}{\gamma(\gamma-1)}\right), \tag{6.233}$$

这里 g_n 对 $n=1,2,3$ 分别为 $1,2\pi,4\pi$. 能量守恒意味着 $\alpha=2/(n+\kappa+2)$. 对密度指数 $\kappa=0$,球几何 $n=3$ 和均匀周边气体,我们可得到经典点爆炸中指数 $\alpha=2/5$(比较 6.5.2 小节). 从方程(6.233)的第二部分可以知道,显然能量守恒不只是全局成立,而是在每两条 ξ 线的间隔内都成立.

考虑固定在 R_0 的某个内部界面,在时间间隔 $\mathrm{d}t$ 内流出这个界面的能量为

$$\mathrm{d}E_1=\left(\frac{u^2}{2}+\frac{c^2}{\gamma-1}\right)\rho g_n R_0^{n-1}u\mathrm{d}t, \tag{6.234}$$

注意,这里比焓 $h=c^2/(\gamma-1)$ 用来考虑热流和在界面外侧对流体做的功. 界面位于 $R_0/r_0=\xi_0(t/t_0)^\alpha$ 的 ξ 线,它在时间间隔 $\mathrm{d}t$ 内移动 $\mathrm{d}R=(\alpha R_0/t)\mathrm{d}t$. 因此在增量 $g_nR_0^{n-1}\mathrm{d}R$ 内的能量为

$$\mathrm{d}E_2=\left(\frac{u^2}{2}+\frac{c^2}{\gamma(\gamma-1)}\right)\rho g_n R_0^{n-1}\mathrm{d}R, \tag{6.235}$$

它必须等于由常数 ξ 所围区域能量守恒所要求的 $\mathrm{d}E_1$. 考虑(6.182)式中关于 u 和 c 的自相似形式,我们发现积分

$$C^2=\frac{\gamma-1}{2}\frac{U^2(1-U)}{U-1/\gamma}. \tag{6.236}$$

这是(6.200)式的解析积分,它最早由 Sedov(1959)导出. 它只依赖 γ,但不依赖其他参数 n、α、κ. 当然,必须满足 $\alpha=2/(n+\kappa+2)$ 以确保能量守恒. 对 $\gamma=5/3$,图 6.14(a)画出了 U、C 平面的积分曲线. 它包括描写强激波边界的点 A. 在图 6.14(a)中,点-划线表示方程(6.229),它给出对不同 γ,强激波的可能位置. 强激波前面的态对应 $U=0$ 和 $C=0$,这是 P_4 的位置. $\xi(C)$ 的表达式可解析得到(Landau, Lifshits, 1959). 速度、密度和压力的空间分布见图 6.14(b). 可以看到,在内部很大范围内压力为常数,这表明(6.232)式的渐近解推广到几乎半个激波半径还是有效的.

这里用理想气体动力学这一近似处理点爆炸,实际上,在早期及爆炸的中心区域,热传导起重要作用. 包括热传导的自相似点爆炸处理可见 Reinicke 和 Meyer-ter-Vehn(1991).

6.7.9 可累积内爆(点 P_5 流体)

奇点 P_5 表示可累积内爆,这是流体的一个强奇点形式,在 $|t|\to 0$ 时,所有的流体元汇聚到中心,这导致无限大的密度和压力. 对 $t>0$,解描述的是爆炸,这时所有质量从一个点(或一个轴)出发,这类似宇宙大爆炸. 由于密度和压力发散, Guderly(1942)曾认为这是非物理的结果而把这些解剔除. 但对天体物理和惯性聚变这些新的应用,这些解看来是最基本的,它代表汇聚流极端压缩的理想解

(Bogoyavlensky, 1985). 对均匀等熵流在 6.4.2 小节导出的 Kidder 解只是可累积内爆的一个特殊例子，更广泛的这类解存在于既不均匀也不等熵的流体中. 当 $|t|\to 0$ 时，P_5 流渐近地有个普遍性的性质，这将在下面的内容中讨论.

1. 通用轨迹和驱动功率

对靠近 P_5 的流体，粒子轨迹 $R(t,a)$ 服从方程 $\mathrm{d}R/\mathrm{d}t\sim(\alpha R/t)U_5$. 对 $U_5=\mu/(\alpha(n+\mu))$[(6.216)式]，我们得到

$$R(t,a)=R_0(a)\,|t|^{\mu/(n+\mu)}. \tag{6.237}$$

因为所有流体元被吸进单个点(或轴)，这意味着对 $|t|\to 0$，密度、压力和其他流体动力学变量会发散. 现在我们计算用一个活塞沿 $R_a=R(t,a)$ 驱动这样一个内爆所需的能量. 作用在气体上的机械功为

$$P_{\mathrm{M}}(t)\sim R_a^{n-1}\cdot p(R_a,t)\cdot u(R_a,t). \tag{6.238}$$

考虑到流体是绝热的，因此在活塞处气体压力和速度为

$$p(R_a,t)\sim c(R_a,t)^{\mu\gamma}\sim\left(\frac{R_a}{t}C_5\right)^{\mu\gamma} \tag{6.239}$$

$$u(R_a,t)\sim(R_a/t)U_5. \tag{6.240}$$

把这些关系和(6.237)式代入(6.238)式，我们发现驱动可累积内爆所需功率脉冲的时间形状为

$$P_{\mathrm{M}}(t)\sim|t|^{-(3n+\mu)/(n+\mu)}. \tag{6.241}$$

应该注意，重要关系(6.237)式和(6.241)式对任何 n 值和 $\mu=2/(\gamma-1)$ 都是成立的，它们不依赖 α 和 κ. 在这个意义上，它们是普适的. 取球的例子 $n=3$ 和 $\gamma=5/3$，我们有

$$R(t,a)\sim|t|^{1/2}, \tag{6.242}$$

$$P_{\mathrm{M}}(t)\sim 1/|t|^2. \tag{6.243}$$

这些关系在前面 6.4.2 小节中均匀等熵流这一特殊例子的 Kidder 解里已经发现. 结果(6.237)和(6.241)式对 $n=1$ 的平面流也成立，这可重新得到 6.3.5 小节的结果.

2. 三种类型的可累积解

对接近 $n=3,\gamma=5/3,\alpha=0.6$ 和 $\kappa=0$ 的一组典型参数，图 6.15(a)示意性地给出了和 P_5 有关的解曲线. 这里我们讨论满足具有物理意义的边界条件的三种情况.

- P_1P_5 这支描写汇聚的中空壳. 我们在 6.7.6 小节已讨论过，P_1 对应密度和温度都为零的有限坐标 ξ_0，这满足自由面边界条件. 因为 $C\to 0$，在内波前，温度也为零. 相应的密度轮廓在图 6.15(b)画出. 在 6.4.2 小节推导，并在图 6.7 中给

出的可累积中空壳层内爆是这类解中在 $n=3,\gamma=5/3,\alpha=1/2,\kappa=-3$ 时的一个特殊例子.

• AP_5 这支描写激波边界为内波前的可累积内爆. 激波跑进未扰动的气体并向中心汇聚,其密度轮廓为 $\rho_0(r)\sim r^\kappa$. 在图 6.15(c)中,对 $\kappa=0$,示意性地给出了对应的密度轮廓. 这个解和 Guderley 的内爆波的关系在 6.7.11 中讨论. 我们发现可累积汇聚激波在 $\alpha<\alpha_{Gud}$ 时存在(Anisimov, Inogamov, 1980).

• 第三类 P_5 解在图 6.15(a)中用粗虚线给出,它跑向位于 $C=\infty$ 的 P_6. 它们描写内爆的中空壳层,但这里,温度和熵在内波前是发散的. 这类解在 6.7.12 小节会更详细地讨论.

3. *亚声速和超声速 P_5 流*

到目前为止,我们讨论的情况是 P_5 位于声线 $U+C=1$ 上方的亚声速区. 它们是强驱动内爆,在球形活塞里面的流体总是亚声速的,这样从活塞出发的特征线覆盖整个流体区域,而在中心累积坍塌前,活塞能够影响每个流体元.

这些亚声速 P_5 流只对足够小的 $\alpha<\alpha_1$ 存在. 由坐标方程(6.216)式给出的 P_5 位置依赖参数. 当 α 增加到超过临界值 $\alpha_1(\kappa,n,\gamma)$ 时,P_5 从亚声速迁移到超声速区. 穿过声线时,节点 P_5 和 P_3 交换特性在超声速区以鞍点出现. 物理上感兴趣的解在这个新区也会遇到,6.8 节我们将给一个突出的例子.

6.7.10　均匀气体压缩

在本节中,初始静止的均匀等熵气体被自相似压缩到最终静止的均匀等熵气体,这可导致任意高的密度. 均匀性要求 $\kappa=0$,而熵 $\varepsilon=\kappa(\gamma-1)+2(1/\alpha-1)=0$,这意味着 $\alpha=1$. 对这些参数和 $n=3,\gamma=5/3$,结果在图 6.16(a)中 U、C 平面. 注意,奇点 P_5 现在移到了超声速区($U_5+C_5<1$)并已变成了排斥解曲线的鞍点. 相关曲线从 P_2 出发,经过 P_5,然后跑向 P_4.

在 r、t 平面对应的流体演化见图 6.16(b). 想像一个活塞在外面的粒子轨迹驱动这个解,它从 $t=-t_0$ 开始温和地向里移动,使得开始时没有激波形成,而只是声波波前跑进未扰动的气体,它在时刻 $t=0$ 到达中心. 这个声波波前的弱奇点用 P_2 表示. 因为是个节点,一束解曲线[在图 6.16(a)中标记为 a、b、c、d]从 P_2 出现,它们对应时间 $t<0$.

在点 P_4,解能连续到时间 $t>0$,这在 6.7.6 小节 3 中做过解释. 然后流体分成两个区域,一个静止的中心常数气体区,另一个是仍在内爆的外部气体. 它们由一个向外走的激波相连接,这个激波有随时间恒定的强度,因此尽管气体处于较高的熵,但它是等熵的. 在 U、C 平面 $t>0$ 时的相应解曲线见图 6.16(a)的下半个平面($U<0$). 虚线表示流体变量在激波波前的跳变.

解 a、b、c、d 对应最终气体和初始气体的不同压缩比 ρ_c/ρ_0，这些比值在图 6.16(a)中已给出. 压缩的程度依赖于这些曲线离 P_5 点多近. 标为 a,b,c 的曲线逐渐接近可累积流体，最后沿着分界线前进到 P_5(曲线 d)，从而达到无限压缩的完全可累积流.

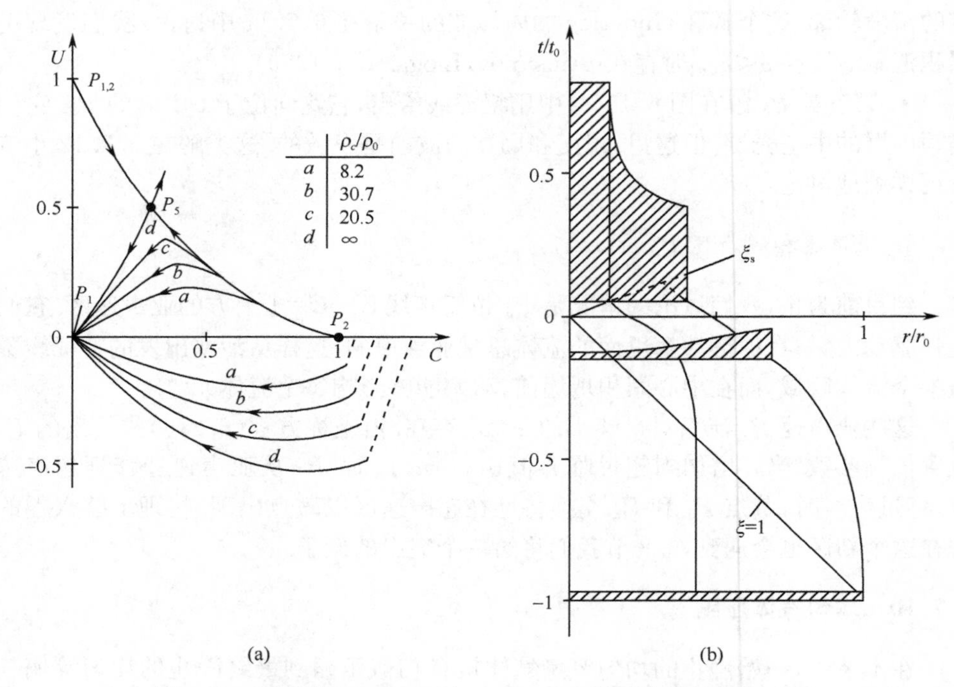

图 6.16　对参数 $n=3,\gamma=5/3,\alpha=1,\kappa=0$ 得到的均匀等熵压缩

(a)U,C 平面上半部的解曲线 a、b、c、d 描述时间 $t>0$ 时的流体，而下半部分则对 $t>0$. 这里虚线表示连接内爆流和最终形成中心的静止均匀气体. 不同解曲线的最终和初始气体密度比 ρ_c/ρ_0 在图上给出；(b)r,t 平面内的特别解，两条细实线表示两个流体轨迹，粗线表示向里的声波波前($\xi=1$)和向外的激波波前(ξ_s)阴影区表示三个不同时刻的密度轮廓

6.7.11　Guderley 的内爆激波

定标不变相似解的另一个突出例子是内爆激波波前，它在均匀气体中球形汇聚到中心点或者对柱几何汇聚到一个轴. 这解最早由 Guderley(1942)给出，这引发了大量后续研究(Brushlinski, Kazhdan, 1963; Meyer-ter-Vehn, Schalk, 1982). 在 U、C 平面寻找解的方法是从描述内波前强激波的点 A 开始，来找一条连接 A 和奇点 P_4 的解曲线，P_4 描述的是 $r\to\infty$ 的流体. 这样一个解必须穿过声线，穿过点可能在奇点 P_3(见 6.7.6 小节的讨论). 用由初始均匀气体确定的给定值 n、γ 和 $\kappa=0$，对(6.200)式进行积分就可得到这个解. 从 A 开始积分时，我们变化参数 α

直到找到经过 P_3 的解. 选择 $n=3$ 和 $\gamma=5/3$，这个解原来在 $\alpha=0.688$ 时存在. 它已在图 6.17 中给出. 对应其他 n 和 γ 值的指数 α 也已发表，比如可见 Brushlinski 和 Kazhdan(1963).

这里 $t>0$ 的解描写从中心返回的激波，这个解的构筑方式和 6.7.10 小节均匀气体压缩的例子一样. 在图 6.17(a)中，它由描述外部流体区的 P_4S_1 线和描述中心流体区的 S_2P_6 线组成，激波 S_1S_2 和这两个区域都有联系. 点划线 AS_2 表示激波后面的气体状态，它可由 P_4S_1 上的点通过普遍的激波关系式(6.227)得到.

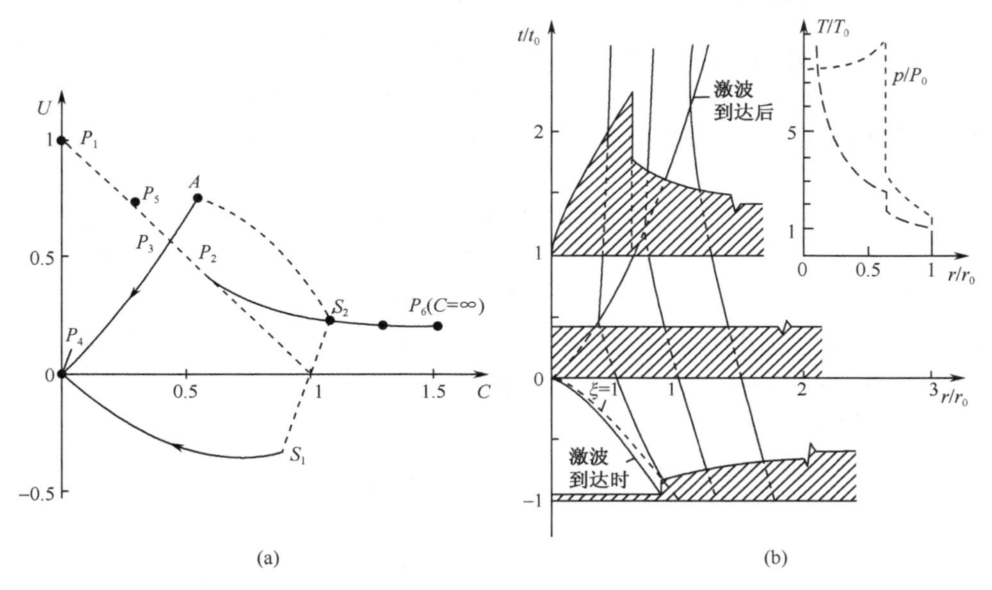

图 6.17

(a)在 U、C 平面 Guderley 的内爆激波解. 对时间 $t<0$ 它对应 AP_3P_4 而对 $t>0$ 它对应 $P_4S_1S_2P_6$. 在点划线 AS_2 上的点可从 P_4S_1 的点通过激波达到. 这里参数为 $n=3$，$\gamma=5/3$，$\kappa=0$，$\alpha=0.688$；(b)在 r，t 平面的相同解. 这里给出了向里和向外激波以及三个气体元的轨迹. 虚线($\xi=1$)是极限特征线. 激波到达中心前，到达时和到达后的密度轮廓用具有线性垂直密度定标阴影区域表示. 反射激波后面的压力和温度分布在小图中以在 $r=r_0$ 和 $t=0$ 处的代表值 p_0 和 T_0 为单位给出

在 r、t 平面相应的流体演化见图 6.17(b)，这里用向里和向外(反射的)激波波前的轨迹，三条粒子轨迹和三个密度轮廓(阴影区)表示. 对大半径，密度汇聚到一个有限体积，它在每个轮廓的右端标出. 这些值不依赖时间，并且对目前参数比未扰动气体的密度 ρ_0 大一个因子 9.47. 气体在激波波前压缩 4 倍，额外的密度增加是由于绝热压缩. 在坍塌时间 $t=0$，密度是均匀的，尽管速度、压力等不是，这可以用(6.184)式检验. 马赫数是 $\mathscr{M}_0=0.956$，而熵指数是 $\varepsilon=0.907$. 对时间 $t>0$，反射激波向外运动，激波后面中心的气体状态可近似用(6.232)式描述. 因为 $\varepsilon>0$，在

中心处密度为零，在激波波前后面则上升到 $32.0\rho_0$. 这是 $\gamma=5/3$ 时 Guderley 解中的最大密度. 内爆 $\gamma=5/3$ 的气体时，用单个激波不能达到更高的压缩. 理由是气体被激波强烈加热了，这阻止了进一步的压缩. 但是，最大压缩比是 γ 的函数，当 $\gamma\to 1$ 时可无限增长. 时间 $t/t_0=1$ 时的温度 T 和压力 P 的分布在图 6.17(b)右上角的小图中给出. 在 $r\to 0$ 时，温度发散，而压力在中心几乎是均匀的，到激波波前时稍稍上升. 激波后面的气体速度指向外面，而激波波前的气体仍然向里流.

6.7.12　内爆非等熵壳层

现在我们转到非等熵内爆壳层. 这是本书最感兴趣的例子，因为它最接近真实的中心点火 ICF 靶丸内爆. 它描写内爆和包含反弹激波的转滞阶段及高度压缩几乎等压的核中心的温度发散性质. 联系内爆壳层参数和转滞气体参数的定标律将在 6.7.13 小节给出.

图 6.18(a)给出了 U、C 平面的壳层解. 它有 $t<0$ 时的解曲线 P_4、P_3、P_6 和 $t>0$的解曲线 P_4、S_1、S_2 组成，这和上面描述的内爆激波相似，但是，碰到激波边界点 A 的条件没有了，而分界线 P_4P_3 连接到节点 P_6. 只要 P_3 存在且 $\varepsilon>0$，在参数 α 和 κ 一定的变化范围内，这样的解曲线都存在. 图 6.18(a)所画的解是对 $\alpha=0.7$，$\kappa=3$，$n=3$，$\gamma=5/3$ 的. 时间 $t<0$ 时，它对应非等熵内爆壳层，其密度分布斜着指向内表面，而熵在内波前发散.

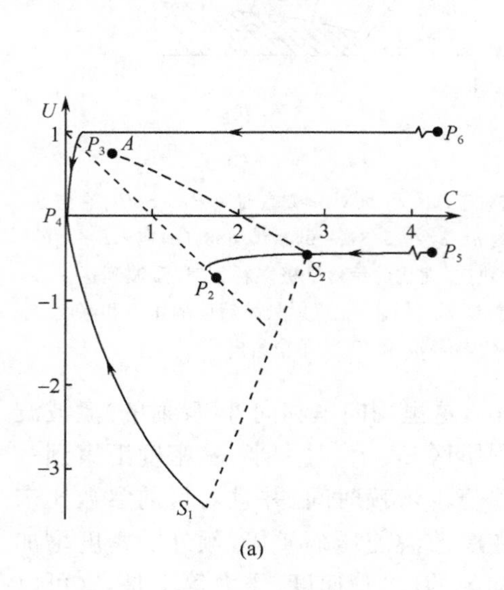

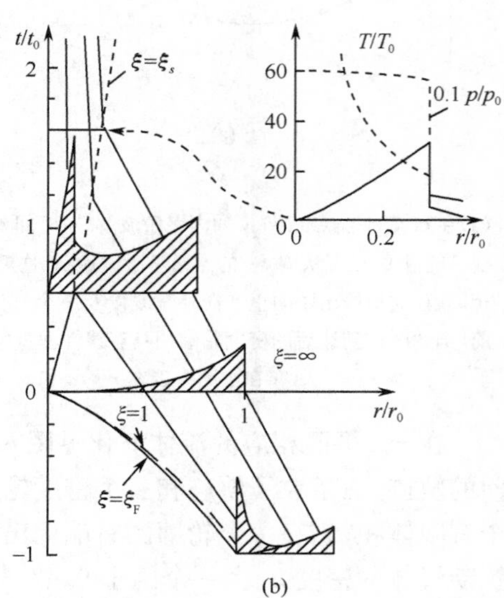

图 6.18

(a)在 U、C 平面非等熵内爆中空壳层解. 参数为 $n=3$，$\gamma=5/3$，$\alpha=0.7$，$\kappa=3$，因此 $\varepsilon=20/7$；(b)在 r、t 平面同样的解. 详细见图 6.17 的说明. 实线 $\xi=\xi_F$ 是内表面的轨迹，温度和熵在这个面发散

在时间 $t=0$，壳层的内波前(ξ_F)到达中心，这时的气体状态由(6.184)式的幂指数方程给出. 对目前的参数，我们有 $\rho=\rho_0(r/r_0)^3$，马赫数是 $\mathcal{M}_0=7.09$. 对 $t>0$，中心的气体转滞，激波波前沿着轨迹 $R_s/r_0=\xi_s(t/t_0)^{0.7}$ 反弹进仍在内爆的气体. 这个激波对应 U、C 平面的跳变 S_1S_2. 在反弹激波后面的中心气体其密度为零，而对 $r\to 0$，温度发散，这里几乎是等压的. 这可以看图 6.18 中 $t=1.6t_0$ 时的小图. 在纯气体动力学自相似解的框架内，这种结构最接近 ICF 靶的点火结构. 如果再考虑热传导，中心温度会变得有限，所得的结构和图 3.11 的类似.

在图 6.18(b)中，我们也画了一些流体轨迹. 应该注意，它们几乎是直线，这表示一个自由航行的壳层. 还应注意到，激波通过后，对目前的参数，气体还在收缩，这和图 6.17 中 Guderley 的激波不同，在那里，中心气体是膨胀的. 这个特点和线 S_2P_6 在 U、C 平面内上的位置有关，它由参数 $\kappa-2\lambda$ 控制. 对 $\kappa-2\lambda=0$，中心气体和 6.7.10 小节讨论的一样为静止.

目前解的一个奇怪之处涉及由奇点 P_6 描述的内爆壳层的内表面. 我们从(6.226)式已发现，尽管密度为零，压力在 P_6 保持有限. 因此在内爆壳层的内表面，自由表面的边界条件不是严格满足. 尽管如此，目前的解在逐渐接近这个意义上是真实气体流体的很好近似(Barenblatt, 1979). 比如，这种情况出现在脉冲载荷问题，这里大量能量瞬时加到一个很薄的平面层，使得温度和熵都在真空气体界面发散. 在 Zeldovich 和 Raizer(1967)的书中，这个例子被仔细研究，研究表明自由表面的运动总是非自相似的，但在这个波前后面有些距离的流体很快接近自相似解.

6.7.13　内爆壳层的转滞压

ICF 靶理论的一个关键问题是用内爆壳层的参数决定燃料中心的转滞压. 这里导出的壳层解，使我们对这个问题给出基本的答案(Kemp et al., 2001). 转滞压的重要性源于它能决定燃料聚变所需的能量(比较 5.4.2 小节).

我们先对内爆壳层解进行描述. 这在 $t=0$ 时用熵指数 ε 最容易做，它决定熵分布 $p/\rho^\gamma\propto r^{-\varepsilon}$ 和马赫数 $\mathcal{M}_0$，这时马赫数在整个壳层是均匀的[(6.184)式]. 参数 ε 和 $\mathcal{M}_0$ 与 α 和 κ 等价，但物理意义更大些.

第二个重要结果是时刻 $t=0(\xi=\infty)$ 和时刻 $t=t_s(\xi=\xi_s$，这时反弹激波刚经过)的压力比 p_s/p_0 和密度比 ρ_s/ρ_0 对所有气体元是相同的. 相似解的这种性质已在 6.7.2 小节导出[比较(6.189)式]. 对给定参数 n 和 γ，压缩比只依赖 ε 和 $\mathcal{M}_0$. 图 6.19 给出了 p_s/p_0 和 ρ_s/ρ_0 与 $\mathcal{M}_0$ 关系的数值结果. 这里参数 α 和 κ 的选择是要覆盖 $2<\mathcal{M}_0<25$ 和 $0.3<\varepsilon<6$ 这个区域. 步骤是，先计算 U、C 平面的解曲线 $P_3P_4S_1S_2$，然后从接近 P_4 处 P_3P_4 线的斜率得到 $\mathcal{M}_0$，再从 S_1 和 S_2 处的 U、C 值，利用(6.195)和(6.228)式决定密度和压力比.

从图 6.19 可以看出，一个突出特点是，压缩比几乎只依赖 $\mathcal{M}_0$，并且近似地可

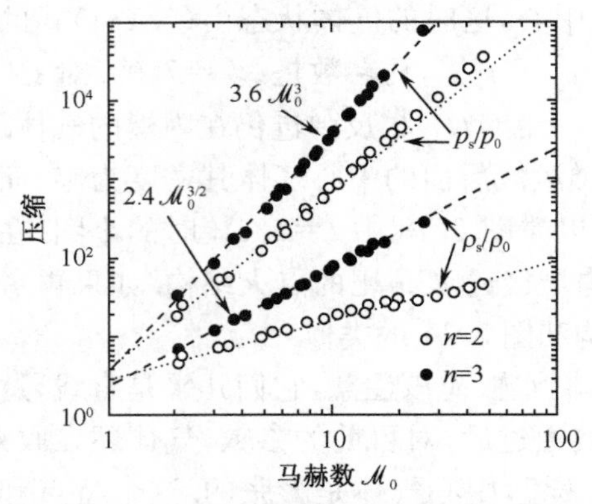

图 6.19 压力比和密度比与内爆壳层马赫数 $\mathscr{M}_0$ 关系的数值结果(点),实心圆对应 $n=3$,空心圆对应 $n=2$

对 $\gamma=5/3$,这些比值表示在 $t=0$(中心为真空)和 $t=t_s$(反弹激波刚过时)之间气体元的最终压缩,虚线表示幂函数拟合

用幂函数定标关系. 对球形几何($n=3$)和 $\gamma=5/3$,我们有

$$p_s/p_0 \cong 3.6\mathscr{M}_0^3, \quad (6.244)$$

$$\rho_s/\rho_0 \cong 2.4\mathscr{M}_0^{3/2}. \quad (6.245)$$

对柱几何,相应关系为 $p_s/p_0 \propto \mathscr{M}_0^{9/4}$ 和 $\rho_s/\rho_0 \propto \mathscr{M}_0^{3/4}$. 数值结果几乎不依赖熵参数 ε. 尽管它在 $0.3<\varepsilon<6$ 这个范围内变化,在图 6.19 中,这些计算点只有稍稍的偏离. 基本结论是最终压缩比 p_s/p_0 和 ρ_s/ρ_0 依赖内爆壳层的马赫数,但大体上不依赖壳层内的熵分布. 这里的结果是用纯气体动力学的自相似解得到的,但我们预料它们对包括了热传导引起的熵传输的更广类型的解也近似成立.

目前的结果是对柱和球几何,且 γ 值在 $1<\gamma<(n+1)/(n-1)$ 范围内时,解析推导出来的(Kemp, 2001). 应该强调,当马赫数在 $2<\mathscr{M}_0<20$ 这个范围时,定标率(6.244)式这个近似关系成立. 对 $\mathscr{M}_0 \to \infty$,可获得不同的渐近幂指数(Basko, Meyer-ter-Vehn, 2002).

6.7.14 对 ICF 靶内爆的意义

让我们从 ICF 的角度总结一下 6.7 节的结果. 我们已发现,定标不变相似解描写中心汇聚流体的普遍性质,这为理解 ICF 靶丸内爆普遍性质提供了基本框架.

一维流体对称群涉及时间、半径和质量的定标变换,它包含两个自由参数,并给出一组两参数解. 对内爆壳层,这些参数可以取马赫数 $\mathscr{M}_0$ 和熵指数 ε,它们用物理方法描述气体动力学状态和壳层的熵分布. 激波和自然边界按幂函数轨迹 $R \sim \xi|t|^{\alpha}$ 运动,这也确定了它们到达中心的时间为 $t=0$.

用不变速度 U 和声速 C 描写流体的基本微分方程包含一些奇点,它们对内爆球和 ICF 应用具有实际的重要性. 这节讨论的点 P_4 和 P_5 对应 $t=0$ 时的奇异流体,点 P_6 描写 $t>0$ 时的中心气体,这是 ICF 靶内爆必须实现的燃料点火和燃烧时的结构. 下面,要总结基本的特点.

在 $t=0$ 时所有内爆流体元都汇聚到单一点的可累积流体由 P_5 描述. 它们依赖时间的轨迹为

$$R(t,a) \propto |t|^{2/(n(\gamma-1)+2)}, \quad (6.246)$$

在这轨迹上的流体元移动，绝热压缩到任意高密度. 功率脉冲的普适时间形状为

$$P(t) \propto |t|^{-(3n(\gamma-1)+2)/(n(\gamma-1)+2)}, \tag{6.247}$$

它对平面($n=1$)、柱($n=2$)和球($n=3$)几何以及任意绝热指数 γ 都成立. 这包括适用标准 ICF 内爆的 $\gamma=5/3$ 气体的球形内爆的特殊情况，$P(t)\propto 1/t^2$.

非累积流体用经过 P_4 的解曲线描述. 点 P_4 的独特性质是内爆壳层的态可以和用 P_6 描述的反弹激波后面的态相连接. 方程(6.232)给出靠近点 P_6 的普适渐近解. P_4P_6 混合流的突出特点是：

- 各个气体元几乎为常数的内爆速度.
- 在 $t=0$ 时，内爆波具有均匀的马赫数.
- 在中心形成近似等压气体.
- 中心的速度场为 $u(r,t)\cong[-\alpha(\kappa-2\lambda)/(n\gamma)]r/t$. 对 $\kappa>2\lambda$，气体收缩；对 $\kappa<2\lambda$，气体膨胀；对 $\kappa=2\lambda$，气体静止. 混合参数 $\kappa-2\lambda$(这里 $\lambda=1/\alpha-1$)由 $t=0$ 时的压力分布 $p=p_0r^{\kappa-2\lambda}$决定.
- 对 $\varepsilon>0$ 反射激波后面中心处的温度发散 $T(r,t)\sim r^{-n\varepsilon/\nu}$，这里 $\varepsilon=\kappa(\gamma-1)+2\lambda$，$\nu=n\gamma+\kappa-2\lambda$(对感兴趣的情况 $\nu>0$). 指数 ε 由 $t=0$ 时内爆气体的熵分布 $p/\rho^\gamma\sim r^{-\varepsilon}$决定.
- 反弹激波具有常数强度，也即每个流进气体元增加相同的熵，使得整个熵分布不变. 这意味着，在中心形成点火热斑的熵曲线必须在空心区封闭之前的内爆中产生，并且严格依赖驱动脉冲形状和初始激波.
- 在具有中空结构和激波相碰这段时间的压力比和密度比对每个流体元是相同的，并几乎只以幂函数形式依赖马赫数，但对熵曲线不敏感. 特别对球形壳层和 $\gamma=5/3$，我们发现 $p_s/p_0\cong 3.6\mathscr{M}_0^8$. 这个关系在 5.4.2 小节中用来研究点火能量随内爆速度的定标.

在这章中，我们的重点是流体的动力学能量输运，而忽略热扩散引起的输运，这将是第 7 章的主题.

第 7 章 热波和烧蚀驱动

本章讲述热波形式的热传导. 对于惯性聚变,这方面的内容和流体动力学能量传输同样重要. 比如,热波可描述激光束或 X 射线对靶内爆的烧蚀驱动. 黑腔靶中的辐射约束也是由热波控制的,热波将能量扩散进壁内. 这里我们用自相似解来描述非稳态热波以及亚声速和超声速区的稳态热波波前. 同时利用火箭模型,我们发现了靶丸驱动的流体动力学效率,同时阐述了在哪些方面间接 X 射线驱动要优于直接激光驱动. 在本章的末尾,我们推导联系内爆速度与内爆壳层的飞行形状因子和熵之间的关系. 它们对确定 5.4 节中的 ICF 点火窗口十分重要. 本章导出的结果也是第 8 章描述烧蚀中瑞利-泰勒不稳定性及第 9 章对黑腔靶进行解析处理的基础.

7.1 电子和光子输运

7.1.1 一般讨论

关于热稠密等离子体中的能量传输,在前面几章中讨论的流体运动只是其中的一个方面. 另一方面是快粒子和光子的传输. 它们可能是从等离子体外以束流的形式入射的,也可能是在等离子体内部(比如说通过聚变反应)产生的. 当它们的平均自由程远小于典型的等离子体尺度时,它们只是局域地加热等离子体,产生很大的温度梯度.

本章的焦点是在这种温度梯度下的热能传输. 这些能量通常由热电子和光子携带,并可近似地用扩散和热传导描述. 温度足够高时,扩散输运非常有效,可能在总的能量输运中完全占主导. 正如我们在前面几章所讨论的,这会严重限制能被聚集在内爆靶丸中心热斑的能量. 热传导散发出的能量可比流体动力学汇聚能量更快.

这种传输的一个特点是,它通常以具有陡峭传播波前的热波形式出现. 之所以形成这种陡峭的温度波前是因为电子和辐射热传导率强烈依赖温度,即在热等离子体中比在冷等离子体中大得多. 热波波前和激波波前通常不在一起,在空间上它们是分开的,在同一时间以不同的速度运动. 但热传导和流体运动还是相互影响得很厉害,本章的目的就是用相似解和稳态解来描述这种耦合作用. 我们区分超声速和亚声速热波波前,超声速热波波前传播比声速快,它和前面的材料在声学方面不耦合;亚声速波前则压缩并加速前面的材料. 后面一种类型描述的是烧蚀驱动,它是惯性约束聚变的基础. 驱动效率可用火箭模型推导.

当然,扩散和热传导只是描述粒子和光子在等离子体中复杂的传输过程的很近似的方法. ICF 所用的数值程序通常是基于动力学理论,比如说求解关于电子传输的 Fokker-Planck 方程和关于光子的辐射输运方程. 在 7.2 和 7.3 节中我们简单接触这些概念,并对这些近似方法的局限性至少给出定性的理解.

7.1.2 扩散和热传导

描述光子、电子或其他种类的粒子(如 α 粒子)的能量扩散方程很容易唯象地导出,取流 $\boldsymbol{q}$ 正比于能量密度 U 的梯度,我们有

$$\boldsymbol{q} \approx -\frac{v_{\mathrm{av}} l}{3} \nabla U, \tag{7.1}$$

这里 l 是输运物质的平均自由程, v_{av} 是平均速度. 在尺度远大于 l 的稠密材料中,扩散近似可以适用,这样在一段时间以后,光子和电子至少局域地会热化,因此能量密度 $U(T)$ 可以近似为温度 $T(\boldsymbol{r},t)$ 的函数,这里温度依赖空间和时间. 在这种条件下,流可以写为

$$\boldsymbol{q} \approx -\chi(T) \nabla T, \tag{7.2}$$

这就是热传导方程,其热导率系数为

$$\chi(T) = (v_{\mathrm{av}} l/3)\mathrm{d}U/\mathrm{d}T. \tag{7.3}$$

$\chi(T)$ 对温度的依赖是本章的重要内容.

把电子看作理想气体时,有 $U_{\mathrm{e}} = (3/2)n_{\mathrm{e}}k_{\mathrm{B}}T_{\mathrm{e}}$, $v_{\mathrm{av}} \propto \sqrt{k_{\mathrm{B}}T_{\mathrm{e}}/m}$, 以及

$$l_{\mathrm{e}} = 1/(n_{\mathrm{e}}\sigma_{\mathrm{c}}) \propto T_{\mathrm{e}}^2, \tag{7.4}$$

由于库仑散射截面 σ_{c} 依赖温度(参看 10.9.1 小节),我们可得到电子热传导系数为

$$\chi_{\mathrm{e}} = \chi_{\mathrm{e}0} T^{5/2}. \tag{7.5}$$

注意它不依赖密度,下面还有更详细的推导.

在热物体中光子的扩散和电子扩散不同,因为光子不断地被吸收和辐射,光子数是不守恒的. 对于光性厚的介质,内部辐射场接近具有局域温度的黑体辐射,这时流可用斯特藩-玻尔兹曼定律给出:

$$S = \sigma_{\mathrm{B}} T^4, \tag{7.6}$$

这里

$$\sigma_{\mathrm{B}} = 1.03 \times 10^{12}\,\mathrm{erg}/(\mathrm{cm}^2 \cdot \mathrm{s} \cdot \mathrm{eV}^4). \tag{7.7}$$

对应的局域能量密度为

$$U_{\mathrm{p}} = (4\sigma_{\mathrm{B}}/c)T^4, \tag{7.8}$$

这里 c 为光速. 当然温度均匀时,没有净能流,但一旦有温度梯度,按照(7.2)和

(7.3)式就有净能流，当然这里 c 为 v_{av}. 光子的平均自由程通常是频率、温度和密度的复杂函数. 通过恰当的频率平均得到的 Rosseland 平均自由程 $l_R(\rho,T)$ 将在 7.3.5 小节中导出. 将(7.8)式代入(7.1)式，利用(7.3)式可得到辐射热传导为

$$\chi_R=\frac{16}{3}\sigma_B T^3 l_R(\rho,T). \tag{7.9}$$

7.2　电子热传导

电子热传导在惯性约束聚变物理中扮演重要角色，在固体表面的激光烧蚀中，电子热传导将沉积的能量从临界面传到烧蚀前沿，在 ICF 靶点火期间，它导致燃料层的内烧蚀并改变热斑形状. 这里我们推导电子热传导的 Spitzer 表达式，并定性讨论温度梯度陡峭时的限流问题(按 Kruer 的方法，1988).

7.2.1　Fokker-Planck 处理

等离子体中电子输运的基本理论建立在关于电子分布函数的 Fokker-Planck 方程之上，分布函数 $f(\boldsymbol{x},\boldsymbol{v},t)$ 依赖空间、速度和时间坐标(Shkarofsky et al., 1966; Krall, Trivelpiece, 1973). 方程形式为

$$\frac{\partial f}{\partial t}+\boldsymbol{v}\cdot\boldsymbol{\nabla}f-\frac{e\boldsymbol{E}}{m}\cdot\boldsymbol{\nabla}_V f=A\boldsymbol{\nabla}_V\cdot\left(\frac{\boldsymbol{\nabla}_V f}{v}-\frac{\boldsymbol{v}(\boldsymbol{v}\cdot\boldsymbol{\nabla}_V f)}{v^3}\right)+C_{ee}(f), \tag{7.10}$$

这里 $\boldsymbol{E}$ 是电场，$A=(2\pi nZe^4/m^2)\ln\Lambda e$，$\ln\Lambda e$ 表示电子-离子碰撞库仑对数(10.9.1 小节中有清晰的讨论)，$C_{ee}(f)$ 表示电子-电子碰撞；这里不再对它们做更详细的讨论.

在 x 方向的温度梯度为 $\mathrm{d}T(x)/\mathrm{d}x$ 的等离子体中，我们要寻找 Fokker-Planck 方程依赖空间和时间的解，其形式为

$$f(v,\mu)=f_0(v)+\mu f_1(v) \tag{7.11}$$

这里 $\mu=\cos\theta$，θ 是电子速度 $\boldsymbol{v}$ 和梯度方向的夹角. 假定梯度长度 $L=|\mathrm{d}\ln T/\mathrm{d}x|^{-1}$ 远大于电子平均自由程，$\mu f_1(v)$ 只是各向同性平衡分布的一个小扰动. 平衡分布取麦克斯韦分布，有

$$f_0(v)=\frac{n}{(2\pi)^{3/2}v_{th}^3}\exp\left(-\frac{v^2}{2v_{th}^2}\right), \tag{7.12}$$

这里 $v_{th}=\sqrt{k_B T/m}$. 将(7.11)式代入(7.10)式，并把 μ 的线性项放在一起，可得到

$$\partial f_1/\partial t+v\partial f_0/\partial x-(eE/mv)\partial f_0/\partial v=-(2A/v^3)f_1, \tag{7.13}$$

对稳态情况，我们可把分布函数的一阶扰动写为

$$f_1(v) = -\frac{v^4}{2A}\left(\frac{\partial f_0}{\partial x} - \frac{eE}{mv}\frac{\partial f_0}{\partial v}\right). \tag{7.14}$$

当然,为了满足电中性,对应 f_1 的电流 $j_x = -e\int d^3v\mu v\mu f_1$ 为零,这样利用(7.12)式可知电场为

$$eE = -(5/2)k_B dT/dx, \tag{7.15}$$

这样一阶扰动可明显地写为

$$f_1(v) = -f_0(v)\frac{v_{th}^4}{4A}\frac{d\ln T}{dx}\left(\frac{v}{v_{th}}\right)^4\left[\left(\frac{v}{v_{th}}\right)^2 - 8\right]. \tag{7.16}$$

由此我们可计算热流

$$q = \int d^3v(mv^2/2)\mu v\mu f_1(v) = -\chi_S dT/dx, \tag{7.17}$$

这里

$$\chi_S = (8/\pi)^{3/2}G(Z)\frac{(k_B T)^{5/2}k_B}{Ze^4 m^{1/2}\ln\Lambda} \tag{7.18}$$

是完全电离等离子体的热导率(Spitzer, 1962). 这里的推导我们只用了电子-离子碰撞,对中、低 Z 等离子体,电子-电子碰撞变得很重要,这会降低传导率. 在(7.18)式中的因子 $G(Z) \approx (1+3.3/Z)^{-1}$ 就是考虑了这种效应.

7.2.2　陡峭温度梯度和限流

找出哪些电子速度对热传输的贡献最大是有意义的. 为此,在图 7.1 中画出了速度积分(7.17)式中的积分元,即

$$g(y) = y^9(y^2 - 8)\exp(-y^2/2)/(3\cdot 2^8), \tag{7.19}$$

这里 $y = v/v_{th}$, $\int_0^\infty g(y)dy = 1$. 可以看到峰值为 $v/v_{th} \approx 3.7$ 的一群高速电子携带最多的能量沿温度梯度向下. 但是,还要注意到 $v/v_{th} < \sqrt{8}$ 的电子在相反方向传输能量,即沿梯度向上. 它们使得向前的热流减小 60%. 它们是由电场驱动的,热电流产生电场并形成冷的回流以保持在稳态情况下总电流为零. 我们知道,电子热传导是复杂的动力学过程,它对实际的分布函数非常敏感.

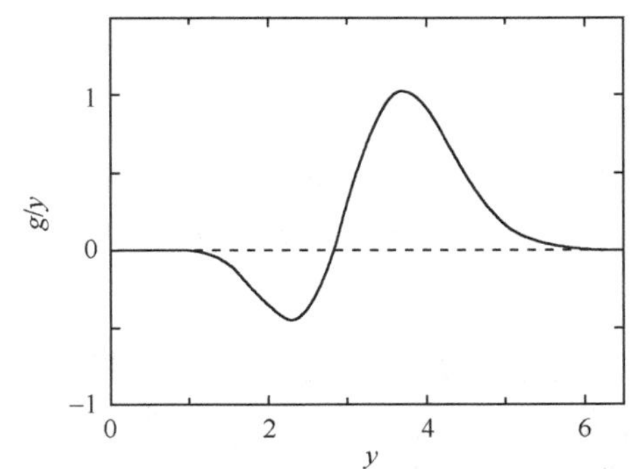

图 7.1　(7.19)式中热流函数 $g(y)$ 随 $y = v/v_{th}$ 的变化

当温度梯度太大时,上面推导的线性扰动解不再适用,这并不让人吃惊. 不再适用的明确标志是方程(7.11)中分布函数

$f(v,\mu)$ 变成负的. 显然，至少在接近 $v/v_{\mathrm{th}}=3.7$ 的速度区域，我们要求 $|f_1(v)|\leqslant f_0(v)$，这时的能流达到峰值. 利用(7.16)～(7.18)式，我们发现在这个速度下有

$$|f_1|/f_0\simeq 10q/(nv_{\mathrm{th}}k_{\mathrm{B}}T)\leqslant 1. \tag{7.20}$$

实际上，热流 q 不会超过所谓的自由流极限 $q_{\mathrm{F}}=v_{\mathrm{th}}nk_{\mathrm{B}}T$. 当一定体积内总的热能 $nk_{\mathrm{B}}T$ 在梯度方向以热速度 v_{th} 流动时，自由流极限就达到了；显然这是热传导的上限. (7.20)式把这个上限设定为自由流极限的 10%，Fokker-Planck 方程的显式解也确实表明 q 在 $0.1q_{\mathrm{F}}$ 这个边界之下. 为清楚起见，图 7.2 给出了 Bell(1985)的结果. 这些结果表明，只有对很大的距离 $L/\lambda_{\mathrm{e}}>50$，热流才满足 Spitzer 公式(7.17)，但对更陡的梯度，热流在低于 $q/q_{\mathrm{F}}\leqslant 0.06$ 的某个值时饱和. 这些结果是在研究 $1.7\times10^{14}\,\mathrm{W/cm^2}$ 的激光流的稳态球形烧蚀时得到的. 在输运模拟中，温度和密度轮廓可自洽地得到，并且由简单的 Spitzer 热流和 Fokker-Planck 处理得到的结果有显著差别. 更详细的讨论，可参考原始文献(Bell，1985).

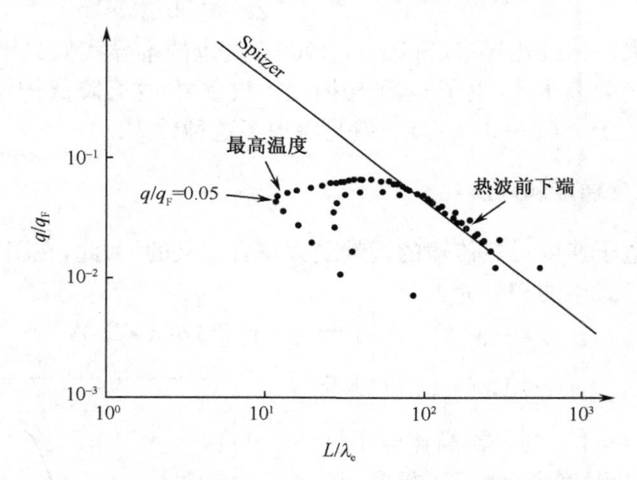

图 7.2 热流(归一化到自由流极限 $q_{\mathrm{F}}=nv_{\mathrm{th}}k_{\mathrm{B}}T$)随温度梯度长度 $L=|T/\nabla T|$ (归一化到电子平均自由程 λ_{e})的 Fokker-Planck 模拟，直线为 Spitzer 传导率
图中为 Bell(1985)的结果

陡峭梯度的热流抑制的一个根本点是它以非局域动力学的方式出现，这在局域 Spizter 公式中是没有考虑到的. 因为高速电子有很长的平均自由程和很高的流动性，它们在空间上扩散开来，这会消耗高温区域分布函数的高能尾巴，同时加强低温区域的高能尾巴. 这会使相空间电子密度的梯度低于麦克斯韦分布时的值，并限制电子扩散流. 关于如何用简化模型处理非局域输运的早期文献，已有人进行综述(Shvarts，1986). 以离子声湍流形式出现的等离子体微观不稳定性可能是抑制热流的又一个因素，这方面的工作可见 Galeev 和 Natanzon (1991)的综述. 大阪研

究小组发表了用 Fokker-Planck 输运对直接驱动靶内爆进行的全尺度模拟(Honda et al., 1996). 对于 ICF,这类计算的重要性和驱动壳层的预热有关,而预热是关系到驱动效率和稳定性的很关键的参数. 除了激波和 X 射线,预热就是由快电子引起的.

在流体模拟中,模仿热流极限的简单方法是取方程(7.17)中 Spitzer 热流 q_S 和饱和热流 $f_L q_F$ 中的小量,即

$$q = \min(q_S, f_L q_F). \tag{7.21}$$

这里 f_L 就是所谓的限流因子. 在这两种热流区域的各种特别设计的不同光滑插值也有使用. Shvarts (1986)对不同激光吸收实验进行了比较. 限流因子的值在 $f = 0.03$ 和 0.10 之间变化;对于 $10^{12} \sim 10^{15}\,\mathrm{W/cm^2}$ 的激光强度,大多数可靠的实验建议值为 0.08 ± 0.02.

7.3 辐射输运

对足够高的温度,在稠密、光性厚的材料中,辐射输运成为占主导的输运机制. 这是因为光子密度 $\propto T^3$,它最终会在数量上超过电子. 辐射输运的完整描述,特别对和惯性聚变有关的稠密、部分电离、高 Z 等离子体,是十分复杂的,并且也肯定超出了本书的范围. Pomraning (1973)出版了关于这个课题中许多方面内容的特别专题论文,在天体物理方面,Mihalas 和 Weibel-Mihalas (1984)也出版了有关论文. 这里我们只对基本定义以及从辐射输运方程得到的辐射扩散和辐射热传导的近似方程做简单的概述. 这是本章讨论的辐射波和第 9 章讨论的间接驱动靶的基础. 辐射光厚的简单估计,将在第 10 章中推导.

7.3.1 谱强度和输运方程

经典辐射场的基本量是谱强度 $I_\nu(\boldsymbol{r},\Omega,t)$,它定义为

$$\mathrm{d}E_R = I_\nu(\boldsymbol{r},\Omega,t)\Omega \cdot \mathrm{d}\boldsymbol{A}\mathrm{d}\Omega\mathrm{d}\nu\mathrm{d}t, \tag{7.22}$$

这是在频率范围 $\mathrm{d}\nu$ 和时间间隔 $\mathrm{d}t$ 内,以立体角 $\mathrm{d}\Omega$ 通过面积 $\mathrm{d}\boldsymbol{A}$ 入射到 Ω 这个方向的辐射能. 在完全热平衡时,它可由 Planck 公式给出,即

$$I_{\nu\mathrm{p}} = \frac{2h\nu^3}{c^2}\frac{1}{\exp(h\nu/k_B T)-1}. \tag{7.23}$$

函数 $I_\nu(\boldsymbol{r},\Omega,t)$ 相当于光子分布函数. 对立体角积分,我们马上可得到辐射能量谱密度

$$U_\nu = \int \mathrm{d}\Omega I_\nu(\boldsymbol{r},\Omega,t)/c, \tag{7.24}$$

和谱辐射流

$$S_\nu = \int d\Omega \Omega I_\nu(r, \Omega, t). \tag{7.25}$$

在平衡条件下，辐射能量谱密度为 $U_{\nu p} = (4\pi/c) I_{\nu p}$，对频率积分我们得到 Planck 辐射场的总能量密度为

$$U_p = \int_0^\infty d_\nu U_{\nu p} = \frac{\pi^2}{15\hbar^3 c^3}(k_B T)^4, \tag{7.26}$$

也即

$$U_p = 137 T^4 \text{erg/cm}^3, \tag{7.27}$$

这里温度 T 的单位是 eV . 这公式和斯特藩-玻尔兹曼流相关，由(7.6)式可知，$S_B = \sigma_B T^4 = cU_p/4$. 这是从一个方向，通过任意面积的辐射流，它近似为黑体表面发出的辐射流. 决定 $I_\nu(\boldsymbol{r}, \Omega, t)$ 的辐射输运方程为(Pomraning, 1973; Mihalas, Weibel-Mihalas, 1984)

$$\frac{1}{c}\frac{\partial I_\nu}{\partial t} + \boldsymbol{\Omega} \cdot \nabla I_\nu = \rho \eta_\nu \left(1 + \frac{c^2}{2h\nu^3} I_\nu\right) - \rho \kappa_\nu I_\nu. \tag{7.28}$$

右边的源项描述在这个等离子体体积内的辐射和吸收过程，κ_ν 为单位质量谱吸收系数，η_ν 为自发辐射谱系数，ρ 为质量密度，括号 $(1 + (c^2/2h\nu^3) I_\nu)$ 考虑的是受激辐射，在这里忽略了散射.

7.3.2　局域热平衡和基尔霍夫定律

输运方程(7.28)中的源项在局域热平衡(LTE)条件下大为简化. 注意 LTE 意味着等离子体中各成分间达到碰撞平衡，这样粒子的能谱服从玻尔兹曼分布，并可定义局域温度 $T(\boldsymbol{r}, t)$. 在 LTE 条件下，(7.28)式中的系数 η_ν 和 κ_ν 是只依赖局域密度 $\rho(\boldsymbol{r}, t)$ 和局域温度 $T(\boldsymbol{r}, t)$ 的材料函数(material function). 在 10.7 节中有这些材料函数的表达式. 必须注意到，LTE 并不意味着包括辐射场的完全热平衡. 事实上，LTE 经常适用于有确定温度的光性薄等离子体，但这种等离子体的辐射场 I_ν 远离平衡分布 $I_{\nu p}$. 当然，完全热平衡的情况也是适用的，将 $I_\nu \equiv I_{\nu p}$ 代入(7.28)式，等式左边为零，这样可得到基尔霍夫定律

$$\eta_\nu / \kappa_\nu = (2h\nu^3/c^2) \exp(-h\nu/k_B T), \tag{7.29}$$

它给出自发辐射和吸收间的重要关系. 显然在 LTE 条件下，(7.29)式总是成立的，即使对 $I_\nu \neq I_{\nu p}$ 也成立，因为它不依赖 I_ν . 忽略(7.28)式中对时间的显导数，传输方程可以写为

$$\boldsymbol{\Omega} \cdot \nabla I_\nu = \kappa'_\nu (I_{\nu p} - I_\nu), \tag{7.30}$$

这里吸收系数为

$$\kappa'_\nu = \kappa_\nu (1 - \exp(-h\nu/k_B T)). \tag{7.31}$$

在这种表述中，受激辐射体现为吸收的减少.

7.3.3　扩散近似

在数值程序中,人们要么求解传输方程(7.30),要么利用扩散近似,求(7.30)式的一阶矩可得

$$\nabla \cdot \boldsymbol{S}_\nu = c\kappa'_\nu (U_{\nu p} - U_\nu), \tag{7.32}$$

$$-\kappa'_\nu S_\nu = \int \mathrm{d}\Omega \Omega\Omega \cdot \nabla I_\nu \approx \int \mathrm{d}\Omega\Omega\Omega \cdot \nabla (c/4\pi) U_\nu = (c/3)\nabla U_\nu. \tag{7.33}$$

在导出上面的结果时,我们假定辐射场几乎是各向同性的,因此在对 Ω 积分时有 $I_\nu(\boldsymbol{r},\boldsymbol{\Omega},t) \approx (c/4\pi)U_\nu(\boldsymbol{r},t)$. 在这种条件下,谱辐射流满足扩散方程

$$S_\nu = -(c/3\kappa'_\nu)\nabla U_\nu, \tag{7.34}$$

这在(7.1)式中已唯象地假定. (7.32)和(7.34)式是谱量 U_ν 和 S_ν 的扩散近似. 辐射场的多群扩散描述是对许多频率群求解(7.32)和(7.34)式. 通常,对部分电离等离子体,吸收系数 κ_ν 随频率剧烈变化,这是由于原子吸收线和吸收边这些复杂的结构. 这常常导致等离子体在一些波段是光性厚的,在另一些波段有是透明的. 因此,对定量模拟多群处理是必须的,同时用多群处理也可得到谱分辨.

7.3.4　双温灰近似

对光性厚等离子体,如果在任何有关频率,梯度标尺长度远大于光子平均自由程(如在恒星内部),我们可更进一步假定辐射场近似为 Planck 谱,有

$$U_\nu(\boldsymbol{r},t) \approx U_{\nu p}(T_r(\boldsymbol{r},t)), \tag{7.35}$$

这里辐射温度 $T_r(\boldsymbol{r},t)$ 可以和物质温度 $T(\boldsymbol{r},t)$ 有所不同. 在这种情况下,(7.32)和(7.34)式可以对频率积分. 对总辐射能 $U = \int U_\nu \mathrm{d}\nu$ 和总流 $S = \int S_\nu \mathrm{d}\nu$, 可以得到频率平均的扩散方程为

$$\begin{aligned} \nabla \cdot \boldsymbol{S} &= c\kappa_p (U_p(T) - U), \\ \boldsymbol{S} &= -(c/3\kappa_R)\nabla U. \end{aligned} \tag{7.36}$$

它涉及两个不同的谱平均吸收系数,即 Planck 平均光厚

$$\kappa_p = \frac{1}{U_p}\int \kappa_\nu U_{\nu p}(T)\mathrm{d}\nu, \tag{7.37}$$

和 Rosseland 平均光厚

$$\kappa_R^{-1} = \frac{1}{\mathrm{d}U_p/\mathrm{d}T}\int \frac{1}{\kappa_\nu}\frac{\mathrm{d}U_{\nu p}(T)}{\mathrm{d}T}\mathrm{d}\nu. \tag{7.38}$$

这种近似通常在简化数值模拟中使用. 这两种平均光厚都是依赖物质温度和密度的材料函数.

7.3.5　辐射热传导

对于像本章所想要的定性结果,我们还可以再进一步假定 $T = T_r$. 这时 $U =$

$U_p(T) = 4\sigma_B T^4/c$，因此 $\nabla U = 4\sigma_B T^3 \nabla T$. 所以辐射流可以写为

$$\boldsymbol{S} = -\chi_R \nabla T, \tag{7.39}$$

这里辐射热传导率为

$$\chi_R = 16\sigma_B T^3 l_R/3, \tag{7.40}$$

其中用到了 Rosseland 平均自由程 $l_R = 1/(\rho\kappa_R)$. 这是 7.1.2 小节中讨论过的辐射热传导近似. 它只是简单地用辐射热传导率 χ_R 代替电子热传导率，而不对辐射场做进一步的考虑. 在 10.7.1 小节中，给出了完全电离等离子体的 Rosseland 平均自由程，可以发现 $l_R \propto T^{7/2}$. 这意味着 $\chi_R \propto T^{13/2}$，说明辐射热传导强烈依赖温度.

7.4 非稳态热波

在本节和 7.5、7.6 节中，我们推导描述非稳态热波的相似解. 它们有时被称为 Marshak 解(Marshak, 1958). 这些内容在 Zeldovich 和 Raizer (1967)的经典著作中已有广泛讨论. 和激光相互作用有关的解也已由俄国学者[如可见 Krokhin (1971)的综述]以及 Caruso 和 Gratton (1968)等加以发展. 读者也可参考 Pert (1986a, 1986b)的系统论述. 这里我们只讨论两类解，包括运动流体. 它们和惯性聚变特别有关.

7.4.1 不同类型的热波

让我们考虑某种材料的表面突然被外部辐射(如激光束或黑腔靶中的 X 射线流)加热，图 7.3 给出了三种主要情况.

在前面两种情况中，外部能流 q_{ex} 携带能量进入材料并加热表面层，其厚度由吸收距离决定. 由于吸收系数通常随温度降低，外部辐射能穿透到已加热的材料中，使得加热层的质量随时间增长，这样具有陡峭温度前沿的热波就跑进材料里. 波前可用质量坐标 $m_f(t)$ 描述，这可给出单位面积被加热的质量. 这种波叫做加热波(heating wave). 热流很大或脉冲时间很短时，加热波以超声速传播，这使得均匀壁密度几乎不受扰动，这种超声速加热波见图 7.3(a). 因为 $p \propto \rho T$，在波前压力随温度变为零.

当然，经过一段时间后，在表面也会有流体运动，稀疏波波前会从真空往里跑. 最终它会赶上热波波前. 这时如图 7.3(b)所示，会出现新的情况，即烧蚀加热波(ablative heating wave). 其重要的不同之处在于热波波前的压力. 和超声速时相反，现在波前压力是有限值，它向前加速物质，并通常会驱动激波. 这时加热波烧蚀被激波压缩的物质. 在热波波前后面，密度轮廓对应的是稀疏波，其密度在真空前

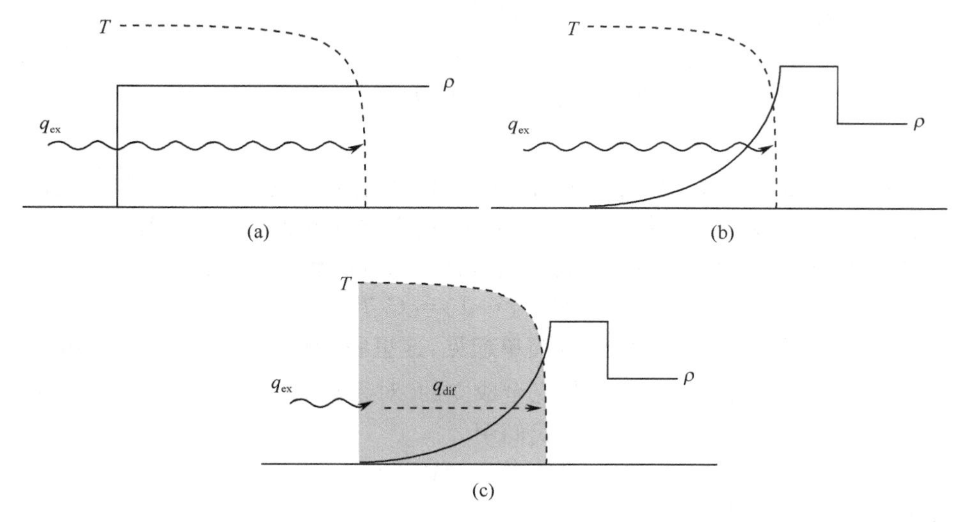

图 7.3　不同类型的热波(thermal wave)

(a)超声速加热波(heating wave);(b)烧蚀加热波;(c)烧蚀热波(heat wave),这里阴影区域光性厚

沿下降为零. 因为碰撞吸收和密度是平方关系(参看 11.2 节),稀薄材料对外部辐射更透明,这会进一步加快加热波的波前速度. 需强调的是,这种烧蚀加热波可近似描述低 Z 物质的 X 射线驱动烧蚀,这种烧蚀对间接驱动惯性聚变是极为重要的.

但是,还有第三种热波,它也和 ICF 密切相关,这里能量是通过热传导,而不是外部辐射传输的. 比如激光驱动的热波就是这种情况,外部的激光束在临界密度处被挡住了,在超临界密度内一直到烧蚀波前的传输主要靠电子热传导. 另一种重要情况发生在高光厚材料中,入射的 X 射线只能加热表面很薄的一层到一定的温度,这时到更深处的主要传输机制是辐射热传导. 图 7.3(c)给出了这种情况,我们称之为烧蚀热波(ablative heat wave). 这种过程控制黑腔靶的壁损失及所能达到的辐射温度.

7.4.2　自相似热波:量纲分析

上面讨论的热波一般来说是不稳定的,其基本性质可用自相似解描述. 这里我们用量纲分析来导出自相似解. 这种方法在 6.5 节已有广泛讨论.

我们从拉格朗日方法表述的一维气体动力学方程出发,有

$$\begin{aligned} &\partial V/\partial t = \partial u/\partial m, \\ &\partial u/\partial t = -\partial p/\partial m, \\ &\partial e/\partial t + p\partial V/\partial t = -\partial q/\partial m, \end{aligned} \tag{7.41}$$

这里比体积 $V(m,t)$、速度 $u(m,t)$、压力 $p(m,t)$、比能 $e(m,t)$ 和流 $q(m,t)$ 均

依赖质量坐标 m 和时间 t . 对热波,沉积项 $\partial q/\partial m$ 有

$$\partial q/\partial m = -\kappa(e,V)q, \tag{7.42}$$

其中 κ 描述外部流 q_{ex} 的吸收. 对热扩散波,流为

$$q = -\chi(e,V)\partial e/\partial m, \tag{7.43}$$

这里根据(7.1)式,扩散系数 χ 和 κ 的关系为 $\chi \propto v_{av}\rho/\kappa$. 通常,这些材料系数被认为是温度 T 和密度 ρ 的函数. 对于量纲分析,更方便的方法是把它们作为比内能 e 和比体积 V 的函数. 为方便起见,我们用幂指数形式的状态方程,即

$$e = pV/(\gamma-1) = C_0 T^{\delta}, \tag{7.44}$$

这里 γ、C_0、δ 和 $V = 1/\rho$ 为常数. 为简单起见,这里我们认为比内能只是温度的函数,而不依赖密度,这对理想气体是完全成立的. 对系数 $\kappa(e,V)$ 和 $\chi(e,V)$ 也采用幂指数近似后,可得到相似解. 下面我们用

$$\kappa(e,V) = \kappa_0 e^{-l} V^{-(r-1)}, \tag{7.45}$$

这里 κ_0、l、r 为常数,同时有

$$\chi(e,V) = \chi_1 e^{l} V^{r}, \tag{7.46}$$

这里 χ_1、l、r 为常数. 这里选用的指数 l 和 r 与 Pakula 和 Sigel (1985)的说明一致. 量纲分析的关键是挑选有关的量纲参数. 在目前这里例子中,将控制参数限制为量纲常数 κ_0 或者 χ_1 以及在材料表层入射和吸收的外部流 q_0,就可得到自相似解. 利用量纲关系

$$\begin{aligned} [e] &= [q_0 m/t], \\ [V] &= [q_0 m^3/t^3], \end{aligned} \tag{7.47}$$

(这里 [⋯] 表示包含量的量纲)和(7.45)及(7.46)式,我们得到量纲为一的相似坐标为

$$\xi = m/(At^{\tau}), \tag{7.48}$$

这里 A 依赖 q_0 的次方以及 κ_0 和 χ_1 中的一个. 在 7.5 节中,会给出两种波 A 和 τ 的显式表达. 这里我们只讨论解的一般结构. 根据 6.5 节,相似解可以写为如下形式:

$$\begin{aligned} q(m,t) &= A_q t^{\tau q} Q(\xi), \\ e(m,t) &= A_e t^{\tau e} E(\xi), \\ u(m,t) &= A_u t^{\tau u} U(\xi), \\ p(m,t) &= A_p t^{\tau p} P(\xi), \\ V(m,t) &= A_V t^{\tau v} V(\xi), \end{aligned} \tag{7.49}$$

这里量纲系数满足关系

$$A_e = A_u^2 = A_q/A = (A_p/A)^2 = (A_V A)^2, \tag{7.50}$$

同时对时间指数有

$$\tau_e = 2\tau_u = \tau_s + 1 - \tau = \tau_p + 2(1-\tau) = 2(\tau_V + \tau - 1), \tag{7.51}$$

其他条件来自边界条件,比如对不依赖时间的流 q_0 有 $A_q = q_0$ 和 $\tau_q = 0$. 这样就可以决定整个解了. 将(7.49)式代入(7.41)式,可以得到关于量纲为一的参数 $Q(\xi)$、$E(\xi)$、$U(\xi)$、$P(\xi)$ 和 $V(\xi)$ 的简化方程为

$$\begin{aligned} \tau_V V - \tau\xi V' &= U', \\ \tau_u U - \tau\xi U' &= - P', \\ \tau_e E - \tau\xi E' + PU' &= - S', \\ E &= PV/(\gamma - 1), \end{aligned} \tag{7.52}$$

这里一撇表示对 ξ 的导数. 一般,这些常微分方程需要数值求解,所用的边界条件为在 $\xi = 0$ (真空波前)有

$$P(0) = 1/V(0) = 0, \tag{7.53}$$

在 $\xi = \xi_f$ (烧蚀波前)有

$$E(\xi_f) = Q(\xi_f) = U(\xi_f) = V(\xi_f) = 0. \tag{7.54}$$

因为在边界处解是奇异的,我们可以从接近烧蚀面的地方开始积分,这里 $Q(\xi)$、$E(\xi)$、$U(\xi)$ 和 $V(\xi)$ 因为 $\propto (1 - \xi/\xi_f)^{\sigma}$, $\sigma > 0$, 都趋向零,但压力 $P(\xi_f) = P_f > 0$ 为有限值. 问题的关键是确定 ξ_f 和 P_f. 从猜测的值 $\tilde{\xi}_f = \tilde{P}_f = 1$ 出发,先迭代 $\tilde{P}_f$,在真空侧找到 $P_0 = 0$. 然后利用(7.49)式的定标关系来确保 $Q(0) = 1$ 或 $E(0) = 1$, 就可找到 ξ_f 和 P_f 的正确值.

这里考虑的自相似解的一个重要特点是,它意味着在烧蚀面有 $V(\xi_f) = 0$, 这也就是说有无限大的壁密度. 这显然不是正确的边界条件,但对于烧蚀材料密度随时间减小并变得远小于壁密度的情况,它能近似地描述. 显然,为使问题自相似,无限壁密度是我们必须付出的代价. 如果我们用有限壁密度作为附加的控制参数,这个问题就不再是自相似的了. 在应用中,比如对黑腔实验(9.6节),用这里的近似得到的定标关系能很好满足.

7.5 自调节加热波

7.5.1 超声速加热波

我们先考虑对应图7.3(a)的超声速加热波. 它不涉及流体运动,因此(7.41)式和(7.42)式可简化为

$$\begin{aligned} \partial e/\partial t &= - \partial q/\partial m, \\ \partial q/\partial m &= - \kappa_1 e^{-l} q. \end{aligned} \tag{7.55}$$

对于在 $m = 0$ 处有常数流 q_0, 这个问题有解析解

$$q(m,t) = q_0 \left(1 - \frac{m}{m_f(t)}\right)^{1/l},$$

$$e(m,t) = [(l+1)\kappa_0 q_0 t]^{1/(l+1)} \left(1 - \frac{m}{m_f(t)}\right)^{1/l},$$

$$m_f(t)=[(l+1)\kappa_0 q_0 t]^{l/(l+1)}/(\kappa_0 l). \tag{7.56}$$

我们可以通过代入来校验.这个解显示了非线性热波的典型特征.对于高度非线性指数 l,在波的大多数区域流相当缓慢地下降,然后接近波前时,迅速下降.内能的空间轮廓相似,但其振幅随时间增长,$e\propto t^{l/(l+1)}$,这体现的是加热过程.相应地,加热的质量按 $m_f\propto t^{l/(l+1)}$ 增加.尽管波前几乎以恒定速度传播,它还是会随时间下降.这是很重要的,这是因为流体稀疏波以声速 $c_s=e^{1/2}$,沿 $m_f(\text{hyd})\approx c_s\rho_0 t$ 运动,并且速度随时间增大.在一段时间后,它赶上热波,然后发展成烧蚀加热波这一新的状态.

7.5.2 烧蚀加热波

在烧蚀状态,我们利用(7.42)和(7.45)式引入的沉积定律,有

$$\partial q/\partial m=-\kappa_0 e^{-l}V^{-(r-1)}q, \tag{7.57}$$

这里同时考虑了吸收系数对温度和密度的依赖,将普遍解(7.49)式代入(7.57)式,可以得到

$$\tau=l\tau_e+(r-1)\tau_V, \tag{7.58}$$

$$A\kappa_0=A_e{}^l A_V^{r-1}. \tag{7.59}$$

另外我们还要求在真空边界有恒定能流 $q(m=0,t)=q_0$,这样有

$$\tau_q=0, \tag{7.60}$$

$$A_q=q_0, \tag{7.61}$$

这样振幅 A、指数 τ 与(7.50)和(7.51)式一起完全被确定,由此用外部流 q_0,沉积常数 κ_0 以及指数 l 和 r,可以给出烧蚀加热波的重要定标关系,即

$$\begin{aligned}
q(m,t)&=q_0\cdot Q(\xi),\\
e(m,t)&=q_0^{2r/N}\cdot(\kappa_0 t)^{2/N}\cdot E(\xi),\\
u(m,t)&=q_0^{r/N}\cdot(\kappa_0 t)^{1/N}\cdot U(\xi),\\
P(m,t)&=q_0^{1-r/N}\cdot(\kappa_0 t)^{-1/N}\cdot P(\xi),\\
V(m,t)&=q_0^{-1+3r/N}\cdot(\kappa_0 t)^{3/N}\cdot V(\xi),\\
m/t&=q_0^{1-2r/N}\cdot(\kappa_0 t)^{-2/N}\cdot\xi,\\
N&=(2l+3r-1).
\end{aligned} \tag{7.62}$$

7.5.3 在激光驱动烧蚀中的应用

我们来考虑激光入射时碰撞吸收这一重要例子,考虑的等离子体为 $Z=6$,$A=12$ 完全电离的碳,入射能流为 $q_0=I_L$.吸收系数用(11.31)和(11.33)式($\kappa=K/\rho$)的近似表达式

$$\kappa\approx 5.9\times 10^6(Z^3\lambda_L^2/A^2)\rho/T^{3/2}\,\text{cm}^2/\text{g}, \tag{7.63}$$

这里激光波长 λ_L 的单位是 μm，密度 ρ 的单位是 g/cm^3，温度 T 的单位是 keV. 温度 T 通过 $e=(3/2)(1+Z)k_BT/(Am_p)$ 用内能来表示，我们发现(7.57)式中的常数为

$$\kappa_0 = 2.1\times10^{29}\lambda_L^2\ \mathrm{cm}^8/(\mathrm{g}^2\cdot\mathrm{s}^3). \tag{7.64}$$

指数为 $l=3/2, r=2$，由此 $N=8$. 为了得到完整的解，我们必须对常微分方程数值组(7.52)积分. 对应的函数 $Q(\xi)$、$E(\xi)$、$U(\xi)$、$P(\xi)$ 和 $V(\xi)$ 如图 7.4 所示. 最重要的是对应烧蚀波前坐标 $\xi_f=0.732$ 和烧蚀压 $P_f=0.685$ 的数值常数.

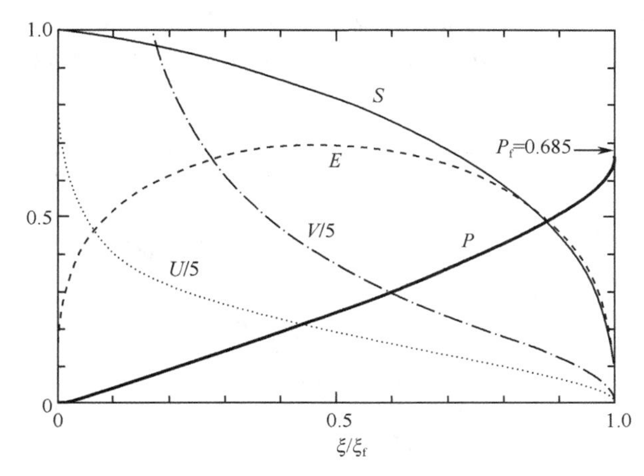

图 7.4　烧蚀加热波，这里的参数 $l=3/2, r=2$ 和 $\gamma=5/3$ 对应完全电离等离子体的逆轫致吸收

利用这些数值，我们可得到烧蚀压(Caruso, Gratton, 1968)

$$p_a \approx 2I_L^{3/4}\lambda^{-1/4}t^{-1/8}\,\mathrm{Mbar}, \tag{7.65}$$

和质量烧蚀速率

$$\dot{m}_a = \mathrm{d}m/\mathrm{d}t \approx 4.6\times10^3 I_L^{1/2}\lambda_L^{-1/2}t^{-1/4}\,\mathrm{g}/(\mathrm{cm}^2\cdot\mathrm{s}). \tag{7.66}$$

利用图 7.4 中的 $E_{\max}=0.70$ 和状态方程(7.44)，可以得到加热层的最大温度为

$$T_{\max} \approx I_L^{1/2}\lambda_L^{1/2}t^{1/4}\,\mathrm{keV}, \tag{7.67}$$

这里激光强度 I_L 单位为 10^{13} W/cm^2，激光波长 λ_L 单位为 μm，时间 t 单位为 ns. 这里要注意与波长和时间的依赖. 在这种自调节状态，烧蚀压和质量烧蚀都随 λ_L 和 t 增加而下降，但温度是上升的.

这里针对加热等离子体的平面膨胀，导出了加热波来演示这一理论. 我们也要简单阐述球面膨胀的情况. 事实上，即使激光辐照平面靶，当等离子体冕区的深度超过激光光斑大小时(比如以焦斑半径 r_f 度量)，等离子体的膨胀也变为球形的了. 在球形情况下，发展的是不同的自调节状态，这里，压力、面质量烧蚀速率和温度变得不依赖时间. Caruso 和 Gratton(1968)以及 Mora(1982)处理了这种情况.

这里，我们引用有关结果，它们是通过量纲分析得到的，但现在和 r_f 有关，即

$$p_a \approx 1.8 I_L^{7/9} \lambda_L^{-2/9} r_f^{-1/9} \text{Mbar}, \tag{7.68}$$

$$\dot{m}_a = dm/dt \approx 6 \times 10^4 I_L^{5/9} \lambda_L^{-4/9} r_f^{-2/9} \text{g}/(\text{cm}^2 \cdot \text{s}), \tag{7.69}$$

$$T_{max} \approx 1.1 I_L^{4/9} \lambda_L^{4/9} r_f^{2/9} \text{keV}, \tag{7.70}$$

对于激光物质相互作用，方程(7.68)～(7.70)是最重要的关系式. 当膨胀深度超过 r_f 时，这些方程代替(7.65)～(7.67)式，当脉冲长度超过 $t_p \simeq 2.5 r_f^{8/9}/(I_L\lambda_L)^{2/9}$ 时，就是这种情况. 这里以及在(7.68)～(7.70)式中，激光强度 I_L 的单位为 10^{13} W/cm^2，激光波长 λ_L 的单位为 μm，焦斑半径 r_f 单位为 mm. (7.68)式确实重复得到了流体数值模拟结果(Gardner，Bodner，1982). 它和相应的测量结果也符合得很好，这可以见图 7.5.

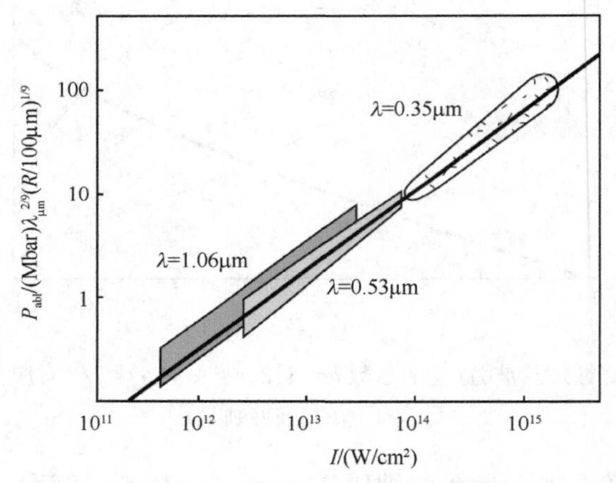

图 7.5　(7.68)式和实验数据比较

几个阴影面积为在图中标记的不同激光波长下获得的数据. 更详细的比较已由 Atzeni (2000)给出

上面关于平面和球面的结果对相对较小的激光强度都是适用的，这时吸收主要是在烧蚀等离子体的低密度部分通过碰撞进行的. 正如我们在 11.2.2 小节中将要看到的，这对球形碳靶要求 $I_L\lambda_L^4/r_f \ll 50$，这里的强度、波长和半径都采用和上面相同的单位.

我们还要强调，碰撞吸收这一假设最适用短波长($\lambda_L \ll 1\mu$m). 对更长的波长，大多数吸收发生在靠近临界面的地方(参考 11.2 节)，这时发生的是稳定烧蚀这另一种状态，其定标指数也不相同，这将在 7.8.2 小节中描述.

在上面的公式中，我们选择碳作为样品材料，它在温度大约为 100eV 时就完全电离，碳也接近塑料这种实验中常用的材料. 对高 Z 材料，其状态方程更复杂，因为电离度依赖温度. 而且，高 Z 材料受热后自身也开始辐射. 和目前讨论的加热

波(heating wave)状态不同,这导致的是热波(heat wave)状态. 这在 7.6 节中阐述.

7.6 烧蚀热波

7.6.1 普遍解

图 7.3(c)所示的热波状态发生需要一定的条件,即烧蚀层已被加热到足够高的温度,并且热传导能将能量传送到外部束流沉积层以外的光厚区域.

利用(7.43)和(7.46)式引入的扩散热流

$$q = -\chi_1 e^l V^r \partial e/\partial m, \tag{7.71}$$

再加上(7.49)式,我们可得到 $A_q = \chi_1 A_e^{l+1} A_V^r / A$, $\tau_q = (l+1)\tau_e + r\tau_V - \tau$, 同时由(7.50)和(7.51)式我们还能得到 A 振幅和 τ 指数,这些在通解(7.49)式中都需要. 再次选用恒定流 q_0, 这意味着 $A_q = q_0$, $\tau_q = 0$, 通过一些代数运算,可得到烧蚀热波的普遍解为

$$\begin{aligned}
q(m,t) &= q_0 \cdot Q(\xi), \\
e(m,t) &= q_0^{2(r+2)/N} \cdot (t/\chi_1)^{2/N} \cdot E(\xi), \\
u(m,t) &= q_0^{2(r+2)/N} \cdot (t/\chi_1)^{1/N} \cdot U(\xi), \\
p(m,t) &= q_0^{2(l+r+1)/N} \cdot (t/\chi_1)^{-1/N} \cdot P(\xi), \\
V(m,t) &= q_0^{-2(l-1)/N} \cdot (t/\chi_1)^{3/N} \cdot V(\xi), \\
m/t &= q_0^{(2l+r)/N} \cdot (t/\chi_1)^{-2/N} \cdot \xi.
\end{aligned} \tag{7.72}$$

这里 $N = (2l + 3r + 4)$. 下面我们考虑的例子是 $l = 7/3$, $r = 0$, 因此 $N = 26/3$. 用这些指数和描述稠密金等离子体的 $r = 1.2$, 对(7.52)式积分,在图 7.6 中我们

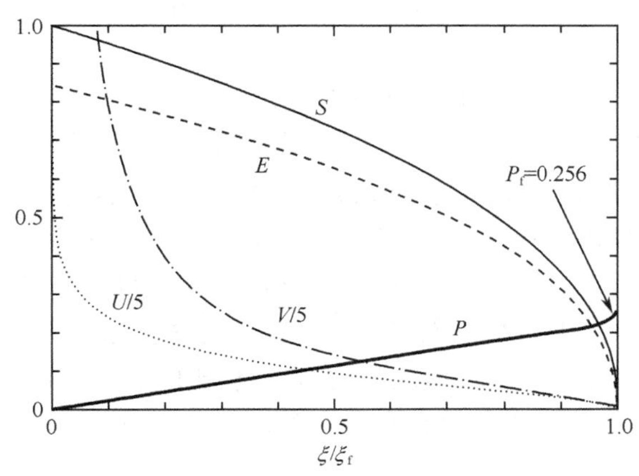

图 7.6　烧蚀波前轮廓,参数为 $l = 7/3$, $r = 0$, $\gamma = 1.2$

得到了烧蚀热波的轮廓. 特别地,可以发现热波波前的位置在 $\xi_f = 0.247$, 波前的压力为 $P_f = 0.256$.

7.6.2　对高 Z 壁的应用

有一个重要的例子,这里挑选出来以说明烧蚀热波的重要性,这就是黑腔中受辐照的高 Z 金壁,黑腔温度为 T_r, 入射到壁上的流为 $S_i = \sigma_B T_r^4$. 需要指出的是,金壁吸收的流 q_0 比 S_i 小,其差额是来自壁的再辐射. 前面刚发展的热波理论,作为一个简单工具可以确定跑进壁的比例及有多少重新被辐射到黑腔中. 为此可使用(7.72)式,但我们要先确定系数 χ_1.

我们从 7.1.2 小节末尾推导到的辐射热传导方程 $q = -(16\sigma_B T^3/3\kappa_R)\partial T/\partial m$ 出发,这方程包含有 Rosseland 平均光厚 κ_R. 对高 Z 材料,这个量难于计算,并且文献中关于金这类材料的实验数据也很少(参考 10.7.6 小节). 对这里的讨论,我们把问题简化,使用最大光厚极限,这是在 10.7.7 小节中导出的普遍适用的 κ_R 的上限. 这个极值就是

$$\kappa_R^{max} = 2.5 \times 10^6/T\text{cm}^2/\text{g}, \tag{7.73}$$

这里温度 T 单位是 eV, $Z/A = 0.4$, 这对金是合适的. 可以设想热稠密金的光厚接近这个极限,我们设 $\kappa_R = f_R \kappa_R^{max}$, 这里加了缩减因子 f_R. 和 10.7.6 小节中计算得到的金光厚比较可以看出, $f_R \approx 0.2$ 是一个比较粗糙但很有用的近似. 我们还需要金的物态方程,用 e 来表示 T, 其形式为 $e \approx 2 \times 10^{10} T^{3/2}$ erg/g, 这里 T 的单位是 eV. 同时考虑这些关系,可以得到热流方程 $q = -\chi_1 e^{7/2}\partial e/\partial m$, 这里有参数

$$\chi_1 = 6.69 \times 10^{-29} f_R^{-1} \text{g}^2/(\text{cm}^{26/3} \cdot \text{s}^{14/3}). \tag{7.74}$$

现在我们要把定标关系(7.72)式写成量纲形式. 我们得到金壁的烧蚀压为

$$p_a = 22 q_0^{10/13} (f_R t)^{-3/26} \text{Mbar}, \tag{7.75}$$

烧蚀质量为

$$m_a = 1.9\, q_0^{7/13} t^{10/13} f_R^{-3/13}\ \text{mg/cm}^2, \tag{7.76}$$

这里吸收流 q_0 的单位为 10^{14} W/cm², 时间单位为 ns. 这些结果对 ICF 黑腔靶直接有用,在黑腔靶中,壁吸收流的典型值为 10^{14} W/cm². 需要注意的是在 1ns 中只有几个毫克每平方厘米被烧蚀,其对应的金壁厚度为几个微米. 驱动激波进入壁的烧蚀压相对较低,其量级为几十兆巴. 只有 27%的入射能量转换成烧蚀物的动能,其他则变成了热能. 可以得出结论说,高 Z 烧蚀物是比较差的火箭推进材料.

另一方面,他们是极好的辐射反射物. 我们从比内能轮廓就可以清楚地看到这一点. 如图 7.6 所示,在真空前沿它有最大值, $E(0) = 0.844$, 这和烧蚀加热波相反. 这样光性厚的壁的表面温度为

$$T_0 = 314 q_0^{4/13} (f_R t)^{2/13} \text{eV}. \tag{7.77}$$

这意味着壁辐射的能流为

$$S_r = \sigma_B T_0^4 = 10 \times 10^{14} q_0^{16/13} (f_R t)^{8/13} \mathrm{W/cm^2}, \tag{7.78}$$

这里 q_0 的单位仍是 $10^{14}\mathrm{W/cm^2}$，时间 t 单位是 ns. 一个重要结果是，再辐射流 S_r 会超过壁吸收的流 q_0. 在 $f_R t = 1\mathrm{ns}$ 时，再辐射流为 $10^{15}\mathrm{W/cm^2}$，而相应的吸收流为 $10^{14}\mathrm{W/cm^2}$，显然对时间 $f_R t > 1\mathrm{ns}$，壁很像反射率超过 90% 的镜子. 注意光厚因子 f_R 刚好定标时间.

本节的推导已经说明了烧蚀热波的物理结构，其在黑腔靶中的应用在 9.6 节中讨论，那里还有基于模拟的更精确结果.

7.7　稳 态 烧 蚀

本节中我们讨论稳态烧蚀，其束流驱动的烧蚀波前具有恒定的烧蚀速率. 稳态极限可用来讨论超声速到亚声速烧蚀波前的变换，因此可对烧蚀过程的气体动力学提供重要的一般性认识. 它也可用来说明 X 射线烧蚀和激光烧蚀的本质不同.

从物理上讲，稳定烧蚀对应的是这样一种情况，即烧蚀材料对外部辐射是透明的，而吸收只局域地发生在烧蚀波前. 对于 X 射线驱动的加热波，其吸收系数 $\kappa \propto T^l$ 强烈依赖温度(极限是 $l \to \infty$)，这种情况就满足所需的条件. 实际上，对于像 Be 这种低 Z 烧蚀物，这是个过得去的近似，这里烧蚀波前也就是电离波前，其具有强烈的束缚-自由吸收，但在完全电离、向外喷的材料中，吸收要小得多. 如果吸收局域在临界面，稳态烧蚀或许也可用于研究激光驱动烧蚀.

外部能量沉积在一个界面的稳态流的物理图像和反应流的情形很类似，对反应流，化学能在某个反应传播面释放，这可导致爆轰(detonation)或爆燃(deflagration). 关于详细的讨论，我们推荐读者看 Courant 和 Friedrichs (1948) 的经典著作. 和 ICF 靶丸烧蚀驱动相关的流对应所谓的 Chapman-Jouguet 爆燃.

稳态烧蚀并不是说流在每个地方都恒定. 稳态流区域可以毗邻非稳态区域，就像稀疏波可跑进均匀稳态气体. 实际上烧蚀进入真空的辐射驱动平面流体可以用等温稀疏波描述，然后和稳态烧蚀流衔接. 图 7.7 给出了这种情况，从左侧入射的外部能流 q_{ex} 在波前处被吸收，在这里，比内能 Δe 沉积在通过波前的物质内，其质量流为 $\rho_2 v_2$. 另外，我们要求外部束流通过直接加热或热传导使得烧蚀气体等温，其温度为 T. 这样流平衡可以表示为

$$q_{ex} = \rho_2 v_2 \Delta e + \rho_2 c_T^3, \tag{7.79}$$

这里 $c_T = (\Gamma T)^{1/2}$ 表示等温声速，流 $\rho_2 c_T^3$ 提供额外的加热以使得稀疏波保持等温(参考 6.3.7 小节).

对于下面讨论的 Chapman-Jouguet 爆燃，流平衡条件可用简单形式 $q_{ex} = 4\rho_2 c_T^3$ [见(7.93)式]，它可确定烧蚀波前的密度或声速(即温度). 对于黑腔靶中的

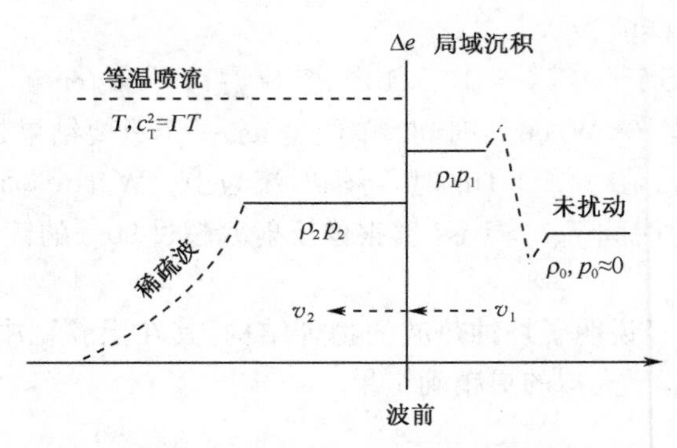

图 7.7　稳态烧蚀波前的示意图,这里还定义了一些流体变量

X 射线驱动,温度 T 由黑腔温度给定,其典型值为 300eV,这使得 ρ_2 的值接近固体密度. 另一方面,对于激光驱动,ρ_2 为传播激光的临界密度,其值通常为固体密度的百分之几,这意味着激光烧蚀的温度超过 1keV. 后一种情况在激光强度足够强时是成立的,这时激光沉积发生在接近 ρ_2 的地方.

7.7.1　爆燃和爆轰

现在我们把描述平面流其流体变量在界面处跳变的守恒方程(6.21)用到加热波波前,其形式为

$$
\begin{gathered}
\rho_2 v_2 = \rho_1 v_1, \\
p_2 + \rho_2 v_2^2 = p_1 + \rho_1 v_1^2, \\
e(p_2, V_2) + p_2 V_2 + v_2^2/2 = e(p_1, V_1) + p_1 V_1 + v_1^2/2 + \Delta e,
\end{gathered}
\tag{7.80}
$$

这些方程和那些描述平面激波的方程是相同的,只是在激波波前加到气体上的比内能 Δe 由方程(7.79)给出. 各个标记已在图 7.7 中给出. 通过波前的质量流为 $j = \rho_1 v_1 = \rho_2 v_2$,这里 v_1 和 v_2 为相对波前的速度.

对于惯性参考系,守恒定律(7.80)式对于一维流体轴的任何两点 1 和 2 都成立. 但是,对于像 ICF 内爆中有加速度的参考系,在动量方程还要加引力项 $g\int_{x_1}^{x_2}\rho \mathrm{d}x$. 对很陡的波前 ($x_1 = x_2$),这项为零;对于具有有限范围的能量沉积层(这里 $\Delta e \neq 0$),这项则起作用,并且使烧蚀压大大下降(见 7.7.3 小节).

由质量和动量守恒给出

$$
(p_2 - p_1)/(V_2 - V_1) = -j^2, \tag{7.81}
$$

这和简单的激波波前一样,同时这也意味着在波前两边比体积 $V = 1/\rho$ 和压力以相反符号变化. 如果用密度表示,这意味着,压力增大时,密度也增大(爆轰波前);压力下降时,密度也下降(爆燃波前). 现在于戈尼奥(Hugoniot)条件(6.24)式可以写为

$$e(p_2,V_2)=e(p_1,V_1)-\frac{1}{2}(p_1+p_2)(V_2-V_1)+\Delta e, \tag{7.82}$$

它用进入波前物质的态 (p_1,V_1) 来描述刚过了波前的已加热的态 (p_2,V_2). 在图7.8中在 (p,V) 平面示意地画出描述可容许终态的相应于戈尼奥曲线. 下面表示终态的下标2被省略. 因为在这里终态被假定是等温的,于戈尼奥曲线位于等温线,即

$$pV=\Gamma T=c_{\mathrm{T}}^2. \tag{7.83}$$

和通常的激波(图6.2)相比,于戈尼奥曲线向右移动了 $\Delta e>0$, 并且不包含初态 (p_1,V_1). 图中给出了连接 (p_1,V_1) 和可容许终态之间的不同直线,即所谓的Rayleigh线. 根据(7.81)式,这些线的斜率为 $-j^2$, 因此只有负斜率是容许的. 因此于戈尼奥曲线分为两簇,即描述爆轰波前的一簇,其 $p>p_1$ (到 A 点的左侧),以及描述爆燃波前的一簇,其 $p<p_1$ (到 B 点的右侧).

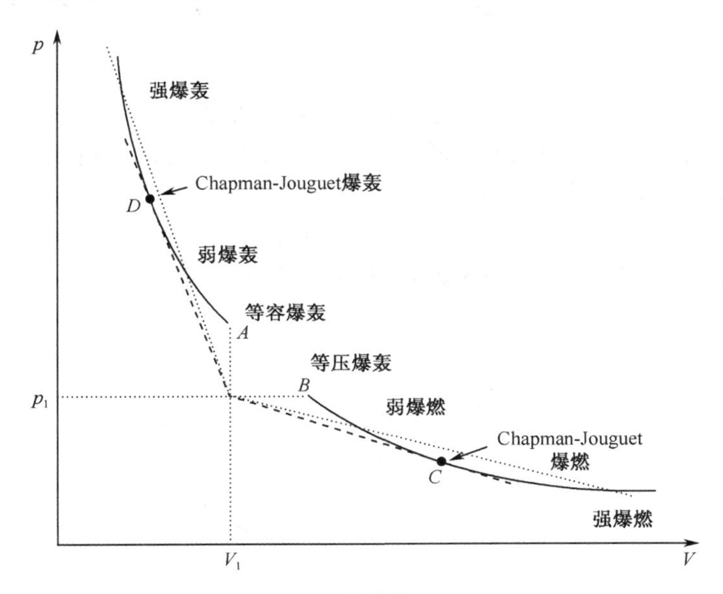

图7.8　爆轰和爆燃的于戈尼奥曲线(Courant, Friedrichs, 1948)

通常,Rayleigh线在两点切割于戈尼奥曲线或者根本没切割. 有一种特殊情况,它们和于戈尼奥曲线相切,这被分别叫做Chapman-Jouguet爆燃(切点为 C)和爆轰(切点为 D). 这些情况特别重要,其特点是声速流动. 这意味着从波前出来的流的速度 v_2 刚好等于声速 c_{T}. 这可以从相切条件 $j^2=|\mathrm{d}p/\mathrm{d}V|_{\mathrm{T}}$ 得到,即

$$v_2^2=j^2V_2^2=|(\mathrm{d}p/\mathrm{d}V)|_{\mathrm{T}}V_2^2=c_{\mathrm{T}}^2. \tag{7.84}$$

对于有两个切点的情况,从波前流出的流体要么是亚声速,要么是超声速,这取决于 j^2 是小于还是大于 $|(\mathrm{d}p/\mathrm{d}V)|_{\mathrm{T}}$.

同样,对爆轰波,流进波前的物质是超声速的,而流进爆燃波前的物质是亚声速的. 这是因为在图 7.8 中,在点 (p_1, V_1) 处相应 Rayleigh 线的斜率 j^2 对爆轰波来说是大于 $|(\mathrm{d}p/\mathrm{d}V)|_1$ 的,但对爆燃波来说是小的. 这里 $|(\mathrm{d}p/\mathrm{d}V)|_1 = \rho_1 c_1^2$ 是指具有绝热声速 c_1 的材料 1 的绝热曲线的斜率.

7.7.2　X 射线驱动烧蚀

现在作为稳态过程,我们处理 X 射线驱动烧蚀. 这里的内容基于 Hatchett (1991)的工作. 考虑辐射温度为 T_r 的黑腔,假定入射的斯特藩-玻尔兹曼流 $q_{ex} = \sigma_B T_r^4$ 完全被烧蚀物吸收,这里忽略再辐射(反照率). 烧蚀材料认为是等温的,其温度为 $T = T_r$. 为简单起见,我们还要求用理想气体物态方程,$e = pV/(\gamma - 1)$,这里 $\gamma = 5/3$. 由(7.79)式的流平衡给出

$$q_{ex} = \rho_2 c_T^3 + \sqrt{\frac{p_2 - p_1}{V_1 - V_2}} \left[\frac{3}{2} p_2 V_2 - \frac{3}{2} p_1 V_1 + \frac{1}{2}(p_1 + p_2)(V_2 - V_1) \right], \tag{7.85}$$

这里用了(7.81)式,其中 $j = \rho_2 v_2$,Δe 用了(7.82)式. 加上 $p_2 V_2 = c_T^2$,(7.85)式可确定波前的流. 下面,我们用初始烧蚀物密度 ρ_0 和给定的烧蚀材料声速 c_T 来归一化外部流和最大压力,其形式为

$$Q = q_{ex}/(\rho_0 c_T^3), \qquad P = p_{max}/(\rho_0 c_T^2). \tag{7.86}$$

图 7.9 给出了分别对应(a)超声速爆轰和(b)亚声速爆燃的两种解,下面对它们分别进行讨论.

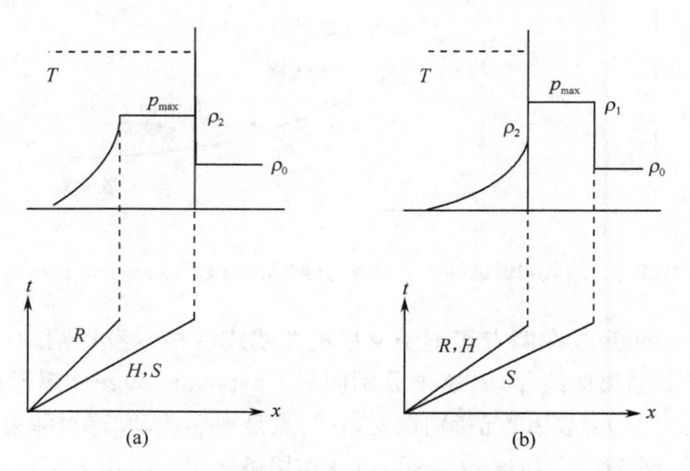

图 7.9　靠近稳态烧蚀波前处的密度轮廓

(a)超声速爆轰;(b)亚声速爆燃

1. 超声速爆轰

入射流足够高时，超声速解适用，这时，图 7.9(a) 中右侧波前前面的材料未受扰动 ($\rho_1=\rho_0$，$p_1=p_0=0$)，最高密度和最大压力值在左侧已烧蚀的材料中 $p_{\max}=p_2$. 在这种条件下，有

$$P=p_2/(\rho_0 c_{\mathrm{T}}^2)=\rho_2/\rho_0=V_0/V_2, \tag{7.87}$$

同时，由(7.85)式得

$$Q=P+(2-P/2)P/\sqrt{P-1}. \tag{7.88}$$

图 7.10 给出了这种关系. 对很大的 Q，我们有 $P\to 1$，根据(7.87)式，这意味着 $\rho_2\to\rho_0$. 显然，这是等容加热波极限，这里的波跑得非常快，所以没有密度扰动. 在图 7.8 中于戈尼奥曲线上，这对应描述恒定体积爆轰的点 A.

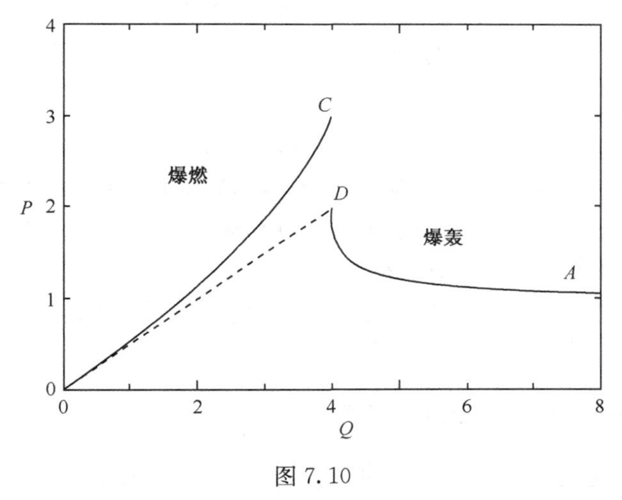

图 7.10

实线为归一化的最大压力 $P=p_{\max}/(\rho_0 c_{\mathrm{T}}^2)$ 随归一化流 $Q=q_{\mathrm{ex}}/(\rho_0 c_{\mathrm{T}}^3)$ 的变化，对应 $P=Q/2$ 的虚线为爆燃分支的近似. $Q=4$ 时，亚声速爆燃流破裂，超声速爆轰流取而代之

Q 下降时，压力 P 上升，烧蚀材料按 $P=\rho_2/\rho_0$ 被压缩. 在于戈尼奥曲线上这对应 A 和 D 之间的区域，这时已烧蚀材料相对波前做超声速运动($|v_2|>c_{\mathrm{T}}$，参考图 7.8). 这意味着稀疏波的头跑得比波前慢，这样具有恒定密度的已烧蚀气体区域不断变大. 这种情况一直成立，一直到 $|v_2|=c_{\mathrm{T}}$ 的 Chapman-Jouguet 点 D，此时 $Q=4$，$P=\rho_2/\rho_0=2$.

进一步减小 Q，流体行为变化不连续. 这是因为已烧蚀材料的流动变为亚声速的，稀疏波的头将赶上波前，这时压力 p_2 和密度 ρ_2 都下降. 因此压力 $p>p_{\mathrm{D}}$ 的强爆轰 Hugoniot 区域不稳定，流体将变成爆燃状态.

2. 亚声速爆燃

对爆燃,热波波前是亚声速的,它前面有激波,图 7.9(b)显示的就是这种情况. 因为烧蚀物的初始压力可忽略 $p_0 \approx 0$, 激波很强,对 $\gamma = 5/3$, 压缩比为 $\rho_1/\rho_0 = 4$. 爆燃热波波前会跑进密度为 ρ_1 的激波材料中. 结果压力 p_1 会自我调节使得爆燃波总是 Chapman-Jouguet 型的,它在图 7.8 中对应于戈尼奥曲线上的 C 点. B 和 C 之间的区域又是不稳定的,因为 $|v_2| < c_{\mathrm{T}}$, 这意味着烧蚀一侧稀疏波的压力不断下降直到到达 C 点.

对于 Chapman-Jouguet 爆燃,我们有 $(p_2 - p_1)/(V_2 - V_1) = -p_2/V_2$, 因此

$$p_1/p_2 = 2 - V_1/V_2. \tag{7.89}$$

对归一化的最大压力,我们可以得到

$$P = p_1/(\rho_0 c_{\mathrm{T}}^2) = 4(p_1/p_2)(V_1/V_2). \tag{7.90}$$

同时利用(7.89)和(7.80)式,我们得到 $V_1/V_2 = 1 - \sqrt{1 - P/4}$ 和 $p_1/p_2 = 1 + \sqrt{1 - P/4}$, 同时由(7.85)式可得

$$Q = 8 - P - (4 - P)^{3/2}. \tag{7.91}$$

这个方程给出了在 $0 \leqslant Q < 4$ 区域归一化入射流函数 $P(Q)$ 的爆燃分支;图 7.10 也给出了这一分支. 当 Q 足够小时,它可以用线性关系 $P = Q/2$ 作近似,如图中虚线所示. 低驱动极限 $Q \leqslant 4$ 对应的是 $p_1/p_2 = 2$ 和 $\rho_2/\rho_1 = Q/16$. 在这种极限条件下,烧蚀材料的密度 ρ_2 要小于壁密度 ρ_1, 因此壁密度可认为是无限大的. 这是 7.6 节中处理烧蚀热波相似解的基本近似.

7.7.3 X 射线烧蚀压和质量烧蚀速率

现在我们讨论这些结果对惯性聚变的意义. 对于烧蚀驱动,显然涉及亚声速爆燃状态. 在这个状态下,驱动热波前有一个压缩波[见图 7.9(b)],在这里冷的壁材料被加速. 在低驱动极限下,烧蚀压为

$$p_{\mathrm{a}} = p_1 = 2p_2 = 2\rho_2 c_{\mathrm{T}}^2, \tag{7.92}$$

同时流平衡 $Q = 2P$ 恢复量纲后为

$$q_{\mathrm{ex}} = 2p_1 c_{\mathrm{T}} = 4\rho_2 c_{\mathrm{T}}^3. \tag{7.93}$$

这里我们要想到,在 $4\rho_2 c_{\mathrm{T}}^3$ 中数值因子已同时考虑了热波驱动和保持稀疏波以 $T \approx T_{\mathrm{R}}$ 等温额外所需的能流 $\rho_2 c_{\mathrm{T}}^3$. 同时利用(7.92)和(7.93)式,我们发现烧蚀压和黑腔温度的依赖关系为

$$p_{\mathrm{a}} = q_{\mathrm{ex}}/(2c_{\mathrm{T}}) = \sigma_{\mathrm{B}} T_{\mathrm{r}}^4/\sqrt{4\Gamma T_{\mathrm{r}}} \propto T_{\mathrm{r}}^{3.5}. \tag{7.94}$$

相应地,质量烧蚀速率和 T_{r} 的定标关系为

$$\dot{m}_{\mathrm{a}} = \rho_2 c_{\mathrm{T}} = q_{\mathrm{ex}}/(4c_{\mathrm{T}}^2) = \sigma_{\mathrm{B}} T_{\mathrm{r}}^4/(4\Gamma T_{\mathrm{r}}) \propto T_{\mathrm{r}}^3. \tag{7.95}$$

可以得出结论，提高黑腔温度可大大增强烧蚀压. 但是当 ρ_2 接近壁密度 $\rho_1 = 4\rho_0$ 时，烧蚀驱动就达到了极限. 这个极限为 $Q = 4$，这时爆燃状态破坏，超声速爆轰状态建立. 爆轰状态对烧蚀驱动没有用处. 显然，爆轰火箭推进材料不是将有效负载送入轨道的好方法. 另一方面，超声速模式为将辐射能在没有流体扰动的情况下传输进物质提供了一种方法. 这种性质或许可用在泡沫缓冲靶中作辐射光滑(Willi et al., 2000).

现在我们将(7.94)和(7.95)式用于烧蚀物铍，这是黑腔靶设计时的最佳选择之一. 材料完全电离时有 $Z = 4, A = 9$，因此

$$\Gamma T_r = (1 + Z)k_B T_r / A m_p = c_T^2 = 6.0 \times 10^{13} T_r \mathrm{erg/g}, \tag{7.96}$$

$$c_T = 7.75 \times 10^6 T_r^{1/2} \mathrm{cm/s}, \tag{7.97}$$

这里黑腔温度 T_r 的单位是 100eV. 因为 Be 的固体密度为 $\rho_0 = 1.84\mathrm{g/cm^3}$，用量纲为一的驱动参数我们得到

$$Q = \sigma_B T_r^4 / (\rho_0 c_T^3) = 0.12 T_r^{5/2}, \tag{7.98}$$

由此，当 $T_r = 250\mathrm{eV}$ 时，$Q \approx 1$，对于这个 X 射线驱动 ICF 内爆时的典型温度，烧蚀驱动仍处于 $Q < 4$ 这个区域. 相应的烧蚀压为

$$p_a = \sigma_B T_r^4 / (2c_T) = 6.6 T_r^{7/2} \mathrm{Mbar}, \tag{7.99}$$

质量烧蚀速率为

$$\dot{m}_a = \sigma_B T_r^4 / (4c_T^2) = 4.26 \times 10^5 T_r^3 \mathrm{g/(cm^2 \cdot s)}, \tag{7.100}$$

这里 T_r 的单位还是 100eV. 对 $T_r = 250\mathrm{eV}$，(7.99)式给出的驱动压为 163Mbar. 在图 7.11 中，对 Be 用不同辐射流体程序模拟得到的 X 射线驱动压和(7.99)式(实线)进行了比较. 可以看到，$T_r^{3.5}$ 的定标关系得到了确认. 在模拟中，前面的数值因子也能很好重复，这里考虑的是静止厚 Be 层的 X 射线烧蚀，因此在惯性参考系中，烧蚀波是稳定的. 应该注意到，在推导(7.99)式时光厚、电离等细节都被完全忽略了，尽管如此，我们还是得到了很一致的结果. 显然这些细节在这里不起主导作用. 但将(7.99)式用于 ICF 内爆时，其他效应可能是重要的.

在图 7.11 中，对 Be 的烧蚀压，我们也把(7.99)式和 Lindl (1995)报道的表达式 $p_a \simeq 3T_r^{3.5}$ 进行了比较. Lindl 的数值因子来自真实 ICF 靶的内爆模拟，这里 X 射线烧蚀发生在加速薄壳参考系中. 结果因子小了 2 倍. 事实上，更详细的分析(Hatchett, 私人通信)表明加速是造成这种差异的原因. (7.80)式的转换定律只适用于惯性参考系，这时它适用于一维流体轴上的任何两点 x_1 和 x_2. 但是在加速度为 g 的加速参考系中，在动量方程中，还有引力项[参看(7.111)式]. 它使烧蚀压减小，$p_{\mathrm{grav}} = g\int_{x_1}^{x_2} \rho \mathrm{d}x$，并且只在陡峭波前 ($x_1 = x_2$) 才为零. 但是当 X 射线沉积在有限范围内时，$\Delta e > 0$，这项起作用. 估计 $g \approx 10^{17}\mathrm{cm/s^2}$，$\int_{x_1}^{x_2} \rho \mathrm{d}x \approx 1/\kappa \approx$

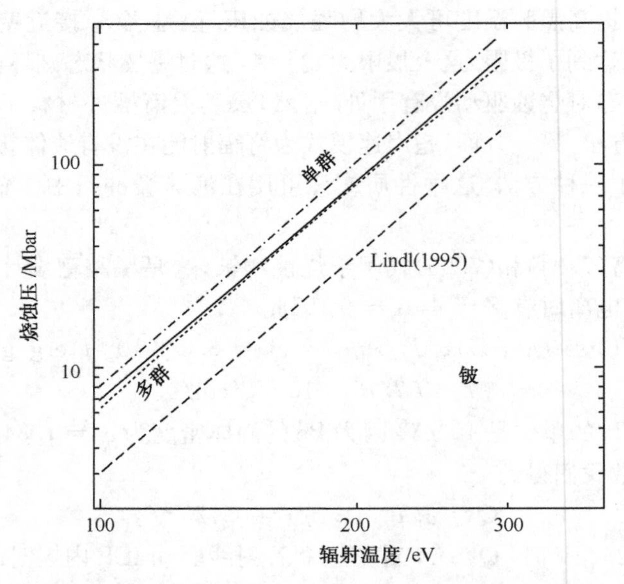

图 7.11　Be 的烧蚀压随辐射温度的变化,利用多群程序 SARA(Honrubia,1993)和单群程序 DEIRA (Basko, 1990) 进行辐射流体模拟得到的结果,以及 Lindl (1995)报道的结果和(7.97)式(粗实线)进行了比较

1mg/cm^2,可以看到减小的量级为 100Mbar. 这里由(10.99)式可估计 $\kappa \approx 10^{-3}\text{cm}^2/\text{g}$. 这样对 0.5～1keV 的光子,可得到冷 Be 的束缚-自由光厚,在 $T_r = 250\text{eV}$ 时,这些光子携带大多数的 X 射线流[参考图 9.18(e)].

总之,有限光厚对烧蚀压起很大作用,但这只是对于加速壳层而言. 作为估计,(7.99)式可以用于 Be 靶,这时前面的因子在 3～6Mbar. 至于 X 射线驱动内爆的定量分析,人们需要全尺度的模拟.

7.7.4　超声速 X 射线加热

这里也给一个超声速区 $Q \gg 4$ 的例子. 从(7.98)式可以清楚地看到,对固定温度,参数 Q 由密度 ρ_0 控制,降低 ρ_0 就可到达超声速热波区. 考虑密度为 100 mg/cm^3的塑料泡沫,它在一些黑腔设计中作有用的结构填充材料. 声速和(7.97)式的类似,所以对 $T_r = 250\text{eV}$, 我们有 $Q \approx 20$, 在这种泡沫材料中,热波将以超声速传播,流体几乎没有扰动.

7.8　稳态激光烧蚀

7.8.1　临界密度的作用

激光驱动和 X 射线驱动烧蚀的关键区别是激光在已烧蚀等离子体中只能传

到临界密度

$$n_c = \frac{\pi m c^2}{e^2 \lambda_L^2}, \tag{7.101}$$

激光波长为 $\lambda_L = 1\mu m$ 时，$n_c = 1.11 \times 10^{21}/cm^3$，这个密度要比烧蚀材料的电子密度低 10～100 倍. 激光的吸收通常发生在接近临界密度的地方，对相对较大的波长($\lambda_L > 0.5\mu m$) 更是如此，因为这时共振和参量吸收占主导(参考 11 章). 因此我们可近似认为能量局域地沉积在临界面，并可使用 7.7 节发展的稳定烧蚀模型. 图 7.12 给出了激光驱动烧蚀的温度和密度轮廓. 由于烧蚀材料的密度低，激光烧蚀总处于爆燃极限. 描述流平衡的(7.79)式，有

$$I_L = 4\rho_c c_T^3, \tag{7.102}$$

现在可用来确定临界面的温度 $\Gamma T_c = c_T^2$，因为密度 $\rho_c = (Am_p/Z)n_c$ 已由 n_c 固定. 要注意激光烧蚀等离子体的温度(通常为几千电子伏特)要远大于 X 射线驱动烧蚀时的温度，因为临界密度远小于壁的固体密度，当然具体要看激光的波长. 由于这么高的烧蚀温度，在激光驱动烧蚀时会形成一个热传导层. 它位于临界面和烧蚀波前之间，这可见图 7.12. 传导层在直接驱动激光聚变中起重要作用，因为它把束沉积区域和瑞利-泰勒不稳定烧蚀波前分离，有利于光滑沉积不均匀. 下面，我们确定定标关系和传导层的性质.

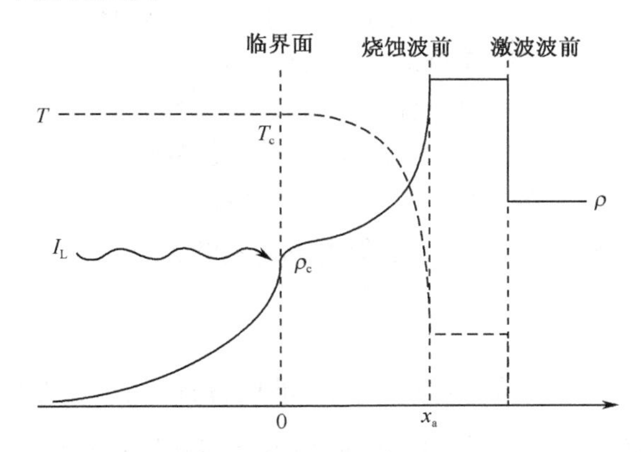

图 7.12　激光驱动烧蚀波前的模型结构

在临界面和烧蚀波前之间形成了由电子热传导控制的稠密稳态等离子体层($\rho > \rho_c$)

7.8.2　激光驱动稳定烧蚀的定标

从(7.102)式可以得到烧蚀温度为

$$\Gamma_B T_c = c_T^2 = \left(\frac{I_L}{4\rho_c}\right)^{2/3}. \tag{7.103}$$

这可以确定稳态烧蚀压

$$p_a = 2\rho_c c_T^2 = (\rho_c/2)^{1/3} I_L^{2/3}, \tag{7.104}$$

和质量烧蚀速率

$$\dot{m}_a = \rho_c c_T = (\rho_c/2)^{2/3} I_L^{1/3}. \tag{7.105}$$

如果处在爆燃极限（$\rho_c \ll \rho_0$）并且激光能量沉积只局域地发生在临界面处，这些关系对平面激光烧蚀是近似成立的. 在推导中，由超热电子和辐射引起的效应都没有考虑. 同时假定烧蚀材料是完全电离的，因此电离能被忽略. 在很高的烧蚀温度下，对低 Z 材料，这是合理的. 利用 $\Gamma = (1+Z)k_B/(Am_p)$，像 7.5.3 小节一样，选用 $Z=6, A=12$ 的碳作为参考烧蚀物，由(7.103)和(7.105)式我们可得到显式的定标关系

$$\begin{aligned} T_c &= 13.7(I_L\lambda_L^2)^{2/3}\text{keV}, \\ c_T &= 8.75\times10^7(I_L\lambda_L^2)^{1/3}\text{cm/s}, \\ p_a &= 57(I_L/\lambda_L)^{2/3}\text{Mbar}, \\ \dot{m}_a &= 3.26\times10^5(I_L/\lambda_L^4)^{1/3}\text{g/(cm}^2\cdot\text{s)}, \end{aligned} \tag{7.106}$$

这里 I_L 的单位是 10^{15}W/cm^2，λ 的单位是 μm.

在图 7.13 中给出了 Key 等(1983)的烧蚀压和 McCall (1983)的质量烧蚀速率，他们用的都是平面靶，这些结果和用上面推导的模型表达式进行了比较. 烧蚀压数据很好地按 $(I_L/\lambda_L)^{2/3}$ 定标，质量烧蚀速率则很好地按 $(I_L/\lambda_L^4)^{1/3}$ 定标. 图 7.13(a)中关于烧蚀压的实线完全对应(7.106)式，而图 7.13(b)中关于质量烧蚀速率的粗虚线对应(7.106)式，只是前面的数值因子根据数据做了一点调整，即从 3.26×10^5 调整为 2.65×10^5. 在图 7.13(b)中给出的球形靶的质量烧蚀速率随强度增长更快，$\dot{m}_a \propto I_L^{0.76}$. 在 7.5.3 小节中讨论的球几何碰撞吸收的定标关系 $\dot{m}_a \propto I_L^{5/9}\lambda_L^{-4/9}$ 确实已有比较大的定标指数，但看来还不够大.

7.8.3　传导层

激光烧蚀时，传导层将束沉积区和烧蚀波前分开，在这过渡层中，能量主要通过电子热传导传输到烧蚀波前. 对稳态流动和平面几何，热流 $q = -\chi_0 T^{5/2}\mathrm{d}T/\mathrm{d}x$ 刚好平衡流体烧蚀的能流

$$(e + pV + u^2/2)\rho v + q \approx 0, \tag{7.107}$$

这里忽略了越过烧蚀波前的任何能流. 取焓 $h = e + pV = (5/2)\Gamma T$，恒定质量流 $\rho u = \rho_c(\Gamma T_c)^{1/2}$，同时忽略动能项 $u^2/2$（动能项在烧蚀波前为零，在亚声速传导层也很小），我们发现温度 $T(x)$ 方程为

$$\chi_0 T^{5/2}\frac{\mathrm{d}T}{\mathrm{d}x} = \frac{5}{2}\Gamma T\rho_c(\Gamma T_c)^{1/2}, \tag{7.108}$$

其积分为

$$T(x)=T_c\left(1-\frac{25}{4}\frac{\rho_c(\Gamma T_c)^{3/2}}{\chi_0 T_c^{7/2}}x\right)^{2/5}.\tag{7.109}$$

温度从临界面处（$x=0$）的值 T_c 逐渐降到烧蚀波前处（$x=x_a$）为零，它具有非线性热波的典型形式. 在稳态烧蚀近似下，传导层的厚度为

$$x_a=\frac{4\kappa_0}{25\rho_c\Gamma^{3/2}}T_c^2\propto(I_L\lambda_L^2)^{4/3}\lambda_L^2,\tag{7.110}$$

它强烈依赖 λ. 对激光聚变，用更小的激光波长是很有吸引力的，因为这可增强光

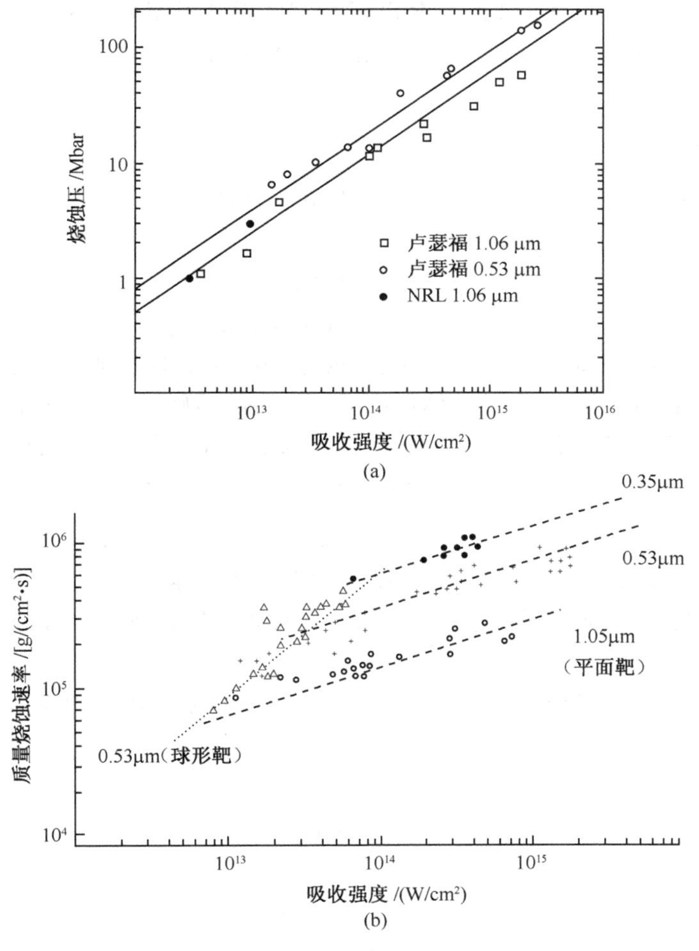

图 7.13

(a)由不同实验小组用两个激光波长测得的烧蚀压随吸收激光强度的变化(数据来自 McCall，1983)，这些数据和用(7.106)式在不同波长下得到的烧蚀压(实线)进行了比较；(b)Key 等(1983)对平面靶用波长 1.06μm，0.53μm 和 0.35μm 以及 Goldsack 等(1982)对球形靶用波长 0.53μm 所测得的质量烧蚀速率随吸收激光强度的变化；(b)中的粗虚线为不同波长下用质量烧蚀速率公式(7.106)得到的，这里前面的因子是根据数据调节的，点线是球形数据的拟合，其对应的定标为 $\propto I_L^{0.76}$

吸收、质量烧蚀和烧蚀压，但另一方面，它使激光沉积更靠近烧蚀波前，这使烧蚀波前更容易受沉积不均匀的影响.

7.9 在加速参考系中的稳态烧蚀波前

本节我们讨论加速参考系中的稳态烧蚀，这是第 8 章讨论瑞利-泰勒不稳定(RTI)的基础. 这里考虑的解描述包含热传导的亚声速稳态流. 这是针对平面几何推导的，从亚声速点到烧蚀波前的 RTI 不稳定区再到压缩和加速壳区域，都适用. 这里我们采用 Kull(1991)的表述. 相应的球几何一维解已由 Takabe 等(1983)详细讨论.

7.9.1 平面几何解

包括传导的平面稳态流方程可由(6.1)式得到，即

$$\begin{aligned}&(\rho u)' = 0,\\&(\rho u^2 + p)' + \rho a = 0,\\&[(h + u^2/2)\rho u + q]' + \rho a u = p,\end{aligned}\tag{7.111}$$

这里流的方向为 z 方向，$(\cdots)'$ 中的撇表示对 z 的导数. 这里加了引力项 ρa 和 $\rho a u$ 来表示整个系统在正 z 方向的整体加速. 能量方程右侧的 p 项考虑的是驱动束的能量沉积，本节中我们不考虑它，但假定进入的能流由流体边界条件给定. 取电子热流为 $q = -\chi_0 T^{5/2}\mathrm{d}T/\mathrm{d}z$，我们得到能量沉积方程的一阶积分为

$$(h + u^2/2)\rho u - \chi_0 T^{5/2} T' + \rho a u z = \text{const.}\tag{7.112}$$

求解(7.111)式的困难在于声速奇点. 利用理想气体关系 $p = \rho\Gamma_{\mathrm{B}}T$ 和 $h = \gamma/(\gamma-1)\cdot\Gamma_{\mathrm{B}}T$，我们用 T 和 u 来表示(7.111)式中的 h、p 和 ρ. 首先我们有

$$(u^2 - \Gamma_{\mathrm{B}}T)u'/u + \Gamma_{\mathrm{B}}T' + a = 0,\tag{7.113}$$

这清楚地表明奇点在等温声速点 $u_{\mathrm{s}}^2 = \Gamma_{\mathrm{B}}T_{\mathrm{s}}$. 将所有变量用它们在声速点的值归一化，即

$$\begin{aligned}&\widetilde{T} = T/T_{\mathrm{s}},\\&\tilde{u} = u/u_{\mathrm{s}},\\&\tilde{\rho} = \rho/\rho_{\mathrm{s}},\\&\tilde{z} = (a/u_{\mathrm{s}}^2)z.\end{aligned}\tag{7.114}$$

(7.112)式除以 $h_{\mathrm{s}} = u_{\mathrm{s}}^2\gamma/(\gamma-1)$，(7.113)式除以 a，再利用 $\rho u = \rho_{\mathrm{s}}u_{\mathrm{s}}$，我们最终得到量纲为一的方程组

$$\begin{aligned}&(\tilde{u}^2 - \widetilde{T})\tilde{u}'/\tilde{u} + \widetilde{T}' + 1 = 0,\\&\widetilde{T} + (\gamma-1)/\gamma\cdot(\tilde{u}^2/2 + \tilde{z}) - \mu\widetilde{T}^{v}\widetilde{T}' = C,\end{aligned}\tag{7.115}$$

它们依赖两个参数，即积分常数 C 和量纲为一的参数

$$\mu = \frac{(\gamma-1)}{\gamma}\frac{\chi_0 T_s^{5/2}}{\rho_s \Gamma_B}\frac{a}{u_s^3}. \tag{7.116}$$

初看起来,这两个参数 μ 和 C 是相互独立的. 但寻求连续地穿过声速点的跨声速解时,发现还要满足另外一个条件,即

$$C = 1 + \frac{\gamma-1}{\gamma}\left(\frac{1}{2} + \tilde{z}_s\right) - \mu, \tag{7.117}$$

这里 $\tilde{z}_s$ 是归一化的烧蚀波前和声速点之间的距离.

将方程组(7.115)中的第一式乘上 μT^ν,然后用第二个式子消去 $\mu T^\nu T'$,可得到(7.117)式. 这里得到的结果是

$$\mu\widetilde{T}^\nu\left(\frac{\tilde{u}^2-\widetilde{T}}{\tilde{u}}\right)\tilde{u}' = \widetilde{T} + \frac{\gamma-1}{\gamma}\left(\frac{\tilde{u}^2}{2} + \tilde{z}\right) - \mu\widetilde{T}^\nu - C \equiv D(\tilde{u},\widetilde{T}), \tag{7.118}$$

它可写为

$$\frac{\mathrm{d}\tilde{z}}{\mathrm{d}\tilde{u}} = \frac{\mu\widetilde{T}^\nu(\tilde{u}^2-\widetilde{T})}{\tilde{u}D}. \tag{7.119}$$

对 $\tilde{z}(\tilde{u})$ 从亚声速一侧($\tilde{u}^2 < \widetilde{T}$)到超声速点 $(\tilde{u}=1)$ 积分时,连续地通过声速点的跨声速解 $\tilde{u}(\tilde{z})$ 只有在 $D_s = 0$ 时才能得到,由此可得到约束条件(7.117)式.

7.9.2　数值结果

用满足条件(7.117)式的不同 μ 值,对方程组(7.115)进行数值积分,得到的结果见表 7.1. 物理上,这些解可以很好地用波前密度和声速点密度的比值 ρ_a/ρ_s 来表征. 这些解对应的密度比在 10～500,这是和实际相符的,它们对应的 μ 值都接近 1. 注意,压力比几乎保持恒定. 表中还给出了相应的温度比和波前处的马赫数 $\mathscr{M}_a = u_a/\sqrt{\Gamma_B T_a}$,以及波前和声速点的距离,其单位是 u_s^2/a.

表 7.1　烧蚀波前(标记为 a)和声速点(标记为 s)之间的密度比、温度比和压力比,烧蚀波前处的马赫数 $\mathscr{M}_a$,声速点和烧蚀波前的距离 $z_s a/u_s^2$. 这些数据是对不同的 μ 用数值积分得到的(Kull, 1989)

ρ_a/ρ_s	T_a/T_s	p_a/p_s	$\mathscr{M}_a$	$z_s a/u_s^2$	μ
10	0.1	1.01	0.31	0.447	0.922
20	0.055	1.11	0.21	0.424	0.975
30	0.039	1.16	0.17	0.416	0.995
50	0.024	1.16	0.13	0.410	1.012
100	0.012	1.20	0.09	0.406	1.025
200	0.006	1.24	0.06	0.405	1.032
500	0.003	1.25	0.04	0.403	1.036

对于 $\rho_a/\rho_s = 50$,图 7.14 给出了不同变量在这个区间的值. 空间坐标的零点

定在烧蚀波前. 我们要强调,在目前这种表述中,所有函数和它们的导数在这点都是连续的,尽管在图 7.14 中有一个很明显的陡峭边沿. 显然,它确定了热波的头,同时在烧蚀区温度曲线的这种形状特征是非线性热传导的结果. 应该注意到,从烧蚀波前往下,压力几乎是均匀的. 这表明,采用等压模型可以进一步简化这个区域的描述.

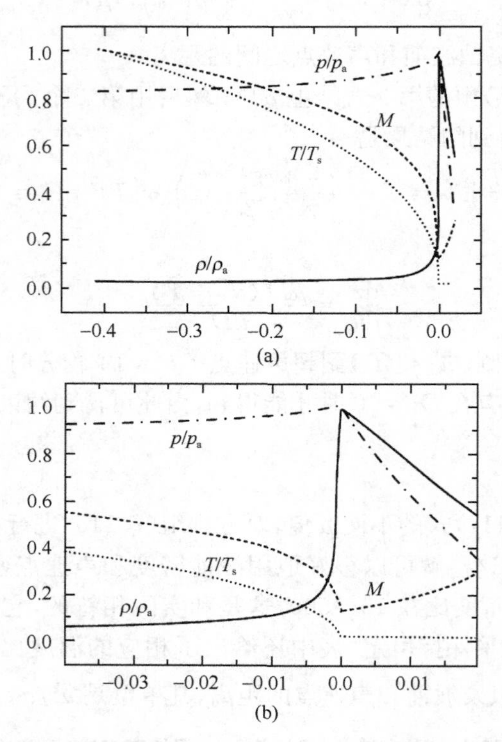

图 7.14　对平面几何,$\rho_a/\rho_s = 50$ 时过声速点的稳态流解

(a)从 $\tilde{z}=0$ 的烧蚀波前(标记为 a)到 $\tilde{z}=-0.41$ 的声速点(标记为 s)的密度 ρ/ρ_a、压力 p/p_a、温度 T/T_s 和马赫数 $\mathscr{M}$;(b)靠近烧蚀波前区域的局部放大(数据来自 Kull, 1989)

我们很有兴趣注意到,目前的解从物理上看是合理的,即使在烧蚀波前前面的区域也是如此. 显然,它们能描述低温高密度的薄壳层,其密度和压力有一定斜度. 定性上,它和处于最初激波之后的加速状态并且稀疏波已经通过后的薄箔的结构相似. 同时真正正在烧蚀的箔是不稳定的,因为它们不断损失质量,这样这里考虑的稳态解不可能完全一致. 这些解的重大价值实际上在于它们提供了烧蚀驱动动力学的基本图像. 这也为第 8 章研究烧蚀流的 RTI 打下基础.

7.10　球形火箭驱动

内爆过程的总体性质，如流体效率和内爆速率可以用火箭模型描述. 这里在一定程度上我们参考 Murakami 和 Nishihara(1987)的推导.

7.10.1　火箭方程

火箭方程是基于动量守恒. 考虑一个火箭，其随时间变化的质量为 $M(t)$，它在时间间隔 $\mathrm{d}t$ 内推出质量 $\mathrm{d}M$. 动量守恒要求

$$\mathrm{d}\boldsymbol{P}_{\mathrm{r}} + \mathrm{d}\boldsymbol{P}_{\mathrm{ex}} = 0, \tag{7.120}$$

这里 $\mathrm{d}\boldsymbol{P}_{\mathrm{r}} = \mathrm{d}(M\boldsymbol{u})$ 是火箭动量的变化，$\mathrm{d}\boldsymbol{P}_{\mathrm{ex}} = -\boldsymbol{u}_1\mathrm{d}M$ 是被推出物质的动量，$\boldsymbol{u}$ 和 $\boldsymbol{u}_1$ 分别为相对于某个惯性参考系的速度. 方程(7.120)可以重新写为

$$M\mathrm{d}\boldsymbol{u}/\mathrm{d}t = (\boldsymbol{u}_1 - \boldsymbol{u})\mathrm{d}M/\mathrm{d}t. \tag{7.121}$$

这里 $\boldsymbol{u}_{\mathrm{ex}} = \boldsymbol{u}_1 - \boldsymbol{u}$ 为相对于火箭的排出速度.

现在我们用球形火箭模型来描述薄球壳的烧蚀内爆. 在时间 t，质量为 $M(t)$ 的壳位于半径 $R(t)$ 处，其内爆速度为 $u = \mathrm{d}R/\mathrm{d}t$. 吸收外部辐射使得表面烧蚀，其质量烧蚀速率为 $\dot{m}_{\mathrm{a}}$，它单位时间推出的质量为

$$\frac{\mathrm{d}M}{\mathrm{d}t} = -4\pi R^2\dot{m}_{\mathrm{a}}, \tag{7.122}$$

产生的烧蚀压为

$$p_{\mathrm{a}} = \dot{m}_{\mathrm{a}}u_{\mathrm{ex}}. \tag{7.123}$$

对这个壳层，牛顿方程(7.121)可以写为

$$M\frac{\mathrm{d}u}{\mathrm{d}t} = -4\pi R^2 p_{\mathrm{a}}. \tag{7.124}$$

这个火箭模型既不是描述壳内部的动力学也不是描述烧蚀区的动力学，它只依赖已烧蚀物质和负载之间的总体动量平衡. 它用质量烧蚀速率 $\dot{m}_{\mathrm{a}}$ 和排出速度 u_{ex} 来表达烧蚀内爆.

7.10.2　球形内爆参数

对(7.124)和(7.122)式积分，可以得到壳层速度

$$u = u_{\mathrm{ex}}\ln(M/M_0), \tag{7.125}$$

$$1 - \frac{M}{M_0}\left(1 - \ln\frac{M}{M_0}\right) = \frac{\varepsilon}{3}\left[1 - \left(\frac{R}{R_0}\right)^3\right], \tag{7.126}$$

这里内爆参数为

$$\varepsilon = \frac{\dot{m}_{\mathrm{a}}}{u_{\mathrm{ex}}\rho_0}\frac{R_0}{\Delta R_0}, \tag{7.127}$$

壳层密度为 ρ_0，其初始质量为 $M_0 = 4\pi R_0^2 \rho_0 \Delta R_0$，半径为 R_0，厚度为 ΔR_0．(7.126)式中质量-半径关系是从(7.122)式得到的，其中还用了 $\mathrm{d}M/\mathrm{d}t = \mathrm{d}M/\mathrm{d}R \cdot \mathrm{d}R/\mathrm{d}t$ 和(7.125)式．图 7.15 给出了不同内爆参数 ε 下半径随排出质量 $\Delta M/M_0 = 1 - M/M_0$ 的变化．由于壳层的汇聚，在壳层内爆到一半半径时烧蚀实际上就停止了，驱动脉冲通常在这时就关掉了．为简单起见，我们定义最终的内爆质量为 $M_1 = M(R=0)$，它和一半半径时的质量多少有些差别．对 $\varepsilon < 3$，负载质量是有限的；对 $\varepsilon \geqslant 3$，在内爆时，壳层完全挥发．

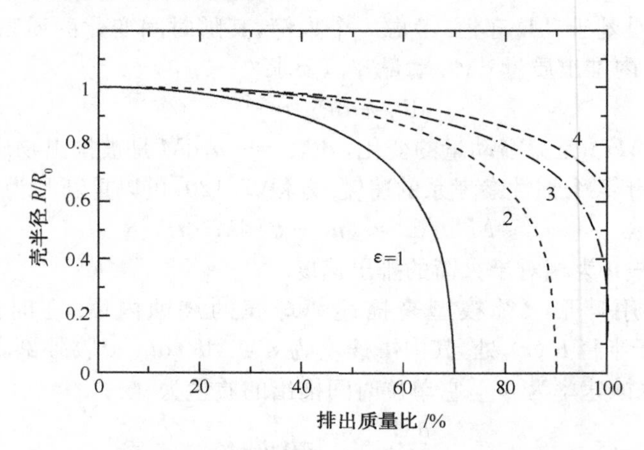

图 7.15　壳半径和排出质量 $\Delta M/M_0 = 1 - M/M_0$ 的关系

7.10.3　内爆速度和流体效率

壳层的最终内爆速率为

$$u_{\mathrm{imp}} = u_{\mathrm{ex}} \ln \frac{M_0}{M_1}. \tag{7.128}$$

对 ICF 物理，这是一个重要关系，因为它把内爆速度和排出速度联系起来，它是由点火和驱动相互作用物理确定的，负载比 M_1/M_0 确定了驱动效率．由(7.129)式得到壳层的动能为

$$E_{\mathrm{kin}} = M_1 [\ln(M_0/M_1)]^2 u_{\mathrm{ex}}^2/2. \tag{7.129}$$

它除以排出能量

$$E_{\mathrm{ex}} = (M_0 - M_1) u_{\mathrm{ex}}^2/2, \tag{7.130}$$

得到火箭效率为

$$\eta_{\mathrm{r}} = \frac{M_1/M_0 (\ln(M_1/M_0))^2}{1 - M_1/M_0}. \tag{7.131}$$

在图 7.16 中给出了火箭效率随 M_1/M_0 的变化．其重要结论是其峰值在负载比大约为 20％的地方，也就是说为了实现优化驱动，大约 80％的壳层要被烧蚀掉，根据

(7.128)式有 $u_{imp}/u_{ex} \approx 1.6$. 优化驱动要求排出速度小于内爆速度.

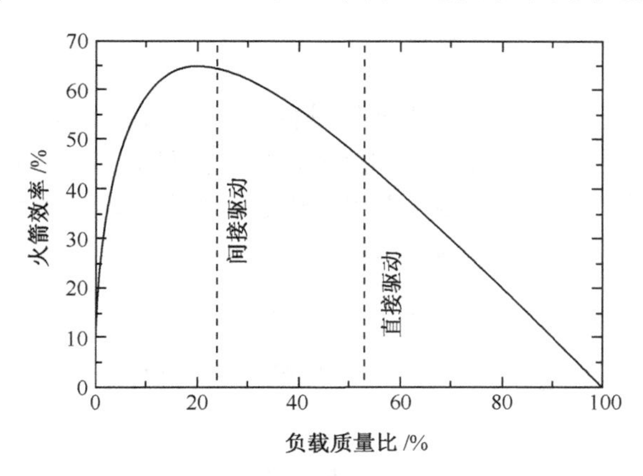

图 7.16　火箭效率和负载质量比的关系

图中标出了与直接和间接驱动符合的 M_1/M_0 值，250eV 热辐射对烧蚀物 Be 的间接驱动比直接激光驱动更容易得到高的火箭效率，这是因为其排出速率较低. 见文中的定量例子

图 7.16 中用简单火箭模型给出的效率是烧蚀驱动内爆中所得值的 3 或 4 倍. 这个差别是由于在(7.130)式中考虑的排出能只是定向动能，而在烧蚀过程中向外喷的热等离子体除去动能外还包括热能和电离能，对于平面等温稀疏波，热能为动能的 3/5. 真实的靶模拟还考虑用于烧蚀材料电离和球面膨胀的能量. 结果我们发现最大流体效率不超过 20%.

现在我们用前面几节的结果来估计排出速度. 采用 7.7 节中稳态烧蚀模型的爆燃极限，我们发现 $p_a = 2\rho_2 c_T^2$，$\dot{m}_a = \rho_2 c_T$ [见(7.92)和(7.95)式]. 因此

$$u_{ex} = p_a/\dot{m}_a = 2c_T. \tag{7.132}$$

这个结果对直接驱动和间接 X 射线驱动都成立. 这两种情况的重要不同在于不同的声速，激光烧蚀时的声速要远大于 X 射线烧蚀时的声速.

对于直接激光驱动，我们可用第 3 章讨论的参考情况作为典型例子. 那里我们用强度为 $5\times10^{14}\,\mathrm{W/cm^2}$，波长为 0.25μm 的激光脉冲内爆塑料壳，达到的最大速度为 $u_{imp} = 3.5\times10^7\,\mathrm{cm/s}$. 由这些参数，(7.106)式给出 $c_T = 2.76\times10^7\,\mathrm{cm/s}$，再由(7.132)和(7.128)式我们得到 $u_{imp}/u_{ex} = 0.63$，负载质量比为 $M_1/M_0 = 0.53$，这和模拟中 50%的负载质量相符合. 另一方面考虑在温度为 $T_r = 250\,\mathrm{eV}$ 中烧蚀物 Be 的间接驱动，我们从(7.97)式得到 $c_T = 1.22\times10^7\,\mathrm{cm/s}$，这样可将负载质量 $M_1/M_0 = 0.24$ 加速到和用激光时相同的内爆速度，这里有 $u_{imp}/u_{ex} = 1.43$. 直接驱动和间接驱动的工作点都在图 7.16 中用虚线作了标记. 这个例子告诉我们，X 射线驱动内爆比激光驱动内爆更容易优化流体效率，这是因为它向外喷的等离子

体其声速更低.

7.10.4　内爆速度和飞行形状因子

从火箭模型得到的另一个重要结果是内爆速度和内爆壳层的飞行形状因子(in-flight aspect ratio)的关系,这也是稳定性的度量者.下面的推导紧跟 Lindl (1995)的描述.内爆时壳层被压缩,它的形状因子要比初始时的大.考虑到这一点,我们将(7.127)式定义的内爆参数写为

$$\varepsilon = \frac{\dot{m}_a}{u_{ex}\rho_0}\frac{R_0}{\Delta R_0} = \frac{u_a}{u_{ex}}A_{if}, \tag{7.133}$$

这里 $u_a = \dot{m}_a/\rho_a$ 是烧蚀速度,ρ_a 是压缩壳层的密度,同时作为飞行形状因子的简单估计,我们这里取

$$A_{if} = \frac{\rho_a}{\rho_0}\frac{R_0}{\Delta R_0}, \tag{7.134}$$

为了得到 u_{imp} 关于 A_{if} 的函数,我们合并(7.125)和(7.126)式,消去 M_1/M_0 .为此我们还利用函数

$$f(x) = 1-(1+x)\exp(-x) \approx \begin{cases} x^2 & (x \ll 1) \\ 0.28x & (0.8 < x < 3) \end{cases}, \tag{7.135}$$

这里 $x = \ln(M_0/M_1) = u_{imp}/u_{ex}$.在 X 射线烧蚀适用的强烧蚀区 ($x \simeq 1$),我们由(7.126)、(7.133)和(7.135)式得到

$$u_{imp} \approx u_a A_{if}, \tag{7.136}$$

在对长波长($\lambda \geqslant 0.5\mu m$)激光直接驱动合适的低烧蚀区 ($x \ll 1$),我们有

$$u_{imp} \approx (u_a u_{ex} A_{if}/3)^{1/2}. \tag{7.137}$$

关系式(7.137)和(7.136)对粗略的定标考虑应该可看作是合适的,这里前面量级为 1 的因子被忽略了.为此,对于等熵参数为 α_{if},压力等于烧蚀压 p_a 的部分简并气体,我们可用关系式 $p = \alpha_{if}\mathscr{A}_{deg}\rho^{5/3}$ 来描述稠密壳层.这样,烧蚀速度可以写为

$$u_a = \dot{m}_a/\rho_a = \dot{m}_a(\alpha_{if}\mathscr{A}_{deg}/p_a)^{3/5}. \tag{7.138}$$

第二步,对于 X 射线驱动可用(7.99)和(7.100)式表示 p_a 和 $\dot{m}_a$;对于激光驱动,则用(7.106)式.合并(7.99)、(7.100)和(7.138)式,我们发现对 X 射线驱动,内爆速度为

$$u_{imp} \approx 2.17 \times 10^5 \alpha_{if}^{3/5} A_{if} T_r^{9/10}\,\text{cm/s}, \tag{7.139}$$

这里 X 射线温度 T_r 的单位是 100eV.对于直接激光驱动,利用(7.106)、(7.137)和(7.138)式可得到内爆速度,

$$u_{imp} \approx 1.63 \times 10^6 \alpha_{if}^{3/10} A_{if}^{1/2} (I_L/\lambda_L)^{2/15}\,\text{cm/s}, \tag{7.140}$$

这里激光强度 I_L 的单位是 $10^{15}\,W/cm^2$,激光波长的单位是 μm.关于(7.139)和(7.140)式中前面的因子,应该认识到,在作推导时,已做了许多很简化的假定,因

此这里所给的值只能作为粗略的估计. 应用时,这些因子要根据模拟结果进行调节,这样才能更好照顾到特殊壳层材料的性质和设计细节.

这些方程物理方面的巨大优点在于,它们将内爆壳的参数和驱动场的参数联系起来,并提供了有关定标指数. 这些定标关系对获得靶表现的普遍性认识是不可缺少的. 特别重要的是它和飞行形状因子 A_{if} 的依赖关系,形状因子是直接受第 8 章讨论的不稳定极限制约的. (7.139)和(7.140)式在第 5 章中用来对给定靶结构和束辐射不均匀,确定最小驱动能.

第 8 章　流体稳定性

本章是关于流体稳定性的. 惯性约束聚变靶丸内爆本质上是不稳定的. 特别地,瑞利-泰勒不稳定性(RTI)在初期倾向于破坏内爆壳,后期又会阻止中心热斑的形成. 非常清楚的是,实现中心热斑点火的关键就取决于如何控制这种不稳定性. 这是 ICF 面临的重大挑战.

为此,在过去的 20 年里在有关 RTI 的许多方面以及相关的其他不稳定性方面,人们做出了巨大努力,在理论、模拟和实验方面都取得了显著进展,结果的一致性也很好. 当然最终的实验应该是 ICF 靶丸的首次成功点火,这还有待进行.

为了涵盖大多数的最新结果,这章要比其他章节更长些,包含更多的参考文献和说明. 和关于快点火的第 12 章一样,在本书将来再版时,本章可能是最需要作更新的. 这里我们从基本理论出发,详细发展线性理论,包括最重要的烧蚀 RTI 的稳定化效应,我们把理论用于真实的 ICF 内爆,推导出在靶丸制作和内爆驱动中可容忍的不均匀度. 我们也描述空泡(bubble)和尖钉(spike)的非线性增长,包括湍流混合.

值得注意的是,RTI 和相关的 Richtmyer-Meshkov 不稳定性(RMI)在恒星演化的某些阶段、汽膜的碎裂、激光产生烟流(plume)的加速、地下的盐结晶坡面(salt dome)和火山岛等许多复杂现象中起重要作用[见 Dimonte(1999)和其中的参考文献]. 作为天体物理现象模型的小尺度试验,目前也用激光驱动进行 RTI 和 RMI 的实验(Remington et al. ,1999).

8.1　流体不稳定和 ICF:概述

8.1.1　瑞利-泰勒不稳定性

瑞利-泰勒不稳定性发生在标准 ICF 内爆的两个阶段. 首先,它发生在壳层的外表面,这时,束流在冕区吸收产生的烧蚀压对壳进行驱动. 在内爆的后期,RTI 在壳层的内表面也会发展,这时由内部热斑产生的压力使壳层运动慢下来(见图 8.1).

RTI 的基本机制可参看图 8.2(a)的简单结构来说明. 图中容器中包含两种非互溶的不同密度的液体,它们由一个平面分开,水平边界位于 $z=0$ 处. 两种流体受重力 $\boldsymbol{g}$ 作用,这里密度为 ρ_1 的流体 1 支撑密度为 ρ_2 的流体 2. 对于任何密度比 ρ_2/ρ_1,流体处于流体静力学平衡. 但是当上面的流体比下面的流体重时($\rho_2>$

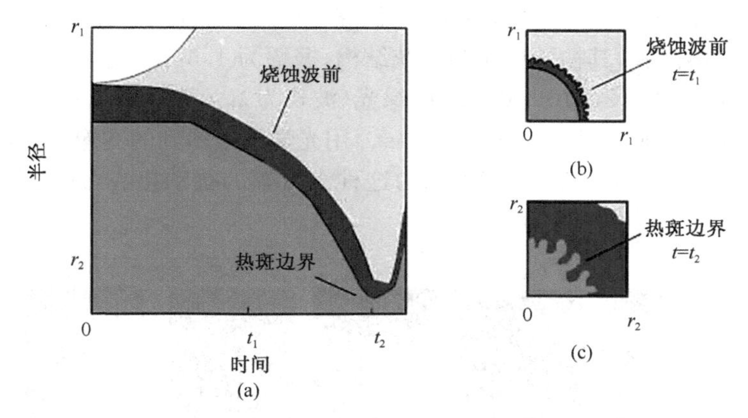

图 8.1　RTI 发生在 ICF 壳层内爆的两个阶段

当束加热的等离子体施加的压力使壳层向里加速时，壳层的外表面不稳定，当壳层由于热斑气体作用慢下来时，壳层的内表面不稳定

ρ_1），界面处微小的扰动会随时间迅速增长，不久一些重流体的尖钉落下去，而轻流体的空泡上升. 瑞利最早在 1883 年研究了这种不稳定性，两种流体间相同体积的物质交换位置会导致整个系统势能的降低. 在加速参考系中我们也可把这种思考直接用到两种流体的界面[见图 8.2(b)]. 被烧蚀热等离子体驱动的 ICF 壳层就是这种情况. 在随界面运动的坐标系中，流体受一个等效惯性力的作用，单位质量受力为 $\boldsymbol{g}=-\boldsymbol{a}$，这里 $\boldsymbol{a}$ 为加速度. 如果加速度方向是指向稠密流体的，那么界面是不稳定的，在向里压缩阶段，ICF 壳层的外表面就是这种情况. 内爆减速阶段 ICF 壳层的内表面也符合这种情况. Taylor (1950b) 和 Lewis (1950) 最早分别发表了关于加速层不稳定性的理论分析和实验结果. 在目前的文献中，加速流体和受重力作用流体的不稳定性都称为 RTI.

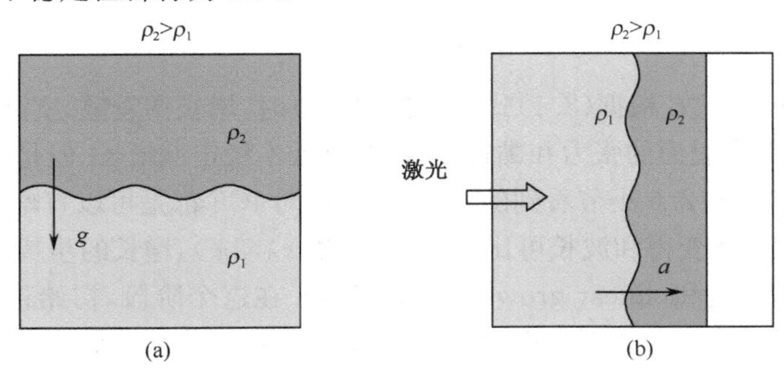

图 8.2　不同密度的两流体间瑞利-泰勒不稳定界面

在(a)中，轻流体支撑重流体；在(b)中，轻流体加速重流体. 这两种情况是等价的. 在这两种情况下，不稳定性都会发生，因为流体 1 和流体 2 交换相同体积的流体元可以减小势能

图 8.3 给出了加速层 RTI 的精彩例子(Nakai et al., 1995). 这里的靶是 25μm 厚的塑料薄膜,其初始形状为正弦结构,振幅为 1.5μm,波长为 100μm,辐照的激光是强度为 $I = 2\times10^{14}\,\mathrm{W/cm^2}$ 的绿光(波长为 $\lambda_L = 0.53\mu$m). 激光诱导的烧蚀压驱动薄膜,其加速度为 $a \simeq 10^{16}\,\mathrm{cm/s^2}$. 用光学诊断得到的图像表明,扰动的振幅很大,以致薄膜不再完整. 人们不用为这种大振幅的扰动担心,这是由于初始的波纹比较大.

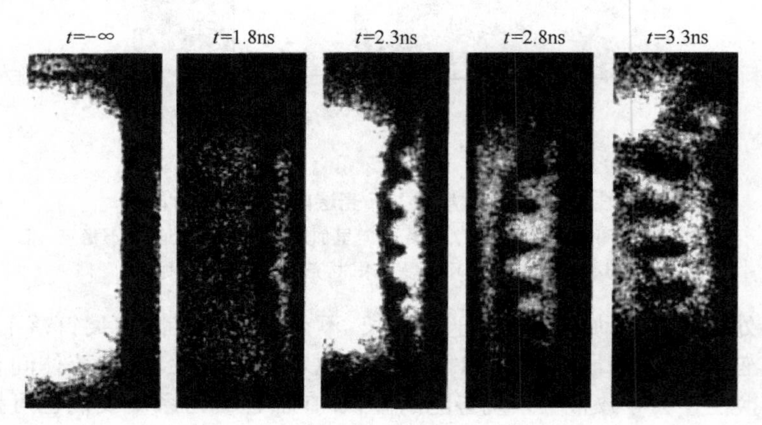

图 8.3 激光加速平面靶的 RTI

图中黑色区域所显示的靶被从右面入射的激光束辐照(Nakai et al., 1995)

线性理论(见 8.2 节)表明,不稳定界面波长为 λ,初始振幅为 $\zeta_0 \ll \lambda$ 的正弦扰动随时间指数增长,$\zeta = \zeta_0 \exp(\sigma_{RT} t)$,线性增长率为

$$\sigma_{RT} = \sqrt{2\pi A_t a/\lambda} = \sqrt{A_t a k}\,, \tag{8.1}$$

这里 $k = 2\pi/\lambda$ 是扰动的波数,则

$$A_t = \frac{\rho_2 - \rho_1}{\rho_2 + \rho_1} \tag{8.2}$$

是界面的 Atwood 数. 根据(8.1)式,当波长 $\lambda \to 0$ 时,增长率发散. 实际上对很短的波长,人们应考虑表面的张力和黏性,它们会降低不稳定性增长. 但是,正如我们将在 8.2.5 小节和 8.2.6 小节看到的,这两种效应对 ICF 都是可以忽略的.

当扰动振幅 ζ 变得和波长可比时(比如说 $\zeta \simeq \lambda/2\pi$),增长的步伐慢下来. 这种现象叫线性增长饱和(linear growth saturation). 在这个阶段,初始正弦的扰动变得不对称. 在流体-真空界面人们观察到[见图 8.4(a)]一个弯曲的大空泡渐近以恒定速度上升,同时一个流体尖钉以恒定加速度下降. 如果边界分开的是两种不同密度的流体,下降的尖钉会慢下来,同时因 Kelvin-Helmoltz 不稳定性(KHI)改变形状,这样会发展成蘑菇样的形状[见图 8.4(b)]. 渐渐地,蘑菇头处的尖钉以恒定速度下降.

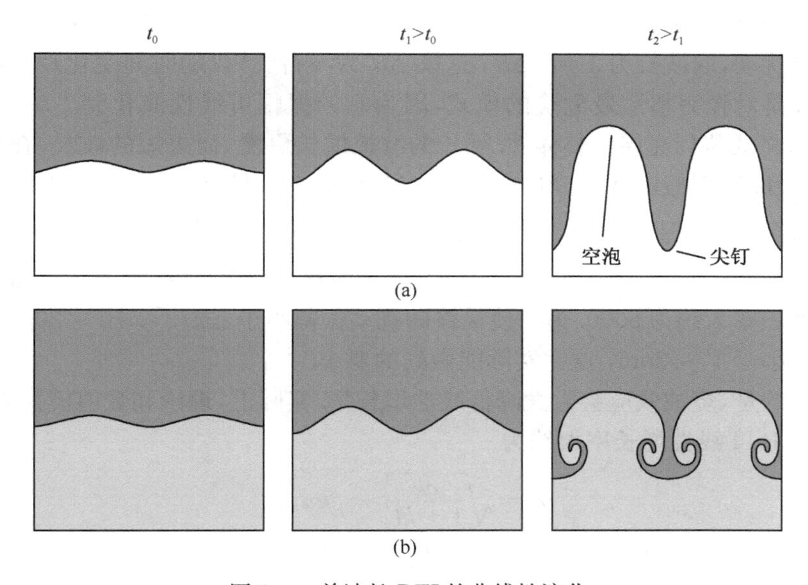

图 8.4　单波长 RTI 的非线性演化

(a)流体-真空界面($A_t=1$)的不稳定性;(b)不同密度流体界面($A_t<1$)的不稳定性

真实界面的扰动不是正弦的,但无论如何可以看作大量正弦模式的叠加. 这时,在非线性增长阶段,不同的模式相互作用,一个几乎是湍动的区域就产生了(见图 8.5). 实验表明,轻流体空泡深入到重流体中的现象可以很好地用定律 $h_b=\alpha A_t at^2$ 表示,$\alpha=0.04-0.07$. 这里 t 是湍流行为出现后的时间.

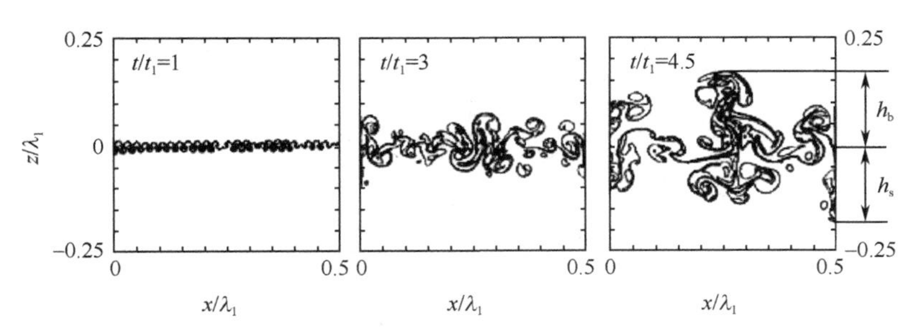

图 8.5　密度比为 $\rho_2/\rho_1=2$ 的叠加流体多波长 RTI 非线性演化造成的湍流混合

(Atzeni,Guerrieri,1993)

几个分幅图是二维模拟结果

8.1.2　RTI 和 ICF

方程(8.1)考虑的是不可压缩流体的经典(classical)RTI,同时忽略了密度梯度、热传导和烧蚀等的影响. 简单的估计表明,除非这些过程能将 RTI 增长率降到大大低于经典值,采用球壳内爆的 ICF 将失败. 按照 Bodner (1991)的方法,我们考虑单模扰动,取波长为 $\lambda = 3\Delta R$,这里 ΔR 为飞行壳厚(随时间变化). 我们认为这个波长是对壳完整性最危险的模式,因为它的振幅可线性演化到 $\zeta \approx \lambda/2\pi \simeq \Delta R/2$,这将威胁到壳层的整体性. 更长的波长增长更慢,而更短的波长,在更小的振幅就饱和. 我们假定 ICF 壳层的初始半径为 R_0,它以恒定加速度 a 内爆到一半,即 $R = R_0/2$,所花费的时间为 $t_0 = \sqrt{R_0/a}$. 这时初始振幅为 ζ_0 的扰动,其振幅达到 $\zeta = \zeta_0 \exp(\sigma_{\text{RT}} t_0) = \zeta_0 \exp\sqrt{2R_0/\Delta R}$. 因为对典型的 ICF 壳层,有 $R_0/\Delta R > 40$,净微扰增长率大约为 8000. 为了使最终的扰动振幅小于 $\Delta R/2 \approx 10 \sim 20\mu\text{m}$,初始的振幅要小于 $1 \sim 2\text{nm}$,这比实际能做到的要小.

幸运的是,烧蚀效应会大大降低线性增长率. 实际上,理论和数值模拟表明,烧蚀波前的 RTI 线性增长率大约为

$$\sigma = \sqrt{\frac{ak}{1+kL}} - \beta k u_{\text{a}}, \tag{8.3}$$

这里 L 为烧蚀波前的特征长度,β 为系数,其范围在 1~3,u_{a} 为烧蚀速度,也即烧蚀波前进入稠密物质的速度(见 8.4 节). (8.3)式(图 8.6 给出了典型间接驱动参数下的结果)表明,有限的密度梯度会减小增长速率,并且烧蚀甚至能稳定短波长的扰动. 正如我们将在 8.4.5 小节看到的,从最近的精密实验所得到的数据和(8.3)式定性符合. 烧蚀波前的 RTI 将在 8.4 节作稍详细的讨论. 经典 RTI 处理中还没有考虑的许多特性也将在 8.2~8.5 节中合适的地方加以讨论.

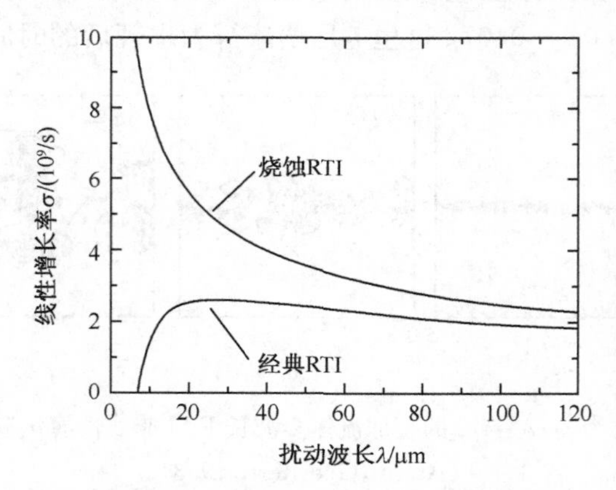

图 8.6 经典 RTI 和烧蚀 RTI 增长率和波长的关系

两条曲线计算时用的加速度都为 $a = 10^{16}\text{g/cm}^2$. 烧蚀曲线[(8.3)式]假定 $u_{\text{a}} = 5\times 10^5\text{cm/s}$、$L = 1\mu\text{m}$ 和 $\beta = 1.5$

上面的讨论清楚地表明,即使是线性理论描述的扰动也会对 ICF 造成严重的威胁. 因此,在本章中,我们要详细讨论线性演化. 在非线性方面,我们介绍一些基

本概念,给出一些普遍感兴趣的结果,但不给出详细的推导. 有兴趣的读者可参考各小节和文献介绍部分给出的有关文献.

8.1.3　Richtmyer-Meshkov 不稳定性

Richtmyer (1960)预言了一种和 RTI 有关的过程,Meshkov(1969)在实验上给予了演示. 这种过程现在称为 RMI. 当激波穿过两个不同流体的界面,并且这个界面并不平坦时,就会发生这种不稳定性(见图 8.7). 在这种情况下,激波的通过使边界突然变形,并给它不均匀的速度,这引起扰动的放大. RMI 对 ICF 是重要的,因为它能产生种子,它们后来被更剧烈的 RTI 放大.

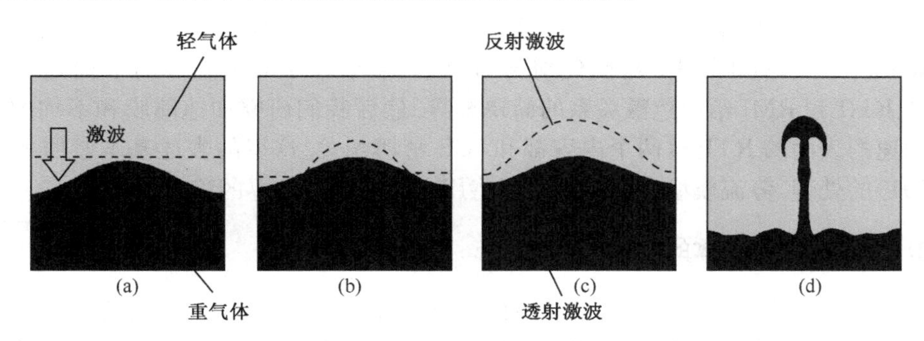

图 8.7　向下运动的激波穿过不同密度流体间的变形界面引起 RMI

8.1.4　Kelvin-Helmoltz 不稳定性

KHI 和分层流体的平衡有关,其条件是不同层的切向运动. 最简单的例子是两个重叠的厚流体层,它们以相反速度运动(见图 8.8). 界面处小的正弦运动随时间指数增长,当扰动振幅和波长可比时扰动界面变得不对称,出现许多标识性的卷[见图 8.8(b)]. 自然界中经常发生 KHI,比如风在海水上激发的波浪就和它相关,船尾边界处可看到的振荡结构也和它相关. 对 ICF,在 RTI 空泡产生蘑菇状结构的非线性演化阶段以及相邻 RTI 空泡的相互作用方面起一定作用. KHI 机制的定性描述后面在 8.2.7 小节中给出.

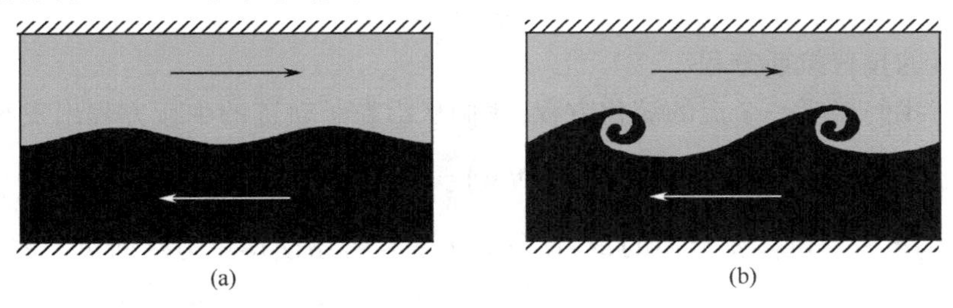

图 8.8　Kelvin-Helmoltz 不稳定性

8.2　平面界面的稳定性

处理流体平衡的稳定性时,要回答的基本问题是对微小扰动的响应.它可通过线性稳定性分析进行阐述,这种分析适用于小振幅扰动.它们可认为是相互独立演化的正弦模式 $A(t)\sin kx$ 的叠加,其特征波数为 $k=2\pi/\lambda$,波长为 λ,振幅变化规律为 $A(t)\sim\exp(\sigma t)$.线性理论的主要目标是决定色散关系

$$\sigma=\sigma(k),$$

它将线性增长率 σ 和波数联系起来.

在本节中,我们将线性稳定性理论用到一种不可压缩流体的势流模型(the potential flow model)中.我们先对分开两种均匀不可压缩流体的平面边界的RTI、KHI和RMI给出色散关系的简单推导.然后我们研究加速薄膜和不均匀压力加速的表面的RTI,这两个内容都和ICF密切相关.这里的表述基本参照Kull(1991)的处理.势流模型在8.5节中还将用来研究球面边界的稳定性.

8.2.1　不可压缩流体的势流方程

利用受重力作用的不可压缩流体的势流模型可得到简单、有启发性并且相当通用的线性解.我们先假定无旋运动,即 $\nabla\times\boldsymbol{u}\equiv0$,这样我们可将流体速度写为势的梯度

$$\boldsymbol{u}=\nabla\varphi. \tag{8.4}$$

无旋意味着假如流体运动是等熵的,也即绝热并且整个流体熵恒定,那么旋量守恒.在这种情况下,在某个初始时刻处处无旋的流体将保持无旋.当耗散可以忽略并且流体没有被嵌在流体中的固体物质阻挡时,势流是真实流体运动的很好近似.有关讨论可见流体动力学的教科书(Landau,Lifshitz,1987,第9节).

我们还假定流体是不可压缩的.如果流体速度和相关扰动的相速度相比声速都是小的,那么这是合适的(Landau,Lifshitz, 1987,第10节).用(8.4)式表示速度,不可压缩条件 $\nabla\cdot\boldsymbol{u}=0$ 变为

$$\nabla^2\varphi=0, \tag{8.5}$$

这是势 φ 的拉普拉斯方程.

现在我们需要一个流的演化方程.我们从沿粒子轨迹的牛顿方程出发有

$$\rho\left(\frac{\partial\boldsymbol{u}}{\partial t}+\boldsymbol{u}\cdot\nabla\boldsymbol{u}\right)=-\nabla p+\boldsymbol{F}, \tag{8.6}$$

这里 $\boldsymbol{F}=\rho\boldsymbol{g}$ 是单位体积流体的重力.我们选的参考系使得重力指向负 z 轴方向,$\boldsymbol{g}=-g\boldsymbol{e}_z$,这里 g 是正量,同时重力势 U 使得 $\boldsymbol{F}=-\rho\nabla U$.将最后这个方程和关于速度的方程(8.4)代入(8.6)式,得到

$$\rho\nabla\left(\frac{\partial\varphi}{\partial t}+\frac{u^2}{2}+U\right)+\nabla p=0, \tag{8.7}$$

对此积分得到

$$\frac{\partial\varphi}{\partial t}+\frac{u^2}{2}+gz+\frac{p}{\rho}=C(t). \tag{8.8}$$

这是伯努利方程的一种形式. 这里 $C(t)$ 是任意依赖时间的规范函数. 处理均匀压力 $p=p_0$ 下界面的一个有用规范是 $C(t)=p_0/\rho$. 由此,我们得到

$$\frac{\partial\varphi}{\partial t}+\frac{u^2}{2}+gz=0. \tag{8.9}$$

对 ICF,重力效应可以忽略,但流体被加速,而流体扰动最适合在随流体界面运动的非惯性参考系中进行研究. 如果加速度(相对惯性参考系)为 $\boldsymbol{a}=a\boldsymbol{e}_z$, 这里 $\boldsymbol{e}_z$ 是和 x 轴平行的单位矢量,伯努利方程采用和(8.9)式相同的形式,只是用 a 代替 g, 同时 φ、u 和 z 为加速参考系中的量.

下面,我们把重点放到加速参考系,这对 ICF 特别重要,同时我们总是用 a 来表示加速度. 但我们应该明白,所有结果也适用重力的情况,只要把 a 代替成 g . 在任何情况下,方程总能写成沿边界一起运动的参考系中的形式.

8.2.2　流体边界

下一步涉及流体边界,特别是分开两种均匀流体区域的表面所需满足的条件,当然在流体区域中,关于势的拉普拉斯方程和伯努利都适用. 表面随流体运动,因此表面两侧流体速度的法向分量必须是连续的(见图 8.9). 令表面上点的坐标为 $\boldsymbol{x}(t)$, 它满足方程 $S(\boldsymbol{x},t)=0$. 关于速度分量的这个方程是这样得到的. 因为表面随流体运动, S 关于时间的全导数在界面的两侧都恒为零. 引入关于空间和时间的显式依赖关系,在界面的两侧 $S(\boldsymbol{x},t)$ 必须满足

$$\frac{\mathrm{d}S}{\mathrm{d}t}=\frac{\partial S}{\partial t}+\boldsymbol{u}\cdot\nabla S=0, \tag{8.10}$$

将界面方程写为 $z=\zeta(x,y,t)$, 那么有 $S\equiv z-\zeta$. 考虑几乎平坦并且几乎水平的表面时,这特别方便. 这样界面方程(8.10)可以写为

$$(\partial_t\zeta+u_x\partial_x\zeta+u_y\partial_y\zeta-u_z)_{z=\zeta^{\pm}}=0, \tag{8.11}$$

它要在界面的两侧确定值,这里形式上分别记为 $z=\zeta^{+}$ 和 $z=\zeta^{-}$, 因此这实际上是两个方程. 方程(8.11)通常称为运动学界面条件. 这里以及下面, ∂_t、∂_x 等表示偏微分(如 $\partial_t=\partial/\partial t$).

考虑作用在界面上的力可以得到动力学界面条件. 平衡时,界面不同侧的压力有一个差值,这取决于表面张力 $\mathcal{T}$ 和边界的曲率. 我们用方括号表示一个量在界面处的跳变 ($[f]:=f_{+}-f_{-}$), 这样我们有

$$[p]=\mathscr{T}\left(\frac{1}{R_a}+\frac{1}{R_b}\right)=\mathscr{T}(\partial^2_{xx}\zeta+\partial^2_{yy}\zeta),\tag{8.12}$$

这里 R_a 和 R_b 为所考虑点处表面的主曲率半径. 当曲面的中心位于界面的上侧时(这里的参考系中,重力方向向下或者加速度方向向上),它们必须取正值. 当 $\mathscr{T}\simeq 0$(这对 ICF 是典型值),我们有 $[p]=0$.

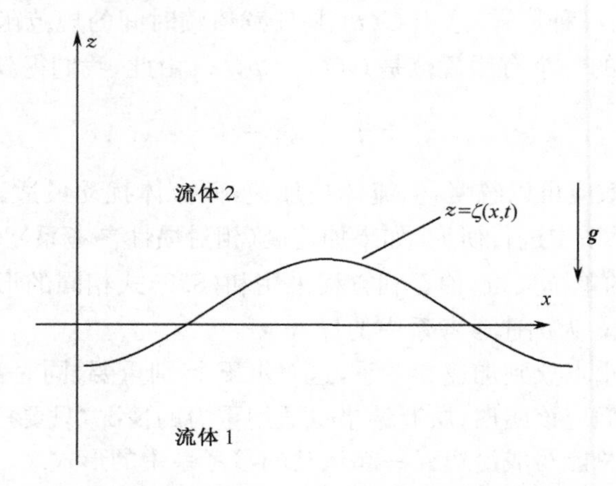

图 8.9 描述分开流体 1 和流体 2 的变形平面界面的参考系和记号

图中用的是二维坐标,也即平板几何. 更一般地,可用三维坐标 $z=\zeta(x,y,t)$

用伯努利方程(8.9)表示界面两侧的压力,方程(8.12)变为

$$[\rho(\partial_t\varphi+u^2/2+az)]=\mathscr{T}(\partial^2_{xx}\zeta+\partial^2_{yy}\zeta).\tag{8.13}$$

对于流体-真空界面和 $\mathscr{T}=0$, (8.11)和(8.13)式可简化为

$$(\partial_t\zeta+u_x\partial_x\zeta+u_y\partial_y\zeta-u_z)_{z=\zeta}=0,\tag{8.14}$$

$$(\partial_t\varphi+u^2/2+az)_{z=\zeta}=0.\tag{8.15}$$

8.2.3 微小扰动:线性化方程

我们现在研究静流体平衡下一个小扰动的演化. 为简单起见,从现在起我们考虑具有未扰动水平界面 $z(x,y)=0$ 的叠加(superimposed)流体. 因此扰动界面方程可表示为 $z=\zeta(x,y,t)$. 我们前面讲过这种分析适用于方向向下的重力 $\boldsymbol{g}=-a\boldsymbol{e}_z$, 也适用方向向上的加速度 $\boldsymbol{a}=a\boldsymbol{e}_z$.

一般来讲,任何流体量可写为

$$F(x,y,z,t)=F_0(z)+\widetilde{F}(x,y,z,t),$$

这里标记 0 表示未扰动量,波浪号表示扰动量,同时下面用标记 1 表示界面下方的量,用 2 表示上方的量. 平衡时速度的垂直分量各处都为零. 至于水平分量,我们取 $u_y=0$, 在 x 方向各流体元的速度都相同(但可取任意值),即对 $z<0$, 有 $u_x=u_{x1}$; 对 $z>0$, 有 $u_x=u_{x2}$. 用这种标记,流体 1 的速度为 $\boldsymbol{u}_1=(u_{x0_1}+\tilde{u}_{x1})\boldsymbol{e}_x+$

$\tilde{u}_y \boldsymbol{e}_y + \tilde{u}_z \boldsymbol{e}_z$.

和平衡量一样，扰动量必须满足运动学和动力学边界条件[分别为(8.11)和(8.13)式]. 假定所有扰动都为小振幅，我们可将有关方程线性化，也即忽略二阶项，比如说扰动量的乘积.

运动学界面条件(8.11)式线性化后变为

$$\partial_t \zeta + u_{x0_1} \partial_x \zeta - \partial_z \tilde{\varphi}_1 = 0, \tag{8.16}$$

$$\partial_t \zeta + u_{x0_2} \partial_x \zeta - \partial_z \tilde{\varphi}_2 = 0, \tag{8.17}$$

动力学条件(8.13)式则变为

$$\begin{aligned} &\rho_1(\partial_t \tilde{\varphi}_1 + u_{x0_1} \partial_x \tilde{\varphi}_1) - \rho_2(\partial_t \tilde{\varphi}_2 + u_{x0_2} \partial_x \tilde{\varphi}_2) \\ &+ a\zeta(\rho_1 - \rho_2) - \mathscr{T}(\partial_{xx}^2 + \partial_{yy}^2)\zeta = 0, \end{aligned} \tag{8.18}$$

这里我们已用了 $\tilde{u}_z = \partial_z \tilde{\varphi}$，同时忽略了 $\tilde{u}_x \partial_x \zeta$ 等二阶项. 方程(8.16)～(8.18)只用于未扰动界面 $z = 0$ 处.

8.2.4　法向模式分析和色散关系

因为假定了小扰动，我们可用叠加原理，即将流体扰动运动描写为许多独立的线性模式的叠加. 我们把球几何的情况留到 8.5 节，这里考虑平面几何. 我们利用正弦模式，寻找微扰量 $\widetilde{F}$ 随时间正比 $\mathrm{e}^{\sigma t}$ 的演化：

$$\widetilde{F} \propto \cos(k_x x + k_y y)\mathrm{e}^{\sigma t}.$$

具体方法是对相关方程的 x 和 y 坐标以及时间坐标进行傅里叶变换，也即进行变换

$$\widetilde{F}(x,z,t) \to \mathscr{R}[\hat{\widetilde{F}}(k_x,k_y,z)\mathrm{e}^{\mathrm{i}(k_x x + k_y y - \omega t)}], \tag{8.19}$$

这里，实数 k_x 和 k_y 为波矢的分量，$\hat{\widetilde{F}}$ 为复振幅，ω 为复频率. 这种方法的优点是，对 t, x 和 y 的导数可以用乘积来代替，即

$$\frac{\partial}{\partial t} = -\mathrm{i}\omega, \tag{8.20}$$

$$\frac{\partial}{\partial x} = \mathrm{i}k_x, \tag{8.21}$$

$$\frac{\partial}{\partial y} = \mathrm{i}k_y. \tag{8.22}$$

下面所有方程理解为振幅 $\hat{\widetilde{F}}$ 的方程，并且只取每个量的实部，为标记简单，符号 ^ 和 $\mathscr{R}$ 省略.

将频率分成实部和虚部是很有用的，即

$$\omega = \omega_{\mathrm{R}} + \mathrm{i}\sigma, \tag{8.23}$$

这里 $\omega_{\mathrm{R}}=\Re(\omega)$，$\sigma=\Im(\omega)$. 微扰量的演化正比于

$$\Re(\mathrm{e}^{\mathrm{i}k_x x}\mathrm{e}^{\mathrm{i}k_y y}\mathrm{e}^{-\mathrm{i}\omega_{\mathrm{R}}t})\mathrm{e}^{\sigma t}=\cos(k_x x+k_y y-\omega_{\mathrm{R}}t)\mathrm{e}^{\sigma t}. \tag{8.24}$$

如果线性增长率 $\sigma=\sigma(\boldsymbol{k})$ 为正，给定波矢 $\boldsymbol{k}=k_x\boldsymbol{e}_x+k_y\boldsymbol{e}_y$ 的模式将无限增长. 如果对至少一个 $\boldsymbol{k}$ 有 $\sigma(\boldsymbol{k})>0$，那么将发生不稳定性. 请注意，正的线性增长速率对应相关模式振幅的指数增长. 线性稳定性分析的目的在于确定有关扰动模式空间形状 $\tilde{F}(\boldsymbol{k},z)$ 和色散关系 $\omega=\omega(\boldsymbol{k})$，然后再确定线性增长速率和扰动波矢之间的关系 $\sigma=\sigma(\boldsymbol{k})$.

我们先分析扰动的空间分布. 对拉普拉斯方程(8.5)进行傅里叶变换，我们发现，扰动势满足

$$(-k_x^2-k_y^2+\partial_{zz}^2)\tilde{\varphi}(z)=0, \tag{8.25}$$

其通解为

$$\tilde{\varphi}(z)=A\mathrm{e}^{kz}+B\mathrm{e}^{-kz}, \tag{8.26}$$

这里我们已经令 $k^2=k_x^2+k_y^2$. 因为 $z\to\pm\infty$ 时，扰动必然为零，同时在 $z=0$ 处 $\tilde{u}_z$ 必须连续，我们有

$$\tilde{\varphi}(z)=\begin{cases}\tilde{\varphi}_1(z)=A\mathrm{e}^{kz} & z\leqslant 0,\\ \tilde{\varphi}_2(z)=-A\mathrm{e}^{-kz} & z\geqslant 0,\end{cases} \tag{8.27}$$

这里 $A=\tilde{u}_z(z=0)/k$. 因此扰动的峰值在界面处，然后随指数衰减，其定标常数为 $1/k=\lambda/2\pi$.

下面我们研究时间演化. 从(8.16)和(8.17)式的傅里叶变化，我们有

$$-\mathrm{i}(\omega-k_x u_{x0_1})\zeta-\partial_z\tilde{\varphi}_1=0, \tag{8.28}$$

$$-\mathrm{i}(\omega-k_x u_{x0_2})\zeta-\partial_z\tilde{\varphi}_2=0. \tag{8.29}$$

代入关于势的空间部分的(8.27)式，我们有

$$-\mathrm{i}(\omega-k_x u_{x0_1})\zeta-Ak=0, \tag{8.30}$$

$$-\mathrm{i}(\omega-k_x u_{x0_2})\zeta+Ak=0. \tag{8.31}$$

类似地，从(8.18)和(8.27)式的傅里叶变化. 我们有

$$-\mathrm{i}(\omega-k_x u_{x0_2})\rho_2 A/\zeta-\mathrm{i}(\omega-k_x u_{x0_1})\rho_1 A/\zeta-(\rho_2-\rho_1)a+k^2\mathscr{T}=0. \tag{8.32}$$

利用(8.30)和(8.31)式分别消去前两项中的 A/ζ，可得到所要的色散关系为

$$(\omega-k_x u_{x0_2})^2\rho_2+(\omega-k_x u_{x0_1})^2\rho_1=-[(\rho_2-\rho_1)a-k^2\mathscr{T}]k. \tag{8.33}$$

求解 $\omega=\omega(k)$，我们得到通用的色散关系

$$\omega=k_x\bar{u}_{x0}\pm\mathrm{i}\sqrt{\frac{(\rho_2-\rho_1)a-k^2\mathscr{T}}{\rho_1+\rho_2}k+{k_x}^2\rho_1\rho_2\left(\frac{u_{x0_1}-u_{x0_2}}{\rho_1+\rho_2}\right)^2}, \tag{8.34}$$

这里 $\bar{u}_{x0}=(\rho_1 u_{x0_1}+\rho_2 u_{x0_2})/(\rho_1+\rho_2)$. 显然利用随速度 $\boldsymbol{u}=\bar{u}_{x0}\boldsymbol{e}_x$ 运动的参考系是方便的，这样方程(8.34)式中右边的第一项为零. 我们现在考虑(8.34)式的一些

特例来得到 RTI 或 KHI 的线性增长率.

8.2.5　经典 RTI 增长率

经典 RTI 考虑的是没有切向速度层的叠层流体,即 $u_{x0_1}=u_{x0_2}$. 从(8.34)和(8.23)式定义的 σ, 我们有

$$\sigma=\sqrt{\frac{\rho_2-\rho_1}{\rho_1+\rho_2}ak-\frac{k^3\mathcal{T}}{\rho_1+\rho_2}}. \tag{8.35}$$

如果平方根中的值为正,增长率为实数,且为正值. 这样扰动以指数增长. 如果相反,σ 为虚数,此时对应的是非衰减的振荡,我们称之为内重力波. (8.35)式表明,如果 $\rho_2<\rho_1$, 也即如果稠密流体支撑轻流体,那么界面稳定. 对于相反的情况,表面张力能稳定波长 $\lambda<2\pi\sqrt{\mathcal{T}/[(\rho_2-\rho_1)a]}$ 的模式,但更长的波长则不受约束地增长,这样系统就不稳定. 比如对 ICF 内爆,我们有 $a>10^{15}\text{cm/s}^2$, 即使取很大的 $\mathcal{T}$, 比如水银-水界面处的 $\mathcal{T}=500\text{g/s}^2$,只有波长小于 4×10^{-6}cm 才稳定. 忽略表面张力,我们得到经典 RTI 增长率

$$\sigma=\sigma_{\text{RT}}=\sqrt{A_t ak}, \tag{8.36}$$

这里 $A_t=(\rho_2-\rho_1)/(\rho_2+\rho_1)$ 是 Atwood 数. 应注意到,线性增长率只依赖波数的绝对值 $k=|\boldsymbol{k}|$, 而不是它的分量 k_x 和 k_y. 这意味着, $k=k_x, k_y=0$ 时扰动的线性增长和具有相同 $k=(k_x^2+k_y^2)^{1/2}$ 时的扰动一样.

8.2.6　黏滞度和可压缩性对 RTI 的影响

前面推导经典 RTI 增长率时,我们没有考虑黏滞和可压缩性. 这里我们证明,对 ICF 黏滞的影响确实可以忽略,可压缩性的影响也有限.

关于黏滞,Menikoff 等(1977)已经证明,叠层黏性流体的 RTI 增长率可以很好地近似为

$$\sigma=(A_t ak)^{1/2}[(1+w)^{1/2}-w^{1/2}], \tag{8.37}$$

这里 $w=\bar{\nu}_k^2k^3/A_t a$, $\bar{\nu}_k=(\mu_1+\mu_2)/(\rho_1+\rho_2)$ 为密度平均的运动学黏滞度, μ_1 和 μ_2 分别为两种流体的黏滞度. 对比较小的 w 值,(8.37)式得到的经典无黏滞结果,对于相反的极限,有 $\sigma\simeq A_t a\lambda/4\pi\bar{\nu}_k$, 这表明,当 $\lambda/\bar{\nu}_k\rightarrow0$ 时,增长率为零. 容易发现, $\lambda=\lambda_m=4\pi(\bar{\nu}_k^2/A_t a)^{1/3}$ 时有最大增长率. 对于 ICF,我们用完全电离等离子体的黏滞度表达式(Spitzer, 1962),有

$$\mu=2.21\times10^{-15}\frac{T_i^{5/2}A^{1/2}}{Z^4\ln\Lambda}\text{g/(cm·s)}, \tag{8.38}$$

这里 T_i 是离子温度,单位是开尔文, A 和 Z 分别为原子质量和电荷, $\ln\Lambda$ 为库仑对数. 不能将(8.37)式直接用到 ICF 靶的烧蚀波前,因为密度和温度在空间上变化很大. 但是,我们将接近烧蚀波前的热等离子体的黏滞度和稠密壳层密度的比值估

计为 $\bar{v}$. 这样黏滞度只能减小波长小于几分之一微米的模式的增长率. 对于波长为 $15\sim60\mu m$ 的模式,它是无效的,而这恰恰对飞行厚度 $\Delta R\approx5\sim20\mu m$ 的壳层的完整性最具威胁.

关于可压缩性,Bernstein 和 Book(1983)已经证明, $A_t=1$ 的平面界面其不稳定性的增长率不受可压缩性影响,并且不管流体的绝热指数 γ 是多少. 这个结果和烧蚀前沿的不稳定性有关,这里 Atwood 数接近 1. 对其他不同的 A_t, 可压缩性使增长率比经典的 1 要高,但只要 $a/kc_2^2\ll1$, 这个效应总是小的,这里 $c_2=(\gamma p/\rho_2)^{1/2}$ 是稠密流体的声速. 对于厚度为 ΔR 的加速壳层,我们有 $a\simeq p/\rho\Delta R$, 这样前面的条件变为 $k\Delta R\gg1/\gamma$, 或者 $\lambda\ll2\pi\gamma\Delta R$, 对靶完整性最具威胁的模式,这大体上是满足的. 可压缩性对烧蚀性 RTI 影响的细致研究可见 Piriz(2001a)的论文. 在内爆加速时,可压缩性效应不能忽略,但还不至于大到从根本上改变不稳定性的图像(见 8.5.3 小节).

8.2.7 KHI 增长率

考虑具有相同密度的流体,且没有加速度,即 $a=0$, 如果给定切向速度不连续 $(u_{x0_1}\neq u_{x0_2})$, 由(8.34)式可得到 KHI 的增长率. 在以 $u_x=(u_{x0_1}+u_{x0_2})/2$ 运动的参考系中,忽略表面张力,我们有

$$\sigma=\sigma_{\mathrm{KH}}=k_x\left|u_{x0_1}-u_{x0_2}\right|, \tag{8.39}$$

这表明,波矢平行流体速度的表面扰动随指数增长,增长速率正比于速度差. 由对称性考虑可知,增长率 σ 不依赖速度差的符号. 如果扰动的波矢垂直未扰动速度,那么这个扰动不受影响. 重力和表面张力对 KHI 的影响已有讨论,比如可见 Chandrasekhar (1961)和 Acheson (1990)的教科书.

我们现在给出 KHI 机制的简单解释. 我们考虑分开两个反向流动流体的水平平面的微小扰动(见图 8.10). 根据伯努利方程(8.8),对稳态,沿着水平流线,

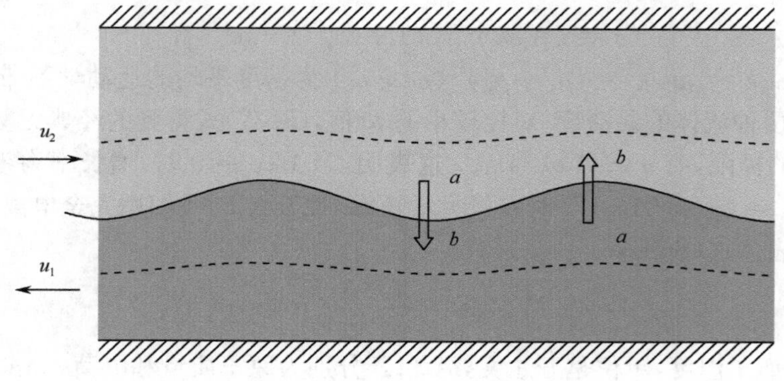

图 8.10 KHI 增长的机制

表面变形造成的压力不平衡对变形产生正反馈,从而引起不稳定

$(u^2/2)+p/\rho$ 为常数. 这样速度较大(小)处,流体压力较低(高). 因此在图中标记为"a"的这些区域,压力增大,这些地方流管(fluid tube)变大;在区域"b"压力下降,流管收缩. 这种压力不平衡会加强初始的表面变形,从而导致不稳定性.

8.2.8 时间演化

根据前面的讨论,不稳定的 RTI 和 KHI 模式随时间指数增长. 但是,初始的表面扰动不必和纯粹的模式相同,它们的初始振幅和速度关系为 $\zeta_0=\dot{\zeta}_0/\sigma$. 这里,我们研究一个一般的单波长扰动随时间的演化. 让人特别感兴趣的一个例子是 $\dot{\zeta}_0=0$ 时的静态初始扰动. 在分析有限厚度流体层的 RTI (8.2.9 小节)、RMI (8.2.10 小节)和对瞬态扰动(8.2.11 小节)的响应时,将使用本节的结果.

从现在起,我们仅限于讨论二维扰动,即考虑 x、y 平板几何,并且流体不依赖 y 坐标. 我们还设 $u_{x0}=0$,但允许依赖时间的加速度 $a(t)$. 对(8.16)~(8.18)式的 x 进行傅里叶变换,我们有

$$\partial_t\zeta+k\tilde{\varphi}_2=0, \tag{8.40}$$

$$\partial_t\zeta-k\tilde{\varphi}_1=0, \tag{8.41}$$

$$-[\rho(\partial_t\tilde{\varphi}+a(t)\zeta)]_2+[\rho(\partial_t\tilde{\varphi}+a(t)\zeta)]_1=-\mathcal{T}k^2\zeta, \tag{8.42}$$

这里要在未扰动界面位置计算扰动势. 下面,我们将(8.40)和(8.41)式对时间求偏导,对微扰势求解,再将结果代入(8.42)式,得到振幅 ζ 随时间演化的二阶常微分方程为

$$\partial_{tt}^2\zeta-\left(A_t ak-\frac{k^3\mathcal{T}}{\rho_1+\rho_2}\right)\zeta=0. \tag{8.43}$$

如果加速度 a 为常数,我们有

$$\partial_{tt}^2\zeta-\sigma^2\zeta=0, \tag{8.44}$$

这里 $\sigma(k)$ 由(8.35)式给出,它不依赖时间. 用初始条件 $\zeta(t=0)=\zeta_0$ 和 $\dot{\zeta}(t=0)=\dot{\zeta}_0$ 求解(8.44)式,我们可得到模数为 k、初始振幅为 ζ_0、初始速度为 $\dot{\zeta}_0$ 的正弦扰动的振幅随时间的演化如下:

$$\zeta(t)=\zeta_0\cosh(\sigma t)+\frac{\dot{\zeta}_0}{\sigma}\sinh(\sigma t). \tag{8.45}$$

只有 $\zeta_0=\dot{\zeta}_0/\sigma$ (这对应 RTI 本征函数的演化),增长才是纯指数的. 方程(8.45)可用来测试数值程序. 时间足够大时,比如 $\sigma t\gg 1$ 时,我们得到指数增长如下:

$$\dot{\zeta}(t)\approx\frac{\zeta_0+\dot{\zeta}_0/\sigma}{2}e^{\sigma t}, \tag{8.46}$$

这里增长率为 σ,有效初始振幅为 $\zeta_{\text{eff}}=(\zeta_0+\dot{\zeta}_0/\sigma)/2$.

8.2.9 具有有限厚度流体层的 RTI 和馈入

到目前为止,我们已经处理了半无限流体,但实际上,对 ICF 我们要加速相对

薄的壳层. 本节中,按 Taylor 的最初表达(1950b),我们讨论作用于流体层一侧表面的均匀压力加速流体的稳定性.

我们考虑边界在(a) $z=0$ 和(b) $z=\Delta z$ 的厚度为 Δz 的流体层. 压力作用在表面(a)并产生恒定的加速度 $a>0$ (见图 8.11). 和通常一样,我们假定二维的正弦扰动 $z=\zeta(x,t)=\hat{\zeta}(t)\cos(kx)$, 其波数为 $k=2\pi/\lambda$, 我们省略 ∧, 这样 ζ、$\tilde{\varphi}$ 等都指扰动量的振幅. 根据对半无限流体的讨论,加速度从真空指向流体时,表面(a)应该是不稳定的,但表面(b)是稳定的. 不久我们将看到,在定性上这是正确的,但在(b)处扰动也会增长.

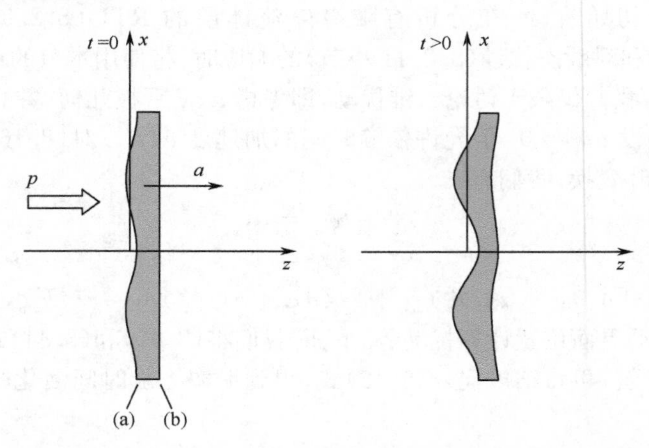

图 8.11　流体层的 RTI,这个流体层受来自左侧的压力的加速
参考系随(未扰动)流体层运动

我们假定两个表面都有静态扰动,即

$$\zeta_a(t=0)=\zeta_{a0}, \tag{8.47}$$

$$\zeta_b(t=0)=\zeta_{b0}, \tag{8.48}$$

$$\dot{\zeta}_a(t=0)=\dot{\zeta}_b(t=0)=0. \tag{8.49}$$

根据 8.2.4 小节的结果,我们将势扰动写为

$$\tilde{\varphi}(z,t)=\tilde{\varphi}_a(t)\mathrm{e}^{-kz}+\tilde{\varphi}_b(t)\mathrm{e}^{-k(\Delta z-z)}. \tag{8.50}$$

为了得到 $\tilde{\varphi}_a(t)$ 和 $\tilde{\varphi}_b(t)$ 的演化方程,我们写出流体层两个表面的运动学和动力学界面条件. 然后对动力学方程偏导,再用运动学方程代入 $\partial_t\zeta_{1,2}$, 这样得到

$$\partial_{tt}^2\tilde{\varphi}_a(t)-ak\tilde{\varphi}_a(t)=0, \tag{8.51}$$

$$\partial_{tt}^2\tilde{\varphi}_b(t)+ak\tilde{\varphi}_b(t)=0. \tag{8.52}$$

在整个流体层满足初始条件 $u=0$ 的方程解为

$$\tilde{\varphi}_a(t)=\tilde{\varphi}_{a0}\sinh\sigma t, \tag{8.53}$$

$$\tilde{\varphi}_b(t)=\tilde{\varphi}_{b0}\sin\sigma t. \tag{8.54}$$

这里和处于半无限流体和真空之间的界面相同，增长率取为 $\sigma = \sqrt{ak}$. 将(8.53)和(8.54)式代入关于势的一般表达式(8.50)，我们有

$$\tilde{\varphi}(z,t) = \tilde{\varphi}_{a0}\,\mathrm{e}^{-kz}\sinh\sigma t + \tilde{\varphi}_{b0}\,\mathrm{e}^{-k(\Delta z - z)}\sin\sigma t. \tag{8.55}$$

我们看到(8.55)式的第一项在表面(a)处最大，并且随指数增长. 第二项则是振荡的，其最大值在表面(b).

现在我们要在流体层的两个表面处计算其时间演化. 利用 $\zeta = \int u\mathrm{d}t = \int \partial_z\tilde{\varphi}\mathrm{d}t$ 以及初始条件(8.47)和(8.48)式，我们得到

$$\zeta_a(t) = \frac{\zeta_{a0} - \zeta_{b0}\,\mathrm{e}^{-k\Delta z}}{1 - \mathrm{e}^{-2k\Delta z}}\cosh\sigma t + \frac{\zeta_{b0} - \zeta_{a0}\,\mathrm{e}^{-k\Delta z}}{1 - \mathrm{e}^{-2k\Delta z}}\mathrm{e}^{-k\Delta z}\cos\sigma t, \tag{8.56}$$

$$\zeta_b(t) = \frac{\zeta_{a0} - \zeta_{b0}\,\mathrm{e}^{-k\Delta z}}{1 - \mathrm{e}^{-2k\Delta z}}\mathrm{e}^{-k\Delta z}\cosh\sigma t + \frac{\zeta_{b0} - \zeta_{a0}\,\mathrm{e}^{-k\Delta z}}{1 - \mathrm{e}^{-2k\Delta z}}\cos\sigma t, \tag{8.57}$$

对于足够大的 t，双曲函数相比三角函数要占主导，即

$$\zeta_a(t) = \frac{\zeta_{a0} - \zeta_{b0}\,\mathrm{e}^{-k\Delta z}}{1 - \mathrm{e}^{-2k\Delta z}}\cosh\sigma t, \tag{8.58}$$

$$\zeta_b(t) = \zeta_a\,\mathrm{e}^{-k\Delta z}. \tag{8.59}$$

方程(8.58)表明，像半无限大流体和真空之间的界面一样，表面(a)的扰动会增长，但其前面的因子依赖薄膜另一侧的初始扰动和薄膜的无量纲厚度 $k\Delta z$. 在表面(b)处，扰动增长的速率和(a)处一样，但振幅要少一个因子 $\exp(-k\Delta z)$. 扰动从一个不稳定表面到一个稳定表面传输的这种现象称为馈入(feed-through)，这对ICF很重要. 在向里加速期间，不稳定烧蚀波前处的扰动增长会传到固体DT燃料的内表面，从而播下内爆减速时不稳定性的种子. 但是对于波长远小于壳层厚度的扰动，馈入是可以忽略的.

8.2.10 RMI增长率

经典RTI考虑的是恒定加速，而脉冲式加速可导致RMI，这对ICF来说，也是感兴趣的. 比如在ICF靶刚开始被辐照时，会产生一个激波穿过壳层，这会引起随时间突然变化的加速度. RMI的最简单处理是用所谓的脉冲模型(Richtmyer，1960)，它是在极限条件 $a(t) = \Delta u\delta(t)$ 下求解(8.43)式，这里 $\delta(t)$ 是 δ 函数，Δu 是在时间 $t = 0$ 时激波传输引起的速度增量. 忽略表面张力并假定一个波数为 k、振幅为 ζ_0 的初始正弦扰动，对(8.43)式积分得到

$$\frac{\partial\zeta}{\partial t} - \zeta_0 A_{\mathrm{t}} k\Delta u = 0, \tag{8.60}$$

再积一次分，得到

$$\zeta(t) = \zeta_0(1 + \sigma_{\mathrm{RM}}t), \quad \sigma_{\mathrm{RM}} = A_{\mathrm{t}}k\Delta u. \tag{8.61}$$

这里Atwood数 A_{t} 是激波刚传过时的值. 方程(8.61)表明，扰动振幅随时间线性

变化;这很容易用观测结果解释,一旦激波已经穿过界面,驱动不稳定性的这种机制就停止,这样人们只能观察到惯性演化.和RTI不同,对任何Atwood数的值,RMI都可发生,也即不管激波从轻材料传到重材料还是相反,都会发生.如果$A_t<0$,即激波从较稠密的物质传到较轻的物质,不稳定性会改变扰动振幅的符号.尽管看上去很简单,(8.61)式的使用并不是直截了当的,因为没有精确的方法来定义初始扰动的振幅ζ_0.对于$A_t>0$, Richtmyer选择ζ_0等于激波刚穿过时的振幅.对于$A_t<0$, Vandenboomgaerde等(1998)已经证明,对乘积$A_t\zeta_0$用激波前和激波后的平均值可得到更符合数值模拟的结果.但请注意,激波过后的A_t和ζ_0依赖可压缩性,这一点并没有包含在前面的脉冲模型中.

实验和数值模拟证实,小扰动随时间线性增长.但只有当激波强度和密度比在一定的范围内时,理论增长率才与实验和模拟值符合.更一般的RMI模型要使用可压缩流体模型.感兴趣的读者可参考Wouchuk和Nishihara(1996)的论文以及Holmes等(1999)的评述中引用的文献.后一批作者还将解析结果与实验和模拟进行了比较.

对于ICF,RMI的危害要比RTI小.它随时间线性增长,而RTI随时间指数增长.但RMI在产生种子方面是重要的,这些种子在晚些时候可被RTI放大.

8.2.11 不均匀加速

驱动聚变靶丸的激光和粒子束不是完全均匀的,它们会产生空间上不均匀的驱动压,从而导致不均匀的加速.这对不稳定界面演化的影响可以通过对目前所用的模型作简单的推广来进行分析.我们考虑引起不均匀加速$a_0+\tilde{a}(t)\cos kx$的压力对初始平坦界面的驱动.扰动振幅$\zeta=\zeta(t)$由方程

$$\partial_{tt}^2\zeta-\sigma^2\zeta=\tilde{a} \tag{8.62}$$

确定,这里$\sigma=(A_t a_0 k)^{1/2}$.对于$\mathscr{T}=0$,用$\tilde{a}$表示加速度扰动,由(8.43)式就可得到这个结果.不均匀方程(8.62)的通解为

$$\zeta(t)=\frac{\tilde{a}}{2\sigma}\left[\mathrm{e}^{\sigma t}\int_0^t\tilde{a}\mathrm{e}^{-\sigma t}\mathrm{d}t-\mathrm{e}^{-\sigma t}\int_0^t\tilde{a}\mathrm{e}^{\sigma t}\mathrm{d}t\right]. \tag{8.63}$$

有两种情况和ICF特别相关.第一种是关于不依赖时间的压力不均匀性的影响,因为它们可由辐照花样(pattern)的不对称性造成.在这种情况下,(8.63)式变为

$$\zeta(t)=(\tilde{a}/\sigma^2)[\cosh(\sigma t)-1]. \tag{8.64}$$

对于足够大的时间,$\sigma t\gg1$,我们有$\zeta\simeq(\tilde{a}/\sigma^2)\cosh(\sigma t)$.和(8.45)式相比可知,不均匀加速的影响等价于振幅为$\zeta_0\simeq\tilde{a}/\sigma^2=\tilde{a}/A_t a_0 k$的初始表面扰动.

和ICF相关的第二个情况是,压力不均匀性只发生在很短的时间段Δt内,比如说,在辐照的初始阶段.这时,$\Delta t\ll1/\sigma$,我们可用脉冲函数$\tilde{a}=\Delta u_0\delta(t)$来近似表达扰动的加速度,这样(8.63)式变为

$$\zeta = (\Delta u_0/\sigma)\sinh(\sigma t). \tag{8.65}$$

和(8.45)式相比可知，这个脉冲加速度等价于 $\dot{\zeta}_0 = \Delta u_0$ 的初始速度扰动.

总之，忽略(8.62)式右边的扰动加速度 $\tilde{a}$ 并简单引入对应均匀方程的合适初始条件，我们就可用(8.64)和(8.65)式来考虑压力不均匀性.

8.3　任意密度轮廓流体的 RTI

在许多像 ICF 靶和正在爆炸的超新星这种重要的例子中，RTI 不会在两个均匀流体之间产生陡峭的界面，相反会产生密度在加速度方向逐渐变化的流体平衡. 这里我们用 Chandrasekhar (1961)的方法考虑密度随空间变化的流体，我们仍然保留不可压缩条件. 这样，我们可研究分层流体的稳定性，得到关于不稳定性相当普遍的条件. 在 8.2 节中，研究流体层的稳定性时，我们将进一步完善模型，也即用等压假定代替不可压缩性.

再次考虑二维 x、z 扰动，让重力在 $-z$ 方向，$\boldsymbol{g} = -a\boldsymbol{e}_z$，有关的守恒方程可写为

$$\frac{\partial\rho}{\partial t} + \nabla\cdot(\rho\boldsymbol{u}) = 0, \tag{8.66}$$

$$\rho\frac{\partial u_x}{\partial t} + \rho\left(u_x\frac{\partial u_x}{\partial x} + u_z\frac{\partial u_x}{\partial z}\right) = -\frac{\partial p}{\partial x}, \tag{8.67}$$

$$\rho\frac{\partial u_z}{\partial t} + \rho\left(u_x\frac{\partial u_z}{\partial x} + u_z\frac{\partial u_z}{\partial z}\right) = -\frac{\partial p}{\partial z} - \rho a, \tag{8.68}$$

$$\frac{\partial u_x}{\partial x} + \frac{\partial u_z}{\partial z} = 0. \tag{8.69}$$

8.3.1　线性化扰动方程

假定在平衡位置 $u_{x0} = u_{z0} = 0$，$\rho(z, t=0) = \rho_0(z)$ 附近有微小扰动，用波浪号表示扰动，那么(8.66)～(8.69)式变为

$$\frac{\partial\tilde{\rho}}{\partial t} + \tilde{u}_z\frac{\mathrm{d}\rho_0}{\mathrm{d}z} = 0, \tag{8.70}$$

$$\rho_0\frac{\partial\tilde{u}_x}{\partial t} = -\frac{\partial\tilde{p}}{\partial x}, \tag{8.71}$$

$$\rho_0\frac{\partial\tilde{u}_z}{\partial t} = -\frac{\partial\tilde{p}}{\partial z} - a\tilde{\rho}, \tag{8.72}$$

$$\frac{\partial\tilde{u}_x}{\partial x} + \frac{\partial\tilde{u}_z}{\partial z} = 0. \tag{8.73}$$

这些方程对于 x 和 t 的傅里叶变换(所有有波浪号的量都正比 $\mathrm{e}^{ikx}\mathrm{e}^{\sigma t}$)为

$$\sigma\tilde{\rho} = -\tilde{u}_z \frac{\mathrm{d}\rho_0}{\mathrm{d}z}, \tag{8.74}$$

$$\sigma\rho_0\tilde{u}_x = -\mathrm{i}k\tilde{p}, \tag{8.75}$$

$$\sigma\rho_0\tilde{u}_z = -\frac{\mathrm{d}\tilde{p}}{\mathrm{d}z} - a\tilde{\rho}, \tag{8.76}$$

$$\mathrm{i}k\tilde{u}_x + \frac{\mathrm{d}\tilde{u}_z}{\mathrm{d}z} = 0. \tag{8.77}$$

现在我们将方程(8.74)～(8.77)合并成关于 $\tilde{u}_z$ 的单个方程. 我们先将(8.75)式乘上 ik，同时利用关于 $\tilde{u}_x$ 的(8.77)式得到

$$k^2\tilde{p} = -\sigma\rho_0 \frac{\mathrm{d}\tilde{u}_z}{\mathrm{d}z}. \tag{8.78}$$

然后将关于 $\tilde{\rho}$ 的(8.74)式代入(8.76)式，有

$$\frac{\mathrm{d}\tilde{p}}{\mathrm{d}z} = -\sigma\rho_0\tilde{u}_z + \frac{a}{\sigma}\tilde{u}_z \frac{\mathrm{d}\rho_0}{\mathrm{d}z}. \tag{8.79}$$

最后，消去(8.78)和(8.79)式中的 $\tilde{p}$，我们得到所要的关于 $\tilde{u}_z$ 的演化方程为

$$\frac{\mathrm{d}}{\mathrm{d}z}\left(\rho_0 \frac{\mathrm{d}\tilde{u}_z}{\mathrm{d}z}\right) - \rho_0 k^2\tilde{u}_z = -\frac{k^2}{\sigma^2} a \frac{\mathrm{d}\rho_0}{\mathrm{d}z}\tilde{u}_z. \tag{8.80}$$

因为速度扰动在离界面较远的距离必须为零，我们要寻找当 $z\to\pm\infty$ 时，$\tilde{u}_z\to 0$ 的解. 将(8.80)式乘上 $\tilde{u}_z$ 得到一个有趣的结果为

$$-\frac{\mathrm{d}}{\mathrm{d}z}\left(\rho_0\tilde{u}_z \frac{\mathrm{d}\tilde{u}_z}{\mathrm{d}z}\right) + \rho_0\left(\frac{\mathrm{d}\tilde{u}_z^2}{\mathrm{d}z}\right)^2 + \rho_0 k^2\tilde{u}_z^2 = a\frac{k^2}{\sigma^2}\frac{\mathrm{d}\rho_0}{\mathrm{d}z}\tilde{u}_z^2, \tag{8.81}$$

然后对 z 从 $-\infty$ 到 ∞ 积分，再求解 σ 得到

$$\sigma^2 = k^2 \frac{\int_{-\infty}^{\infty} a(\mathrm{d}\rho_0/\mathrm{d}z)\tilde{u}_z^2\mathrm{d}z}{\int_{-\infty}^{\infty}\rho_0(z)[(\mathrm{d}\tilde{u}_z/\mathrm{d}z)^2 + k^2\tilde{u}_z^2]\mathrm{d}z}. \tag{8.82}$$

请注意，因为扰动在无穷远处必须为零，(8.81)式左边第一项的积分为零. 在(8.82)式中，我们在积分中保留了 a，这是为了包含依赖空间的加速度，这在这节后面很有用. 这个关于增长率的显式表达式能使我们定性讨论不稳定性的区域，下面的几个小节我们将对此加以说明.

8.3.2 通用的不稳定性条件

根据(8.82)式，不稳定性条件[也即存在至少一个 k 使得 $\sigma(k)$ 为实数且为正]等价于存在一个 k 使得(8.82)式的分子为正(分母总为正).

马上可以看到，当积 $a(\mathrm{d}\rho_0/\mathrm{d}z)$ 处处为负时，系统是稳定的，如果 $a(\mathrm{d}\rho_0/\mathrm{d}z)$ 在某个 z 区间为正，那么系统就不稳定. 只要 $a(\mathrm{d}\rho_0/\mathrm{d}z)$ 在任何一个地方为正，那么总有一些使得积分为正的模式存在. 因此，不稳定性的充要条件为，在

某个 z 区间,积 $a(\mathrm{d}\rho_0/\mathrm{d}z)>0$,即密度梯度和加速度要有相同的符号. 用(8.68)式将加速度表示为 $a=-(\mathrm{d}p_0/\mathrm{d}z)/\rho_0(z)$,我们得到的不稳定性一般条件的形式为

$$\frac{\mathrm{d}\rho_0}{\mathrm{d}z}\frac{\mathrm{d}p_0}{\mathrm{d}z}<0. \tag{8.83}$$

这表明,当密度梯度和压力梯度符号相反时会发生 RTI. 当密度和压力梯度方向不平行时,不稳定性条件为 $\boldsymbol{\nabla}\rho_0\cdot\boldsymbol{\nabla}p_0<0$. 对 ICF 和许多天体问题,(8.83)式这种形式特别有用,在物理上也特别清楚.

8.3.3　经典 RTI 增长率

现在我们用一般表达式(8.82)导出经典增长率(8.36)式. 对于 8.2 节中均匀流体 1 和 2 重叠的这种结构,对 $z>0$ 有 $\rho_0(z)=\rho_2$,对 $z<0$ 有 $\rho_0(z)=\rho_1$. 垂直未扰动边界的速度分量的连续性条件为

$$\lim_{z\to0^+}\tilde{u}_z=\lim_{z\to0^-}\tilde{u}_z=\tilde{u}_{z0}. \tag{8.84}$$

在区域 1 和 2,密度分别都是均匀的,因此有 $\mathrm{d}\rho_0(z)/\mathrm{d}z=0$. 这样对 $z\neq0$,(8.80)式变为

$$\frac{\mathrm{d}^2\tilde{u}_z}{\mathrm{d}z^2}-k^2\tilde{u}_z=0. \tag{8.85}$$

在无穷远处满足边界条件,并且在界面处满足连续性条件的解为

$$\tilde{u}_z=\begin{cases}\tilde{u}_{z0}\,\mathrm{e}^{-kz} & z\geqslant0,\\ \tilde{u}_{z0}\,\mathrm{e}^{kz} & z\leqslant0.\end{cases} \tag{8.86}$$

请注意,$\tilde{u}_x=(i/k)\partial_z\tilde{u}_z$,$\partial_z\tilde{u}_z$ 和 $\partial_z\tilde{u}_x$ 在界面处不连续. 当然,如果我们考虑黏滞,它们是连续的.

将速度扰动(8.86)式、密度和密度导数 $\mathrm{d}\rho_0/\mathrm{d}z=\delta(z)(\rho_2-\rho_1)$ 代入一般性表达式(8.82),可得到线性增长率. 这样经典增长率(8.36)式马上就有了.

另外,用(8.86)式来表示扰动速度,在无限小区间 $-\varepsilon\leqslant z\leqslant\varepsilon$ 对(8.80)式积分也可得到增长率. 结果是

$$-(\rho_2+\rho_1)k\tilde{u}_{z0}-k^2\tilde{u}_{z0}(\rho_2+\rho_1)\varepsilon=-\frac{k^2}{\sigma^2}a\tilde{u}_{z0}(\rho_2-\rho_1). \tag{8.87}$$

在极限 $\varepsilon\to0$ 时,左边的第二项为零,这样也能得到经典瑞利-泰勒增长率的表达式(8.36).

8.3.4　密度梯度

现在我们回到分层流体,它有一个密度变化的区域连接两个分别具有不同密度 ρ_1 和 ρ_2 的均匀区域. 对于增长率的简单演化,按照 Le Levier (1995),我们采用模型密度轮廓

$$\rho_0(z)=\begin{cases}\rho_1+(\Delta\rho/2)\exp(2z/L) & z\leqslant 0,\\ \rho_2-(\Delta\rho/2)\exp(-2z/L) & z\geqslant 0,\end{cases} \tag{8.88}$$

这里 $\Delta\rho=\rho_2-\rho_1$. 在(8.82)式中利用这种轮廓,同时假定扰动本征函数仍可以用针对陡峭界面的(8.86)式很好地近似,我们发现

$$\sigma=\sqrt{\frac{A_t ak}{1+kL}}, \tag{8.89}$$

这里 $A_t=\Delta\rho/(\rho_2+\rho_1)$. 在长扰动波长近似下, $kL\ll 1$, 这再次得到经典 RTI 速率. 在相反的短波长极限下, $kL\gg 1$, 可得到 $\sigma=\sqrt{aA_t/L}=\sqrt{a/2L_{\min}}$, 这里 $L_{\min}=\min[\rho_0/(\mathrm{d}\rho_0/\mathrm{d}z)]=L/2A_t$ 是密度梯度标尺长度的最小值. 因此短波长模式的增长率不依赖波长,并且远小于陡峭界面时的情况. 方程(8.89)是一个近似结果,因为我们用了针对台阶状轮廓的本征函数(8.86)式. 自洽的计算(Munro,1988)表明,在极限 $kL\gg 1$ 时,增长率为 $\sigma\simeq\sqrt{a/L_{\min}}$, 这要比这里的估计大一个因子 $\sqrt{2}$. 实际用于 ICF 靶设计时,我们可用这个近似公式(Lindl, 1997),即

$$\sigma=\sqrt{\frac{A_t ak}{1+A_t kL_{\min}}}, \tag{8.90}$$

它对大的和小的 k 都有正确的极限值.

8.4　烧蚀波前的 RTI

本节我们讨论激光和烧蚀波前的 RTI. 这里的重要结论是,烧蚀能降低 RTI 模式的增长率,甚至能完全稳定短波模式. 这由相当高深的理论预言,并由困难且精巧的实验所演示. 在进入详细的讨论之前,我们作一个简单的分析,这使烧蚀稳定性看上去是合理的. 这一工作归功于 Lindle 并由 Kilkenny 等(1994)报道. 它的出发点是经典 RTI 的本征函数随时间增长, $\exp(\sigma_{\mathrm{RT}}t)$, 但随空间下降, $\exp(-k|z|)$, 这里 $|z|$ 是到不稳定界面的距离[见(8.27)式]. 对于烧蚀 RTI,在时间区间 Δt 内,扰动增长一个因子 $\exp(\sigma_{\mathrm{RT}}\Delta t)$. 但由于烧蚀,界面以烧蚀速度 u_a 在稠密材料中运动. 因此,在时间间隔 Δt 内,界面在稠密材料中深入的距离为 $\Delta z=u_a\Delta t$, 并取样到一个本征函数,但它要少一个因子 $\exp(-k\Delta z)=\exp(-ku_a\Delta t)$. 因此,界面处有效扰动增长率为 $\exp(\sigma_{\mathrm{RT}}t)\exp(-ku_a\Delta t)$, 这样增长率为

$$\sigma=\sqrt{ak}-ku_a. \tag{8.91}$$

换句话说,我们可以讲,在界面附近的不稳定区,扰动按经典方式增长,但增长的时间因烧蚀而减小.

8.4.1　等压流体模型

现在我们研究烧蚀波前的线性稳定性. 图 8.12 给出了未扰动流体轮廓的示意图. 稳定的平面烧蚀在 7.9 节已有描述,那里我们已看到烧蚀波前的流体是亚声速的,并且近似等压. 这里我们用这个性质描述平衡流体并研究它的线性稳定性.

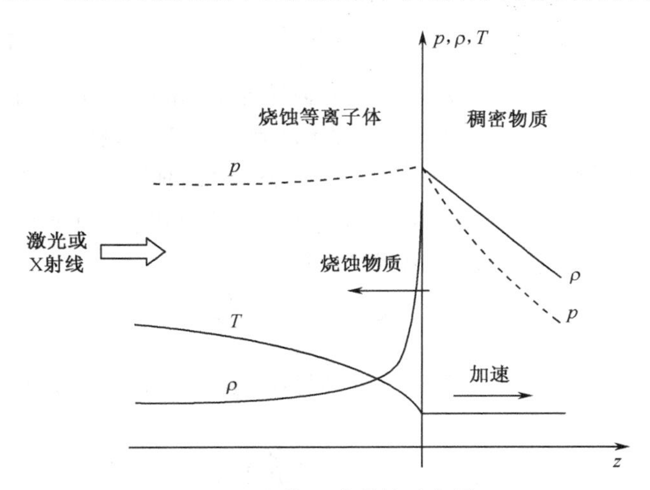

图 8.12　烧蚀波前的示意图

激光或 X 射线能量沉积引起的向内热流和烧蚀质量流形成一个稳定的密度轮廓 $\rho(z)$

我们从能量方程(6.6)出发,这里的流体满足理想气体物态方程 $e = \Gamma_{\mathrm{B}} T/(\gamma-1)$,即

$$\frac{1}{\gamma-1}\left[\rho\Gamma_{\mathrm{B}}\left(\frac{\partial T}{\partial t}+\boldsymbol{u}\cdot\nabla T\right)\right]=-p\nabla\cdot\boldsymbol{u}-\nabla\cdot\boldsymbol{q}. \tag{8.92}$$

利用 $p=\rho\Gamma_{\mathrm{B}}T$, 方括号中的项可以写为

$$\rho\Gamma_{\mathrm{B}}\left(\frac{\partial T}{\partial t}+\boldsymbol{u}\cdot\nabla T\right)=\frac{\partial p}{\partial t}-\frac{p}{\rho}\frac{\partial\rho}{\partial t}+\boldsymbol{u}\cdot\nabla p-\frac{p}{\rho}\boldsymbol{u}\cdot\nabla\rho, \tag{8.93}$$

然后我们用形式为 $-\partial\rho/\partial t=\rho\nabla\cdot\boldsymbol{u}+\boldsymbol{u}\cdot\nabla\rho$ 的连续性方程(8.66)消去密度的时间导数,这样得到

$$\Gamma_{\mathrm{B}}\rho\left(\frac{\partial T}{\partial t}+\boldsymbol{u}\cdot\nabla T\right)=\frac{\partial p}{\partial t}+p\nabla\cdot\boldsymbol{u}+\boldsymbol{u}\cdot\nabla p. \tag{8.94}$$

将最后这个方程代入(8.92)式,得到

$$\frac{1}{\gamma-1}\left(\frac{\partial p}{\partial t}+\boldsymbol{u}\cdot\nabla p\right)=-\frac{\gamma}{\gamma-1}p\nabla\cdot\boldsymbol{u}-\nabla\cdot\boldsymbol{q}. \tag{8.95}$$

由等压假定,我们可令等式左边为零,并让右边的压力为恒定值 $p=p_{\mathrm{a}}$, 这里我们用“a”表示烧蚀波前的量. 在这个等压近似下(Kull, Anisimov, 1986),能量守恒方

程为

$$\nabla \cdot \left(\boldsymbol{u} + \frac{\gamma - 1}{\gamma} \frac{\boldsymbol{q}}{p_a} \right) = 0. \tag{8.96}$$

现在我们将热流 $\boldsymbol{q} = -\chi \nabla T$ 和流体变量联系起来. 关于热导率,我们取

$$\chi = \chi_0 T^\nu, \tag{8.97}$$

它对 $\nu = \frac{5}{2}$ 的电子热传导和 $\nu > 3$ 的辐射热传导(见 7.1.2 小节)都适用. 在典型情况下,能量同时由电子和光子传输. 但在多数情况下,如果采用和上面不同的 ν 值,幂指数公式(8.97)仍是可接受的近似. 对于间接驱动靶,辐射效应非常重要,Betti 等(1998)发现,和比较粗的估计不同,$\nu < 2$. 这里我们提醒一下,如果传导率表示为更普遍的形式 $\chi = \chi_0 T^\nu p^{-\mu} = \chi_0 T^\nu (\rho \Gamma_B T)^{-\mu}$,下面的推导仍然适用. 这里我们令 $\mu = 0$. 利用等压近似,我们可以将热流写为

$$\boldsymbol{q} = -\chi \nabla T = \chi_a T_a \frac{\nabla \hat{\rho}}{\hat{\rho}^{\nu+2}}, \tag{8.98}$$

这里 T_a 和 χ_a 分别是烧蚀前沿的温度和传导率,$\hat{\rho} = \rho / \rho_a \leqslant 1$ 是归一化到烧蚀波前处值的密度. 这样(8.96)式可写为

$$\nabla \cdot \left(\boldsymbol{u} + u_a L_0 \frac{\nabla \hat{\rho}}{\hat{\rho}^{\nu+2}} \right) = 0, \tag{8.99}$$

这里

$$L_0 = \frac{\gamma - 1}{\gamma} \frac{\chi_a}{\rho_a u_a} \frac{1}{\Gamma_B} \tag{8.100}$$

是特征标尺长度. 在 ICF 靶的烧蚀波前,L_0 的取值为几分之一微米.

总结一下,对二维平板几何,在等压近似下,加速参考系中的流体方程为

$$\frac{\partial \rho}{\partial t} + \nabla \cdot (\rho \boldsymbol{u}) = 0, \tag{8.101}$$

$$\rho \frac{\partial u_x}{\partial t} + \rho u_x \frac{\partial u_x}{\partial x} + \rho u_z \frac{\partial u_x}{\partial z} = -\frac{\partial p}{\partial x}, \tag{8.102}$$

$$\rho \frac{\partial u_z}{\partial t} + \rho u_x \frac{\partial u_z}{\partial x} + \rho u_z \frac{\partial u_z}{\partial z} = -\frac{\partial p}{\partial z} - \rho a, \tag{8.103}$$

$$\nabla \cdot \left(\boldsymbol{u} + u_a L_0 \frac{\nabla \hat{\rho}}{\hat{\rho}^{\nu+2}} \right) = 0. \tag{8.104}$$

请注意,在动量方程(8.102)和(8.103)中我们保留了压力梯度项,因为它们和左边的其他项数量级相同.

8.4.2 用 Froude 数和传导率指数 进行讨论

根据对烧蚀流体平衡轮廓的分析,可定性讨论烧蚀 RTI 的重要特性(Betti et

al., 1996). 实际上,我们希望不稳定性的通用条件($\nabla\rho \cdot \nabla p < 0$, 见(8.83)式)和密度梯度引起的增长率减小对烧蚀 RTI 仍然适用. 但现在质量、动量和能量流会额外地减小不稳定性增长率. 并且,我们希望 RTI 模式局域在密度梯度标尺长度最小的一层中.

我们从密度轮廓出发,利用连续性方程(8.101), $\rho u = \rho_a u_a$, 再对(8.104)式积分,发现归一化的密度梯度为

$$\frac{d\hat{\rho}}{d(z/L_0)} = \hat{\rho}^{\nu+1}(1-\hat{\rho}), \tag{8.105}$$

它只依赖指数 ν. 在图 8.13 中,用归一化的空间坐标 z/L_0 给出了不同 ν 值下归一化的轮廓. (8.105)式还表明,局域定标长度 $L = L_0/\hat{\rho}^{\nu}(1-\hat{\rho})$ 的最小值为

$$L_{\min} = L_0 \frac{(\nu+1)^{\nu+1}}{\nu^{\nu}}, \tag{8.106}$$

对于 $\nu > 1$, 它要比 L_0 大几倍. (8.105)式不能得到紧凑形式的解,但在稠密区域和外喷(blow-off)等离子体中可得到两个很有意义的渐近解为

$$\hat{\rho} \simeq \begin{cases} 1-e^{-z/L_0} & z/L_0 \gg 1, \\ \left(-\dfrac{L_0}{\nu z}\right)^{1/\nu} & z/L_0 \ll -\nu. \end{cases} \tag{8.107}$$

为了分析压力轮廓,我们考虑(8.103)式所描述的沿 z 方向的动量守恒. 平衡时,它变为

$$\rho u_z \frac{du_z}{dz} = -\frac{dp}{dz} - \rho a, \tag{8.108}$$

由关于质量守恒的(8.101)式可得到速度的表达式为

$$u_z = u_a\rho_a/\rho = u_a/\hat{\rho}, \tag{8.109}$$

这里 u_a 是烧蚀速度,也即在随波前本身一起运动的参考系中,烧蚀波前处排出材

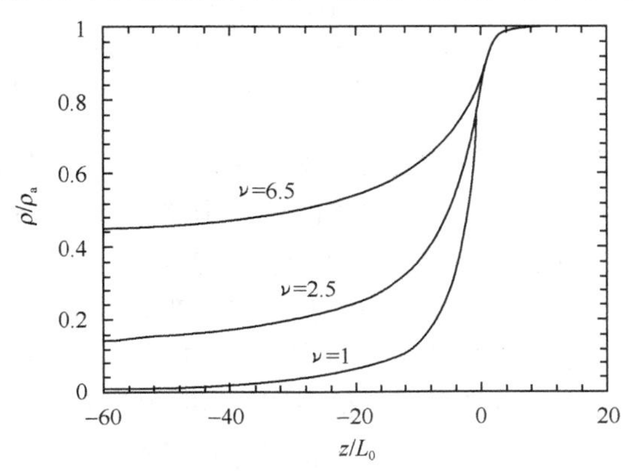

图 8.13　等压烧蚀模型

不同 ν 值下,烧蚀波前附近的归一化密度轮廓

料的速度. 这样,(8.108)式可写为

$$\frac{\mathrm{d}(p/\rho_{\mathrm{a}}u_{\mathrm{a}}^{2})}{\mathrm{d}(z/L_{0})}=-\frac{\hat{\rho}}{\mathscr{F}}[1-\hat{\rho}^{\nu-2}(1-\hat{\rho})\mathscr{F}], \tag{8.110}$$

这里,我们已用了关系式 $\mathrm{d}u_z/\mathrm{d}z=-u_{\mathrm{a}}\hat{\rho}^{-2}(\mathrm{d}\hat{\rho}/\mathrm{d}z)$ 和(8.105)式,并引入了 Froude 数

$$\mathscr{F}=\frac{u_{\mathrm{a}}^{2}}{aL_{0}}, \tag{8.111}$$

当能流由热传导主导时,它为零.

(8.110)式表明,归一化压力轮廓只依赖 $\mathscr{F}$ 和 ν. 对于稳定性的定性分析,压力峰值的位置特别重要. 令(8.110)式中压力导数为零,便可得到这个位置. 可以看到,当归一化密度为 $\hat{\rho}_{\mathrm{p}}$,使得 $\hat{\rho}_{\mathrm{p}}^{\nu-2}(1-\hat{\rho}_{\mathrm{p}})\mathscr{F}=1$ 时,即为压力峰值的位置. 对较大的 Froude 数,$\mathscr{F}\gg 1$,也即当热传导起相对小的作用时,峰值压力在 $\hat{\rho}_{\mathrm{p}}=1-\mathscr{F}^{-1}\simeq 1$,这靠近烧蚀波前[见图 8.14(a)]. 当 F 减小,峰值压力从烧蚀波前处移开. 在极限值 $\mathscr{F}\ll 1$,在离开烧蚀波前的同时,压力下降为无限小.

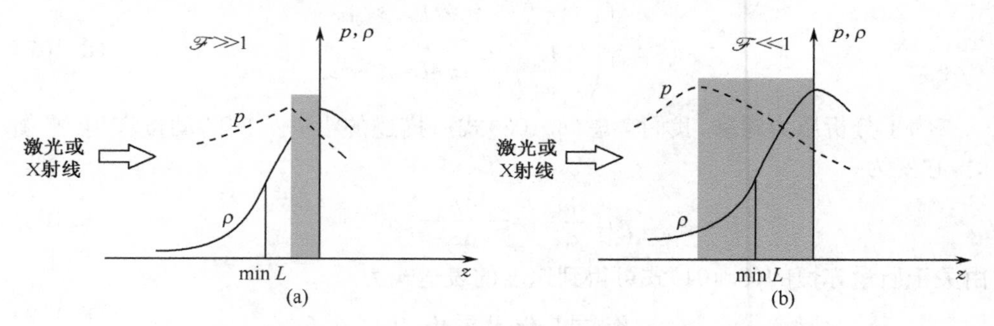

图 8.14　大和小 Froude 数 $\mathscr{F}$ 时,烧蚀波前附近的密度和压力轮廓

(a)$\mathscr{F}\gg1$;(b)$\mathscr{F}\ll1$

RTI 不稳定区域(这里 $\nabla p\cdot\nabla\rho<0$)用阴影区域表示. 中心在最小密度梯度标尺长度附近的短波长模式,如果处于阴影区域,那么是不稳定的. 减小 Froude 数可使短波长模式不稳定

这样,我们发现当热传导的重要性相对增大时,峰值压力从烧蚀波前移至低密度等离子体. 这会加大 $\nabla\rho\cdot\nabla p<0$ 的烧蚀等离子体区域[见图 8.14(b)],并使得 RTI 模式不稳定. 因此,虽然在原则上流体流动和热传导会降低 RTI 增长,但是热传导引起的轮廓修正将大大降低这种稳定化效应. 现在我们用 Froude 数讨论烧蚀波前的稳定性. 我们先考虑 $\mathscr{F}\gg 1$ 的情况[见图 8.14(a)]. 因为峰值压力靠近烧蚀波前,$\nabla\rho\cdot\nabla p<0$ 的经典不稳定区域很小,并且不包括梯度最陡的区域. 另外,对于大的 $\mathscr{F}=u_{\mathrm{a}}^{2}/aL_{0}\gg 1$,我们预计,烧蚀流动会有重要的稳定化效应. 所有这些都表明,波长和 L_0 可比或更小的模式满足 $kL_0>1$,因而是稳定的.

相反,对 $\mathscr{F}\ll 1$,有很大的不稳定区域,并且包括梯度最陡的区域[见图 8.14

(b)]. 这种情况下,烧蚀和密度梯度不能稳定波长和标尺长度 L_0 可比的模式. 实际上,只发现对很短的波长有稳定效应.

8.4.3　扰动方程

下面要给出对一些问题的稳定性进行数值分析所需的方程组,并以图的形式给出结果. 烧蚀波前附近流动的亚声速性质使我们可以对描述流体扰动的方程采用等压近似(Kull, Anisimov, 1986). 和往常一样,我们令扰动正比于 $e^{ikx}e^{\sigma t}$. 在 $\boldsymbol{u}_0 = u_0(z)\boldsymbol{e}_z$, $\rho_0 = \rho_0(z)$ 和 $\boldsymbol{a}_0 = a\boldsymbol{e}_z$ 的平衡解附近,对方程(8.101)~(8.104)线性化,我们可用量纲为一的形式写为

$$(\hat{\rho}\sigma_{\mathrm{n}} - \partial_{\hat{z}})\tilde{n} + \frac{\tilde{v}_z\hat{\rho}}{\hat{L}} + \hat{\rho}\,\hat{\boldsymbol{\nabla}}\cdot\tilde{v} = 0, \tag{8.112}$$

$$\mathrm{i}(-\hat{\rho}\sigma_{\mathrm{n}} + \partial_{\hat{z}})\tilde{v}_x + k_n\tilde{\pi} = 0, \tag{8.113}$$

$$\partial_{\hat{z}}\tilde{\pi} - \left(\partial_{\hat{z}} - \sigma_{\mathrm{n}}\hat{\rho} - \frac{1}{\hat{L}}\right)\tilde{v}_z + \tilde{n}\left(\frac{\hat{\rho}}{\mathscr{F}} - \frac{1}{\hat{L}\hat{\rho}}\right) = 0, \tag{8.114}$$

$$\hat{\boldsymbol{\nabla}}\cdot\left[\tilde{v} + k_{\mathrm{n}}\hat{\boldsymbol{\nabla}}\left(\frac{\tilde{n}}{\hat{\rho}^{\nu+1}}\right)\right] = 0. \tag{8.115}$$

这里 $\hat{z} = z/L_0$, $\hat{\boldsymbol{\nabla}} = L_0\boldsymbol{\nabla}$, $\hat{\rho} = \rho_0(z)/\rho_{\mathrm{a}}$, $\hat{L} = L/L_0$ 和 $L = \hat{\rho}/(\mathrm{d}\hat{\rho}/\mathrm{d}z)$ 是坐标 z 的已知函数, $\mathscr{F} = u_{\mathrm{a}}^2/aL_0$ 是上面引入的 Froude 函数,则

$$k_{\mathrm{n}} = kL_0,\quad \sigma_{\mathrm{n}} = \sigma L_0/u_{\mathrm{a}} \tag{8.116}$$

分别是量纲为一的波数和增长率. 这里 $\tilde{\boldsymbol{v}} = \tilde{\boldsymbol{u}}/u_{\mathrm{a}}$, $\tilde{n} = \tilde{\rho}/\rho_{\mathrm{a}}$, $\tilde{v}_z = \tilde{u}_z/u_{\mathrm{a}}$, $\tilde{v}_x = \tilde{u}_x/u_{\mathrm{a}}$ 以及 $\tilde{\pi} = \tilde{p}/\rho_{\mathrm{a}}u_{\mathrm{a}}^2$ 是量纲为一的未知量. (8.112)~(8.115)式可合并成一个关于 $\tilde{\Phi} = \tilde{n}/\tilde{\rho}^{\nu+1}$ 的五阶偏微分方程,即

$$\begin{aligned}&[\partial_{\hat{z}}(\partial_{\hat{z}} - \sigma_{\mathrm{n}}\hat{\rho})\partial_{\hat{z}} - k_{\mathrm{n}}^2(\partial_{\hat{z}} - \sigma_{\mathrm{n}}\hat{\rho})]\hat{L}[(\partial_{\hat{z}} - \sigma_{\mathrm{n}}\hat{\rho})\tilde{\Phi}\hat{\rho}^{\nu} + \hat{\boldsymbol{\nabla}}^2\tilde{\Phi}]\\ &+ \partial_{\hat{z}}(\partial_{\hat{z}} - \sigma_{\mathrm{n}}\hat{\rho})[\partial_{\hat{z}}\tilde{\Phi}\hat{\rho}^{\nu} + \hat{\boldsymbol{\nabla}}^2\tilde{\Phi}] + k_{\mathrm{n}}^2\hat{\boldsymbol{\nabla}}^2\tilde{\Phi} + k_{\mathrm{n}}^2\frac{\tilde{\Phi}\hat{\rho}^{\nu+2}}{\mathscr{F}} = 0.\end{aligned} \tag{8.117}$$

这是一个微分方程,本征值是量纲为一的增长率,

$$\sigma_{\mathrm{n}} = \sigma_{\mathrm{n}}(k_{\mathrm{n}}, \mathscr{F}, \nu), \tag{8.118}$$

它只依赖量纲为一的波数 k_{n} 以及参数 F 和 ν.

(8.117)式不能通过解析求解得到形式紧凑的色散关系. Kull (1989)用数值方法得到了精确解,他推广了 Takabe 等(1985)的早期工作. 最近,用基于渐近匹配技术和 WKB 方法的高深解析处理,得到了(8.117)式的解(Sanz, 1994; Betti et al., 1996). 在 8.4.4 小节中,我们总结这些结果.

值得一提的是,许多作者用陡峭边界模型发展了烧蚀 RTI 的简化解析处理. 这些模型考虑分开两个均匀流体的界面的扰动,对于边界条件,近似考虑和烧蚀有

关的质量和能量流. 尽管不如自洽理论严格,用陡峭边界模型可加深我们对烧蚀 RTI 的理解. Bodner (1974)最早做了有关工作,他导出了一个色散关系($\sigma = \sqrt{ak} - ku_a$),并第一次证明了烧蚀的稳定效应. Piriz(2001b)总结了线性烧蚀 RTI 陡峭边界模型的最新发展. Sanz 等(2002)还证明,陡峭边界模型还可用来阐述非线性烧蚀 RTI. 由他们发展的模型得到系统可用两个完全匹配的拉普拉斯方程描述. 它的计算过程直截了当并且快捷,同时用它能得到非线性 RTI 演化的许多重要特性.

8.4.4 自洽处理的结果

Betti 等(1998)提出了烧蚀 RTI 的通用色散关系,它对小的和大的 $\mathscr{F}$ 以及实际感兴趣的整个范围的 ν,拟合(8.117)式的解析解,但结果相当冗长,因此这里就不重复了. 用图形表示这些结果会更加清楚. 在图 8.15 中,我们对不同的 Froude 数和 ν 值画出了归一化增长率和归一化波数之间的关系. 可以看到,短波长被稳定了,对大的 Froude 数,稳定化更有效,这和 8.4.2 小节的讨论定性上符合. 图 8.16 中的结果和图 8.15 相同,但增长率采用了不同的归一化方法,此时烧蚀的稳定化效应更加明显. 这个图清楚地表明,对小的 kL_0 值,结果接近经典极限,稳定化发生在 kL_0 足够大时.

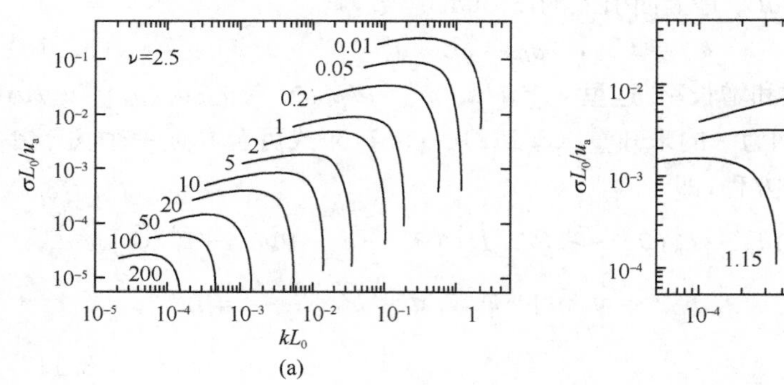

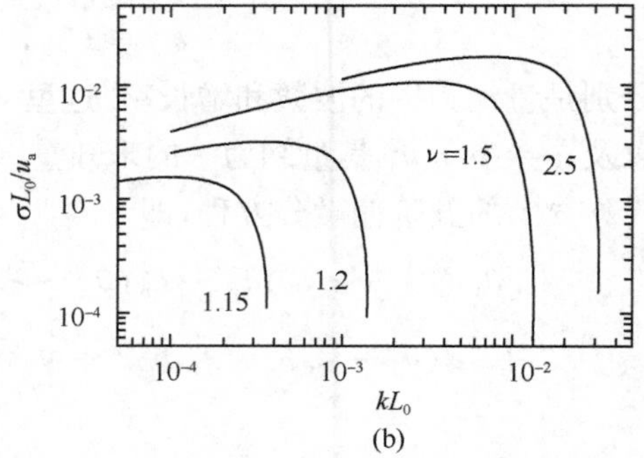

图 8.15 烧蚀 RTI

结果来自具有自洽稳定流动轮廓的等压烧蚀模型. 色散关系中的参数为(a) $\sigma_n = \sigma_n(k_n)$, Froude 数在 0.01 到 200 间变化(见曲线上的标记),(b) $\mathscr{F} = 5$, ν 取不同的值. $\nu > 2.5$ 的曲线这里没有给出,它们和 $\nu = 2.5$ 的曲线几乎重叠(Kull, 1989)

图 8.15 表明,存在一个截止波数,比其大的所有模式都是稳定的. 截止波数和 Froude 数的依赖关系见图 8.17.

Betti 等(1998)已经证明,色散关系可以近似写为

$$\sigma = \alpha_1(\mathscr{F},\nu)\sqrt{ak} - \beta_1(\mathscr{F},\nu)ku_a, \quad \mathscr{F} > \mathscr{F}^*(\nu), \tag{8.119}$$

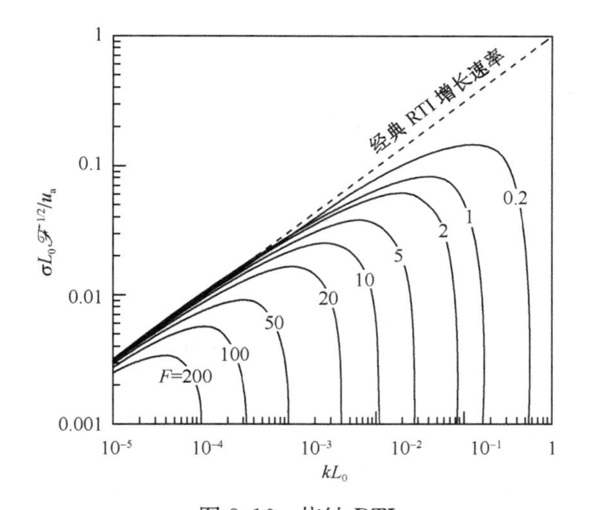

图 8.16 烧蚀 RTI

和图 8.15 中的结果相同，只是对增长率用了不同的归一化方法

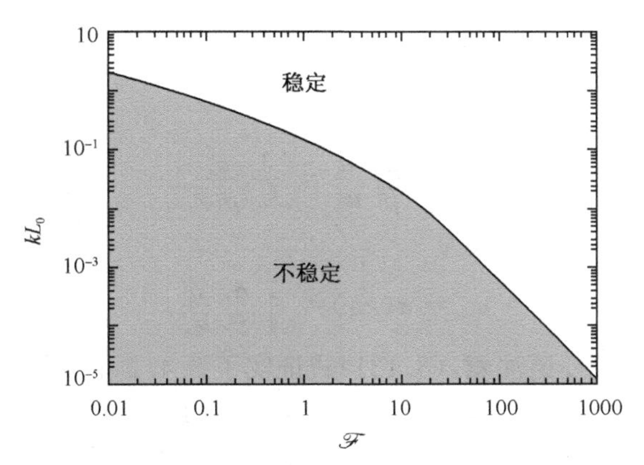

图 8.17 对热导率指数 $\nu=2.5$，归一化截断波数随 Froude 数的变化，这是用具有自洽稳定流动轮廓的等压模型得到的

$$\sigma=\alpha_2(\mathscr{F},\nu)\sqrt{\frac{ak}{1+kL_{\min}}}-\beta_2(\mathscr{F},\nu)ku_{\mathrm{a}},\quad \mathscr{F}\leqslant\mathscr{F}^*(\nu),\tag{8.120}$$

这里 α_1、α_2、β_1 和 β_2 是只依赖 $\mathscr{F}$ 和 ν 的拟合函数. 它们以图形形式在图 8.18 中给出. 图还给出了(8.119)和(8.120)式拟合最好的区域.

(8.119)和(8.120)式分别称为 Takabe 公式和修正的 Takabe 公式，它们最早由 Takabe 等提出，用来拟合和这里相似的一个模型的数值本征解，但假定了球面几何、大 Froude 数和 $\nu=2.5$. 这个公式提供了关于截止波数的简单有用的表达式为

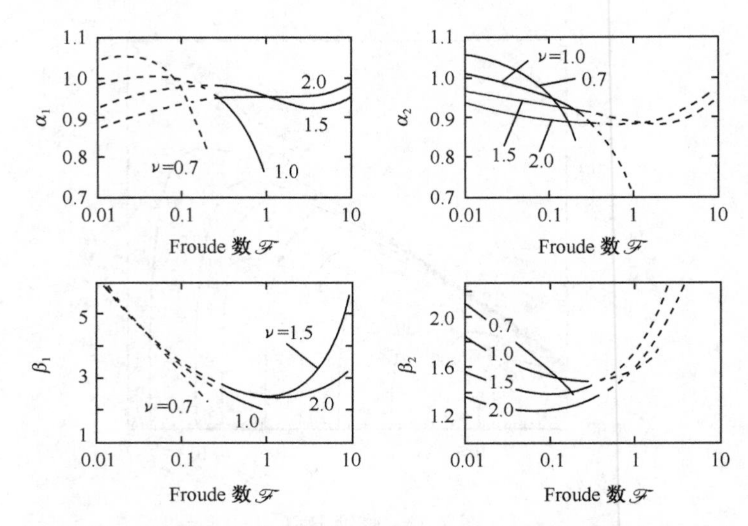

图 8.18　对不同的有效热传导率指数 ν，拟合公式(8.119)和(8.120)中系数 α_1、β_1 和 α_2、β_2 随 Froude 数 $\mathscr{F}$ 的变化

每条曲线的实线部分表示(8.119)式或者(8.120)式拟合得最好的区域. 系数 α_2 和 β_2 的曲线来自 Betti 等(1998)；α_1 和 β_1 的曲线来自 Betti 和 Goncharov (2004,私人通信)

$$k_{\mathrm{c}} = \frac{\alpha_1^2}{\beta_1^2}\frac{a}{u_{\mathrm{a}}^2} = \frac{1}{L_0}\frac{\alpha_1^2}{\beta_1^2\mathscr{F}}, \tag{8.121}$$

还给出了最大增长率的表达式为

$$\sigma_{\mathrm{m}} = \sigma(k_{\mathrm{m}}) = \frac{1}{4}\frac{\alpha_1^2}{\beta_1}\frac{a}{u_{\mathrm{a}}}, \tag{8.122}$$

这里有 $k = k_{\mathrm{m}} = k_{\mathrm{c}}/4$. 请注意,(8.121)式证实了 8.4.2 小节关于 $kL_0 \approx 1$ 的模式的定性预言:对 $\mathscr{F} \gg 1$，它们是稳定的;对 $\mathscr{F} \ll 1$ 则是不稳定的.

(8.119)和(8.120)式总结了目前对烧蚀 RTI 线性理论的理解. 但是它们的使用并不直接. 实际上,它们首先要知道 $\mathscr{F}$、ν、u_{a} 和 $L_{\min}$，而在实验中,独立变量是靶和束参数. 其次,这里的模型假定了能量传输可用单个扩散过程描述.

尽管有这些局限,和二维数值模拟的详细比较证实,如果有关的量 $\mathscr{F}$、u_{a}、a、ν 和 $L_{\min}$ 能正确估值,这些结果大体上正确. 为此,标准方法(Betti et al. , 1998)是用包含限流电子热传导和多群辐射输运的一维辐射流体数值模拟来找到流体量的准平衡轮廓. 这些可以用来确定 u_{a}、a、L_0 (由此有 $\mathscr{F}$)以及 ν 和 $L_{\min}$ 的有效值. 然后,由图 8.18 中的曲线,作为 $\mathscr{F}$ 和 ν 的函数,可确定参数 α_1 和 β_1 或者 α_2 和 β_2 的值.

表 8.1 给出了点火尺寸 ICF 靶的 α_1 和 β_1 (或 α_2 和 β_2)值. 可以看到在所有情况下，α_1 (或 α_2)接近 1. 但参数 β_1 和 β_2 依赖驱动束和烧蚀材料. 通常,间接驱动的 β_1 (或 β_2)要比直接驱动的小. 但是,我们将在 8.8 节中看到,确定烧蚀稳定有效性

的有关量是 β_2 和烧蚀质量比的乘积. 对于最后这个量,间接驱动要比直接驱动大,因此间接驱动靶预计要比直接驱动靶更稳定. 对于直接驱动靶,DT 烧蚀物具有最大的 β 值,因此靶设计要类似第 3 章中结构,只是外面的 CH 层要用 DT 或泡沫填充的 DT 代替(Bodner et al. , 2000;McKenty et al. , 2001).

表 8.1　对于为实现点火设计的 ICF 靶,出现在(8.119)和(8.120)式中的系数 α_1、α_2、β_1 和 β_2 的值

	直接驱动(塑料烧蚀物)	直接驱动(DT 烧蚀物)	间接驱动
α_1	—	0.97	—
β_1	—	2.5	—
α_2	0.97	—	1
β_2	1.5	—	1～1.5

8.4.5　与实验和模拟的比较

从 ICF 研究开始以来,内爆不稳定性的控制一直被认为是关键问题,RTI 在解析和数值方面都得到了阐述. Lindl 和 Mead (1975)对激光驱动壳层外表面的 RTI 首次进行了二维模拟,表明增长率要比经典 RTI 小. 但是这些早期模拟没有达到全面研究稳定性所需的分辨率. 20 世纪 80 年代早期,许多作者研究了激光加速平面靶的不稳定性,讨论了一些有趣的非线性效应(Mccrory et al. , 1981;Evans et al. , 1982). 同一时期实验上首次给出了激光驱动靶 RTI 的证据(Cole et al. , 1982;Grun et al. , 1984). 但是烧蚀稳定性的定量研究,在实验和模拟方面都需要很高的分辨率.

证明短波长时烧蚀稳定性的两维模拟发表于 1990-1(Tabak et al. , 1990;Gardner et al. , 1991). 以后几年,更精确的实验测量了 RTI 的增长率. 在下面几小节中,我们讨论其中一些重要的实验和模拟结果.

根据 Remington 等(1991),图 8.19(a)给出了典型实验的示意图. 它考虑的是辐射驱动平面靶的 RTI 研究. 黑腔(见第 9 章)产生的 X 射线驱动平面靶,其表面有正弦状波纹. 射向反照灯(backlighter)的束流(见图的顶部)产生的更硬的 X 射线用来探测加速的薄膜. 通过研究透过扰动薄膜的硬 X 射线的调制可测量 RTI 增长率. 这样,可得到薄膜柱密度 $\int \rho \mathrm{d}z$ 空间和时间分辨的结果. 图 8.19(b)给出了一个漂亮结果,这里对应不同时间,画出了 X 射线曝光量的调制(和 $\int \rho \mathrm{d}z$ 调制相关)和空间坐标的关系. 我们可以清楚地看到调制的增长. 最初,调制是对称的,基本上是正弦状. 但后来,它们变得不再对称,并出现了特征性的空泡和尖钉结构. 但由于波纹的初始振幅比较大,不能测到线性增长率.

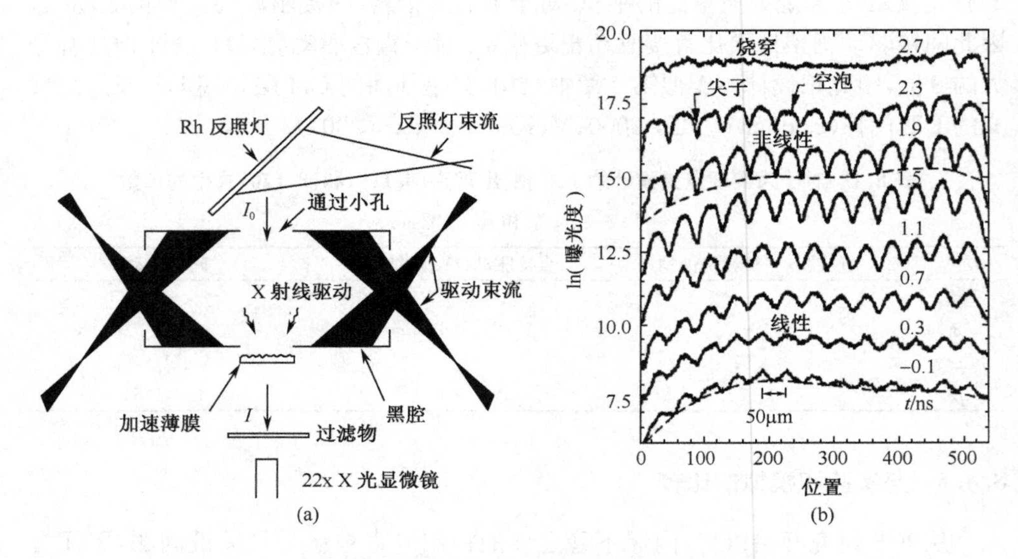

图 8.19　RTI 实验，辐射驱动薄膜具有相对比较大的正弦扰动

(a)实验装置图；(b)测得的随时间变化的曝光曲线图，这里加速薄膜靶的初始正弦扰动振幅为 1.9μm，波长为 50μm

每条曲线表示 400ps 时间间隔内的平均，并且按时间顺序从底部到顶部垂直移动一个间隔. 虚线表示由于反照灯(backlighter)不均匀性引起的平均长程结构，这是一个估计值(Remington et al.，1991)

Budil 等(1996)进行了比较烧蚀 RTI 和经典 RTI 的一个重要实验. 两个靶被相同的辐射脉冲照射，产生相同的加速度. 第一个靶是由一种材料组成的薄膜，激光照射的一侧有波纹，这样可种植一个很好的烧蚀 RTI 单波模式. 第二个靶由不同材料的两层组成，比较密的那层在激光的另一侧. 两种材料的界面对经典 RTI 是不稳定的，这个界面是正弦状变形的. 我们用不同的波长同时对这两种靶进行实验，然后测量时间积分的调制增长率. 如图 8.20 所示，在两种情况下得到了很不同的增长曲线，这清楚地表明了烧蚀和经典 RTI 的不同.

测量线性增长率要求控制激光和靶参数以确保像加速度这种不扰动的流体参数不随时间变化，这样扰动随时间指数增长. 然后用下面的方法可得到增长率. 首先，对于图 8.19(b)所示的那种 X 射线曝光曲线进行傅里叶变化，可计算给定时间的模式振幅. 这样，我们可得到模式的时间演化，同时核查高次谐波的振幅是否大大小于所加的扰动模式的振幅. 最后，这些曲线对时间求导，就可得到增长率. 图 8.21 给出了一个例子. 它考虑的是 20μm 厚的塑料薄膜，驱动激光波长为 0.53μm，强度为 $7\times10^{13}\,\mathrm{W/cm^2}$. 薄膜有不同波长 λ 和不同初始振幅 η_0 的单模调制. 测得的薄膜加速度为 $a=6\times10^{15}\,\mathrm{cm/s^2}$，烧蚀速度大约为 $10^5\,\mathrm{cm/s}$. 分幅图 8.21(a)～(d)给出不同 λ 和 η_0 时模式的演化. 可清楚地看到几乎指数增长的阶段.

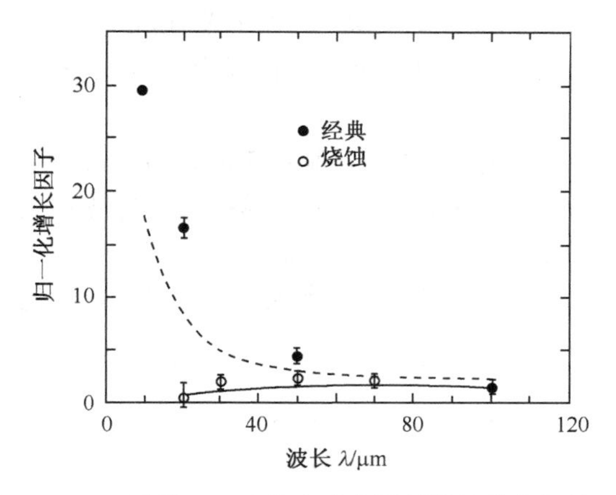

图 8.20　Budil 等(1996)的实验中测得的经典和烧蚀 RTI

图给出了增长因子随扰动波长的变化. 增长因子归一化到 $\lambda = 100\mu m$ 时测得的经典值，曲线是二维模拟结果

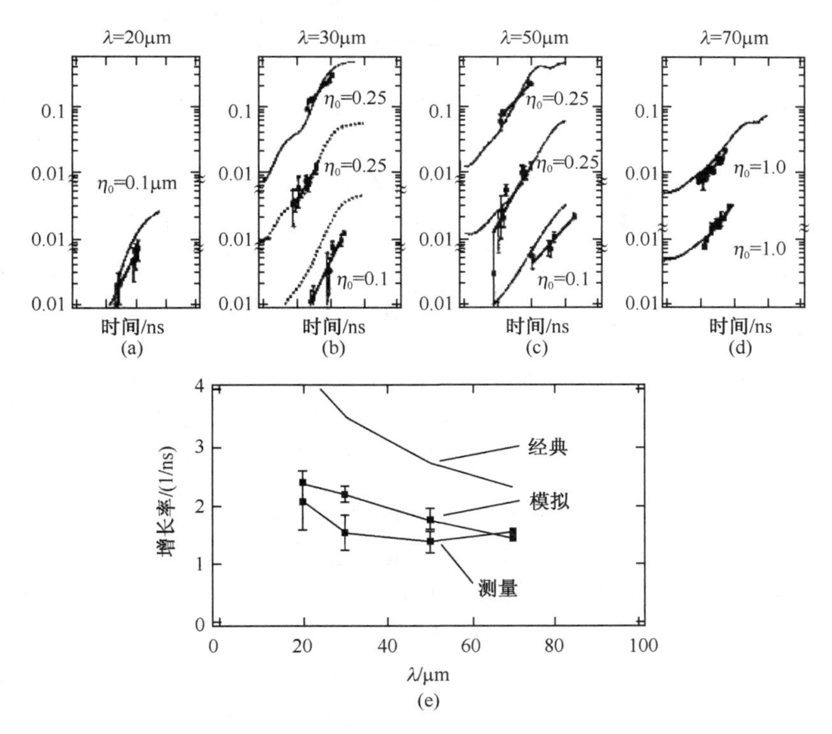

图 8.21　激光驱动塑料薄膜的烧蚀 RTI(Glendinning et al.，1997)

实验用的薄膜具有初始正弦波纹. (a)～(d)为对不同波长 λ 和初始扰动振幅 η_0，具有光学深度的基模的调制振幅. (e)为不同波长的平均增长率与模拟和经典结果进行比较. 对 $\lambda = 20\mu m$ 和 $30\mu m$，我们发现，增长率下降为经典增长率的 50%

图 8.21(e)给出了增长率和波长的关系. 增长率要比经典 RTI 小并且和二维模拟一致. 但是完全稳定的区域被认为不能达到,因为所需的分辨率超过实验所能实现的.

实际上,Budil 等(2001)演示了辐射驱动靶的短波长稳定化. 他们用温度 T_r 大约为 100eV 的热辐射照射 25μm 厚的铝薄膜靶. 薄膜有波长为 10～70μm 的单模调制. 图 8.22 给出了薄膜调制的演化. 可以看到,波长为 10μm 或 12μm 的扰动根本不增长,而 $\lambda = 16\mu$m 的扰动增长非常缓慢. 测得的调制演化可用二维模拟很好地重复.

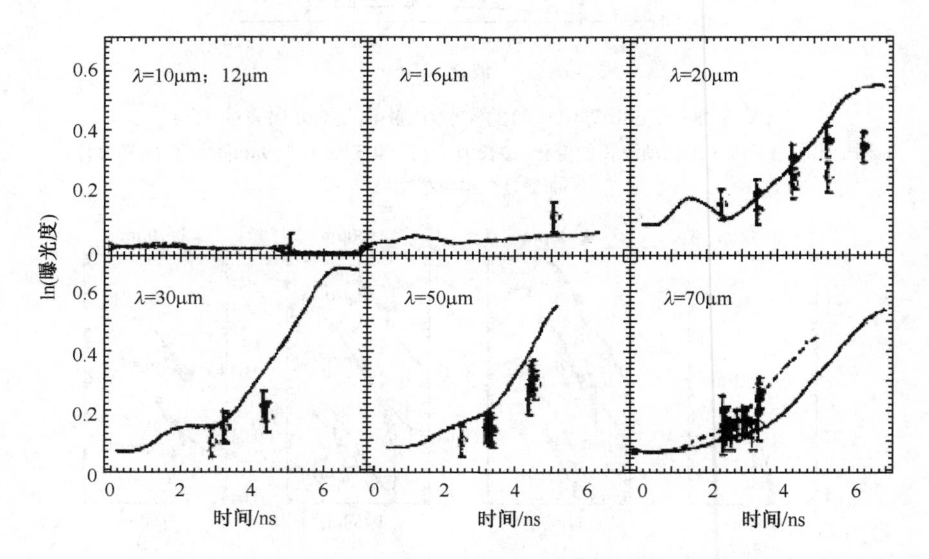

图 8.22　辐射驱动薄膜的烧蚀 RTI,这里薄膜具有单波长初始扰动. 不同波长 λ 时,光学深度调制的增长. 有误差棒的符号表示曝光调制的振幅
图中的曲线是用二维 LASNEX 程序所作的辐射流体模拟结果(Budil et al. ,2001)

上面的结果演示了烧蚀稳定性以及实验和模拟很好的一致性. 为了对本小节作个总结,我们在图 8.23 中比较了不同理论模型的数值模拟. 图 8.23(a)的数据来自发现短波长完全稳定化的首批研究中的一个(Tabak et al. , 1990). 研究用的是直接驱动靶,结果表明,取 $\alpha_1 = 0.9$ 和 $\beta_1 = 3$, 利用 Takabe 公式(8.119)可以重复实验结果. 图 8.23(b)中用的则是间接驱动靶(Budil et al. , 2001),参数和图 8.22 中的实验相同. 我们看到,(8.120)式给出的趋势和数值结果相同,但不能定量地重复模拟结果.

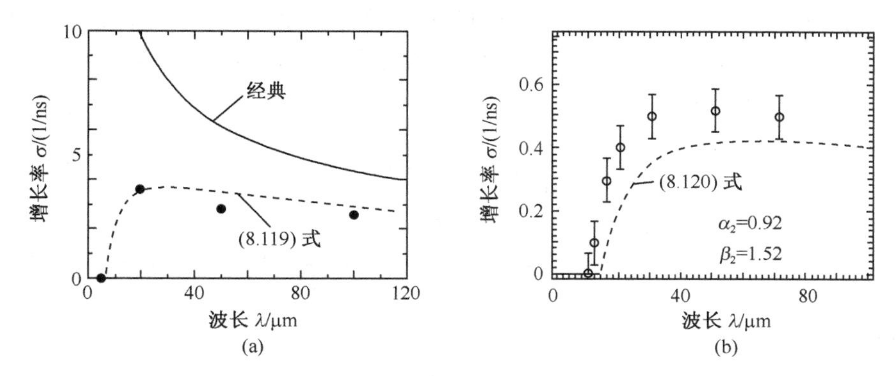

图 8.23　二维数值模拟得到的烧蚀 RTI 色散关系的例子(Budil et al.，2001)

(a)激光烧蚀 CH 薄膜的 RTI，结果来自 Tabak 等(1990)LASNEX 模拟结果. 薄膜厚度为 20μm，辐照激光脉冲的强度为 $I = 2\times10^{15}\text{W/cm}^2$，波长为 $\lambda_L = 0.26\mu$m. 虚线为 Takabe 公式(8.119)，其中 $\beta_1 = 3$；(b)25μm 厚铝膜的 RTI，辐照热辐射的温度为 $T_r \simeq 100$eV

8.5　球面边界的稳定性

对于 ICF，RTI 发生在球形界面而不是平面边界. 烧蚀波前的汇聚效应可忽略，因为烧蚀驱动发生在内爆的早期，也即壳半径仍比较大时. 但当壳层减速时，在它的内表面汇聚效应很可能是重要的.

在本节中，我们概述内爆球形界面的一种简化 RTI 处理，并导出和 ICF 有关的两个结果，即①壳层振荡；②内爆减速时 RTI 的线性增长率. 我们注意到，这里表述的结果与涉及塌缩空泡的许多科技领域有关. 它们包括声致发光(Brenner et al.，2002)、液压机械损坏和空泡的医学应用(Lohse，2003)等.

8.5.1　腔的扰动方程

本小节和 8.5.2 小节中，我们研究空球腔的扰动演化. 请注意，对于平面理想 RTI，我们考虑平衡态或稳态的稳定性. 但考虑汇聚流体时，我们必须考虑对称流的扰动演化，这里未扰动半径是给定的时间函数，因此我们写为

$$r(\theta,\phi,t) = R(t) + \zeta(\theta,\phi,t), \tag{8.123}$$

这里 r 是扰动腔的实际径向坐标，ζ 是扰动振幅，θ 和 ϕ 是球坐标. 在本小节中，我们和 8.2 节一样用不可压缩流体的势理论. 扰动势必须满足拉普拉斯方程(8.5). 利用球几何，它通过一些模式的叠加求解，即

$$\tilde{\varphi}_l \propto \eta^{-j} p_l(\theta), \quad l = 1,2,\cdots, \tag{8.124}$$

这里 $j = l+1$ 或者 $j = -l$，p_l 是 l 阶球谐函数. 因为我们对 $r \geqslant R$ 的区域感兴趣，我们必须取 $j = l+1$，这样对 $\eta \to \infty$，$\tilde{\varphi}_l$ 保持有限值. 另外，扰动量在界面处必须满

足运动学和动力学边界条件. 这里,我们省略了详细的处理,只引用主要结果,有关详细处理可参考 Bell(1951)和 Pleasset(1954)的原始文献. 我们发现 l 阶扰动模式振幅 ζ_l 的演化方程为

$$\partial_{tt}^2\zeta_l + 3\frac{\dot{R}}{R}\partial_t\zeta_l - (l-1)\frac{\ddot{R}}{R}\zeta_l = 0, \tag{8.125}$$

这里点表示对时间的导数. 如果把方程左边第二项中因子 3 改成 2,那么它就适用柱几何. (8.125)式被称为 Bell-Plesset 方程. 引入质量变量 $m = \rho R^2/k$ 和波数

$$k = (l+1)/R, \tag{8.126}$$

可得到更清晰的方程为

$$\partial_t(m\partial_t\zeta_l) - \frac{l-1}{l}m\ddot{R}k\zeta_l = 0. \tag{8.127}$$

(8.127)式和对应平面几何的(8.44)式不同,它的质量随时间变化,并且有因子 $(l-1)/l$. (8.126)式清楚地表明,对于汇聚几何,给定扰动的波长 $\lambda = 2\pi/k$ 随腔半径变化而变化.

8.5.2 球形腔的稳定性、腔的振荡

现在我们要定性讨论球形腔稳定性的一些特点. 这里,一个重要的量是扰动振幅和腔半径的比,即 ζ_l/R. 汇聚的流体使得 ζ_l/R 即使在以均匀速度 $\dot{R} = -U$ 塌缩的腔中也会放大. 这时, $\ddot{R} = 0$, 这样(8.127)式只表明 $m\partial_t\zeta_l$ 是守恒的. 对于初始半径为 R_0 的腔,如果初始扰动静止(即 $\zeta_l = \zeta_{l0}$, 并且 $t = 0$ 时, $\partial_t\zeta = 0$),扰动振幅保持恒定,但是它和腔半径的比值正比于汇聚比 R_0/R 增长. 但如果 $\partial_t\zeta|_{t=0} = \dot{\zeta}_0 \neq 0$, 那么

$$\zeta_l = \zeta_0 + \frac{1}{2}\frac{\dot{\zeta}_0 R_0}{U}\left(\frac{R_0^2}{R^2} - 1\right), \tag{8.128}$$

这表明,即使扰动的绝对值现在也会增长,并且当腔塌缩时会发散. 请注意,这种效应不依赖模数.

为了检验一个腔向里加速的例子,我们考虑所谓内爆腔的弹道(ballistic)运动,也即内爆有固定的动能. 这可以描述为(Kull, 1991)

$$\dot{R}/R = -(2/5)/(t_c - t), \quad \ddot{R}/R = -(6/25)/(t_c - t)^2, \tag{8.129}$$

这里, t_c 是腔塌缩的时间. 在这种情况下,(8.125)式的解为

$$\zeta_l = \left(\frac{R_0}{R}\right)^{1/4}\zeta_{l0}\left[\cos(\xi s) - \left(\frac{1}{4} + \frac{\dot{\zeta}_0}{\dot{R}_0}\frac{R_0}{\zeta_0}\right)\frac{\sin(\xi s)}{\xi}\right], \tag{8.130}$$

这里

$$\xi = \xi(l) = \sqrt{(3/2)(l-1) - (1/16)}, \quad s = s(t) = \ln[R_0/R(t)]. \tag{8.131}$$

我们看到，除了扰动增大了一个因子 $(R_0/R)^{1/4}$ 外，腔还随乘积 $\xi(l)s(t)$ 振荡，这个乘积是模数和时间的函数.

Birkhoff(1954)发表了关于内爆球形或者柱形壳层稳定性的更一般的判据，表明(8.127)式的解(对柱几何有类似的解)总为有限值. 这个判据是

$$\ddot{R} < 0 \text{ 且 } R\dddot{R} + (2\delta - 1)\dot{R}\ddot{R} < 0, \tag{8.132}$$

这里对球或者柱几何，分别有 $\delta = 3$ 或 2 . 第一个条件通常都成立，它只是说，如果加速度由流体指向真空，界面是瑞利-泰勒稳定的. 第二项则是特别针对汇聚几何的. 有趣的是，具有恒定向里加速度($\ddot{R} < 0$)的不可压缩汇聚流体($\ddot{R} = \ddot{R}_0 < 0$)是不稳定的，即使没有 RTI 也是如此.

8.5.3　内爆减速时的经典 RTI

在 8.5.2 小节中，我们考虑了内爆空腔的稳定性. 实际上，对 ICF 和其他的应用，我们要处理分割两种不同密度流体的球形界面. 这里我们要证明，减速球形界面扰动的线形增长率可以近似地用平面界面经典 RTI 的表达式.

这个问题的经典处理归功于 Bell(1951)和 Plesset(1954)，他们考虑了密度为 ρ_2 的外层不可压缩流体包含密度为 ρ_1 的不可压缩流体时，球形界面的内爆. 当然假定填充气体为不可压缩要求在原点处有一个源或者壑(sink). 尽管这是个很粗糙的假定，模型的结果也相当精确，这被数值研究证实. 微扰的演化方程现在为

$$\partial_{tt}^2\zeta_l + 3\frac{\dot{R}}{R}\partial_t\zeta_l - \frac{l(l-1)\rho_2 - (l+1)(l+2)\rho_1}{l\rho_2 + (l+1)\rho_1}\frac{\ddot{R}}{R}\zeta_l = 0, \tag{8.133}$$

取 $\rho_1 = 0$ 时可恢复到(8.125)式. 我们要强调，界面的轨迹是指定的，因此，$R(t)$，$\dot{R}(t)$ 和 $\ddot{R}(t)$ 都是时间的已知函数.

由(8.133)式的近似解可得到一些重要认识. 引入新变量

$$y_l = (R/R_0)^{3/2}\zeta_l, \tag{8.134}$$

这里 R_0 是任意的界面半径值，这样(8.133)式可变成一个等价方程

$$\partial_{tt}^2 y_l + G_l(t)y_l = 0, \tag{8.135}$$

这里

$$G_l(t) = -\frac{3}{4}\frac{\dot{R}^2}{R^2} - \frac{\ddot{R}}{R}\left[\frac{3}{2} + \frac{l(l-1)\rho_2 - (l+1)(l+2)\rho_1}{l\rho_2 + (l+1)\rho_1}\right]. \tag{8.136}$$

(8.135)式可用 WKB 近似方法求解(见 1.2.3 小节和其中引用的文献)，结果为

$$\zeta_l = \left(\frac{R_0}{R}\right)^{3/2} \quad y_l \approx \left(\frac{R_0}{R}\right)^{3/2}\frac{1}{|G_l|^{1/4}}\exp\left(\pm\mathrm{i}\int G_l^{1/2}\mathrm{d}t\right). \tag{8.137}$$

可以看到，如果 $G_l^{1/2}$ 有虚数部分，也即实函数 G_l 为负，扰动随时间几乎指数增长.

对于我们特别感兴趣的 ICF，考虑转滞时的不稳定性时(图 8.1)，这个解变得

特别简单,并且富有启发性. 这时 $\dot{R} \simeq 0$, 对于相对大的 l 值, $G_l \simeq -lA_t\ddot{R}/R = -\ddot{R}k_{\text{eff}}A_t$, 这里 $k_{\text{eff}} = l/R$ 是有效波数, $A_t = (\rho_2 - \rho_1)/(\rho_2 + \rho_1)$ 是 Atwood 数的瞬态值. 对于稠密转滞壳层, $A_t > 0$, 扰动随时间的增长为

$$\zeta_l \approx \left(\frac{R_0}{R}\right)^{3/2} (\ddot{R}k_{\text{eff}}A_t)^{-1/4} \exp\int(\ddot{R}k_{\text{eff}}A_t)^{1/2}\mathrm{d}t \, . \tag{8.138}$$

忽略前面因子对时间的弱依赖,扰动随时间指数增长,其增长率为

$$\sigma = \sqrt{\frac{lA_t\ddot{R}}{R}} = \sqrt{\ddot{R}k_{\text{eff}}A_t}\, , \tag{8.139}$$

它和经典 RTI 表达式(8.36)相同.

最近,Amendt 等(2003)改进了 Bell-Plesset 模型,加入了两个流体可压缩性的影响. 有意思的是,尽管可压缩性通常是重要的,但它对转滞时 RTI 的影响却很小. 实际上,根据他们的处理,只要简单地将(8.139)式乘上因子 $\{1 + (\alpha_c/l)[\rho_2/(\rho_2 - \rho_1)]\}^{1/2}$, 就可得到转滞时的增长率, 这里 $\alpha_c = -(R/\dot{R})(\dot{\rho}_2/\rho_2)$ 是量纲为一的可压缩性参数,典型值范围为 2~3. 因此对于 $l \gg 1$, 对 Bell-Plesset 增长率的修正可以忽略.

包含可压缩性影响,并利用由自相似内爆解得到的半径运动,对扰动方程进行数值求解,确实证实了(8.139)式的精确性(Hattori et al., 1986).

8.5.4 减速 ICF 壳层的烧蚀 RTI

发生在 ICF 靶转滞时的 RTI 和前面几小节的经典 RTI 不同. 实际上,中心热斑处产生的热流和 α 粒子流会引起正在减速的稠密壳层内表面的烧蚀. 尽管人们早就知道这种效应(并加以讨论,比如在第 3 章和第 4 章),只是最近 Lobatchev 和 Betti(2000)才指出这种烧蚀流应该能稳定减速相时的 RTI,这和激光或 X 射线驱动烧蚀流稳定 ICF 壳层外表面的 RTI 是一样的. 他们对一个特别的点火靶其减速相 RTI 的线性阶段进行了二维数值模拟,结果表明,线性增长率可用表达式(8.120)近似表示,我们知道这个表达式是适用于束驱动烧蚀波前的 RTI 的. 用这节的符号,我们有

$$\sigma \simeq \left(\frac{\ddot{R}l/R}{1 + L_{\text{in}}l/R}\right)^{1/2} - \beta_{\text{in}}\frac{l}{R}u_{\text{ain}}\, , \tag{8.140}$$

这里我们用了 $k = l/R$. L_{in} 是热斑表面的最小密度标尺长度, u_{ain} 是壳层内表面的烧蚀速度, $\beta_{\text{in}} \simeq 1.5$ 是数值系数.

为了更好地评估这种效应,我们考虑一个典型的 ICF 靶. 在减速的最后阶段, $\ddot{R} = (3 \sim 5) \times 10^{17}\,\text{cm/s}^2$, $L_{\text{in}} = 1 \sim 2\mu\text{m}$, $R = 30 \sim 50\mu\text{m}$. 内壳层的烧蚀速度为 $u_{\text{ain}} \simeq \dot{M}/4\pi\rho_s R^2$, 这里 $\dot{M}$ 为质量烧蚀速率, R 是热斑半径, ρ_s 是稠密壳层的密度.

质量烧蚀速率可以用(4.33)式估计，即

$$\dot{M} = [W_\alpha(1-f_\alpha)+W_e]\frac{4\pi R^3}{3(3/2)\Gamma_B T}, \tag{8.141}$$

这里 W_α 为热斑的 α 粒子功率密度，$(1-f_\alpha)$ 为 α 粒子功率沉积在热斑外面的比例(见 4.1.1 小节)，W_e 为热斑通过电子热传导损失的功率密度，$(3/2)\Gamma_B T$ 为温度为 T 时热 DT 的比内能. 利用(4.2)式求 W_α，利用(4.10)式求 W_e，再利用幂定律(1.67)式求 DT 反应率，我们有

$$u_{ain} \simeq 8\times 10^4 C_e\left(\frac{\rho}{\rho_s}\right)\frac{T^{5/2}}{\rho R\ln\Lambda} + 2.6\times 10^7(1-f_\alpha)\left(\frac{\rho}{\rho_s}\right)\rho RT\,\text{cm/s}, \tag{8.142}$$

这里 ρ 是热斑密度，单位是 g/cm^3，T 为热斑温度，单位是 keV，C_e 为数值常数，接近 1，$\ln\Lambda$ 为库仑对数. 这里右边的第一和第二项分别表示电子和 α 粒子的贡献. 对于 $\rho R\approx 0.2g/cm^2$，$T\approx 10keV$ 的点火靶，这两个贡献可比，$\rho_s/\rho = 10\sim 20$，u_{ain} 为 $(1\sim 2)\times 10^6 cm/s$. 将上面加速度、烧蚀速度和密度标尺长度的值代入(8.140)式，我们发现，对典型的点火靶，快速增长的 RTI 模式，其模数为 $l = 20\sim 40$，同时 $l\approx 100$ 的模式是稳定的. 关于减速相 RTI 的更详细结果可见 Atzeni 和 Temporal (2003)的文章.

最后，值得一提的是，由于最近在诊断技术方面的进展，对于 ICF 壳层的变形在减速阶段的时间演化已可以在实验上直接测量(Smalyuk et al.，2002).

8.6　单模扰动的非线性演化

前面几节，我们讨论了小振幅扰动的行为. 对于平面界面，我们考虑了正弦状的模式. 正如我们在图 8.4 中所看到的，大扰动的行为很不一样. 它们的形状不再对称，时间演化也不再是指数形. 在本节中，我们研究单波长扰动的非线性演化. 首先，在 8.6.1 小节中，我们解析研究上升空泡的演化，将计算演化各阶段空泡顶点的速度和空泡的曲率半径. 然后在 8.6.2 小节中，我们研究对任何 Atwood 数的值，RTI 和 RMI 空泡和尖钉的非对称行为. 8.6.2 小节的结果可用来推导增长率饱和的简单判据，这将在 8.6.2 小节中给出. 最后，在 8.6.4 小节中，我们定性讨论二维和三维扰动的区别.

请注意，空泡深入到重流体这一过程和 ICF 靶外表面的 RTI 是相关的：加速时，这就像轻的等离子体空泡刺入到加速的固体层中，这会导致壳层断裂. 同时，稠密壳层材料的尖钉会在不稳定塌缩阶段刺入热斑，从而降低点火.

8.6.1　$A_t=1$ 时的 RTI 空泡演化

这里,我们按照 Layzer(1955)的优美处理讨论空泡的演化. 我们使用不可压缩流体的势流模型,并考虑半无限流体($A_t=1$),流体受方向向下的重力或向上的加速度 a 作用,且支撑的压力均匀. 我们还假定二维 x-z 平板几何,其在 x 方向有波长为 $\lambda=2\pi/k$ 的周期性边界条件,我们的参考系随空泡顶点一起运动,它相对于未扰动边界的高度为 $h_b(t)$. 根据定义,在随流体一起运动的顶点处($x=z=0$)有 $u_z=0$. 这个空泡表面可描述为 $z=\xi(x,t)$ (图 8.24).

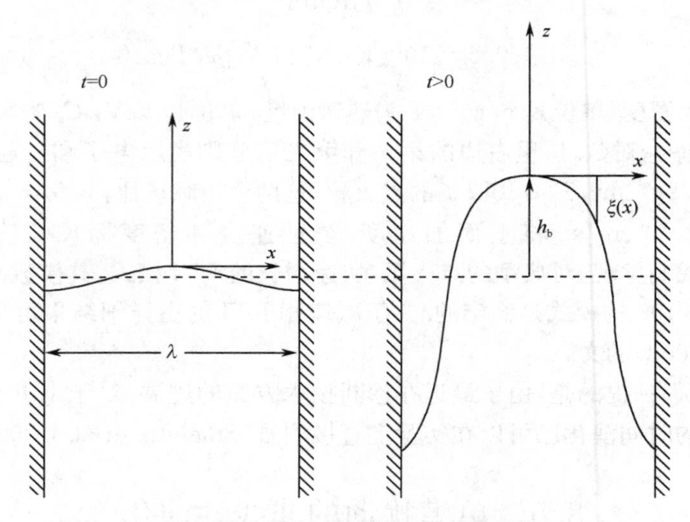

图 8.24　研究空泡演化时的参考系

系统随空泡顶点运动,空泡形状定义为 $z=\xi(x,t)$, 虚线表示未扰动界面的位置

这个模型的基础是速度势假设,即

$$\varphi(x,z,t)=\varphi_1(t)\left[\mathrm{e}^{-kz}\cos(kx)-1+kz\right], \tag{8.143}$$

这当然是拉普拉斯方程 $\nabla^2\varphi=0$ 的解,它的速度分量为

$$u_x=\partial_x\varphi=-k\varphi_1(t)\mathrm{e}^{-kz}\sin(kx), \tag{8.144}$$

$$u_z=\partial_z\varphi=k\varphi_1(t)\left[\mathrm{e}^{-kz}\cos(kx)+1\right]. \tag{8.145}$$

它们满足边界条件,至少在 $x=\pm\lambda/2$ 处有 $u_x=0$, 在顶点($x=z=0$)处有 $u_z=0$, 在远离波前的地方有

$$\lim_{z\to\infty}u_z=k\varphi_1(t)=-\dot{h}_b, \tag{8.146}$$

这里流体质量在这个参考系中以负速度运动. 势(8.143)式可认为是真实势傅里叶展开的第一项. 它不能在界面 $z=\xi(x,t)$ 处完全满足方程

$$(\partial_t\xi+u_x\partial_x\xi-u_z)_{z=\xi(x,t)}=0, \tag{8.147}$$

$$[\partial_t\varphi + u^2/2 + (a+\ddot{h}_b)z]_{z=\xi(x,t)} = 0. \tag{8.148}$$

但我们在 $x = z = 0$ 的附近用它们确定空泡顶点处的速度和曲率. 方程(8.147)和(8.148)分别是从(8.14)和(8.8)式导出的,(8.8)式的积分常数在顶点处估值得到 $C(t) = 0$.

利用方程(8.143)~(8.146),界面方程(8.147)和(8.148)分别变为

$$\partial_t\xi + \dot{h}_b(e^{-k\xi}\partial_x\xi\sin kx + 1 - e^{-k\xi}\cos kx) = 0, \tag{8.149}$$

$$\ddot{h}_b(1-e^{-k\xi}\cos kx) + \frac{1}{2}\dot{h}_b^2 k(1-2e^{-k\xi}\cos kx + e^{-2k\xi}) + ak\xi = 0. \tag{8.150}$$

按照 Layzer(1955),我们寻找在空泡顶点(即坐标系中的原点 $x = z = 0$)附近满足它们的解. 为此,我们将空泡表面方程展开为

$$\xi(x,t) = -\frac{1}{2}\frac{C_c(t)}{k}(kx)^2 + O[(kx)^3], \tag{8.151}$$

这里 C_c 为归一化的曲率半径. 相一致地,我们将(8.149)和(8.150)式中的 $\cos kx$、$\sin kx$、$\exp(kx)\exp(k\xi)$ 等展开到 kx 的二阶项. 这样有

$$\dot{C}_c - k\dot{h}_b(1-3C_c) = 0, \tag{8.152}$$

$$\ddot{h}_b + \frac{\dot{h}_b^2 k}{1-C_c} - a\frac{C_c}{1-C_c} = 0. \tag{8.153}$$

对于 $h_b \ll 1/k$, 方程(8.153)变为 $\ddot{h}_b = aC_c = kah_b$, 即 $h_b \propto \exp(\sqrt{kat})$, 这重复了经典 RTI 的线性解. 对大空泡振幅这一相反极限,(8.152)和(8.153)式则表明,空泡上升时,归一化曲率 $C_c = C_c^{as} = 1/3$ 恒定,速度恒定为

$$u_b^{as} = \dot{h}_b^{as} = \sqrt{\frac{aC_c^{as}}{k}} = \sqrt{\frac{a}{3k}} = 0.23\sqrt{a\lambda}. \tag{8.154}$$

相似的分析(Layzer, 1955)表明,直径为 D 的柱对称空泡的渐近上升速度为

$$u_b^{as\text{-}cyl} = 0.361\sqrt{aD}. \tag{8.155}$$

值得注意的是,大空泡比小空泡上升得更快($u_b^{as} \propto \lambda^{1/2}$),但在线性区域其增长率更小,$\sigma \propto \lambda^{-1/2}$(图 8.25).

关于空泡曲率和速度时间演化的进一步信息可以这样得到. (8.152)和(8.153)式可以用解析方法再积分一次,所用的初始条件为 $C_c(t=0) = C_0$、$h_b(t=0) = h_0$ 和 $\dot{h}_b(t=0) = \dot{h}_0$. 对(8.152)式积分得到

$$C_c = C_c(h_b) = \frac{1}{3}\{1 - A_1 e^{-3k(h_b-h_0)}\}, \tag{8.156}$$

这里 $A_1 = 1 - 3C_0$. (8.153)式的积分没这么直接. 令 $s = \dot{h}_b^2$, 我们有 $\ddot{h}_b = d\dot{h}_b/dt = \dot{h}_b(d\dot{h}_b/dh_b) = (1/2)d\dot{h}_b^2/dh_b = (1/2)ds/dh_b$. 这样(8.153)式变为

$$\frac{ds}{dh_b} + \frac{2k}{1-C_c}s = 2a\frac{C_c}{1-C_c}, \tag{8.157}$$

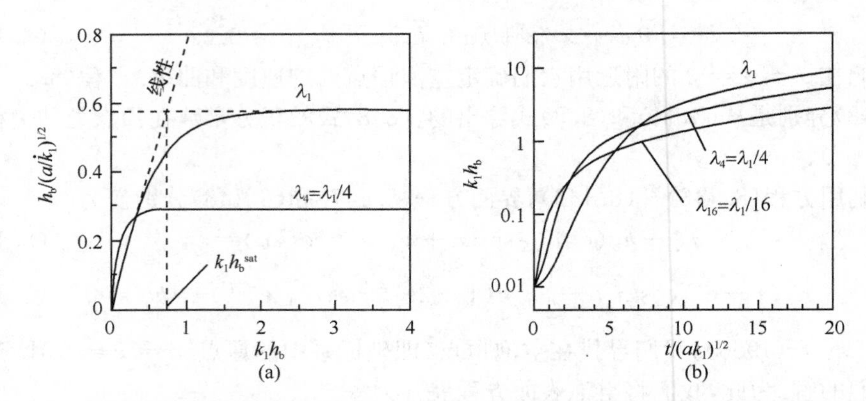

图 8.25　不同波长时 $A_t=1$ 的单模笛卡儿空泡的演化,所有扰动的初始振幅都为 $h_0=0.01/k_1=2\pi\lambda_1/100$,初始速度都为零

(a)归一化空泡上升速度和归一化高度的关系;(b)归一化空泡高度和时间的关系

它是 $s(h_b)$ 的一阶线性方程. 它可以用积分因子方法求解,也即每项乘上 $\exp[(2kh_b)/(1-C_c)]$. 经过一些运算,我们有(Kull, 1983b)

$$\dot{h}_b^2=\frac{(2a/3k)(1-G)-G[2aA_1(h_b-h_0)-\dot{h}_0^2(2+A_1)]}{2+A_1G},\qquad(8.158)$$

这里 $G=\exp[-3k(h_b-h_0)]$. 图 8.25 给出了空泡具有不同波长、相同的初始振幅和初始速度为零时,方程(8.158)的解. 我们看到,在线性演化($\dot{h}_b\propto h_b$)之后,速度增长的步伐减慢,并接近渐近速度(8.154)式. 分幅图 8.25(b)表明,具有较大波长的空泡最终具有较大的振幅.

8.6.2　任意 A_t 时空泡和尖钉的渐近行为

对 Atwood 数的任意值,表 8.2 列出了 RMI 和 RTI 空泡和尖钉渐近速度的表达式. 对于 $A_t=1$, RTI 空泡可以用 8.6.1 小节讨论的模型描述; RMI 空泡以及 RTI 和 RMI 尖钉可用类似方法处理(Zhang, 1998). 值得一提的是, Layzer 的模型已经被推广,可用简单的方式包含烧蚀效应(Oron et al., 1998). 根据这个模型,空泡渐近速度为

表 8.2　RTI 和 RMI 空泡和尖钉的渐近行为(笛卡儿几何)

	RTI	RMI
空泡	$u_b^{as}=\sqrt{\frac{2A_t}{1+A_t}}\sqrt{\frac{a\lambda}{6\pi}}$	$u_b^{as}=\frac{1}{6\pi}\frac{3+A_t}{1+A_t}\frac{\lambda}{t}$
尖钉 $A_t=1$	$\dot{u}_s^{as}=-a$	$u_s^{as}=-\lvert u_0\rvert\sqrt{\frac{-3C_0+3}{-3C_0+1}}$
尖钉 $A_t<1$	$u_s^{as}=-\sqrt{\frac{2A_t}{1-A_t}\frac{a\lambda}{6\pi}}$	$u_s^{as}=-\frac{1}{6\pi}\frac{3-A_t}{1-A_t}\frac{\lambda}{t}$

注: C_0 是激波刚穿过界面时归一化的空泡曲率.

$$u_b^{as} = \sqrt{a\lambda/6\pi}\left(\sqrt{1+12\hat{u}_a^2} - 2\sqrt{3}\hat{u}_a\right), \tag{8.159}$$

这里 $\hat{u}_a = u_a\sqrt{2\pi/a\lambda}$ 为量纲为一的烧蚀速度.

除了 $A_t = 1$ 时 RMI 尖钉的渐近速度,表 8.2 中的结果都可以用简单漂浮-阻尼模型(buoyancy-drag)重复,这个模型由许多作者发展. 这里,我们用 Alon 等(1995)和 Shvarts 等(2001)的方法. 关于这个模型的批判性讨论可见 Dimonte(2000)的评论文章.

对于 RTI 空泡,对恰好在界面上方的流体体积 V 使用牛顿定律有

$$(2\rho_2 V + \rho_1 V)\frac{\mathrm{d}u_b}{\mathrm{d}t} = (\rho_2 - \rho_1)aV - C_{drag}\rho_2 u_b^2 S, \tag{8.160}$$

它表示两种流体由密度不同而引起的漂浮力加速空泡,重流体施加的阻尼则使它慢下来. 这里和本章前面几节一样,ρ_2 和 $\rho_1 < \rho_2$ 为两种流体的密度. 左边括号中的两项被 Shvarts 等(2001)分别解释为增加质量和惯性. 阻尼贡献为 $F_d = -C_{drag}\rho_2 u_b^2 S$,这里 C_{drag} 是数值系数,S 为空泡截面面积. 我们估计 $V/S \simeq \lambda$,这样有

$$u_b^{as} = \left(\frac{2A_t}{1+A_t}\right)^{1/2}\left(\frac{2}{3C_{drag}}a\lambda\right)^{1/2}. \tag{8.161}$$

对 $A_t = 1$,令 $C_{drag} = 6\pi$,我们回到(8.154)式.

令 $a = 0$,(8.160)式也可用来计算 RMI 空泡的渐近行为,对此,我们有

$$u_b^{asRM} = \frac{1}{C_{drag}}\frac{3+A_t}{1+A_t}\frac{\lambda}{t}, \tag{8.162}$$

对于尖钉,我们则有

$$(2\rho_1 V + \rho_2 V)\frac{\mathrm{d}u_s}{\mathrm{d}t} = -(\rho_2 - \rho_1)aV + C_{drag}\rho_1 u_s^2 S, \tag{8.163}$$

对于 $A_t = 1$ 的 RTI 尖钉,可以得到渐近加速度 $\dot{u} = -a$ 的表达式. 同时还可得到表 8.2 中最后一行 RMI 和 RTI 尖钉渐近速度的表达式. 我们看到,对 $A_t = 1$,RTI 尖钉以恒定加速度下降,对 $A_t < 1$,则以恒定速度下降. RMI 尖钉则是在 $A_t = 1$ 时以恒定速度下降,在 $A_t < 1$ 时,它们的速度变为零并 $\propto 1/t$.

8.6.3　单个 RTI 模式的线性饱和振幅

使用 RTI 理论需要关于饱和的简单判据,以确定线性理论可以适用的最大扰动振幅. 从空泡渐近演化的结果可以得到一个简单条件. 我们假定,当线性理论预言的扰动速度 $\dot{\zeta} = \sigma_{RT}\zeta$ 等于(8.161)式给出的渐近空泡速度时[图 8.25(a)],饱和就达到了. 对应的线性饱和振幅为

$$\zeta^{sat} = \frac{\lambda}{2\pi\sqrt{3}}\sqrt{\frac{2}{A_t+1}} \simeq 0.1\lambda\sqrt{\frac{2}{A_t+1}}. \tag{8.164}$$

更严格地，三阶微扰理论(Jacobs，Catton，1988)可给出不对称空泡-尖钉形状的形成和饱和的开始，其结果是在 $A_t = 1$ 的界面处，初始扰动 $\zeta_0(x,t) = \zeta_{10}\cos(kx)$ 的演化规律为

$$\zeta(x,t)=\zeta_1^{\text{lin}}\left\{\left[1-\frac{1}{4}(k\zeta_1^{\text{lin}})^2\right]\cos kx - \frac{1}{2}(k\zeta_1^{\text{lin}})\cos 2kx + \frac{3}{8}(k\zeta_1^{\text{lin}})^2\cos 3kx\right\}. \tag{8.165}$$

这里 $\zeta_1^{\text{lin}} = \zeta_{10}\cosh(\sigma_{\text{RT}}t)$ 是线性理论给出的基模振幅，σ_{RT} 是经典 RTI 增长率.(8.165)式表明，二阶项使得形状不对称，因为上升顶点的高度为 $\zeta_1 - k\zeta_1^2/2$，下降顶点的深度为 $\zeta_1 + k\zeta_1^2/2$. 三阶项不只是产生三阶谐波，还会减小基模的增长率. 我们看到，对 $\zeta_1/\lambda = 0.1$，也即 $k\zeta_1 = 0.2\pi$，基模的振幅减小大约 10%. 二阶和三阶谐波分别大约为基模的 1/3 和 1/10，这时，线性理论不再适用.

8.6.4　三维和二维非线性 RTI 演化的比较

真实的表面扰动是三维的. 我们在 8.2.5 小节已经看到，平面表面单波长扰动的线性演化只依赖波数，因此我们可只考虑二维扰动而不失一般性. 但是当扰动振幅增长时，情况就不同了. 实际上我们已经看到[见(8.154)和(8.155)式]，二维平板空泡的渐近上升速度要比具有相同截面的柱对称空泡小. 通过数值模拟可对扰动的三维演化有更深的认识. 这里我们对普遍感兴趣的一些发现作个总结.

首先，人们发现了拓扑上的不同. 二维时，扰动表面以一系列的空泡和尖钉出现，每个尖钉由来自两个相邻空泡顶部的流体补给. 三维时，每个空泡(尖钉)和几个尖钉(空泡)相邻. 图 8.26 给出了空泡和尖钉的形成. 图中结果所用的三维模拟程序由 INFN Legnaro 的 M. Temporal 和 ENEA-Frascati 合作编制. 在非线性区域，变形界面的形状和二维模拟得到的结果很不相同. 图 8.27 给出了一个结果，它考虑的是平面界面的单模三维扰动. 通常，三维空泡有比二维更大的边界面积来补给尖钉. 这就解释了为什么柱几何空泡的饱和振幅要比二维笛卡儿空泡大(见

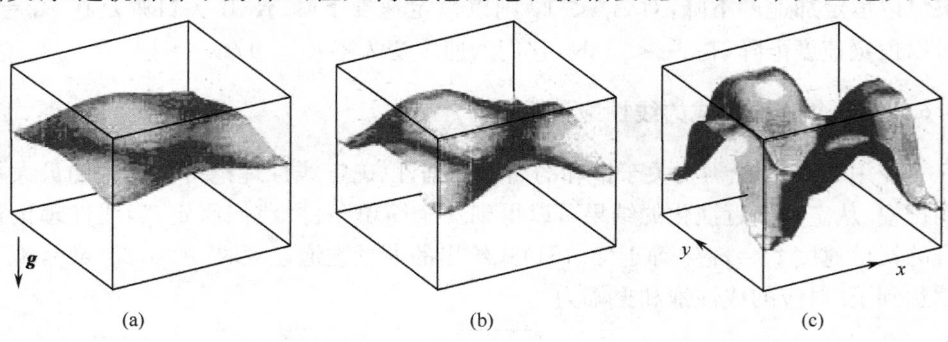

图 8.26　单模三维扰动的增长，$k_x = k_y$ (Atzeni，1993，未发表)

8.6.1 小节).

图 8.27　两流体间的平面界面,非线性阶段的单模三维扰动

界面的 Atwood 数为 0.5,这里界面是从空泡一侧看过去的(Hecht 等, 1995)

模拟还表明,KHI 引起的经典和烧蚀 RTI 的蘑菇状结构在三维时都要比二维时小(图 8.28). 因此三维时,尖钉更厚,增长也更快(Yabe et al., 1991). 有人认为,已经变形的界面周围会再发展不稳定,由此给出了这种效应的解释(Dahlburg, Gardner, 1990). 在二维和三维时,都会出现涡环(vortex ring),但二维时它们局限在一个平面内,而在三维时,它们会翻转、伸展. 这种翻转改变流动的图像,并给正在增长的尖钉两侧提供额外的物质. 涡流的伸展和翻转还会触发湍流行为.

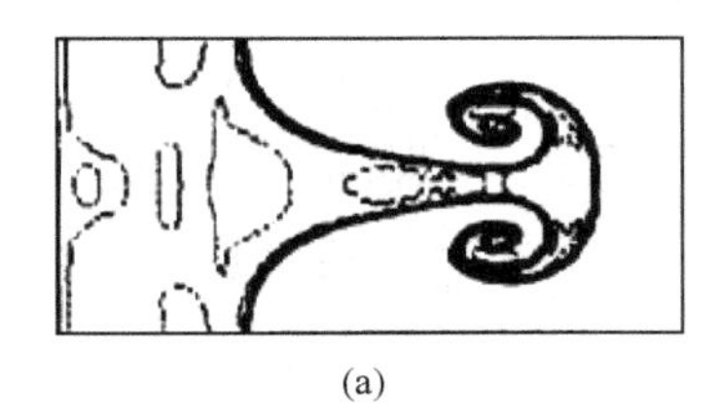

(a)

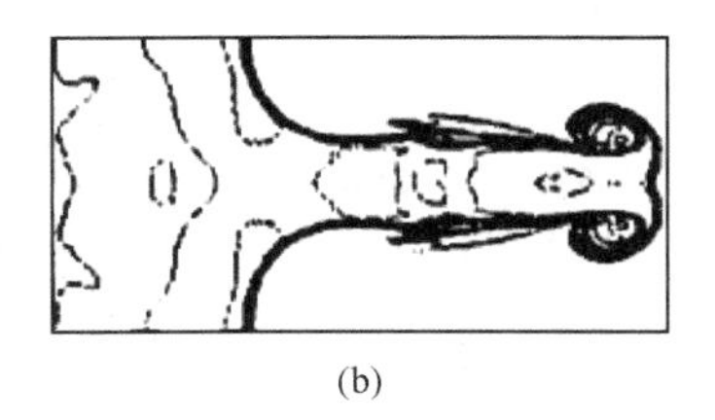

(b)

图 8.28　Atwood 数 $A_t = 0.54$ 时,平面界面单模 RTI 的非线性阶段

(a)二维平面扰动;(b)三维扰动(Yabe et al., 1991)

总之,三维时单波长扰动的非线性渐近演化要比二维时快. 但应用到 ICF 时,我们应想到(见 8.1.2 小节的讨论),RTI 增长必须被限制在早期非线性阶段,这时二维和三维的区别还是小的.

8.7 多模扰动的非线性演化

8.7.1 前瞻及与 ICF 靶设计的相关性

真实表面可用宽傅里叶谱的多模式扰动表征. 只要不稳定扰动的振幅是小的，我们就可以用线性理论计算整个扰动的演化. 我们可以用相互独立的多个模式叠加得到结果，这些模式都有各自的增长率. 超出线性阶段后，可看到许多新的特征，这对单模的非线性增长是不会发生的. 比如，我们可看图 8.5，这是经典 RTI 的二维模拟结果，其界面的初始形状是平坦的，速度扰动由 19 个正弦扰动组成，量纲为一的波长为 $\lambda_n = 1/n, n = 41, 42, \cdots, 59$. 速度扰动的初始振幅在 $0 \leqslant \zeta_n(t=0) \leqslant 2\times10^{-3}$ 范围内随机分布. 在模拟中，长度归一化到基模的波长，时间则归一化到基模经典 RTI 增长率的倒数. 我们看到，开始时扰动界面有许多空泡和尖钉，但尺度比较小，结构也相对简单，后来数目较少，但空泡变大很多并且流体图案复杂. 受不稳定影响的区域随时间增长. 再往后，几乎是混沌状态，导致湍流混合(turbulent mixing).

图 8.5 中看到的叠加流体经典 RTI 的演化原则上对烧蚀 RTI 也会发生. 图 8.29 给出了一个例子，它是烧蚀驱动薄膜 RTI 的二维模拟，其初始扰动随机. 从分

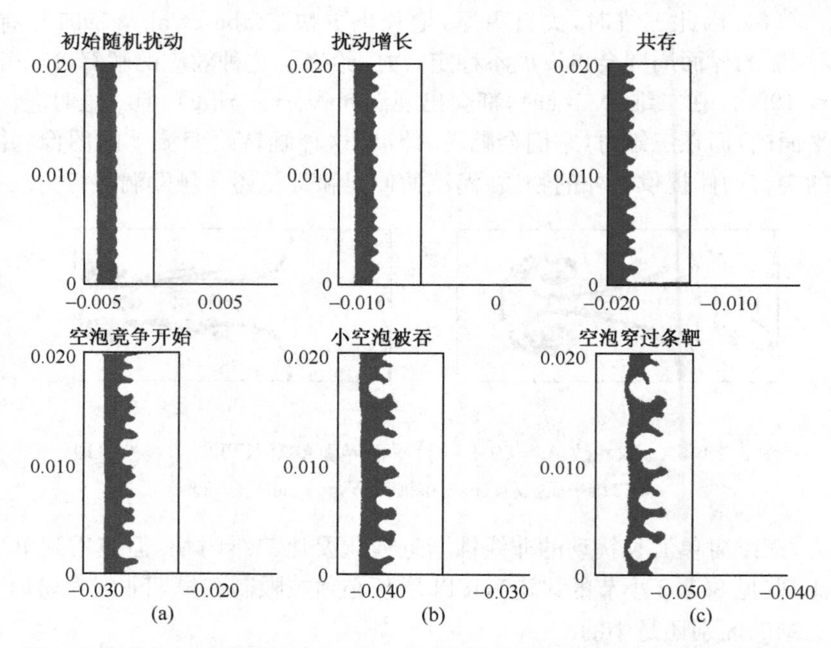

图 8.29 激光加速薄膜的烧蚀 RTI，薄膜具有随机初始扰动，辐照的激光来自右侧(Oron et al.，1998)

幅图(a)看到,初始扰动的振幅相对比较大,因此演化很快就变成非线性的.在经过一个共存阶段后,空泡间开始竞争,小的空泡被洗刷掉,大的空泡则穿过靶.

看来模式耦合和空泡竞争是非线性演化的普遍性质.但是对为实现点火而设计的 ICF 靶,这两种效应不起重要作用.这里有两个主要原因,Haan (1991)对此进行了详细讨论.首先,波长很短的模式在经典 RTI 中很快就饱和并相互非线性耦合,但在烧蚀 RTI 中是稳定的.另外,我们已经看到,薄 ICF 壳层的成功内爆要求最具危险性的模式的振幅只能稍微超过它们的饱和阈值.这意味着,对 ICF 整个非线性演化阶段必须是要避免的.另一方面,线性增长的饱和非线性演化的早期阶段对 ICF 靶设计是重要的.这些内容在 8.7.2 小节中讨论.

8.7.2　全谱多模式的增长饱和

处理全谱多模式时,一个重要的问题是每个单独模式的饱和振幅.这里我们紧跟 Hoffman (1995)的优美表述,他讨论了 Haan (1989)提出的处理方法.我们看到,一组波矢几乎相同的模式在界面的一定区域能够组合起来,产生一个振幅远大于单个模式振幅的结构.可以预料,当它的净振幅为有效波长的一定比例 $C_\zeta \approx 10\%$ 时,这个结构就会饱和,这和单个正弦模式是一样的(这里假定 $A_t = 1$).但是在这个阶段,组成这个结构的单个模式的振幅还远小于它们波长的 10%,这意味着,它们比单模饱和要早.这个关于饱和振幅计算的模型的关键点在于人们不能分辨纯单模和许多模式的组合,除非我们在很大的空间区域内测量,以便有足够的宽度使得这些单独的模式解相.

Haan 的模型对很宽的谱适用这个原则,并作了这个基本假定,即模式 $\boldsymbol{k}'$ 和满足 $|\boldsymbol{k} - \boldsymbol{k}'| < \varepsilon |\boldsymbol{k}|$ 的模式 $\boldsymbol{k}$(也即在以 $\boldsymbol{k}$ 为中心,以 εk 为半径的圆内)在结构上相互作用.我们称 $N_k = N(\varepsilon, k)$ 为这些模式的数.这里 ε 是数值大约为 0.3 的一个参数.这些模式组合起来产生一个波长近似为 $\lambda = 2\pi/k$,均方根(rms)振幅为 ζ_{rms} 的扰动.当它达到峰值振幅 $\sqrt{2}\,\zeta_{\mathrm{rms}} = C_\zeta \lambda$ 也即 $k\zeta_{\mathrm{rms}} = \sqrt{2}\,\pi C_\zeta$ 时,就会饱和.假定这些模式有随机相位和几乎相同的振幅,我们可得到

$$\zeta_{\mathrm{rms}}^2 = \sum_{|\boldsymbol{k}-\boldsymbol{k}'| < \varepsilon |\boldsymbol{k}|} \zeta_{k'}^2 \simeq N_k \zeta_k^2. \tag{8.166}$$

为了计算 N_k,我们考虑大小为 $L \times L$ 的平面界面,这里所允许的 $\boldsymbol{k}'$ 有 $k_x' = 2\pi n/L$ 和 $k_y' = 2\pi m/L, n = 1, \cdots, \infty, m = 1, \cdots, \infty$.因此模式数为圆面积 $\pi(\varepsilon k)^2$ 的两倍乘上态密度 $(L/2\pi)^2$.利用这个结果,我们发现,波数为 k 的模式的振幅饱和满足

$$k\zeta_k^{\mathrm{sat}} = 2\pi^{3/2}(C_\zeta/\varepsilon)(kL)^{-1}, \tag{8.167}$$

它也可被写为

$$\zeta_k^{\mathrm{sat}} = \frac{1}{2\sqrt{\pi}\,\varepsilon}(C_\zeta \lambda)\frac{\lambda}{L} \simeq 0.1\lambda\,\frac{\lambda}{L}. \tag{8.168}$$

这表明,高模式饱和时的振幅要比单模判据给出的结果(8.164)式小一个因子 λ/L.

令 $L=2R,\lambda=2\pi R/l$,(8.168)式就可以容易地应用到球面几何,这里 l 是球面谐波模式数.这样有

$$\zeta_l^{\text{sat}} \simeq 2\frac{R}{l^2}. \tag{8.169}$$

在图 8.30 中,(8.169)式预言的饱和水平和用单模判据得到的 $\zeta_l \simeq 0.1\lambda_l = 0.2\pi R/l$ 进行了比较.实际上,用于简单 RTI 增长演化的饱和振幅是单模和多模值中最小的.

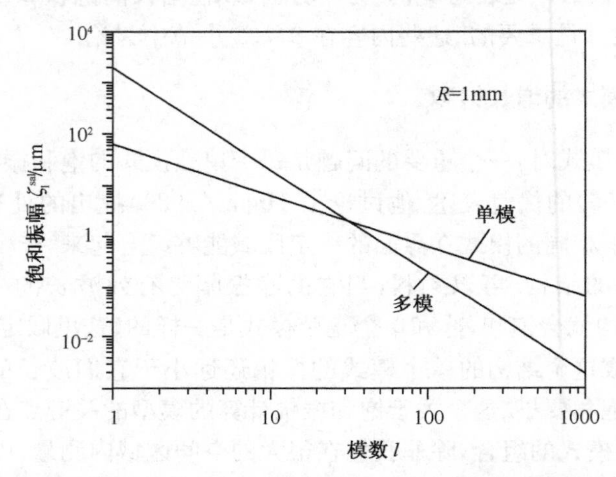

图 8.30 单模处理[(8.164)式]和多模判据[(8.169)式]预言的线性饱和振幅和模数 l 的关系

球形界面的半径为 $R=1\text{mm}$

8.7.3 饱和后弱非线性演化的模型

Haan(1989)发展了一个简单模型,描述饱和后早期阶段扰动的演化.如果二阶模耦合效应可以忽略(见 8.7.1 小节最后的讨论),这种模型就可适用.这个模型在 ICF 靶设计中被广泛使用来估计靶丸外表面扰动的整体增长.

这个模型建立在两个基本要素上.第一个是 8.7.2 小节讨论的饱和判据.第二个是假定饱和后各个模式相互独立增长,其增长率类似 Layzer 的周期空泡(见 8.6.1 小节).

根据这个模型,如果扰动振幅还没有达到饱和阈值 ζ_k^{sat},波数为 k 的扰动的增长速度由线性理论给出,达到饱和后则为常数.

$$\frac{\mathrm{d}\zeta_k(t)}{\mathrm{d}t} = \begin{cases} \sigma_k\zeta_k, & \zeta_k \leqslant \zeta_k^{\text{sat}}, \\ \sigma_k\zeta_k^{\text{sat}}, & \zeta_k \geqslant \zeta_k^{\text{sat}}, \end{cases} \tag{8.170}$$

这里 $\sigma_k=\sigma(k)$ 为相关的线性增长率. 对常数增长率 σ_k，可对(8.170)式解析求积分，即有

$$\zeta_k(t)=\begin{cases}\zeta_k^{\mathrm{lin}}(t)=\zeta_{0k}\exp(\sigma_k t), & t\leqslant t_k^{\mathrm{sat}},\\ \zeta_k^{\mathrm{sat}}\cdot[1+\sigma_k(t-t_k^{\mathrm{sat}})], & t\geqslant t_k^{\mathrm{sat}},\end{cases} \tag{8.171}$$

这里 $t_k^{\mathrm{sat}}=(1/\sigma_k)\ln(\zeta_k^{\mathrm{sat}}/\zeta_0)$ 是发生饱和的时间. (8.171)式可写成另一种形式为

$$\zeta_k(t)=\begin{cases}\zeta_k^{\mathrm{lin}}(t)=\zeta_{0k}\exp(\sigma_k t), & t\leqslant t_k^{\mathrm{sat}},\\ \zeta_k^{\mathrm{sat}}\cdot\left(1+\ln\dfrac{\zeta_k^{\mathrm{lin}}(t)}{\zeta_k^{\mathrm{sat}}}\right), & t\geqslant t_k^{\mathrm{sat}},\end{cases} \tag{8.172}$$

它在 ICF 设计中被广泛使用.

模拟已表明，这种模型在描述饱和后一定时间内的不稳定时还是大体上精确的，因此很适合处理 ICF 靶丸外表面的不稳定性. 已有人提出考虑模式耦合和其他更进一步的性质来完善这个模型(Ofer et al.，1996；Town et al.，1996).

8.7.4 湍流混合

实验和模拟表明，多模 RTI 演化的后期很复杂. 例子可见图 8.5 的最后一个分幅图和图 8.31. 这里我们看到，随着时间演化，越来越大的结构会出现，并且主导流体. 图案变得越来越复杂和混乱，我们称这个过程为湍流混合. 这些性质无法用简单的解析处理，但一些重要性质可用量纲分析定性描述. 特别地，它们涉及湍流混合层厚度的时间演化. 这里定义两个量 h_+ 和 h_-，它们分别度量空泡刺入到重流体的多少和尖钉进入轻流体的多少.

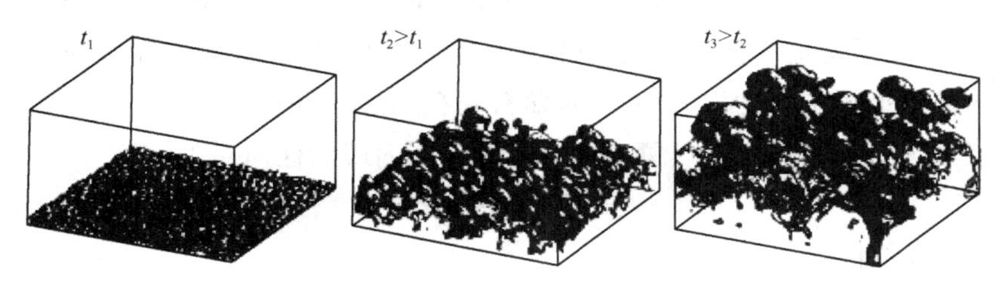

图 8.31　瑞利-泰勒不稳定非线性演化引起湍流混合的三维模拟

分幅图给出三个不同时刻界面的形状，这里的形状是从空泡一侧看的(Youngs，1994)

如果边界条件不重要，即整个系统的尺寸要比最大的流体结构还大，初始条件的记忆会丢失，流体完全由加速度 a 、两个密度 ρ_1 和 ρ_2 以及时间 t 表征. 量纲分析(见 6.5 节)表明，这里只有一个量纲为一的参数，可以选 Atwood 数作这个参数，这样所有特征长度，如空泡尺寸 $\lambda(t)$ 和湍流混合层厚度 $h(t)$ 定标都正比于 at^2 . 这样可得到相似定律 $\lambda(t)=f_\lambda(A_t)at^2$ 和 $h_\pm=f_{h_\pm}(A_t)at^2$，这里因子 f_λ 和 $f_{h_\pm}$ 只依赖 A_t . 这种自相似描述被 Youngs (1984)用来解释 Read (1984)的实验结果. 这种描述考虑了时间上越来越大的结构的出现，并和大量的实验和模拟数据定性符

合. 特别是,关于混合层厚度的实验数据[Dimonte (2000)对此作了评述]可得到重复,即

$$h_{\pm}(t) = \alpha_{\pm} A_{t} a t^{2}. \tag{8.173}$$

这里对非互溶流体有 $\alpha_{+} = 0.06 \sim 0.07$,对互溶流体有 $\alpha_{+} = 0.04 \sim 0.044$. 量 α_{-} 依赖 A_t. 实验结果可用 $\alpha_{-} = (1 + A_t)\alpha_{+}$ 拟合(Dimonte, 1999),这里 $A_t \leqslant 0.9$. 对 $A_t \to 1$,我们预计 $\alpha_{-} \to 0.5$. 如果初始扰动谱不包含短波长模式,混合前有很标准的线性演化阶段. 这时,混合层的厚度仍可以很好地用(8.173)式近似,但时间 t 要用 $t - t_0$ 代替,这里 t_0 是标志湍流开始的特征时间(Atzeni,Guerrieri, 1993).

对于 RMI,因为没有稳定的加速,我们不能用表征流体的有量纲的量组成一个具有长度量纲的量. 因此,混合层的厚度依赖初始条件. 它随时间的定标为 $\propto t^{\theta}$,这里指数 θ 依赖 Atwood 数.

RTI 和 RMI 导致的混合目前正通过理论和实验进行研究. 已经有几种不同的理论方法,其中一种令人感兴趣的方法(Shvarts et al., 2000, 2001, 以及其中的参考文献)基于空泡竞争的统计模型. 另一些模型(Shvarts et al., 2001;Dimonte, 2000)则将 8.6.2 小节讨论的漂浮-阻尼模型推广到多模问题. KHI 也能导致湍流混合. 这里给一个有趣的参考文献,即 Brown 和 Roshko(1974).

8.8 RTI 和靶设计

在本节中,我们将到目前为止得到的关于 RTI 的结果运用到 ICF 靶设计上. RTI 和有关的不稳定性会引起壳层外表面和内表面的变形,其振幅分别为 ζ^{out} 和 ζ^{in}. ICF 靶点火要求厚度为 $\Delta R(t)$ 的燃料壳在内爆期间保持完整,并且在加速时产生一个半径为 R_{h} 的中心热斑. 因此,它要求在内爆的任何时刻 t 有

$$\zeta^{\text{out}}(t) \ll \Delta R(t), \tag{8.174}$$

在内爆转滞时有

$$\zeta^{\text{in}}(t) \ll R_{\text{h}}, \tag{8.175}$$

我们现在用线性和弱非线性理论来估计不等式(8.174)和(8.175)对靶和束参数的限制. 按照 Lindl (1997)的方法,我们考虑烧蚀 RTI、馈入和内部 RTI. 另一方面,我们忽略了腔的振动. RMI 和印记(imprint)引起的效应(见 8.8.4 小节)可用合适的初始条件来包括. 我们假定初始扰动有很宽的谱和随机相位,这样(8.174)和(8.175)式中的振幅可以估计为

$$\zeta \approx \sqrt{2}\,\zeta_{\text{rms}} = \sqrt{\frac{1}{2\pi}\sum_{l}\zeta_{l}^{2}(2l+1)}, \tag{8.176}$$

这里 l 为球形模数.

8.8.1 烧蚀波前的扰动增长

根据线性理论,烧蚀波前模式为 l 的扰动在 t_0 时刻的振幅为

$$\zeta_l^{\text{out}} = \zeta_{l0}^{\text{out}} G_l^{\text{out}}, \tag{8.177}$$

这里,ζ_{l0}^{out} 为初始振幅,这是由靶的不完美和束的印记产生的.

$$G_l^{\text{out}} = \exp\left(\int_0^{t_0} \sigma_l(t)\,\mathrm{d}t\right) \tag{8.178}$$

是增长因子,σ_l 是模式 l 的线性增长率. 这里我们用了烧蚀 RTI 线形理论导出的(8.120)式(见 8.4 节). 对球面几何,令 $k = l/R$, 我们有

$$\sigma_l = \alpha_2 \sqrt{\frac{al/R}{1 + lL_{\min}/R}} - \beta_2 \frac{l}{R} u_{\mathrm{a}}, \tag{8.179}$$

这里 $\alpha_2 \simeq 1$,β_2 的值在 8.4.4 小节中已经给出. 为了计算(8.178)式的积分,我们假定壳层从 $R = R_0$ 到 $R = R_0/2$ 匀加速度内爆,其所花费的时间为 $t_0 = \sqrt{R_0/a}$. 我们还假定在 $t = t_0$ 时, $\zeta^{\text{out}}/\Delta R$ 达到最大值. 另外,我们写

$$L_{\min} = f_1 \Delta R, \tag{8.180}$$

$$u_{\mathrm{a}} = f_2 \Delta R(t_0)/t_0, \tag{8.181}$$

这里 f_1 和 f_2 为数值常数. 参数 f_1 依赖烧蚀波前密度轮廓的形状,而 f_2 和烧蚀质量比有关,对间接驱动它取 0.8,对直接驱动取 0.2. 将(8.179)～(8.181)式代入(8.178)式,同时求积分时取 R 和 ΔR 为常数,我们有

$$G_l^{\text{out}} \simeq \exp\left[\alpha_2 \left(\frac{l}{1 + l(f_1/2)(\Delta R/R)}\right)^{1/2} - \beta_2 f_2 \frac{\Delta R}{R} l\right]. \tag{8.182}$$

这里,我们将 $R/\Delta R$ 理解为飞行形状因子的特征值. 对 $l > l_{\text{cut}}$ 的模式,我们马上有

$$l_{\text{cut}} = \frac{R/\Delta R}{2f_1}\left(\sqrt{1 + \frac{4f_1\alpha_2^2}{f_2^2\beta_2^2}\frac{R}{\Delta R}} - 1\right). \tag{8.183}$$

这些模式是稳定的.

方程(8.182)和(8.183)表明,增长因子 G_l^{out} 和截断 l_{cut} 紧密依赖 f_1 、乘积 $\beta_2 f_2$ 和飞行形状因子 $R/\Delta R$. G_l^{out} 随球形模数 l 的变化可见图 8.32. 这里按间接驱动的典型条件,对确定值 $f_1 = 0.1$ 和 $\beta_2 f_2 = 0.8$, 在不同飞行形状因子 $A_{\text{if}} = R/\Delta R$ 下,给出了增长因子的变化. 较小飞行形状因子的正面效应很明显. 我们把参考值取为 $A_{\text{if}} = 40$, 这时模式最不稳定的 l 范围为 100 ～ 300, 对应的增长因子大约为 1000. $l < 10$ 的模式增长很小,但对于这些模式我们还是要考虑形变长期增长所引起的不对称性,这在 3.2.1 小节中有过讨论.

图 8.33 给出了用上面模型得到的扰动谱,这里间接驱动靶扰动谱的函数形式和 NIF 靶设计时所假定的相同(Marinak et al., 2001). 这个谱对应的均方根振幅大约为 12 nm. 计算假定 $R/\Delta R = 40$, $f_1 = 0.1$ 和 $\beta_2 f_2 = 0.8$. 我们看到, $l = 100$ ～

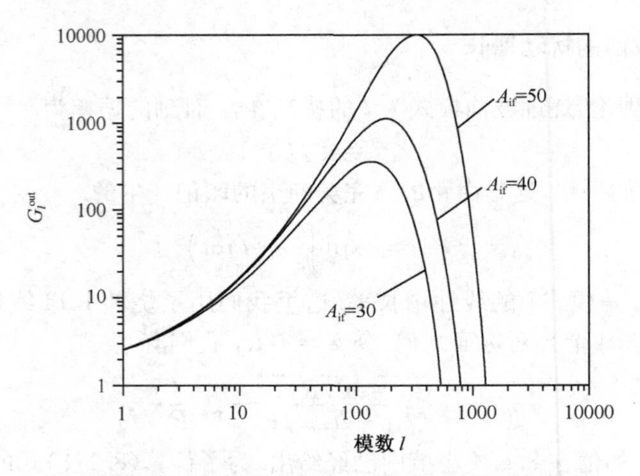

图 8.32　对不同的飞行形状因子和固定的参数 $f_1 = 0.1$ 和 $f_2\beta_2 = 0.8$，外表面扰动增长因子和球面模数的关系

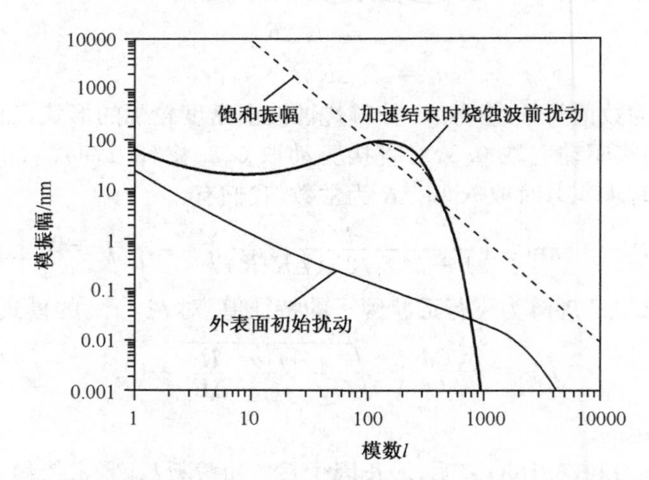

图 8.33　对合适间接驱动的参数和飞行形状因子 40，这里给出烧蚀波前的 RTI 模式振幅

超过饱和振幅（虚线）时，最终振幅（粗线）是用线性理论（实线）和弱非线性演化（点划线）计算得到

400 的模式超过了饱和阈值(8.169)式，这里增长用(8.172)式计算，相应的结果用点划线表示．扰动均方根振幅大约为 5μm，这对初始半径为 1mm、飞行壳层厚度大约为 15～20μm 的爆丸的内爆已经足够安全．

8.8.2　内壳层表面的扰动增长

内部灼热气体的压力会使内爆材料开始减速，这时壳层的内表面开始变得不稳定. 这个不稳定的种子是由固体燃料内表面模式振幅为 ζ_{l00}^{in} 的瑕疵提供或者来自烧蚀波前的馈入(见 8.2.9 小节). 后者是由外表面球形模式为 l，振幅为 ζ_l^{out} 的扰动引起，这个模式传到内表面时的振幅为

$$\zeta_l^{\text{in-fed}}=\zeta_l^{\text{out}}G_l^{\text{fed}}\simeq\zeta_l^{\text{out}}\exp(-l\Delta R/R). \tag{8.184}$$

假定随机位相，我们估计模式 l 的有效初始振幅为

$$\zeta_{l0}^{\text{in}}\approx[(\zeta_{l00}^{\text{in}})^2+(\zeta_l^{\text{in-fed}})^2]^{1/2}, \tag{8.185}$$

RTI 会放大这个扰动，即

$$\zeta_l^{\text{in}}=\zeta_{l0}^{\text{in}}G_l^{\text{in}}=\zeta_{l0}^{\text{in}}\exp\int_{t_{\text{dec}}}^{t_{\text{dec}}+\Delta t_{\text{dec}}}\sigma_l^{\text{in}}(t)\,\mathrm{d}t, \tag{8.186}$$

这里 σ_l^{in} 为减速相不稳定性的增长率(8.140)式，积分从点火瞬间引起减速开始. 为计算积分，我们假定热斑半径以均匀负加速度从 R_{dec} 减小到 R_{h}，这样有 $a(\Delta t_{\text{dec}})^2/2=R_{\text{dec}}-R_{\text{h}}$. 我们将半径的减小写为 $R_{\text{dec}}-R_{\text{h}}\approx f_3R_{\text{h}}$，梯度标尺长度写为 $L_{\text{in}}=f_4R_{\text{h}}$，烧蚀速度写为 $u_{\text{ain}}=f_5R_{\text{h}}/\Delta t_{\text{dec}}$，其中 f_3、f_4 和 f_5 为数值常数. 作为有代表性的值，我们取 $f_3=1$，$f_4=0.03$ 和 $f_5\simeq0.09$ (Lobatchev，Betti，2000；Atzeni，Temporal，2003). 这样我们有

$$\begin{aligned}G_l^{\text{in}}&\approx\exp\left[\left(\frac{2f_3l}{1+f_4l}\right)^{1/2}-\beta_{\text{in}}f_5l\right]\\&\approx\exp\left[\left(\frac{2l}{1+0.03l}\right)^{1/2}-0.09l\right].\end{aligned} \tag{8.187}$$

对于 $A_{\text{if}}=40$，图 8.34 给出了内表面由馈入和 RTI 造成的增长因子.

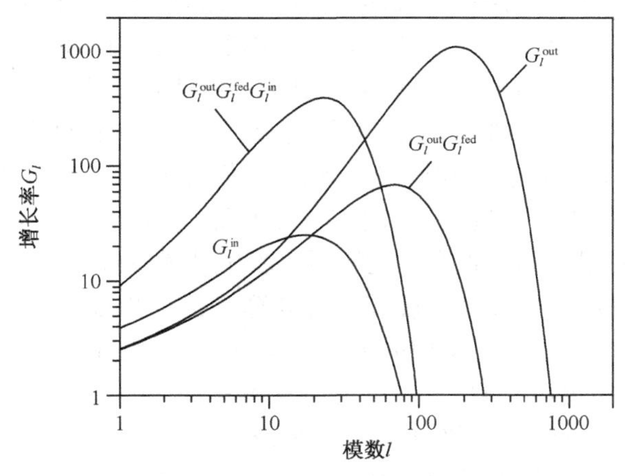

图 8.34　外表面和内表面的 RTI 不稳定性增长因子(参数见文中)

扰动的最终振幅现在可用(8.186)式计算,图 8.35 给出了有代表性的例子.计算中 DT 表面谱的函数形式假定和 NIF 设计所用的相同(Marinak et al.,2001).均方根振幅假定为 0.50μm.计算馈入时假定外表面的扰动如图 8.33 所示.结果发现,最危险的模式为 $l \approx 20$,更高的模式由于馈入效应变小,同时也受有限密度梯度和烧蚀效应的限制.扰动的最终均方根振幅大约为 5.6μm.因为典型的 $R_h = 30 \sim 40\mu$m,计算得到的扰动应该不会阻止点火的实现.

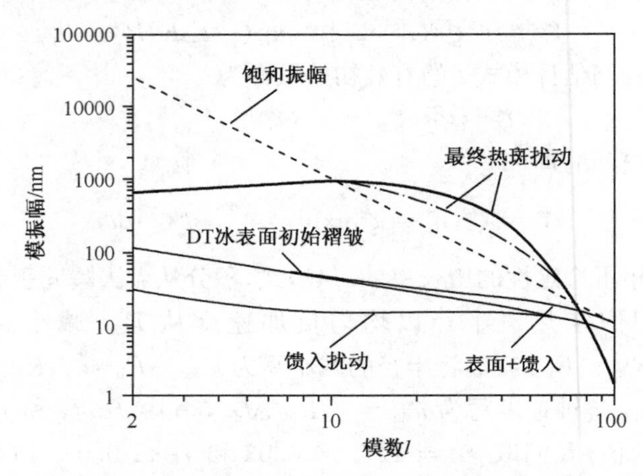

图 8.35　转滞时 RTI 模式的振幅,所用的靶丸与图 8.33 和图 8.34 相同

图中给出了冰表面初始扰动的谱以及馈入的贡献还有两者的和.图还给出了最终扰动的谱(粗线)(实线:线性理论;点划线:包括超过饱和振幅时非线性演化的修正)

8.8.3　用模型和流体程序分析靶的稳定性

靶设计用几个相互衔接的步骤,最后得到靶丸的设计点,同时还要分析参数变化时的敏感性.对于不稳定性所造成的局限,用前面几节描述的模型可进行估计,但进一步的分析需要更精确的工具.最先进的三维程序现在可以模拟靶丸一大块扇面宽谱多模式的演化.图 8.36 给出了高级的三维程序 HYDRA 得到的结果(Marinak et al.,1996),它让我们有个概念,我们能实现多大的细致水平.随着计算机、模型和编程等方面的进展,我们甚至能有更高的分辨率.Marinak 等(2001)最近的一篇文章对最新的模拟和确定靶对不稳定性敏感性的后续过程进行了调查统计.但是,一次三维模拟要用大规模并行计算机运行几百小时的时间,却仍然不能分辨很短的波长.参数分析所用的工具更容易掌握.因此,设计者会组合使用一维、二维程序和不稳定性模型.

很精确、同时足够快的一维计算可用来研究靶丸的基本表现,确定未扰动流体,提供像飞行形状因子、特征定标长度和加速度等参数随时间变化的值,计算不

图 8.36　10 束 NOVA 激光产生的热辐射驱动靶丸内爆的三维模拟(Marinak et al.,1996)
图形给出了接近最大压缩时燃料-推进物界面的形状

稳定增长率需要这些参数. 计算得到的参数可放到不稳定性模型中,数值计算扰动流体方程的一些简化系统,可给出扰动振幅的时间演化. 接下来,扰动对靶表现的影响可用一维模拟近似得到,这里一些壳层人为组合来减小 RTI 扰动的影响.

二维模拟对自洽计算扰动的时间演化特别有用,这种扰动可给定一个谱,单模或者多模. 当然,它们的精度在粗糙模型和三维计算之间. 但请注意,目前关于整个靶的计算没有取得研究高 l 不稳定模式所需的分辨率. 对直接驱动更是如此,这时短波长对烧蚀稳定性的影响要比间接驱动时大.

靶设计最终涉及靶质量(表面粗糙度,均匀性等)、束非均匀性和印记等. 因为靶必须要在一定范围内容忍这种瑕疵,设计的点火实验提供的能量要比假定最佳球对称时所需的能量高50%～100%. 我们在 8.8.2 小节中已经看到,在飞行形状因子、表面和印记等方面选择必须有所平衡. 较小的飞行形状因子可容许更粗糙的靶,但会导致更低的能量增益和更高的输入能量.

8.8.4　减小靶对 RTI 的敏感

这里,我们提一下放松不稳定性限制、扩大设计参数范围的几个选择. 这些方法正被进行研究,其目的主要是改善直接驱动靶的设计.

直接驱动的一个关键问题是所谓的束印记,也即在辐照的早期,束不均匀性引起的靶扰动. 实际上,激光束本质上是有噪音的. 时间积分的均匀辐照可通过束光滑技术实现,这种技术将宽波带激光的几个不相干的光束相混合(Lehmberg, Obenschain, 1983;Skupsky et al., 1989). 不同实验室的实验确实演示了由于均匀性改善的整体内爆结果,比如中子产额接近一维模拟的预言.

但是,初始的不均匀性无法避免,即使激光有最大的带宽. 已经有几个方法来减小这种激光印记效应. Emery 等(1991)提出在靶外面套一层低密度泡沫,这样可减小激光束低强度脉冲前沿的瑕疵引起的扰动. 另一种方法由 Obenschain 等(2002)提出,如果用套有一薄层高 Z 材料的泡沫靶,印记种植的流体不稳定会大大降低. 这时,激光低强度脉冲前沿几乎完全被高 Z 层吸收了. 这高 Z 层产生的 X 射线加热低 Z 塑料烧蚀物,并在稠密层和要被加速的靶之间产生缓冲等离子体. 这层使靶和早期的激光不均匀性隔离. 当高功率的主脉冲辐照靶时,高 Z 层已经膨胀,变得对激光透明. 从这时起,靶的行为和第 3 章研究的靶就相同了.

另一些可能的改善涉及减小 RTI 增长的方法. 根据(8.182)式,RTI 增长随烧蚀速度减小,而烧蚀速度则随壳层密度减小而增加,这样熵就增加了. 另一方面,我们知道,只有当燃料处在较低的绝热线,点火和增益才能实现. 由此可得到绝热整形(adiabat shaping)的概念:激光脉冲和靶设计时,要使得燃料处在较低的绝热线,同时大大增加烧蚀物的熵. 有人提出在辐照燃料的激光脉冲前加一个短的高强度脉冲可实现绝热整形(Metzler et al., 2002;Goncharov et al., 2003). 它会在烧蚀物中激发一个强激波,但因为脉冲结束时强度下降,激波强度会衰减,这样这个激波不会对内部燃料的压缩有负面影响.

8.9 文献说明

关于和 ICF 有关的流体不稳定性,特别是 RTI,有大量的文献. 这节中我们列出一些普遍感兴趣的教育用出版物、许多和 ICF 直接相关的评述性文章和一些对某个专门领域进行最先进处理的论文.

关于流体不稳定性线性理论的标准表述可见 Chandrasekhar (1961)的教科书. 第 10 章和第 11 章处理分层流体的 RTI 和 KHI,并考虑了黏滞性和表面张力,其中也包括了有趣的文献综述. 关于分层流体的不稳定性,在 Lamb(1932)关于流体动力学的经典论述中也有讨论;见该文献的 231、232、267 和 268 节.

Kull(1991)对 RTI 理论作了精彩评述. 文中特别有意义的是球面壳层和 RTI 空泡非线性演化的处理,其中还有有关历史说明.

Hoffman (1995)发表了特别清晰、有启发性的讲义,其中有许多和 ICF 直接相关的 RTI 理论的重要内容. 更早时,Sharp(1984)出版了简单但相当全面的教材. Lindl (1997)关于间接驱动 ICF 的书也包括了关于 RTI 和靶设计的很长章节. 关于 ICF 不稳定性的有趣评述可见 Bodner (1991)和 Gamaly (1993)的论述. Inonamov (1999)的书讨论了天体物理方面的流体不稳定性,其重点是 RTI 非线性阶段的理论模型.

Kilkenny 等(1994)的文章对烧蚀 RTI 的实验结果进行了简短评述. 在这篇文

章发表后获得的一些重要结果在8.4.5小节中已有引用. 关于烧蚀RTI自洽解析理论的全面评述可见Betti等(1996)的文章.

有些文章是关于RTI和RMI的某些方面,但本章没有讨论这些方面,因此也值得一提. Afanasev等(1978)和Evans (1986)讨论了自生磁场对RTI的影响. Dimonte等(1998)在实验上研究了黏合力在加速固体中的作用. 脉冲加速、颤动(pulsation)和添加物(accretion)也分别由Boris (1997)、Rostoker和Tahsiri (1977)、Betti等(1993)和Book(1996)等进行研究. Dimonte和Schneider (1996)实验研究了随时间变化的加速度引起的混合. Goncharov (1999)从解析上, Aglitskiy等(2001)从实验上对烧蚀RMI进行了研究. Book和Bodner (1987)与Kull (1991)对流体腔和流体壳层的振动进行了细致分析.

现在我们列出和ICF有关的某个特别方面的最新结果. 对于烧蚀RTI,数值特征值解的标准方法可参考Kull (1989). Betti等(1996)对大多数最先进的理论进行了总结. 高分辨二维模拟也演示了烧蚀稳定性,这方面可参考Tabak等(1990)、Gardner等(1991)和Mikaelian (1990)的文章. 自20世纪90年代初期开始,三维模拟成为可能. Yabe等(1991)研究了平面表面的单模扰动,Sakagami和Nishihara (1990)以及Town和Bell (1991)模拟了减速壳层内表面的不稳定性, Dahlburg和Gardner (1990)以及Dahlburg等(1995)研究了激光驱动烧蚀前沿的不稳定性. Marinak等(2001)报道了他们进行的最先进的靶模拟.

关于RTI和RMI混合的全面评述可见Shvarts等(2000,2001)和Dimonte (2000)的文章. 关于混合,其他有趣文献还有Alon等(1995)、Dimonte (1999)和Chen等(2000)的文章. 关于RMI的研究现状已由Holmes等(1999)全面总结,文中还包括了大量有关理论和实验结果的参考文献.

实验室天体物理方面的评论见Remington等(1999)的报道. 他们列出了许多有关天体不稳定性的文献.

第 9 章　黑　腔　靶

在本章中，着重研究辐射流体物理，它对间接驱动惯性约束聚变具有特别的意义. 我们先描述黑腔靶的基本概念，然后讨论其中的一些重要问题，包括激光和粒子束能量到热 X 射线的转换和高 Z 腔中的辐射约束. X 射线驱动烧蚀和内爆物理在第 7 章中已作过介绍，这里我们用一维和二维模拟讲述靶丸在黑腔中的对称内爆. 作为例子，我们选择重离子束驱动的靶. 这里我们想通过一些辐射参数给出黑腔的定性图像，这些辐射参数和为国家点火装置设计的参考例子很接近. 我们也讨论一些有启发性的实验结果，这些实验研究辐射转换、对称性和 X 射线驱动激波. 有关间接驱动靶物理的完整内容，读者可参考 Lindl 等(2004)的评述.

9.1　基 本 概 念

黑腔靶是惯性约束聚变靶中特殊的一类，在黑腔中，热辐射驱动靶丸烧蚀(hohlraum 是德文词，意为空的区域). 图 9.1 给出的是典型的黑腔结构，它对于水平轴是柱对称的. 从位于轴上的两个小孔射入的激光束照射黑腔的内表面，从而加热黑腔. 然后，从激光相互作用点和壁上其他加热的地方产生的 X 射线驱动靶丸. 在这种机制中，激光束不直接驱动靶丸，因此人们称之为间接驱动.

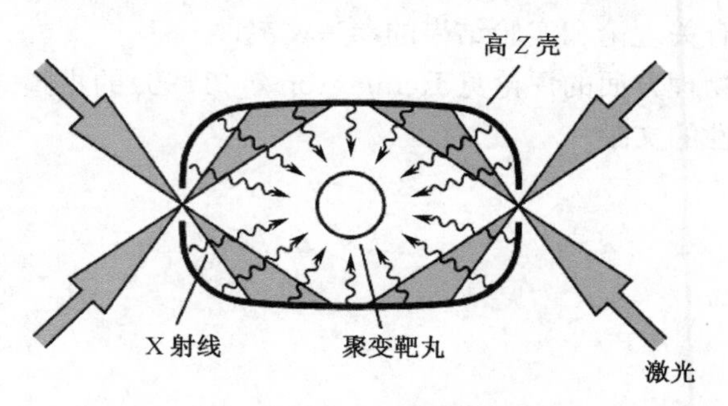

图 9.1　典型的黑腔结构

几束激光束加热柱状高 Z 壳(水平轴)的内表面，然后 X 射线驱动球状聚变靶丸. 这是为美国洛伦斯・利弗莫尔国家实验室国家点火装置点火实验设计的靶

腔壁是由金或其他高 Z 材料组成，因此，产生的等离子体有很大的光厚，能把大多数吸收的激光能量转换成 X 射线辐射出来. 作为参考，在图 9.2 中，我们给出了金壁上的温度演化，这里从右侧入射的激光其强度为 $10^{15}\ \mathrm{W/cm^2}$. 从激光到 X

射线的转换发生在表面光性薄的高温层. 黑腔温度由辐射热波的温度决定，辐射热波是由 X 射线在壁里的扩散引起，是光性厚的. 对典型的 ICF 参数，热波是亚声速的，因此激波跑在它的前面，这些波在第 7 章中已有讨论.

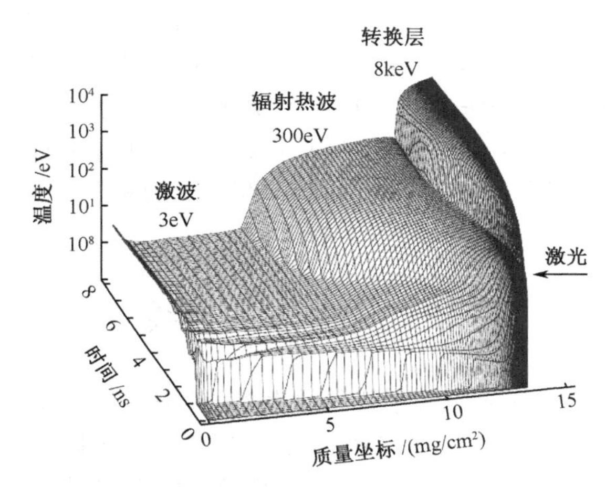

图 9.2　波长为 0.35μm、脉宽(半宽，形状为 $\sin^2$)为 3ns、功率密度为 $10^{15}\,\mathrm{W/cm^2}$ 的激光脉冲照射到金壁上时的等离子体温度演化

人们可以观测到三个不同的区域：①温度高达 8keV 的光性薄转换层；②光性厚的辐射热波，它表明 X 射线扩散层的温度大约为 300eV；③温度为 3eV 的激波. 50%的入射能量被再辐射到辐照面的右侧. 模拟是用 MULTI-1D 程序(Ramis et al., 1988)所做，其中用了 SESAME EOS (SESAME, 1983)和 20 个频率群的 SNOP 光厚(见 10.8.2 小节)

在理想黑腔中，多次的吸收和再发射过程使得腔中光子的热分布可用黑体辐射来描述. 腔中总的辐射流可用斯特藩-玻尔兹曼定律给出

$$S = 10T_r^4\,\mathrm{TW/cm^2}, \tag{9.1}$$

这里辐射温度 T_r 的单位是 100eV. 为达到靶丸点火所需的功率流为 500～1000TW/cm²，人们可以容易地得到黑腔温度必须加热到 250～300eV.

利用黑腔是为了确保靶丸驱动有足够的对称性. 按定义，黑体辐射是均匀且各向同性的，因此对驱动球形内爆是很理想的. 转换成热 X 射线是突破激光相干性的最根本方法. 具有相干相位的单色光容易形成干涉图像，这可能引起不稳定性增长，这是我们不希望的. 并且，腔中辐射输运的速度为光速，这比流体运动速度快得多，因此，靶丸的烧蚀演化可以和壁上非球形的流体扰动很好地分开. 另外，在第 8 章中我们已经看到，和激光直接驱动内爆相比，辐射驱动内爆在瑞利-泰勒不稳定方面更加稳定. 当然，人们要在耦合效率的损失方面付出代价. 在加热黑腔时，很大一部分入射束能损失掉了. 由辐射驱动带来的较高的靶丸内爆效率只能部分地补偿这种束能损失.

在本章中，我们讨论激光和离子束能量到 X 射线的转换、腔中辐射温度的演化、辐射对称性和耦合效率. 最后,我们给出激光和离子束驱动腔的二维模拟结果. 这里所讲内容中有很大部分来自 1983～1993 年 GarchingMPQ 和大阪 ILE 取得的结果. Sigel (1991)对其中部分工作作过评述. 关于黑腔靶设计的数值结果来自 Honrubia 等(2000)和 Ramis 等(2000)的工作. 我们也参考了 Caruso (1989)以及 Caruso 和 Pais (1989)的工作. 应该说明的是,以前在美国和其他拥有核武器的国家,ICF 的黑腔方法一直是保密的,1994 年,美国政府才修改了有关保密条例. 从那时起,许多以前保密的工作得以出版. 关于黑腔靶的开创性工作是在劳伦斯・利弗莫尔国家实验室(LLNL)进行的,Lindl (1995)对这些工作进行了全面深入的评述.

9.2 转换为 X 射线

激光和离子束能量转换为 X 射线的效率都可高达 90%. 转换效率和束强度的依赖关系可见图 9.3. 对于激光,转换效率随强度增大而下降;离子束相互作用却有相反的特征,在和 ICF 相关的 $10^{15}\,W/cm^2$ 或更高的强度,有很大的转换效率. 描述这一过程的模型假定束加热转换材料从而产生等离子体,然后等离子体以某个热平衡态辐射 X 射线.

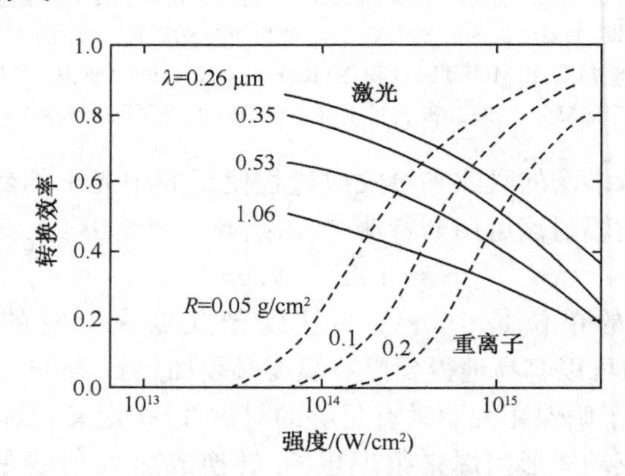

图 9.3 X 射线的转换效率和束强度的依赖关系

结果显示了具有不同波长的激光和具有不同制动量程(stopping range)的离子束的不同关系(Lindl et al. ,1986)

9.2.1 激光束转换

对激光,转换通常发生在固体表面烧蚀得很热且光性薄的等离子体中,在图 9.2 中可以清楚看到右侧的转换层. 其优点是只有少量物质被加热来转换束能量. 另一方面,激光产生的等离子体更容易接近冕区平衡而不是局域热平衡(LTE),

这会减少辐射. 转换过程的数值处理相当复杂,并对非 LTE 光厚(参考 10.8.2 小节)很敏感. 图 9.3 显示的对激光波长的强烈依赖是激光吸收的一个显著特点. 短波长激光在等离子体中能穿透到密度更高的地方,这使得能量吸收效率更高. 这些效应在 11.2 节中都有更细致的讨论.

这里,我们关注实验结果. 先看图 9.4 中所示不同元素的第一级光谱,它们是用波长为 0.53μm、脉宽为 3ns、吸收的激光流为 3×10^{13} W/cm^2 的激光脉冲和平面靶作用得到的. 这些主要由线辐射组成的第一级光谱显示了主要的电离态和相应的价电子壳层,这里有从 Be 到 Pb 的一些材料. 注意,这些是绝对测量光谱. 对波长从 1nm 到 25nm 积分,可以发现,转换效率从 Be 的 0.02 单调地增加到金的

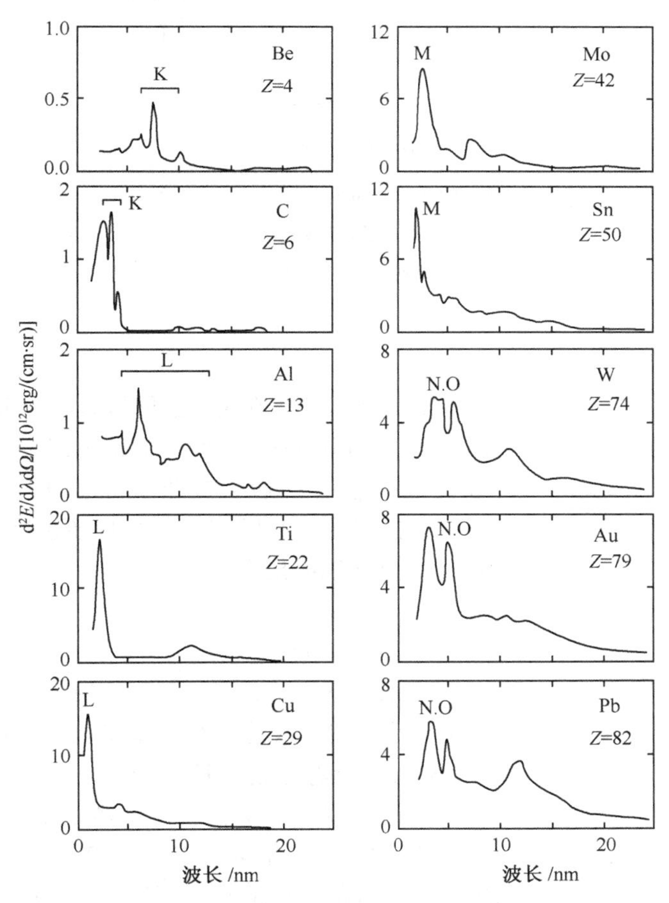

图 9.4 激光照射平面靶时,测到的绝对 X 射线光谱

靶为周期表中的固体材料,激光波长为 0.53μm,脉宽为 3ns,吸收的激光流为 3×10^{13} W/cm^2(Eidmann,Kishimoto, 1986)

0.5. 由此很清楚，黑腔壁应该用高 Z 材料，对实验用靶，最好的选择是金.

图 9.5 给出了测得的金靶转换效率和吸收的激光流之间的关系. 在 $10^{13}\,\mathrm{W/cm^2}$ 附近，效率达到最大值 80%～90%，然后在 $3\times10^{15}\,\mathrm{W/cm^2}$ 时下降到 50%.

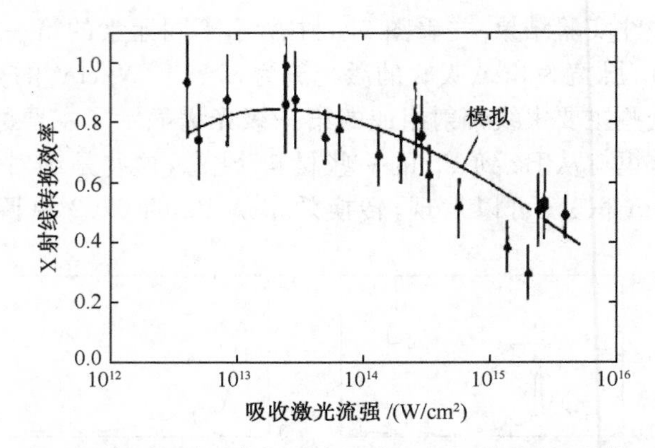

图 9.5 对金的球形靶（实点）和平面靶（三角形），测量到的 X 射线转换效率随吸收的激光流的变化.
模拟结果参考的是球形靶（Goldstone et al.，1987）

9.2.2 离子束转换

离子束转换成 X 射线的物理过程要比激光简单. 这是因为离子束能量沉积在固体或泡沫转换材料的一定体积里面，而不是在表面. 这通常可产生具有一定光厚的 LTE 等离子体，光厚可以设计成接近 1. 然后它按照斯特藩-玻尔兹曼定律辐射. 由于对温度的强烈依赖（$\propto T_r^4$），这里有一个阈值 T_{cr}，一旦超过这个温度，大多数的入射能量就以热 X 射线的形式重新辐射出来.

一个关键参数是转换质量

$$M_{con} = \pi r_0^2 \mathcal{R}, \tag{9.2}$$

它由聚焦束半径 r_0 和离子制动量程（stopping range）$\mathcal{R}=\rho_0 L$ 决定，这里 L 是制动距离（stopping length），ρ_0 是转换物的密度. 这是一个关键量，因为 M_{con} 决定转换物质加热到工作温度 $T_r=250\sim300\mathrm{eV}$ 所需的能量 $E_{con}=M_{con}e(T)$，根据不同的材料，这个温度下的比内能在 20～30MJ/g. 对 30mg 的转换材料，E_{con} 大约为 1MJ. 这个能量基本上是为靶丸驱动损失的. 因此对离子束聚变，决定 M_{con} 的离子射程和束聚焦是关键问题. 当然，人们想使离子射程尽可能小，但是减小离子能量和离子射程意味着更大的束电流，因为能量是固定的. 由于束电荷的影响，这使得聚焦更为困难.

图 9.6 所示为离子束加热柱状转换材料，一维模拟的结果可见图 9.7. 沉积功

率为 $P=4\times10^{16}$ W/g 的离子束均匀加热半径为 $r_0=0.1$cm、密度为 $\rho_0=0.2$g/cm^3 的塑料柱. 图9.7(a)是温度 $T(r,t)$ 的演化. 高温发生在束加热的中心区, $r>1$mm 的膨胀等离子体逐渐冷却. 在 1ns 的短暂加热阶段过后,中心温度稳定在 300eV 左右,光厚接近 1,这可确保最佳辐射. 大多数的转换发生在这个平台区. 10ns 后,由于蜕变,转换物质变得光性薄,由于辐射冷却不充分,温度迅速上升. 在图 9.7(b)中,给出了吸收能转换成辐射能、热能和动能的比例随时间的变化. 可以看到 80%的沉积能量转换成了辐射.

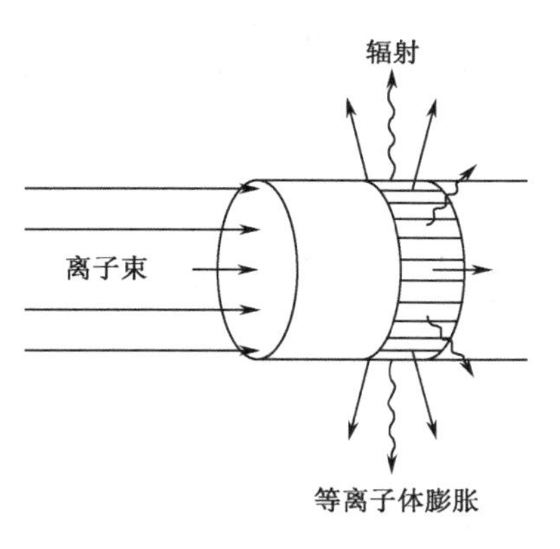

图 9.6 将离子束能量转换成 X 射线的柱状靶

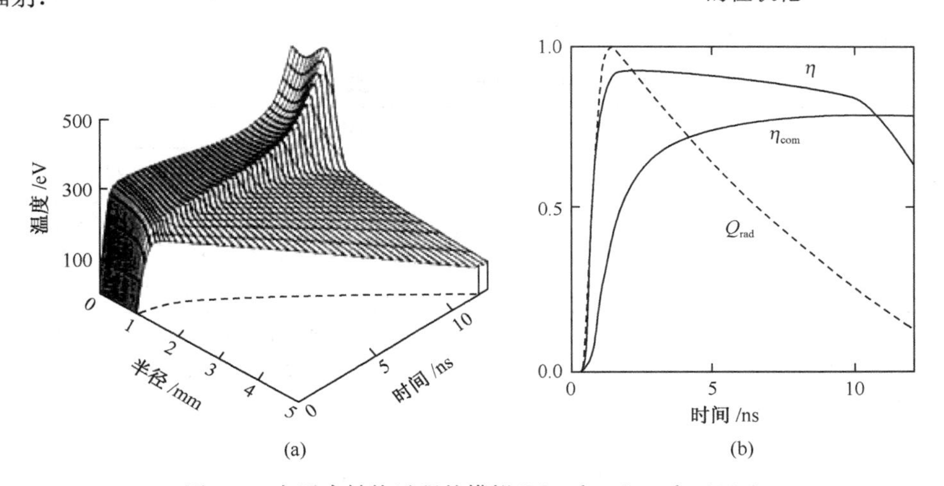

图 9.7 离子束转换过程的模拟(Murakami et al. ,1990)

下面我们用解析方法阐述这些结果,转换物质的能量平衡要求:

$$M_{con}P=(\rho_0 c_s^3+\sigma_B T^4)A, \tag{9.3}$$

这里 P 是比沉积功率, $\rho_0 c_s^3$ 是变为流体膨胀的功率流, $\sigma_B T^4$ 是从表面积 A 辐射的斯特藩-玻尔兹曼流. 作为例子考虑图 9.6 所示的柱结构,可以发现 $M_{con}/F\approx\rho_0 r_0/2$. 利用等温声速 $c_T=\sqrt{(\gamma-1)e(T)}$ 和比能的近似功率定律 $e=e_0T^\mu$,可以把(9.3)式写为

$$P/P_{cr}=[(T/T_{cr})^{3\mu/2}+(T/T_{cr})^4]/2, \tag{9.4}$$

$$T_{cr}=[((\gamma-1)e_0)^{3/2}\rho_0/\sigma_B]^{2/(8-3\mu)},$$

$$P_{cr}=4\sigma_B T_{cr}^4/(\rho_0 r_0). \tag{9.5}$$

这个方程可以决定转换物质温度和比沉积功率 P 的关系. 显然,这里有两个区域:

① $T \ll T_{cr}$时，为流体区域，这里沉积能只引起转换物质的流体膨胀；

② $T \gg T_{cr}$时，为辐射区域，这里大多数能量被辐射，流体膨胀的能量很少.

束能 E_b 转换成 X 射线的效率为

$$\eta_{con} = \sigma_B T^4 F(t_b - t_h)/E_b, \tag{9.6}$$

这里总的束流时间 $t_b = r_0/c_s$ 等于转换物质的蜕变时间，$t_h = e(T)/P$ 是加热转换物质到工作温度所需的时间，$E_b = M_{con} P t_b$. 在辐射区，有 $T/T_{cr} \approx (2P/P_{cr})^{1/4}$，并且(9.6)式可以近似写为

$$\begin{aligned}\eta_{con} &= 1 - (2\gamma - 1) e(T) M_{con}/E_b \\ &= 1 - (\gamma - 1/2)/(\gamma - 1) \cdot (P_{cr}/2P)^{1-3\mu/8}.\end{aligned} \tag{9.7}$$

考虑图 9.7，取 $r_0 = 1\text{mm}$，$\rho_0 = 0.2\text{g/cm}^3$，并利用表 9.1 中塑料的参数，从(9.5)式可以得到 $T_{cr} = 85.7\text{eV}$，$P_{cr} = 1.08 \times 10^{15}\text{TW/g}$. 沉积功率为 $4 \times 10^{16}\text{W/g}$ 时，发现工作温度为 $T = 251\text{eV}$，加热时间为 $t_h = 0.76\text{ns}$，蜕变时间为 $t_d = 8\text{ns}$，转换效率为 $\eta_{con} = 82\%$. 这和图 9.7 中的模拟结果大体上符合.

表 9.1　EOS 和光厚参数

材　料	CH	Al	Au
e(erg/g)	$4.0\times10^{11}T^{1.2}$	$3.6\times10^{11}T^{1.2}$	$2.2\times10^{10}T^{1.6}$
γ	1.5	1.3	1.1
l_R/cm	$1.0\times10^{-12}T^4/\rho^2$	$8.7\times10^{-9}T^{2.5}/\rho^{1.5}$	$6.0\times10^{-6}T^{1.0}/\rho$
l_P/cm	$1.0\times10^{-12}T^4/\rho^2$	$1.8\times10^{-9}T^{2.4}/\rho^{1.5}$	$3.0\times10^{-7}T^{1.2}/\rho^{1.2}$

注：温度 T 单位为 eV，密度 ρ 单位为 g/cm³. 功率定律中比内能 e、绝热指数 γ、Rosseland 平均自由程 l_R 和普朗克平均自由程 l_P 是通过对 EOS 及 SESAME(SESAME, 1983)图书馆中塑料、铝和金的光厚表拟合得到，Al 和 Au 的 l_R 来自表 10.3.

9.3　辐射约束

9.3.1　黑腔温度

黑腔物理的一个基本问题是，在给定注入到高 Z 腔中的能量大小后，确定黑腔温度. 这个问题和壁以及壁吸收能量有多快有关. 现在我们考虑入射束能已转换成热辐射的情况，这些辐射不断地被黑腔内壁重新吸收，部分又被重新辐射出来. 光子在黑腔中的传输时间数量级为 10ps，因此功率的重新分布通常要比功率脉冲的变化快，这使得整个腔壁温度瞬间就均匀了.

有趣的是，在任何给定的时间内，吸收的能量主要变为壁上的热能而不是腔中的光子能量. 这是因为，对 ICF 所需的温度，即大约 300eV，辐射热容远小于壁的热容. 这样腔的温度会等于壁的温度，这个温度由吸收能 E_a，加热层质量 M_a 决定. 这个质量依赖于加热层的厚度，它由壁里的热扩散过程决定. 物理上，关键的量是壁

材料的 X 射线光厚.

9.3.2　流平衡

让我们考虑给定壁表面元流入和流出的不同能流，这些能流可见图 9.8. 能流平衡要求

$$S_c = S_i + S_s = S_a + S_r, \tag{9.8}$$

这里 S_c 表示总的能流，它由外部加热源产生的源流 S_s 和从所有其他表面元来的 X 射线流入能流 S_i 组成. 它要与被壁吸收产生热波的能流 S_a 和辐射回黑腔的能流 S_r 的和匹配. 对封闭黑腔，我们有 $S_i = S_r$，因此 $S_a = S_s$. 但是对壁上有洞（比如激光入射孔）或者有吸收物质（比如聚变靶丸）的腔，总面积中有一部分 fA_c 只吸收但不辐射，在这种情况下，有

$$S_i = (1-f)S_r. \tag{9.9}$$

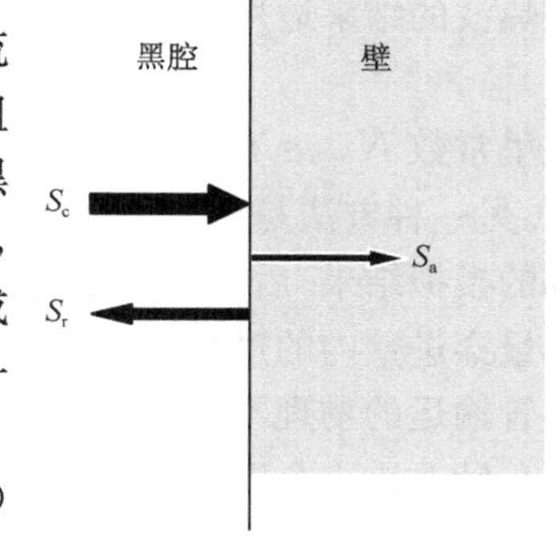

图 9.8　在一个壁元上的辐射流

除了 f，比值

$$N = S_r/S_a \tag{9.10}$$

对特定黑腔的表现，也是一个关键量. 它和反射系数 $r = S_r/S_c$ 有关，这也被称为壁反照率，可以发现 $N = r/(1-r)$. 对一个封闭、中间没有东西的黑腔，循环的能流为 $S_c = (r + r^2 + r^3 + \cdots)S_s = r/(1-r)S_s = NS_s$，这里 N 决定源流平均多快就被再辐射，因此 N 被称为再辐射数. 显然，在腔中循环的能流要比源流大 N 倍.

现在我们对有吸收物、$f \neq 0$ 的腔作一些实际的估计. 考虑到入射的功率 P_b 被迅速重新分布，这里我们不考虑转换物质几何形状的具体细节，而简单假定转换功率 $\eta_{con}P_b$ 均匀入射到整个腔面积 A_c 上，因此源流为

$$S_s = \eta_{con}P_b/A_c. \tag{9.11}$$

其他的能流利用 f、N 和 S_s 可容易导出：

$$\begin{aligned} S_r &= S_s/(N^{-1}+f), \\ S_i &= S_s(1-f)/(N^{-1}+f), \\ S_a &= S_s(N^{-1}+f^2)/(N^{-1}+f). \end{aligned} \tag{9.12}$$

特别感兴趣的量是转换效率，它给出最终传到吸收物质上的转换功率的比例为

$$\eta_{trans} = fA_c(S_i+S_s)/(\eta_{con}P_b) = (N+1)f/(Nf+1). \tag{9.13}$$

由于对称性原因，要使得吸收面积远小于腔面积，即 $f \ll 1$. 当然这限制了转换效率 (9.13) 式. 尽管这样，对具有高再辐射数 $N > 1/f$ 的腔，高效率还是可能的. 这些考虑也突现了黑腔性能的一些基本方面. 作更实际的估计时，不但要同时考虑洞口和聚变靶丸，还要考虑到低 Z 靶丸既不是好的吸收材料也不是好的再辐射材料.

9.3.3 壁反照率和再辐射数

从热表面辐射的能流为 $S_r=\sigma_B T_s^4$，而表面温度 T_s 是和吸收能流 S_a 相关的. 通常，要用数值模拟来确定温度随 S_a 和时间 t 的变化. 但是利用第 7 章导出的相似解可作一些有用的估计. 在 ICF 的参数条件下，热扩散是亚声速的，7.6 节中烧蚀热波的结果适用. 这样，功率定律可写为

$$S_r = N_* t^\alpha S_a^\beta, \tag{9.14}$$

这里常数 N_*、α 和 β 都和壁材料有关. 这些常数可用 7.6 节导出的解析表达式确定. 另一种方法是用功率定律公式(9.14)来拟合采用表格化的 EOS 和光厚数据得到的模拟结果. 后一种方法的一个好处是也可以包括中、低 Z 材料，对这些材料，热量穿进壁内的过程要用加热波(heating wave)，而不是热波(heat wave)来描述，尽管输运的物理不同，这两种情况都可导出(9.14)式的功率定律(参考 7.5 节).

针对进入金壁不同的常数能流值 S_a，图 9.9 给出了一维模拟的拟合结果，可以看到，对足够大的时间，用功率定律(9.14)式拟合确实能很好地描述数值结果. 偏差出现在时间小于 1ns 时，对较低的 S_a 更是如此. 具有已形成清晰烧蚀层的烧蚀热波需要时间来发展. 下面的拟合是 Murakami 等(1991)对几种壁材料得到的：

$$\begin{aligned}
S_r &= 13 S_a^{1.05} t^{0.46}\,(\text{Au}),\\
S_r &= 7.0 S_a^{1.25} t^{0.50}\,(\text{Cu}),\\
S_r &= 3.0 S_a^{1.30} t^{0.53}\,(\text{Al}),\\
S_r &= 1.4 S_a^{1.05} t^{0.42}\,(\text{C}),\\
S_r &= 0.27 S_a^{1.21} t^{0.50}\,(\text{固体 DT}),
\end{aligned} \tag{9.15}$$

这里能流的单位为 $10^{14}\,\text{W/cm}^2$，时间单位为 $10^{-8}\,\text{s}$. 在这个模拟中，用多群进行谱分辨，并假定对应 S_a 的入射能流具有热辐射谱. 从(9.15)式得到的再辐射因子 $N=S_r/S_a$ 和时间的依赖关系大体是$\propto t^{0.5}$，它只是很弱地依赖 S_a. 在图 9.10 中给出的是 $t=10\text{ns}$ 时它们随 Z 的变化，直线对应的函数为

$$N = 0.3 Z^{0.9}. \tag{9.16}$$

当然，这些简单结果不能直接用到 ICF 计算中，因为被壁吸收的能流 S_a 不是常数，而通常依赖时间. 这个问题可见图 9.11，这里外部的 X 射线脉冲对 ICF 是典型的，它由低温预脉冲和高温主脉冲组成. 简单使用(9.14)式得到是虚线，而点是模拟结果. Basko (1996)提出用

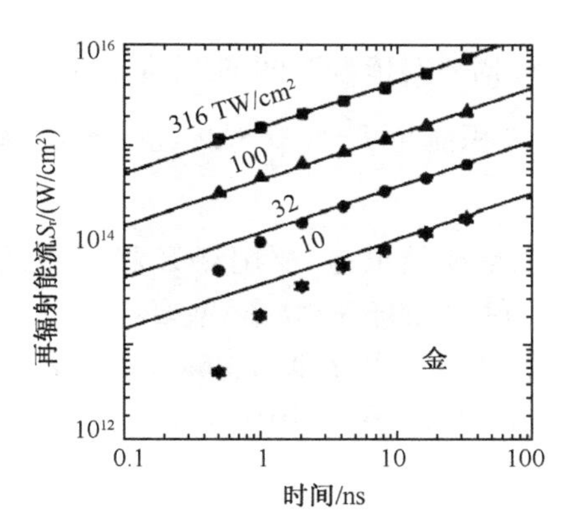

图 9.9 对用不同标记给出的几个净吸收能流，给出了从金壁再辐射的能流 S_r 随时间的变化(Murakami，Meyer-ter-Vehn，1991)

直线给出了定标率，不同的点表示不同的模拟

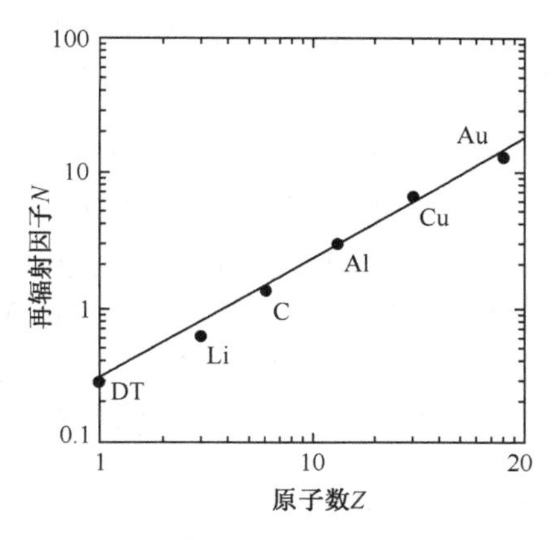

图 9.10 再辐射因子 N 和不同壁材料的原子数 Z 的关系(Murakami，Meyer-ter-Vehn，1991)

这里 $t=10\text{ns}$，$S_a=10^{14}\text{W/cm}^2$

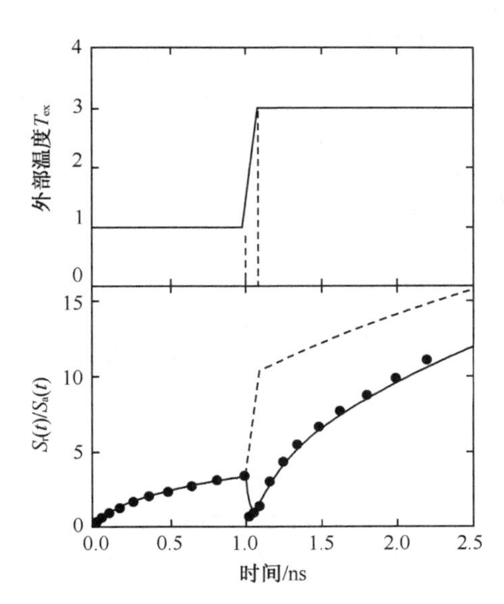

图 9.11 一个模型黑腔中，外部给定的温度 T_{ex} 随时间的变化以及与此相对应的由(9.14)式(虚线)和(9.17)式(实线)得到的模型壁的再辐射比 S_r/S_a，点是数值模拟结果(Baska，1996)

$$S_r(t) = N_* E_a(t)^{\alpha} S_a(t)^{\beta-\alpha},$$
$$dE_a(t)/dt = S_a(t) \quad (9.17)$$

代替(9.14)式,这样可重新得到这些结果.这两种描述对依赖时间的 S_a 是相同的,但是对随时间变化的驱动条件,(9.17)式认为,累积能量 $E_a = \int S_a dt$ 比瞬态功率关系(9.14)式更适合描述再辐射能力.

关于黑腔中辐射能到 ICF 靶丸的转换,一个重要结果是,要用高 Z 材料做黑腔,同时用低 Z 材料做靶丸烧蚀物,这样可得到可接受的转换效率.壁要有高反照率来限制壁损失,而靶丸要有低反照率来确保最大吸收.大反照比能够补偿壁表面和靶丸的不佳面积比,由于对称性方面的考虑,这个比值很大(10～20).

9.3.4 再辐射实验和黑腔观测温度

再辐射实验的装置和结果见图 9.12,这个实验是在日本大阪 ILE 的 GEKKO XII 激光装置上进行的,350nm、4kJ 的聚焦激光脉冲进入金腔.实验设计成激光相互作用点能和样品表面很好分开,这样在很长的观测时间里中间没有烧蚀等离子体.脉冲时间是 0.8ns,平均功率为 5TW,黑腔的温度可上升到 160eV.从图 9.12(b)可以看到,金的再辐射能流要比碳大很多,平均大约为 5 倍.与时间的依赖关系和模拟很好符合,和上面给出的解析估计大体上也一致.

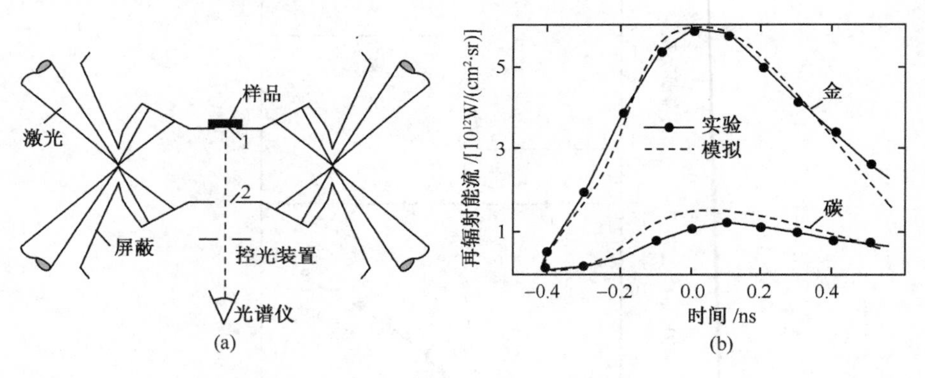

图 9.12

(a)特别设计的再辐射实验,样品材料暴露在激光产生的黑腔辐射中,光谱仪对着样品;(b)在谱范围 1～5nm 内积分的金和碳样品的再辐射能流随时间的变化(实点),作为比较的是模拟结果 (Eidmann et al.,1995)

图 9.13 给出的是在美国利弗莫尔的 LLNL 进行的黑腔实验中测得的辐射温度(Kauffman et al.,1994).可以看到,用功率为 30TW、1ns 长的激光脉冲得到的温度达 300eV.从定标关系得到的曲线和本章前面导出的曲线类似.虚线对应的是更小的腔,因此温度更高.

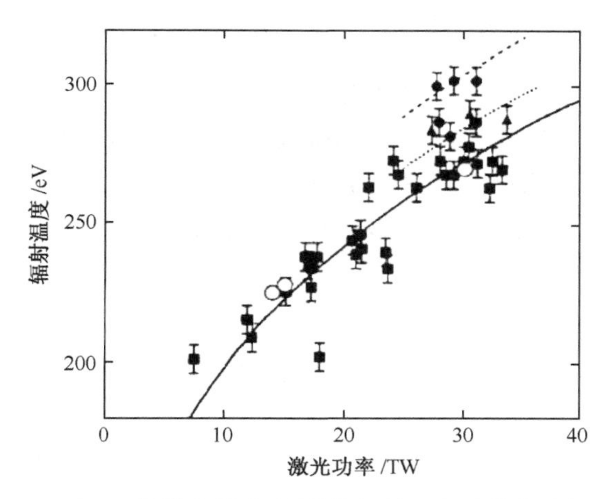

图 9.13 对 1ns 的激光脉冲，测得的辐射温度随激光功率的变化

这里的中空柱状金腔和图 9.1 的类似，其长度为 2.5mm，直径为 1.0mm(实心点)、1.2mm(三角形)和 1.6mm (方形). 空心圆是模拟结果. 曲线是用和本章类似的定标关系拟合这些数据得到的，虚线对应 1mm 的腔，点线对应 1.2mm 的腔，实线对应 1.6mm 的腔(Kauffman et al.，1994)

9.4 几何对称

真实黑腔靶中的辐射场通常和理想化的完全各向同性的黑体辐射有很大差别. 这是因为腔只是在很少几个相互作用点被加热，并且前面讲的使温度均匀的再分布过程也需要一定时间. 因此利用几何对称性是很重要的. 这个方法和用有限数量的激光源照射一个物体相同. 即使这些源只从几个方向照射，由于几何光滑作用，对物体的辐照仍可以相当均匀.

本节的目标是描述入射到球形靶丸上的辐射流 $S(\Omega)$ 的角依赖关系. 表面平均的流为 $S_0 = \int S(\Omega)\, \mathrm{d}\Omega/(4\pi)$. 和球对称的偏差可用峰-谷不对称性粗略计算，即

$$\varepsilon_{\text{ptv}} = (S_{\max} - S_{\min})/S_0, \tag{9.18}$$

这里 $S_{\max}$ 和 $S_{\min}$ 分别为最大和最小入射流，方均根不对称性为

$$\varepsilon_{\text{rms}} = \left(\int [S(\Omega)/S_0 - 1]^2\right)^{1/2} \mathrm{d}\Omega/(4\pi). \tag{9.19}$$

更仔细的分析可采用不对称球模型.

9.4.1 不对称球模型

分析靶丸辐照不均匀的系统方法是把入射流用球谐函数 $Y_{lm}(\Omega)$ 展开，即

$$S(\Omega) = \sum_{lm} S_{lm} Y_{lm}(\Omega). \tag{9.20}$$

这里球谐函数满足正交关系,即

$$\int \mathrm{d}\Omega Y_{lm}^{*}(\Omega) Y_{l'm'}(\Omega) = \delta_{ll'}\delta_{mm'}. \tag{9.21}$$

在轴对称情况下,球坐标 $\Omega=(\theta,\phi)$ 用对称轴定义,这样在(9.20)式中只有 $m=0$ 的球谐函数有贡献,因此它们可用勒让德多项式 $P_l(x)$ 表示为

$$Y_{l0}(\theta,\phi) = \sqrt{(2l+1)/4\pi}\,P_l(\cos\theta). \tag{9.22}$$

这里勒让德多项式的形式为

$$\begin{aligned} &P_0(x) = 1, \quad P_1(x) = x, \\ &P_2(x) = \frac{1}{2}(3x^2-1), \quad P_3(x) = \frac{1}{2}(5x^3-3x), \\ &P_4(x) = \frac{1}{8}(35x^4-30x^2+3), \quad P_l(x) = \frac{1}{2^l l!}\frac{\mathrm{d}^l}{\mathrm{d}x^l}(x^2-1)^l. \end{aligned} \tag{9.23}$$

将展开式(9.20)代入(9.19)式,并利用正交关系(9.21)式,我们发现均方根不对称性为

$$\varepsilon_{\mathrm{rms}} = \Big(\sum_{l=1}^{\infty}\sum_{m=-l}^{+l} \mid S_{lm} \mid^2\Big)^{1/2}. \tag{9.24}$$

当靶丸整体移动时,发生 $l=1$ 的不对称性. 在左右对称时,(9.24)式中只有偶数模式有贡献.

9.4.2 视角因子理论

给定从外侧壁表面辐射的源分布 $S^{(2)}(\boldsymbol{r}_2)$ 后,几何问题决定在靶丸上的流 $S^{(1)}(\boldsymbol{r}_1)$. 这里我们用标记 1 表示靶丸,用标记 2 表示壁表面. 视角因子理论可近似地解决这个问题. 它要求辐射交换发生在确定的壁表面之间,同时忽略流体运动,再假定外侧壁表面光性厚,可看作 Lambert 辐射物质. 这样靶丸接受的流为

$$S^{(1)}(\boldsymbol{r}_1) = \int \mathscr{V}(\boldsymbol{r}_1,\boldsymbol{r}_2)\, S^{(2)}(r_2)\mathrm{d}A_2, \tag{9.25}$$

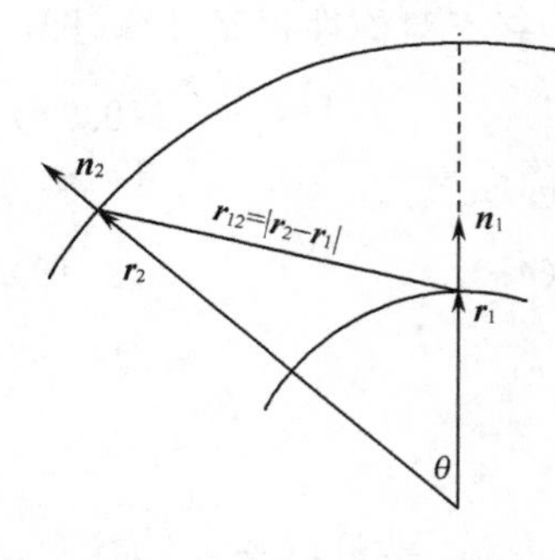

图 9.14 在两同心球情况下,定义视角因子的几何量

这是对在 $\boldsymbol{r}_1$ 处所能看到的所有面积元 $\mathrm{d}A_2$ 的流乘上视角因子后积分得到的,即

$$\mathscr{V}(\boldsymbol{r}_1,\boldsymbol{r}_2) = (\boldsymbol{n}_1\cdot\boldsymbol{r}_{12})(\boldsymbol{n}_2\cdot\boldsymbol{r}_{12})/(\pi \mid \boldsymbol{r}_{12} \mid^4), \tag{9.26}$$

单位矢量 $\boldsymbol{n}_1$ 和 $\boldsymbol{n}_2$ 垂直表面元,$\boldsymbol{r}_{12}=\boldsymbol{r}_1-\boldsymbol{r}_2$(图 9.14). (9.25)式的积分是对 $\boldsymbol{r}_1$ 点所能看到的半个空间进行的. 如果壁表面温度均匀,即 $S^{(2)}(\boldsymbol{r}_2)$ 不依赖 $\boldsymbol{r}_2$,那么在各处都有 $\boldsymbol{S}^{(1)}=\boldsymbol{S}^{(2)}$.

靶丸和同心球形壁这样的特殊结构对深入了解几何光滑是非常合适的. 在图 9.14 中已给出了各个

矢量和角度，在这里，视角因子为

$$\mathscr{V}(\boldsymbol{r}_1,\boldsymbol{r}_2)\mathrm{d}A_2 = \frac{(x-y)(1-xy)}{\pi(1-2xy+y^2)^2}\mathrm{d}\Omega_2. \tag{9.27}$$

它可以用单位矢量 $\boldsymbol{\Omega}_1=\boldsymbol{r}_1/r_1$ 和 $\boldsymbol{\Omega}_2=\boldsymbol{r}_2/r_2$ 的余弦项 $x=\cos\theta=\boldsymbol{\Omega}_1\cdot\boldsymbol{\Omega}_2$ 以及两个球的半径比 $y=r_1/r_2$ 来表示，这里还用了 $\mathrm{d}A_2=r_2^2\mathrm{d}\Omega_2$.

9.4.3　同心球之间的转换

现在我们用振幅项 $S_{lm}^{(2)}$ 来确定靶丸上不对称模式的振幅 $S_{lm}^{(1)}$，这里 $S_{lm}^{(2)}$ 决定从同心球壁内表面辐射的不对称源流

$$S^{(2)}(\Omega_2) = \sum_{lm} S_{lm}^{(2)} Y_{lm}(\Omega_2) \tag{9.28}$$

和下面推导的这些结果类似的结果已由 Caruso 和 Strangio(1991)发表.

将(9.28)式代入(9.25)式，同时利用(9.20)和(9.21)式，我们有

$$S_{lm}^{(1)} = \sum_{l'm'} S_{l'm'}^{(2)} \int Y_{lm}^*(\Omega_1)\mathscr{V}(\boldsymbol{r}_1,\boldsymbol{r}_2)Y_{l'm'}(\Omega_2)\mathrm{d}\Omega_1 r_2^2\mathrm{d}\Omega_2. \tag{9.29}$$

在这里，视角因子 $\mathscr{V}(\boldsymbol{r}_1,\boldsymbol{r}_2)$ 对于绕原点的旋转是标量，即它只通过标量积 $x=\Omega_1\cdot\Omega_2$ 和立体角相关，所以只有 $l=l'$，$m=m'$ 时，右手侧的积分才不等于零，这个积分不依赖 m. 因此我们可以使用球谐叠加方法(Whittaker, Watson, 1946)，即

$$P_l(x) = \frac{4\pi}{2l+1}\sum_m Y_{lm}^*(\Omega_1)Y_{lm}(\Omega_2), \tag{9.30}$$

这样可得到

$$S_{lm}^{(1)}/S_{lm}^{(2)} = f_l(y), \tag{9.31}$$

这里用(9.27)式，$f_l(y)=\int\mathscr{V}(x,y)P_l(x)(\mathrm{d}\Omega_1/4\pi)r_2^2\mathrm{d}\Omega_2$ 可以清晰地写为

$$f_l(y) = 2\int_y^1 \frac{(x-y)(1-xy)}{(1-2xy+y^2)^2}P_l(x)\mathrm{d}x, \tag{9.32}$$

积分下边界 $x=\cos\theta=y$ 对应视角 $\Theta_1=\pi/2$，我们可在图 9.14 中进行核对. (9.32)式这个重要结果说明，同心球之间的辐射转换是把外侧球面上的源模(lm)映射到内侧球面上相同的模(lm)中. 变换因子 $f_l(y)$ 只依赖模数 l 和半径比 $y=r_1/r_2$. 它不依赖方向模数 m.

在小靶丸极限下($y\to 0$)，转换因子可解析估计. 对奇数 l 有

$$f_l(0) = 2\int_0^1 xP_l(x)\mathrm{d}x = (2/3)\delta_{l1}, \tag{9.33}$$

对偶数 $l=2n$，有

$$f_l(0) = (-1)^{n+1}2^{-n}(2n-3)!!/(n+1)!. \tag{9.34}$$

对最低的 l，有 $f_2(0)=1/4$，$f_4(0)=-1/24$，$f_6(0)=1/64$ 等. 对 $0<y<1$，积分(9.32)式可数值求解. 图 9.15 给出了几个模式的结果. 可以看到腔壁半径大约为

靶丸半径的 5 倍时，f_4 和 f_6 都消失. 这意味着，$l=4$ 和 $l=6$ 模可通过几何光滑几乎完全抑制. 因此这个特殊的半径比对球形黑腔设计很有吸引力. 另一方面，$l=2$ 模减小不多，因此通过黑腔几何的特殊设计或其他方法来控制不对称振幅 $S_{2m}^{(2)}$.

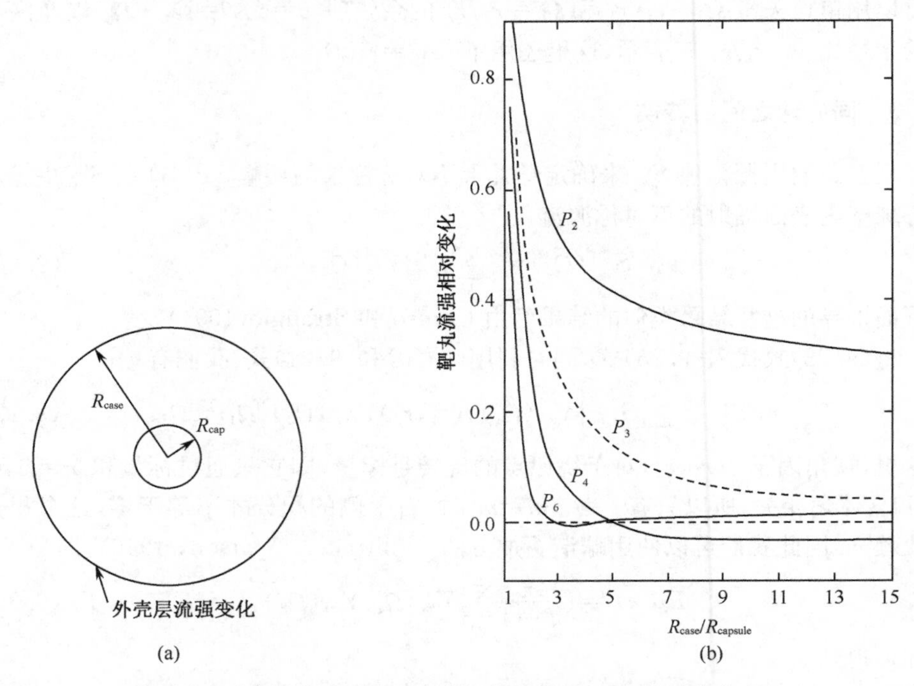

图 9.15　对不同不对称模式 P_n，球形黑腔中光滑因子 $f_l(r)$ 和黑腔中半径比 $y=R_{case}/R_{capsule}$ 的关系(Lindl, 1995)

9.5　黑腔靶模拟

上面讨论的黑腔靶表现的各个方面相互紧密相关，因此完整的分析需要一系列数值模拟和实验. 这正是目前大量研究的内容. 关于全面的阐述，可参考 Lindl (1995)的评述. 本书中，我们只挑出一些例子.

9.5.1　针对重离子聚变的黑腔靶

作为第一个例子，我们给出重离子束驱动黑腔靶的模拟. 这个两维模拟的目的是想研究黑腔的辐射流体动力学，进而根据靶丸点火和增益所需的对称性和时间演化进行设计. 所用的辐射脉冲和 NIF 靶设计中(Lindl, 1995)的相似，在这里的模拟中不包括靶丸点火和热核燃烧. 这些结果是通过 HIDIF 研究(Hofmann,

1998)由 Ramis 等(1998)得到的，这一研究的目的是设计重离子束聚变的试验装置. 重离子束被认为是 IFE 能源生产时有前途的驱动源之一，因为它既有高驱动效率，又有高重复频率. 这里讨论的靶和 HIDIF 研究中的加速器及最后的聚焦设计相匹配.

图 9.16 显示的是柱对称靶结构. 两离子束从相反方向打在靶上，能量沉积在转换物质 Be 和腔的内壁上. 两个锥形屏蔽板防止离子束直接打在聚变靶丸上. 靶丸基本和 NIF 靶设计中的相同(图 9.1 和 Lindl, 1995)，它使用 Be 烧蚀物，并要求峰值温度达 250eV. 图 9.16 的黑腔设计要基本上也能产生 NIF 靶的温度演化. 图 9.17(b)表明了这点，这里给出了总的束能随时间的变化和由此产生的黑腔温度，并和 NIF 设计的结果(虚线)进行比较. 这个温度演化是用三个时间上平移的离子脉冲得到. 第一个使黑腔达到初始条件，产生第一个激波，它为靶丸壳层的熵确定基调；第二、第三个则驱动燃料达到点火.

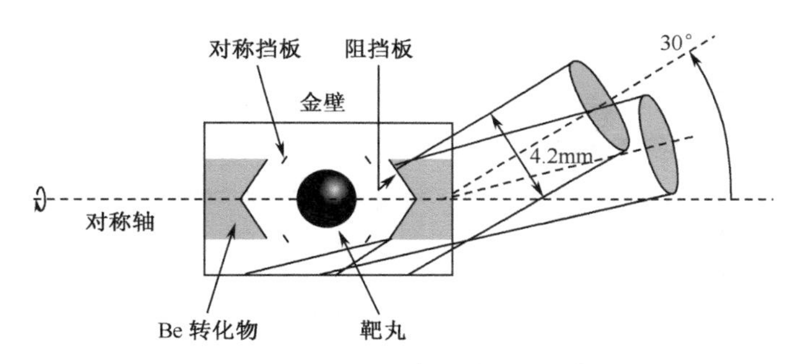

图 9.16 重粒子束驱动的黑腔靶

这里给出的是柱状腔沿对称轴的截面. 它包含中心的聚变靶丸、阻止离子束的锥形 Au 挡板、使辐射场对称化的环形 Au 挡板和混有少量金的 Be 转换物质. 两簇离子束从相反方向入射，它们按最大为 30°的角度对称地分布. 有关更定量的细节，我们可参考 Ramis 等(1998)的原始文献

黑腔结构和靶丸的流体演化在图 9.17 (a)中可以形象地看到. 我们可以看到挡板和壁的鼓起以及靶丸接近球形的内爆. 偏离球对称的定量结果见图9.17(c)，这里画出了壳层内爆一半时，烧蚀物和燃料交界面的位置. 虚线是 $l=4$ 的大变形，$(\Delta R/R)_{\max}\approx\pm4\%$. 这是因为照在靶丸上的辐射主要来自锥形挡板和柱状罩子间的环状空隙. 这种变形对靶丸点火是不能容忍的. 因此这个设计的一个重要细节是加了两个环状对称挡板来控制 $l=4$ 不对称性，这使得界面变形下降到小于±1%[图 9.17(c)].

表 9.2 给出在驱动脉冲结束时沉积的 3MJ 束能在靶中是如何分布的. 只有 6%的能量已经传输到靶丸，大约三分之二的入射能量为黑腔结构的热能和动能，还有 27%的能量已经辐射到外面. 虽然只有 0.17MJ 的能量被靶丸吸收，但这已足

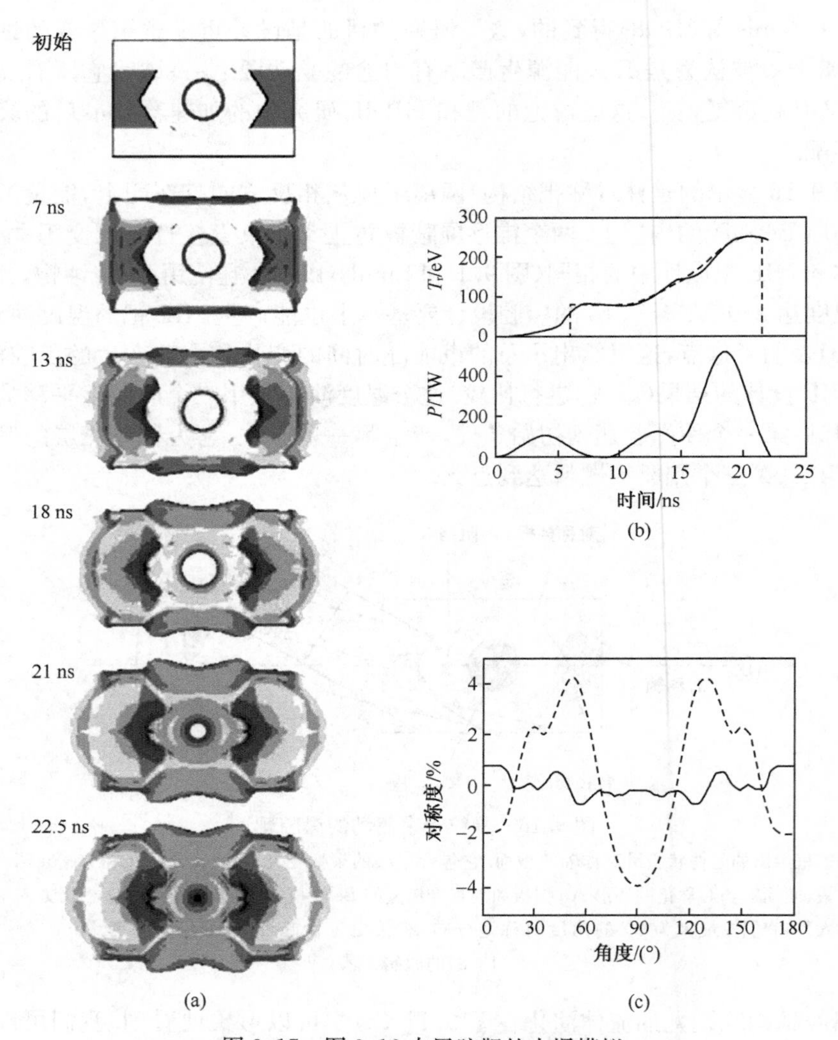

图 9.17　图 9.16 中黑腔靶的内爆模拟

(a)在重离子辐照的不同时刻，黑腔靶密度演化的快照. 离子束在挡板和壁表面的沉积区域强烈膨胀. 中心的靶丸在 X 射线吸收引起的烧蚀驱动下内爆. 这里是柱状结构包含水平对称轴的截面；(b)黑腔中总的入射束能和所产生的辐射温度随时间的变化. 虚线是 NIF 靶丸设计中对应的温度演化(Lindl, 1995)；(c)由$(R(\theta)-\langle R(\theta)\rangle)/\langle R(\theta)\rangle$得到按百分比给出的与球对称的偏差和极角 θ 的关系，这里 $R(\theta)$是内爆到初始靶丸半径一半时烧蚀物/燃料界面的半径(模拟是 Ramis 等做的, 1998)

够点燃它. 对靶丸进行一维模拟，利用图 9.17(c)中的辐射脉冲，再包括点火和燃烧，Ramis 等(1998)发现，最大内爆速度达 3.2×10^{7} cm/s，聚变产出为 16.1MJ，这接近 NIF 发表的结果(Lindl, 1995). 这对应的能量增益为 5. 在 9.6 节中我们要更详细地考虑这种一维模拟.

表 9.2 黑腔辐射结束时的能量分布[图 9.18(b)中 22.5 ns 时刻]

	MJ	%
吸收的束能	3.00	100
靶丸吸收的净辐射能	0.17	6
空腔结构(不是靶丸)中的热能和动能	2.05	68
辐射到腔外的能量	0.80	27

在这之前,我们简单讨论一下刚得到的能量平衡. 显然,为了实现对称辐射驱动,这个黑腔设计浪费了许多能量. 由于靶结构的复杂性,9.2 节和 9.3 节的模型分析在这里很难有所帮助,因为很难区分束加热的转换物质的等离子体和辐射加热的壁等离子体. 根据模拟,最终存在于这两部分等离子体中的能量大约都为 1MJ. 大量辐射到外面的损失主要通过柱前面的离子束入射窗口辐射掉的. 这些窗口的优化厚度大约为 10μm. 更厚的窗口吸收太多的束能,而更薄的窗口变得光性薄,这使得更多的辐射泄漏出去.

有两种选择可改善耦合效率:①对同样大小的靶尺寸,增加脉冲能量;②对同样大小的靶丸尺寸减小黑腔尺寸使它更紧凑. 选择①是针对脉冲能量为 10MJ 量级的反应堆尺寸的靶,这方面需要更结实的设计,这对高重复频率的反应堆是必须的. 选择②可用于试验性装置,其脉冲能量只有几个兆焦. 更紧凑的靶设计要求使用整个黑腔体积来制动离子束,或者在更短的制动距离内降低重离子的能量. 在这个方向,Callahan-Miller 和 Tabak (2000)又有发展,他们报道了紧耦合分布辐射设计,用 1.75MJ 的 3.5GeVPb 离子获得 90 倍的增益.

9.5.2 用优化光厚辐射驱动靶丸

作为第二个例子,我们讨论一个靶丸内爆的一维模拟,这是为高增益黑腔靶设计的(Ramis et al., 2000). 除了想清楚地给出辐射驱动的例子,也想说明烧蚀物光厚的重要性. 辐射驱动敏感地依赖烧蚀材料的谱光厚分布. 经优化的烧蚀物混有高 Z 元素,来调节纯低 Z 材料在 K 吸收边的光厚窗口效应(Wilson et al., 1998). 这也可以减小束和黑腔壁相互作用产生的 M 和 O 带对燃料的预加热.

图 9.18 中的模拟结果是 Honrubia 等(2000)得到的. 靶丸的 Be 烧蚀物中混有 0.2%的 Cu,内部的 DT 燃料为 3.8mg. 用图 9.18(b)中的辐射照射,内爆结果如图 9.18(c)所示,在 37ns 时点火,热核反应产生 450MJ 的能量. 总的入射辐射能流为 1.3MJ,因此靶丸增益为 346. 在图 9.18(d)中,在压力-密度相空间画出了 DT 冰流体元的轨迹,这表明等熵压缩可得到 40g/cm^3 的密度,然后燃料的熵有所增加,点火时压缩比大约为 1500 倍,压力大约为 0.2Tbar.

这个例子可以改变来演示 Cu 混合物的效应. 主要是改变 Cu 的浓度,然后再

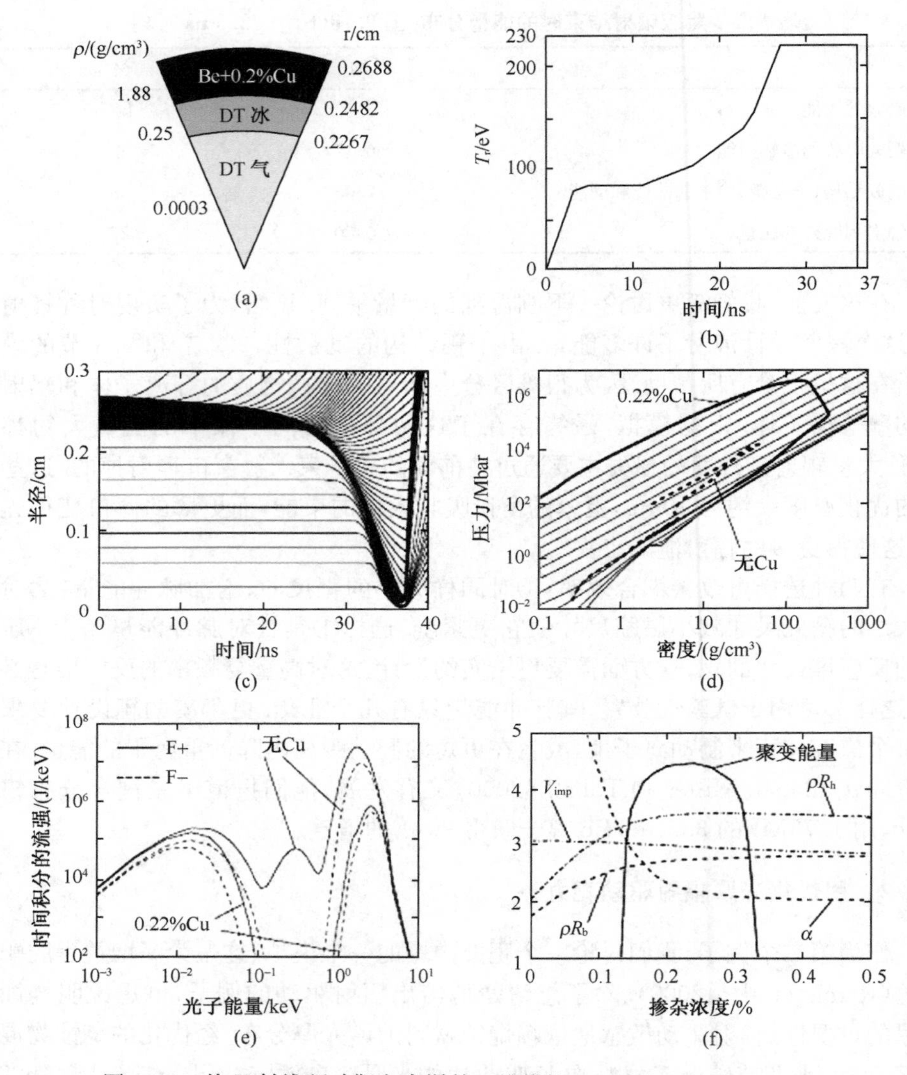

图 9.18　热 X 射线驱动靶丸内爆的一维模拟(Honrubia et al.,2000)

(a)靶丸材料、密度和半径;(b)黑腔温度的时间演化;(c)靶丸内爆时半径随时间的变化;(d)密度-压力平面里,稠密燃料的轨迹(壳层平均),细线:DT 等温线,粗线:烧蚀物掺有 Cu 时的点火情况,虚线:纯 Be 烧蚀物,没有点火;(e)掺有和没掺 Cu 时,流进($F+$)和流出($F-$)DT 燃料辐射的时间积分谱;(f)几个内爆参数和掺 Cu 浓度的关系:峰值内爆速度(10^7 cm/s)、聚变能量(Y/100MJ)、峰值燃料 ρR(g/cm²),包括点火和燃烧时(ρR_b)和聚变反应停掉时(ρR_h)、不燃烧时转滞冷燃料的等熵参数 α

重新优化烧蚀物的厚度和脉冲时间来确保燃料最佳点火. 图 9.18(e)给出了有和没有铜时的结果,这里画出了在烧蚀物和燃料界面进入($F+$)和离开($F-$)燃料时谱辐射流和光子能量的关系. 这些是脉冲结束时的积分能流. 可以看到,在

100eV～1keV 这个相关谱范围内，Cu 混合物能强烈抑制辐射，否则他们将预热燃料. 应该注意到，也携带大量能量的、更高能的光子减小了两个数量级，剩下的很难被燃料吸收了. 最后，在图 9.18(f) 中给出了靶丸输出能和其他参数与 Cu 浓度的关系(如表 9.3 所示). 在所选的条件下，只有加入一些 Cu，靶丸才能点火，才有能量输出. 如果混入的量太少，预热会阻止点火；如果量太多，由于很强的反射损失，靶丸也不能正常工作.

表 9.3 图 9.18 中辐射内爆的参数

参数	数值
Be 烧蚀物的质量/mg	32.5
DT 冰的质量/mg	3.8
DT 气体的密度/(mg/cm^3)	0.3
吸收的 X 射线能量/MJ	1.3
第一个激波后的压力/Mbar	0.6
飞行熵参数	0.8
峰值辐射温度/eV	220
峰值烧蚀压/Mbar	75
峰值烧蚀速率/[$10^6 g/(cm^2 \cdot s)$]	5.5
在 t=35.84ns(峰值内爆动能)	
内爆壳层压力/Mbar	212
飞行形状因子	45
内爆速度/($10^7 cm/s$)	3
马赫数	8
烧蚀质量/%	97
RTIe 指数	6.5
在 t=36.97ns(峰值 ρR，转滞阶段)	
热斑半径/μm	70
峰值压力/Gbar	378
峰值燃料密度/(g/cm^3)	520
峰值 ρR/(g/cm^3)	2.75
冷燃料 α_{DT}	2.5
流体动力学效率/%	18.9
聚变能量/MJ	450
靶丸增益	346

9.6 黑腔靶实验

许多不同类型的实验研究了激光驱动黑腔靶的性能，读者可参考 Lindl (1995)的全面评述. 这里我们只举两个重要例子. 我们简要讨论内爆对称性实验和黑腔辐射驱动激波实验.

9.6.1 黑腔对称性实验

靶丸内爆的基本任务是确保球形对称. 在前几节中，我们已经认识到，黑腔中的几何光滑可以抑制高 l 模扰动，而低阶的 $l=2,4,6$ 模可以通过改变壁和靶丸的距离、选择合适的相互作用点以及使用内部隔板等加以控制.

图 9.19 中的例子可检验实际使用这些方法的有效性. 取决于从轴上小孔入射到柱状黑腔中的激光束的位置，靶丸可被内爆成主轴为 a 和 b 的椭球，它可以是扁球状的[(a)$a/b>1$]也可以是长球状的[(b)$a/b<1$]. 仔细的调节可实现球形[(c)$a=b$]. 内爆靶丸的图像是用 X 射线针孔成像得到的. 在情况(c)中倾斜的轴表明，在这个实验中还存在束不平衡效应(Lindl, 1995).

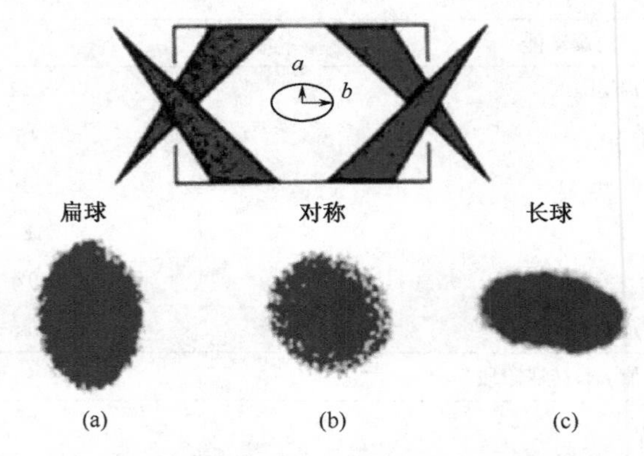

图 9.19 激光黑腔实验中测得的内爆对称性

依赖于激光和柱腔内壁相互作用点的位置(见上图)，用 X 射线成像记录的内爆靶丸分别有(a)扁球、(b)球或者(c)长球这几种形状(Lindl, 1995)

利用 X 射线分幅相机，内爆时的靶丸形状可以跟踪，其时间分辨好于 100ps. 这种时间分辨的分析表明，辐射不对称性模式本身也可能随时间变化. 这是因为壁材料加热后会膨胀[参考图 9.17(a)]，同时辐射面的位置也随时间变化. 当不对称模式 l 的振幅 a_l 的符号变化时，它对最终形状的影响可部分抵消. 这种复杂的行为，在一定程度上在模拟中得到证实. 在实验上还需精确地调节.

9.6.2 黑腔靶的激波实验

在用黑腔靶进行的激波实验中,间接驱动的对称化效应给人深刻印象.为此,采用了各种不同的靶,这可见图 9.20(Löwer et al.,1994,1998).激波样品粘在辐射腔的开口处,由于X射线的辐照,它们被烧蚀,这会驱动激波进入到样品中.当激波从后表面出来时,可以被观测到.在这里,产生激波的材料被加热到1~10eV,它们辐射可见光,这些可见光可用光学条纹相机记录.在图 9.20 的下方,给出了相应的条纹相机记录.水平轴的空间范围为几百微米,垂直轴给出时间,其范围超过1ns.

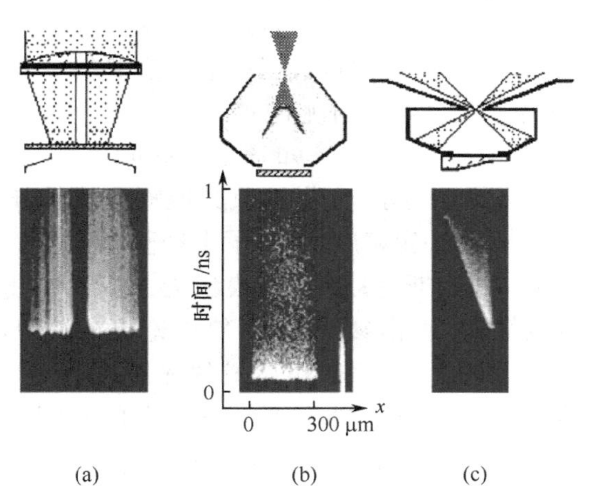

图 9.20 激光驱动激波实验的条纹记录(Löwer et al.,1994)
(a)直接照射样品;(b)单个激光脉冲驱动的黑腔和平面样品;(c)多个激光脉冲驱动的黑腔和楔形激波靶

这里给出了样品辐照的不同例子,图 9.20(a)是激光直接照射样品的一个结果,它是嘉兴的 ASTERIX 激光在没用脉冲光滑技术时得到的结果,可以看到,其前沿不是平面的,而是有很大起伏.这是实验中激光脉冲不均匀的直接证据,它明显具有强度轮廓的大致形状,同时有一些热点.显然由不均匀激光脉冲引起的不均匀印刻在了激波波前,并在条纹图片中明显地表现出来.

用黑腔时,X射线驱动的激波有很不同结果.图 9.20(b)给出的黑腔是按照单束脉冲辐照设计的.柱形腔中的中心锥作为转换物质,同时挡住对样品的直接照射.只有从加热壁发射的软X射线驱动样品.在条纹图像中可看到很平坦的激波出来,在右侧也给出了作为时间基准的驱动脉冲的条纹信号.图 9.20(c)给出了另一个例子,这里的柱状黑腔扁平,适合多脉冲辐照,楔形样品有个线形斜面.这里出来的轨迹在时间上呈很好的线性,表明有很恒定的激波速度.但最显著的特点是激波前沿非常光滑.这强烈表明,驱动激波的黑腔辐射在空间上很均匀.

第 10 章 热稠密等离子体

辐射流体模拟需要物态方程(EOS)，特别是依赖材料的辐射输运系数. 对惯性约束聚变(ICF)靶研究，我们在很大的密度范围($-10^4<\rho/\rho_0<10^4$，ρ_0 是固体密度)和温度范围($0<k_{\mathrm{B}}T<100$ keV)以及相应的压力范围内($0<p<10^{12}$ bar)需要它们. 和星体中的计算不同，那里考虑的元素通常到铁，这里比如对黑腔靶，我们还必须考虑高 Z 材料. 只有小部分的材料数据已通过实验得到，其他的必须通过计算，这对稠密等离子体理论仍是巨大的挑战.

这个领域基本的量子统计方程是知道的(Kraeft et al.，1985；Ichimaru，1994). 它们已被用来计算热动力学、光学以及其他输运性质(Redmer，1997). 简单理解和快速计算的要求(有一定精度)刺激了半经验模型的发展，这些模型大多建立在半经典量子力学和托马斯-费米(TF)模型之上. 本章就想讨论这些模型的物理概念并推导基本的公式，以作参考. 为了使讨论更加清楚，我们给出显式的 EOS 模型(QEOS，More et al.，1988)和显式的光厚模型(Tsakiris，Eidmann，1987)并讨论推导所需的所有部分. 这些模型覆盖了所有元素所需的密度和温度区间. 关于 EOS 物理，读者也可参考 Eliezer 等(1986)的书.

10.1 稠密等离子体中的原子

关于镶嵌在稠密等离子体中的原子的结构，一个简单实用的模型建立在平均离子这个概念之上. 它用来表示稠密等离子体中离子不同电离态和不同电子组态的一定平均. 分离的能量谱用屏蔽氢原子能级描述. 由于和自由等离子体电子的相互作用，较高的态被抛弃(连续态降低). 根据费米分布来考虑热电离的电离态分布. 它包含温度和合适的化学势. 通过比较玻尔半径的空间宽度和每个等离子体离子所能得到的空间比较来引入压力电离. 这里我们稍详细地给出这个模型. 早期的模型由 Meyer(1947)发展.

10.1.1 屏蔽氢原子模型

在屏蔽氢原子模型中，原子或者离子中的电子像氢原子那样布居，对量子数 n，其能级 E_n 为

$$\frac{E_n}{E_{\mathrm{A}}}=+W_n-\frac{Q_n^2}{2n^2}. \tag{10.1}$$

这里，我们用原子能量单位 $E_A = me^4/\hbar^2 = 27.20\text{eV}$. 有效电荷为

$$Q_n = Z - \sum_{m \leqslant n} \sigma_{nm} P_m, \tag{10.2}$$

它考虑了壳内量子数为 m 的电子对核电荷 Z 的屏蔽，m 小于或等于 n. 量 P_m 为布居在壳层 m 的电子数，矩阵 σ_{nm} 为描述所有原子和离子的一组固定屏蔽常数. 外面的电子也部分屏蔽第 n 壳层，它们的贡献可以表示为

$$W_n = \sum_{m \geqslant n} \frac{P_m Q_m}{m^2} \sigma_{mn}. \tag{10.3}$$

More(1982)通过拟合 Hartree-Fock(HF)值和实验值导出了一组很好的屏蔽系数. 它们列在表 10.1，以作参考. 注意，我们这里定义的对角元素只有 More 表中给出的一半大($\sigma_{nn} = \tilde{\sigma}_{nn}/2$)，其优点是在(10.2)和(10.3)式中可以用求和的方式包含这些对角项.

表 10.1　More(1982)给出的屏蔽常数 $\tilde{\sigma}_{nm}$[在本书中，为标记方便我们用 $\sigma_{nm} = \tilde{\sigma}_{nm}(1 - \delta_{nm}/2)$]

1	2	3	4	5	6	7	8	9	10
0.3125	0.9380	0.9840	0.9954	0.9970	0.9970	0.9990	0.9990	0.9999	0.9999
0.2345	0.6038	0.9040	0.9722	0.9979	0.9880	0.9900	0.9990	0.9999	0.9999
0.1093	0.4018	0.6800	0.9155	0.9796	0.9820	0.9860	0.9900	0.9920	0.9999
0.0622	0.2430	0.5150	0.7100	0.9200	0.9600	0.9750	0.9830	0.9860	0.9900
0.0399	0.1597	0.3527	0.5888	0.7320	0.8300	0.9000	0.9500	0.9700	0.9800
0.0277	0.1098	0.2455	0.4267	0.5764	0.7248	0.8300	0.9000	0.9500	0.9700
0.0204	0.0808	0.1811	0.3184	0.4592	0.6098	0.7374	0.8300	0.9000	0.9500
0.0156	0.0624	0.1392	0.2457	0.3711	0.5062	0.6355	0.7441	0.8300	0.9000
0.0123	0.0493	0.1102	0.1948	0.2994	0.4222	0.5444	0.6558	0.7553	0.8300
0.0100	0.0400	0.0900	0.1584	0.2450	0.3492	0.4655	0.5760	0.6723	0.7612

对处于基态的单个原子或离子，满内壳层 m 的布居数为 $P_m = 2m^2$，价壳层 n 的布居数 P_n 也是确定的，这样离子的总整数电荷为

$$i = Z - \sum_m P_m. \tag{10.4}$$

我们把基态离子的总能量写为 $E_{i,0}^{\text{tot}}$，那么

$$E_{i,0}^{\text{tot}} = E_A \sum_m \left(-\frac{Q_m^2}{2m^2} \right) P_m. \tag{10.5}$$

用相邻离子的总能量差可以得到电离能

$$I_i = E_{i+1,0}^{\text{tot}} - E_{i,0}^{\text{tot}}. \tag{10.6}$$

由屏蔽氢原子模型得到的 Al 和 Au 的电离能和 HF 计算得到的值在图 10.1 中进行了比较(Tsakiris, Eidmann, 1987). (10.1)式中的壳层能量这样计算，即

$$\partial E_{i,0}^{\text{tot}}/\partial P_n = E_n, \tag{10.7}$$

这里 E_n 和 P_n 分别为 i 价电离离子的能级能量和布居数(More，1982).

对高量子数 n,我们可把 n 作为连续变量,这样对(10.1)式求导数得到

$$\mathrm{d}E_n/\mathrm{d}n = E_A Q_n^2/n^3, \tag{10.8}$$

这是类氢离子能级密度. 这是 10.6 节中联系分离谱和连续谱的重要关系. 在对 n 求导数时,应该注意对所有 n 壳层,$\partial W_n/\partial n$ 和$(\partial Q_n^2/\partial n)/(2n^2)$项相互抵消.

目前这个模型忽略了主壳层 n 到亚壳层 n、l 的能量分裂. 这对高 Z 离子会有相当大的误差,在图 10.1 中对金的计算中我们可以看出,包含能级和偶极矩阵元的 n、l 分裂的准经典描述已由 Pankratov 和 Mryer-ter-Vehn(1992a,b)给出.

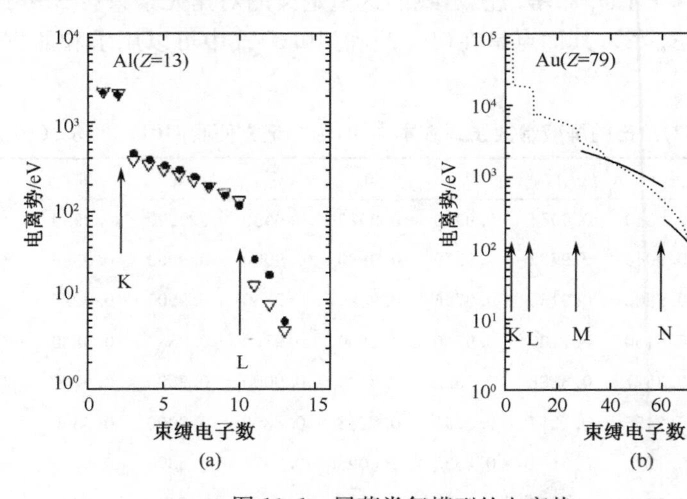

图 10.1　屏蔽类氢模型的电离势

(a) Al(黑点);(b) Au(实线)

Al 的结果实际上和 Hartree-Fock 结果相同,在(a)Z 中空心三角是用 Meyer(1947)的屏蔽系数得到的. 在(b)中,我们和 Au 的 Hartree-Fock 计算结果做比较(点线). K、L、M、N 壳层的边缘分别标出(Tsakiris, Eidnmann, 1987)

10.1.2　平均离子模型

上面给出的屏蔽氢原子模型适用于单个的孤立原子. 但是它的结构使它也能描述镶嵌在等离子体环境中的原子. 这种推广叫平均离子模型(AIM,见 Mayer, 1947;Pomraning,1973).

包括等离子体效应的方法是按照费米分布计算壳层的布居,即

$$P_n = \frac{g_n}{1 + \exp[(E_n + \Delta E_c - \mu)/k_B T]}. \tag{10.9}$$

这里 g_n 是壳层 n 的简并因子,能量 E_n 由(10.1)式决定,ΔE_c 是由于和自由等离子

体电子库仑相互作用引起的能量偏移(连续谱降低,这在后面讨论),$k_B T$ 为等离子体温度,这里还假定了局域热平衡(LTE). 从(10.9)式可知,每个原子的自由电子数为

$$Z_{\text{ion}} = Z - \sum_n P_n, \tag{10.10}$$

这里对 n 的求和包括满足 $E_n + \Delta E_c < 0$ 的所有束缚能级. 自由电子处理为均匀费米气体(见 10.2.3 小节),其电子密度为 $n_e = Z_{\text{ion}}\rho / A m_p$,电子化学势 μ 由(10.28)式决定.

10.1.3 压力电离

对孤立原子,壳层的简并因子 g_n 为 $2n^2$. 但对稠密等离子体,分离能级的数目因压力电离而减少. Zimmermann 和 More(1980)提出了在平均离子模型中考虑压力电离的一个简单方法. 这里我们就用这种小球模型,并在 10.3.1 小节作更详细的解释. 比较氢的轨道半径 $R_n = \alpha_B n^2 / Q_n$ 和这种小球的半径 $R_0 = (3Am_p/4\pi\rho)$,可以认为,对 $R_n > R_0$,壳层 n 的束缚电子被压力电离,因此可写

$$g_n = 2n^2 / [1 + (aR_n / R_0)^b], \tag{10.11}$$

这里参数 a、b 可调. 这样一旦束缚电子的轨道不在壳层内,它们就被光滑地移去.

对密度为 0.1g/cm^3 的铝,图 10.2 清楚地给出了 AIM 电离结果. 作为温度函数的电离值是用平均离子模型计算得到的,选的参数为 $a=3$ 和 $b=4$. 它很接近相应的 TF 曲线,但它还能显示壳层结构. 在图 10.3 中,我们能更全面地看 $Z_{\text{ion}}(\rho, T)$,现在它是密度和温度的函数. 我们可以看到低密度时,增加温度时的热电离,也可以看到高密度时的压力电离.

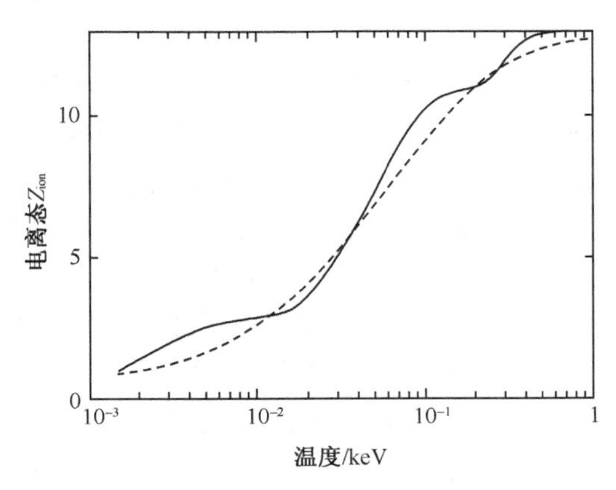

图 10.2 密度为 ρ=0.1g/cm^3 时,铝的电离态和温度的关系

实线为用平均离子模型得到,虚线为用 TF 模型得到(Tsakiris, Eidnmann, 1987)

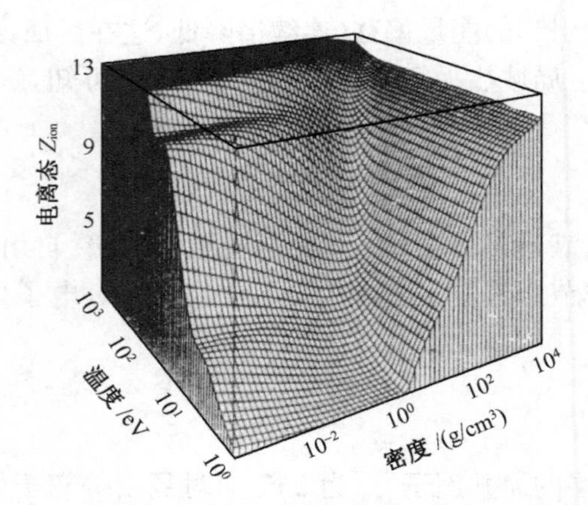

图 10.3　用平均离子模型得到的铝 $Z_{ion}(\rho, T)$ 的透视图
(Zimmermann, More, 1980)

10.1.4　连续谱降低

这里我们估计(10.9)式中的能量偏移 ΔE_c，它控制仍然稠密等离子体中壳层的数目. 这经常被称作连续谱降低. 在分离能级和连续能谱之间的过渡区域的电子能谱是个重要问题，特别对稠密等离子体的辐射性质更是如此，因此让我们简要阐述这个问题.

孤立原子分离谱和连续谱的边界是由无限里德伯系列组成的，它们每个都趋向一个连续谱的边缘. 但是对镶嵌在等离子体中的离子，和自由电子以及其他离子的相互作用会扰动束缚电子，特别是外层轨道上的那些电子. 光谱观测显示，增大密度时，甚至在压力电离起作用前，靠近连续谱边缘的束缚态就变宽，并不再是单独的态. 我们可以把这种连续谱边缘的有效降低看作分离谱的上面部分被切掉了. 用精确的量子方法处理发生在束缚电子和自由电子边缘处的行为，是稠密等离子体理论中最困难的问题之一(Rogers, 1986)，目前还远没有满意地解决.

这里，我们只给出这种简单的方法，但它在实际计算中得到广泛应用. 其基本想法是连续谱降低是由于和均匀自由电子背景的静电相互作用. 我们仍用半径为 R_0 的小球模型，其壳中自由电子为 Z_{ion}，我们可以计算这额外的势能为

$$\Delta E_c = (3/2) Z_{ion} e^2 / R_0, \tag{10.12}$$

这是束缚电子由于和自由电子相互作用而所受的平均势能. 把这个能量加到孤立离子的能级[比如(10.1)式中的能量 E_n]，谱的上面部分就被推到正能，因此被认为从分离谱中消失. 换一句话说，连续谱边缘降低了 ΔE_c，这样分离谱只有有限的能级.

一些文献也给出了有点不同的 ΔE_c. Mayer(1947)和 Pomraning(1973)提倡用

内层电子所感受的静电势，即

$$V_c(r) = (Z_{ion}e^2/2R_0)[3 - (r/R_0)^2 + 3/5], \tag{10.13}$$

它考虑它们在小球中的半径位置 r，并对每个能级给出不同的偏移. 如果对整个小球为 $V_c(r)$ 求平均，我们可以回到(10.12)式. 作为参考，我们这里引用中心电荷为 Z 的类氢轨道 n、l 的平均半径平方 $\langle nl|r^2|nl\rangle = (na_B/Z)^2[5n^2+1-3l(l+1)]/2$ (Landau, Lifshitz, 1965).

10.2　理想稠密等离子体

我们假定读者熟悉统计物理和热物理基础(Reif, 1965). 这里我们只对一些基本热力学关系给出简单介绍，它们在讨论物态方程特别是理想气体和费米气体关系时需要.

10.2.1　热力学关系

作为体积 V 和温度 T 函数的压力 p 和内能 E 的物态方程是从 Helmholtz 自由能导出的，即

$$dF = SdT - pdV, \tag{10.14}$$

这里压力和熵为

$$p = -(\partial F/\partial V)_T, \tag{10.15}$$

$$S = -(\partial F/\partial T)_V. \tag{10.16}$$

内能为

$$E = F + TS. \tag{10.17}$$

要求满足 $\partial/\partial T(\partial F/\partial V) = \partial/\partial V(\partial F/\partial T)$，可得到热力学关系

$$(\partial E/\partial V)_T = -p + T(\partial p/\partial T)_V. \tag{10.18}$$

在流体模拟中满足这一条件是很重要的(Zimmermann, More, 1980).

10.2.2　理想气体和萨哈电离

对足够低的密度，等离子体可以用经典理想气体描述. 我们处理的是不相互作用的粒子，其体积为 V，温度为 T，自由电子数为 N_e，电荷态为 $i(i=0,\cdots,Z)$ 的离子数为 N_i. 电中性和质量守恒要求

$$N_e = \sum_{i=0}^{Z} iN_i, \qquad N_{ion} = \sum_{i=0}^{Z} N_i, \tag{10.19}$$

这里 N_{ion} 为总的离子数. 系统的自由能是密度分别为 $n_e = N_e/V$ 和 $n_i = N_i/V$ 的电子和离子的平动贡献，即

$$F = N_e k_B T[\ln(n_e \lambda_{th}^3/2) - 1] + \sum_{i=0}^{Z} [N_i k_B T(\ln(n_i \lambda_{ion}^3) - 1) + N_i f_i], \tag{10.20}$$

$$\lambda_{th}^2 = 2\pi\hbar^2/(m_e k_B T) \tag{10.21}$$

是电子的热波长，这里 $n_e = N_e/V$，$n_i = N_i/V$，λ_{ion}是相应的离子长度(对所有电荷态相同). (10.20)式中的最后一项表示离子的内在自由能，即

$$f_i = \sum_{j=0}^{i-1} I_j - k_B T \ln G_i, \tag{10.22}$$

$$I_i = E_{i+1,0} - E_{i,0}, \tag{10.23}$$

$$G_i = \sum_s g_s \exp[-(E_{i,s} - E_{i,0})/k_B T]. \tag{10.24}$$

这里 I_i 是电荷态为 i 的离子的电离能，而内分布函数为对所有简并度为 $E_{i,s}$的 i 离子能级 g_s 的求和. 注意，这里 $E_{i,s}$指量子态为 s 的 i 阶离子的总能量，$E_{i,0}$和(10.5)式引入的 $E_{i,0}^{tot}$是一样的.

因此离子态的平衡分布对应最小自由能 $\delta F = 0$. 对固定 V 和 T，在满足(10.19)式这一限制下，变化 N_e 和 N_i 我们可得到萨哈方程，即

$$\frac{n_{i+1}}{n_i} = \frac{2}{n_e \lambda_{th}^3} \frac{G_{i+1}}{G_i} \exp\left(-\frac{I_i}{k_B T}\right), \tag{10.25}$$

这里 $i=0,\cdots,(Z-1)$. 加上(10.19)式总共有$(Z+2)$个方程决定$(Z+1)$个电荷态的电子密度 N_e 和离子密度 N_i.

萨哈方程描述热平衡时稀薄等离子体的电离分布. 对较高的密度，非理想等离子体效应开始起作用，主要的变化是电离能(Ebeling, 1976). 在平均离子模型中，主要是考虑(10.9)式中的近似修正 ΔE_c，这在 10.1.4 小节已讨论过. 萨哈平衡的一个特点是，在给定温度，增大密度时，电离度下降. 这个趋势在接近固体密度时反转，这时压力电离开始起作用(参考 10.1.3 小节). 相邻离子的束缚电子轨道开始重叠并变得不再局域. 物理原因是电子服从费米统计，因此在相空间不能占据相同的体积. 费米气体的基本关系将在下面推导.

10.2.3 费米气体

相空间量子态的电子费米分布为

$$f(r,p) = \frac{1}{1 + \exp[(\varepsilon(p) - \mu)/k_B T]}, \tag{10.26}$$

这里 $\varepsilon(p) = p^2/2m$ 是依赖动量 $\boldsymbol{p}$ 的电子动能，μ 是化学势. 每个体积为 h^3 的量子空间可容纳两个电子，这里 $h = 2\pi\hbar$ 是普朗克常量. 这样态密度为 $2/h^3$. 对体积 V 中电子数 N，我们有关系

$$N = \int \frac{2}{h^3} \mathrm{d}^3 r \mathrm{d}^3 p f(r,p) = \frac{2V}{\lambda_{\mathrm{th}}^3} I_{1/2}\left(\frac{\mu}{k_{\mathrm{B}}T}\right), \tag{10.27}$$

或者

$$n_{\mathrm{e}} \lambda_{\mathrm{th}}^3 / 2 = I_{1/2}(\alpha). \tag{10.28}$$

利用(10.21)式 λ_{th} 的定义,这个方程也可写为 $(T/T_{\mathrm{F}})^{-3/2} = (3\sqrt{\pi}/4) I_{1/2}(\alpha)$. 可以看到简并参数 $\alpha = \mu/k_{\mathrm{B}}T$ 是归一化温度 T/T_{F} 的函数,这里 $k_{\mathrm{B}}T_{\mathrm{F}} = (\hbar^2/2m) \cdot (3\pi^2 n_{\mathrm{e}})^{2/3}$ 是依赖电子密度 $n_{\mathrm{e}} = N/V$ 的费米温度. 费米积分为

$$I_s(x) = (1/s!) \int_0^{\infty} \mathrm{d}y \frac{y^s}{1 + \exp(y - x)}. \tag{10.29}$$

对 $I_s(x)$,可把它展开为

$$I_s(x) = \mathrm{e}^x - \mathrm{e}^{2x}/2^s + \mathrm{e}^{3x}/3^s \pm \cdots, \tag{10.30}$$

对 $x<0$,则有

$$I_s(x) = \frac{x^{s+1}}{(s+1)!}\left[1 + \frac{\pi^2}{6} \frac{s(s+1)}{x^2} \pm \cdots\right]. \tag{10.31}$$

在费米气体近似中,态的电子方程可从自由能导出为

$$F = N\mu + \int \frac{2}{h^3} \mathrm{d}^3 r \mathrm{d}^3 p \ln f(r,p) = N\mu - k_{\mathrm{B}} T \frac{2V}{\lambda_{\mathrm{th}}^3} I_{3/2}\left(\frac{\mu}{k_{\mathrm{B}}T}\right). \tag{10.32}$$

在低密度极限 $n_{\mathrm{e}} \lambda_{\mathrm{th}}^3/2 \ll 1$,我们发现 $\mu/k_{\mathrm{B}}T \to -\infty$,并且利用(10.30)式可恢复经典气体的表达式为

$$\begin{aligned}
&\mu = k_{\mathrm{B}} T \ln \frac{n_{\mathrm{e}} \lambda_{\mathrm{th}}^3}{2}, \\
&F = N(\mu - k_{\mathrm{B}} T), \\
&S = -(\partial F/\partial T)_V = \frac{5}{2} N k_{\mathrm{B}} - N k_{\mathrm{B}} \ln \frac{n_{\mathrm{e}} \lambda_{\mathrm{th}}^3}{2}, \\
&p = -(\partial F/\partial V)_T = n_{\mathrm{e}} k_{\mathrm{B}} T, \\
&E = F - TS = \frac{3}{2} N k_{\mathrm{B}} T.
\end{aligned} \tag{10.33}$$

在相反的高密度极限 $n_{\mathrm{e}} \lambda_{\mathrm{th}}^3/2 \gg 1$,我们有

$$\begin{aligned}
&\mu = \varepsilon_{\mathrm{F}}\left(1 - \frac{\pi^2}{12}\Theta^2 \pm \cdots\right), \\
&F = \frac{3}{5} N \varepsilon_{\mathrm{F}}\left(1 - \frac{5\pi^2}{12}\Theta^2 \pm \cdots\right), \\
&S = -(\partial F/\partial T)_V = \frac{\pi^2}{2} k_{\mathrm{B}} N \Theta \pm \cdots, \\
&p = -(\partial F/\partial V)_T = \frac{2}{5} n_{\mathrm{e}} \varepsilon_{\mathrm{F}}\left(1 + \frac{5\pi^2}{12}\Theta^2 \pm \cdots\right), \\
&E = F - TS = \frac{3}{5} n_{\mathrm{e}} \varepsilon_{\mathrm{F}}\left(1 + \frac{5\pi^2}{12}\Theta^2 \pm \cdots\right),
\end{aligned} \tag{10.34}$$

这里 $\varepsilon_F = k_B T_F$ 是费米能，$\Theta = T/T_F$. 描述两种极限的过渡的插值公式由 Ichimaru (1994)给出. 从(10.28)式获得的简并参数 α 可以表达为

$$\alpha = -\frac{3}{2}\ln\Theta + \ln\frac{4}{3\sqrt{\pi}} + \frac{A\Theta^{-(b+1)} + B\Theta^{-(b+1)/2}}{1 + A\Theta^{-b}}, \tag{10.35}$$

这里 $A = 0.25054$, $B = 0.072$, $b = 0.858$. 压力可写为

$$\frac{p}{p_F} = \frac{5}{2}\Theta + \frac{X\Theta^{-y} + Y\Theta^{(y-1)/2}}{1 + X\Theta^{-y}}. \tag{10.36}$$

这里费米压力为 $p_F = 2N_e\varepsilon_F/5$, $X = 0.27232$, $Y = 0.145$, $y = 1.044$. 这些近似表达式和精确值的偏差小于 0.3%. 在图 10.4 中给出了压力和温度 $\Theta = T/T_F$ 的关系. 注意表征非理想气体的关系 $E = (3/2)pV$ 对任意简并度的费米气体也有效，并可用来决定内能.

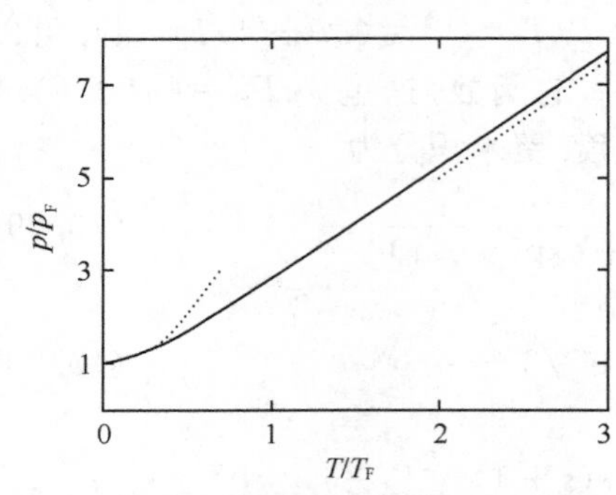

图 10.4 费米气体的压力 p/p_F 和温度 T/T_F 的关系

虚线为 $T\to 0$ 的渐近展开 $p/p_F = 1 + 4.112(T/T_F)^2$ 和 $T\to\infty$ 时的渐近展开 $p/p_F = 2.5T/T_F$

10.3 托马斯-费米理论

对理想费米气体，粒子相互作用被完全忽略. 稠密物质的 TF 描述则进一步. 它把电子处理为在所有带电粒子产生的自洽库仑势中的准经典费米气体. 用 TF 方法处理强压缩物质的物态方程的开创性工作由 Feynman 等(1948)进行. 这里我们讨论基本方程和数值解法来获得 TF 电子的 EOS. 对远高于固体的物质密度，它是内能和压力的主要描述方式. 在 10.5.2 小节中，它被用作 QEOS 模型的重要部分(More et al., 1988). 关于 TF 理论一个有用的参考文献是 Lieb(1981).

这里我们限于讨论 TF 模型的最简单形式. 这种形式的 Z 定标性质是应用到 QEOS 的关键特点. 交换和梯度修正的自洽处理导致 TF 统计模型. 这些修正在 10.3.4 小节中讲总原子束缚能时会简单提到. 这个例子表明，TF 统计模型可提供相当好的精度(Schwinger, 1981; Englert, 1988).

10.3.1 基本 TF 方程

这里我们把稠密物质作为全同小球的集合，小球半径为

$$R_0 = (4\pi n_{ion}/3)^{-1/3}, \tag{10.37}$$

小球的体积为每个离子平均所得的体积. 总离子密度 n_{ion} 和质量密度的关系为 $n_{ion} =$

$\rho/(Am_p)$. 每个小球的中心包含一个电荷数为 Z,质量数为 A 的原子核,这样小球整体上是电中性的. 在小球中,单电子的能量为 $\varepsilon = p^2/2m - eV(r)$,它现在包括势能 $-eV(r)$,这可以用泊松方程计算为

$$-\nabla^2 V = 4\pi Ze\delta(\boldsymbol{r}) - 4\pi en(r). \tag{10.38}$$

这个势能来自中心电荷 $+Ze$ 和周围电子的相互作用,其粒子密度为

$$n(r) = \frac{2}{\lambda_{\text{th}}^3} I_{1/2}\left(\frac{\mu + eV(r)}{k_B T}\right). \tag{10.39}$$

这就是费米气体关系(10.28)式,现在包括了势能 $V(r)$,所以依赖半径 r. 势能 $V(r)$的边界条件可取为

$$\mathrm{d}V/\mathrm{d}r = 0 \quad 在\ r = R_0, \tag{10.40}$$

$$V(r) \propto Ze/r, r \to 0. \tag{10.41}$$

另外我们设 $V(R_0)=0$. 密度 $n(r)$和势能 $V(r)$必须自洽决定以使得(10.38)和(10.39)式能同时满足. 这要求数值计算(10.38)~(10.41)式. 图 10.5 给出了铝的计算结果.

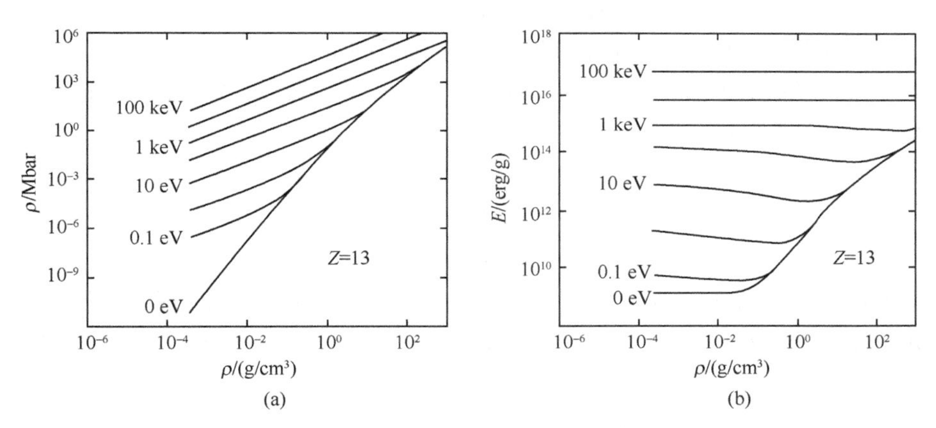

图 10.5 电子对 TF 物态方程的贡献

(a)压力;(b)根据(10.42)~(10.44)式计算的内能

这里的结果是对 Z=13(Kemp, 1998)

10.3.2 TF 电子物态方程

一旦 $n(r)$和 $V(r)$知道,自由能和其他热力学函数就可计算. 它们依赖质量密度 ρ 和温度 T,这两个量分别通过小球半径 R_0 和 λ_{th}进入. 这些积分给出总电子动能 U_{kin},电子和原子核间的库仑能 U_{en},以及每个原子小球内电子自己之间的库仑能,即

$$U_{\text{kin}} = \frac{3}{2}k_B T\left(\frac{2}{\lambda_{\text{th}}^3}\right)\int \mathrm{d}^3 r I_{3/2}\left(\frac{\mu + eV(r)}{k_B T}\right),$$

$$
\begin{aligned}
U_{\mathrm{en}} &= -\int \mathrm{d}^3 r n(r) \frac{Ze^2}{r}, \\
U_{\mathrm{ee}} &= -\int \mathrm{d}^3 r \mathrm{d}^3 r' \frac{n(r)n(r')}{|\boldsymbol{r}-\boldsymbol{r}'|},
\end{aligned} \tag{10.42}
$$

从这我们可分别得到单位质量的热力学内能，自由能和熵

$$
\begin{aligned}
E_{\mathrm{e}} &= (U_{\mathrm{kin}} + U_{\mathrm{en}} + U_{\mathrm{ee}})/Am_{\mathrm{p}}, \\
F_{\mathrm{e}} &= (Z\mu - 2U_{\mathrm{kin}}/3 - U_{\mathrm{ee}})/Am_{\mathrm{p}}, \\
S_{\mathrm{e}} &= (5U_{\mathrm{kin}}/3 - Z\mu + U_{\mathrm{en}} + 2U_{\mathrm{ee}})/(Am_{\mathrm{p}}T),
\end{aligned} \tag{10.43}
$$

而压力为

$$
p_{\mathrm{e}} = n(R_0)k_{\mathrm{B}}T\frac{I_{3/2}(\mu/k_{\mathrm{B}}T)}{I_{1/2}(\mu/k_{\mathrm{B}}T)}. \tag{10.44}
$$

它对应自由电子的费米气体压力，其在小球边界的密度为

$$
n(R_0) = 2I_{1/2}(\mu/k_{\mathrm{B}}T)/\lambda_{\mathrm{th}}^3. \tag{10.45}
$$

每个离子的自由电子数为

$$
Q = (4\pi R_0^3/3)n(R_0). \tag{10.46}
$$

上面所讲 TF 模型的一个重要特点是它和 Z 的定标关系. 如果求解了 $Z=1$ 的模型，其他 Z 的值通过简单的定标关系就可得到. 半径、密度和电子势能的基本定标关系为

$$
\begin{aligned}
r &= r_1/Z^{1/3}, \\
n(r) &= Z^2 n_1(r_1), \\
V(r) &= Z^{4/3}V_1(r_1),
\end{aligned} \tag{10.47}
$$

还有 T 和 μ 的定标关系为$\propto Z^{4/3}$. 这里 $n_1(r_1)$和 $V_1(r_1)$指 $Z=1$ 时的解. 这个定标性质可通过把(10.47)式代入(10.38)和(10.39)式验证. 由此，热力学函数的定标关系为

$$
\begin{aligned}
Q(Z,\rho,T) &= ZQ_1(\rho_1,T_1), \\
p(Z,\rho,T) &= Z^{10/3}p_1(\rho_1,T_1), \\
\mu(Z,\rho,T) &= Z^{4/3}\mu_1(\rho_1,T_1), \\
E(Z,\rho,T) &= (Z^{7/3}/A)E_1(\rho_1,T_1), \\
S(Z,\rho,T) &= (Z/A)S_1(\rho_1,T_1), \\
F(Z,\rho,T) &= (Z^{7/3}/A)F_1(\rho_1,T_1),
\end{aligned} \tag{10.48}
$$

这里

$$
\rho_1 = \rho/(AZ), \quad T_1 = T/Z^{4/3}, \tag{10.49}
$$

函数 Q_1、p_1 等为 $Z=1$ 时的解. 在图 10.5 中给出了 $Z=13$ 和 $A=27$ 的铝的压力和内能定标结果. 高温等温时表现出低密度时的经典理想气体行为($p\propto\rho T$)，而 $T=0$ 等温则接近高密度时的费米气体行为($p\propto\rho^{5/3}$). 图 10.5 也表明，单靠 TF 电子

EOS不能获得接近固体密度的低温物质真实性质. 它不能描述冷固体物质的零压力,也不能描述固体、液体和气体相的分离. 这些特性需要对电子EOS和离子EOS作束缚修正,这将在10.4节和10.5.2小节讨论.

10.3.3 TF压力电离的显式公式

对热稠密物质的计算,一个最重要的量是作为密度和温度函数的每个离子的自由电子数

$$Z_{\text{ion}} = Q(Z,\rho,T), \tag{10.50}$$

它决定电离度 Z_{ion}/Z 和自由电子密度 $n_e = Z_{\text{ion}} n_{\text{ion}}$. 这里,我们在表10.2中给出这个函数数值解的解析拟合. 它包括 $T=0$ 时的冷电离曲线和其他完全依赖 ρ 和 T 的曲线. 这些结果来自More(1985).

表10.2 电离度的解析拟合 $Z_{\text{ion}}=Q(Z,\rho,T)$ 和TF结果(10.46)式近似

[所给的公式是对冷电离的($T=0$),密度 ρ 任意. 这里密度单位为 g/cm³,温度 T 单位为 eV(More, 1985)]

$T=0$,任意密度	
$\rho_1=\rho/(AZ)$	ρ 单位是 g/cm³
$x=\alpha(\rho/ZA)^{\beta}$	$\alpha=14.3139$
$Z_{\text{ion}}=Zx/(1+x+\sqrt{1+2x})$	$\beta=0.6624$
任意温度和密度	
$\rho_1=\rho/(AZ)$	
$T_1=T(eV)/Z^{4/3}$	$a_1=0.003323$
$T_f=T_1/(1+T_1)$	$a_2=0.9718$
$A=a_1T_1^{a_2}+a_3T_1^{a_4}$	$a_3=9.26148\times10^{-5}$
$B=-\exp(b_0+b_1T_f+b_2T_f^7)$	$a_4=3.10165$
$C=c_1T_f+c_2$	$b_0=-1.7630$
$Q_1=A\rho_1^{B}$	$b_1=1.43175$
$Q=(\rho_1^C+Q_1^C)^{1/C}$	$b_2=0.31546$
$x=\alpha Q^{\beta}$	$c_1=-0.366667$
$Z_{\text{ion}}=Zx/(1+x+\sqrt{1+2x})$	$c_2=0.983333$

10.3.4 TF统计模型中中性原子的总束缚能

讨论对上面讲的TF模型的梯度和交换修正超出了本书的范围. 这些量子修正考虑了空间和动量变量的非交换性(梯度修正)和势能中泡利原理(交换修正). 自洽地包括这些效应可得到TF统计模型. 读者可参考Kirzhnitz和Shpatakovskaya(1972)的工作.

这里我们提一下 Schwinger(1981)和 Englert(1988)对 TF 方法的重新考虑，他们对原子的总电子束缚能得到了相当精确的结果，这可表示为

$$-\frac{E_B}{E_A}=0.768745Z^{7/3}-\frac{Z^2}{2}+0.2269900Z^{5/3}. \tag{10.51}$$

在图 10.6 中，这个公式和 Hartree-Fock 结果进行了比较. 它表示为 $Z^{-1/3}$ 的幂函数展开，其主要的贡献$\propto Z^{7/3}$，这和(10.48)式一致. 梯度和交换修正都对 $Z^{5/3}$ 有贡献，其比例分别为 2/11 和 9/11. Z^2 项(Scott, 1952)是对在第一玻尔半径内($r<a_B/Z$)靠近原子核的电子过度束缚的修正，这里准经典描述不再适用. Englert(1988)详细考虑了这些结果，也包括其他原子物理量应用. 对热稠密物质计算，作为对电离能以及像 10.1.1 小节中的其他模型的总体检验，(10.51)式是很有意义的.

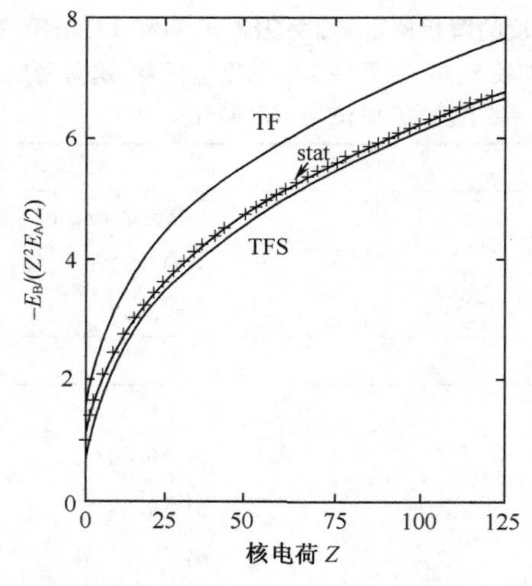

图 10.6 总原子束缚能 $-E_B/(Z^2E_A/2)$ 和核电荷 Z 的关系

给出的结果分别由基本 TF 模型[TF，(10.51)式中的第一项]，包括 Scott 修正的 TF 模型[TFS，(10.51)式中第一和第二项]以及全面的统计模型[stat，整个(10.51)式]得到，它们和周期表中所有原子的 Hartree-Fock 束缚能(叉叉)进行比较(Englert, 1988)

10.4 离子 EOS 模型

低温和低密度时($\rho\leqslant\rho_0$)，自由电子的数量减少，离子对压力和内能的贡献占主导. 虽然本书的重点是物质的高能量密度区域，许多实验和应用是从通常条件下的稠密物质开始，因此低温和低密度行为的精确数据对完整描述也是需要的. 图 10.7 示意性地给出了不同的相. 关于离子 EOS，我们这里用 QEOS 的描述(More

等，1988）. 这建立在 R. D. Cowan 未发表的工作基础之上. 它包括德拜、Grueneisen 和液体定标理论.

10.4.1　固体声子 EOS

在固体中，热离子的激发像晶格振动，因此可看作声子气体，它服从玻色-爱因斯坦统计. 单位质量的自由能为

$$F_i = k_B T_i / A m_p \cdot f(\Theta_D / T_i), \tag{10.52}$$

这里 Θ_D 为德拜温度，而

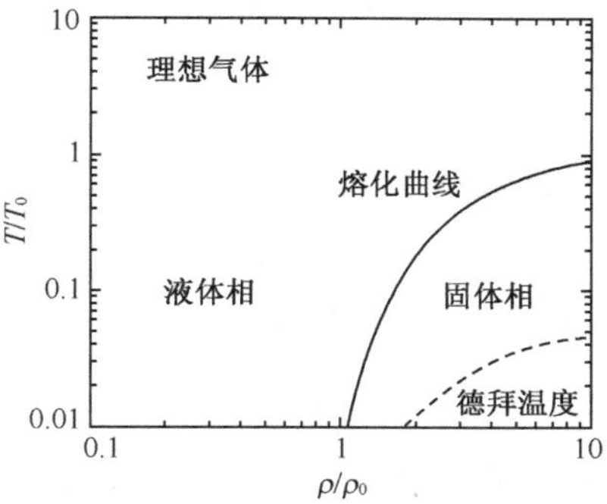

理想气体
熔化曲线
液体相
固体相
德拜温度

图 10.7　在密度-温度平面用熔化曲线 $T_m(\rho)$ 和给定德拜温度的曲线 $T_D(\rho)$ 来示意性区分固体相、液体相和气体相

$$f(x) = \frac{9}{x^3}\int_0^x u^2[u/2 + \ln(1 - e^{-u})]du. \tag{10.53}$$

这里 $x = \Theta_D / T_i$，$u = hv / k_B T_i$. 这里实际上用了德拜模型，假定声子谱密度为 $g(\nu) = 9\nu^2/\nu_D^3$，它在 $\nu_D = k_B\Theta_D/h$ 被截断. 从(10.52)式的自由能，我们可以得到压力、熵和内能

$$p_i = \frac{k_B}{Am_p}\rho^2 \frac{d\Theta_D}{d\rho} f'(x), \tag{10.54}$$

$$S_i = \frac{k_B}{Am_p}[xf'(x) - f(x)], \tag{10.55}$$

$$E_i = \frac{k_B\Theta_D}{Am_p} f'(x). \tag{10.56}$$

可以看到，压力和能量由 Grueneisen 定律相联系，即

$$p_i = \gamma_s \rho E_i, \tag{10.57}$$

这里 Grueneisen 系数为

$$\gamma_s(\rho) = d\ln\Theta_D / d\ln\rho. \tag{10.58}$$

对高温（$x = \Theta_D / T_i \ll 1$），我们有 $f(x) \simeq 3\ln x - 1$，这导致 Dulong-Petit 定律，即

$$E_i = 3k_B T_i / Am_p. \tag{10.59}$$

在低温极限 $x \gg 1$，$f(x) \simeq 9x/8 - \pi^4/5x^3$，我们有 $E_i = (9/8)k_B\Theta_D/Am_p$，因此比热的德拜定律为

$$\frac{dE_i}{dT_i} = \frac{12\pi^4 k_B}{5Am_p}\left(\frac{T_i}{\Theta_D}\right)^3. \tag{10.60}$$

这意味着，对 $T_i \to 0$，熵 S_i 为零. 对一般的 EOS 模型，我们需要表达式 $\Theta_D(\rho)$. 作为参考我们这里给出 Cowan 发展的经验公式(More et al.，1988)为

$$k_B\Theta_D = \frac{1.68}{Z + 22}\frac{\xi^{b+2}}{(1+\xi)^2}\ \text{eV}, \tag{10.61}$$

这里 $\xi=\rho/\rho_r$，$\rho_r=A/(9Z^{0.3})\,\mathrm{g/cm^3}$，$b=0.6Z^{1/9}$. 从这里可以得到 Grueneisen 系数为

$$\gamma_s = b + 2/(1+\xi). \tag{10.62}$$

在区间 $0<x<3$，$f(x)$的一个有用近似为

$$f(x) \simeq -1 + 3\ln x + 3x^2/40 - x^4/2240, \tag{10.63}$$

在区间 $x>3$，我们有

$$f(x) \simeq \frac{9x}{8} + 3\ln(1-\mathrm{e}^{-x}) - \frac{\pi^4}{5x^3} + \mathrm{e}^{-x}\left(3 + \frac{9}{x} + \frac{18}{x^2} + \frac{18}{x^3}\right). \tag{10.64}$$

这两个表达式在 $x=3$ 几乎匹配，对 $f(x)$相差 0.1%，对 $f'(x)$相差 1%. 因为我们发现对典型的固体 $\Theta_\mathrm{D}\simeq 300\mathrm{K}$，这个高温区域 $x<3$ 相当于 $T_\mathrm{i}>100\mathrm{K}$，这和本书的内容有点相关.

10.4.2 流体 EOS 的 Cowan 模型

超过熔化温度 $T_\mathrm{m}(\rho)$时，固体相变成液体相，熔化温度和密度的定标关系遵照 Lindemann 定律

$$T_\mathrm{m}(\rho) = \alpha_\mathrm{L}\Theta_\mathrm{D}(\rho)^2/\rho^{2/3}, \tag{10.65}$$

这里 α_L 是常数，它依赖材料，但不依赖密度或温度. 一个有用的经验公式由 Cowan (More，1988)给出

$$\alpha_\mathrm{L} = 0.0262A^{2/3}(Z+22)^2/Z^{0.2}(\mathrm{g/cm^3})^{2/3}/\mathrm{eV}. \tag{10.66}$$

由(10.61)和(10.65)式可以得到

$$k_\mathrm{B}T_\mathrm{m} = 0.32\xi^{2b+10/3}/(1+\xi)^4\,\mathrm{eV}. \tag{10.67}$$

因此液体的自由能可写为

$$F_\mathrm{i} = \frac{k_\mathrm{B}T_\mathrm{i}}{Am_\mathrm{p}}f(x,y), \tag{10.68}$$

这里对 $y=T_\mathrm{m}/T_\mathrm{i}<1$ 和任意 $x=\Theta_\mathrm{D}/T_\mathrm{i}$，有

$$f(x,y) = -\frac{11}{2} + \frac{9}{2}y^{1/3} + \frac{3}{2}\ln(x^2/y). \tag{10.69}$$

$y>1$ 的区域对应固体相，它可用 10.4.1 小节的公式描述. 从(10.68)式给出的自由能，我们可以导出单位质量的离子压力、熵和内能为

$$p_\mathrm{i} = \frac{\rho k_\mathrm{B}T_\mathrm{i}}{Am_\mathrm{p}}(1+\gamma_\mathrm{f}y^{1/3}), \tag{10.70}$$

$$S_\mathrm{i} = \frac{k_\mathrm{B}}{Am_\mathrm{p}}\left(7 - 3y^{1/3} - \frac{3}{2}\ln\frac{x^2}{y}\right), \tag{10.71}$$

$$E_\mathrm{i} = \frac{3}{2}\frac{k_\mathrm{B}T_\mathrm{i}}{Am_\mathrm{p}}(1+y^{1/3}). \tag{10.72}$$

在推导(10.70)式时，我们利用

$$\gamma_{\mathrm{f}} = \frac{3}{2}\frac{\mathrm{d}\ln T_{\mathrm{m}}}{\mathrm{d}\ln\rho}, \tag{10.73}$$

我们还利用了 Lindemann 定律,这里其形式为

$$1+\gamma_{\mathrm{f}} = 3\gamma_{\mathrm{s}}. \tag{10.74}$$

我们注意到,在熔化曲线 $y=1$,液体表达式(10.70)、(10.71)和(10.72)与高温固体曲线(10.54)、(10.55)和(10.56)式相当匹配.在相反极限 $y\to 0$,液体 EOS 变成理想离子气体的方程,因此它能光滑地连接液体和气体相.降低密度(T_{m} 会相应降低)或增加温度都可到达气体相.在气体/液体分离时的热力学不稳定区在临界温度以下发展.相边界可由麦克斯韦结构决定.关于详细内容,读者可参考 More (1988).

10.5　全局物态方程

10.5.1　一般讨论

全局物态方程模型在大的密度和温度范围内描述压力 $p(\rho,T)$ 和比内能 $e(\rho,T)$.利用不同参数区域的不同近似模型,并把这些区域光滑地插值,从而构筑这个模型.尽管原则上量子统计方程可对任意状态的物质提供统一的描述,但实际上,目前还没有单个模型能覆盖所有区域和所有材料.

已有许多大范围的 EOS 模型发表,比如有 Bushman 和 Fortov (1983)、Godval 等(1983)以及 Basko(1985).其他的是以表的形式给出,其中,洛斯阿拉莫斯开发的 SESAME EOS(SESAME, 1983)已有广泛的应用.这本书中,我们不可能去详细讨论比较这些 EOS 模型,我们只为读者指出原始文献.Fortov 等(1998)和 Bushman 等(1993)的书是关于最近俄国人的工作.Eliezer 等(1986)的书有关于这一领域的介绍.

在讨论 QEOS 模型之前(More et al., 1988,10.5.2 小节),我们先一般性地考虑电子和离子的贡献,并对氘给出代表性的 EOS 结果.

1. 不同电子区域

图 10.8 在 n_{e}、T_{e} 平面画出了电子结构的不同区域.这里温度归一化到原子能量单位 $E_{\mathrm{A}}=e^2/a_{\mathrm{B}}=27.2\mathrm{eV}$,密度归一化到玻尔体积 $a_{\mathrm{B}}^3=0.15\times10^{-24}\mathrm{cm}^3$.相应的原子压力单位是 $e^2/a_{\mathrm{B}}^4\approx 300\mathrm{Mbar}$.ICF 的点火和燃烧位于远大于这些值的 I 区,这里可近似用理想气体 EOS.定义为 $n_{\mathrm{e}}\lambda_{\mathrm{th}}^3>1$ 的简并电子等离子体在下面 IV 区,V 区是强压缩区,可用 TF 模型.在低密度时,III 区为强耦合但还非简并的等离子体,其特征值为等离子体耦合参数

$$\Gamma = \frac{e^2}{R_0 k_{\mathrm{B}} T_{\mathrm{e}}} > 1, \tag{10.75}$$

这个参数表示电子间平均相互作用能 e^2/R_0 与它们动能 $k_B T_e$ 之比，这里 $R_0=(4\pi n_e/3)^{-1/3}$ 是平均电子间距离. 对 $\Gamma<1$，为 II 区的弱耦合等离子体，温度升高时，光滑地过渡到理想等离子体区域 I. 所有这些电子区域至少近似地要用 EOS 模型来描述.

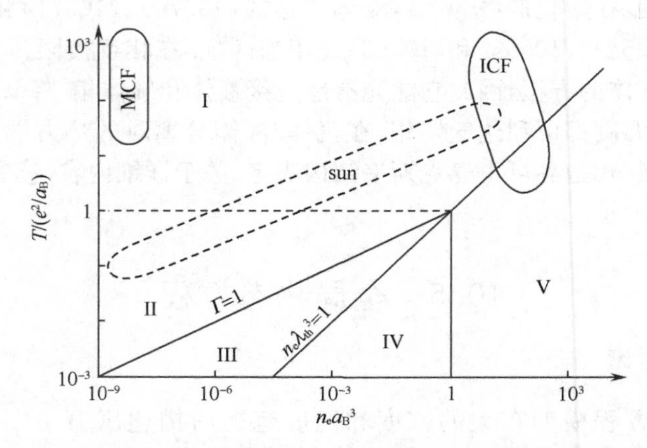

图 10.8 在 n_e、T_e 相平面示意性给出氢的不同电子等离子体区域

I. 完全电离等离子体；II. 部分电离弱耦合等离子体；III. 强耦合等离子体；IV. 简并等离子体；V. TF 物质

2. 不同离子区域

ICF 模拟所需的全局 EOS 模型还必须覆盖到低温凝聚态物质的过渡. 这个过渡发生在 $k_B T \ll E_A$，这是模型中最困难的部分. 它涉及部分电离等离子体，电子-离子和离子-离子的强相互作用. 它有气相、液相和固体相凝聚态物质的所有复杂性. 离子 EOS 的相应区域已在图 10.7 中标出. 对金属，部分电子还处在简并电子态时，晶格就开始形成了. 更复杂的是形成分子和分子晶体的材料. 由氢和它的同位素组成的凝聚态聚变燃料是后一种情况中大家熟知的例子.

3. 氘 EOS

现在我们讲氘的一些性质. 图 10.9 在 ρ、T 平面用等温线给出了氘的 SESAME EOS. 低温时，拟合数据来自 D_2 冰以及 300 K 稠密 D_2 气的压缩. 在低温时用金刚石砧缓慢压缩，我们几乎可实现从固体分子到原子金属态的过渡(Hemley, Ashcroft, 1998). 根据估计，将氢冰压缩 10 倍，压力达到 3 Mbar 时，这可实现. 最近 Kitamura 和 Ichimaru(1998)研究了这种氘的超高压力相. 当把金属 DD 或 DT 压缩到更高密度时，估计有很高的密集核(pycno-nuclear)反应速率(Ichimaru, Kitamura, 1999，也参考 1.5.3 小节).

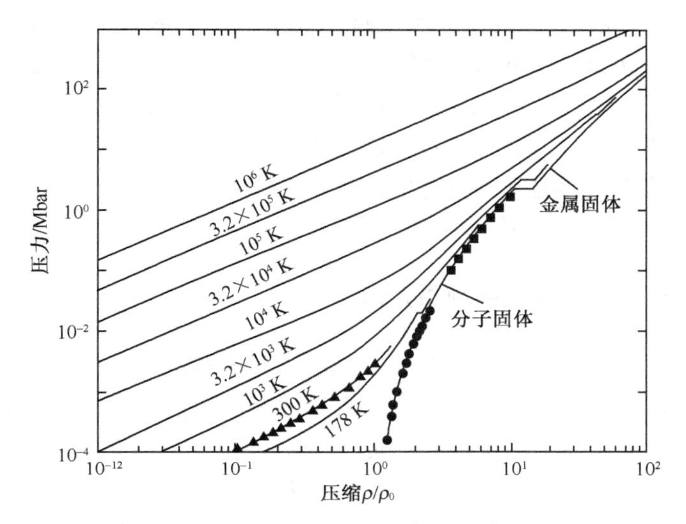

图 10.9　从 SESAME EOS 表中得到的氘的压力等温线(Kerley, 1983)

三角形表示 300K 时气体 D_2 的实验数据,圆圈和方框表示分子固体,$T=0$ 的等温线包括从分子固体到密度为 $\rho/\rho_0\approx10$ 的金属固体的一阶相变化

关于液态氘的激波压缩,多激波实验已实现几个 Mbar 的压力态和相对低的熵,它们显示出大大增强的电导率,表明了金属化(Nellis et al., 2003). 最近还进行了用激光驱动(Da Silva et al., 1997)和用磁发射飞行物驱动(Knudson 等, 2003)的单个激波实验来测量液体氘大体上的于戈尼奥曲线. 图 10.10 中的结果显示了重要但还未解决的差异. 激光的结果显示压缩比可达 6,并和 Ross(1998)的理

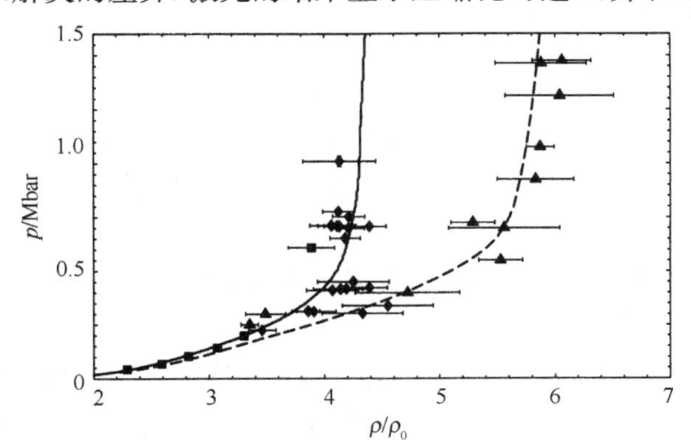

图 10.10　凝聚态氘的实验于戈尼奥数据与 SASAME 预言(Keley ,1983, 实线)和 Ross(1998, 虚线)的理论结果比较

实验数据为实心方框(Nellis et al., 1983)、菱形(Knudson et al., 2003)、0.7Mbar 时的空心方框(Belov et al., 2002)和三角形(Da Silva et al., 1997)

论曲线很好符合；飞行物驱动激波和最近用高爆炸驱动激波得到的结果(Belov et al.,2002)则证实 Karley(1983)的原始 SESAME 预言. 我们应该认识到，在几个兆巴这个压力区域，会发生氢分子的离解，因此很难定量预言. 这里我们用这些相互矛盾的数据表明，在许多重要方面，在这种压力下物质的定量理解仍然没有解决，甚至对氢的同位素这样的基本材料也是如此. 应该明白，DT 冰的于戈尼奥曲线对控制 ICF 靶的表现极为重要.

10.5.2 QEOS:通用意义上的物态方程

现在我们回到 QEOS 模型把它作为全局 EOS 模型的一个明显例子. 它已得到很好总结(More et al., 1988)，并有可免费获得的计算程序(Kemp, 1998). QEOS 假定自由能可写为电子和离子贡献的和，即

$$F(\rho,T_e,T_i) = F_i(\rho,T_i) + F_e(\rho,T_e) + F_b(\rho). \tag{10.76}$$

它允许不同的电子温度 T_e 和离子温度 T_i. 对离子自由能 $F_i(\rho,T_i)$，选用 10.4 节的离子 EOS 模型；对电子自由能 $F_e(\rho,T_e)$，选用 10.3.2 节描述的基本 TF 模型. 一个特别之处是，QEOS 加了半经验束缚修正 $F_b(\rho)$. 它不依赖温度，考虑的是接近固体密度的冷物质性质. 它在下面给出，作为经验参数，它包含零温度和零压力时的固体密度和体积模量. 这个基本 TF EOS 的组合服从简单 Z 定标率，对高度压缩物质和高温有正确的渐近性质，它有凝聚态物质的经验描述，这使得 QEOS 成为简单但又相当精确的物态方程.

10.5.3 化学束缚修正

从图 10.5(a)可清楚看到，只用 TF 电子 EOS 不能描述 Al 接近固体密度时的冷压力曲线. 在 $\rho_0=2.7\text{g/cm}^3$ 时给出的压力不是 $p=0$，在这个密度的 TF 压力为 1 Mbar 量级. 交换修正会降低这个压力，但它需要全量子力学计算来得到接近固体密度的定量描述.

在 QEOS 模型内，冷压力曲线的真实行为用下面的自由能表达式决定：

$$F_b(\rho) = E_0\{1-\exp(b[1-(\rho_0/\rho)^{1/3}])\}. \tag{10.77}$$

它由 Barnes(1967)引入，这和大家熟知的 Morse 势的吸引部分相像. 两个经验参数 E_0 和 b 由 $\rho=\rho_0$ 和 $T=0$ 时总压力为零这一要求决定，由此得到的实验体积模量为

$$B = \rho(\partial p/\partial\rho)_{\rho_0}. \tag{10.78}$$

作为例子，图 10.11 给出了用 QEOS 得到的金的冷压力曲线，并和实验数据进行了比较.

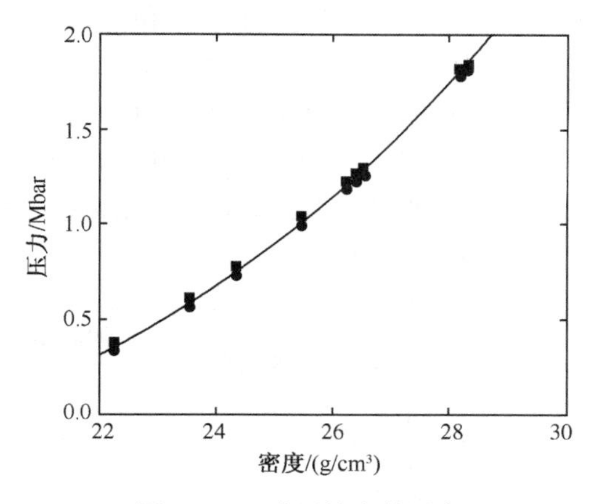

图 10.11　冷压缩金的压力

实线从方程(10.77)得到，$p=\rho^2 \mathrm{d}F_b/\mathrm{d}\rho$；数据点为 Grey(1972，方框)以及 Heinz 和 Jeanloz (1984，实心圆)在 $T=300$ K 时的测量值

10.5.4　QEOS 例子

作为完全 QEOS 结果的一个例子，图 10.12 给出了 Al 的压力 EOS. 比较图 10.5 中 Al 的纯 TF 电子 EOS，可以清楚看到，$T=0$ 等温线上束缚修正的影响，在接近固体密度 $\rho_0=2.7\mathrm{g/cm^3}$ 时，现在它快速下降. 图也显示了低压和低温时离子 EOS 的影响. 热力学不稳定行为$[((\partial p/\partial \rho)_T<0)]$表征的范德瓦耳斯环在这个区域出现. 在标准麦克斯韦建构中(More et al.，1988)，它们被去掉了，这导致图 10.12 中，两相区域在虚线的下面. Al 的气体-液体相分离的 QEOS 临界点在 $p_c=23\mathrm{kbar}$，$T_c=1.12\mathrm{eV}$

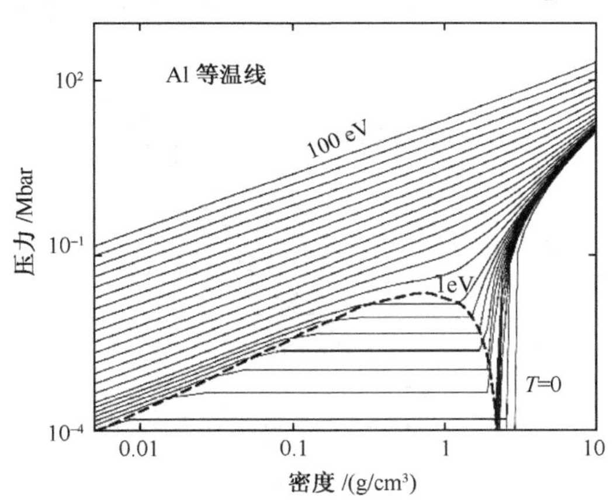

图 10.12　从 QEOS 模型得到的温度在 0～100eV 时的铝压力等温线(Kemp，1998)

虚线标记气体-液体两相区域的边界

和 $\rho_c = 0.74\text{g/cm}^3$. 目前,关于金属临界点的实验数据仍然很少.

在图 10.13 和图 10.14 中,Al 和 Au 的于戈尼奥曲线测量和 QEOS 以及 SESAME 结果分别进行了比较. Al 的数据从地下核爆中得到,压力达几个吉巴. 在这个有趣的区域,于戈尼奥 Al 曲线显示的最大压缩和 QEOS 以及 SEAME 都符合得很好. 在 20～80Mbar 这个区间,Au 的于戈尼奥数据也符合得很好,这些数据是从最近的激光驱动激波实验中得到的.

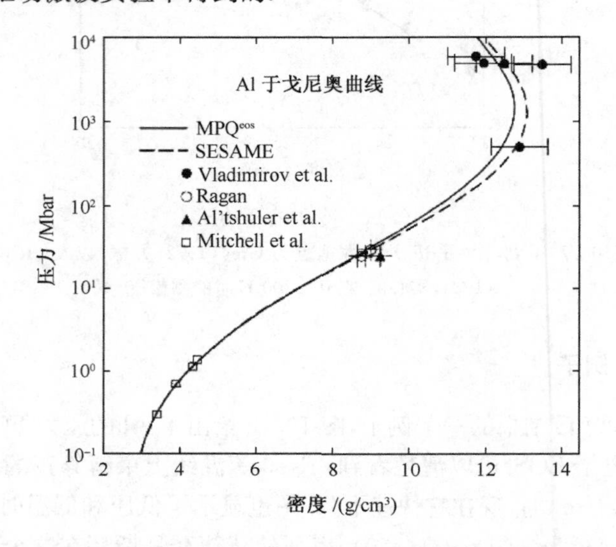

图 10.13　用 QEOS(实线)和 SESAME(虚线)得到的铝于戈尼奥曲线与实验点比较
三角形(Altshuler, 1965),空心圆(Ragan, 1981),实心圆(Vladimirov et al., 1984)

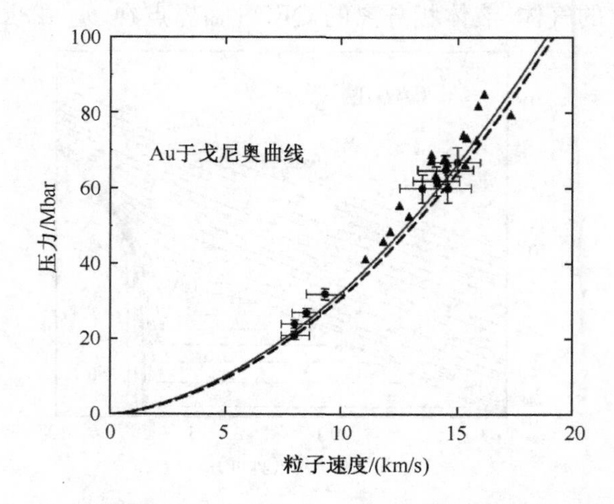

图 10.14　用 QEOS(实线)和 SESAME(虚线)得到的金于戈尼奥和激光驱动激波实验中(Batani et al., 2000)的测量值比较

在本书中,我们只能简单讨论 EOS 物理和最近的结果. 我们现在转到辐射过程物理和稠密等离子体光厚,这是描述 ICF 靶的又一个重要领域.

10.6 辐射过程

在本节中,要推导光子相互作用过程的基本速率系数. 利用微观可逆性与自由和束缚电子态的准经典关系,所有相关态的准经典表达式可用统一处理方式得到. 更严格的量子力学推导给出同样参数结构的表达式. 量子力学修正通常用 Gaunt 因子表示,其典型量级为 1. 在相同情况下,我们引用的 Gaunt 因子使我们的结果和文献中数据一致.

10.6.1 微观可逆和细致平衡

等离子体中的辐射过程通常涉及光子和电子. 离子的贡献在于它们的电势. 作为自由电子存在的电子处在连续正能态,$E>0$,处在束缚态 n 的电子能量为$E_n<0$. 图 10.15 给出了几种不同情况. 轫致辐射和逆轫致吸收表示自由-自由(ff)跃迁,这时电子的初态和终态都是正能;光电离和辐射俘获涉及束缚-自由(bf)跃迁,它连接束缚态和自由态;线吸收和线辐射是束缚-束缚(bb)跃迁,它发生在束缚电子态之间.

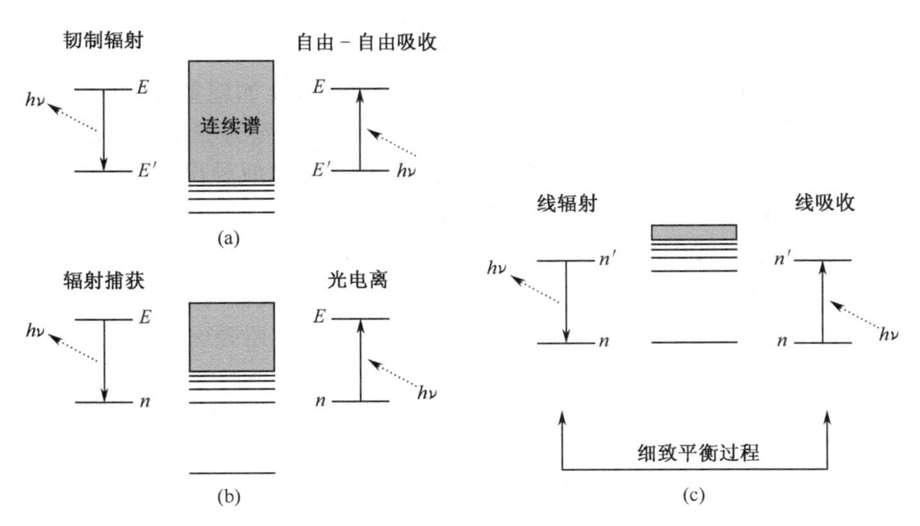

图 10.15　不同辐射过程的示意图

(a)ff 跃迁;(b)bf 跃迁;(c)bb 跃迁

下面推导的这些过程的速率和截面看上去很不同. 但它们在物理上是相互关联的,并且本质上可处理为一种过程. 从这方面看,细致平衡原理特别重要,它的基础是微观可逆，它连接吸收和辐射过程. 我们简要介绍这个理论并给出将来有用的两个例子.

从 A 态到 B 态的跃迁速率可用费米黄金规则表示，即

$$R(A\rightarrow B)=\frac{2\pi}{\hbar}\mid\langle B\mid H_{\text{int}}\mid A\rangle\mid^2 \mathrm{d}Z_{\mathrm{B}}(E)/\mathrm{d}E,\tag{10.79}$$

这里 $\langle B|H_{\text{int}}|A\rangle$ 是相互作用矩阵元，$\mathrm{d}Z(E)/\mathrm{d}E$ 是单位能量的终态数目. 逆跃迁的速率为

$$R(B\rightarrow A)=\frac{2\pi}{\hbar}\mid\langle A\mid H_{\text{int}}\mid B\rangle\mid^2 \mathrm{d}Z_{\mathrm{A}}(E)/\mathrm{d}E.\tag{10.80}$$

微观可逆现在可以表示为 $\langle A|H_{\text{int}}|B\rangle=\langle B|H_{\text{int}}|A\rangle$，它服从微观的时间反演对称性. 因此这个比例只依赖终态密度，即

$$\frac{R(A\rightarrow B)}{R(B\rightarrow A)}=\frac{\mathrm{d}Z_{\mathrm{B}}(E)/\mathrm{d}E}{\mathrm{d}Z_{\mathrm{A}}(E)/\mathrm{d}E}.\tag{10.81}$$

对终态的非相对论自由电子，比如光电离的情况，我们有

$$\frac{\mathrm{d}Z(E_{\mathrm{e}})}{\mathrm{d}E_{\mathrm{e}}}=\frac{2V_{\mathrm{e}}}{h^3}\frac{4\pi p_{\mathrm{e}}^2\mathrm{d}p_{\mathrm{e}}}{\mathrm{d}E_{\mathrm{e}}}=\frac{8\pi V_{\mathrm{e}}p_{\mathrm{e}}^2}{h^3 v_{\mathrm{e}}},\tag{10.82}$$

这里电子的能量 E_{e}、动量 p_{e} 和速度 v_{e} 的关系为 $\mathrm{d}E_{\mathrm{e}}/\mathrm{d}p_{\mathrm{e}}=p_{\mathrm{e}}/m_{\mathrm{e}}=v_{\mathrm{e}}$，每个电子占据的体积为 $V_{\mathrm{e}}=1/n_{\mathrm{e}}$. 另一方面，终态时光子的能量为 $h\nu$，动量为 p_ν，速度为 c，占据的体积为 V_ν，这要求

$$\frac{\mathrm{d}Z(h\nu)}{\mathrm{d}h\nu}=\frac{2V_\nu}{h^3}\frac{4\pi p_\nu^2\mathrm{d}p_\nu}{\mathrm{d}h\nu}=\frac{8\pi V_\nu \nu^2}{hc^3}.\tag{10.83}$$

如果终态为一个光子和一个处在束缚态 n 的电子组成(比如辐射俘获的情况)，终态密度为 $g_n\mathrm{d}Z(h\nu)\mathrm{d}h\nu$，这里 g_n 表示态 n 的简并度. 对线宽为 Γ 的线跃迁，我们有 g_n/Γ. 对其他情况，比如对自由-自由跃迁，终态密度可类似导出. 关于电子，应该注意，终态可能已经有电子占据，那么根据泡利原理，这是禁戒的. 这时，我们必须乘上概率因子，下面我们将用一种特别的方式处理这一问题.

作为第一个例子，我们看 bb 跃迁. 一个光子 $h\nu$ 的自发辐射概率 $R(n'\rightarrow n,h\nu)=A(n'\rightarrow n)$ 和吸收概率 $R(n,h\nu\rightarrow n')=B(n\rightarrow n')u_\nu$ 通常用爱因斯坦系数 A 和 B 表示，这里 $u_\nu\Gamma/h$ 表示光子能量密度. 这些速率为

$$\begin{aligned}R(n'\rightarrow n,h\nu)&=\frac{2\pi}{\hbar}\mid\langle n,h\nu\mid H_{\text{int}}\mid n'\rangle\mid^2 g_n\frac{\mathrm{d}Z(h\nu)}{\mathrm{d}(h\nu)},\\R(n,h\nu\rightarrow n')&=\frac{2\pi}{\hbar}\mid\langle n'\mid H_{\text{int}}\mid n,h\nu\rangle\mid^2\frac{g_{n'}}{\Gamma}.\end{aligned}\tag{10.84}$$

利用(10.84)式和 $(u_\nu\Gamma/h)V_\nu=h\nu$，我们可得到爱因斯坦关系为

$$\frac{A(n'\rightarrow n)}{B(n\rightarrow n')}=\frac{8\pi h\nu^3}{c^3}\frac{g_n}{g_{n'}}.\tag{10.85}$$

作为第二个例子，我们考虑 bf 跃迁. 自由电子的辐射俘获截面和速率的关系为

$$R(E\to n,h\nu)=n_e v_e\sigma(E\to n,h\nu),\tag{10.86}$$

这里 $n_e v_e$ 为电子电流，对相应的逆过程光电离为

$$R(n,h\nu\to E)=n_\nu c\sigma(n,h\nu\to E).\tag{10.87}$$

这里，$n_\nu c$ 为进入的光子流. 再使用(10.81)式的细致平衡关系，我们得到

$$\frac{\sigma(E\to n,h\nu)}{\sigma(n,h\nu\to E)}=\frac{n_\nu c\cdot \mathrm{d}Z(h\nu)/\mathrm{d}(h\nu)}{n_e v_e\cdot \mathrm{d}Z(E_e)/\mathrm{d}E_e}=\frac{g_n p_\nu^2}{p_e^2},\tag{10.88}$$

这里，我们用了(10.82)和(10.83)式，光子密度为 $n_\nu=1/V_\nu$.

10.6.2　Kramers 截面的准经典推导

在离子电荷为 $Z_i e$ 的库仑场中散射的电子的轫致辐射可用 Kramers(1923)的准经典方法计算. 由入射速度为 v_e 的电子散射产生的能量为 $h\nu$ 的光子辐射截面为(Landau, Lifshitz, 1962)

$$\frac{\mathrm{d}\sigma}{\mathrm{d}\nu}=\frac{32\pi^2}{3\sqrt{3}}\frac{Z_i^2 e^6}{m_e^2 c^3 v_e^2 h\nu}.\tag{10.89}$$

这个公式中的参数结构可从加速电荷辐射功率的拉莫尔公式 $S_{\mathrm{rad}}=e^2|\dot{\boldsymbol{v}}_e|^2/c^3$ 和一些经典处理得到. 图 10.16 给了几何关系. 电子以速度 v_e 进来，其相对离子的碰撞参数为 b. 它和离子的相互作用时间大约为 $\tau_{\mathrm{int}}\approx b/v_e$. 其辐射的经典谱在角频率 $2\pi\nu\approx v_e/b$ 有峰值，这意味着 $b\mathrm{d}b\approx(b^3/v_e)2\pi\mathrm{d}\nu$. 经典截面 S_{rad} 涉及辐射功率 $\mathrm{d}\sigma=(S_{\mathrm{rad}}\tau_{\mathrm{int}}/h\nu)2\pi b\mathrm{d}b$，它依赖库仑场中的加速度 $|\dot{\boldsymbol{v}}_e|\simeq Z_i e^2/(m_e b^2)$. 把这些关系合起来，我们有

$$\mathrm{d}\sigma\approx\frac{e^2}{c^3}\left(\frac{Z_i e^2}{m_e b^2}\right)^2\frac{b}{v_e}\frac{2\pi}{h\nu}\frac{b^3}{v_e}2\pi\mathrm{d}\nu,\tag{10.90}$$

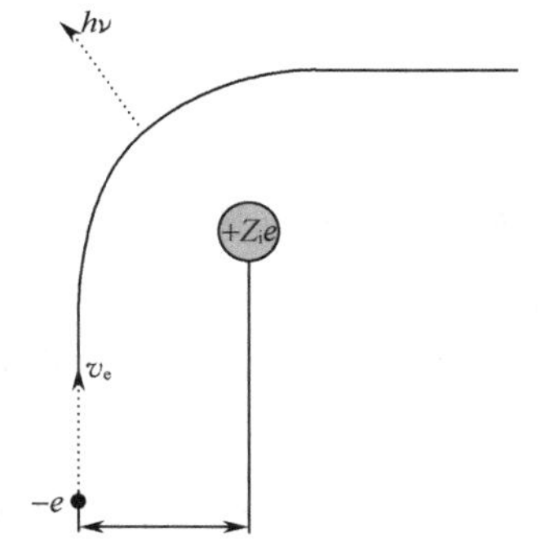

图 10.16　电子被电荷为 $Z_i e$ 的离子散射释放一个 $h\nu$ 光子的示意图

它和 Kramers 公式(10.89)只差一个数值因子 $8/\sqrt{27}$，这个因子是通过对卢瑟福轨道更精确的傅里叶分析得到的(Landau, Lifshitz, 1962). 根据(10.89)式，我们现在要推导图 10.15 中所示各种过程的速率和截面的准经典显式表达式.

10.6.3　轫致辐射和吸收

我们先对温度为 T_e、质量密度为 ρ、自由电子具有麦克斯韦分布的等离子体推导谱辐射和吸收系数. 对速度的积分必须从可产生光子 $h\nu$ 的最低速度 $v_{\min}$ 开始，这定义为 $m_e v_{\min}^2/2=h\nu$. 这样 7.3.1 小节引入的单位质量的谱能辐射为

$$\eta_\nu = \frac{h\nu}{4\pi A m_p}\int_{v_{\min}}^{\infty} d^3 v f(v) v \frac{d\sigma}{d\nu}$$
$$= \frac{16\pi}{3\sqrt{6\pi}} \frac{e^6}{m_e^2 c^3} \frac{Z_i^2 n_e}{\sqrt{k_B T_e/m_e} A m_p} \exp\left(-\frac{h\nu}{k_B T_e}\right). \quad (10.91)$$

对 LTE 等离子体，谱辐射 κ_ν 和谱吸收由基尔霍夫定律相联系，$\eta_\nu/\kappa_\nu=(2h\nu^3/c^2)\cdot\exp(-h\nu/k_B T_e)$（比较 7.3.2 小节）. 利用(10.91)式，可得到

$$\kappa_\nu^{ff} = \frac{4}{3\sqrt{6\pi}} \alpha_f^5 a_B^2 \frac{Z_i^3 \rho c^3}{(A m_p)^2 \nu^3} \sqrt{\frac{m_e c^2}{k_B T_e}}$$
$$= 2.78 \frac{Z_i^3 \rho}{A^2 \sqrt{T_e} (h\nu)^3} \mathrm{cm^2/g}. \quad (10.92)$$

这里和下面，T_e 和 $h\nu$ 的单位为 keV，ρ 的单位为 g/cm^3. 系数 κ_ν^{ff} 叫做 ff 光厚. 它对 ICF 非常重要，因为比如它可决定聚变燃料的光学厚度. 注意 κ_ν 依赖 ρ，因此等离子体层的光学厚度 $\kappa_\nu \rho R$ 定标为 $\propto \rho^2 R$.

另一个直接从(10.91)式导出的量是每克的总韧致辐射比功率，即

$$P_{br} = 4\pi\int_0^\infty \eta_\nu d\nu = \frac{32\pi}{3\sqrt{6\pi}} \frac{e^6}{m_e \hbar c^2} \sqrt{\frac{k_B T_e}{m_e c^2}} \frac{Z_i^3 \rho}{(A m_p)^2}$$
$$= 1.76 \times 10^{17} \sqrt{T_e} Z_i^3 \rho / A^2 \ \mathrm{W/g}. \quad (10.93)$$

这里 T_e 的单位是 keV，ρ 的单位为 g/cm^3. 如果乘上考虑了量子力学修正(Wesson，2003)的 Gaunt 因子 $g\approx 2\sqrt{3}/\pi\approx 1.10$，这可给出(2.2)和(4.11)式的体韧致辐射功率 W_b.(10.93)式的量是聚变等离子体的主要损失因素，并确定点火温度(参考 2.1.2 小节). 注意对离子电荷的很强依赖. 如果氢等离子体中混有电荷为 Z_j、质量数为 A_j 的其他离子 x_j，那么 $A=\sum_j A_j x_j$，这样我们必须用 $(\sum_j Z_j x_j)(\sum_j Z_j^2 x_j)$ 替代 Z_i^3. 即使少量高 Z 杂质都可对韧致辐射有很大的贡献.

10.6.4　辐射俘获和光电离

自由-束缚辐射 $E\to(E', h\nu)$ 可推广到求自由-自由辐射 $E\to(n, h\nu)$ 的截面[(10.89)式]，方法是设 $E'=E_n$，并把能量 $E_n<0$ 的束缚态解释为具有连续量子数 n 的准连续态. 因为趋向连续谱边缘时原子谱的能级密度增大，这种准经典近似对 $n\gg 1$ 还是很好的. 下面我们利用 10.1.1 小节发展的屏蔽氢原子模型，对每个轨道 n，其能量为 E_n，能级密度为 $(dE_n/dn)^{-1}$，布居数为 P_n，有效电荷为 Q_n.

在模型中，我们对电荷为 Z_i 的离子放弃点状离子这一假定，而承认屏蔽核电荷的电子在空间上有一个分布. 俘获进轨道 n 或从轨道 n 光电离的电子所感受的电荷 Q_n 要比离子电荷 Z_i 大，因为这个轨道会进到更深，更接近原子核. 另外，具有

$g_n=2n^2$ 个简并亚态的轨道 n 可能有 P_n 个电子部分填满，这样对电离过程我们要用概率因子 P_n，而对俘获过程我们要用阻挡因子 $(1-P_n/2n^2)$. 这样，作为例子，利用 $g_n=2n^2$，$p_\nu=h\nu/c$ 和 $p_e^2=2m_eE$，(10.88)式就变为

$$\frac{\sigma(E\rightarrow n,h\nu)}{\sigma(n,h\nu\rightarrow E)}=\frac{n^2(h\nu)^2}{m_ec^2E}\frac{1-P_n/(2n^2)}{P_n},\tag{10.94}$$

当然这种模型是近似的，我们应该和更严格的计算比较来确定其有效性.

辐射俘获截面可写为

$$\sigma(E\rightarrow n,h\nu)=\frac{\mathrm{d}\sigma}{\mathrm{d}h\nu}\frac{\mathrm{d}h\nu}{\mathrm{d}n},\tag{10.95}$$

这里因子

$$\frac{\mathrm{d}h\nu}{\mathrm{d}n}=\frac{Q_n^2E_A}{n^3}\tag{10.96}$$

是利用光子能量 $h\nu=E+|E_n|$ 对 n 求导并利用(10.8)式得到的. 利用(10.89)式的 $\mathrm{d}\sigma/\mathrm{d}(h\nu)$，能量为 E 的电子辐射俘获到轨道 n 的截面为

$$\sigma(E\rightarrow n,h\nu)=\frac{8\pi}{3\sqrt{3}}\alpha_f^3a_B^3\frac{E_A}{E}\frac{E_A}{h\nu}\frac{Q_n^4}{n^3}(1-P_n/2n^2).\tag{10.97}$$

这里，量纲常数已用精细结构常数 $\alpha_f=e^2/\hbar c$、玻尔半径 $a_B=\hbar^2/m_ee^2$ 和原子能量单位 $E_A=e^2/a_B$ 表示.

利用(10.94)式的细致平衡表达式，电子从轨道 n 的光电离截面为

$$\sigma(n,h\nu\rightarrow E)=\frac{64\pi}{3\sqrt{3}}\alpha_f\frac{na_B^2}{Q_n^2}\left(\frac{Q_n^2E_A}{2n^2}\frac{1}{h\nu}\right)^3P_n.\tag{10.98}$$

它对 $h\nu>|E_n|$ 的光子适用. 这就是束缚电子光电离的著名 Kramers 公式(1923)，它在早期原子理论中起重要作用. 最值得注意的是对入射光频率的依赖关系 ν^{-3}. 这里(10.98)式中用了屏蔽电荷 Q_n，应该注意其依赖关系为 $\propto Q_n^4$，因此屏蔽起重要作用. 对 $n=1$ 的 K 壳层电子，有效电荷 Q_1 几乎等于 Kramers 用的核电荷 Z.

定义 bf 光厚为 $\kappa_\nu^{\mathrm{bf}}=\sigma/Am_p$，我们有

$$\kappa_\nu^{\mathrm{bf}}=12.0\frac{Q_n^4}{An^5(h\nu)^3}P_n\ \mathrm{cm}^2/\mathrm{g}.\tag{10.99}$$

这里 $h\nu>|E_n|$，单位是 keV. 这个截面比较大，它通常决定等离子体的总光厚，特别对部分电离的低 Z 材料更是如此. 对高 Z 材料，bb 光厚开始占主导.

10.6.5 线辐射和线吸收

线辐射和线吸收的准经典速率可用和上面相同的技术得到，也就是从(10.98)式得到 $\sigma(n,h\nu\rightarrow E)$，然后把 E 移到谱中束缚部分的 $E_{n'}$. 束缚-束缚跃迁对谱的贡献是宽度为 $\Delta\nu$ 的线谱，即

$$\Delta\nu \approx \frac{1}{h}\frac{\mathrm{d}h\nu}{\mathrm{d}n'}\Delta n' = \frac{Q_{n'}^2 E_A}{hn'^3}\left(1-\frac{P_{n'}}{2n'^2}\right). \tag{10.100}$$

在这个宽度内对截面积分,我们得到

$$\begin{aligned}\int\sigma(n,h\nu\to n')\mathrm{d}\nu &\simeq \sigma(n,h\nu\to E_{n'})\Delta\nu \\ &= \frac{64\pi}{3\sqrt{3}}\alpha_f\frac{Q_n^4 a_B^2}{n^5}\left(\frac{E_A/2}{E_{n'}-E_n}\right)^3\frac{Q_{n'}^2 E_A}{hn'^3}P_n(1-P_{n'}/2n'^2) \\ &= \frac{\pi e^2}{m_e c}f(n\to n'),\end{aligned} \tag{10.101}$$

$$f(n\to n') = \frac{32}{3\pi\sqrt{3}}\frac{Q_n^4 Q_{n'}^2}{n^5 n'^3}\left(\frac{E_A/2}{E_{n'}-E_n}\right)^3 P_n(1-P_{n'}/2n'^2), \tag{10.102}$$

这里 f 是准经典近似下电子从轨道 n 到轨道 n' 光激发的所谓振子强度. 对非屏蔽电荷为 $Q_n=Z, E_n/E_A=-Z^2/(2n^2)$ 的类氢离子,(10.102)式简化为

$$f(n\to n') = 1.96\frac{nn'^3}{(n'^2-n^2)^3}. \tag{10.103}$$

图 10.17 给出了钼离子自洽场(SCF)计算和(10.102)式的比较. 可以看到,准经典公式相当精确地重复了量子力学的结果,甚至对涉及 1s 基态的振子强度也是如此.

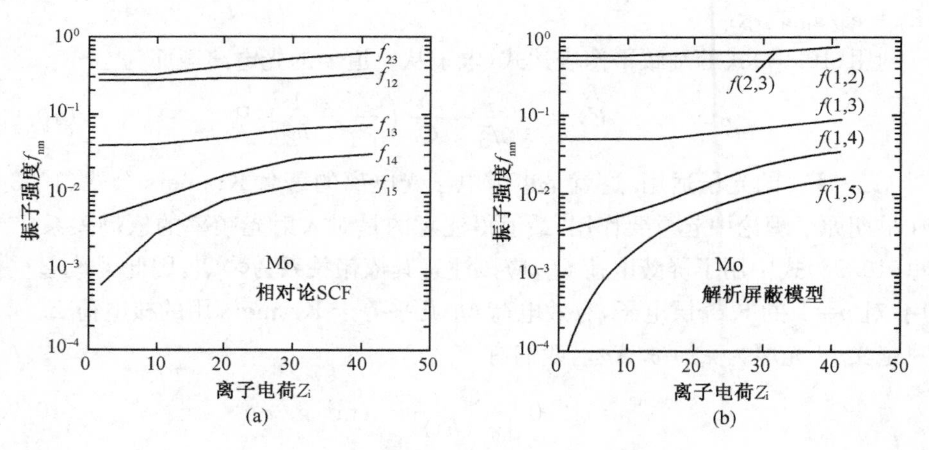

图 10.17

(a)对不同电离态钼离子 Liberman(1979)用 SCF 计算得到的振子强度 $f(n\to m)$. 束缚电子的屏蔽对振子强度改变很大(对 1s→5p 跃迁变化因子为 20);(b)利用屏蔽氢模型,从(10.102)式得到的相应准经典值(More, 1991)

从(10.101)式,我们发现线吸收的爱因斯坦系数为

$$B(n\to n') = \frac{c}{h\nu}\int\sigma(n,h\nu\to n')\mathrm{d}\nu = \frac{\pi e^2}{m_e h\nu}f(n\to n'), \tag{10.104}$$

利用(10.85)式的细致平衡,自发辐射速率为

$$A(n'\to n)=\frac{2\alpha_f^3E_A}{\hbar}\left(\frac{h\nu}{E_A}\right)^2\frac{n^2}{n'^2}f(n\to n'). \tag{10.105}$$

对类氢离子,$h\nu=(Z^2E_A/2)(1/n^2-1/n'^2)$,因此我们有

$$A(n'\to n)\simeq 1.6\times 10^{10}\frac{Z^4}{nn'^3(n'^2-n^2)}\Big/\mathrm{s}. \tag{10.106}$$

尽管这些准经典公式是对大量子数 n 导出的,它们甚至对到低能级的跃迁也给出合理的结果. 对氢原子比较准经典和精确量子力学结果(Bethe, Salpeter, 1957),可以发现,比如,$A(5\to 1)=5.3\times10^6$/s 而不是 4.1×10^6/s,$A(2\to1)=6.7\times10^8$/s 而不是 4.7×10^8/s.

我们利用(10.101)式,把线光厚 $\kappa_\nu^{\mathrm{bb}}=\sigma(n,h\nu\to n')/Am_p$ 写为

$$\begin{aligned}\kappa_\nu^{\mathrm{bb}}&=\frac{\pi\alpha_f a_B^2E_A}{Am_p\hbar}f(n\to n')L(h\nu)\\&=6.6\times10^4 f(n\to n')L(h\nu)/A\ \mathrm{cm^2/g}.\end{aligned} \tag{10.107}$$

这里,我们引入了归一化谱线形状 $L(h\nu)$ $\left(\int L(E)\mathrm{d}E=1\right)$,单位为 1/keV.

10.6.6 多普勒和斯塔克展宽

谱线形状包含关于等离子体密度和温度的重要信息. 发射离子的热速度可导致多普勒展宽,其谱线形状为

$$L(h\nu)=\frac{1}{\sqrt{2\pi}\Gamma_D}\exp\left(-\frac{(E_{n,n'}-h\nu)^2}{2\Gamma_D^2}\right), \tag{10.108}$$

这里多普勒宽度为

$$\Gamma_D/E_{nn'}=\sqrt{k_BT_i/Am_pc^2}=1.03\times10^{-3}\sqrt{T_i/A}, \tag{10.109}$$

这里 Γ_D、$E_{nn'}=E_{n'}-E_n$ 和离子温度 T_i 的单位都是 keV.

对本书中考虑的接近固体密度的等离子体态,由斯塔克效应引起的谱线展宽通常比多普勒效应更重要. 斯塔克展宽是由邻近电子和离子的电场对发射离子的扰动引起的. 邻近离子的场随时间缓慢变化,这导致静态斯塔克展宽,而快速运动的电子引起动态斯塔克展宽. 有关理论描述相当复杂并超出了本书的范围. 读者可参考 Griem(1964)和 Sobelmann 等(1995)的书以及 Junkel-Vives 等(2000)的文章. 这里我们只用两个实验例子讲解斯塔克展宽.

在图 10.18 中,我们看到球形靶内爆时得到的条形谱(Woolsey et al., 1997). 这里给出的是在 0.3~0.4 nm 范围内谱随时间的变化. 内爆靶丸中除了氘还有少量氩气. 我们可看到类氢(Ly_α,Ly_β)和类氦(He_α,He_β,He_γ)氩离子在 300ps 长的最大压缩期间的发射谱. 可以看到,所有这些线开始时都相当窄,但随后由于密度增

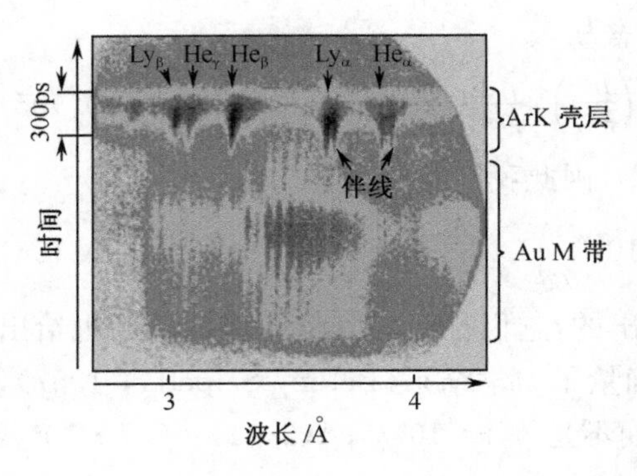

图 10.18　空腔中爆聚靶丸的条纹谱，波长在 0.3～0.4nm 的 X 射线辐射随时间变化

可以看到在 300ps 最大压缩期间氩 K 壳层辐射的关键性质. 在更早的时间，可看到加热 Au 的 M 带辐射 (Woolsey et al.，1997)

加引起的斯塔克展宽而大大展宽. Ly_α 和 He_α 线还产生伴线，它们对应其他束缚离子(首先是类锂离子)的 2p→1s 和 2p1s→$1s^2$ 跃迁. 这些线的相对强度和宽度可提供密度和温度演化的详细信息，因此是内爆气体的重要诊断方法.

第二个实验例子在图 10.19 中给出. 它表示用超短激光脉冲加热固体靶达到高温的潜力，其时间尺度短到几乎没有流体膨胀. 这里的谱是用 130fs、10^{17} W/cm^2 的脉冲照射固体 Al 得到的. 其表面有 45nm 的碳层作为缓冲. 它阻止 Al 的膨胀，使得 Al 的类氢和类氦谱线所在的 0.6～0.8nm 这个区域不受干扰. 我们也观测到了大大展宽的 Ly_α 和 He_α 谱线以及类 Li 和类 Be 的伴线还有相应的 β(3→1) 和 γ(4→1) 跃迁. 对这些谱线的分析(Eidmann et al.，2000b)表明温度为 400 eV，电子密度为 10^{24}/cm^3，这几乎是完全电离的固体密度铝.

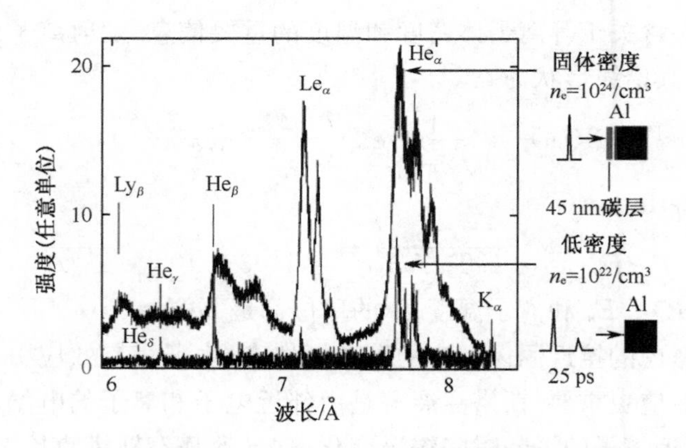

图 10.19　固体密度 Al 400eV 时的谱

脉宽为 130 fs、10^{17} W/cm^2 的激光脉冲加热表面覆盖有一薄层碳的固体 Al. 作为比较，低密度(10^{22}/cm^3)Al 的谱也给出，它是用同样的激光脉冲得到的，但是没有碳覆盖层，并且在主脉冲前 25ps 有一个小的预脉冲来产生低密度的烧蚀等离子体(Eidmann et al.，2000b)

这两个例子都是几个千电子伏特光子的内壳层跃迁. 这些千电子伏特 X 射线甚至能穿透稠密等离子体层，因此可作为靶丸内爆时压缩靶区的良好诊断工具. 另一方面光子能量为几百电子伏特的软 X 射线对 ICF 更重要，因为它们携带空腔靶

中的能量流. 它们通过涉及价电子的 bb 和 bf 跃迁吸收和辐射. 对于这个软 X 射线区域谱线展宽和振子强度分布,能级分裂甚至比碰撞斯塔克展宽还重要,特别对高 Z 材料更是如此. 这在 10.7 节讨论.

10.6.7　振子强度的谱扩展和求和规则

有 Z 个电子的原子的总光子吸收截面满足关系

$$\int_0^\infty \sigma_{\text{tot}}(\nu)\mathrm{d}\nu = \frac{\pi e^2}{m_e c}Z, \tag{10.110}$$

这就是 Thomas-Reiche-Kuhn 求和规则. 其有效性不依赖特别的原子态是处在孤立原子,还是等离子体或者金属中原子. 但是它只对非相对论电子成立,因此只对中、低 Z 的原子成立. 求和规则对可形成经典振子的弹性束缚电子很容易推导. 这时,每个电子的振子强度 $\pi e^2/m_e c$ 位于单个共振线的中间,在量子力学中它通常分布在许多线谱和一个连续谱中. 在上面发展的氢模型中,每条线的贡献是(10.101)式中的一个因子 $f(n\to n')$,这样求和规则要求

$$\sum_{n,n'} f(n\to n') + \sum_n f_{\text{nc}} = Z, \tag{10.111}$$

这里

$$f_{\text{nc}} = (8/3\pi\sqrt{3})(Q_n^4/n^5)(E_A/2E_n)^2 P_n \tag{10.112}$$

为 bf 对振子强度的贡献,它可通过对截面(10.98)式从 $h\nu=|E_n|$ 到无穷积分得到. 对(10.111)式中的准经典振子强度(10.103)式,我们对基态的类氢原子($P_1=1, P_n=0, n>1$)得到不为 1 的值为

$$\sum_{n'=2}^{\infty} 1.96\cdot n'^3/(n'^2-1)^3 + 0.49 = 1.26. \tag{10.113}$$

这个 26%的偏差反应了准经典和屏蔽氢原子近似的内在不精确性. 对实际应用,这还是可以接受的.

对于光厚计算,目前这个模型的主要问题不是这个积分值而是振子强度的谱分布. 对中、高 Z 材料更是如此,因为线吸收起主导作用. 所缺少的是线分裂的真实描述. 对单电子态,由于相对论精细结构,n 壳层就已经可以分裂成(n,l,j)态. 更重要的是多电子离子中非类氢势能引起的能级分裂. 在对中、高 Z 的光厚计算中,必须要考虑成千个(n,l,j)组态,下面会给出铝和铁的例子. 关于原子光谱,读者可参考 Cowan 的书(1981).

10.6.8　不可分辨跃迁矩阵和超跃迁矩阵

谱弥散涉及的问题远不止我们已经讨论的. 在非满壳层上几个电子的不同

电子组态会由于组态中电子间的相互作用都可有额外的能量分裂. 这导致每两组组态间有一个跃迁矩阵. 在辐射跃迁模拟中,至少对高 Z 离子,一条一条谱线的处理甚至会超过目前的计算机能力. 幸好,谱线很密使得多普勒展宽和斯塔克展宽足以在一个矩阵中覆盖许多谱线,这就形成了所谓的不可分辨跃迁矩阵(UTA),它可以用统计方法处理(Bauche-Arnoult et al., 1986). 再进一步,Bar-Shalom 和 Oreg(1996)把许多组态组合成超跃迁矩阵(STA),它可以描述金这样的重元素.

求和规则的重要性在于,不管谱分布多复杂,它控制着积分的振子强度. 有些感兴趣的量,比如一定频宽范围内的总辐射能对谱的细节不敏感,因此可用上面推导的公式合理地描述. 其他一些量则特别依赖谱的精细结构,当线吸收重要时,对辐射输运就是如此,因为输运主要发生在谱线之间的光厚窗口. 它强烈依赖这些窗口是开着还是关了. 当谱线密度高并且谱线宽度增大时,它们就关上了. 这对 Rosseland 频率平均很重要.

在 7.3.4 小节中,推导辐射扩散、普朗克平均光厚和 Rosseland 平均光厚时引入了两个不同的频率平均. 这些平均光厚在 10.7 节讨论,并对任意核电荷为 Z 的材料,推导依赖密度和温度的表达式.

10.7 光 厚

10.7.1 普朗克和 Rosseland 平均光厚

辐射流体动力学依赖总的吸收系数

$$\kappa_\nu^{\mathrm{tot}} = \kappa_\nu^{\mathrm{ff}} + \kappa_\nu^{\mathrm{bf}} + \kappa_\nu^{\mathrm{bb}}. \qquad (10.114)$$

这些系数通过 $\kappa=\sigma/(Am_{\mathrm{p}})$ 和相应截面联系,其单位为 $\mathrm{cm^2/g}$. 对光性厚等离子体,像星体内部和 ICF 靶的高密度区,只需要 7.3.4 小节引入的频率平均系数. 另一方面,普朗克平均光厚为

$$\kappa_{\mathrm{p}} = \int_0^\infty \kappa_\nu^{\mathrm{tot}} G_{\mathrm{P}}(u)\,\mathrm{d}u. \qquad (10.115)$$

这里,吸收系数必须考虑自发辐射修正,$\kappa_\nu^{\mathrm{tot}'}=\kappa_\nu^{\mathrm{tot}}(1-\mathrm{e}^{-u})$[比较(7.31)式],它要对普朗克函数 $U_{\nu p}=(8\pi h\nu^3/c^3)/(\mathrm{e}^u-1)$ 平均,这里 $u=h\nu/k_{\mathrm{B}}T$. 由此可得到权重函数 $G_{\mathrm{P}}(u)=(15/\pi^4)u^3\mathrm{e}^{-u}$. 另一方面,Rosseland 平均光厚为

$$\frac{1}{\kappa_{\mathrm{R}}} = \int_0^\infty \frac{1}{\kappa_\nu^{\mathrm{tot}}} G_{\mathrm{R}}(u)\,\mathrm{d}u, \qquad (10.116)$$

这里由平均自由程 $l_\nu'=1/(\rho\kappa_\nu^{\mathrm{tot}'})$ 对 $U_{\nu p}/\mathrm{d}T$ 的平均得到权重函数为 $G_{\mathrm{R}}(u)=(15/4\pi^4)u^4\mathrm{e}^{-u}/(1-\mathrm{e}^{-u})^3$. 显然,Rosseland 平均对 $\kappa_\nu^{\mathrm{tot}}$ 的最小值敏感,也即对谱线之间的吸收窗口敏感.

10.7.2　全电离等离子体的显式公式

这里我们对核电荷为 Z，质量数为 A 的完全电离等离子体给出 Zeldovich 和 Raizer(1967)导出的结果. 他们是从(10.92)式的 ff 吸收系数得到的. 这样 ff 普朗克和 Rosseland 平均光厚分别为

$$\kappa_{\mathrm{P}} = 0.43(Z^3/A^2)\rho T^{-7/2}\ \mathrm{cm^2/g}, \tag{10.117}$$

$$\kappa_{\mathrm{R}} = 0.014(Z^3/A^2)\rho T^{-7/2}\ \mathrm{cm^2/g}, \tag{10.118}$$

这里 ρ 的单位是 $\mathrm{g/cm^2}$，T 的单位是 keV.

10.7.3　光子散射

到目前为止，我们忽略了光子散射，在典型 ICF 等离子体中它的截面远小于吸收. 但是要记住温度足够高时 $\kappa_\nu^{\mathrm{tot}'}$ 可能下降到低于汤姆孙散射截面

$$\kappa_{\mathrm{sc}} = 0.4Z_{\mathrm{i}}/A\mathrm{cm^2/g}, \tag{10.119}$$

它不依赖密度、温度和频率. 这时在 Rosseland 平均中必须考虑 κ_{sc}. 这样对 k_{R}，在效果上表示一个较低的束缚.

这种情况与点火和燃烧时的氢燃料有关. 对温度 $T \geqslant 0.38(\rho/A)^{2/7}$ keV，也就是对 1000 倍压缩的燃料，$T \geqslant 1.3$keV 时，(10.118)式中 κ_{R} 的值下降到低于 κ_{sc}.

10.7.4　最大光厚极限

偶极求和规则可写为

$$\int_0^\infty \kappa_\nu^{\mathrm{tot}} \mathrm{d}u = \frac{\pi e^2}{m_{\mathrm{e}} c} \frac{Z}{A m_{\mathrm{p}}} \frac{h}{k_{\mathrm{B}} T}, \tag{10.120}$$

它可用来推导 Rosseland 平均光厚的上限. 我们利用任意函数 $f(u)$ 和 $g(u)$ 的 Schwarz 不等式有

$$\left(\int_0^\infty f(u)g(u)\mathrm{d}u\right)^2 \leqslant \left(\int_0^\infty f(u)^2\mathrm{d}u\right)\left(\int_0^\infty g(u)^2\mathrm{d}u\right), \tag{10.121}$$

并设 $f(u)^2 = \kappa_\nu^{\mathrm{tot}}$ 和 $g(u)^2 = G_{\mathrm{R}}(u)/\kappa_\nu^{\mathrm{tot}}$，使得 $f(u)g(u) = G_{\mathrm{R}}(u)^{1/2}$，这样我们得到

$$\left(\int_0^\infty G_{\mathrm{R}}(u)^{1/2}\mathrm{d}u\right)^2 \leqslant \left(\int_0^\infty \kappa_\nu^{\mathrm{tot}}\mathrm{d}u\right)\frac{1}{\kappa_{\mathrm{R}}}. \tag{10.122}$$

这里 $\int_0^\infty G_{\mathrm{R}}(u)^{1/2}\mathrm{d}u = 3.26$，由此

$$\kappa_{\mathrm{R}} \leqslant 0.027\frac{a_{\mathrm{B}}^2}{m_{\mathrm{p}}}\frac{Z}{A}\frac{E_{\mathrm{A}}/2}{k_{\mathrm{B}}T}. \tag{10.123}$$

这也可写为

$$\kappa_{\mathrm{R}} \leqslant 6.0 \times 10^{+3} Z/(AT)\ \mathrm{cm^2/g}. \tag{10.124}$$

这里 T 的单位是 keV. 这个上限通常按照 Armstrong(1962)的叫法称为 Dyson 极

限，它是由 J. Bernstein 和 F. Dyson 在 1959 年推导的. Imshennik 等(1986)证明，(10.124)式中每个原子的总电子数 Z 可近似用束缚电子数代替，这样公式成为实际应用中更有用的极限. 用和(10.124)式一样的方法，在(10.121)式中设 $f^2=\kappa_\nu G_\mathrm{p}$ 和 $g^2=G_\mathrm{R}/\kappa_\nu$，可导出另一个不等式(Armstrong，1962)为

$$\kappa_\mathrm{R}\leqslant 1.05\kappa_\mathrm{P}. \tag{10.125}$$

这表明，Rosseland 平均通常比普朗克平均要小.

10.7.5 光厚计算

在数值计算稠密等离子体光厚方面人们已作了许多努力. 为星体结构计算建立了天体光厚数据库(Huebner et al.，1977)，它包含到铁元素为止的许多表格. 为同样目的，更近些发起了光厚计划，并已部分完成(Seaton，1995). 到 Eu 元素为止的普朗克和 Rosseland 平均光厚的计算表格在 SESAME 数据库中(SESAME，1983)，并经常在 ICF 计算中使用.

对 ICF，模拟空腔靶也需要高 Z 元素(比如金)的光厚，许多研究小组在不同精度上对此进行了计算. 标准例子的结果在国际光厚研讨会上得到比较，部分材料可以获得(Rickert et al.，1995). 作为例子，我们这里给出 Tsakiris 和 Eidmann(1987)以及 Eidmann(1994)的结果.

10.7.6 简单 LTE 光厚模型结果

对天体光厚数据库中的光厚系数和本章推导的公式进行比较是有意义的. 在图 10.20 中对温度为 $T=100\mathrm{eV}$，密度为 $\rho=0.187\mathrm{g/cm^3}$ 的铝等离子体进行了比较. 这里给出了包括受激辐射的总吸收系数和光子能量的关系为

$$\kappa_\nu^{\mathrm{tot}'}=(\kappa_\nu^{\mathrm{ff}}+\kappa_\nu^{\mathrm{bf}}+\kappa_\nu^{\mathrm{bb}})[1-\exp(-h\nu/k_\mathrm{B}T)], \tag{10.126}$$

图 10.20(b)的结果来自(10.92)、(10.99)和(10.107)式，这里 10.1.2 小节中平均离子模型被用来确定电离态和布居数，另外 ff 和 bf 跃迁对 $\kappa_\nu^{\mathrm{tot}'}$ 的贡献也分别给出.

在这两个模型中，连续 ff 和 bf 吸收实际上是一样的，但我们要注意 300eV 时 L 边下面 $n=2\rightarrow n=3,4$ 跃迁的谱线贡献和 1.9 keV 时 K 边下面 $n=1\rightarrow n=2,3,4$ 跃迁的谱线贡献的明显不同. 一个原因是，平均离子模型把实际等离子体中的大量不同电离态看作单个平均离子，因此在重点考虑一些简并谱线的跃迁强度的同时大大减少了可能的跃迁数. 另一个原因是，即使特别对一种离子，能级谱也比计算图 10.20 结果所用的氢原子近似远远复杂. 在建立天体光厚数据库时，这种能级的复杂性在一定程度上给予了考虑，使用的是离子分布和仔细的谱线考虑. 这样出现了几组重叠谱线，它们抹掉尖锐的边缘，并有效地移动到更低能量.

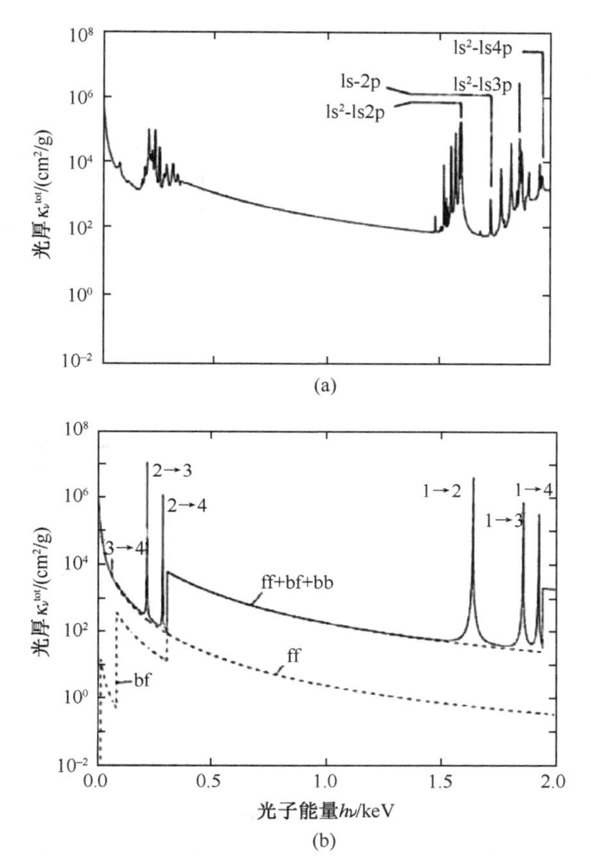

图 10.20　温度为 $T=100\text{eV}$、$\rho=0.187\text{g/cm}^3$ 时，依赖频率的光厚

(a)从天体光厚数据库(Huebner et al.，1977)获得；(b)从线辐射的氢原子近似下的平均离子模型得到 ff 和 bf 过程的贡献用虚线表示(Tsakiris，Eidmann，1987)

Rosseland 平均光厚对这些性质非常敏感，对重元素，如果准连续态没有恰当处理，计算结果可能会相差几个数量级. 为了保持平均离子模型和屏蔽氢原子能级的简洁性，Tsakiris 和 Eidmann(1987)决定用仅针对这个问题的特别抹平方法，它包含了各带中的谱线系列($n\to n+1,\cdots,\infty$)，并用宽度为 ΔE 的高斯函数来描述每个态. 关于详细内容，可参考原始文献. 当然这样一种方法不能代替仔细的计算，但至少结果是相当能说明问题的. 拟合 Rosseland 平均光厚的参数 ΔE 可在 SESAME 数据库(1983)中找到，数据库中包括的元素到 Eu($Z=63$)为止. 在图 10.21 中，在不同温度和密度下对 Eu 的结果进行了比较. 选择不依赖 T 和 ρ 的参数 $\Delta E=100\text{eV}$，可得到合理的拟合. 但如果没有带抹平，在低温和低密度时发现最大差别达到 100 倍.

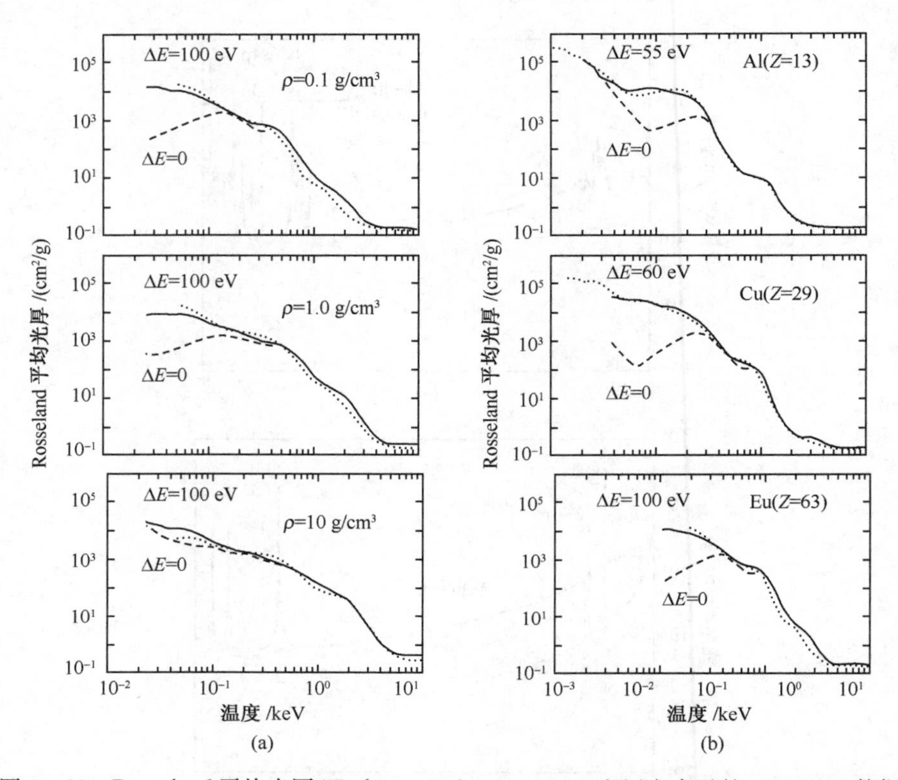

图 10.21　Rosseland 平均光厚(Tsakiris，Eidmann，1987)和用点表示的 SESAME 数据库值(1983)比较

(a)对给定密度，Eu 的 Rosseland 平均光厚和温度的关系，实线为用平均离子模型得到，其抹平带为 $\Delta E=100\text{eV}$，虚线没有用抹平；(b)密度为 $\rho=0.1\text{g/cm}^3$ 时，Al、Cu 和 Eu 的 Rosseland 平均光厚和温度的关系. 实线用平均离子模型得到，其抹平带值 ΔE 已标在图中

可以预计，对低 Z 元素，能级扩散参数 ΔE 会变小. 这在图 10.21(b)中可以看出，这里对 Al 数据的拟合参数为 $\Delta E=55\text{eV}$，对 Cu 为 $\Delta E=60\text{eV}$. 由此可得到和 Z 的线性关系 $\Delta E=38.65+0.94Z$，Tsakiris 和 Eidmann(1987)想把它推广到更高的 Z，对 $T=100\text{eV}$ 和 $\rho=0.1\text{g/cm}^3$，由此得到的 k_{P} 和 k_{R} 随 Z 变化的结果可见图 10.22. 对 $Z\leqslant 63$ 和已发表的更精确结果比较可发现，简单模型处理的误差范围在 $\pm 50\%$. 特别地，随 Z 的调制反映了原子壳层的结构. 作为比较，也给出了最大光厚极限. 对金和铀这样的元素，Rosseland 平均和上限相差的因子为 5～10.

用自相似波对辐射输运作简单的解析分析(参看 7.4 节)时，Rosseland 平均光厚的幂函数近似特别有用，即

$$\kappa_{\text{R}}=\kappa_0\rho^r/T^\tau. \tag{10.127}$$

在表 10.3 中，对到 U 为止的不同元素列出了参数 k_0、r 和 τ. 它们是上面模型结果

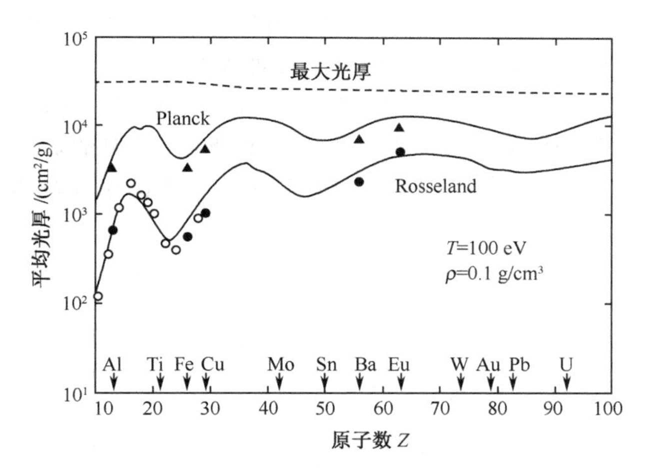

图 10.22 对 $T=100\text{eV}$, $\rho=0.1\text{g/cm}^3$, 在 $Z=10$ 和 $Z=100$ 之间, Rosseland 和普朗克平均光厚随原子数的变化(Tsakiris, Eidmann, 1987)

点的值来自 SESAME 数据库(1983)和 Huebner 等(1986)

的最小二乘拟合. 对最重的元素, Rosseland 平均主要由线光厚决定, 它的定标关系粗略为 $\kappa_R \propto T^{-1}$, 和(10.124)式中的 Dyson 极限一样, 它也不依赖密度.

表 10.3 对不同元素的 Rosseland 平均光厚, Tsakiris 和 Eidmann(1987) 得到的(10.127)式的参数

元 素	k_0	τ	r
Al	3.78	2.48	0.48
Ti	7.19	2.21	0.39
Fe	9.74	2.27	0.31
Cu	13.9	2.21	0.29
Mo	67.4	1.49	0.22
Sn	72.2	1.57	0.16
Ba	81.3	1.62	0.14
Eu	129	1.45	0.09
W	244	1.12	0.00
Au	280	1.06	0.00
Pb	291	1.05	0.00
U	295	1.14	0.04

注: 参数 κ_0 的单位是 $(\text{cm}^2/\text{g})(\text{keV})^\tau/(\text{g/cm}^3)^r$. 有效范围为 $30\text{eV}<T<1.0\text{keV}$ 和 $0.1\text{g/cm}^3<\rho<10\text{g/cm}^3$.

对于本章中的结果, 我们要记住它们是建立在相当粗糙的假设之上, 其误差因子可能为 2 或更多. 最近对高 Z 原子发展了更加可靠的方法，特别是 Bar-Shalom 和 Oreg(1996)的超跃迁矩阵方法来统计地处理大多数能级. 对于金的 Rosseland 平均光厚，图 10.23 给出了 STA 结果(Rickert et al.，1995)，这里同时给出了 Eidmann(1994)的 SNOP 模型结果. 我们看到，金的 STA 结果清晰表明了对密度的依赖，这和表 10.3 中金的结果相反，并且在和 ICF 有关的温度范围 100～300eV，密度为 $\rho=10\text{g/cm}^3$ 时，它们达到 Dyson 极限的 25%.

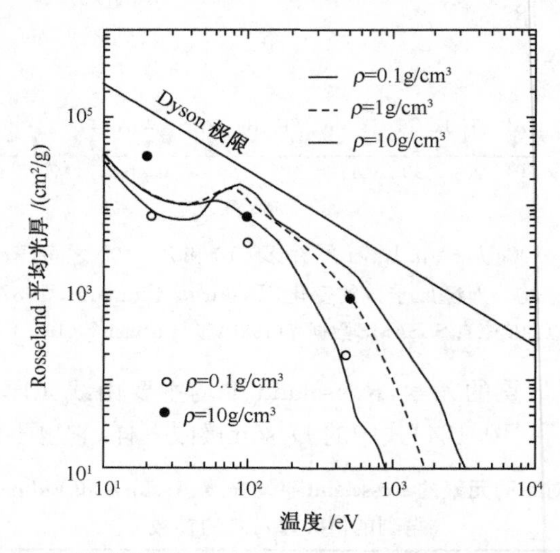

图 10.23　对不同密度，金的 Rosseland 平均光厚随温度的变化

实心和空心点表示 Bar-Shalom 和 Oreg 的 STA 结果(Rickert et al.，1995)；曲线用 SNOP 程序计算得到(Eidmann，1994)；细线对应 Dyson 极限

10.7.7　光厚实验

光厚实验的方法是测量一个宽带辐射脉冲经过等离子体薄层的透过率. Chenais-Popovics(2002)对此作了评述. 实验装置(Eidmann et al.，1998)见图 10.24(a). 一个薄的金箔由主脉冲用球形空腔间接加热. 第二个激光脉冲打在钨反照灯上产生探针辐射，这个辐射穿过样品. 用条纹相机接收从掠入射镜反射再穿过透射光栅的探针脉冲来进行分析. 图 10.24(b)中的条纹图像显示了透射光的时间分辨光谱. 图 10.24(c)给出了经过和没有经过吸收的反照光光谱，这可导出相对透射率，由等离子体层的自辐射产生的光谱也被测量. 它要弱得多，因此不会影响透射测量.

图 10.25 给出了在 50～300 eV 范围内导出的透射率和光子能量的关系，并和用不同温度得到的 STA 结果进行比较(Bar-Shalom，Oreg，1996). 同时进行的流体动力学模拟表明，在分析透射的这段时间，薄膜靶的密度为 $\rho=0.007\text{g/cm}^3$，温

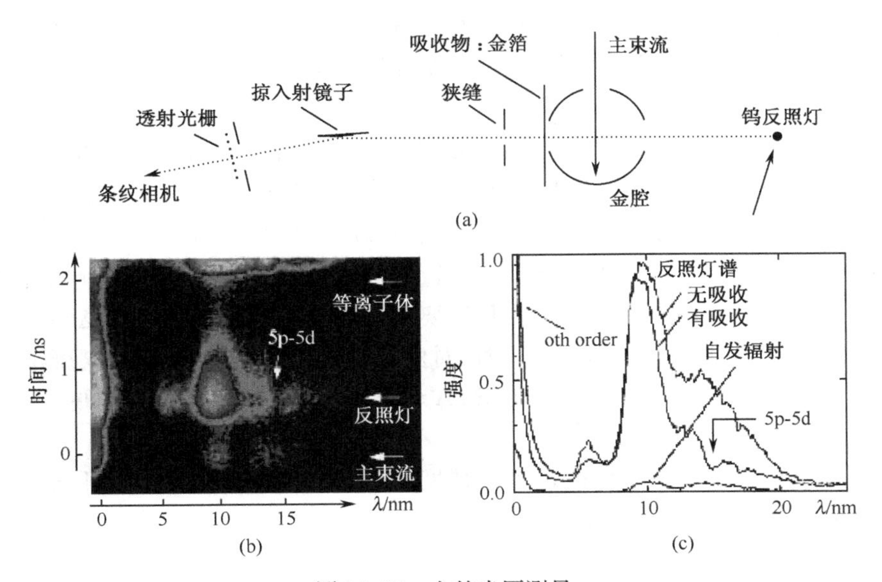

图 10.24　金的光厚测量

(a)实验装置图；(b)条纹图像；(c)在最大反射灯辐射时透射式掠入射谱仪记录的光谱(Eidmann et al.，1998)

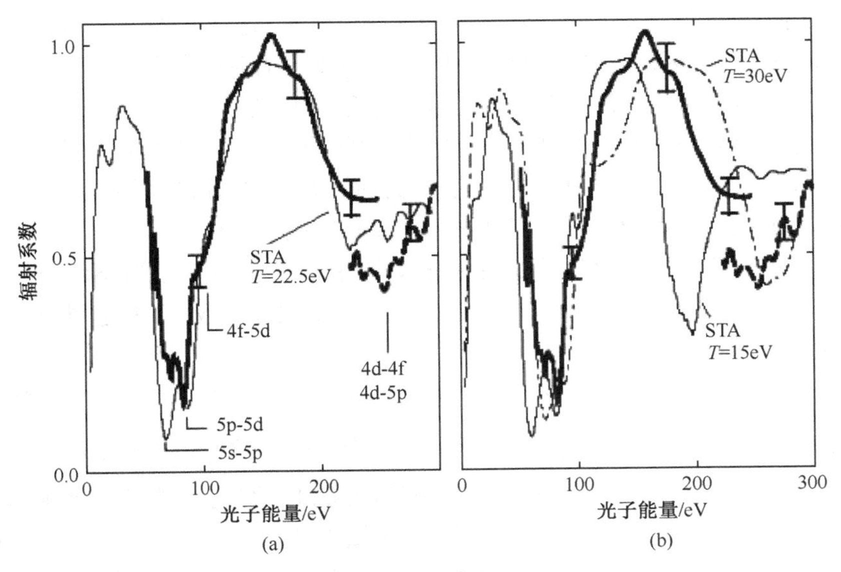

图 10.25　测量的透射光谱(粗线)和不同温度下用 STA 程序计算得到的光谱(细线)比较

(a)温度为 $T=22.5\text{eV}$ 时的最佳拟合；(b)在 $T=15\text{eV}$ 和 $T=30\text{eV}$ 时显示有很大的差异

一些重要的跃迁在(a)中标出，计算中的质量密度为 0.007g/cm^3(Eidmann et al.，1998)

度为 20eV. 用这个密度，对不同温度计算了透射率. 可以看到计算对 T 相当敏感，在 $T=22.5$eV 时，发现有很好的符合. 这个光谱结构对应 N 带($n=4$)和 O 带($n=5$)电子的 bb 跃迁.

这个比较给我们一些初步印象，就是目前光厚研究中实验是如何和理论比较的. 尽管已有很大进展，但仍有差别，这需要两方面的进一步改善. 在目前这个例子中，从实验数据计算得到的普朗克平均光厚为 $\kappa_P=(1.8\pm0.4)\times10^4\ \mathrm{cm^2/g}$，而从理论得到的为 $\kappa_P=2.6\times10^4\ \mathrm{cm^2/g}$，它们针对的光谱范围都是 50～300eV. 这个差别主要是由于 5s-5p 吸收峰的不同. 我们要提一下，对重离子的光厚，$\Delta n=0$ 跃迁起重要作用. 在天体物理中对铁计算时，对此的忽略造成了理论和星体观测的严重差异(Rogers, Iglesias, 1994). 现在，STA 计算中包括了 $\Delta n=0$ 跃迁，并发现其非常重要.

在 150eV 附近由于测量透过率的精度有限，Rosseland 平均光厚不能从实验数据得到. STA 的预言值为 $\kappa_R=5.9\times10^3\ \mathrm{cm^2/g}$.

10.8 非 LTE 等离子体

10.8.1 非 LTE 电离

到目前为止，我们在 LTE 条件下考虑电离. 但是，这些条件经常不满足，特别是靶表面和星体冕区的光性薄等离子体，等离子体的辐射可自由逃入真空. 在这种情况下，辐射复合过程不能和对应的光电离过程平衡. 这可能大大降低 LTE 电离的水平，并对辐射输运和流体动力学有很大影响. 非 LTE 行为严重影响高 Z 材料的激光等离子体烧蚀. 它使模拟复杂化，因为通常它要在求解辐射流体动力学方程的同时，求解依赖时间的速率方程(Lokke, Grasberger, 1977).

但是，如果按流体动力学尺度辐射过程是快的，我们可使用稳态的非 LTE 方法. 这里我们参考 Eidmann(1989)的工作，给出这种方法的例子. 在这种近似下，我们求解稳态速率方程为

$$n_i n_e C_i = n_{i+1} n_e{}^2 \beta_{i+1} + n_{i+1} n_e \alpha_{i+1}(1+d), \tag{10.128}$$

这里 $i=0,\cdots,(Z-1)$, $n_e=\sum_1^Z i n_i$,n_e 和 n_i 表示电子和 i 价电离的 Z 离子. 方程(10.128)表示左边的碰撞电离过程与右边的碰撞和辐射复合过程平衡. 辐射俘获系数 α_{i+1} 的近似表达式由(10.97)式给出，碰撞电离系数 C_i 将在 10.9.4 小节推导，三体复合系数 β_{i+1} 在 10.9.5 小节推导(McWhirter, 1965). 为简洁起见，我们只考虑离子处在基态，因此系数所考虑的价壳层为 n，这个壳层下面的轨道全部填满，这样系数要乘上这一层的价电子数.

另一个复杂问题是双电子复合，它可能对辐射俘获有很大贡献，这可大大降低

稠密非 LTE 等离子体的电离度. 对双电子复合,俘获的电子不直接辐射,但是激发一个束缚电子,然后这个电子辐射衰变(Burgess, 1965). 在(10. 128)式中,我们只是用参数 d 来唯象地考虑这个过程,这样辐射俘获系数为$(1+d)\alpha_{i+1}$.

对低密度等离子体,相对于 $n_e\beta_{i+1}$, α_{i+1} 可以忽略,这样(10. 128)式和冕区电离模型(Griem, 1964)相同,相反在高密度极限(但仍然低于压力电离),又回到萨哈平衡(10. 2. 2 小节). 注意对典型非 LTE 情况,自由电子仍然满足定义电子温度 T_e 的麦克斯韦分布,但束缚能级的布居数远离 LTE. 这是因为辐射和碰撞的时间行为不同,碰撞速率主导光谱上部和连续谱的跃迁,但对更紧束缚的能级,辐射速率

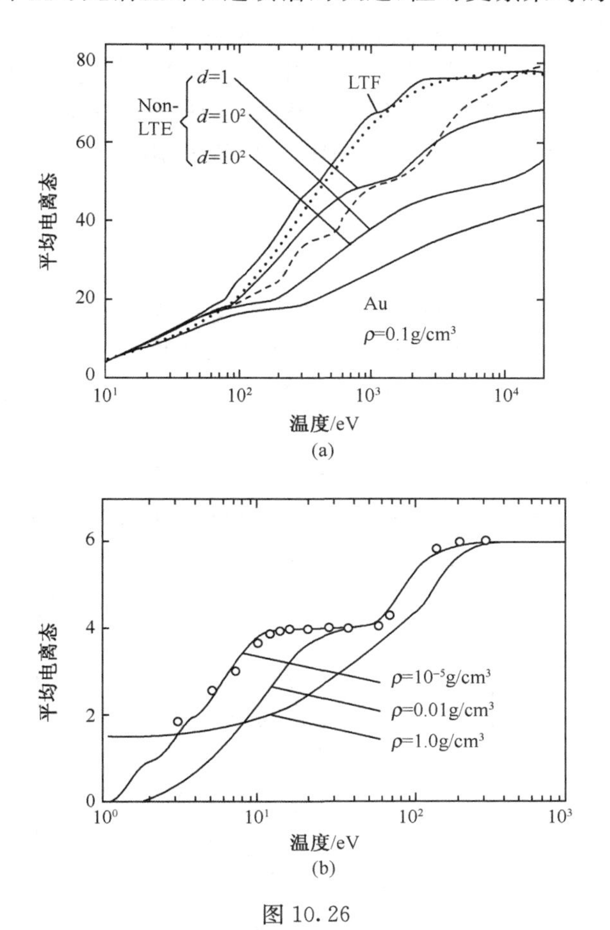

图 10. 26

(a)密度 $\rho=0.1\text{g/cm}^3$ 时,金的平均电离态随温度的变化. 实线为对不同双电子复合参数 d 从(10. 128)式得到的非 LTE 结果,LTE 曲线表示萨哈电离,点划线重复 Rickert(1993)根据双电子复合显式处理得到的非 LTE 结果;(b)碳平均电荷态随温度的变化. 实线为对不同密度的 SNOP 计算(Eidmann, 1994),空心点为 Post 等(1977)的冕区模型结果

可能超过碰撞速率，这可改变光性薄等离子体中激发态的布居. 这些光子会逃离等离子体，不再对建立热平衡的光电离有贡献，在极端情况，离子只处在基态. 这也证明上面假定只考虑基态离子，并利用依赖质量密度和温度的麦克斯韦平均速率系数是正确的.

为了感受一下电离的非 LTE 效应，我们给出 Eidmann(1994)报道的(10.128)式的解. 在图 10.26(a)中，对 $\rho=0.1\text{g/cm}^3$，给出了金的平均电离态随温度的变化. (10.128)式的解与从萨哈方程得到的 LTE 结果和表 10.2 中拟合公式得到的对应 TF 结果(点线)进行了比较. 我们看到，在稳态非 LTE 平衡近似下，电离度显著下降，它本身也强烈依赖双电子复合参数 d. Rickert (1993)对双电子复合的更详细处理表明，在这种情况下，量级为 $d=10$. 图 10.26(b)给出了不同密度下低 Z 元素(碳)的对应电离度. 低密度曲线和 Post 等(1977)的冕区模型(空心点)一致. $\rho=1\text{g/cm}^3$ 的高密度线实际上和表 10.2 中的 TF 结果相同，这里也包括了低温时压力电离引起的电离度增加.

10.8.2 非 LTE 光厚

电子的非平衡分布对辐射和吸收有很大影响. 首先，这是由于在给定温度和密度下等离子体电离态分布的不同. 同时也由于对特定离子不同激发态的布居和 LTE 分布不同. 一个重要结果是，在非 LTE 条件下，(7.29)式的基尔霍夫定律不再成立，辐射和吸收系数要分别计算.

这里只在图 10.27 中给出一个例子，对 $T=500\text{eV}$，$\rho=0.1\text{g/cm}^3$ 的金等离子体辐射系数，非 LTE 和 LTE 结果进行比较. 我们看到，在非 LTE 条件下总辐射显著下降，并在给定 T 和 ρ 下发生在更低的光子能量. 由此我们马上可以得出结论，

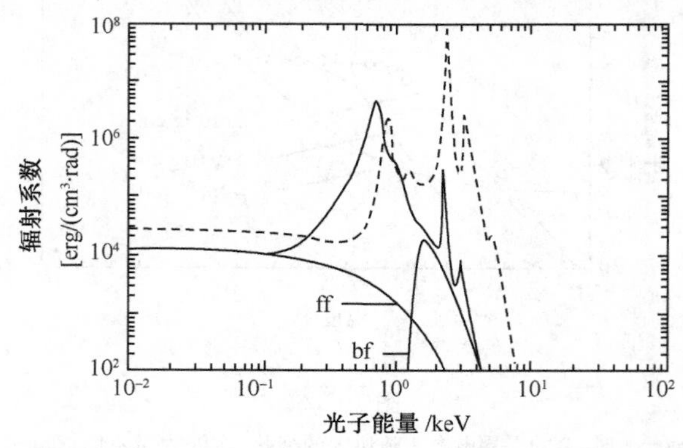

图 10.27 在 $T=500\text{eV}$，$\rho=0.1\text{g/cm}^3$ 时，金的非 LTE 辐射系数(实线)随光子能量的变化，并和 LTE 结果(虚线)比较

这里也给出了 ff 和 bf(bf,1～5keV)的贡献(Eidmann, 1994)

在激光照射金表面时,辐射冷却减少,这会显著增加烧蚀等离子体的温度(参考 9.2.1 小节的讨论). 图 10.27 中的结果用稳态非 LTE 光厚程序 SNOP 得到. 关于计算的细节,可参考原始文献(Eidmann, 1994).

10.9　电 子 碰 撞

在关于热稠密等离子体物理的这章中,我们最后简要讨论电子碰撞过程. 这里我们打算给出碰撞时间与碰撞电离和三体复合速率系数的重要表达式. 大多数结果是关于弱耦合等离子体的,但我们也讨论简并温稠密等离子体中的碰撞频率. 另外,由于 K_α 诊断的重要应用,我们也给出内壳层电离截面.

10.9.1　稀薄等离子体中的碰撞时间

根据经典卢瑟福散射,以速度为 v,碰撞参数为 b 的电子入射到电荷为 $+Ze$ 的固定离子其散射角 θ 为

$$\tan(\theta/2) = Ze^2/(mv^2 b), \tag{10.129}$$

碰撞参数为 $r_0 = Ze^2/m_e v^2$ 时,散射角为 $90°$. 对这个 r_0,电子动能 $m_e v^2/2$ 等于势能 $Ze^2/2r_0$. 转移给离子的动量为

$$(\Delta p)^2 = (2m_e v\sin\theta/2)^2 = (2p_0)^2/[1+(b/r_0)^2]. \tag{10.130}$$

对后向散射,这个量达到最大值 $2m_e v$.

参数 r_0 为库仑碰撞的特征长度,对应的截面为

$$\sigma_c = \pi r_0^2 = \pi(Ze^2/m_e v^2)^2, \tag{10.131}$$

它强烈依赖速度. 对高速度,也即高等离子体温度,截面迅速下降,库仑碰撞变得很少. 在激光等离子体中,这会使得超热电子不能达到热平衡. 等离子体温度为 T、密度为 n 时,碰撞时间尺度为

$$\tau = 1/(n\sigma_c v) \propto m_e^{1/2}(k_B T)^{3/2}/[n(Ze^2)^2], \tag{10.132}$$

这里我们设 $v = v_{th} = (k_B T/m_e)^{1/2}$. 尽管写下这些公式的参数结构是容易的,详细推导等离子体中各种速度的粒子间相互作用的积分并不简单(Spitzer, 1962). 这里我们引用 Wesson(2003)的结果作为参考.

电子间的碰撞时间为

$$\tau_e = \frac{3}{4\sqrt{2\pi}}\frac{m_e^{1/2}(k_B T_e)^{3/2}}{n_i Z_i^2 e^4 \ln\Lambda_e} = 1.09\times10^{-11}\frac{T_e^{3/2}}{n_i Z_i^2 \ln\Lambda_e}\mathrm{s}, \tag{10.133}$$

离子间的碰撞频率为

$$\tau_i = \frac{3}{4\sqrt{\pi}}\frac{m_i^{1/2}(k_B T_i)^{3/2}}{n_i Z_i^4 e^4 \ln\Lambda_i} = 6.60\times10^{-10}\frac{A^{1/2} T_i^{3/2}}{n_i Z_i^4 \ln\Lambda_i}\mathrm{s}, \tag{10.134}$$

这里,T_e 和 T_i 分别为电子和离子温度,单位是 keV,n_i 是离子密度,单位是$10^{21}/\mathrm{cm}^3$,

A 是离子的质量数,Z_i 是电离态. 量 τ_e 和 τ_i 决定了在它们的子系统内电子和离子分别达到热平衡的时间尺度. 电子和离子之间的能量交换需要更多时间,因为它们的质量相差很大. 平均来说,一个电子要和离子碰撞 $m_i/(2m_e)$ 次才能转移完一次能量. 因此电子和离子的平衡时间为

$$\tau_{ei} = \frac{m_i}{2m_e}\tau_e = 0.99 \times 10^{-8} \frac{AT_e^{3/2}}{n_i Z_i^2 \ln\Lambda_e}\text{s}, \tag{10.135}$$

这里的单位和前面一样. 库仑对数 $\ln\Lambda = \int \mathrm{d}b/b$ 来自对碰撞参数 b 的积分.

Wesson(1987)取 $\Lambda = b_{max}/b_{min}$,并把德拜长度作为上截断,$b_{max} = \lambda_D = (k_B T_e/4\pi e^2 n_e)^{1/2}$. 对下截断,他取了离子-离子碰撞的经典入射参数 $r_0 = (Ze)^2/(3k_B T_i)$,但德布罗意波长为 $\lambda_{dB} = \hbar/2m_e v$,对电子-离子碰撞有 $m_e v^2/2 = 3k_B T_e/2$,因此 $k_B T_e \geqslant 10\text{eV}$. 在后一种情况,入射参数 r_0 要用量子极限 λ_{dB}代替,因为 $r_0 < \lambda_{dB}$. 这样,我们有

$$\begin{aligned} \ln\Lambda_e &= 7.1 - 0.5\ln n_e + \ln T_e, \quad T_e \geqslant 10\text{eV}, \\ \ln\Lambda_i &= 9.2 - 0.5\ln n_e + 1.5\ln T_i, \quad T_i \leqslant 10A\text{keV}, \end{aligned} \tag{10.136}$$

这里 n_e 的单位是 $10^{21}/\text{cm}^3$,温度的单位是 keV. 对束等离子体和惯性聚变有关的密度和温度在表 10.4 中列出了 $\ln\Lambda_e$ 的值. 在磁聚变等离子体中典型值为 $\ln\Lambda_e = 17$,这里的密度比较高,所以值要小一些. 关于经典和量子库仑对数问题在 11.5 节还有进一步讨论.

表 10.4 从(10.136)式计算得到的库仑对数 $\ln\Lambda_e$

T_e/eV	$n_e/(1/\text{cm}^3)$				
	10^{17}	10^{19}	10^{21}	10^{23}	10^{25}
10	7.1	4.8	2.5	—	—
10^2	9.4	7.1	4.8	2.5	—
10^3	11.7	9.4	7.1	4.8	2.5
10^4	14.0	11.7	9.4	7.1	4.8

10.9.2 温度 $T \leqslant T_F$ 的温稠密等离子体的碰撞频率

当温度小于费米温度 T_F 时,稠密等离子体中电子碰撞物理完全改变. 对激光吸收和激光驱动电子输运,这个区域的电子热导率特别重要(Lee, More, 1984; Roepke, 1988; Redmer, 1999). 在这个区域,稠密等离子体接近金属态. 离子有点像晶格镶嵌在简并电子海中. 对电和热传输作贡献的电子其速度大小为费米速度 v_F 量级,并由于热离子涨落而散开. 对固体这种涨落用声子描述,它们建立势为 $U(r) \propto Z_i e^2 \xi / r^2$ 的瞬态电偶极子. 这里离子离开平衡位置的平均位移平方为 $\langle \xi^2 \rangle \propto$

$k_B T_i/(n_i Z_i^2 e^2)$，T_i、n_i、Z_i 分别为离子的温度、密度和有效电荷. 因此在玻恩近似下，电子散射截面正比于势能傅里叶变换的平方 $\sigma \propto |m_e U(q)/\hbar|^2 \propto (Z_i e^2 m_e \xi/\hbar q)^2$ (Landau，Lifshitz，1965)，转移的动量可估计为 $q \approx m v_F$. 这样电子碰撞的定标为

$$\nu_e \propto n_i v_F \sigma \propto \frac{e^2}{\hbar v_F} \frac{k_B T_i}{\hbar}. \tag{10.137}$$

其重要特点是，在温稠密等离子体区域，碰撞频率随温度线性增加，$\nu_{wdm} \propto T_i$，这和高温等离子体区域相反，那里碰撞频率随电子温度减小，按照(10.133)式，有 $\nu_{spitzer} = 1/\tau_e \propto T_e^{-3/2}$. 注意在(10.137)式中没有电荷 Z_i 和密度 n_i. 为了近似描述所有温度区间，Eidmann 用了插值方法

$$\nu_e^{-1} = (\nu_{wdm})^{-1} + (\nu_{spitzer})^{-1}, \tag{10.138}$$

$$\nu_{wdm} = K_{wdm} \frac{e^2}{\hbar v_F} \frac{k_B T_i}{\hbar}, \tag{10.139}$$

这里 K_{wdm} 为经验常数. Basko 等(1997)给出了固体和等离子体间的另一种插值方法. 对固体铝($\rho_0 = 2.7 g/cm^3$)和 $T_e = T_i$，图 10.28(a)给出了按这种近似得到的和温度依赖关系. 常数 K_{wdm} 根据测量的反射率调整. 使用 $R = |(n-1)/(n+1)|^2 = 0.92$ 和折射率 $n^2 = 1 - (\omega_P/\omega_L)^2/(1 - i\nu_e/\omega_L)$(参考 11.1.1 小节)，我们有 $\nu_e = 8.5 \times 10^{14}/s$ 和 $K_{wdm} = 18.8$.

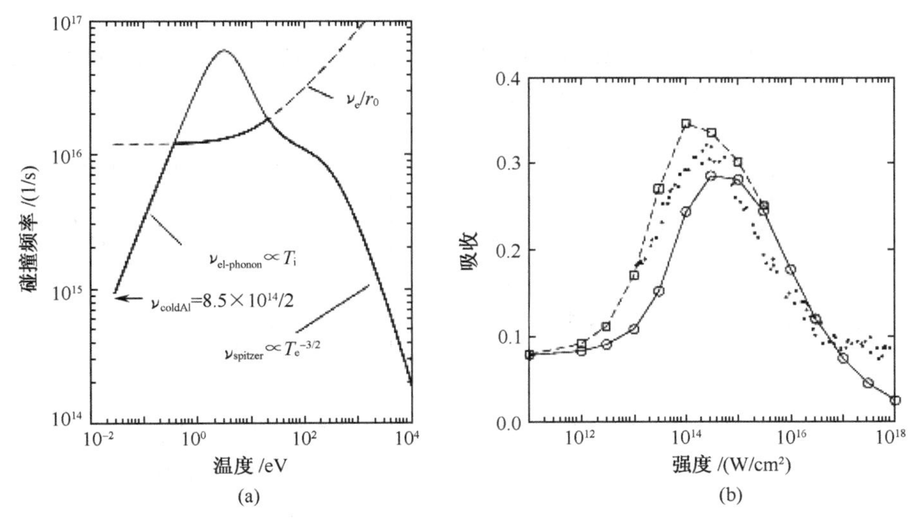

图 10.28

(a)固体密度铝的碰撞频率随温度的变化(粗实线，$T_e = T_i$). 细实线为(10.138)式的拟合结果，虚线是 $\lambda_e > r_0$ 决定的上限；(b)用(10.138)式的碰撞频率计算得到的激光吸收(实线)和 Price 等(1995)的数据比较，虚线为用 K_{wdm} 得到，这里乘了 2(Eidmann et al.，2000a)

从图 10.28 可以看到，温度在 0.5～20 eV 时，(10.138)式给出的峰值 ν_e 大于

10^{16}/s. 这些值是非物理的，因为它们意味着，电子平均自由程 $\lambda_e = v_F/\nu_e$ 小于(10.37)式定义的离子小球半径 R_0. 因此，值 $\nu_e = v_F/R_0$ 作为碰撞频率的上限，这样模型就完整了.

在图 10.28(b)中，模型用于 150 fs、λ_L = 400nm、强度在很大范围内变化的激光在 Al 上的吸收(Eidmann et al.，2000a). 数据和(10.138)式的模拟结果比较. 在 $10^{14} \sim 10^{15}$ W/cm^2 时的最大吸收反映了在 T = 10eV 附近碰撞频率最大. 比较图 10.28 中的(a)、(b)部分时，我们应该记住，对固定脉冲能量，温度随强度增加. 在强度为 10^{18} W/cm^2 时，相对论效应开始起作用，这引起吸收再次增大. 激光在等离子体中的碰撞吸收理论在 11.2.2 小节有更详细的讨论.

10.9.3 内壳层电子的碰撞电离

动能为 E 的自由电子和束缚能为 $|E_n|$ 的 n 壳层电子的碰撞电离可用量子力学方法计算(Bethe, 1930). 他用平面波处理入射和散射电子(一阶玻恩近似)，得到的截面形式为 $\sigma_{nc}(E) \propto \ln(E/|E_n|)/(\beta^2 |E_n|)$，这里 $\beta = v/c$ 是入射电子速率. 这个结果为 $E \gg |E_n|$ 时的渐近解，但接近阈值能量时 $E \geqslant |E_n|$，公式也能相当好地描述 K 壳层和 L 壳层电离，即

$$\sigma_{nc}(E) = aN_n \frac{\ln(E/|E_n|)}{\beta^2 |E_n|}, \tag{10.140}$$

这里，N_n 为 n 壳层上的电子数，$a \approx 1.6 \times 10^{-22}$ cm^2 · keV 是经验常数. 在图 10.29 中，(10.140)式和实验数据进行了比较.

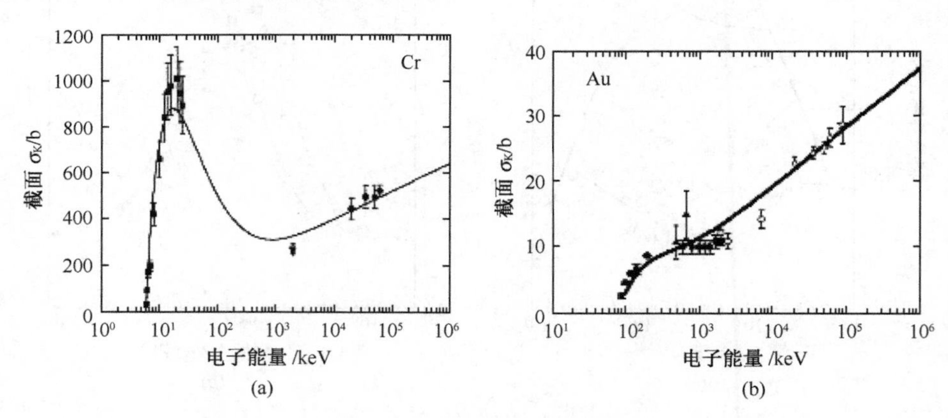

图 10.29 K 壳层电离截面

(a)Cr; (b)Au(10.140)式和 Liu 等(2000)的数据点比较

对非相对论电子能量 $E = m_e c^2 \beta^2/2$，(10.140)式为碰撞电离 Lotz(1967)公式的简化. 这里我们看到，(10.140)式也可描述能量 $E > m_e c^2$ 的相对论入射电子，这时 $\beta \approx 1$，截面增长为 $\propto \ln(E/|E_n|)$. 相对论能量为 15MeV $\leqslant E \leqslant$ 65MeV 时，Hoffmann 等(1979)对周期表中($12\leqslant Z\leqslant 92$)元素的 K、L 和 M 壳层电离得到的数据可以写为

$$\sigma_{\mathrm{nc}}\mid E_n\mid/N_n\approx 160\ln(E/\mid E_n\mid)\quad \mathrm{b\cdot keV}. \tag{10.141}$$

其误差范围为 10%～20%.

10.9.4　等离子体中的碰撞电离速率

我们从(10.140)式导出 i 次电离离子的碰撞电离速率(每个电子),这是又一个有用的结果,即

$$C_{i,n}=\int_{v_{\min}}^{\infty}\sigma_{\mathrm{nc}}vf(v)\mathrm{d}^3v, \tag{10.142}$$

这里 $f(v)$为等离子体的非相对论麦克斯韦速度分布函数. 由这个积分得到

$$C_{i,n}=1.1\times 10^{-5}\mid E_n\mid^{-1}T^{-1/2}\varepsilon_1(\mid E_n\mid/T)\ \mathrm{cm^3/s}, \tag{10.143}$$

这里温度 T 和束缚能$|E_n|$的单位为 eV. 指数积分函数为

$$\varepsilon_1(x)=\int_x^{\infty}\mathrm{d}y\exp(-y)/y. \tag{10.144}$$

在 $0.1<x=|E_n|/k_{\mathrm{B}}T<10$ 这个区间做估计时,它可近似为 $\varepsilon_1(x)\approx 0.22\mathrm{e}^{-x}/x^{3/4}$. 这样有

$$C_{i,n}=2.4\times 10^{-6}\mid E_n\mid^{-7/4}T^{1/4}\mathrm{e}^{-|E_n|/T}\ \mathrm{cm^3/s}. \tag{10.145}$$

10.9.5　三体复合

电子碰撞电离的逆过程为三体复合,其速率为 $\beta_{i+1,n}(E)$. 这里,自由电子被俘获到($i+1$)次电离离子的 n 壳层,对密度为 $10^{21}/\mathrm{cm^3}$ 或更高的等离子体,它超过辐射俘获成为占主导的复合过程,在热平衡时,这两个过程的速率由平衡条件 $n_{\mathrm{i}}n_{\mathrm{e}}C_{i,n}=n_{\mathrm{i+1}}n_{\mathrm{e}}^2\beta_{i+1,n}$ 相联系. 利用萨哈方程(10.2.2)可决定 $n_{\mathrm{i+1}}n_{\mathrm{e}}/n_{\mathrm{i}}$,利用(10.145)式决定 $C_{i,n}$,这样我们发现,三体复合的速率系数为

$$\beta_{i+1,n}\approx 3.9\times 10^{-28}\mid E_n\mid^{-7/4}T^{-5/4}\ \mathrm{cm^6/s}. \tag{10.146}$$

碰撞电离和三体复合的表达式(10.145)和(10.146)式已用在(10.128)式,来计算非 LTE 电离和谱辐射. 图 10.26 和图 10.27 就是例子. 更详细的内容,读者可参考 Eidmann(1994)描述 SNOP 程序的文献.

第 11 章　束靶相互作用

惯性聚变靶由外部的束驱动. 在本章中我们考虑高功率激光和离子束的能量沉积. 这种相互作用通常发生在非简并的理想等离子体中，束能量首先转移给电子和电子等离子体波，然后通过电子和离子间的库仑碰撞热化. 作为参考，我们先简要介绍相关的等离子体物理，然后比较细致地描述能量沉积.

11.1　等离子体物理基础

外部束的吸收涉及等离子体集体效应. 因此本节的目的是推导横向和纵向等离子体波的标准介电函数和色散关系，这在下面要用到. 这种处理建立在描述均匀等离子体微小扰动的麦克斯韦方程和线性化等离子体方程基础之上. 磁场不考虑. 这里的推导很简短，想看详细讨论的读者可参考其他书籍，比如 Krall 和 Trivelpiece(1973)的书.

我们从描述电磁波在等离子体中传播的方程开始，即

$$\boldsymbol{\nabla}\times(\boldsymbol{\nabla}\times\boldsymbol{E})=-\frac{1}{c^2}\frac{\partial^2\boldsymbol{E}}{\partial t^2}-\frac{4\pi}{c^2}\frac{\partial\boldsymbol{j}}{\partial t} \tag{11.1}$$

为推导方便，所有扰动量用“1”来标记，它们写成傅里叶模式的形式，即

$$A_1(\boldsymbol{x},t)=\Re[\hat{A}_1\mathrm{e}^{\mathrm{i}(\boldsymbol{k}\cdot\boldsymbol{x}-\omega t)}], \tag{11.2}$$

这里 $\hat{A}_1$ 为复数振幅. 这样时间和空间导数可分别用频率 $-\mathrm{i}\omega$ 和波矢 $\mathrm{i}\boldsymbol{k}$ 代替. 下面，每个线性化方程都用这些振幅，并可理解为实际量为其中的实数部分，即使有时符号 $\Re$ 省略. 这样(11.1)式可写为

$$-\boldsymbol{k}\times(\boldsymbol{k}\times\boldsymbol{E}_1)=\frac{\omega^2}{c^2}\boldsymbol{E}_1+\frac{4\pi\mathrm{i}\omega}{c^2}\boldsymbol{j}_1=\frac{\omega^2}{c^2}\varepsilon\cdot\boldsymbol{E}_1 \tag{11.3}$$

这里我们用了欧姆定律 $\boldsymbol{j}_1=\sigma\cdot\boldsymbol{E}_1$，并用传导率张量 σ 定义介电张量为

$$\varepsilon=1+(4\pi\mathrm{i}/\omega)\sigma, \tag{11.4}$$

对非磁化等离子体，介电张量只有对角元素，两个横向方向($\boldsymbol{E}_1\perp\boldsymbol{k}$)为 ε_{T}，纵向方向($\boldsymbol{E}_1/\!/\boldsymbol{k}$)为 ε_{L}. 相应地，波动方程(11.3)也可分成横向部分(即电磁波部分)和纵向部分(即静电等离子体波)，其色散关系分别为

$$k^2=(\omega/c)^2\varepsilon_{\mathrm{T}}(k,\omega), \tag{11.5}$$

$$\varepsilon_{\mathrm{L}}(k,\omega)=0. \tag{11.6}$$

这时 $\boldsymbol{k}\times(\boldsymbol{k}\times\boldsymbol{E}_1)=0$，等离子体和位移电流刚好相互抵消. 介电函数 $\varepsilon_{\mathrm{T}}(k,\omega)$ 和

$\varepsilon_L(k,\omega)$必须由等离子体方程决定. 对各向同性等离子体,它们依赖波数$k=|\boldsymbol{k}|$和 ω.

11.1.1　横向电磁波

在最低的线性阶段,电磁波诱发等离子体电子的横向振荡,这可用牛顿方程描述,电子速度为

$$-\mathrm{i}\omega m_e \boldsymbol{v}_{el} = -e\boldsymbol{E}_1 - \nu_e m_e \boldsymbol{v}_{el}. \tag{11.7}$$

这里我们用$\propto\nu_e$ 的项包括电子-离子碰撞,这是碰撞吸收的主要来源. 从(11.7)式我们得到横向电流为

$$\boldsymbol{j}_1 = -en_0\boldsymbol{v}_{el} = \frac{e^2 n_0}{\mathrm{i}m_e(\omega+\mathrm{i}\nu_e)}\boldsymbol{E}_1, \tag{11.8}$$

横向介电常数为

$$\varepsilon_T(k,\omega) = 1 - \frac{\omega_p^2}{\omega^2(1+\mathrm{i}\nu_e/\omega)} \tag{11.9}$$

所有的等离子体性质都包含在等离子体频率和碰撞频率 ν_e 之中,即

$$\omega_p = (4\pi e^2 n_0/m_e)^{1/2}. \tag{11.10}$$

ε_T 项的虚数部分引起电磁波的阻尼. 我们用复波数来考虑它. 用 $k+\mathrm{i}K/2$ 来代替 k,波的强度变为 $I_L\propto|\boldsymbol{E}_1|^2\propto\exp(-Kx)$,这里 K 为吸收系数. 把(11.9)式代入(11.5)式,我们从实数部分得到电磁波的色散关系,即

$$\omega^2 = \omega_p^2 + k^2c^2, \tag{11.11}$$

从虚数部分得到碰撞吸收系数

$$K = \frac{\nu_e}{c}\frac{\omega_p^2}{\omega^2}\frac{1}{\sqrt{1-\omega_p^2/\omega^2}}. \tag{11.12}$$

这里,我们假定 $\nu_e/\omega\ll 1$.

11.1.2　纵向色散

纵向波涉及电子和离子的电荷分离场,相应色散关系的推导需要动力学理论(Krall, Trivelpiece, 1973). 我们从 Vlasov 方程出发,有

$$\frac{\partial f_a}{\partial t} + \boldsymbol{v}\cdot\frac{\partial f_a}{\partial \boldsymbol{r}} + \frac{q_a}{m_a}\left(\boldsymbol{E}+\frac{1}{c}\boldsymbol{v}\times\boldsymbol{B}\right)\cdot\frac{\partial f_a}{\partial \boldsymbol{v}} = \left(\frac{\partial f_a}{\partial t}\right)_{coll}, \tag{11.13}$$

这里 $f_a(\boldsymbol{x},\boldsymbol{v},t)$是电荷为 q_a 质量为 m_a 的粒子分布函数,符号 a 表示电子(a=e)和离子(a=i). 麦克斯韦分布为

$$f_{a0} = \frac{n_{a0}}{(2\pi)^{3/2}v_{th,a}^3}\exp\left(-\frac{v^2}{2v_{th,a}^2}\right), \tag{11.14}$$

这里粒子数密度为 $n_{a0}=\int \mathrm{d}^3 v f_{a0}$,热速度为 $v_{th,a}=(k_B T_a/m_a)^{1/2}$,两种粒子的温度

为 T_a(可能 $T_e \neq T_i$). 现在我们考虑微扰 $f_{a1}=f_a-f_{a0}$. 由于数学上的原因,在(11.13)式右边引入了碰撞项. 选择的方法是对参数 $\nu>0$,有 $(\partial f_a/\partial t)_{coll}=\nu(f_{a0}-f_a)$,最终对所有结果我们取极限 $\nu\to+0$. 物理上,这项保证 $t\to\infty$ 时为热平衡. 这样线性化方程写为

$$-\mathrm{i}\omega f_{a1}+\mathrm{i}\boldsymbol{k}\cdot\boldsymbol{v}f_{a1}-(q_a/m_a)\Phi_1\mathrm{i}\boldsymbol{k}\cdot\partial f_{a0}/\partial\boldsymbol{v}=-\nu f_{a1} \tag{11.15}$$

这里,电场 $\boldsymbol{E}_1=-\nabla\Phi_1$ 已经用势 Φ_1 来代替,磁场已设为 $\boldsymbol{B}\equiv 0$. 假定等离子体的扰动为外加势 Φ_{ex},那么等离子体的线性响应为 $\Phi_{ind}=\Phi_1-\Phi_{ex}$,这是从泊松方程得到的,即

$$k^2(\Phi_1-\Phi_{ex})=\sum_a 4\pi q_a\int d^3\nu f_{a1}. \tag{11.16}$$

由(11.15)式求解 f_{a1},并把它代入(11.16)式得到

$$\Phi_1=\Phi_{ex}/\varepsilon_L(k,\omega), \tag{11.17}$$

这里价电函数为

$$\varepsilon_L(k,\omega)=1-\sum_a\frac{4\pi q_a^2}{m_a k^2}\int d^3v\,\frac{\mathrm{i}\boldsymbol{k}\cdot\partial f_{a0}/\partial\boldsymbol{v}}{-\mathrm{i}\omega+\mathrm{i}\boldsymbol{k}\cdot\boldsymbol{v}+\nu}. \tag{11.18}$$

利用(11.14)式的平衡分布 f_{a0},它可写为

$$\varepsilon_L(k,\omega)=1-\sum_a\frac{\omega_{pa}^2}{k^2 v_{th,a}^2}W\left(\frac{\omega}{k v_{th,a}}\right), \tag{11.19}$$

这里 $\omega_{pa}^2=4\pi q_a^2 n_{a0}/m_a$,等离子体色散函数为(Fried, Conte, 1961)

$$W(\zeta)=1+\lim_{\nu'\to+0}\frac{1}{\sqrt{2\pi}}\int_{-\infty}^{+\infty}dx\,\frac{x\mathrm{e}^{-x^2/2}}{x-\zeta-\mathrm{i}\nu'}. \tag{11.20}$$

这是复数 ζ 上半平面($\mathrm{Im}\zeta\geqslant 0$)的解析函数,由于 $\nu'>0$,它包括实数轴,对(11.20)式积分时,积分路径 x 可总是在点 $x=z+\mathrm{i}\nu'$ 下面,这样可连续进入下半平面. 对小 ζ,其重要的渐近展开为

$$\begin{aligned}W(\zeta)&=\mathrm{i}\sqrt{\frac{\pi}{2}}\zeta\mathrm{e}^{-\zeta^2/2}+1-\zeta\mathrm{e}^{-\zeta^2/2}\int_0^{\zeta}dy\,\mathrm{e}^{y^2/2}\\&=\mathrm{i}\sqrt{\frac{\pi}{2}}\zeta\mathrm{e}^{-\zeta^2/2}+1-\zeta^2+\frac{\zeta^4}{3}-\cdots+\frac{(-1)^{n+1}\zeta^{2n+n}}{(2n+1)!!}-\cdots,\end{aligned} \tag{11.21}$$

对大 ξ, $|\Im\zeta/\Re\zeta|\ll 1$,有

$$W(\zeta)=\mathrm{i}\sqrt{\frac{\pi}{2}}\zeta\mathrm{e}^{-\zeta^2/2}-\frac{1}{\zeta^2}-\frac{3}{\zeta^4}-\cdots-\frac{(2n-1)!!}{\zeta^{2n}}-\cdots, \tag{11.22}$$

$W(\zeta)$的图形表示见图 11.1.

11.1.3　朗缪尔波

朗缪尔波是电子在平衡分布附近振荡产生的电子密度波. 这些高频波接近等

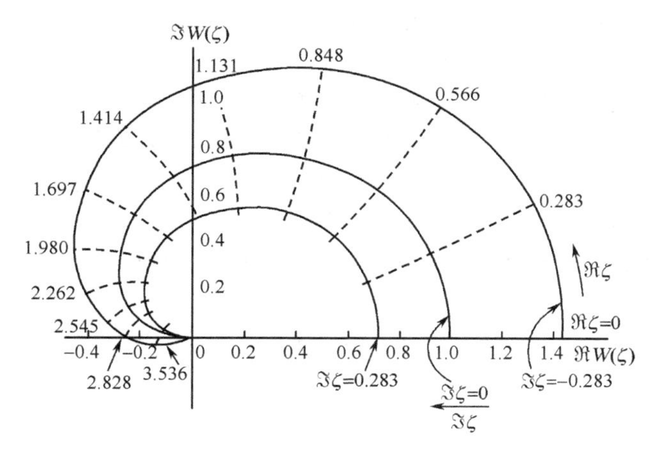

图 11.1　不同复变量 ζ 时的复函数 $W(\zeta)$

离子体频率 ω_p，比较重的离子作为固定的中性化背景. 这些波只在相速度 $v_{ph}=\omega/k$ 远大于热速度 $v_{th,e}$ 时存在，否则它们被朗道阻尼抑制.

色散关系可从 $\varepsilon_L(k,\omega)=0$ 得到. 忽略离子贡献，对 $z=\omega/kv_{th}\gg 1$，从(11.19)和(11.22)式我们发现

$$(zk\lambda_D)^2=\left(\frac{\omega}{\omega_p}\right)^2=-z^2W(z)=1+\frac{3}{z^2}+\cdots-\mathrm{i}\sqrt{\frac{\pi}{2}}z^3\exp\left(-\frac{z^2}{2}\right). \tag{11.23}$$

这里 $\lambda_D=v_{th,e}/\omega_{p,e}$ 是电子德拜长度. 在最低阶，它给出 $\omega\simeq\omega_p$，这对应非传播的等离子体振荡. 代入(11.23)式我们发现朗缪尔波的色散关系为

$$\omega=\omega_p(1+3k^2\lambda_D^2)^{1/2}-\mathrm{i}\sqrt{\frac{\pi}{8}}\frac{\omega_p}{(k\lambda_D)^3}\exp\left[-\frac{1}{2}\left(\frac{1}{(k\lambda_D)^2}+3\right)\right], \tag{11.24}$$

虚数部分表示朗道阻尼速率(Landau, 1946). 这是非常有效的纵向等离子体波非碰撞阻尼机制. 物理上，它来自等离子体电子刚好以相速度 $v_{ph}=w/k$ 运动时的共振相互作用. 只有对 $v_{ph}\gg v_{th}$，也即相应的 $k\lambda_D\ll 1$，朗道阻尼变小，等离子体波才能传播.

11.1.4　离子声波

第二个重要的等离子体波是离子声波. 这种等离子体中的声波其频率远小于 ω_p，并涉及离子运动. 实际上，电子能跟上离子的这种模式，这样准中性能保持. 现在(11.18)式中保留离子的贡献，色散关系(11.19)式变为

$$\varepsilon_L(k,\omega)=1+\frac{W(z_i)}{(k\lambda_{Di})^2}+\frac{W(z_e)}{(k\lambda_{De})^2}=0. \tag{11.25}$$

这里我们区分离子量和电子量,德拜长度为 $\lambda_{\mathrm{Di}}^2=k_{\mathrm{B}}T_{\mathrm{i}}/4\pi Z^2e^2n_{\mathrm{i}}$ 和 $\lambda_{\mathrm{De}}^2=k_{\mathrm{B}}T_{\mathrm{e}}/4\pi e^2n_{\mathrm{e}}$,归一化相速度为 $z_{\mathrm{i}}=\omega/kv_{\mathrm{th,i}}\gg1$ 和 $z_{\mathrm{e}}=\omega/kv_{\mathrm{th,e}}\ll1$,温度为 T_{i} 和 T_{e},而密度为 $n_{\mathrm{e}}=Zn_{\mathrm{i}}$. 从这我们得到相速度远大于离子热速度 $z_{\mathrm{i}}\gg1$,但又小于电子热速度 $z_{\mathrm{e}}\ll1$ 时离子声的基本解. 根据(11.21)和(11.22)式,下列近似成立:

$$W(z_{\mathrm{i}})/(k\lambda_{\mathrm{Di}})^2\approx-1/(z_{\mathrm{i}}k\lambda_{\mathrm{Di}})^2=-(v_{\mathrm{th,i}}/\omega\lambda_{\mathrm{Di}})^2, \tag{11.26}$$

$$W(z_{\mathrm{e}})/(k\lambda_{\mathrm{De}})^2\approx-1/(k\lambda_{\mathrm{De}})^2. \tag{11.27}$$

对足够小的 ω 和 k,这两个表达式和(11.25)式中的 1 相比是大的,这样声波的色散关系为

$$\omega=c_{\mathrm{ia}}k, \tag{11.28}$$

这里离子声速为

$$c_{\mathrm{ia}}=\sqrt{Zk_{\mathrm{B}}T_{\mathrm{e}}/m_{\mathrm{i}}}. \tag{11.29}$$

严格地说,这个简单结果对 $ZT_{\mathrm{e}}>T_{\mathrm{i}}$ 成立,也即 $c_{\mathrm{ia}}/v_{\mathrm{th,i}}=\sqrt{ZT_{\mathrm{e}}/T_{\mathrm{i}}}>1$. 这种条件在束驱动等离子体中通常是满足的,因为束能量首先沉积给电子,所以 $T_{\mathrm{e}}>T_{\mathrm{i}}$.

11.2 激光在等离子体中的碰撞吸收

对于激光束对物质的烧蚀驱动,光在烧蚀等离子体中的碰撞吸收,也就是所谓的逆轫致吸收,它是受欢迎的吸收机制,因为沉积的能量能局域热化. 其他的机制有共振吸收和参量吸收,它们在 11.3 节讨论. 它们先把光能耦合到等离子体波,再产生超热电子,这些超热电子通常不是在焦点区域局域热化.

描述哪种机制占主导的关键参数是临界密度(参考 7.8.1 小节),即

$$n_{\mathrm{c}}=\frac{\pi m_{\mathrm{e}}c^2}{e^2\lambda_{\mathrm{L}}^2}=\frac{1.1\times10^{21}}{\lambda_{\mathrm{L}}^2}/\mathrm{cm}^3. \tag{11.30}$$

它依赖激光波长 λ_{L},这里波长的单位是 μm. 激光能穿透烧蚀等离子体到 n_{c},在这里 $\omega_{\mathrm{L}}=\omega_{\mathrm{p}}$. 对足够小的波长,这个密度已足够高使得碰撞吸收为主导过程. 在本节中,用 Mora 的方法推导与波长和入射强度的定标关系.

11.2.1 吸收系数

由(11.12)式得到的碰撞吸收系数可以重新写为

$$K=\frac{\nu_{\mathrm{ec}}}{c}\left(\frac{n_{\mathrm{e}}}{n_{\mathrm{c}}}\right)^2\Bigg/\sqrt{1-\frac{n_{\mathrm{e}}}{n_{\mathrm{c}}}}, \tag{11.31}$$

这里用了 $\omega_{\mathrm{p}}^2/\omega_{\mathrm{L}}^2=n_{\mathrm{e}}/n_{\mathrm{c}}$,从(10.133)式得到的临界密度时的碰撞频率为

$$\nu_{\mathrm{ec}}=\frac{1}{\tau_{\mathrm{e}}}=\frac{4\sqrt{2\pi}}{3}\frac{n_{\mathrm{e}}Z_{\mathrm{i}}e^4\ln\Lambda_{\mathrm{e}}}{m_{\mathrm{e}}^{1/2}(k_{\mathrm{B}}T_{\mathrm{e}})^{3/2}}. \tag{11.32}$$

假定典型的烧蚀等离子体临界密度处的温度 $T_{\mathrm{e}}\approx1\mathrm{keV}$,由(10.136)式可得到库

仑对数为 $\Lambda_e \approx 8$，这里对应的激光波长为 $\lambda_L \approx 0.5\mu m$. 这样我们发现

$$\nu_{ec}/c \approx \frac{25Z_i}{\lambda_L^2 T_e^{3/2}}/\text{cm}, \tag{11.33}$$

这里 λ_L 的单位是 μm，T_e 的单位是 keV.

确定吸收系数的另一种方法是利用 10.6.3 小节推导的自由-自由(ff)光吸收截面. 这时我们可以写

$$K = \rho\kappa_\nu^{ff}(1 - e^{-h\nu/k_B T_e}) / \sqrt{1 - \omega_p^2/\omega_L^2}, \tag{11.34}$$

这里 $h\nu = \hbar\omega_L$. 表达式(10.92)已对受激辐射和折射做了修正. 对激光等离子体相互作用，我们通常有 $h\nu \ll k_B T_e$，因此对受激辐射的修正变为 $(1 - e^{-h\nu/k_B T_e}) \approx h\nu / k_B T_e$. 需要第二个修正是因为当激光频率 ω_L 接近 ω_p 时折射率 $n = \sqrt{1 - \omega_p^2/\omega_L^2}$ 随光子频率变化很大. 这和 10.6.3 小节考虑的 X 射线光子相反. 尽管推导时的假定有点不同，我们发现表达式(11.34)与密度、温度和波长的函数依赖关系和(11.31)式相同，另外，在数值上也基本相符，相差只有百分之几.

11.2.2　碰撞吸收模型

现在我们确定激光在到达临界面并反射返回时的总碰撞吸收，即

$$A_L = 1 - \exp\left(-2\int_{-\infty}^{0} K(x)\mathrm{d}x\right), \tag{11.35}$$

我们假定激光从平面烧蚀等离子体的左面正入射. 密度轮廓取为 $n_e(x)/n_c = \exp(x/L)$，那么(11.35)式的积分为 $\int_{-\infty}^{0} \mathrm{d}x e^{2x/L} / \sqrt{1 - e^{x/L}} = (4/3)L$，再利用(11.33)式，我们发现

$$A_L = 1 - \exp\left(-\frac{8}{3}\frac{\nu_{ec}}{c}L\right) \approx 1 - \exp\left(-0.007\frac{Z_i L}{\lambda_L^2 T_e^{3/2}}\right). \tag{11.36}$$

这里 L 和 λ_L 的单位是 μm，T_e 的单位是 keV. 现在我们假定欠稠密等离子体是等温的，并用临界面的流平衡来估计温度(参考 7.5.3 小节)，即

$$A_L I_L = 4\rho_c(\Gamma_B T_e)^{3/2} f \approx 2 \times 10^{13} \frac{f T_e^{3/2}}{\lambda_L^2} \text{W/cm}^2. \tag{11.37}$$

这里我们假定理想气体的 $\Gamma_B = (Z_i + 1)k_B/(Am_p)$，$\rho_c = (Am_p/Z_i)n_c$，并设 (A/Z_i). $[(Z_i + 1)/A]^{3/2} \approx 1$. 我们另外引入了一个因子 f 来表示热流限制(见 7.2.2 小节). 利用(11.37)式来表示(11.36)式中的 T_e，我们发现吸收系数的方程为

$$A_L = 1 - \exp\left(-\frac{I_L^*}{A_L I_L}\right), \tag{11.38}$$

这里临界强度为

$$I_L^* \approx 1.5 \times 10^{11} \frac{Z_i f L}{\lambda_L^4} \text{W/cm}^2, \tag{11.39}$$

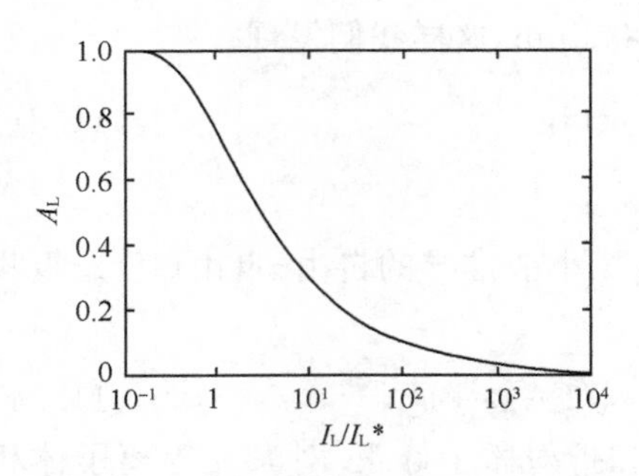

图 11.2 求解(11.38)式得到的光吸收系数 A_L 随归一化强度 I_L/I_L^* 的变化

这里 L 和 λ_L 的单位是 μm. 图 11.2 给出了(11.38)式的解 A_L 随 I_L/I_L^* 的变化. 可以看到,碰撞吸收系数随激光强度迅速下降,这个激光强度是由(11.39)式对 I_L^* 确定的,对 $I_L=I_L^*$,我们有 $A_L=0.74$.

11.2.3 对波长的依赖

在(11.39)式中用 I_L^* 表示的碰撞吸收的许多重要性质很依赖波长. 这在实验上也得到证实,尽管幂函数要比(11.39)式中$\propto\lambda_L^{-4}$小. 比如,图 11.3 给出了 Garban-Labaune 等(1982)的吸收测量,他们比较了钕玻璃激光基频、两次、三次和四次谐波的数据. 强度在 10^{14} W/cm^2 和 10^{15} W/cm^2 之间时,对 1.05μm 只有 30%～40%被吸收,而对 0.26μm 吸收达 90%. 物理原因是短波长激光沉积在更高密度和更低温度的区域,这两个特点都能加强碰撞吸收,这从(11.32)式可以容易看出.

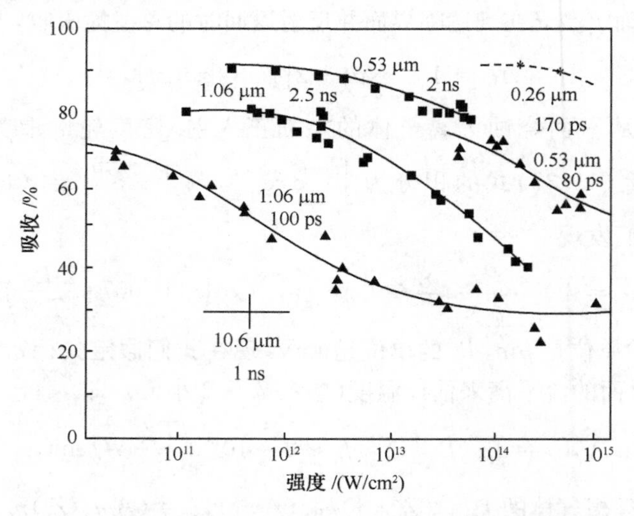

图 11.3 不同实验条件下,激光吸收比随入射强度的变化

数据点及其最佳拟合曲线都标记了波长和脉冲宽度. 关于详细内容,读者可参考 Garban-Labaune 等(1982)的原始文献

这里讨论的吸收数据对 ICF 极其重要,因为 ICF 依赖激光能量在烧蚀等离子体中的强吸收和热化. 当它们在 1980 年左右刚出现时,它们对所有激光物质相互作用实验和激光聚变计划都有重要影响. 这对 CO_2 激光器特别重要,由于它们在产生高能量激光方面有很高的效率,所以很吸引人. 但是,由于其长波长为 10μm,

它们在能量沉积到靶等离子体时比较糟，因此不适合激光聚变. 相应地，CO_2 激光计划被停止. 但钕玻璃和碘激光器的波长接近 1μm，它们也有光吸收不足的问题. 解决的办法是发现利用转化晶体转化成二次、三次甚至四次谐波的高效方法. 现在在许多激光等离子体和激光聚变实验中，经常使用二次和三次谐波. 另一种选择是使用波长为 0.25μm 的 KrF 激光.

11.3　共振吸收

对适用线性等离子体理论的均匀等离子体(参考 11.1 节)，横波不和纵向等离子体波耦合. 但在激光等离子体相互作用中，这个前提条件经常不满足. 密度梯度就容许线性模式转换，并导致共振吸收，对很高的激光强度，电磁波和静电波之间就有非线性耦合.

11.3.1　有密度梯度时激光和等离子体波的耦合

本节我们讨论激光对有密度梯度等离子体的斜入射. 图 11.4 给出了几何结构. 对 p 极化激光它可导致共振吸收. 在这种情况下，电场矢量位于入射平面，在密度梯度方向有 z 分量. 因此它能分离负电荷和正电荷. 在临界面，$\omega_L=\omega_p$，这导致朗缪尔波的共振激发，可以看到 $|E_z|^2$ 的共振峰. 当这个波离开峰值时，获得很大的振幅(Mulser, 1991). 最终，波破裂而产生热电子(参考 11.4.7 小节). S 极化激光的行为不同. 在这种情况下，电场矢量和平板靶表面平行，它没有 E_z 分量. 相应的 $|E_x|^2$ 画在图 11.4 的右边. 它没有共振行为，也没有波激发引起的能量吸收.

显然，共振吸收只有在光以角度 α 斜入射才发生. 图 11.4 表明了这一点，这里密度轮廓是标尺长度为 L 的线性坡度. 光束轨迹不能穿透到位于 $z=0$ 的共振层，而是到达折返点 $z=-L\sin^2\alpha$. 但是由于波的本性，电磁波能以振幅随指数衰减形式穿过这段相差的距离.

11.3.2　理论吸收曲线

对冷等离子体($v_{th}\ll c$)，可以证明，吸收速率只依赖一个参数 $q=(kL)^{2/3}\sin^2\alpha$. 图 11.5 给出了数值结果(Ginzburg, 1964; Kruer, 1988). 这个吸收曲线在物理上很容易理解. 对正入射($q=0$)，光波的电场矢量和等离子体表面平行，所以没有耦合. 另一方面，对非常斜的入射或者大标尺长度($q\gg1$)，折返点远离共振层，所以隧穿很弱. 在这两个极限之间，我们发现在 $q=0.5$ 时有最大值 $A_L=0.49$. 共振吸收能吸收到达临界面的激光的 50%，这种吸收不依赖强度.

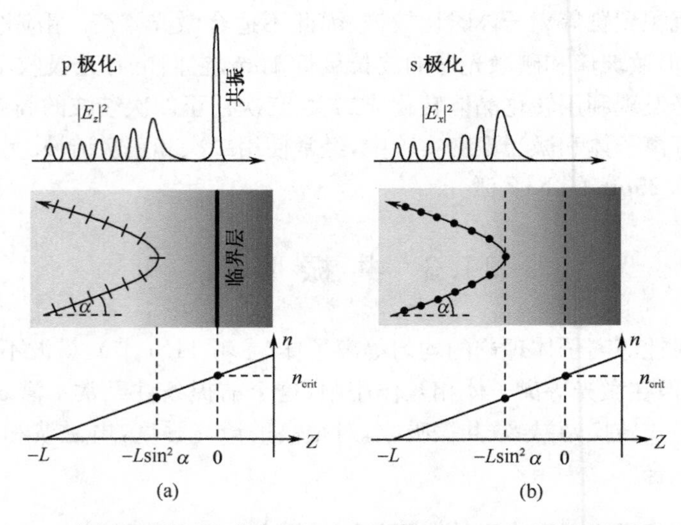

图 11.4　共振吸收机制，激光束从左边以角度 α 入射，在标尺长度为 L 的密度坡度上折射，其折返点为 $z=-L\sin^2\alpha$

(a)对 p 极化，电场矢量位于图形平面，图中用横向线段表示. 上面的 E_z 分量表明，在 $\omega_L=\omega_p$ 的临界密度，倏逝波有共振峰；(b)对 s 极化，电场矢量用点表示，它们垂直图形平面，没有共振

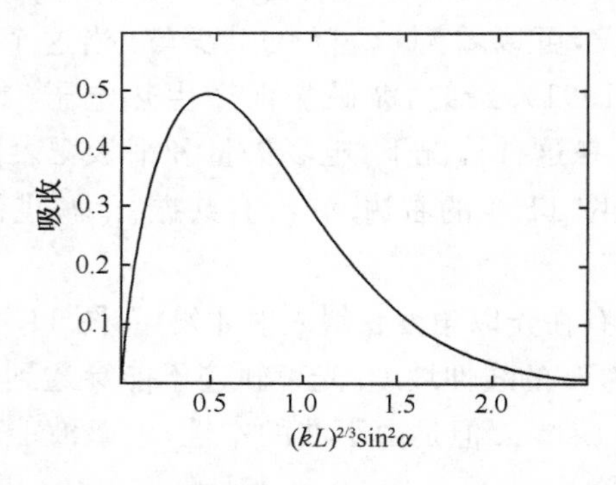

图 11.5　共振吸收比例随定标角变量 $(kL)^{2/3}\sin^2\alpha$ 的变化

曲线是对 p 偏振激光计算的(Kull, 1983a)

11.3.3　和实验数据比较

通过测量从平面等离子体表面的光反射随入射角的变化，并比较 p 偏振和 s 偏振的结果，实验上证实了共振吸收. Maaswinkel 等(1979)得到的代表性结果见图 11.6. 可以看到 p 偏振和 s 偏振光的反射率的巨大差别，同时证实了共振吸收和理论很好符合.

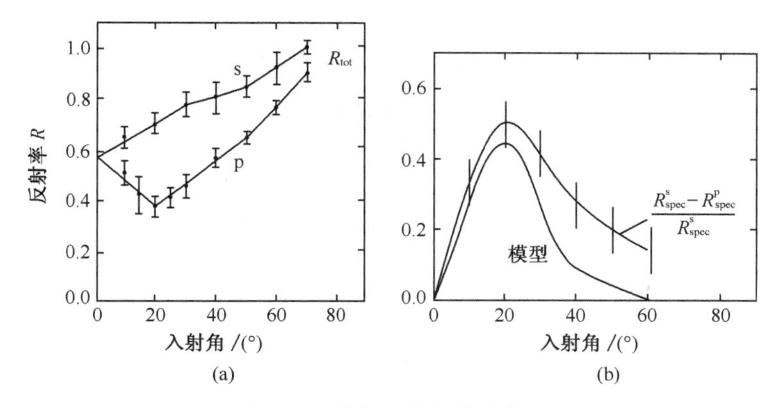

图 11.6　共振吸收的实验结果

波长为 0.53μm、脉宽为 30ps 的激光以 α 角度入射到标尺长度为 $L=0.8\mu m$ 的等离子体层

(a)对测量的 s 偏振和 p 偏振激光的反射率随角度的变化进行比较；

(b)反射的相对差和计算结果的比较(Maaswinkel et al.，1979)

11.4　由波激发引起的光吸收和散射

电磁波和静电波耦合的另一途径是非线性三波耦合. 这种过程就是所谓的参量不稳定性. 和共振吸收不同，它们可发生在均匀等离子体中，但必须超过一定的强度阈值，其量级通常为 $I_L\lambda_L^2\approx10^{15}(\text{W}\cdot\mu\text{m}^2)/\text{cm}^2$. 这里我们只对这些不稳定性产生的共振条件作简单讨论. 我们也引入一些术语并确定这些不稳定性发生的等离子体区域. 关于有关的等离子体理论和阈值、增长率、实验等的结果，我们推荐读者看 Kruer(1988)的书和 Baldis 等(1991)的精彩评述，从中读者也能发现其他的文献.

在高激光强度时观测到了非线性耦合，这时电子在光场中的振荡能变得和它们的热能可比. 这样，在描述电子流体的运动方程中，非线性项开始和热压力 $p_e=n_ek_BT_e$ 的梯度竞争，即

$$m_en_e(\partial\boldsymbol{v}/\partial t+\boldsymbol{v}\cdot\nabla\boldsymbol{v})=-en_e\boldsymbol{E}_L-(en_e/c)\boldsymbol{v}\times\boldsymbol{B}_L-\nabla p_e,\qquad(11.40)$$

这个非线性相互作用通常用光压或有质动力描述，下面我们先介绍它.

11.4.1　有质动力

这里我们讨论线偏振激光驻波这一特殊情况，其电场为

$$\boldsymbol{E}_L=\boldsymbol{E}_1(\boldsymbol{r})\cos\omega_Lt,\qquad(11.41)$$

求解(11.40)式时，考虑驱动场 $\boldsymbol{E}_L$ 的二阶项可导出有质动力. 对积分 $\partial\boldsymbol{B}/\partial t=-c\nabla\times\boldsymbol{E}$ 给出对应的磁场

$$\boldsymbol{B}_{\mathrm{L}} = -(c/\omega_{\mathrm{L}})\,\boldsymbol{\nabla}\times\boldsymbol{E}_1 \sin\omega_{\mathrm{L}} t. \tag{11.42}$$

现在把电子速度写为$\boldsymbol{v}=\boldsymbol{v}_1+\boldsymbol{v}_2$,我们发现一阶量为

$$\boldsymbol{v}_1 = -\frac{e}{m_{\mathrm{e}}\omega_{\mathrm{L}}}\boldsymbol{E}_1 \sin\omega_{\mathrm{L}} t. \tag{11.43}$$

这用来表示(11.40)式中的非线性项,我们有

$$m_{\mathrm{e}}\boldsymbol{v}_1\cdot\boldsymbol{\nabla}\boldsymbol{v}_1 = \frac{e}{m_{\mathrm{e}}\omega_{\mathrm{L}}^2}\boldsymbol{E}_1\times\boldsymbol{\nabla}\boldsymbol{E}_1\sin^2\omega_{\mathrm{L}} t, \tag{11.44}$$

$$-(e/c)\,\boldsymbol{v}_1\times\boldsymbol{B}_{\mathrm{L}} = -\frac{e^2}{m_{\mathrm{e}}\omega_{\mathrm{L}}^2}\boldsymbol{E}_1\times(\boldsymbol{\nabla}\times\boldsymbol{E}_1)\sin^2\omega_{\mathrm{L}} t. \tag{11.45}$$

利用$\boldsymbol{\nabla}|E_1|^2/2=\boldsymbol{E}_1\cdot\boldsymbol{\nabla}\boldsymbol{E}_1+\boldsymbol{E}_1\times(\boldsymbol{\nabla}\times\boldsymbol{E}_1)$,在(11.40)式中的这两项可合并成一项,这样(11.40)式变为

$$m_{\mathrm{e}}n_{\mathrm{e}}\partial\boldsymbol{v}/\partial t \simeq -en_{\mathrm{e}}\boldsymbol{E}_{\mathrm{L}}+\boldsymbol{F}_{\mathrm{pond}}, \tag{11.46}$$

$$\boldsymbol{F}_{\mathrm{pond}} = -\frac{\omega_{\mathrm{p}}^2}{\omega_{\mathrm{L}}^2}\boldsymbol{\nabla}\frac{|E_1|^2}{16\pi}[1-\cos(2\omega_{\mathrm{L}} t)]. \tag{11.47}$$

这就是所谓的有质动力.这里我们用了 $\sin^2\omega_{\mathrm{L}} t=(1-\cos 2\omega_{\mathrm{L}} t)/2$,在前面因子中出现的电子密度 n_{e} 已吸收进 $\omega_{\mathrm{p}}^2=(4\pi e^2/m_{\mathrm{e}})n_{\mathrm{e}}$.

有质动力 $\boldsymbol{F}_{\mathrm{pond}}$是作用在电子流体上的力密度.从这里的推导可清楚看出,它表示推导出的力,它不是像(11.40)式右边洛伦兹力那样的额外的力,而是把一些非线性项合并成单个的非线性力(Hora,1981).它的纵向分量(激光传播方向)来源于$\boldsymbol{v}\times\boldsymbol{B}$ 力,而其横向分量来源于$\boldsymbol{v}\cdot\boldsymbol{\nabla}\boldsymbol{v}$.

对高强度激光和等离子体相互作用,有质动力是很重要的量.它导致许多非线性现象.对这里讨论的线偏振,它包含以两倍激光频率随时间振荡变化的部分,因此能产生激光谐波,在对快速振荡求平均时一部分随时间变化的量也不消失.作这种平均我们可得到准稳态力的项

$$\langle F_{\mathrm{pond}}\rangle = -\frac{\omega_{\mathrm{p}}^2}{\omega_{\mathrm{L}}^2}\boldsymbol{\nabla}\frac{|E_1|^2}{16\pi}. \tag{11.48}$$

它表示光压的梯度,其作用方式是把电子推离高激光强度区域.这可导致光通道和细丝的形成.对圆偏振激光,只有准稳态有质动力.

这些非线性效应有一定阈值,其表现为激光强度的临界值.由于和热压竞争,阈值强度可估计为 $I_{\mathrm{L}}\sim c|E_{\mathrm{L}}|^2/8\pi\sim cn_{\mathrm{e}}k_{\mathrm{B}}T\sim 10^{15}\,\mathrm{W/cm^2}$,这里取临界密度 $n_{\mathrm{c}}\approx 10^{21}/\mathrm{cm^3}$ 和温度 $T\approx 1\mathrm{keV}$.在这样的强度下,电子在激光场中的振荡速度[见(11.43)式]开始超过电子热速度.当激光强度达到 $I_{\mathrm{L}}\sim 10^{18}\,\mathrm{W/cm^2}$ 时,相对论非线性效应开始起作用.和聚变快点火有关的相对论激光等离子体相互作用将在第12 章作简单讨论.

非线性耦合的另一个结果是,电磁光波和静电等离子体波的相互作用,这引起

参量不稳定性，这些在 11.4.2 小节讨论.

11.4.2　三波耦合和参量不稳定性

我们考虑在等离子体中，除了入射激光，还激发了其他模式的波 $\boldsymbol{E}_{m0}(\boldsymbol{r},t)=\boldsymbol{E}_{m0}(\boldsymbol{r})\cos\varphi_m$，其相位为 $\varphi_m=\boldsymbol{k}_m\boldsymbol{r}-\omega_m t\,(m=1,2,\cdots)$. 特别地，符号 m 可以表示入射激光光波(标记为 L)、电子等离子体波(标记为 e)、离子声波(标记为 i)和散射光波(标记为 s). 重复 11.4.1 小节的推导，我们发现非线性项 $\propto\sin\varphi_1\sin\varphi_2$，通常它和基频激光相互作用. 共振条件可以写为

$$\begin{aligned}\omega_{\mathrm{L}}&=\omega_1+\omega_2,\\ \boldsymbol{k}_{\mathrm{L}}&=\boldsymbol{k}_1+\boldsymbol{k}_2.\end{aligned}\tag{11.49}$$

这可解释为在激光光子变成两个其他等离子体准粒子时，能量和动量守恒，这些准粒子可以是等离子体激元(plasmon)、声子或者散射光子. 当把(11.49)式乘上普朗克常量 $\hbar$ 时，这种解释特别有说服力. 尽管目前的讨论没有用量子力学，但能量方程用经典方法正确地描述了激光母波变成两个子波时的能量分配. 这通常被称作 Manley-Rowe 关系.

应该理解，这些次级波不需要一开始就存在于等离子体中，但共振条件满足时，它们可从涨落中增长. 这种情况我们叫受激过程，这是参量不稳定性的机制. 每种类型的波必须满足特别的色散关系. 如果限于考虑所有波矢在同一平面的情况，我们可把(11.49)式的匹配条件用(ω,k)色散图表示在图 11.7 中. 这里区分四种不同情况：①参量衰变；②双等离子体子衰变；③布里渊散射；④拉曼散射. 下面逐一进行讨论.

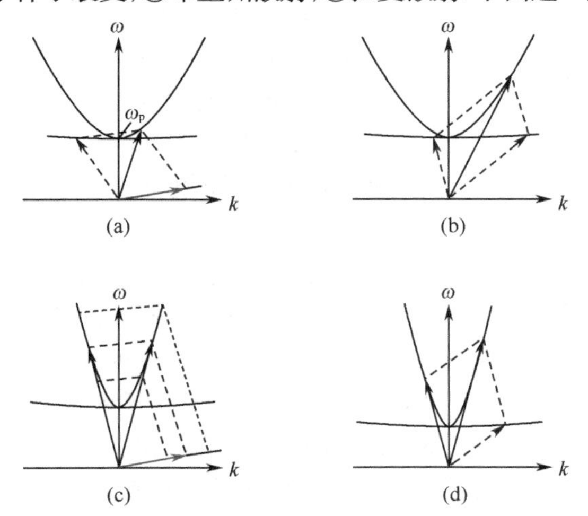

图 11.7　用色散图表示三波参量过程

(a)参量衰变；(b)双等离子体激元衰变；(c)布里渊衰变；(d)拉曼衰变

光子用黑线箭头，等离子体激元用点线箭头，离子声子用间断线箭头表示

11.4.3 参量衰变

图 11.7(a)表示入射光子衰变成一个声子(ω_i,k_i)和一个等离子体激元(ω_e,k_e).声子表示像激光光子一样向里跑的离子声波,而等离子体激元则向相反方向,也就是向外跑.因为声子是低频的,所以等离子体激元的频率必须接近光子频率,这只有在 $\omega_e \approx \omega_p$ 时才可能.我们可以得出结论,参量衰变是吸收过程,它发生在烧蚀等离子体的临界面附近,这里光子和等离子体激元的频率都接近等离子体频率 ω_p.我们还可得出结论,光子能量 $\hbar\omega_L$ 主要传给了等离子体激元,其能量为 $\hbar\omega_e$,声子的能量 $\hbar\omega_i$ 很小,它主要起平衡动量的作用,$\hbar k_i \approx -\hbar k_e$.

11.4.4 双等离子体激元衰变

图 11.7(b)表示双等离子体激元衰变,这里入射激光光子衰变成两个等离子体激元.从相对光子显得平坦的等离子体激元色散曲线,显然能量守恒要求 $\omega_e \approx \omega_p \approx \omega_L/2$,这意味着双等离子体激元衰变在等离子体密度为 $n_c/4$ 附近时是可能的.应该注意,对梯度很陡的等离子体烧蚀区域,双等离子体激元和参量衰变的匹配条件只在比较窄的等离子体层中满足,这样它们不能有效增长.这降低了它们在典型激光等离子体作用中的重要性.

11.4.5 受激布里渊散射(SBS)

图 11.7(c)表示的过程叫受激布里渊散射,它是入射光子在声子上的几乎弹性后向散射,声子吸收的反冲动量为 $k_i \approx 2k_L$.因为声子开始时是不存在的,而必须通过参量方式产生,所以它被称为受激的.显然,这个过程不限于狭窄的密度区域.因此,在长梯度标尺等离子体中,它是一种很有效的过程.

图 11.8 给出了有代表性的实验结果.波长为 1.05μm,脉宽为 2ns 的激光入射到 CH 圆盘上,测量的后向散射比例随激光峰值强度变化(Mostovych et al.,1987).

对 ICF,目的是在等离子体中吸收激光能量,而不是反射它,因此我们想降低 SBS 的水平.结果,为在靶上产生光滑激光辐照强度轮廓而发展的光滑技术在降低等离子体不稳定性方面也很有效.Bodner(1991)对各种光滑技术,像诱导空间不相干(ISI)、谱色散光滑(SSD)和随机位相板(RPP)作了评述.ISI 对 SBS 增长的影响可见图 11.8,在 10^{15} W/cm^2 时,10%的 SBS 比例,在用了 ISI 后下降为 1%.解释这种减小的物理原因已超出了本书的范围,读者可参考 Hueller 等(1998)的工作.

11.4.6 受激拉曼散射

在激光等离子体中另一个很重要的参量过程是受激拉曼散射(SRS).它涉及

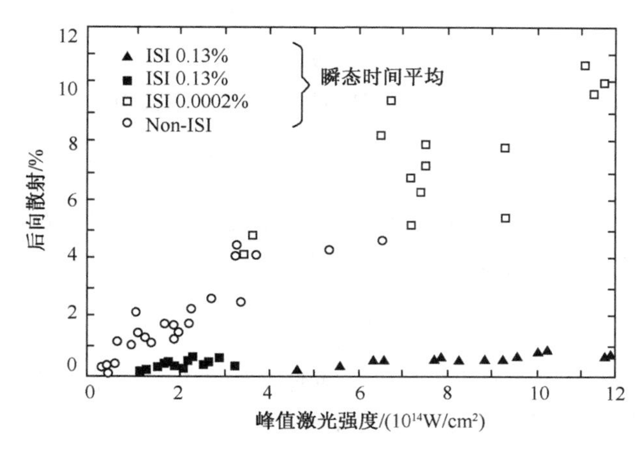

图 11.8　对通常的激光束和用 ISI 技术光滑后的激光束，后向散射比例随激光峰值强度的变化(Mostovych et al.，1987)

激光光子在电子等离子体波上的弹性散射(图 11.9). 图 11.7(d)只显示了其中的一种可能性，即光子后向散射. 读者可容易证明 SRS 可发生在密度低于 $n_c/4$ 的欠稠密等离子体中. 它也不限于后向散射，光子也可前向或侧向散射.

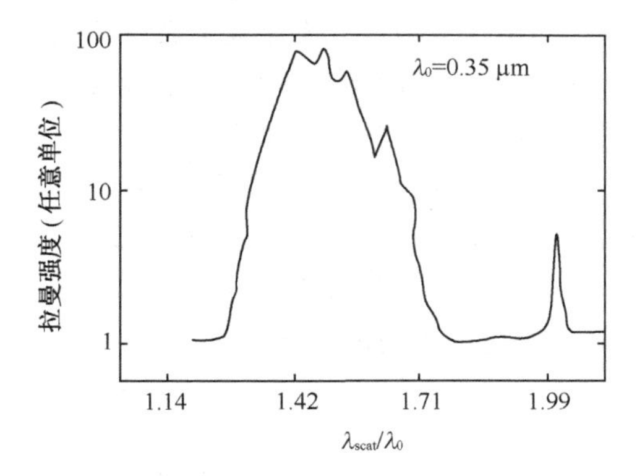

图 11.9　波长为 0.35μm、强度约为 10^{15} W/cm^2 的激光在 CH 靶上的拉曼散射谱(Seka et al.，1984)

SRS 的基本物理机制是这样的，在入射激光光波中振荡的电子发射散射光，它和密度 n_e 成正比，所以对密度涨落 δn_e 敏感. 散射光和入射光相互作用，又通过有质动力耦合到密度涨落. 当 δn_e 模式对应电子等离子体波并且满足匹配条件(11.49)式时发生相干反馈. 在图 11.7(d)中给出了产生最大增长的条件. 取等离子体波为 $\omega_e = \omega_p + i\gamma$，忽略阻尼并考虑后向散射，我们发现增长率为(Baldis et al.，1991)

$$\gamma = \frac{k_e v_{osc}}{4}\sqrt{\frac{\omega_p}{\omega_L - \omega_p}} \tag{11.50}$$

这里 $v_{osc}=eE_L/m\omega_L$ 为电子在激光场中的振荡速度，波数由(11.49)式确定为

$$k_e = k_L + \frac{\omega_L}{c}\sqrt{1-2\frac{\omega_p}{\omega_L}}. \tag{11.51}$$

要使不稳定增长，入射激光的强度必须超过一定阈值，这是因为有等离子体波和散射光的阻尼. 假定它们都取决于碰撞频率为 ν_e 的碰撞阻尼，我们有

$$\gamma > \frac{1}{2}\frac{\omega_p}{\omega_s}\nu_e. \tag{11.52}$$

SRS 的物理很丰富. 这里我们不准备更详细的描述，但推荐读者看 Baldis 等(1991)和 Kruer 等(1999)的评述. 对 ICF 靶，SRS 和 SBS 不稳定性在空腔靶中得到特别关注，因为入射激光经过填充的低密度气体时要穿越比较长的距离. 在空腔靶中填充 H 和 He 气被证明在阻止烧蚀壁材料从而保持空腔对称性和辐射对称性方面是有必要的. 最近关于 SRS 和 SBS 的实验结果可见 Lindl 等(2004)的总结.

11.4.7　热电子

共振吸收或拉曼散射使得激光能量转移成电子等离子体波所携带的能量，这可使得激光等离子体冕区中热电子的温度远高于大多数电子的温度. 在图 11.10(a)中我们看到，韧致辐射谱实际上显示了两个温度分布. 对长波长激光，其临界密度相对较低，这样碰撞阻尼不很有效，因此情况更是如此(参考 11.2 节).

拉曼散射和热电子产生的关系在实验中得到明确证实. 这可见图 11.10(b). 这里给出了激光能量沉积到热电子的比例和拉曼散射光比例的关系，结果表明有线性关系(Drake et al., 1984). 在这些实验中，波长为 0.53μm 的 1ns 脉冲照射在 Au 圆盘上，热电子的比例通过测量高能 X 射线来确定.

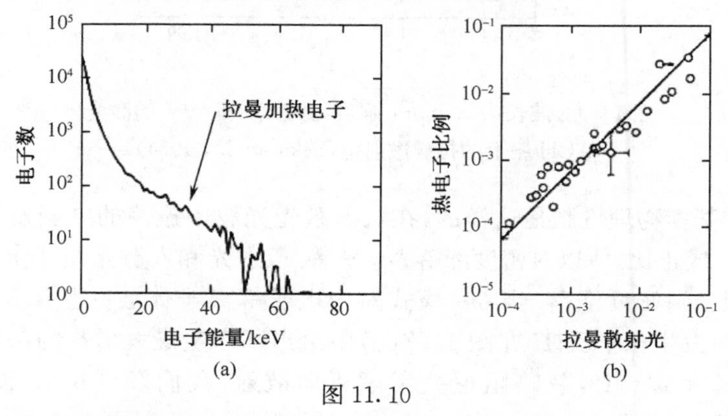

图 11.10

(a)计算机模拟得到的后向拉曼散射的热电子分布函数(Estabrook et al., 1980)；
(b)从韧致 X 射线推断出的热电子比例和测量的拉曼散射比例的关系(Drake et al., 1984)

热电子是由等离子体波和以其相速度一起运动的电子相互作用产生的. 其机制和朗道阻尼有关(参考 11.1.3 小节). 电子可陷在共振吸收和 SRS 激发的高振幅等离子体波中,然后被加速到很高的能量. 这也是等离子体加速器的基本原理之一(参考 12.4.5 小节和 Esarey et al., 1996).

11.5 等离子体中离子束能量损失理论

这里我们推导离子束在物质中制动(stopping)的基本公式. 在本节中,入射电荷为核电荷 Z,入射部分电离离子的有效电荷问题在 11.6 节中阐述. 先讲基本图像,并概述入射快离子和靶粒子之间的两体库仑碰撞,然后发展 $d\varepsilon/dx$ 的介电方法来更好地处理等离子体集体动力学效应. 由此可得到运动离子的合适屏蔽长度,这也可描述亚热速度离子的摩擦区域. 作为等离子体中库仑碰撞的基本参考,我们推荐 Sivukhin(1966)的综述文章.

11.5.1 两体碰撞引起的快电子制动

离子束驱动聚变中的离子束由快、但非相对论的离子组成. 这里快离子是指其速度远大于靶中电子和离子的速度,这样相对速度就近似为入射速度 v_p. 由于离子的质量大,离子束几乎沿直线穿过靶材料,并主要把能量转移给电子. 这是因为转移给靶粒子的能量为 $\Delta\varepsilon=(\Delta p)^2/2m$,它和质量成反比,低质量的电子得到绝大多数的能量. 转移的动量为 $\Delta p\propto(Z_1Z_2e^2/b^2)b/v_p$,它只依赖碰撞物的电荷 Z_1、Z_2,碰撞参数 b 和碰撞时间 b/v_p,但不依赖质量. 我们可得出结论,靶电子是入射能量的主要接受者,因此本节主要关注电子制动功率.

电荷为 Ze 的离子和电子以相对速度 v_p 做库仑碰撞时,交换动量的精确值为

$$(\Delta p)^2=\frac{(2m_ev_p)^2}{1+(b/r_0)^2}\tag{11.53}$$

这里 $r_0=Ze^2/m_ev_p^2$ 是所谓的朗道长度[参考(10.130)式]. (11.53)式很好地考虑了 $b\to0$ 这一中心碰撞极限情况,这时交换的动量为 $2m_ev_p$,前面用来估算的值则发散. 相应的能量交换为

$$\Delta\varepsilon=\frac{2(Ze^2)^2}{m_ev_p^2}\frac{1}{b^2+r_0^2}.\tag{11.54}$$

离子在电子密度为 n_e 的等离子体中穿过距离为 dx 时,以碰撞参数 b 相碰的电子数目为 $2\pi b db n_e dx$. 这样在每个路径长度 dx 上的总能量损失为

$$-\frac{d\varepsilon}{dx}=\frac{4\pi(Ze^2)^2n_e}{m_ev_p^2}L,\tag{11.55}$$

这里 L 为制动数(stopping number),即

$$L=\int_{0}^{b_{\max}}\frac{b\mathrm{d}b}{b^{2}+r_{0}^{2}}=\frac{1}{2}\ln\left(1+\frac{b_{\max}^{2}}{r_{0}^{2}}\right)\approx\ln\left(\frac{b_{\max}}{r_{0}}\right). \tag{11.56}$$

它对大碰撞参数发散,因此必须在上限 $b_{\max}$ 截断.

在等离子体中,这个截断设定为 $b_{\max}=v_{\mathrm{p}}/\omega_{\mathrm{p}}$,这个我们在 11.6 节证明. 由此得到的等离子体经典制动数最早由玻尔(1915,1948)得到,即

$$L_{\mathrm{Bohr}}=\ln(m_{\mathrm{e}}v_{\mathrm{p}}^{3}/Ze^{2}\omega_{\mathrm{p}}). \tag{11.57}$$

很困难的一个问题是在高速度 v_{p} 时量子效应开始起作用,这时 r_0 变得小于电子德布罗意波长. 公开文献中的假定是(11.57)式只对 $r_0>\hbar/m_{\mathrm{e}}v_{\mathrm{p}}$,或等价地,$Ze^2/\hbar v_{\mathrm{p}}>1$ 成立. 最近,Gordienko(1999)证明,对完全电离稀薄等离子体这种纯库仑系统,经典结果(11.57)式在更宽的范围内,当满足 $Zee^*/\hbar v_{\mathrm{p}}>1$ 时成立. 这里 $e^*\approx eN_{\mathrm{D}}^{1/2}$ 是离子在德拜球中看到的涨落电荷密度的净电荷. $N_{\mathrm{D}}\approx n_{\mathrm{e}}\lambda_{\mathrm{D}}^{3}$ 是德拜球中的电子数目. 这些结果还需进一步的理论和实验研究. 如果得到证实,(11.57)式就可适用任何(非相对论)v_{p} 的离子被自由电子的制动. L 的量子极限最早由 Bethe(1930)导出,它适用于束缚电子,这在下面讨论.

11.5.2 介电方法下的投射尾波场

用线性响应方法处理多体系统时,在离子制动方面有不同的物理图像. 这时,入射离子被认为产生一个静电扰动并使介质极化,产生的势 $\Phi_1(\boldsymbol{r},t)$ 在离子上的净作用引起了离子停止,即

$$-\frac{\mathrm{d}\mathscr{E}}{\mathrm{d}x}=Ze\left(\frac{\partial\Phi_{1}}{\partial x}\right)_{r=v_{\mathrm{p}}t}. \tag{11.58}$$

势的傅里叶变换为

$$\Phi_{1}(\boldsymbol{r},t)=\int\mathrm{d}^{3}k\int\mathrm{d}\omega\,\mathrm{e}^{\mathrm{i}(\boldsymbol{k}\cdot\boldsymbol{r}-\omega t)}\hat{\Phi}(\boldsymbol{k},\omega). \tag{11.59}$$

运动电子的真空势为

$$-\boldsymbol{\nabla}^{2}\Phi_{\mathrm{ex}}=4\pi Ze\delta(\boldsymbol{r}-\boldsymbol{v}_{\mathrm{p}}t), \tag{11.60}$$

它的变换为

$$\hat{\Phi}_{\mathrm{ex}}=\frac{4\pi Ze}{k^{2}}2\pi\delta(\omega-\boldsymbol{k}\cdot\boldsymbol{v}_{\mathrm{p}}), \tag{11.61}$$

根据(11.17)式,屏蔽势 $\hat{\Phi}_1=\hat{\Phi}_{\mathrm{ex}}\varepsilon_{\mathrm{L}}(k,\omega)$ 可写成色散函数 $\varepsilon_{\mathrm{L}}(k,\omega)$ 的形式. 把这些表达式代入(11.59)式,可得到在介质中运动离子的势为

$$\Phi_{1}(\boldsymbol{r},t)=\int\frac{\mathrm{d}^{3}k}{(2\pi)^{3}}\mathrm{e}^{i\boldsymbol{k}\cdot(\boldsymbol{r}-\ {}_{\mathrm{p}}t)}\frac{4\pi Ze}{k^{2}\varepsilon_{\mathrm{L}}(k,\boldsymbol{k}\cdot\boldsymbol{v}_{\mathrm{p}})}. \tag{11.62}$$

介质的所有信息都包含在价电函数 $\varepsilon_{\mathrm{L}}(k,\omega)$ 中,因此这叫介电方法. 这套公式适用于任何靶材料,不管是简并的、稠密碰撞的、部分电离的还是固体的. 这里我们把它用到经典等离子体,对 $\varepsilon_{\mathrm{L}}(k,\omega)$ 用表达式(11.19).

图 11.11 在和离子一起运动的坐标系中对两种离子速度给出了势. 可以看到，离子本身的正势其峰值在 $x=0$. 离子沿 x 轴正方向运动. 诱发的等离子体电子形成的势在离子后面有个凹陷的负尾波场. 电子被离子所吸引，但由于惯性，只有在离子已经运动后，电子才开始跟上离子. 尾波的相速度等于 v_p. 对 $v_p=v_{th}$，朗道阻尼对尾波强烈阻尼，我们只看到一个凹陷. 但对 $v_p=3v_{th}$，尾波可以传播，在离子后面可看到等离子体波.

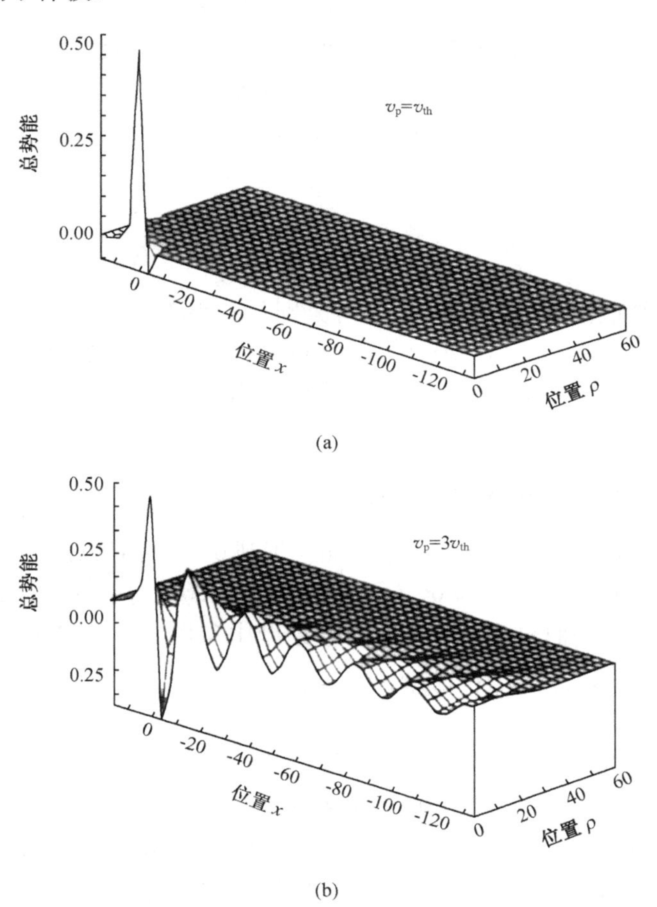

图 11.11　位于 $x=0$，沿 x 轴正方向运动的离子的势

(a) $v_p=v_{th}$；(b) $v_p=3v_{th}$

势的单位是 Zek_D，长度单位是 λ_D (Peter, 1990)

11.5.3　等离子体中的制动功率

把(11.62)式中的 Φ_1 代入(11.58)式，我们得到制动功率为

$$-\frac{d\varepsilon}{dx}=Ze\int\frac{d^3k}{(2\pi)^3}\frac{i\boldsymbol{k}\cdot\boldsymbol{v}_p}{v_p}\frac{4\pi Ze}{k^2\varepsilon_L(k,\boldsymbol{k}\cdot\boldsymbol{v}_p)}. \tag{11.63}$$

对固定离子,我们有 $\varepsilon_L(k,\omega)=1+W(\omega/kv_{th})/(k\lambda_D)^2$,这里德拜长度 $\lambda_D=v_{th}/\omega_p$、等离子体频率 ω_p 和热速度 v_{th} 都是关于电子的. 利用对称关系 $\varepsilon_L^*(k,\omega)=\varepsilon_L(k,-\omega)$ 和 $\boldsymbol{k}\cdot\boldsymbol{v}_p=kv_p\mu$,制动功率(11.63)式可以重新写为

$$-\frac{d\varepsilon}{dx}=(Ze)^2\int dkk\frac{1}{\pi}\int_{-1}^{+1}d\mu\mu\Im\left(-\frac{1}{\varepsilon_L(k,kv_p\mu)}\right). \tag{11.64}$$

回想到(11.19)式中等离子体色散函数的结构 $W=X+iY$,我们发现 $\varepsilon_L(k,kv_p\mu)=1+X(\mu v_p/v_{th})/(k\lambda_D)^2+iY(\mu v_p/v_{th})/(k\lambda_D)^2$,因此

$$-\frac{d\varepsilon}{dx}=\left(\frac{Ze\omega_p}{v_p}\right)^2L, \tag{11.65}$$

这里制动数为

$$L=\int\frac{dk}{k}\frac{2}{\pi}\int_0^{v_p/v_{th}}\frac{d\zeta\zeta Y(\zeta)(k\lambda_D)^4}{[(k\lambda_D)^2+X(\zeta)]^2+Y(\zeta)^2}. \tag{11.66}$$

下面我们更详细地讨论这个结果. 我们将分别分析快离子区($v_p/v_{th}\gg1$)和慢离子区($0<v_p/v_{th}<1$),并区分 $0\leqslant k\lambda_D\leqslant1$ 和 $k\lambda_D\geqslant1$. 和 11.5.1 小节中讨论的方法不同,我们现在研究 $k\lambda_D\leqslant1$ 时的等离子体集体行为. 这里 Langmuir 波的激发是最首要的性质.

11.5.4 快离子激发的等离子体波($v_p/v_{th}\gg1$)

对 $v_p/v_{th}\gg1$,(11.66)式中对 ξ 的积分可扩展到 0~∞,因为对 $\zeta\gg1$,积分元变小. 我们把对 k 的积分分成两个区域 $0\leqslant k\lambda_D\leqslant1$ 和 $1\leqslant k\lambda_D\leqslant k_{max}\lambda_D$,这样 $L=L_<+L_>$.

对于高 k 区,我们可以在(11.66)式分母中忽略 $X(\zeta)$ 和 $Y(\zeta)$,同时因为 $(2/\pi)\int_0^\infty d\zeta\zeta Y(\zeta)=1$,我们发现库仑积分为

$$L_>=\int_1^{K_{max}}dK/K=\ln(K_{max}\lambda_D). \tag{11.67}$$

这里归一化波数为 $K=k\lambda_D$,并且必须在某个极限点 $K_{max}=k_{max}\lambda_D$ 截断.

对低 k 区,对 $L_<$ 的主要贡献来自等离子体共振. 就像我们在 11.1.3 小节所讨论的,等离子体波和介电函数 $\varepsilon_L(k,\omega)=0$ 的零点有关,并在(11.66)式积分元中引入极点(pole). 当 $X(\zeta)=-(k\lambda_D)^2$ 并且 $Y(\zeta)\ll1$ 时,这个极点对积分有很大贡献. 这些情况对应低阶的朗道阻尼,这时等离子体子能传播,并要求 $\zeta\gg1$ 和 $k\lambda_D\gg1$. 对 $\zeta\gg1$,我们可利用(11.22)式的渐近表达

$$X(\zeta)=-1/\zeta^2-3/\zeta^4-\cdots, \tag{11.68}$$

同时把(11.66)式中的积分元近似为

$$\frac{2}{\pi}\frac{\zeta Y^2}{[(k\lambda_D)^2+X]^2+Y^2}\simeq2\zeta(k\lambda_D)^2\delta\left(1-\frac{1}{(\zeta k\lambda_D)^2}\right)$$

$$= \delta\left(\zeta - \frac{1}{k\lambda_{\mathrm{D}}}\right). \tag{11.69}$$

对 $v_{\mathrm{p}}/v_{\mathrm{th}} \gg 1$,可得到

$$L_{<} \simeq \int_0^1 \mathrm{d}K/K \int_0^{v_{\mathrm{p}}/v_{\mathrm{th}}} \mathrm{d}\zeta\delta(\zeta - 1/K) = \ln(v_{\mathrm{p}}/v_{\mathrm{th}}), \tag{11.70}$$

那么总的制动数为

$$L = L_{<} + L_{>} = \ln(k_{\max} v_{\mathrm{p}}/\omega_{\mathrm{p}}). \tag{11.71}$$

显然,$L_{<}$ 贡献描述变成等离子体波激发的能量沉积,而总的制动数(11.71)式涉及动力学屏蔽常数 $\lambda = v_{\mathrm{p}}/\omega_{\mathrm{p}}$,而不是描述静态离子的普通德拜长度 $\lambda_{\mathrm{D}} = v_{\mathrm{th}}/\omega_{\mathrm{p}}$. 对 $v_{\mathrm{p}}/v_{\mathrm{th}} \gg 1$ 时,等离子体波的真实激发在图 11.11(b)中已有显示.

剩下的问题是决定 $k_{\max}$. 要求 $k_{\max} r_0 = 1$,这里 $r_0 = Ze^2/m_{\mathrm{e}} v_{\mathrm{p}}^2$ 是经典朗道长度,我们可回到玻尔(1915)的经典库仑对数 L_{Bohr},即

$$L_{\mathrm{Bohr}} = \ln\left(\frac{m_{\mathrm{e}} v_{\mathrm{p}}^2}{Ze^2 \omega_{\mathrm{p}}}\right), \tag{11.72}$$

这个结果在(11.57)式中已导出.

11.5.5　Bethe 公式

利用量子力学,并把 $\hbar k_{\max} = 2m_{\mathrm{e}} v_{\mathrm{p}}$ 作为离子和电子碰撞时交换的最大动量,我们有

$$L_{\mathrm{Bethe}} = \ln\left(\frac{2m_{\mathrm{e}} v_{\mathrm{p}}^2}{\hbar\omega_{\mathrm{p}}}\right), \tag{11.73}$$

这是 Bethe(1930)和 Bloch(1933)得到的结果. 在发表的文献中,通常假定对 $Ze^2/\hbar v_{\mathrm{p}} > 1$,(11.57)式成立,对 $Ze^2/\hbar v_{\mathrm{p}} > 1$ 则用(11.73)式代替. 这样有

$$L = \min(L_{\mathrm{Bohr}}, L_{\mathrm{Bethe}}). \tag{11.74}$$

大多数制动计算都用这种选择. 但在利用这个公式时,应记住在 11.5.1 小节最后的说明.

Bethe 公式适用于束缚电子引起的制动,这在凝聚态物质中很典型,对部分电离等离子体也是如此. 在和电子系统的非弹性碰撞中交换的最小能量为电离能 I 而不是等离子体子能量 $\hbar\omega_{\mathrm{p}}$,束缚电子的 Bethe 制动数为

$$L_{\mathrm{b}} = \ln\left(\frac{2m_{\mathrm{e}} v_{\mathrm{p}}^2}{I}\right). \tag{11.75}$$

对有多个束缚电子的原子和离子,要用平均电离势 I. 它定义为 Z_{b},这里求和是对在态 n 上束缚能为 $Z_{\mathrm{b}} \ln I = \sum_n f_n \ln E_n$,振子强度为 E_n 的 f_n 个束缚电子(参考 10.6.5 小节). 获得 I 的实用方法在 11.7 节中讨论.

11.5.6　慢离子的制动功率

(11.66)式也可用于速度区间 $v_{\mathrm{p}} \leqslant v_{\mathrm{th}}$. 这个区域是重要的,比如在聚变等离子

体中,聚变 α 粒子的速度通常低于电子热速度.

在这个区域,只有 $L_>$ 对制动数有重要贡献. 对 $k\lambda_D \gg 1$,(11.66)式对 ζ 的积分不依赖 k,因此我们有

$$L_{Ch} \simeq G(v_p/v_{th})\ln(\lambda_D/r_0), \tag{11.76}$$

这里 $G(v_p/v_{th})$ 为

$$G(y) = \frac{2}{\pi}\int_0^y d\zeta\zeta Y(\zeta) = \sqrt{\frac{2}{\pi}}\left(\int_0^y e^{-\zeta^2/2}d\zeta - ye^{-y^2/2}\right). \tag{11.77}$$

这个结果由 Chandrasekhar(1960)在天体物理中推导得出. $G(y)$ 的渐近展开为

$$G(y) = \begin{cases} \sqrt{2/\pi}(y^3/3 - y^5/10 + \cdots), & y \to 0, \\ 1 - \sqrt{2/\pi}\exp(-y^2/2)(y + 1/y + \cdots), & y \to \infty. \end{cases} \tag{11.78}$$

对 $y = v_p/v_{th} < 1$,我们有

$$-d\varepsilon/dx \simeq \frac{1}{3}\left(\frac{2}{\pi}\right)^{1/2}\left(\frac{Ze}{\lambda_D}\right)^2 \ln\left(\frac{\lambda_D}{r_0}\right)\frac{v_p}{v_{th}}, \tag{11.79}$$

这表明制动数随 v_p 线性增长,这和摩擦力相似. 在低速度区,r_0 中的 $\ln(\lambda_D/r_0)$ 的定义变成

$$r_0 = Ze^2/(m_e v_r^2), \tag{11.80}$$

这里 $v_r = \sqrt{v_p^2 + v_{th}^2}$ 是入射粒子和靶热电子间相对速度的平均值.

11.5.7　非线性摩擦力

这里我们参考 Zwicknagel(2002)的工作讲一下非线性区域的离子制动. 对 $v_p \leqslant v_{th}$ 的慢离子,当耦合参数 $Z\Gamma^{3/2}$ 超过 1 时,制动功率和 Z^2 的依赖关系逐渐变成幂次更低的 Z^x,这里 $x \approx 1.5$,$\Gamma = e^2(4\pi n_e/3)^{1/3}/k_B T$ 是通常的等离子体耦合参数. 我们引入量纲为一的摩擦因数 $R(Z,\Gamma)$,这样把制动功率写成更普遍的形式(Zwicknagel, 2002)为

$$-\frac{d\varepsilon}{dx} = \frac{3(k_B T)^2}{e^2}R(Z,\Gamma)\frac{v_p}{v_{th}}. \tag{11.81}$$

对经典库仑系统,它只依赖 $Z\Gamma^{3/2}$.

图 11.12 给出了 R 的模拟结果随 $Z\Gamma^{3/2}$ 的变化(点线). 它对应非线性弗拉索夫方程的解. 在弱耦合区,$Z\Gamma^{3/2} \ll 1$,模拟结果和(11.79)式一致,这给出 $R(Z,\Gamma) = (2/3\pi)\ln(r_0/\lambda_D)Z^2\Gamma^3$. 但对比较大的 $Z\Gamma^{3/2}$,我们看到和 $Z^2\Gamma^3$ 依赖的大的偏离. 点线可很好地拟合为

$$R \approx \frac{(Z\Gamma^{3/2})^2}{8}\left[\ln\left(1 + \frac{0.14}{Z^2\Gamma^3}\right) + \frac{1.8}{1 + 0.4(Z\Gamma^{3/2})^{1.3}}\right]. \tag{11.82}$$

这个模拟结果和从冷却力测量中得到的实验值很好符合. 在这些实验中,加速器中出来的离子在特殊的冷却环中由一起运动的低温电子束冷却(Bosser,

1994). 更详细的内容和有关参考文献可见 Zwicknagel(2002).

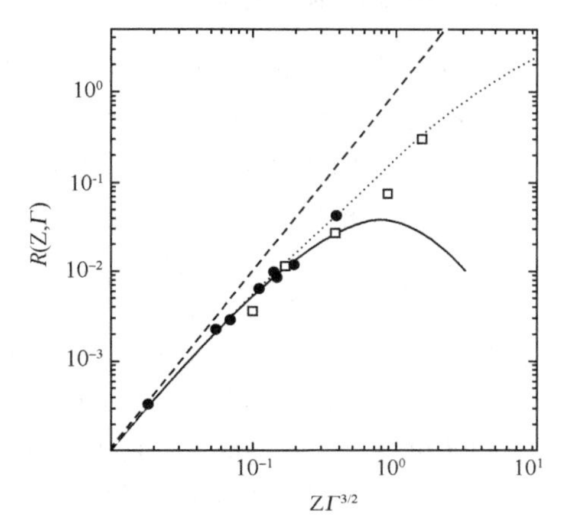

图 11.12　非线性摩擦因数 $R(Z,\Gamma)$ 随 $Z\Gamma^{3/2}$ 的变化

点曲线：利用非线性弗拉索夫方程模拟得到的结果，其拟合表达式为(11.82)式；虚线：线性响应理论；长虚线：(11.79)式给出的线性结果；点和方框：利用冷却力测量得到的实验结果，这里假定等离子体各向同性，并利用有效温度(Zwicknagel, 2002)

11.5.8　任意 v_p 的等离子体制动近似公式

对所有入射速度成立的制动数(11.66)式的一个近似解析表达式为

$$L \simeq G(v_p/v_{th})\ln(\lambda_D/r_0) + H(v_p/v_{th})\ln(v_p/v_{th}), \tag{11.83}$$

这里函数 G 由(11.77)式给出，而函数 H 为

$$H(y) = -y^3 e^{-y^2/2}/(3\sqrt{2\pi}\ln y) + y^4/(y^4 + 12). \tag{11.84}$$

在图 11.13 中，这个近似(Peter et al., 1991a)和(11.66)式的精确数值计算进行了比较.

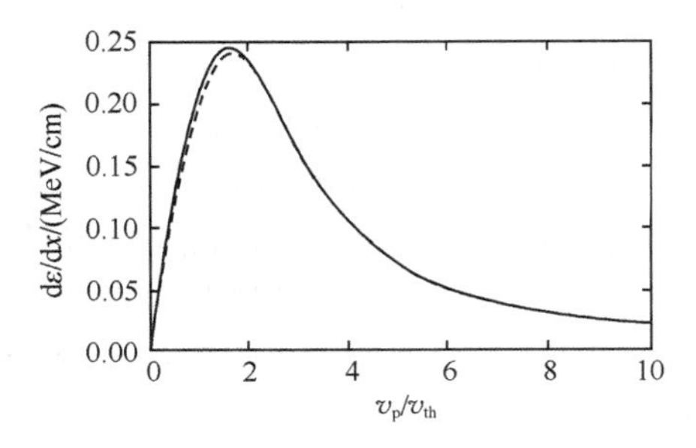

图 11.13　根据(11.66)式得到的制动数 L 随速度 v_p/v_{th} 的变化，并和近似表达式(11.83)式(虚线)比较

11.5.9 燃烧等离子体中带电聚变产物的制动

刚刚导出的结果的首要应用是带电聚变产物在燃烧等离子体中的能量损失，特别是温度为几个千电子伏特的 DT 等离子体中 3.5MeVα 粒子的制动. 与电子和离子的碰撞都对快粒子的制动有贡献. 利用(11.55)式和关于制动数的(11.76)式，具有瞬时能量为 ε_α 的 α 粒子其单位路径长度上的能量损失为

$$-\frac{\mathrm{d}\varepsilon_\alpha}{\mathrm{d}x}=\frac{4\pi(Z_\alpha e^2)^2}{v_\alpha^2}\sum_j\frac{n_jZ_j^2\ln\Lambda_{\alpha j}}{m_{rj}}G(v_\alpha/v_{\mathrm{th}j}),\tag{11.85}$$

这里 $Z_\alpha=2$，下标 j 表示热电子或热离子，$m_{rj}=m_\alpha m_j/(m_\alpha+m_j)$是 α 粒子与 j 粒子碰撞时的约化质量. 库仑对数 $\ln\Lambda_{\alpha\mathrm{e}}$和 $\ln\Lambda_{\alpha\mathrm{i}}$可用 10.9.1 小节中讨论的方法确定. 我们观察到，3.5MeVα 粒子的速度为 $v_{\alpha0}/c=0.043$，它小于燃烧聚变等离子体的电子热速度(10keV 时有 $v_{\mathrm{the}}/c=0.14$)，但远大于离子热速度. 根据(11.78)式，我们可以写 $G(v_\alpha/v_{\mathrm{the}})=(1/3)\sqrt{2/\pi}(v_\alpha/v_{\mathrm{the}})^3$ 和 $G(v_\alpha/v_{\mathrm{thi}})=1$. 利用 $\varepsilon_\alpha=m_\alpha v_\alpha^2/2$ 和 $\mathrm{d}x=v_\alpha\mathrm{d}t$，我们得到 $\mathrm{d}\varepsilon_\alpha/\mathrm{d}x=m_\alpha\mathrm{d}v_\alpha/\mathrm{d}t$，并且可把(11.85)式写为

$$\frac{\mathrm{d}v_\alpha}{\mathrm{d}t}=-\frac{v_\alpha}{2t_{\alpha\mathrm{e}}}-\frac{1}{v_\alpha^2}\frac{4\pi Z_i^2Z_\alpha^2e^4\ln\Lambda_{\alpha\mathrm{i}}n_\mathrm{i}}{m_{ri}m_\alpha},\tag{11.86}$$

这里

$$t_{\alpha\mathrm{e}}=\frac{3\sqrt{2}}{16\sqrt{\pi}}\frac{m_\alpha(k_\mathrm{B}T_\mathrm{e})^{3/2}}{Z_\alpha^2e^4\ln\Lambda_{\alpha\mathrm{e}}m_\mathrm{e}^{1/2}n_\mathrm{e}}.\tag{11.87}$$

代入对等摩尔 DT 合适的数量，我们得到

$$t_{\alpha\mathrm{e}}=42T_\mathrm{e}^{3/2}/(\rho\ln\Lambda_{\alpha\mathrm{e}})\mathrm{ps},\tag{11.88}$$

这里电子温度的单位是 keV，DT 的密度单位是 g/cm^3. 在(11.86)式中，左边的第一项表示电子的贡献$(\mathrm{d}v_\alpha/\mathrm{d}t)_\mathrm{e}$，第二项为离子的贡献$(\mathrm{d}v_\alpha/\mathrm{d}t)_\mathrm{i}$. 我们看到，电子贡献的形式是拖拉力，其拖拉系数 $1/2t_{\alpha\mathrm{e}}$随温度减小. 离子的贡献则不依赖温度，它随 α 粒子能量减小而增加. 对等摩尔 DT，我们有

$$\frac{(\mathrm{d}v_\alpha/\mathrm{d}t)_\mathrm{e}}{(\mathrm{d}v_\alpha/\mathrm{d}t)_\mathrm{i}}=\frac{\ln\Lambda_{\alpha\mathrm{e}}}{\ln\Lambda_{\alpha\mathrm{i}}}\left[\frac{78}{T_\mathrm{e}}\left(\frac{v_\alpha}{v_{\alpha0}}\right)^2\right]^{3/2},\tag{11.89}$$

这里温度 T_e 的单位是 keV，这表明当温度相对较低时，对大多数 α 粒子路径，电子引起的制动占主导. 一个重要的量是，在整个制动过程中转移给电子的能量占初始 α 粒子能量的比例 F_e. 在图 11.14(a)中，我们对不同密度给出了它和等离子体温度的关系(Fraley et al.，1974). 对典型的点火 ICF 燃料密度($\rho=10\sim100\mathrm{g/cm^3}$)，图中曲线的一个很好近似为

$$F_\mathrm{e}=25/(25+T_\mathrm{e}),\tag{11.90}$$

这个结果确认在温度低于 20keV 时可忽略离子碰撞. 对这种情况，(11.86)式变为第 4 章中描述点火 DT 靶的(4.4)式.

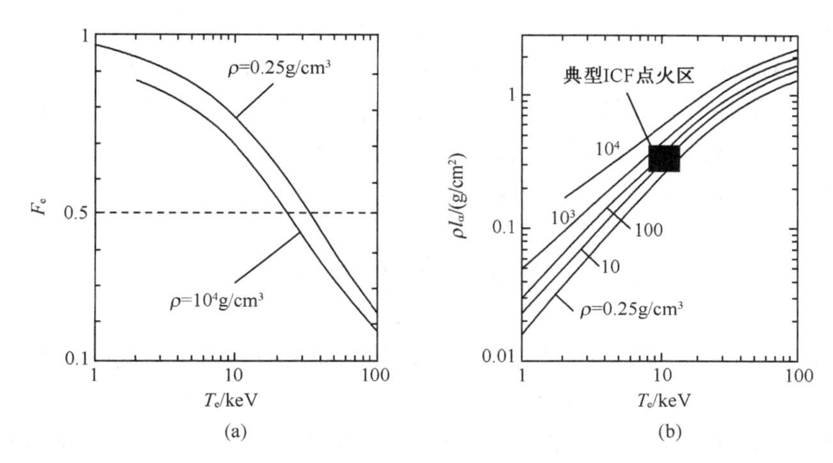

图 11.14　在电子温度和离子温度相同的等摩尔 DT 等离子体中 3.5MeVα 粒子的制动过程
(a)传递给等离子体电子的能量比例;(b)对不同密度值,α 粒子射程和
等离子体温度的关系(Fraley et al., 1974)

图 11.14(b)对不同等离子体密度,给出了 α 粒子的射程 l_α 和 DT 等离子体温度的关系. 其公式为

$$l_\alpha = \int_{3T/2}^{\varepsilon_{\alpha 0}} \mathrm{d}\varepsilon_\alpha / (-\,\mathrm{d}\varepsilon_\alpha/\mathrm{d}x). \tag{11.91}$$

对密度 $\rho=10\sim100\mathrm{g/cm^3}$,这个射程可拟合为

$$\rho l_\alpha = 0.025 T_e^{5/4}/(1+0.0082 T_e^{5/4}). \tag{11.92}$$

值得一提的是,快离子也会由于和等离子体原子核的弹性碰撞而损失能量,对 α 粒子制动的这种贡献可估计为

$$\frac{\mathrm{d}v_\alpha}{\mathrm{d}t} = \frac{1}{m_\alpha v_\alpha}\frac{\mathrm{d}\varepsilon_\alpha}{\mathrm{d}t} \approx -\, n_i \sigma v_\alpha^2 \frac{m_i m_\alpha}{(m_i+m_\alpha)^2}, \tag{11.93}$$

这里 σ 是相对截面(通常其量级为 $10^{-24}\mathrm{cm^2}$). 这里我们用了弹性碰撞中大家熟知的平均能量损失 $\delta\varepsilon_\alpha \approx -\varepsilon_\alpha(2m_i m_\alpha)/(m_i+m_\alpha)^2$. 这种贡献不依赖等离子体温度,并随粒子速度增加而增加. 它一般不影响 DT 等离子体燃烧,除非温度超过 100keV.

快带电聚变产物的传输和对等离子体的能量传递通常在扩散近似下用数值流体程序处理. Cormann 等(1975)发展了被广泛采用的多群扩散理论. 更简单的单群模型也经常使用. 在欧拉坐标系中,它要求解带电快聚变产物的一个能量密度方程,即

$$\frac{\mathrm{d}E_\alpha}{\mathrm{d}t} = -\,(p_\alpha+E_\alpha)\rho\frac{\mathrm{d}V}{\mathrm{d}t} + W_\alpha + \nabla(D_\alpha\cdot\nabla E_\alpha) - \frac{E_\alpha}{t_\alpha}, \tag{11.94}$$

这里 $p_\alpha=(2/3)E_\alpha$ 是 α 粒子压力,$V=1/\rho$ 流体比体积,W_α 是 α 粒子功率密度源[见(4.2)式],D_α 是扩散系数,t_α 是能量转移到等离子体的特征时间. E_α/t_α 表示传

递给等离子体的功率密度. 在纯电子制动这一极限条件下,我们有 $D_\alpha=(1/18)v_{\alpha0}t_{\alpha e}^2$ 和 $t_\alpha=t_{\alpha e}$(Atzeni,Caruso, 1981b). Basko(1987)和 Atzeni(1987,第5章)给出了同时考虑电子和离子引起制动时,D_α 和 t_α 的表达式. 在第3~5章中模拟用的一维(1D)IMPLO-升级版程序用了多群扩散,而在二维(2D)程序 DUED 中(Atzeni, 1986)用了上面的单群能量扩散方程.

11.6　重离子的有效电荷 Z_{eff}

对 ICF 来说,重离子的诱人特点是它们的制动功率和入射电荷 Z 的定标关系为 $\mathrm{d}E/\mathrm{d}x\propto Z^2$. 对没有完全剥离的重离子,我们必须用有效电荷 Z_{eff} 来代替 Z. 对 ICF 应用,这是典型情况,比如能量为 10~100GeV 的 U 或 Bi 离子在靶材料中的变慢就是这种情况. 因此,由于电离和复合过程,Z_{eff} 的值随制动距离变化. 在本节中,我们对平衡和非平衡情况讨论 Z_{eff} 的物理.

11.6.1　$Z_{\text{eff}}(v)$ 的半经典描述

如果入射离子的典型电离和复合时间远小于发生能量损失的时间,所达到的电荷平衡态本质上只依赖入射速度 v_{p}. 根据玻尔(1948)的理论,电荷平衡态可自我调节,使得大多数束缚比较松的电子其轨道速度接近 v_{p}. 利用托马斯-费米模型(参考10.3节),原子内部电子的平均速度为 $\alpha cZ^{2/3}=2.19\times10^8Z^{2/3}$ cm/s,量纲分析(参考6.5节)表明,可作假定

$$Z_{\text{eff}}/Z=F(v_{\text{p}}/\alpha cZ^{2/3}) \tag{11.95}$$

在文献中,提出了不同的函数 $F(x)$. 我们考虑

$$Z_{\text{eff}}/Z=1-\exp(-v_{\text{p}}/\alpha cZ^{2/3}) \tag{11.96}$$

对小速度 v_{p},它满足了玻尔估计 $Z_{\text{eff}}/Z=v_{\text{p}}/\alpha cZ^{2/3}$,对高速度,它有合适的极限值 $Z_{\text{eff}}=Z$. 稍有变化的假定,$Z_{\text{eff}}/Z=1-a_1\exp(-v_{\text{p}}/\alpha cZ^{a_2})$,已被用来通过调节参数 a_1 和 a_2 来拟合实验数据(Betz, 1972;Brown,Moak, 1972). 对冷固体和气体有大量有关结果,Betz(1983)对此作了评述. Nikolaev 和 Dmitriev(1968)提出了另一个参数表达式

$$Z_{\text{eff}}/Z=\left[1+(0.62\alpha cZ^{2/3}/v_{\text{p}})^{1.7}\right]^{-1/1.7}, \tag{11.97}$$

它也能很好描述电荷态. 在用于计算重离子 ICF 的制动时,v_{p} 应该被替换为 $\tilde{v}_{\text{p}}=\sqrt{v_{\text{p}}^2+v_{\text{th}}^2}$,这是因为要考虑热靶材料中已停止的入射粒子的剩余热电离.

要强调的是,这些半经验公式只提供真实情况的粗略近似. 特别对低密度($n_{\text{e}}\leqslant10^{20}/\text{cm}^3$)完全电离的等离子体中的制动过程,我们可以预料和半经验值会有较大的差别.

11.6.2　电离和复合过程

计算 Z_{eff}的系统方法是求解速率方程

$$\frac{\mathrm{d}P_i}{\mathrm{d}t} = \sum_{j \neq i} [\alpha(j \to i) P_j - \alpha(i \to j) P_i], \tag{11.98}$$

这里 $P_i(0 \leqslant i \leqslant Z)$表示入射粒子 Z 的不同电离态 i 随时间变化的分布，$\alpha(i \to j)$是入射粒子和介质电荷交换过程的总速率. 这里电离($i<j$)和复合($i>j$)过程都已包括. 它们依赖靶材料、密度和温度，以及入射粒子的种类和速度. 有些内容在 10.6 节和 10.9 节已有讨论. 对完整的讨论，读者可参考 Peter 和 Meyer-ter-Vehn(1991b)的文章.

为了讲解其本质内容，我们在图 11.15 中对 1.5MeV/u 的碘粒子束穿过离子密度为 $n_i = 10^{17}/\mathrm{cm}^3$、温度为 10eV 的氢等离子体，给出了速率系数. 这个速率系数随入射粒子的电荷态变化. 这里电离速率主要是由于和靶离子的碰撞. 它几乎不依赖靶的电离态，因此图 11.15 中的曲线也适用冷的氢气. 另一方面，复合速率对等离子体电离度很敏感. 在冷靶材料中，主要过程是和靶束缚电子的电荷交换. 在不违反能量和动量守恒的情况下，它们能容易地转移给入射粒子. 但对已电离的靶物质，没有束缚电子，这就必然有自由等离子体电子的俘获. 相应的速率很小，因为自由电子很难摆脱跃迁能. 辐射俘获和双电子复合速率可见图 11.15. 三体复合只有在高密度等离子体($>10^{21}/\mathrm{cm}^3$)中才有竞争力.

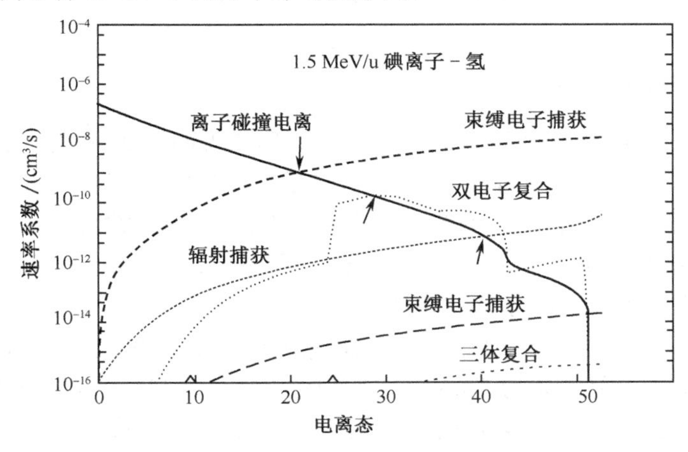

图 11.15　对 1.5MeV/u 碘入射到密度为 $10^{17}/\mathrm{cm}^3$ 的氢靶中时，
不同电离和复合系数随电离态的变化

电离主要由和靶离子的碰撞引起(粗实线)，对冷气体和完全电离等离子体，速率几乎是相同的.
另一方面，复合系数对靶的电离度敏感. 对冷气体，束缚电子俘获占主导(粗虚线). 对 10eV 的
等离子体(所有其他曲线)，束缚电子的数目下降 6 个数量级，因此电荷交换速率也会下降这么多.
现在，辐射俘获(细虚线)和双电子复合(点线)是最大的. 箭头表示不同的平衡态电荷，
这依赖哪种速率占主导(Peter，Meyer-ter-Vehn，1991b)

结果,在等离子体中变慢下来的入射粒子其电荷态要比稠密物质中的高许多,这可大大增加制动功率. 它可能高得使制动过程比复合还快. 这样,在大多数的制动距离中,离子会保持其高速进入靶时所获得的最大电荷态. 在一篇开创性的文章中,Nardi 和 Zinamon(1982)通过计算随制动过程变化的电荷态证明了这个效应. 在图 11.16 中,我们给出了 12MeV 碳离子在冷锂靶中以及温度为 25eV 时的变慢过程. 电荷态演化和能量沉积曲线的差别相当显著.

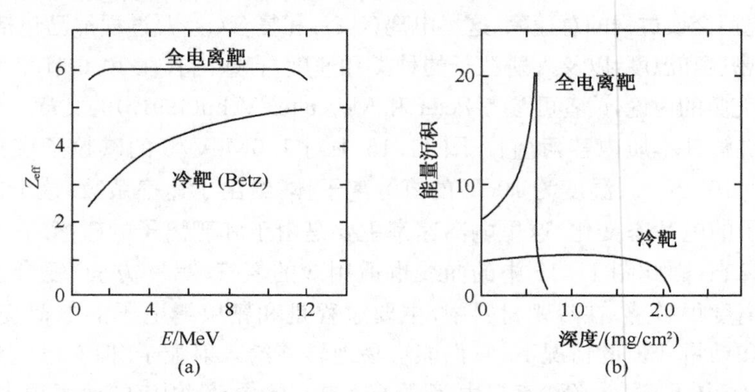

图 11.16 入射速度为 Z_{eff} 的碳离子在温度为 25eV、密度为 10^{-2} g/cm³ 的锂中逐渐变慢

(a)计算得到的电荷态,(b)能量沉积

作为比较,也给出了冷锂的情况,它适用半经验 Betz 公式(11.96)(Nardi,Zinamon,1982)

11.6.3 靶后对 Z_{eff} 的测量

我们看一下实验数据(Dietrich et al.,1992)来说明上面所讨论的 Z_{eff} 的变化. 在穿过 $L=20$cm 长度的氢等离子体柱后,测量 Ar 和 Xe 离子的电荷态分布. 等离子体是用 Z 箍缩产生的,沿轴的等离子体密度进行了测量,在压缩时,其大小变化了两个数量级,最大值为 $n_e=1.5\times10^{19}/\text{cm}^3$. 在图 11.17 中,对入射离子不同的初始电荷态给出了平均电荷态 Z_{eff} 随密度的变化. 我们看到,Z_{eff} 随密度增加. 等离子体线密度为 $n_eL\approx10^{20}/\text{cm}^3$ 时达到平衡值,它不依赖初始电荷态. 对入射粒子 Ar,这个值几乎等于冷氢气体的 $Z_{eff}\approx16$,这是用 Betz 公式(11.97)得到的. 对入射粒子 Xe,其电荷态变为 $Z_{eff}\approx43$,这比冷材料的值 $Z_{eff}\approx38$ 大许多. 这些结果和蒙特卡罗数值模拟符合得很好.

这种差别的原因是 Ar^{+16} 离子只有两个 K 壳层电子,它是非常稳定的类 He 结构,而 $Z=40$ 左右的 Xe 离子有一个未填满的 L 壳层,因此可清楚地观测到 Z_{eff} 在等离子体中的增大. 相应的 $d\varepsilon/dx$ 的增大可能也很可观,有关实验结果在 11.7.3 小节中讨论. 但对于重离子 ICF,这种 Z_{eff} 增大效应不太重要,主要因为有比较高的等离子体密度和比较高的离子速度. 除非需要很高的精度,对重离子聚变

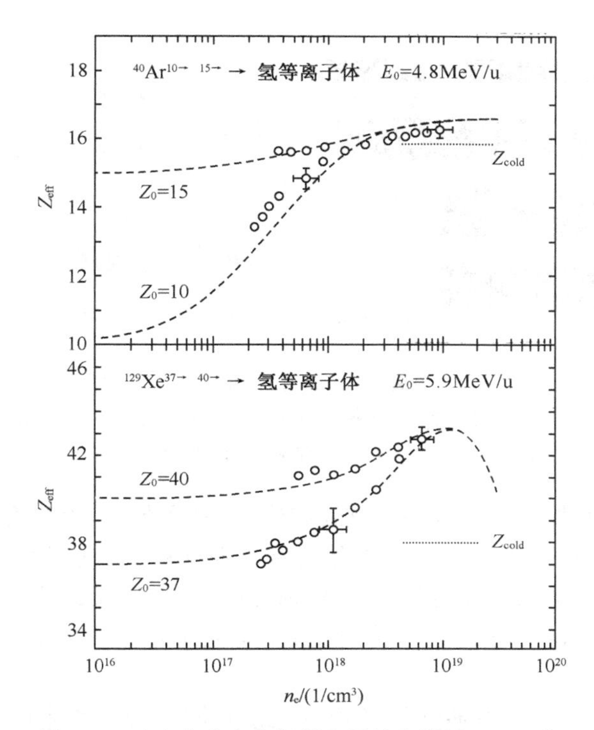

图 11.17 在完全电离氢等离子体中穿过 20cm 后，测量到 Ar 和 Xe 电荷态随电子密度的变化

这里给出了不同初始电荷态的结果. 对 Ar，初始入射能量为 4.8MeV/u，对 Xe 为 5.9MeV/u. 虚线对应蒙特卡罗模拟和图 11.15 中的速率系数(Dietrich et al.，1992)

研究，使用 11.6.1 小节中的半经验公式已经足够了.

11.6.4 入射粒子飞行辐射测量

另一方面，对基础研究，测量离子速度和电荷态沿制动距离的空间分辨，并完全控制这种制动过程是非常有意义的. 在图 11.18 中，我们给出 5.9MeV/u 和 11.4MeV/u 钙离子在 SiO_2 凝胶中变慢下来时 K 壳层光谱的实验结果(Rosmej et al.，2003).

左边的照片显示 Ca K 壳层辐射在水平方向的谱分辨. 在垂直方向，这些是轨迹图像，这里沿垂直制动路径的方向看. Ca^{6+} 离子从上面入射. 对 11.4MeV/u 离子，制动距离大约为 2mm. Ca 的 Ly_α 和 He_α 线都被观测到. 它们因横向多普勒频移而红移. 观测到的波长为 $\lambda_{obs}=\lambda/(1-v^2/c^2)^{1/2}$，这里 λ 为离子静止时的对应波长. 因为离子速度逐渐减慢为零，谱线从右上到左下移动. 右边的光谱给出不同垂直位置上的值，原则上，可从中得出不同制动距离处的速度和电离态.

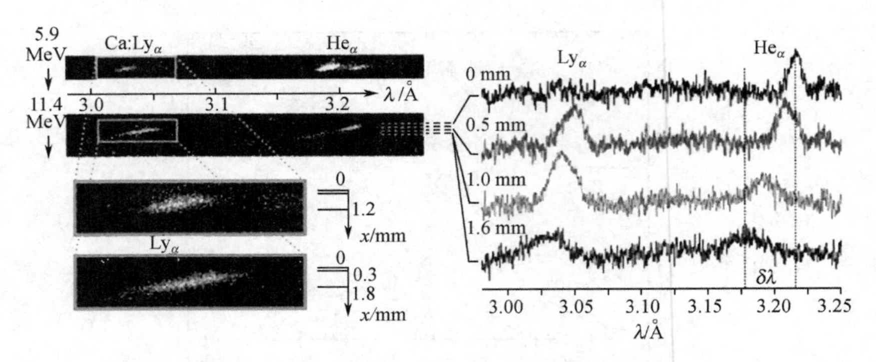

图 11.18 入射粒子为 5.9MeV/u 和 11.4MeV/u 的 Ca 时的 Ly_α 和 He_α 谱

左边是测量到的光谱，其水平方向为谱分辨，垂直方向为空间分辨；右边给出了在不同垂直位置的扫描结果. 更详细的内容见文中说明(Rosmej et al.，2003)

5.9MeV/u 的数据显示强 He_α 谱线有伴线，表明在 Ca 的 L 壳层有束缚电子. 另一方面，11.4MeV/u 的数据显示开始时有很强红移 He_α 辐射，这对应开始时入射高速离子的快速电离，然后转向 Ly_α 辐射. 这种行为以及缺乏伴线表明，在大多数制动距离上，Ca 离子处于类 He 状态，其平均电荷为 $Z_{\text{eff}}\approx 18$.

11.7 在冷和热物质中离子制动功率和射程

关于在离子束驱动 ICF 中的应用，Mehlhorn(1981)和 Basko(1984)等已发表了离子束在热稠密物质中制动的数值模型. 这里我们讨论束缚电子对制动过程的贡献和对应的平均电离势. 作为参考，我们给出在冷 Al 和 Au 中不同入射粒子的射程. 然后我们讨论一些有代表性的计算和实验结果.

11.7.1 部分电离物质中的制动过程

对 ICF，我们通常处理温度高达 500eV 的部分电离物质中的离子能量沉积. 对典型靶，其密度 $\rho=Am_{\text{p}}n_{\text{ion}}$ 一般低于固体密度，萨哈方程(10.25)足以用来描述电离度. 我们考虑原子质量数为 Z_t 的热稠密靶材料，靶离子的平均电荷态为 Z_t^*. 总的制动功率可写为

$$-\frac{\mathrm{d}\varepsilon}{\rho\mathrm{d}x}=\frac{4\pi(Z_{\text{eff}}e^2)^2}{m_{\text{e}}v_{\text{p}}^2Am_{\text{p}}}\left[(Z_t-Z_t^*)L_{\text{b}}+Z_t^*L_{\text{f}}\right], \tag{11.99}$$

这里考虑了束缚和自由电子的贡献. 根据(11.75)式，由束缚电子引起的制动数为

$$L_{\text{b}}=\ln(2m_{\text{e}}v_{\text{p}}^2/I). \tag{11.100}$$

这里，I 表示平均电离势. 中性原子的经验值已由 Andersen 和 Ziegler(1977)通过调整质子制动数据得到. 图 11.19 给出了这些结果. 现在的问题是对 $I(Z_t^*,Z_t)$ 离

子的所有电荷态 Z_t^* 得到值 Z_t. Mehlhorn(1981)对 $Z_t^* < Z_t$ 提出了定标公式

$$I(Z_t^*, Z_t) = \frac{Z_t^2}{(Z_t - Z_t^*)^2} I(0, Z_t - Z_t^*). \tag{11.101}$$

它对原子值 $I = I(Z_t^* = 0, Z_t)$,能回到相同的值,并且对类氢离子能重复熟知的定标率 $I(Z_t^* = Z_t - 1, Z_t) = Z_t^2 I(0,1)$. 关于 $I(Z_t^*, Z_t)$的更详细的模型可见 Basko (1984).

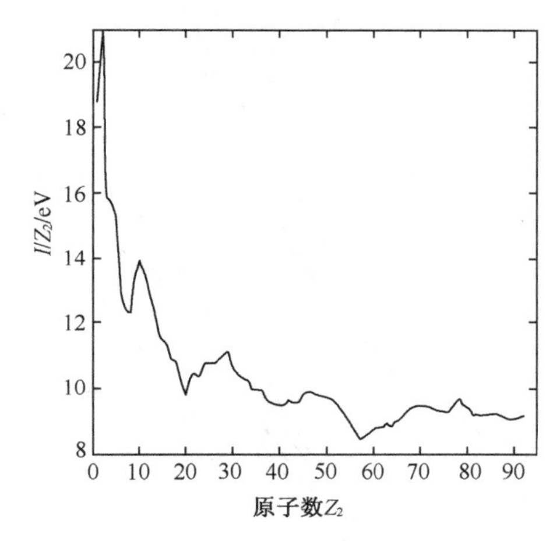

图 11.19　对电荷数为 Z_2 的冷靶材料,平均电离势 I 的经验值(Andersen, Ziegler, 1977)

11.7.2　冷物质中的离子射程

尽管在 ICF 靶中离子能量的沉积主要发生在已电离的物质中,冷物质的射程仍很重要,因为它们确定初始的沉积深度. 冷物质中的离子射程已由 Northcliffe 和 Schilling(1970)对各种靶材料和各种离子列表给出. 在图 11.20 中,我们给出在冷的铝和金中一组入射离子的射程随离子能量的变化. 这把表中的值扩展到 ICF 感兴趣的入射粒子能量范围. 计算是根据(11.99)和(11.100)式进行的,即

$$R(\varepsilon) = \int_0^{\mathscr{E}} \frac{\rho \mathrm{d}\tilde{\varepsilon}}{\mathrm{d}\tilde{\varepsilon}/\mathrm{d}x}, \tag{11.102}$$

这里 I 的值来自图 11.19.

11.7.3　在等离子体中 $\mathrm{d}\varepsilon/\mathrm{d}x$ 的增强

比较 Bethe 描述中(见 11.5.5 小节)束缚电子的制动数 $L_\mathrm{b} = \ln(2m_\mathrm{e}v_\mathrm{p}^2/I)$和自由电子的制动数 $L_\mathrm{f} = \ln(2m_\mathrm{e}v_\mathrm{p}^2/\hbar\omega_\mathrm{p})$,其差别在于平均电离势 I 和有关等离子体子能量 $\hbar\omega_\mathrm{p}$ 的不同. 对等离子体密度 $n_\mathrm{e} = 10^{21} \sim 10^{23}/\mathrm{cm}^3$,其典型值为 $I = 100 \sim$

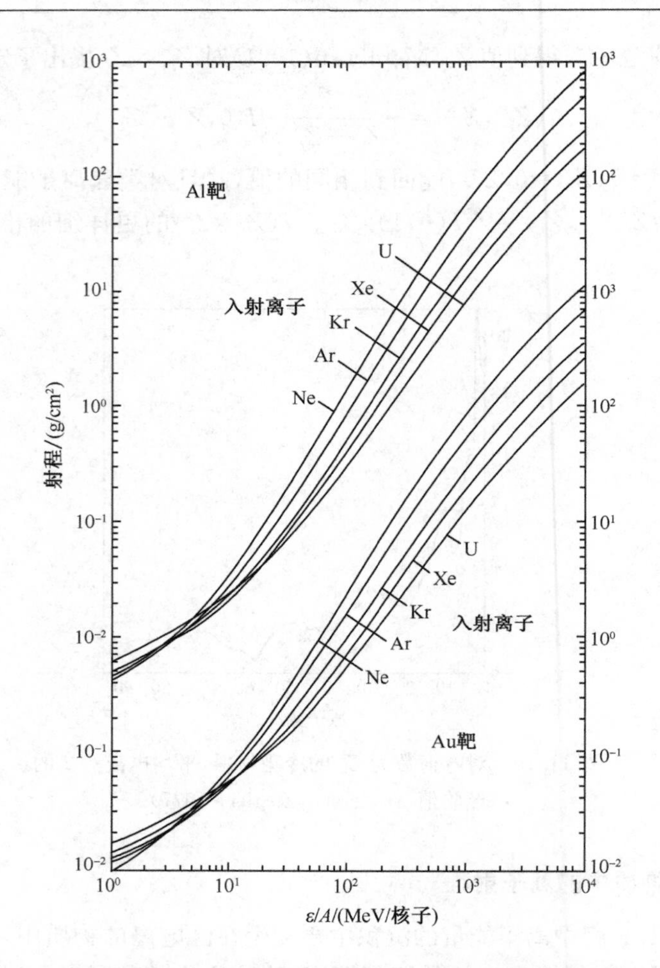

图 11.20 固体 Al 和 Au 中不同离子的冷射程随入射能量 ε/A 的变化

曲线根据低 ε 的列表值插值得到并用来表示高 ε 时的推广值(Arnold, Meyer-ter-Vehn, 1987)

1000eV 和 $\hbar\omega_p=1\sim10$eV. 因此制动数的差别可达 4 倍. 其物理原因是,自由电子比深度束缚电子更容易吸收离子能量,因此等离子体通常比凝聚态靶材料具有更高的制动功率. 对部分电离的稠密 ICF 等离子体,这可增强为 2 或 3 倍.

这种增强的第一个实验证据由 Young 等(1982)报道. 由脉冲功率源产生的氘脉冲照射薄膜靶,对不同的束聚焦观测到不同的能量损失. 在固体靶材料中,温度从 3eV 增大到 10eV 可使能量损失增加 30%~50%.

关于在氢等离子体中离子能量损失的系统测量可见 Hoffmann 等(1990)的报道. 在实验中,从 Ca 到 U 的不同种类离子被加速到 1.4MeV/u,并被送入温度为 1~2eV,面密度高至 $\int n_e \mathrm{d}x \approx 10^{19}/\mathrm{cm}^2$ 的 Z 箍缩等离子体中. 关于 U 离子的结果见图 11.21(a). 和冷氢气比,在等离子体中的能量损失要为 2.5 倍. 和计算结果的比较表明,大约 1.8 倍是由于制动数的增强,另外 1.4 倍是由于 Z_{eff}的变化. 在等离子体中,入射时的电荷态从 33 增长为 37,但在气体中则下降为 23.

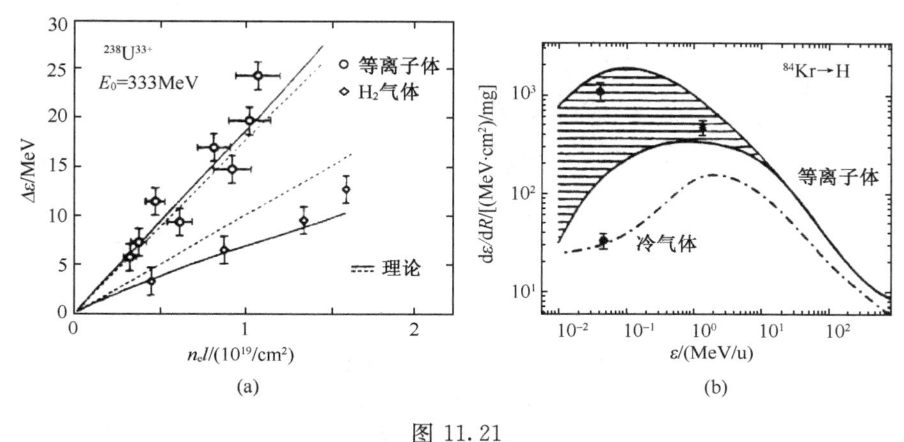

图 11.21

(a)在冷氢气和完全电离 H 等离子体中,333MeV ^{238}U 离子的能量损失随制动路径上所有电子(束缚和自由)面密度 $\int n_e dx$ 的变化. 计算曲线分别针对常数 $Z_{eff}=33$(虚线)和计算得到的 Z_{eff}(实线)(Hoffmann et al., 1990);(b)在氢中^{84}Kr 离子变慢时的制动功率. 对 45keV/u,等离子体中的制动功率为冷气体中的 35 倍. 曲线给出的为理论结果. 阴影区是对不同的 Z_{eff},下边界是对冷气体,上边界是对完全电离等离子体计算得到的最大值(Jacobi et al., 1995)

图 11.21(b)(Jacobi et al., 1995)给出了一个极端例子. 能量为 45keV/u 的 ^{84}Kr离子入射到氢上,在等离子体中测得的制动功率为冷气体中的 35 倍,其中 5 倍是由于制动数,7 倍是由于电荷态. 这是具有最大制动功率的能量区域(参考图 11.13).

11.7.4 在稠密等离子体中 $d\varepsilon/dx$ 和 R 的例子

最后,我们在图 11.22 中给出在和 ICF 靶相关的热稠密材料中计算制动功率的两个例子. 在图 11.22(a)中可以看到,在热稠密金中变化温度时,质子沉积曲线沿制动距离的变化. 温度从 0 上升到 100eV 时,制动距离缩短为原来的一半,然后又变长. 同时,在制动途径上最后很明显的布拉格峰在温度超过 100eV 时消失. 这是因为对大多数的射程,质子速度下降到电子热速度以下. 然后,$d\varepsilon/dx$ 随 v_p 下降,而在低温时,它是随$\propto v_p^{-2}$ 增大的(参考图 11.13). 在这种情况下,平均射程可达 $R\approx 25mg/cm^2$.

在图 11.22(b)中,对 30MeV/u 的 Bi 离子在锂中变慢过程,得到的射程为 $40\sim 70mg/cm^2$. 从冷固体锂变成 300eV 和 $0.1g/cm^3$ 的锂等离子体时,再次观察

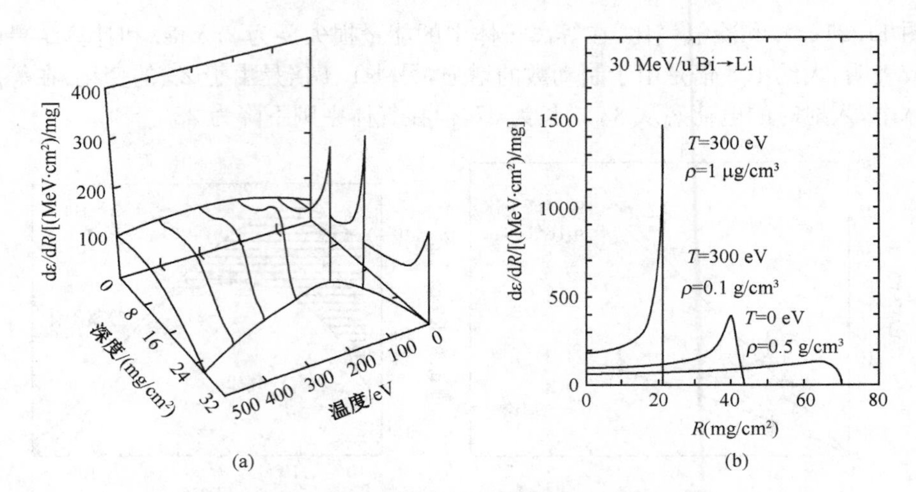

图 11.22　沿制动路径计算得到的制动功率

(a)在密度为 0.193g/cm³,温度为 0～500eV 的金中的 2MeV 质子(Mehlhorn, 1981);
(b)30MeV/u 的 Bi 离子在不同温度和密度条件下(Peter,Meyer-ter-Vehn, 1991)

到了射程变短(大约 30%).和质子的结果比,重离子的布拉格峰没那么突出,因为随 Z_{eff}的减小和$\propto v_p^{-2}$ 的增长相互抵消.只有对很低的密度,在前面几节中讨论的非平衡 Z_{eff}效应才显现出来.在图 11.22(b)中可以看出,对 $1\mu g/cm^3$,Bi 离子的电荷态在大多数制动距离上保持在 70 以上,因此尖锐的布拉格峰出现了.

第12章 快 点 火

最近在拍瓦(PW)激光脉冲方面的发展使得利用外部触发器来点燃已压缩的聚变燃料成为一种新的可能.这可导致惯性聚变研究的重新定位.在本章中,我们对快点火概念作一个简单的综述,许多挑战性的问题还有待回答.和本书目前为止所讲的ICF物理不同,激光驱动快点火涉及强电流相对论电子束和强磁场(大到吉高斯),这再次把ICF物理和MCF物理联系到一起.用激光产生电子和离子束,这些束流在稠密等离子体中的传输,以及相关的等离子体不稳定性是其中的关键问题.激光等离子体相互作用产生的超高亮度、几个兆电子伏特、低发散的电子和离子束,其应用远超过核聚变.本章我们描述涉及物理的一些基本特点,并在迅速增长的文献中提供一些作为参考.

12.1 概念和前景

惯性聚变靶快点火的概念是把燃料点火和燃料压缩分开,用一个独立的外部触发器来点燃已经预压缩的燃料.尽管这个想法从20世纪60年代起就有讨论(Harrison, 1963; Maisonnire, 1966),但直到最近才有合适的触发器,这就是皮秒拍瓦激光脉冲(Mourou et al., 1998).

本书描述的惯性聚变主要途径是利用中心热斑点火.在这种标准方法中,由球形内爆产生燃料压缩和点火,这两者是交织在一起的.对驱动对称性的极高要求就是这种交织的结果.同时,在内爆中心形成热斑,这在流体动力学上是不稳定的.这极大地增加了对高精度驱动器的要求,并使得点火成为最难的问题.

快点火则希望将靶压缩和热斑形成分开.这开创了靶设计的全新世界.尽管它仍要求很高的燃料压缩来确保较低的点火能量,但它明显放松了对对称性的要求.快点火允许非球形燃料结构,并有可能点燃非DT燃料.比如,因为热斑参数由外部控制,我们可通过局域的DT种子来点燃纯氘燃料.探索这种可能性,我们可使用氚含量很低的靶,并实现在燃料燃烧时氚的净增殖.

但是用拍瓦激光脉冲实现点火其科学可行性和有关的基本物理还不清楚.除了拍瓦激光发展方面的问题,靶方面的问题主要涉及从临界密度n_c处的激光相互作用区到压缩燃料核的能量传输,压缩燃料核的密度量级为$n/n_c \approx 10^5$.

传输涉及电流为100MA的相对论电子束.这些束流要传输的距离量级为100μm.使得激光束更接近燃料核的一种方法来自强激光束本身,因为它会在稠密等离子体上钻孔.另一个直接的实验方法是用一个金锥引导光束,这种方法最近得到了喜人的结果.

快点火的研究才刚刚开始,在本书中我们只能对基本想法和我们目前很有限的认识做简单的概述.我们给出快点火热斑的定标关系,并简要讨论传输问题,同时给出一些实验结果.

12.2 点火条件和燃料能量增益

12.2.1 一维等容模型

我们考虑图 12.1(a)中的示意图.激光脉冲已经把 DT 燃料均匀压缩到密度

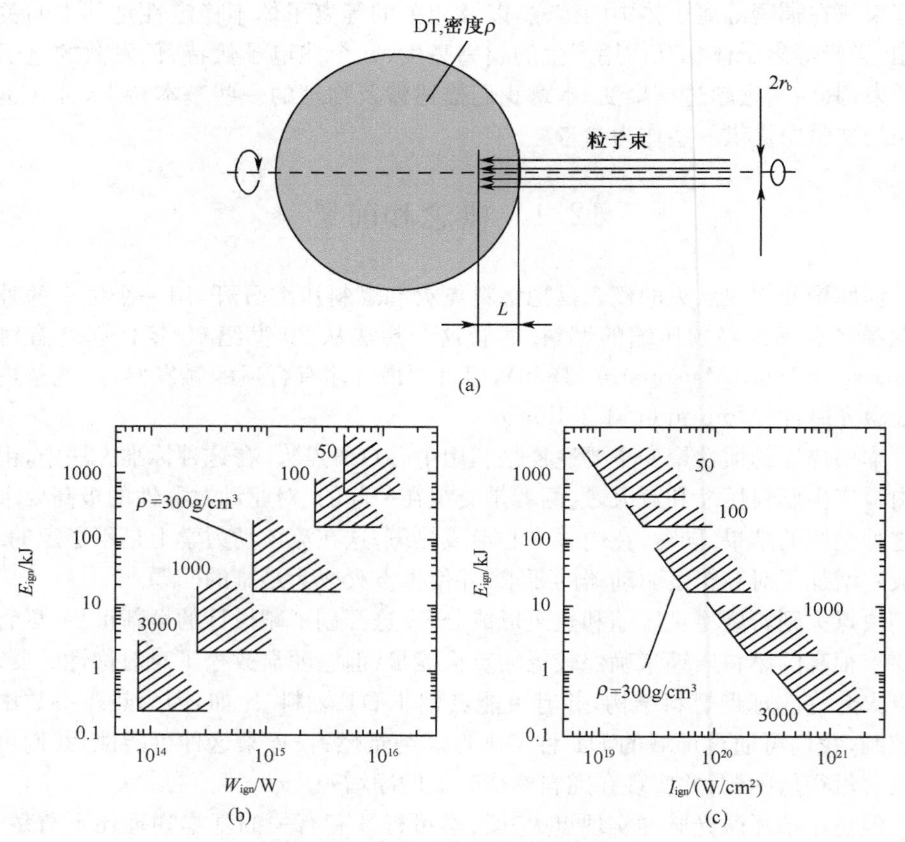

图 12.1 束驱动等容燃料的快点火

(a)加热过程的示意图;(b)从二维 DUED 模拟得到的快点火所需的脉冲参数;对不同燃料密度 ρ,在功率-能量平面给出了所允许的窗口(划线区域);(c)从二维 DUED 模拟得到的快点火所需的脉冲参数:对不同燃料密度 ρ,在强度-能量平面给出了所允许的窗口(划线区域)

ρ,现在快点火脉冲在燃料表面非常迅速地(时间为 10～50ps)加热一小块体积到点火温度 T_h. 为方便,我们这里考虑一个粒子束,其能量均匀沉积在半径为 r_b、长度为 $L \approx 2r_b$ 的柱体积中. 因为加热要比流体膨胀快,点火区域的密度保持和其他燃料一样,因此作为近似我们可用等容点火条件 $\rho R_h \geqslant 0.5\text{g/cm}^2$ 和 $T_h \geqslant 12\text{keV}$. 在 4.2.2 小节中研究均匀燃料球中心等容热斑时,它们就已经导出. 对应的点火能量为

$$E_{ign} = 72/\hat{\rho}^2 \text{kJ}, \tag{12.1}$$

这里 $\hat{\rho}$ 是燃料密度,其单位是 100g/cm^3.

这些能量必须在小于 $t_c \approx R_h/c_s$(这里 $c_s \approx 2.8 \times 10^7 T_h^{1/2} \text{cm/s}$ 是声速,T_h 是温度,其单位是 keV)的时间内聚焦在半径小于 $r_p \leqslant R_h$ 的区域内. 取燃料密度为快点火方法中的典型值 $\rho = 300\text{g/cm}^3$,我们需要在 20ps 时间以内把 $E_{ign} = 8\text{kJ}$ 的能量传递到半径为 $r_p \approx 15\mu\text{m}$ 的区域内. 这对应的点火脉冲功率为 $W_{ign} \approx E_{ign}/t_p \approx 5 \times 10^{14}\text{W}$,强度为 $I_{ign} \approx P_{ign}/\pi R_h^2 \approx 7 \times 10^{19}\text{W/cm}^2$. 这些参数和密度的定标关系为

$$r_p \propto \rho^{-1}; \quad t_p \propto \rho^{-1}; \quad W_{ign} \propto \rho^{-1}; \quad I_{ign} \propto \rho \tag{12.2}$$

如果这个点火脉冲是带电粒子束,它们的射程 $\mathscr{R}$ 要和所要求热点面密度可比或更小些,也即 $\mathscr{R} < 2\rho R_h \approx 1\text{g/cm}^2$.

12.2.2　点火窗口

快点火本质上是非球形的,它要求用二维模拟来更精确地确定点火阈值. 对图 12.1(a)中的结构已经做了这种模拟. 对这些模拟的详细内容和所采用的程序 DUED,可以参考 Atzeni(1999)以及 Atzeni 和 Ciampi(1997).

在图 12.1(b)和(c)中,用阴影区域表示点火窗口. 它们针对标识中的不同密度. 这些结果表示用 5.3 节中的方法得到的优化结构. 对高密度,点火能量和功率下降,而对聚焦强度的要求增加,这和一维定标关系(12.2)式基本一致. 这里假定在脉冲时间 t_p 内,激光功率恒定,并且在半径为 R_b 的圆截面上强度 W_p 均匀,这样 $W_p = I_p \pi R_b^2$,同时 $E_p = W_p t_p$.

一个重要结果是发现由阴影区域左下角给出的能量、功率和强度边界值可精确地拟合为(Atzeni, 1999)

$$E_{ign} = 140\hat{\rho}^{-1.85}\text{kJ}, \tag{12.3}$$

$$W_{ign} = 2.6 \times 10^{15}\hat{\rho}^{-1}\text{W}, \tag{12.4}$$

$$I_{ign} = 2.4 \times 10^{19}\hat{\rho}^{0.95}\text{W/cm}^2, \tag{12.5}$$

这里 $\hat{\rho} = \rho/(100\text{g/cm}^3)$. 密度定标指数接近(12.1)和(12.2)式中一维模型给出的结果. 另一方面,我们注意到前面的因子有很大不同. 对 $\rho = 100\text{g/cm}^3$,所需的最小能量现在变成 140kJ 而不是 72kJ. 这里的因子 2 是沉积能量中的相当一部分在加

热阶段被热斑损失. 在前面得到(12.1)式的模型中,用的是完全预拼装的等容热点,没有考虑它是如何形成的.

12.2.3　容许的粒子束射程

在二维模拟中,束半径 r_p 和决定制动距离 $L=\mathscr{R}\rho$ 的粒子射程 $\mathscr{R}$ 都已变化. 重要结果已在图 12.1 中显示,并用定标关系(12.3)式表示,它们在相当大的范围内 $0.15<\mathscr{R}/(\mathrm{g/cm^2})<1.2$,只弱依赖于射程(Atzeni, 1999). 这对激光驱动电子束快点火特别重要. 当激光强度为 $10^{19}\sim10^{20}\,\mathrm{W/cm^2}$ 时,我们发现电子的能量在几个兆电子伏特这个区域,这些电子束在压缩燃料中必须在很小的距离上就停止可能是个问题. 作为参考,我们在图 12.2 中给出了单电子的经典射程随它们的动能的变化(Tabak, 1994),这里同时给出了角扩散的影响(Deutsch et al., 1996). 可以看到只有能量为很少几个兆电子伏特的电子满足 $\mathscr{R}<1.2\,\mathrm{g/cm^2}$. 电子束传输的问题到目前还未解决,这将在 12.5 节讨论.

12.2.4　快点火靶的燃料增益

图 12.3 给出了图 12.1 中结构的真实燃料增益和燃料能量的关系. 方块为优化的二维模拟结果,它对应不同的总燃料质量. 这些燃料增益的二维结果可以很好地表示为

$$G_f{}^* = 1.8\times10^4 E_f{}^{0.4}/\alpha^{1.2} = 4200 M_f{}^{0.3}/\alpha^{0.87}, \qquad (12.6)$$

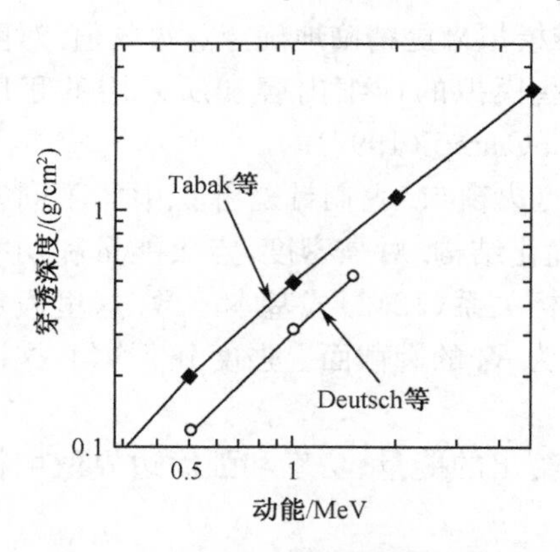

图 12.2　单电子在压缩 DT 燃料中穿透深度随动能的变化

这里为 Tabak 等(1994)和 Deutsch 等(1996)的数据,后者用的靶密度为 300g/cm³

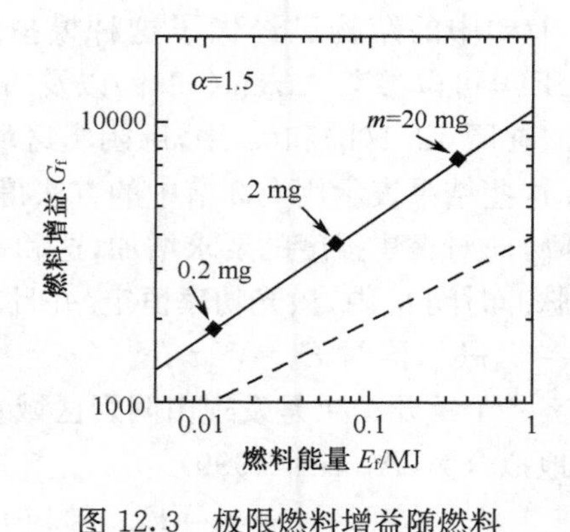

图 12.3　极限燃料增益随燃料能量的变化

方块:二维模拟;实线:等容模型[(12.6)式];虚线:等压模型[(5.56)式](Atzeni, 1999)

这里 E_f 是燃料能量,单位是 MJ,M_f 是燃料质量,单位是 mg,α 是等熵参数. 这个方程是在等容模型下,用点火条件(12.3)式导出,描述极限增益曲线(Atzeni,1999). 作为比较,我们用虚线表示在一维等压模型下用(5.56)式得到的极限增益.

可以看到,等压热斑快点火可使燃料增益为具有中心等压热斑的通常流体动力学点火的 2 或 3 倍. 更惊人的是对一个确定的燃料增益,可以在燃料能量小大约一个量级的情况下获得. 在这些吸引人的特点之外,在降低对称性要求和更灵活的靶设计方面也具有优势. 在 12.3 节我们给出两个例子说明后面一点.

12.3 快点火带来的新视角

12.3.1 注入的触发器

我们先对早期提出的用快速宏观粒子打在 DT 燃料上实现快点火的方案进行讨论. 我们知道,在点火温度 10keV 时,DT 燃料的比能为 $e=4(3/2)k_BT/(m_D+m_T)\approx10^{16}$ erg/g. 这对应物质速度为 $v\approx10^8$ cm/s 时的比动能. 因此速度为 10^8 cm/s 的宏观粒子打在固体 DT 上引发聚变反应,甚至在 ρR 值足够大时实现点火并不让人惊讶. 这些粒子可由可聚变的氢同位素或者任何其他的稠密物质组成.

Harrison(1963)估计,对纯 DT,所需的速度为 4×10^8 cm/s,对纯氘,速度为 7×10^8 cm/s. Maisonnier(1966)得到类似的结论,他还分析了加速宏观粒子到这种高速度的不同可能方法. 这些早期研究只考虑打在单个激波压缩的固体 DT,而不是现在 1000 倍压缩的 ICF 靶. 最近 Caruso 和 Pais(1996)对宏观粒子打在预压缩燃料进行了详细的数值研究. 他们还讨论了入射高 Z 金时的辐射冷却效应,并给出了许多有关文献.

可惜,目前还没有实用的技术来产生符合要求的宏观粒子. 甚至,沉积功率为所需的 10^{19} W/g 的离子束触发器目前也还没有实现. 间接驱动所需的离子束功率 10^{16} W/g(参考 9.2.2 小节)对加速器设计者已经是巨大的挑战. 目前快点火的希望只寄托在新的激光技术,这在下面要进一步讨论.

12.3.2 非球形结构

快点火的一个重要特点是它允许点燃非球形结构燃料. Caruso 和 Pais(1996)用二维模拟讨论了用强重离子束和宏观粒子碰撞对柱状内爆燃料的快点火. 这里作为例子,我们在图 12.4 中给出了 Atzeni 和 Ciampi(1996, 未发表)的一个类似结果. 包含 22mg DT 燃料的圆柱假定被内爆到均匀密度 100g/cm^3. 它被在 60ps 时间内沉积 161kJ 能量的轴向入射粒子点燃. 这比根据(12.3)式得到的点火能量阈值 140kJ 稍微多一点. 可以看到,燃料被点燃,燃烧波沿着轴传播,图中显示的是离子温度.

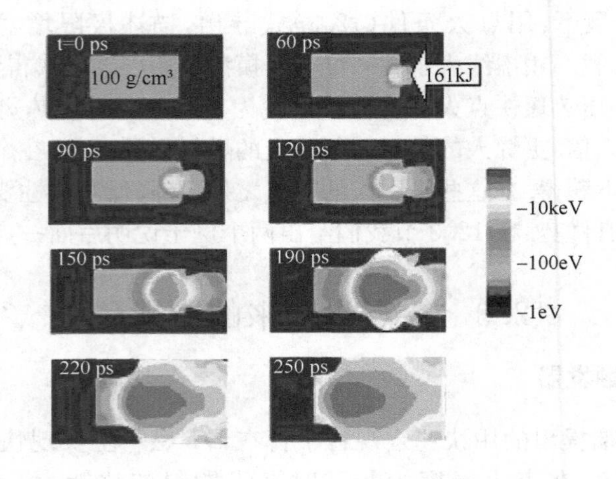

图 12.4 预压缩二维柱结构的快点火

12.3.3 镶嵌 DT 种子的氘靶的燃烧

快点火开启了点燃并燃烧非 DT 燃料的新的可能. 图 12.5 所说明的就是这个特点. 这里给出的是 Atzeni 和 Ciampi(1997)的模拟结果,它演示了利用 DT 种子对纯氘的点火. 这个研究特别有趣的地方是靶中很小的氚含量比例 F_T 和氚的增殖. 这里 F_T 定义为整个燃料中氚原子数和总聚变原子数之比. 在这种条件下得到的燃料增益大约为 1000.

对不同的氚含量比例 F_T,图 12.5(b)给出了燃料增益随燃料密度的变化. 对 $F_T=10\%$和 1000 倍压缩的燃料,实现的增益为 $G_f=3000$. 另一个有趣的区域是在密度为 1000g/cm³ 时. 这里氘含量在 1%以下时,得到的增益为 1000. 在图 12.5(c)中可以看到,在这个区域氚的增殖比为 B_T(最终和最初氚含量之比). 这意味着,由 DD 和其他反应产生的未被燃烧的氚可作为新靶的种子. 使用这种靶的反应堆将不需要 DT 反应堆的那种复杂的氚增殖装置. 在图中看到,这种吸引人的表现是在大燃烧质量(10～20mg)和很高的燃料压缩条件下取得的. 因此利用这种燃料需要 $E_d=E_f/\eta>10$MJ 的大驱动器,这里 η 和通常一样是总体耦合效率.

值得指出的是,图 12.5(b)中 DUED 模拟考虑了在 DT 靶设计中通常被忽略的一些过程. 首先,这里包含了中子传输,因为靶的尺寸比 DD 和 DT 反应释放的中子的射程要大. 受中子散射的等离子体离子获得兆电子伏特的能量. 这种受撞击的离子和带电聚变产物一样会变慢下来,它们产生聚变反应的概率要比热离子高(Brueckner,Brysk, 1973). 飞行的受撞击离子(特别是氘和氚)的非热聚变反应事

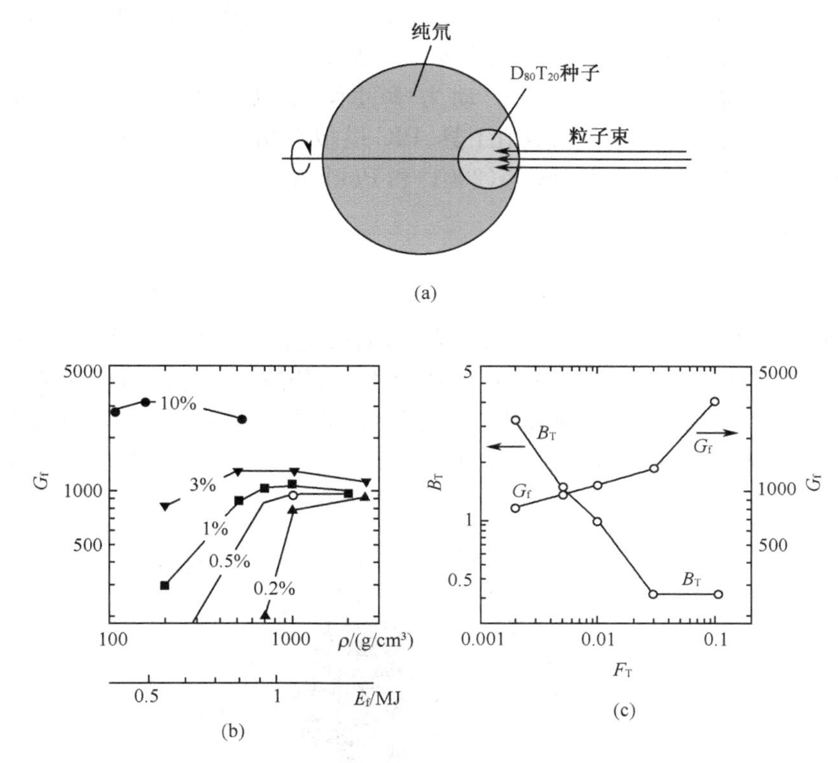

图 12.5 具有 DT 种子的压缩氘燃料的燃烧,快点火由粒子束驱动

(a)球结构的模拟结果,纯氘部分有均匀密度 1000g/cm³,种子由 20%的氚核 80%的氘组成,快点火由粒子束驱动;(b)对不同的含氚比 F_T,燃料增益和燃料密度的关系;(c)初始密度为 1000g/cm³ 时燃料增益和氚增值比随含氚比 F_T 的变化. 实心圆对应 $F_T=0.5\%$ 对所有情况 $M_f=20$mg,$\alpha=1.5$(Atzeni,Ciampi, 1997)

实上对反应率有不可忽略的贡献. DUED 考虑了撞击快离子的产生和它们飞行时的反应. 在氘燃烧所需的极高温度下处理辐射问题也要特别小心. 实际上,DUED 包括了电子-离子和电子-电子轫致辐射的相对论修正(Maxon, 1972; Gould, 1980;Dawson, 1981). 最后,康普顿散射也起重要作用,在 DUED 中这用 Woodward(1970)提出的方法来处理,这种处理可容易地包含在任何三温 ICF 程序中.

12.4 相对论强度下的激光等离子体物理

在 12.3 节中概述的快点火的前景完全依赖是否有合适的点火脉冲. 最近在实现快点火方面比较乐观主要是由于啁啾脉冲放大(CPA,Mourou et al., 1998)这一最新激光技术. 利用 CPA 方法，最近演示的拍瓦激光脉冲(500J，500ps，10^{15} W/cm^2，$\lambda\approx 1\mu$m)其聚焦功率几乎为 10^{21} W/cm^2(Wilks 等，2001). 对应的激光等离子体物理是高度非线性的动力学过程，并需要粒子模拟. 三维粒子(3D-PIC)模拟已成为最主要的数值工具. PIC 模拟在相对论等离子体相互作用方面应用的最新进展可见 Bulanov 等(2001)和 Pukhov(2003)的评述.

12.4.1 激光快点火

激光快点火由 Tabak 等(1994)提出，示意图见图 12.6. 这个图显示了所涉及的不同物理阶段，下面会一步一步地讨论. 拍瓦激光脉冲从左边入射，在内爆燃料的等离子体冕区钻出一个传输通道. 在通道中，部分激光能量转化为相对论电子束，这个电子束沿激光传输方向，其方向性很好. 它在稠密等离子体中输运脉冲能量并产生内核点火的热斑. 在大约 10ps 的时间内要沉积量级为 10～100kJ 的能量.

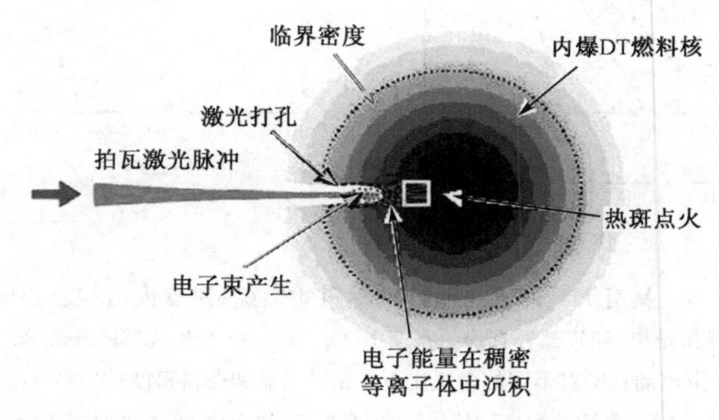

图 12.6 激光束快点火示意图

12.4.2 相对论激光等离子体相互作用

我们引入量纲为一的振幅

$$a_0 = \frac{eA_0}{m_e c^2}. \tag{12.7}$$

这里 A_0 是矢势的振幅，它和电场振幅的关系为 $E_0=\omega_L A_0/c$. 峰值强度 I_0 为

$$I_0\lambda_L^2 = (\pi/2)P_0 a_0^2 = 1.37\times 10^{18} a_0^2 (\mathrm{W}\cdot\mu\mathrm{m}^2)/\mathrm{cm}^2, \tag{12.8}$$

这里 λ_L 是激光波长. 自然的功率单位为

$$P_0 = (m_e c^2/e)(m_e c^3/e) = 511\mathrm{kV}\times 17\mathrm{kA} = 8.7\mathrm{GW}. \tag{12.9}$$

对非相对论强度，在光场中振荡的电子速度其振幅为

$$\beta = \frac{v}{c} = \frac{eE_0}{\omega_L m_e c} = eA_0 m_e c^2 = a_0 < 1. \tag{12.10}$$

当 $a_0 \geqslant 1$ 时，电子速度接近光速，$\beta = v/c \approx 1$，其相对论能量为 $E = \gamma m_e c^2$，这里 $\gamma = (1-\beta^2)^{-1/2} \gg 1$. 对 $\lambda_L = 1\mu m$ 的激光，对应的强度为 $I_0 > 10^{18}\,W/cm^2$. 快点火所需的激光脉冲功率为 $10^{19} \sim 10^{20}\,W/cm^2$，这已超过这个阈值，因此电子动力学由相对论激光等离子体相互作用决定.

这样强度的激光束在等离子体中传输时，束流中的所有电子都是相对论的，因此具有相对论质量 γm_e. 这种质量增大极大地改变激光等离子体相互作用. 这是因为等离子体频率

$$\omega_p^{rel} = \sqrt{\frac{4\pi e^2 n_e}{m_e \langle \gamma \rangle}} \tag{12.11}$$

随平均的 γ 因子减小. 这将调制折射率

$$n_R = \sqrt{1-(\omega_p^{rel}/\omega_L)^2} = \sqrt{1-(n_e/n_c)/\langle \gamma \rangle}. \tag{12.12}$$

并导致相对论非线性光学.

图 12.7 给出了两个最相关的效应. 第一个是诱导透明，由于局域等离子体频率降低使得光能在稠密等离子体中传播，另一个效应是相对论自聚焦. 如图 12.7(b)所示，轴上的光较强，有较高的 $\langle \gamma \rangle$ 和较高的 n_R，这样中心部分的波前落在后面，因此入射光波的波前形状变为马蹄铁形. 等离子体对光束的反应像一个正透镜，它倾向于使光聚焦. 仔细的分析(Sun et al. , 1987)表明，当光束功率超过相对论自聚焦临界功率

$$P_{crit} \simeq 2P_0 n_c/n_e = 17.4 n_c/n_e \text{GW} \tag{12.13}$$

时，自聚焦效应超过衍射效应.

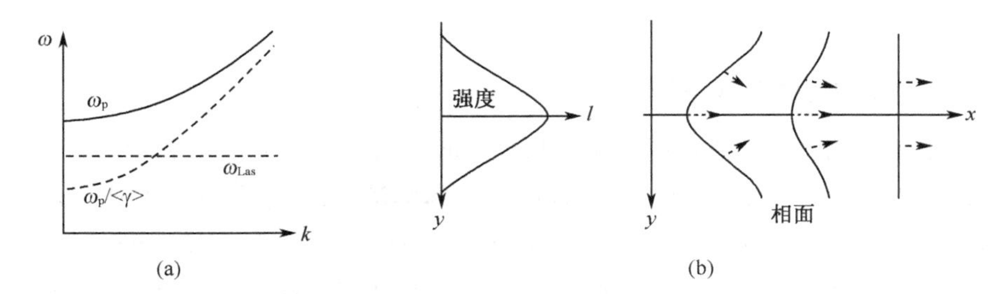

图 12.7 相对论非线性光学效应

(a)诱导透明. $\omega_p > \omega_L$ 的等离子体对强度 $\langle \gamma \rangle \gg 1$ 的激光变得透明；(b)在高强度激光的中心区域，由于折射率增强，其波面的相速度 $\nu_p = c/n_R$ 要比两翼慢，因为两翼的强度较小；等离子体起正透镜的作用，从而导致了自聚焦

12.4.3 自聚焦和电子束产生

目前，相对论强度下的激光等离子体相互作用，在欠稠密情况下理解得最清楚. 自聚焦和通道形成的观测结果和粒子模拟符合得很好. 其中一个重要特性是，

在等离子体通道中产生方向性很好的电子束.

图 12.8 为三维粒子模拟的结果(Pukhov, Meyer-ter-Vehn, 1996),它显示的是 $10^{19}\mathrm{W/cm^2}$ 的激光在密度为 $n_e/n_c=0.6$ 的等离子体中传播时的快照. 入射光束功率为 3TW,大大超过(12.13)式所给的自聚焦阈值. 在穿入等离子体后,它以不稳定的模式传播,并开始收缩. 在中间状态,人们可分辨出三个细丝,然后它们汇聚成一个直径为 $1\sim2\lambda_L$ 的传播通道.

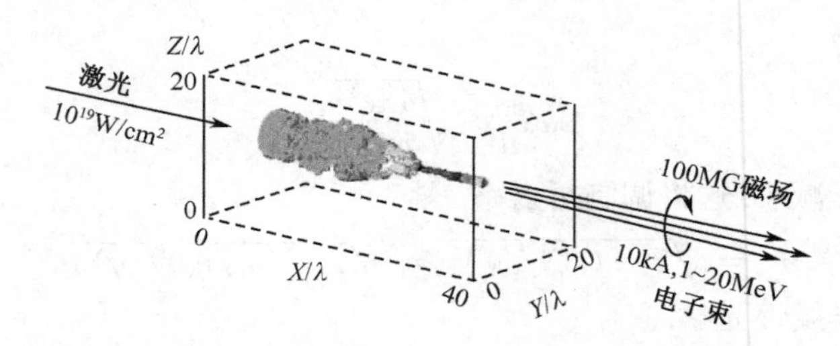

图 12.8　$10^{19}\mathrm{W/cm^2}$ 激光束和 $n_e/n_c=0.6$ 等离子体作用的三维粒子模拟

这里是光束在等离子体中传播 $40\lambda_L$ 后的快照. 灰色对应给定 X 位置的最大强度. 束的前部已经自聚焦并在直径为 $1\sim2\lambda_L$ 的窄通道中传播. 这里示意性地给出了沿激光方向从通道中出来的定向电子. 电子能量为 1～20MeV,所载电流超过 10kA,其产生的磁场数量级为 10^8G(1G=10^{-4}T)(Pukhov, Meyer-ter-Vehn, 1996)

在通道中,电子能量被加速到 1～20MeV. 它们形成了电流超过 10kA 的相对论电子束,峰值电流密度数量级为 $10^{12}\mathrm{A/cm^2}$,它接近最大电流密度 $j=en_cc$. 这个电流产生的磁场其数量级为 $B_0=m_e\omega_pc/e\approx10^8$G. 这个磁场通过箍缩电流,对自聚焦有极大影响.

12.4.4　观测到的通道和电子束

图 12.9 给出了有代表性的实验结果(Gahn et al., 1999). 这里脉宽为 150fs、聚焦强度为 $6\times10^{18}\mathrm{W/cm^2}$ 的激光脉冲入射到气体喷流上. 它使气体电离产生电子密度为 $(1\sim4)\times10^{20}/\mathrm{cm^3}$ 的等离子体. 如图 12.9(b)所示,在等离子体中形成了一个传播通道,它可以通过旁边的散射光观测到. 由于自聚焦,它远比真空瑞利长度长.

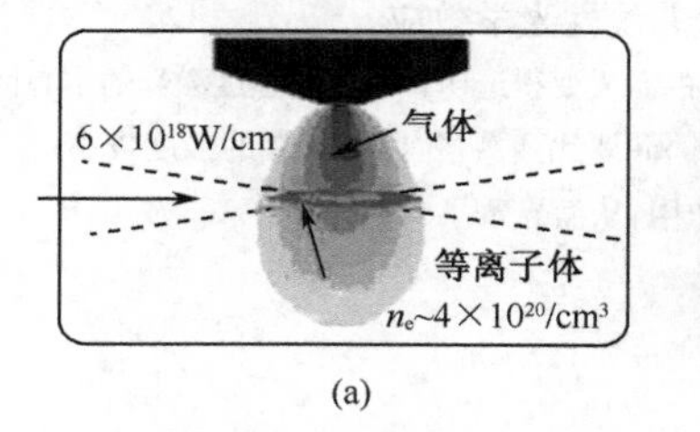

(a)

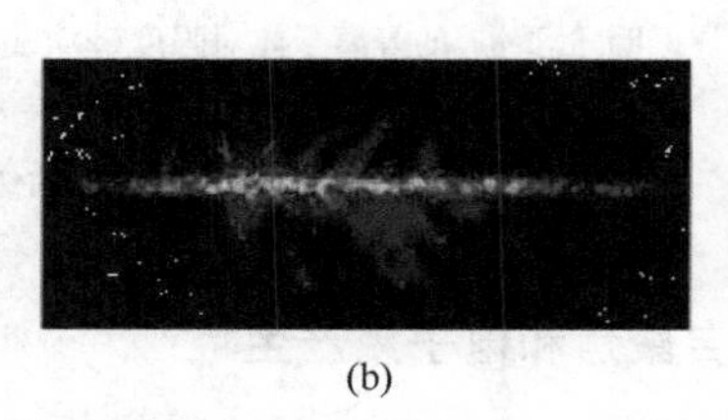

(b)

图 12.9　气体喷流实验中观测到的相对论自聚焦(Gahn et al., 1999)

(a)实验装置;(b)在 90°方向用二次谐波观测到的激光等离子体通道

在激光方向,观测到通道中出射的电子束,其角发散度为几度. 测得的电子能谱见图 12.10(b). 人们发现,这和三维粒子模拟在定量上也是几乎相同的. 能谱展示了指数型的能量分布,其有效温度为 5MeV. 不同入射强度下的测量和模拟结果可见图 12.10(b),它表明,定标关系为 $T_{\mathrm{eff}} \approx 1.8(I/10^{18}\,\mathrm{W/cm^2})^{1/2}\,\mathrm{MeV}$.

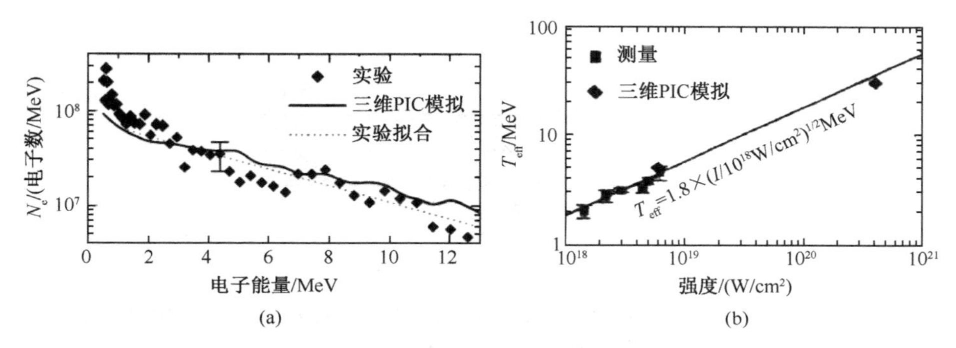

图 12.10 自聚焦通道中产生的电子能谱

(a)对应图 12.9(b) 中实验的电子束能谱. 从等离子体通道中出来的电子束在激光方向有很好的准直性. 这一结果和三维粒子模拟进行了比较(Gahn et al., 1999);(b)不同实验和三维粒子模拟得到的电子能谱的有效温度随入射激光强度的变化

12.4.5 电子加速机制

相对论强度的激光束竟然驱动电子向前传播,这可能让人吃惊,因为激光的电场是垂直传播方向的,它使电子横向运动. 为了揭开这个谜,我们先看激光的磁场,它通过$(e\boldsymbol{v}/c)\times\boldsymbol{B}$作用于电子,这确实产生了传播方向上的力,当 $v/c\approx1$ 时,这个力和电场力 $e\boldsymbol{E}$ 具有相同数量级. 事实上,正是$(e\boldsymbol{v}/c)\times\boldsymbol{B}$这项产生了有质动力的纵向分量(参考 11.4.1 小节).

通过解析求解可获得更深入的认识(Meyer-ter-Vehn et al., 2001),对电子在矢势为 $\boldsymbol{A}(x-ct)$ 的平面光波中运动,解析解是存在的. 利用问题的对称性,可得到相对论运动方程的精确积分为

$$E_{\mathrm{kin}} = (\gamma-1)m_e c^2 = \boldsymbol{p}_\perp^2/(2m_e) = p_x c\,, \tag{12.14}$$

这里,E_{kin}和 $\boldsymbol{p}=(p_x,\boldsymbol{p}_\perp)$为初始静止的电子的动能和动量,并且

$$\boldsymbol{p}_\perp = (e/c)\boldsymbol{A}(x-ct). \tag{12.15}$$

这些关系对在光波外面(即 $A\equiv0$)时静止的电子是成立的. 它们可积分,给出如图 12.11(a)所示的轨迹. 当它在横向以振幅$\propto a_0$ 振荡时,每个激光周期在 x 方向被推进的距离为$\propto a_0^2$. 对于 $a_0\gg1$ 的相对论强度,电子在激光方向实际上以光速运动.

这个解的一个特点是,当具有有限脉宽的激光脉冲通过电子时,电子能量回落

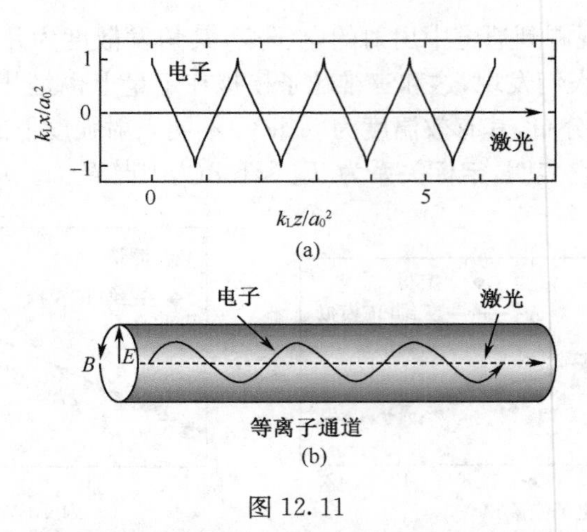

图 12.11

(a)真空中单个相对论电子在平面光波中的轨迹.没有净能交换发生;(b)自聚焦等离子体通道中的激光直接加速

准稳态电场和磁场类似自由电子激光器中的摇摆器.这使得电子作横向振荡的同时,在纵向和光波一起运动.取决于相对相位,电子可获得几倍振荡能

到它的初始值,因此没有净能量交换.这是由于在这个解析例子中,激光和电子间的相位关系是固定的.任何由扰动产生的失相都可导致能量净交换.对于随机扰动(Meyer-ter-Vehn,Sheng,1999;Sheng et al.,2002),人们甚至发现指数依赖的能谱,这和观测到的情况类似,比如可看图 12.10(a).

这里我们对两种特别的加速机制再加些评述,这些机制已被详细描述.第一种是所谓的直接激光加速(DLA),在长等离子体通道中起重要作用(Pukhov et al.,1999),它的物理过程如图 12.11(b)所示.其重要特点是,通道中自生的准稳态电场和磁场.在通道中,电子被光压推开,这产生了径向的电场.角向磁场是在通道中流动的电流产生的.两个场共同将相对论电子束约束在通道中.它们和激光一起沿着轴运动,同时在横向以频率 $\omega_p/\sqrt{2}$ 做回旋振荡.这种结构类似自由电子激光(FEL,Marshall,1985),只是通道中的场代替了磁场摇摆器.在这些条件下,激光和电子间的共振能量交换依赖相对相位.具有合适相位的电子在激光场中冲浪,并不断提取平均振荡能 $E_{kin}=m_e c^2 a_0^2/4$.这是所观测到高能电子的一个可能解释.

另一个解释是激光尾波场加速(LWFA,Esarey et al.,1996).在这种机制中,激光激发一个大振幅的等离子体波,其相速度接近光速.被等离子体波的纵向电场捕获的电子能被加速到很高的能量.重点研究图 12.9 结果的三维模拟表明,DLA 和 LWFA 都对能谱有贡献,但 DLA 倾向在高等离子体密度和高激光强度下起主导作用.

12.5 稠密等离子体中的电子束输运

目前,激光快点火主要未解决的问题是点火脉冲通过电子到压缩核的最终传输. 需要回答的问题包括:

(1)激光到电子的能量转换;

(2)电子传输的穿透性和方向性;

(3)在聚变核中的电子制动距离.

尽管从固体薄膜靶的实验中得到了一些令人鼓舞的回答,目前还不清楚这些结果能否推广到快点火的情况. 人们可能认为,内爆 ICF 靶的冕区和固体薄膜靶不同,因为它有更高的密度、温度和电导率. 全尺度的粒子模拟目前还不现实.

由 10MeV 电子组成的拍瓦快点火脉冲(10kJ/10ps$=10^{15}$ W)需要的电流为 100 MA. 在等离子体中传输这样的电流是一个很复杂的问题. 它涉及电子束细丝和集体效应引起的能量损耗. 这里我们只讲几点,即钻孔、细丝中电子的传输和反常电子束制动.

12.5.1 激光钻孔

图 12.12 给出了激光在稠密等离子体中钻孔的一个例子. 它是用二维粒子模拟(2D-PIC)得到的(Pukhov, Meyer-ter-Vehn, 1997). 一束强度为 10^{20} W/cm^2 的激光脉冲从左边入射到 10 倍临界密度的等离子体层上. 在(a)行中可以看到,激光束如何先钻出一个锥形坑(330fs,左侧),然后才是真正的中空通道(660fs,右侧). 同时,激波径向进入材料. 在(b)行中给出了不同时刻的光场,在(c)行中给出了周期平均的磁场.

可以看到,磁场可以进入稠密区域很深,但激光不能跟上. 这表明,通道中激光相互作用产生的电流可携带能量进入稠密等离子体. 在 330fs 时的磁场图像表明,电流通过几个细丝传输,这些细丝向右展开,像把扇子. 在 660fs 时,这些细丝显然已组成单个的强电流细丝. 这时,定向电子能流的峰值功率为入射激光的 40%,这表明,激光到电子的转换是高效的. 另一方面,定向电子束在稠密等离子体中的衰减速度比碰撞制动所预言的更快. 这是由于集体相互作用. 成丝和细丝合并都是等离子体中相对论电子传输的特性. 下面将详细讨论它们.

12.5.2 阿尔文电流极限和韦伯不稳定性

电流在真空中的传输有个极大值,即所谓的阿尔文电流极限(Alfvén, 1939; Humphries, 1990). 对相对论电子束,这个极限为

$$I_A = 17\beta\gamma\text{kA}. \tag{12.16}$$

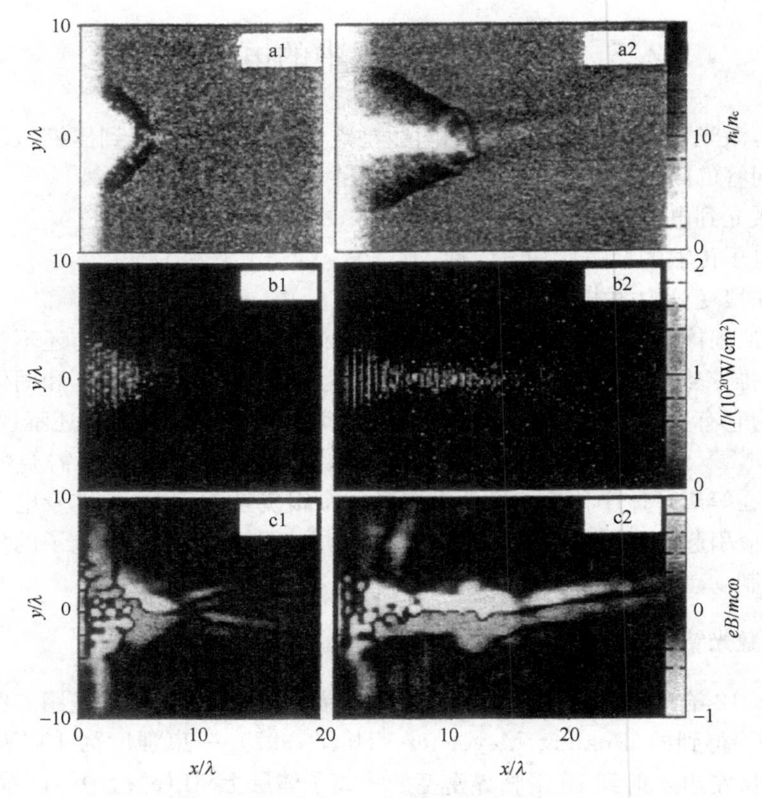

图 12.12　稠密等离子体中激光钻孔的二维粒子模拟(Pukhov,Meyer-ter-Vehn，1997)
强度为 $I_0=10^{20}\mathrm{W/cm^2}$ 的激光从左侧入射到10倍临界密度的等离子体上.
对 330fs(左侧)和 660fs(右侧)在 X、Y 平面给出了(a)离子密度 n_i/n_c、
(b)光强 I/I_0 和(c)周期平均的磁场⟨B⟩,其单位为 $B_0=m_e\omega_p c/e$

这里前面的因子是由 $m_e c^3/e=17\mathrm{kA}$ 给出的. 这个极限的物理原因是比 I_A 大的电流产生的磁场太大,使得电子的拉莫尔半径小于束半径. 结果,束电子不能在束方向进一步传输.

对进入等离子体的电子束,情况更为复杂. 等离子体通过诱发和束电流反方向的电流来抑制磁场的增长. 它们倾向使净电流接近零,这样磁场不能建立起来. 但是,双向两个电流的结构是很不稳定的,其中特别要注意韦伯不稳定性(Weibel, 1959).

韦伯不稳定性可以容易地通过下面的定性讨论来理解:假定在某个位置束电流完全被回流中和,那么由扰动自生的磁场倾向于箍缩电子束,这将强化这种扰动. 结果,部分束电流汇聚成一个电流细丝,这个细丝将等离子体回流从细丝中排开. 这样许多细丝就出现了,其时间尺度为电子束的等离子体频率 $\omega_b^{-1}=4\pi e^2 n_b/$

m_e，这里 n_b 为束的电子密度.

12.5.3 成丝和反常制动

图 12.13 给出的是二维粒子模拟的电子束成丝. 初始参数为 $\gamma=2.5$，$n_b=1.1\times10^{21}/\text{cm}^3$ 的电子束沿 z 方向传输，所模拟的是在横向 x、y 平面电子束的演化(Honda et al.，2000). Lee 和 Lampe(1973)在早期作了这类模拟. 在 $t=0$ 时，均匀束电流完全由相反方向流动的均匀等离子体电流补偿. 等离子体密度为 $n_p=10n_b$. 图 12.13(a)给出了电流在 $\omega_p t=40$ 和 $\omega_p t=120$ 时的横向图像. 在早期不稳定性的线性阶段，在模拟区域可看到大约 100 条细丝. 每条细丝周围的回流屏蔽掉每条细丝的局域磁场. 但是，这些细丝间的共同屏蔽是不彻底的. 细丝间的剩余吸引力使得这些细丝在随后不稳定性的非线性阶段合并，这一现象最早由 Askar'yan 等(1994)在模拟中观察到. 在 $\omega_p t=120$ 时，可以看到只有三条粗细丝还幸存，现在环形的回流可清晰看到. 但是要注意，右下角的两条细丝正相互靠近，不久大概也将合并.

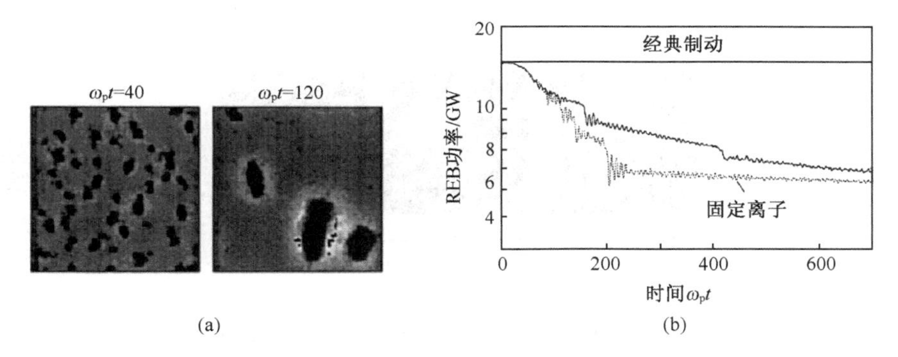

图 12.13 强电流在等离子体中演化的二维粒子模拟结果(Honda et al.，2000)
(a)不同时刻电流细丝的演化；(b)相应的净功率流随时间的变化

虽然，阿尔文电流极限不能全域地应用到电子束在等离子体中的传输，但它表明，每个细丝的电流不能超过 I_A 很多倍. 在这里讨论的模拟中，人们发现，一旦两条细丝合并使得合并后的电流超过 I_A，很大一部分的前向能量分散成横向能量. 图 12.13(b)演示了这点. 前向能量随时间的每次跳跃式变化都对应一次合并事件. 由于这以及其他集体效应，前向能量随时间减小的速度要比经典库仑碰撞得到的快 100～1000 倍.

最近的三维粒子模拟证实了成丝现象，也证实反常制动比经典停止大 1000 倍(Sentoku et al.，2003). 在这些模拟中，峰值电流为 600kA 的相对论电子束由激光产生，激光波长为 $1\mu\text{m}$，聚焦后照射到密度为 $n/n_c=4.5$ 的稠密等离子体上，其焦斑直径为 $6\mu\text{m}$，峰值强度为 $2\times10^{19}\,\text{W/cm}^2$. 目前，这些发现在多大程度上和快点火相关还没有定论，在快点火中处理的等离子体密度更高、密度梯度极大. 对快点火用全尺度的粒子模拟还不现实，因为它需要在时间和空间上处理微观等离子体尺度. 对密度为 $10^{25}/\mathrm{cm}^3$ 量级的等离子体，$\omega_\mathrm{p}^{-1}\sim10\mathrm{as}$，$c/\omega_\mathrm{p}\sim10\mathrm{nm}$，超过 10ps 和 100$\mu$m 的三维模拟还仍然不可能.

12.5.4 电子传输实验

激光实验研究了电子在不同厚度固体材料中的传输. 图 12.14 是 Kodama et al. (2001)的结果. 透过的能量在薄膜的背面用 UV 相机监视. 对薄的薄膜靶人们看到一个很局域的点，当薄膜厚度为 500μm 时，这个点扩大并分裂成细丝. 和模拟类似，随着厚度增大，透过的能量急剧减小.

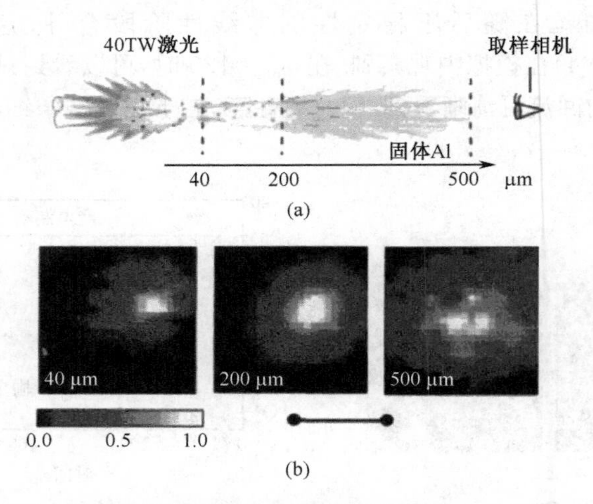

图 12.14　电子在固体中传输的实验结果(Kodama et al.，2001)

(a)40TW/20J 激光照射到固体 Al 上产生电子的示意图. 这里采用了不同厚度的 Al 靶. 电子对尾部的加热高速相机成像；(b)三个不同厚度下，尾部加热的紫外成像. 图像下的标尺对应 200μm. 灰度随密度线性变化. 对 40μm，200μm 和 500μm 的靶，相对强度分别为 5，1，0.8

12.6 快点火新概念

12.6.1 锥引导的快点火

在将点火脉冲传输到聚变内核时遇到的困难引发了新的思想，即把一个引导锥插入聚变小丸(Norreys et al.，2000；Hatchett et al.，2000). 在内爆过程中它使得有个通道没有等离子体，这样激光脉冲在转滞阶段能传到靠近压缩核的地方.

图 12.15 给出了插有金锥的球形小丸的初始状态和内爆后最大压缩时的状态. 这些是 Hatchett 等的模拟结果，其研究的是快点火方案在亚点火情况下的原

理性实验. 燃料小丸先通过间接驱动(最大辐射温度为 250eV)压缩到$\langle\rho R\rangle_{DT}=2.18g/cm^2$. 压缩核形状为非球形. 在向锥顶内爆的过程中,内部的高熵气体被弹出,这些高熵气体在标准 ICF 内爆中是用来形成点火的火花的.

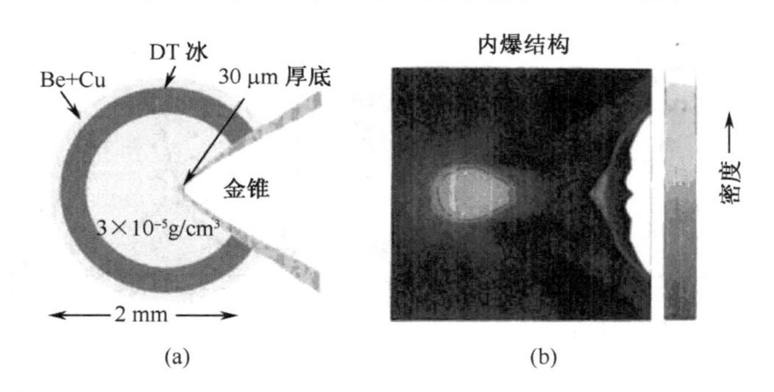

图 12.15 嵌入锥时,NIF 点火尺度靶丸(吸收 150kJ)间接驱动($T_{R,max}=250eV$)的模拟
(a)轴对称靶结构的切面;(b)用灰度表示密度的内爆结构的快照;
(b)图中左侧压缩燃料的密度为$\langle\rho R\rangle_{DT}=2.18g/cm^2$,右侧的结构是部分烧蚀的锥底.
壳层内部的气体在内爆时射向锥(Hatchett et al., 2002)

人们应该注意到,对相同的燃料质量,用这种方法可得到更高的$\langle\rho R\rangle$. 比如,1mg 的燃料压缩成具有均匀密度为 $300g/cm^3$ 的球,有$\langle\rho R\rangle_{DT}\approx2.8g/cm^2$,但是,在半径为 90μm 的气体球外转滞的具有相同密度的壳层,只有$\langle\rho R\rangle_{DT}\approx0.7g/cm^2$. 同时在这种方案中,冷燃料和点火气体界面上的瑞利-泰勒不稳定性(RTI)引起的麻烦也可避免.

压缩核和部分烧蚀的锥底的距离在模拟中通常为 50～100μm,金锥在图 12.15 中为右侧的白色结构. 这个间隙填满等离子体,因此点火脉冲要穿过这段距离,并且束流不能有严重的散开或损失. 这一方案在多大程度上可行,仍是有待解决的问题.

12.6.2 锥引导靶实验

锥引导靶的第一个实验给出的结果让人看到了希望(Kodama et al., 2002). 靶的结构和图 12.15(a)类似,实验用了大阪 Gekko XII 激光的九路光束来压缩 500μm 的 CD 壳,得到 50～70 倍初始固体密度的密度. 每束光的脉宽为 1ns,能量为 1.2kJ. 在转滞阶段,一束 600fs、0.5PW 的快点火激光脉冲射入金锥,在锥底产生高能电子. 它们为内爆核提供额外的加热,从而大大增加热核中子的产生. 图 12.16(a)给出了中子增长随入射时间的变化. 这种增长发生在±40ps 的时间范围内,这和内爆核的转滞时间是一致的.

最大压缩时观测到的中子源[图 12.16(b)]表明,离子温度为 0.8keV. 在图

12.16(c)中给出的总中子产额显示，和没有额外点火脉冲相比，产额增加了 100 倍以上. 数据分析表明，激光能量到压缩核的能量耦合效率为 20%～30%.

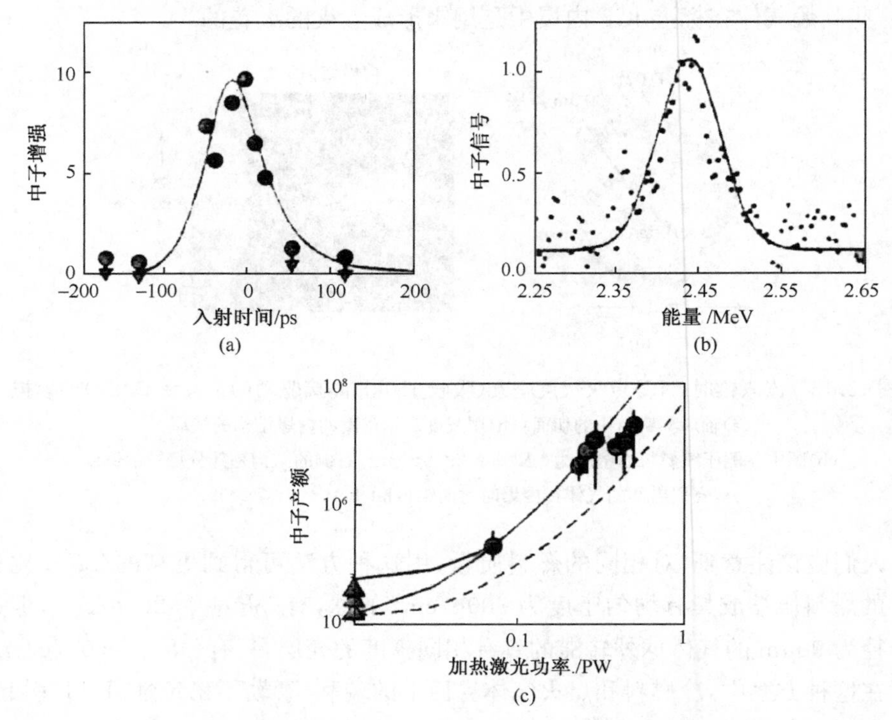

图 12.16　内爆 CD 壳被锥引导注入的 600fs、0.5PW 脉冲迅速加热.
靶壳层的结构和图 12.15 类似，9 束 2.5kJ、0.53μm 的激光将其内爆到 50～100g/cm^3
(a)中子增强随注入时间的演化；(b)在 42°观测的中子谱；实线是数据点的高斯拟合，
得到离子温度为 0.8keV；(c)对 0.6fs 激光脉冲，压缩等离子体中热核中子产额随激光功率的变化
这些曲线给出激光到压缩核的能量耦合为 30%(实线)和 15%(虚线)时的中子产额. 0.02PW 这个
位置给出了没有加热脉冲(只有内爆)时的中子产额(Kodama et al.，2002)

12.6.3　质子束快点火

相对论激光相互作用的另一个特征是强离子束的产生(Snavely et al.，2000). 用 600J、0.5ps、聚焦功率为 3×10^{20} W/cm^2 的激光脉冲照射 100μm 厚的固体薄膜，观测到在后表面发射出方向性很好的质子束，质子数量达 10^{13}. 能谱近似为指数形式，$k_B T_{\rm eff}\approx$6MeV. 激光到质子的转换效率估计为 5%，即质子束的能量大约为 30J. 这是目前在实验室中产生的最亮的离子束.

粒子模拟(Wilks et al.，2000；Ruhl et al.，2001)表明激光驱动的电子穿过被辐照的薄膜并建立很强的电场. 这些空间电荷场的单位为 TV/m. 它们在垂直表面

方向加速离子.质子作为最轻的离子通常在观测到的离子束中占主导地位.即使对非氢靶材料,质子经常作为靶表面的杂质出现.

有人提出将这种激光加速强质子束用于快点火(Roth et al.,2001).这一技术可以和锥引导方案组合,即把产生质子的靶放在锥里.特别有趣的一个选择是用弧形薄膜,它倾向聚焦质子.当然,关于这种机制,还有许多未解决的问题.其中之一就是,具有陡峭后表面的薄膜能否维持相当长的一段时间来支持很强的加速电场.

附录 A 单位和单位转换

本书中我们主要使用高斯单位，温度和原子跃迁能则用 eV. 有时，我们也用国际单位(SI). 关于高斯单位和国际单位的优缺点，以及它们之间如何转化，我们推荐读者看 Jackson (1999)在《经典电动力学》一书中的讨论. 这里我们只给出少量转化关系，这在本书中计算有关公式时是必需的.

在高斯制中，基本力学单位为 cm、g、s，在国际单位制中则为 kg、m、s，其转化因子只能是 10 的几次方. 一些有代表性的转化关系为

压力　$1\text{bar}=10^5\text{Pa}=10^6\text{erg/cm}^3$，

能量　$1\text{J}=10^7\text{erg}$，

功率　$1\text{TW}=10^{12}\text{W}=10^{19}\text{erg/s}$.

对于电动力学中的量，高斯制用的基本单位有表示电量的静电库仑(statC)、表示电势的静电伏特(statV)和表示磁场的高斯(G)，它们与相应的国际单位库仑(C)、伏特(V)和特斯拉(T)的转换因子涉及光速，这里给出如下：

电量　$1\text{C}=2.9979\times10^9\text{statC}$，

电势　$1\text{V}=1/299.79\text{statV}$，

磁场　$1\text{T}=10^4\text{G}$，

两种单位制中的单位电荷(电子电荷)为

$$e=4.8033\times10^{-10}\text{statC}=1.6022\times10^{-19}\text{C}. \tag{A.1}$$

在本书中，有关电的单位我们用高斯制. 使用时要记住这样的量纲关系 statC · statV=erg 和$(\text{statC})^2=\text{erg}\cdot\text{cm}$. 它们对应的高斯制表达式为 $E=q_1U_2=q_1q_2/r$，它表示在电荷 q_2 的势 U_2 中，电荷 q_1 在距离 r 处的库仑能量. 进行能量单位转换时，最核心的关系为

$$1\text{eV}=1.6022\times10^{-12}\text{erg}=1.6022\times10^{-19}\text{J},$$

这里我们用了国际单位关系 1C=1A · s 和 1A · V · s=1W · s=1J. 温度用能量单位表示(电子伏特，eV)，其关系为 $E=k_BT$，这里 k_B 为玻尔兹曼常量，因此有

$$1\text{eV}=(1.6022\times10^{-12}/1.3807\times10^{-16})\text{K}=11605\text{K}.$$

在本书中有关电的量主要出现在原子碰撞和辐射物理中，在那些方面，高斯单位用得很普遍. 我们要特别注意，在许多表达式，包括等离子体频率中，单位电荷只以 e^2 的形式出现，从力学单位公式(A. 1)可知

$$e^2=2.307\times10^{-19}\text{erg}\cdot\text{cm}=1.440\times10^{-7}\text{eV}\cdot\text{cm},$$

另外，精细结构常数的标准形式为 $\alpha_f=e^2/\hbar c=1/137.04$(高斯单位!)，在本书许多公式中，它可用来计算 e^2 的值.

附录B 物理常数

光速	$c=2.9979\times10^{10}\,\mathrm{cm/s}$
普朗克常量	$h=6.6261\times10^{-27}\,\mathrm{erg\cdot s}$
	$\hbar=h/2\pi=1.0546\times10^{-27}\,\mathrm{erg\cdot s}$
	$\hbar c=1.9732\times10^{-5}\,\mathrm{eV\cdot cm}$
电荷	$e=1.6022\times10^{-19}\,\mathrm{C}$
	$e=4.8033\times10^{-10}\,\mathrm{statC}$
	$e^2=1.4400\times10^{-7}\,\mathrm{eV\cdot cm}$
精细结构常数	$\alpha_f=e^2/\hbar c=1/137.04$
电子质量	$m_e=9.1096\times10^{-28}\,\mathrm{g}$
	$m_ec^2=0.51100\,\mathrm{MeV}$
质子质量	$m_p=1.6726\times10^{-24}\,\mathrm{g}$
	$m_pc^2=938.24\,\mathrm{MeV}$
质子-电子质量比	$m_p/m_e=1836.1$
原子质量单位	$\overline{m}_p=1.6605\times10^{-24}\,\mathrm{g}$
原子能量单位	$E_A=e^2/a_B=27.20\,\mathrm{eV}$
斯特藩-玻尔兹曼常量	$\sigma_B=2\pi k_B^4/15c^2h^3$
	$=5.6703\times10^{-5}\,\mathrm{erg/(s\cdot cm^2\cdot K^4)}$
	$=1.0285\times10^{12}\,\mathrm{erg/(s\cdot cm^2\cdot eV^4)}$
玻尔半径	$a_B=\hbar^2/m_ee^2=0.52918\times10^{-8}\,\mathrm{cm}$
经典电子半径	$r_0=e^2/m_ec^2=2.8179\times10^{-13}\,\mathrm{cm}$
康普顿波长	$r_C=\hbar/m_ec=3.8616\times10^{-11}\,\mathrm{cm}$
玻尔兹曼常量	$k_B=1.3807\times10^{-16}\,\mathrm{erg/K}$
	$=1.6022\times10^{-12}\,\mathrm{erg/eV}$
国际制真空介电常数	$\varepsilon_0=8.8542\times10^{-12}\,\mathrm{F/m}$
国际制真空磁导率	$\mu_0=4\pi\times10^{-7}\,\mathrm{H/m}$
功率单位	$P_0=m_e^2c^5/e^2=8.7\,\mathrm{GW}$
阿尔文电流极限	$I_0=m_e^2c^5/e^2=17\,\mathrm{kA}$

在本书中，我们将核的质量写为 Am_p，也即质量数 A 和质子质量 m_p 的乘积. 如果更精确些，在计算数值因子时，我们应该用原子质量单位 $\overline{m}_p$ 代替 m_p，这样可考虑原子核中核子的平均质量效应.

附录C 常用符号

我们列出本书中常用的符号.我们要特别提一下符号 e,它表示单位电荷、比能和欧拉常数(e=2.7182818…).在这些情况中,它们的意义从上下文看应该是清楚的.

这里也列了一些带上下标的变量,当然文中出现的更多.为方便起见,在主要符号表后面,我们给出了最常用的上下标符号.

斜体符号

a	加速度
	拉格朗日符号
a_{B}	玻尔半径
A	质量数
A_{if}	飞行形状因子
$A\mathrm{t}$	Atwood 数
$\mathscr{A}$	熵常数
B	磁场
c	光速
	声速(第 6 章)
c_{s}	声速
c_{T}	等温声速
e	电子电荷
	比内能
e	欧拉常数
e_{c}	冷燃料比能
e_{h}	热斑比能
$\boldsymbol{e}_x, \boldsymbol{e}_y, \boldsymbol{e}_z$	在 x、y 和 z 方向的单位矢量
E	电场
	能量
E_{c}	冷燃料能量
E_{d}	驱动能量

E_f	燃料能量
E_h	热斑能量
E_n	n 阶能级
$\mathscr{E}$	粒子能量
F	(Helmholtz)自由能
$\mathscr{F}$	Froude 数
g_n	能级 n 的简并因子
G	靶能量增益
G_f	燃料能量增益
G_P	普朗克权重函数
G_R	Rossland 权重函数
h	普朗克常量
	比焓
$\hbar$	$h/2\pi$
H_B	燃烧参数
H_c	冷燃料约束参数
H_f	燃料约束参数
i	虚数单位
j	质量流
I_L	激光强度
I_ν	谱强度
$I_{\nu P}$	普朗克谱强度
k	波数
k_B	玻尔兹曼常数
l	角动量量子数
	球形模数
	数
L, L_0, L_{min}	特征长度
$\ln\Lambda, \ln\Lambda_e, \ln\Lambda_i, \ln\Lambda_{\alpha e}, \ln\Lambda_{fe}$	库仑对数
m	拉格朗日质量坐标
m_e	电子质量
m_p	质子质量
m_f	燃料离子平均质量
m_i	离子质量

m_r	约化质量
M	质量
M_c	冷燃料质量
M_h	热斑质量
M_f	燃料质量
$\mathscr{M}$	马赫数
n	数密度
	几何指数
n_e	电子数密度
n_i	离子数密度
p	压力
p_a	烧蚀压
p_c	冷燃料压力
p_e	电子压力
p_h	热斑压力
p_i	离子压力
p_L	光压
p_b	束功率
p_d	驱动功率
q_{DT}	DT 燃料比产额
$\boldsymbol{q}$	热流
Q	聚变反应质量因子 Q
r	径向坐标
	反射率因子
R	径向坐标,球半径
$\mathscr{R}$	反应特征值
	射程(质量/面积)
R_h	热斑半径
R_f	燃料半径
s	比熵
S	熵
	表面积
S_r	辐射流
t	时间

T	温度
T_e	电子温度
T_i	离子温度
T_F	费米温度
T_h	热斑温度
T_r	辐射温度
T_{id}	理想点火温度
$\mathscr{T}$	势垒透明度
	表面张力
$\boldsymbol{u}, u$	流体速度
u_a	烧蚀速度
u_{imp}	内爆速度
U_ν	谱辐射能量密度
$U_\nu p$	普朗克谱能量密度
v	粒子速度
	相对于激波波前的速度
V	体积
	比体积
x, y, z	笛卡儿坐标
W_b	韧致辐射功率密度
W_e	热传导损失平均功率密度
W_{fus}	聚变功率密度
Z	原子数
Z_i	离子电荷数

希腊字母符号

α	各向同性参数
α_{if}	飞行各向同性参数
α_f	微细结构常数
γ	绝热指数
Γ	等离子体参数
Γ_B	气体常数
ε	粒子能量
ε_F	费米能量

ε	介电函数
ζ	扰动振幅
η	总耦合效率
η_h	流体动力学效率
η_{con}	转换效率
η_{tran}	传递效率
θ	角度
κ_a	吸收系数
κ_P	普朗克平均光厚
λ	扰动波长
λ_D	德拜长度
λ_L	真空中激光波长
ν	频率
ν_e	电子-离子碰撞频率
ξ	量纲为一的相似性变量
ρ	质量密度
ρ_c	冷燃料密度
	临界密度
ρ_{DT}	固体 DT 密度
ρ_h	热斑密度
ρR	约束参数
σ	不稳定增长率
	截面
σ_B	斯特藩-玻尔兹曼常量
σ_{RT}	经典 RTI 增长率
τ_e	电子碰撞时间
τ_E	能量约束时间
τ_{ei}	电子-离子能量交换时间
τ_i	离子碰撞时间
Φ	燃烧效率
χ	热传导率
χ_e	电子热传导率
χ_R	辐射热传导率
ω	(角)频率

ω_p	等离子体频率
Ω	立体角

常用下标

c	冷燃料
DT	氘-氚
e	电子
f	燃料
h	热斑
i	离子
l	球形模式的 l 阶分量
n	n 阶能级
p	质子
r	辐射
x, y, z	笛卡儿坐标分量
α	α 粒子
ν	频率为 ν 的光子

附录D 缩　　写

平均离子模型	AIM
啁啾脉冲放大	CPA
氘-氚	DT
意大利 Ente per le Nuove Tecnologie， I'Energia e l'Ambiente	ENEA
物态方程	EOS
惯性约束聚变	ICF
惯性聚变能量	IFE
日本大阪激光工程研究所	ILE
诱导空间非相干性	ISI
开尔文-亥姆霍兹不稳定性	KHI
美国罗切斯特激光动力实验室	LLE
美国利弗莫尔劳伦斯·利弗莫尔国家实验室	LLNL
兆焦激光器	LMJ
局域热平衡	LTE
激光尾波场加速	LWFA
磁约束聚变	MCF
磁约束聚变能	MFE
德国 Garching 马普量子光学所	MPQ
国家点火装置	NIF
粒子模拟	PIC
Richtmyer-Meshkov 不稳定性	RMI
随机相位板	RPP
瑞利-泰勒不稳定性	RTI
受激布里渊散射	SBS
受激拉曼散射	SRS
谱色散光滑	SSD
超级转换阵	STA
汤姆斯-费米	TF
未解决的转换排列	UTA
Wentzel-Kramers-Brillouin 近似	WKB

参考文献

Numbers in square brackets at the end of each reference identify the text pages on which the reference is given.

Acheson, D. J. (1990). *Elementary Fluid Dynamics*. Clarendon, Oxford.

Adelberger, E. G., Austin, S. M., Bahcall, J. N., Balantenkin, A. B., Bogaert, G., Brown, L. S. *et al.* (1998). Solar fusion cross sections. *Reviews of Modern Physics*, **70**, 1265–91.

Afanasev, Yu. V., Gamalii, E. G., Lebo, I. G., and Rozanov, V. B. (1978). Hydrodynamic instability and spontaneous magnetic fields in a spherical laser plasma. *Soviet Physics JETP*, **47**, 271–5.

Aglitskiy, Y., Vekikovich, A. L., Karovik, M., Serlin, V., Pawlet, C. J., Schmitt, A. J., Obenschain, S. P., Mostovich, A. N., Gardner, J. H., and Metzler, N. (2001). Direct observation of mass oscillations due to ablative Richtmyer–Meshkov instability in plastic targets. *Physical Review Letters*, **87**, 265001.

Alfvén, H. (1939). On the motion of cosmic rays in interstellar space. *Physical Review*, **55**, 425–9.

Alon, U., Hecht, J., Ofer, D., and Shvarts, D. (1995). Power laws and similarity of Rayleigh–Taylor and Richtmyer–Meshkov mixing fronts at all density ratios. *Physical Review Letters*, **74**, 534–7.

Altshuler, L. (1965). Use of shock waves in high-pressure physics. *Soviet Physics Uspekhi*, **8**, 52.

Alvarez, L. W., Brander, H., Crawford, F. S. Jr., Falck-Vairant, P., Good, M. L., Gow, J. D. *et al.* (1957). Catalysis of nuclear reactions by mesons. *Physical Review*, **105**, 1127–8.

Amendt, P., Colvin, J. D., Ramshaw, J. D., Robey, H. F., and Landen, O. L. (2003). Modified Bell–Plesset effect with compressibility: application to double-shell ignition target designs. *Physics of Plasmas*, **10**, 820–8.

Andersen, H. H. and Ziegler, J. F. (1977). *Hydrogen—Stopping Powers and Ranges in All Elements*. Pergamon, New York.

André, M. L. (1999). The French Megajoule Laser Project (LMJ). *Fusion Engineering and Design*, **44**, 43–9.

Angulo, C., Arlould, M., Rayet, M., Descouvemont, P., Baye, D., Leclercq-Villain *et al.* (1999). A compilation of charged-particle induced thermonuclear reaction rates. *Nuclear Physics*, **A656**, 3–187.

Anisimov, S. I. and Inogamov, N. A. (1980). Singular self-similar regimes of ultra-high compression of laser targets. *Zhurnal Prikladnoi Mechaniki i Technicheskoi Fiziki*, **4**, 20–4.

Armstrong, B. H. (1962). A maximum opacity theorem. *Astrophysical Journal*, **136**, 309–10.

Arnold, R. and Meyer-ter-Vehn, J. (1987). Inertial confinement fusion driven by heavy-ion beams. *Reports on Progress in Physics*, **50**, 559–606.

Arnold, W. R., Phillips, J. A., Sawyer, G. A., Stovall, E. J. Jr., and Tuck, J. L. (1954). Cross sections for the reactions D (d, p)T, D (d, n)He^3, T (d, n)He^4, He^3 (d, p)He^4. *Physical Review*, **93**, 483–97.

Artsimovich, L. A. (1964). *Controlled Thermonuclear Reactions* (trans. P. Kelly and A. Peiperl). Oliver & Boyd, Edinburgh.

Askar'yan, G. A., Bulanov, S. V., Pegoraro, F., and Pukhov, A. M. (1994). Magnetic interaction of self-focusing channels and fluxes of electromagnetic radiation: their coalescence, the accumulation of energy, and the effect of external magnetic fields on them. *JETP Letters*, **60**, 251–7.

Aston, F. W. (1920). The mass-spectra of chemical elements. *Philosophical Magazine and Journal of Science*, **39**, 611–25.

Atkinson, R. d'E. and Houtermans, F. G. (1929a). Transmutation of light elements in stars. *Nature (London)*, **123**, 567–8.

Atkinson, R. d'E. and Houtermans, F. G. (1929b). Zur Frage der Aufbau-Möglichkeit der Elemente in Sternen. *Zeitschrift für Physik*, **54**, 656–65.

Atzeni, S. (1986). 2-D Lagrangian studies of symmetry and stability of laser fusion targets. *Computer Physics Communications*, **43**, 107–24.

Atzeni, S. (1987). The physical basis for numerical fluid simulations in laser fusion. *Plasma Physics and Controlled Fusion*, **27**, 1535–604.

Atzeni, S. (1990). Sensitivity of ICF reactor targets to long-wavelength drive non-uniformities. *Europhysics Letters*, **7**, 639–44.

Atzeni, S. (1995). Thermonuclear burn performance of volume-ignited and centrally ignited bare deuterium-tritium microspheres. *Japanese Journal of Applied Physics*, **34**, 1980–92.

Atzeni, S. (1999). Inertial fusion fast ignitor: Igniting pulse parameter window versus the penetration depth of the heating particles and the density of the precompressed fuel. *Physics of Plasmas*, **6**, 3316–26.

Atzeni, S. (2000). Laser–plasma interaction and high-pressure generation for inertial fusion and basic science. *Plasma Physics and Controlled Fusion*, **42B**, 143–55.

Atzeni, S. and Caruso, A. (1981a). An ignition criterion for isobarically compressed, inertially confined D-T plasmas. *Physics Letters*, **85A**, 345–8.

Atzeni, S. and Caruso, A. (1981b). A diffusive model for α-particle diffusion in a laser plasma. *Nuovo Cimento*, **64B**, 383–95.

Atzeni, S. and Caruso, A. (1984). Inertial confinement fusion: ignition of isobarically compressed D-T targets. *Nuovo Cimento*, **80B**, 71–103. [82–3, 89, 92]

Atzeni, S. and Ciampi, M. L. (1997). Burn performance of fast ignited, tritium-poor ICF fuels. *Nuclear Fusion*, **37**, 1665–77.

Atzeni, S. and Ciampi, M. L. (1999). Potentiality of tritium-poor fuels for ICF fast ignitors. *Fusion engineering and Design*, **44**, 225–31.

Atzeni, S. and Guerrieri, A. (1993). Evolution of multimode Rayleigh–Taylor instability towards self-similar turbulent mixing. *Europhysics Letters*, **22**, 603–9.

Atzeni, S. and Meyer-ter-Vehn, J. (2001). Comments on the article 'A generalized scaling law for inertial confinement fusion capsules' by M. C. Hermann, M. Tabak, J. D. Lindl, Nucl. Fusion 41 (2001) 99. *Nuclear Fusion*, **41**, 465–6.

Atzeni, S. and Temporal, M. (2003). Mechanism of growth reduction of the ablative deceleration-phase Rayleigh–Taylor instability. *Physical Review*, **E67**, 057401.

Audi, G. and Wapstra, A. H. (1995). The 1995 update to the atomic mass evaluation. *Nuclear Physics*, **A595**, 409–80; csnwww.in2p3.fr/amdc/ and www.nea.fr/html/dbdata/data/structure.htm.

Avrorin, E. L., Feoktistov, L. P., and Shibarshov, L. I. (1980). Ignition criterion for pulsed fusion targets. *Soviet Journal of Plasma Physics*, **6**, 527–31.

Badger, B., Attaya, H. A., Bartel, T. J., Corradini, M. L., Engelstadt, R. L., Kulcinski, G. L. (1984). Preliminary Conceptual Design of SIRIUS, A Symmetric Illumination Direct Drive Laser Fusion Reactor. Report UWFDM-568, University of Wisconsin Fusion Technology Institute, Madison.

Bahcall, J. N. (1966). Non-resonant nuclear reactions at stellar temperature. *Astrophysical Journal*, **143**, 259–61.

Bahcall, J. N., Pinsonneault, M. H., and Basu, S. (2001). Solar models: current epoch and time dependences, neutrinos, and helioseismological properties. *Astrophysical Journal*, **555**, 990–1012.

Baldis, H. A., Campbell, E. M., and Kruer, W. L. (1991). Laser plasma interactions. In *Handbook of Plasma Physics* (eds. M. N. Rosenbluth and R. Z. Sagdeev), Vol. 3: Physics of Laser Plasma (eds. A. M. Rubenchik and S. Witkowski), pp. 361–434. North-Holland, Amsterdam.

Bangerter, R. O., Mark, J. W., and Thiessen, A. R. (1982). Heavy ion inertial fusion: Initial survey of target gain versus ion-beam parameters. *Physics Letters*, **A88**, 225–7.

Barenblatt, G. I. (1979). *Similarity, Self-Similarity, and Intermediate Asymptotics*. Consultants Bureau, New York.

Barnes, J. F. (1967). Statistical atom theory and the equation of state of solids. *Physical Review*, **153**, 269–75.

Bar-Shalom, A. and Oreg, J. (1996). Photoelectric effect in the super transition array model. *Physical Review*, **E54**, 1850–6.

Basko, M. (1984). Stopping of fast ions in a dense plasma. *Soviet Journal of Plasma Physics*, **10**, 689–94.

Basko, M. M. (1985). Metallic equation of state in the mean ion approximation. *Soviet High Temperature Physics*, **23**, 388–96 (translated from *Teplofizika Vysokikh Temperatur*, **23**(3), 483–91, 1985).

Basko, M. M. (1987). Model of diffusive energy transport by charged products of fusion reactions. *Soviet Journal of Plasma Physics*, **13**, 558–61.

Basko, M. M. (1990). Spark and volume ignition of DT and DD microspheres. *Nuclear Fusion*, **30**, 2443–52.

Basko, M. M. (1995). On the scaling of the energy gain of ICF targets. *Nuclear Fusion*, **35**, 87–99.

Basko, M. (1996). An improved version of the view factor method for simulating ICF hohlraums. *Physics of Plasmas*, **3**, 4148–55.

Basko, M. and Meyer-ter-Vehn, J. (2002). Asymptotic scaling laws for imploding thin fluid shells. *Physical Review Letters*, **88**, 244502.

Basko, M., Löwer, Th., Kondrachov, V. N., Sigel, R., and Meyer-ter-Vehn, J. (1997). Optical probing of laser-induced, X-ray driven shock waves in aluminium. *Physical Review*, **E56**, 1019–31.

Basov, N. G. (1993). Progress and prospect of laser thermonuclear fusion. *Quantum Electronics*, **20**, 262–5.

Basov, N. G. and Krokhin, O. N. (1964). The conditions of plasma heating by optical generator radiation. In *Electronic quantique—Quantum Electronics*, Comptes Rendu de la 3e Conference internationale, Paris, 1963, Vol. 2, pp. 1373–7. Dunod, Paris.

Basov, N. G., Kriukov, P. G., Zakharov, S. D., Senatskii, Yu. V., and Tchekalin, S. V. (1968). Experiments on the observation of neutron emission at the focus of high-power laser radiation on a lithium deuteride surface. *IEEE Journal of Quantum Electronics*, **QE-4**, 864–7.

Basov, N. G., Boiko, V. A., Zakharov, S. D., Krokhin, O. N., and Sklizkov, G. V. (1971). Generation of neutrons in a laser CD-2 plasma heated by pulses of nanosecond duration. *JETP Letters*, **13**, 489–91.

Batani, D., Balducci, A., Beretta, D., Bernardinello, A., Löwer, Th., Koenig, M., Benuzzi, A., Faral, B., and Hall, T. (2000). Equation of state data for gold in the pressure range <10 TPa. *Physical Review*, **B61**, 9287–94.

Bauche-Arnoult, C., Luc-Koenig, E., Geindre, J.-F., Audebert, P., Monier, P., Gauthier, J. C., and Chenais-Popvics, C. (1986). Interpretation of the spectra of a laser-irradiated Au plasma in the 3.0–4.0-A-ring range. *Physical Review*, **A33**, 791–3.

Bell, A. R. (1985). Non-Spitzer heat flow in a steadily ablating laser-produced plasma. *Physics of Fluids*, **28**, 2007–14.

Bell, G.I. (1951). Taylor Instability on Cylinders and Spheres in the Small Amplitude Approximation. Technical Report LA-1321, Los Alamos Scientific Laboratory.

Belov, S. I., Boriskov, G. V., Bykov, A. I., Il'kaev, R. I., Luk'yanov, N. B., Matveev, A. Ya., Mikhailova, O. L., Selemir, V. D., Simakov, G. V., Trunin, R. F., Trusov, I. P., Urlin, V. D., Fortov, V. E., and Shuikin, A. N. (2002). Shock compression in solid deuterium. *JETP Letters*, **76**, 433–5.

Bernstein, I. B. and Book, D. L. (1983). Effect of compressibility on the Rayleigh–Taylor instability. *Physics of Fluids*, **26**, 453–8.

Bertin, A. and Vitale, A. (1992). Experimental frontiers in muon-catalyzed fusion. In *Status and Perspectives of Nuclear Energy: Fission and Fusion*, Proceedings of the International School of Physics 'Enrico Fermi', Course CXVI, (eds. C. Salvetti, R. A. Ricci, and E. Sindoni), pp. 449–68. North-Holland, Amsterdam. [26]

Bethe, H. (1939). Energy production in stars. *Physical Review*, **55**, 434–56.

Bethe, H. A. (1930). Zur Theorie des Durchgangs schneller Korpuskularstrahlen durch Materie. *Annalen der Physik*, **5**, 325–400.

Bethe, H. A. and Critchfield, C. L. (1938). The formation of deuterons by proton combination. *Physical Review*, **54**, 248–54.

Bethe, H. A. and Salpeter, E. E. (1957). *Quantum Mechanics of One- and Two-electron Atoms*, p. 266. Plenum Publishing Company, New York.

Betti, R., McCrory, R. L., and Verdon, C. P. (1993). Stability analysis of unsteady ablation fronts. *Physical Review Letters*, **71**, 3131–4.

Betti, R., Goncharov, V. N., McCrory, R. L., Sorotokin, P., and Verdon, C. P. (1996). Self-consistent stability analysis of ablation fronts in inertial confinement fusion. *Physics of Plasmas*, **3**, 2122–8.

Betti, R., Goncharov, V. N., McCrory, R. L., and Verdon, C. P. (1998). Growth rates of the ablative Rayleigh–Taylor instability in inertial confinement fusion. *Physics of Plasmas*, **5**, 1446–54.

Betz, H. D. (1972). Charge states and charge-changing cross sections of fast heavy ions penetrating through gaseous and solid media. *Reviews of Modern Physics*, **44**, 465–539.

Betz, H. D. (1983). Heavy ion charge states. In *Applied Atomic Collision Physics* (eds. H. S. W. Massey, E. W. McDaniel, B. Bederson), Vol. 4: Condensed Matter (ed. S. Datz), pp. 1–42. Academic Press, New York.

Birkhoff, G. (1954). Note on Taylor instability. *Quarterly of Applied Mathematics* , **12**, 306–9.

Blatt, J. M. and Weisskopf, V. F. (1953). *Theoretical Nuclear Physics*. Wiley, London.

Bloch, F. (1933). Zur Bremsung rasch bewegter Teilchen beim Durchgang durch Materie. *Annalen der Physik (Leipzig)*, **16**, 285–320.

Bloch, I., Hull, M. H. Jr., Broyles, A. A., Bouricius, W. G., Freeman, B. E., and Breit, G. (1951). Coulomb functions for reactions of protons and alpha-particles with the lighter nuclei. *Reviews of Modern Physics*, **23**, 147–82.

Bodner, S. E. (1974). Rayleigh–Taylor instability and laser-pellet fusion. *Physical Review Letters*, **33**, 761–4.

Bodner, S. E. (1981). Critical elements of high gain laser fusion. *Journal of Fusion Energy*, **1**, 221–40.

Bodner, S. E. (1991). Symmetry and stability physics in laser fusion. In *Physics of Laser Plasma*, Handbook of Plasma Physics, (eds. A. Rubenchik, and S. Witkowski; series ed. M. N. Rosenbluth and R. Z. Sagdeev), Vol. 3, pp. 247–70. North-Holland, Amsterdam.

Bodner, S. E., Colombant, D. G., Schmitt, A. J., and Klapisch, M. (2000). High-gain direct-drive target design for laser fusion. *Physics of Plasmas*, **7**, 2298–301.

Bogoyavlensky, O. I. (1985). *Methods in the Qualitative Theory of Dynamical Systems in Astrophysics and Gas Dynamics*, Series in Soviet Mathematics. Springer, Berlin.

Bohr, N. (1915). On the decrease of velocity of swiftly moving electrified particles in passing through matter. *Philosophical Magazine*, **30**, 581–612.

Bohr, N. (1948). The penetration of atomic particles through matter. *Kongelige Danske Videnskab Selskab, Matematiske-Fysiske Meddelser*, **18**(8).

Book, D. L. (1996). Suppression of the Rayleigh–Taylor instability through accretion. *Physics of Plasmas*, **3**, 354–9.

Book, D. L. and Bodner, S. E. (1987). Variation of the amplitude of perturbations of the inner surface of an imploding shell during the coasting phase. *Physics of Fluids*, **30**, 367–76.

Boris, J. P. (1977). Dynamic stabilization of the imploding shell Rayleigh–Taylor instability. *Comments on Plasma Physics and Controlled Fusion*, **3**, 1–13.

Bornatici, M., Cano, R., De Barbieri, O., and Engelmann, F. (1983). Electron cyclotron emission and absorption in fusion plasmas. *Nuclear Fusion*, **23**, 1153–257.

Bosch, H.-S. and Hale, G. M. (1992). Improved formulas for fusion cross-sections and thermal reactivities. *Nuclear Fusion*, **32**, 611–31.

Bosser, J. (1994). Beam cooling and related topics, Report CERN 94-03, Geneva.

Brenner, M. P., Hingenfeldt, S., and Lohse, D. (2002). Single-bubble sonoluminescence. *Review of Modern Physics*, **74**, 425–84.

Bridgman, P. W. (1963). *Dimensional Analysis*, revised edition, New Haven, Yale University Press, Yale.

Brown, G. L. and Roshko, A. (1974). On the density effect and large structure in turbulent mixing layers. *Journal of Fluid Mechanics*, **64**, 775–816.

Brown, L. S. and Sawyer, R. F. (1997). Nuclear reaction rates in plasmas. *Reviews of Modern Physics*, **69**, 411–36.

Brown, M. D. and Moak, C. D. (1972). Stopping powers of some solids for 30–90 MeV U238 ions. *Physical Review*, **B6**, 90–4.

Brueckner, K. A. and Brysk, H. (1973). Fast charged particle reactions in a plasma. *Journal of Plasma Physics*, **10**, 141–7.

Brueckner, K. A. and Jorna, S. (1974). Laser driven fusion. *Reviews of Modern Physics*, **46**, 325–67.

Brushlinski, K. V. and Kazhdan, Ya. M. (1963). On automodels in the solution of certain problems of gas dynamics. *Uspekhi Matematicheckich Nauk*, **18**(2), 3–23.

Buckingham, E. (1914). On physically similar systems: illustrations of the use of dimensional equations. *Physical Review*, **4**, 345–76.

Budil, K. S., Remington, B. A., Peyser, T. A., Mikaelian, K. O., Miller, P. L., Woolsey, N. C., Wood-Vasey, W. M., and Rubenchik, A. M. (1996). Experimental comparison of classical versus ablative Rayleigh–Taylor instability. *Physical Review Letters*, **76**, 4536–9.

Budil, K. S., Lasinski, B., Edwards, M. J., Wan, A. S., Remington, B. A., Weber, S. V., Glendinning, S. G., Suter, L., and Stry, P. E. (2001). The ablation-front Rayleigh–Taylor dispersion curve in indirect drive. *Physics of Plasmas*, **8**, 2344–8. [273]

Bulanov, S. V., Califano, F., Dudnikova, G. I., Esirkepov, T. Zh., Inovenkov, I. N., Kamenets, F. F., Liseikina, T. V., Lontano, M., Mima, K., Naumova, N. M., Nishihara, K., Pegoraro, F., Ruhl, H., Sakharov, A. S., Sentoku, Y., Vshivkov, V. A., and Zhakhovskii, V. V. (2001).

Relativistic interaction of laser pulses with plasmas. In *Reviews of Plasma Physics* (ed. V. D. Shafranov), Vol. 22, pp. 227–335. Kluwer Academic, New York.

Burbidge, E. M., Burbidge, G. R., Fowler, W. A., and Hoyle, F. (1957). Synthesis of the elements in stars. *Reviews of Modern Physics*, **29**, 547–650.

Burcham, W. E. (1973). *Nuclear Physics—An Introduction*, 2nd edn. Longman, London.

Burgess, A. (1965). A general formula for the estimation of dielectronic recombination coefficients in low-density plasmas. *Astrophysical Journal*, **141**, 1588–90.

Bushman, A. V. and Fortov, V. E. (1983). Model equations of state. *Soviet Physics Uspekhi*, **26**, 465.

Bushman, A. V., Kanel, G. I., Ni, A. L., and Fortov, V. E. (1993). *Dynamic Loading of Condensed Matter*. Taylor & Francis, London.

Callahan-Miller, D. and Tabak, M. (2000). Progress in target physics and design for heavy ion fusion. *Physics of Plasmas*, **7**, 2083–91.

Cameron, A. G. (1959). Pycnonuclear reactions and nova explosions. *Astrophysical Journal*, **130**, 916–40.

Caruso, A. (1974). Ignition condition for a superdense plasma. *Plasma Physics*, **16**, 683–4.

Caruso, A. (1989). High gain radiation-driven targets (I). In *Inertial Confinement Fusion* (eds. A. Caruso and E. Sindoni), International School of Plasma Physics Piero Caldirola, September 1988, pp. 139–62. Editrice Compositori, Bologna.

Caruso, A. and Gratton, R. (1968). Some properties of the plasmas produced by irradiating light solids by laser pulses. *Plasma Physics*, **10**, 867–77.

Caruso, A. and Pais, V. A. (1989). High gain radiation-driven targets (I): Numerical simulation for a high gain indirectly-driven target. In *Inertial Confinement Fusion* (eds. A. Caruso and E. Sindoni), International School of Plasma Physics Piero Caldirola, September 1988, pp. 163–69. Editrice Compositori, Bologna.

Caruso, A. and Pais, V. A. (1996). The ignition of dense DT fuel by injected triggers. *Nuclear Fusion*, **36**, 745–58.

Caruso, A. and Sindoni, E. (eds.) (1989). *Inertial Confinement Fusion*. Proceedings of the Course and Workshop, Villa Monastero, Varenna, Italy, 6–16 September 1988. Compositori—Società Italiana di Fisica, Bologna.

Caruso, A. and Strangio, C. (1991). The quality of the illumination for a spherical capsule enclosed in a radiating cavity. *Japanese Journal of Applied Physics*, **30**, 1095–101.

Chadwick, Sir J. (ed.) (1965). *The Collected Papers of Lord Rutherford of Nelson, O. M., F. R. S.*, Vol. III. Allen and Unwin, London.

Chandrasekhar, S. (1960). *Principles of Stellar Dynamics*. Dover, New York.

Chandrasekhar, S. A. (1961). *Hydrodynamic and Hydromagnetic Stability*. Clarendon Press, Oxford.

Charatis, G., Downward, J., Goforth, R., Guscott, B., Henderson, T., Hildum, S. *et al.* (1975). In *Plasma Physics and Controlled Thermonuclear Fusion Research 1974*, Vol. II, pp. 317–33. IAEA, Vienna.

Chen, B., Glimm, J., and Sharp, D. H. (2000). Density dependence of Rayleigh–Taylor and Richtmyer–Meshkov mixing fronts. *Physics Letters*, **A268**, 366–74.

Chenais-Popovics, C. (2002). Astrophysics in the laboratory: opacity measurements. *Laser and Particle Beams*, **20**, 191–8.

Clayton, D. D. (1983). *Principles of Stellar Evolution and Nucleosynthesis*, 2nd edn. University of Chicago.

Cockroft, J. D. and Walton, E. T. S. (1932). Experiments with high velocity positive ions II. Disintegration of elements by high velocity protons. *Proceedings of the Royal Society (London)*, **A137**, 229–42.

Coggeshall, S. V. and Axford, R. A. (1986). Lie group invariance properties of radiation hydrodynamics equations and their associated similarity solutions. *Physics of Fluids*, **29**, 2398–420.

Coggeshall, S. V. and Meyer-ter-Vehn, J. (1992). Group-invariant solutions and Optimal systems for multidimensional hydrodynamics. *Journal of Mathematical Physics*, **33**, 3585–601.

Cole, A. J., Kilkenny, J. D., Rumsby, P. T., Evans R. G., Hooker, C. J., and Key, M. H. (1982). Measurement of Rayleigh–Taylor instability in a laser-accelerated target. *Nature*, **299**, 329–30.

Colombant, D. G., Bodner, S. E., Schmitt, A. J., Klapisch, M., Gardner, J. H., Aglitskiy, Y., Deniz, A. V., Obenschain, S. P., Pawley, C. J., Serlin, V., and Weaver, J. L. (2000). Effects of radiation on direct-drive laser fusion targets. *Physics of Plasmas*, **7**, 2046–54.

Conn, R. W. (1981). Magnetic fusion reactors. In *Fusion*, (ed. E. Teller) Vol. 1, Part B, pp. 193–410. Academic, New York.

Cormann, E. G., Loewe, W. E., Cooper, G. E., and Winslow, A. M. (1975). Multi-group diffusion of energetic charged particles. *Nuclear Fusion*, **15**, 377–86.

Courant, R. and Friedrichs, K. O. (1948). *Supersonic Flow and Shock Waves*. Interscience, New York.

Cowan, R. D. (1981). *The Theory of Atomic Structure and Spectra*. University of California Press, Berkeley.

Cox, L. T., Mead, F. B., Jr., and Choi, C. K. (1990). Thermonuclear reaction listing with cross-section-data for four advanced fusion reactions. *Fusion Technology*, **18**, 325–39.

Dahlburg, J. P. and Gardner, J. H. (1990). Ablative Rayleigh–Taylor instability in three dimensions. *Physical Review*, **A41**, 5695–8.

Dahlburg, J. P., Fyfe, D. E., Gardner, J. H., Haan, S. W., Bodner, S. E., and Doolen, G. D. (1995). Three-dimensional multimode simulations of the ablative Rayleigh–Taylor instability. *Physics of Plasmas*, **2**, 2453–9.

Daiber, J. W., Hertzber, A., and Wittliff, C. E. (1966). Laser generated implosions. *Physics of Fluids*, **9**, 617–19.

Da Silva, L. B., Celliers, P., Collins, G. W., Budil, K. S., Holmes, N. C., Barbee Jr., T. W., Hammel, B. A., Kilkenny, J. D., Wallace, R. J., Ross, M., Cauble, R., Ng, A., and Chiu, G. (1997). Absolute equation of state measurements on shocked liquid deuterium up to 200 GPa (2 Mbar). *Physical Review Letters*, **78**, 483–6.

Dawson, J. M. (1964). On the production of plasmas by giant

lasers. *Physics of Fluids*, **7**, 981–7.

Dawson, J. M. (1981). Advanced fusion reactors. In *Fusion*, (ed. E. Teller), Vol. 1, Part B, pp. 453–501. Academic, New York.

Deutsch, C., Maynard, G., Bimbot, R., Gardes, D., Dellanegra, S., Dumail, M., Kubica, B., Richard, A., Rivet, M. F., Servajean, A., Fleurier, C., Sanba, A., Hoffmann, D. H. H., Weyrich, K., and Wahl, H. (1989). Ion beam plasma interaction: a standard model approach. *Nuclear Instruments & Methods in Physics Research*, **A278**, 38–43.

Deutsch, C., Furukawa, H., Mima, K., Murakami, M., and Nishihara, K. (1996). Interaction physics of the fast ignitor concept. *Physical Review Letters*, **77**, 2483–6.

Dietrich, K. G., Hoffmann, D. H. H., Boggasch, E., Jacoby, J., Wahl, H., Elfers, M., Haas, C. R., Dubenkov, V. P., and Golubev, A. A. (1992). Charge state of fast heavy ions in a hydrogen plasma. *Physical Review Letters*, **69**, 3623–6.

Dimonte, G. (1999). Nonlinear evolution of the Rayleigh–Taylor and Richtmeyer–Meshkov instabilities. *Physics of Plasmas*, **6**, 2009–15.

Dimonte, G. (2000). Spanwise homogeneous buoyancy-drag model for Rayleigh–Taylor mixing and experimental evaluation. *Physics of Plasmas*, **6**, 2009–15.

Dimonte, G. and Schneider, M. (1996). Turbulent Rayleigh–Taylor instability experiments with variable acceleration. *Physical Review*, **E54**, 3740–3.

Dimonte, G., Gore, R., and Schneider, M. (1998). Rayleigh–Taylor instability in elastic–plastic materials. *Physical Review Letters*, **80**, 1212–15.

Diven, B. C., Manley, J. H., and Taschek, R. F. (1983). Nuclear data—the numbers needed to design the bomb. *Los Alamos Science*, **Winter/Spring**, 114–23.

Drake, R. P., Turner, R. E., Lasinski, B. F., Estabrook, K. G., Campbell, E. M., Wang, C. L., Phillion, D. W., Williams, E. A., and Kruer, W. L. (1984). Efficient Raman side-scatter and hot-electron production in laser–plasma interaction experiments. *Physical Review Letters*, **53**, 1739–42.

Duderstadt, J. J. and Moses, G. A. (1982). *Inertial Confinement Fusion*. Wiley, New York.

Ebeling, W., Kremp D., and Kraeft, W. D. (1976). *Theory of Bound States and Ionization Equilibrium in Plasmas and Solids*. Akademie-Verlag, Berlin.

Eddington, A. S. (1920). The internal constitution of the stars. *Observatory*, **43**, 353–5.

Eddington, A. S. (1926). *The Internal Constitution of the Stars*, Cambridge University Press; reissued in the Cambridge Classic Series (1988).

Eidmann, K. (1989). Emission and absorption of radiation in laser-produced plasmas. In *Inertial Confinement Fusion* (eds. A. Caruso and E. Sindoni), International School of Plasma Physics Piero Caldirola, September 1988, pp. 65–82. Editrice Compositori Bologna, Bologna.

Eidmann, K. (1994). Radiation transport and atomic physics modeling in high-energy density laser-produced plasmas. *Laser and Particle Beams*, **12**, 223–44.

Eidmann, K. and Kishimoto, T. (1986). Absolutely measured X-ray spectra from laser plasmas with targets of different elements. *Applied Physics Letters*, **49**, 377–8.

Eidmann, K., Földes, I. B., Löwer, Th., Massen, J., Sigel, R., Tsakiris, G. D., Witkowski, S., Nishimura, H., Kato, Y., Endo, T., Shiraga, H., Takagi, M., and Nakai, S. (1995). Radiative heating of the low-Z solid foils by laser-generated X-rays. *Physical Review*, **E52**, 6703–16.

Eidmann, K., Bar-Shalom, A., Saemann, A., and Winhart, G. (1998). Measurements of the extreme UV opacity of a hot dense gold plasma. *Europhysics Letters*, **44**, 459–64.

Eidmann, K., Meyer-ter-Vehn, J., Schlegel, Th., and Hüller, S. (2000a). Hydrodynamic simulation of subpicosecond laser interaction with solid-density matter. *Physical Review*, **E62**, 1202–14.

Eidmann, K., Andiel, U., Förster, E., Golovkin, I. E., Mancini, R. C., Rix, R., Saemann, A., Schlegel, Th., Uschmann, I., and Witte, K. (2000b). Spectroscopy of plasmas at solid density generated by ultra-short laser pulses. In *Atomic Processes in Plasmas* (eds. R. C. Mancini and R. A. Phaneuf), American Institute of Physics, AIP Conference Proceedings, Vol. 547, pp. 238–51. Melville, New York.

Eliezer, S., Ghatak, A., and Hora, H. (1986). *An Introduction to Equations of State: Theory and Applications*. Cambridge University Press, Cambridge.

Emery, M. H., Gardner, J. H., Lehmberg, R. H., and Obenschain, S. P. (1991). Hydrodynamic target response to an induced spatial incoherence-smoothed laser-beam. *Physics of Fluids*, **B3**, 2640–51.

ENDF/B-6 (2000). Evaluated Nuclear Data File. National Nuclear data Center, Brookhaven National Laboratory, USA, www.nndc.bnl.gov.

Englert, B. G. (1988). *Semiclassical Theory of Atoms*. Springer, Berlin.

Esarey, E., Sprangle, P., Krall., J., and Ting, A. (1996). Overview of plasma-based accelerator concepts. *IEEE Transactions on Plasma Science*, **24**, 252–88.

Estabrook, K. G., Kruer, W. L., and Lasinski, B. F. (1980). Heating by Raman back-scatter and forward scatter. *Physical Review Letters*, **45**, 1399–403.

Evans, R. G. (1986). The influence of self-generated magnetic fields on the Rayleigh–Taylor instability. *Plasma Physics and Controlled Fusion*, **28**, 1021–4.

Evans, R. G., Bennett, A. J., and Pert, G. J. (1982). Rayleigh–Taylor instabilities in laser-accelerated targets. *Physical Review Letters*, **49**, 1639–42.

Feynman, R., Metropolis, N., and Teller E. (1948). Equations of state of elements based on the generalized Fermi–Thomas theory. *Physical Review*, **75**, 1561–73.

Flowers, B. H., (1951). The theory of the D + T reaction. *Proceedings of the Royal Society (London)*, **204**, 503–13.

Fortov, V. E., Khishchenko, K. V., Levashov, P. R., and Lomonosov, I. V. (1998). Wide-range multi-phase equations of state for metals. *Nuclear Instruments and Methods in Physics Research*, **A415**, 604–8.

Fowler, W. A., Caughlan, G. R., and Zimmerman, B. A. (1967). Thermonuclear reaction rates, I. *Annual Reviews of Astronomy and Astrophysics*, **5**, 525–70.

Fowler, W. A., Caughlan, G. R., and Zimmerman, B. A. (1975). Thermonuclear reaction rates, II. *Annual Reviews of Astronomy and Astrophysics*, **13**, 69–112.

Fraley, G. S., Linnebur, E. J., Mason, R. J., and Morse, R. L. (1974). Thermonuclear burn characteristics of compressed dueterium–tritium microspheres. *Physics of Fluids*, **17**, 474–89.

Frank, T. C. (1947). Hypothetical alternative energy sources for the second meson events. *Nature*, **160**, 525–7.

Fried, B. D. and Conte, S. D. (1961). *The Plasma Dispersion Function*. Academic Press, New York.

Gahn, C., Tsakiris, G. D., Pukhov, A., Meyer-ter-Vehn, J., Pretzler, G., Thirolf, P., Habs, D., and Witte, K. J. (1999). Multi-MeV electron beam generation by direct laser acceleration in high-density plasma channels. *Physical Review Letters*, **83**, 4772–5.

Galeev, A. and Natanzon, A. M. (1991). Heat flux inhibition in laser-produced plasma. In *Handbook of Plasma Physics* (eds. M. N. Rosenbluth and R. Z. Sagdeev), Vol. 3: Physics of Laser Plasma (eds. A. Rubenchik and S. Witkowski), pp. 549–74. North-Holland, Amsterdam.

Gamaly, E. G. (1993). Hydrodynamic instability of target implosion in ICF. In *Nuclear Fusion by Inertial Confinement: A Comprehensive Treatise* (eds. G. Velarde, Y. Ronen, and J. M. Martinez-Val), pp. 321–49. CRC Press, Baton Roca.

Gamow, G. (1928). Zur Quantentheorie des Atomkerns. *Zeitschrift fuer Physik*, **51**, 204–12.

Garban-Labaune, C., Fabre, E., Max, C. E., Fabbro, R., Amiranoff, F., Virmont, J., Weinfeld, M., and Michard, A. (1982). Effect of laser wavelength and pulse duration on laser-light absorption and back reflection. *Physical Review Letters*, **48**, 1018–21.

Gardner, J. H. and Bodner, S. E. (1982). Wavelength scaling for reactor-size laser-fusion targets. *Physical Review Letters*, **47**, 1137–40.

Gardner, J. H., Bodner, S. E., and Dahlburg, J. P. (1991). Numerical simulation of ablative Rayleigh–Taylor instability. *Physics of Fluids*, **B3**, 1070–4.

Geissel, H., Laichter, Y., Schneider, W. F., and Armbruster, P. (1982). Energy loss and energy loss straggling of fast heavy ions in matter. *Nuclear Instruments and Methods*, **194**, 21–9.

Ginzburg, V. L. (1964). *The Propagation of Electromagnetic Waves in Plasmas*. Pergamon Press, Oxford.

Glasstone, S. and Lovberg, R. H. (1960). *Controlled Thermonuclear Reactions*. Van Nostrand, Princeton.

Glendinning, S. G., Dixit, S. N., Hammel, B. A., Kalantar, D. H., Key, M. H., Kilkenny, J. D., Knauer, J. P., Pennington, D. M., Remington, B. A., Wallace, R. J., and Weber, S. V. (1997). Measurement of a dispersion curve for linear-regime Rayleigh–Taylor growth rates in laser-driven planar targets. *Physical Review Letters*, **78**, 3318–21.

Godval, B. K., Sikka, S. K., and Chidambaram, R. (1983). Equation of state theories of condensed matter up to about 10 TPa. *Physics Reports*, **102**, 121–97.

Goldstone, P. D., Goldman, S. R., Mead, W. C., Cobble, J. A., Stradling, G., Day, R. H., Hauer, A., Richardson, M. C., Marjoribanks, R. S., Jaaimagi, P. A., Keck, R. L., Marshall, F. J., Seka, W., Barnouin, O., Yaakobi, B., and Letzring, S. A. (1987). Dynamics of High-Z plasmas produced by a short-wavelength laser. *Physical Review Letters*, **59**, 56–9.

Goncharov, G. A. (1996). American and Soviet H-bomb development programmes: historical background. *Physics—Uspekhi*, **39**, 1039–44; also printed, with slight editorial changes, as a series of four articles, appeared in *Physics Today*, November, pp. 44–61.

Goncharov, V. N. (1999). Theory of the ablative Richtmyer–Meshkov instability. *Physical Review Letters*, **82**, 2091–4.

Goncharov, V. N., Knauer, J. P., McKenty, P. W., Radha, P. B., Sangster, T. C., Skupsky, S., Betti, R., McCrory, R. L., and Meyerhofer, D. D. (2003). Improved performance of directy-drive inert. *Physics of Plasmas*, **10**, 1906–18.

Gordienko, S. (1999). Non-Markovian scattering and the condition of applicability for the quasiclassical description of collisions in plasma. *JETP Letters*, **70**, 583–9.

Gould, R. J. (1980). Thermal bremsstrahlung from high-temperature plasmas. *Astrophysical Journal*, **238**, 1026–33.

Gray, D. (ed.) (1972). *American Institute of Physics Handbook*. McGraw-Hill, New York.

Griem, H. R. (1964). *Plasma Spectroscopy*. McGraw-Hill, New York.

Grove, J. W., Holmes, R., Sharp, D. H., Yang, Y., and Zhang, Q. (1993). Quantitative theory of the Richtmyer–Meshkov instability. *Physical Review Letters*, **71**, 3473–6.

Grun, J., Emery, M. H., Kacenjar, S., Opal, C. B., McLean, E. A., Obenschain, S. P., Ripin, B. H., and Schmitt, A. (1984). Observation of the Rayleigh–Taylor instability in ablatively accelerated foils. *Physical Review Letters*, **53**, 1352–5.

Guderley, G. (1942). Starke kugelige und zylindrische Verdichtungsstösse in der Nähe des Kugelmittelpunktes bzw. der Zylinderachse. *Luftfahrtforschung*, **19**, 302–12.

Gurney, R. W. and Condon, E. V. (1929). Quantum mechanics and radioactive disintegration. *Physical Review*, **33**, 127–40.

Gus'kov, S. Yu. and Rozanov, V. B. (1993). Ignition and burn propagation in ICF targets. In *Nuclear Fusion by Inertial Confinement: A Comprehensive Treatise* (eds. G. Velarde, Y. Ronen, and J. M. Martinez-Val), pp. 293–320. CRC Press. Baton Roca, Florida.

Gus'kov, S. Yu., Krokhin, O. N., and Rozanov, V. B. (1974). Transport of energy by charged particles in a laser plasma. *Soviet Journal of Quantum Electronics*, **4**, 895–8.

Gus'kov, S. Yu., Krokhin, O. N., and Rozanov, V. B. (1976). Similarity solution of thermonuclear burn wave with electron and α-conductivities. *Nuclear Fusion*, **16**, 957–62.

Haan, S. W. (1989). Onset of nonlinear saturation for Rayleigh–Taylor growth in the presence of a full spectrum of modes. *Physical Review*, **A39**, 5812–25.

Haan, S. W. (1991). Weakly nonlinear hydrodynamic instabilities in inertial fusion. *Physics of Fluids*, **B3**, 2349–55.

Hansen, C. (1988). *US Nuclear Weapons: The Secret History*. Aerofax, Arlington, TX.

Hanson, A. O., Tasheck, R. F., and Williams (1949). Monoergic neutrons from charged particle reactions. *Reviews of Modern Physics*, **21**, 635–50.

Harris, M. J., Fowler, W. A., Caughlan, G. R., and Zimmerman, B. A. (1983). Thermonuclear reaction rates, III. *Annual Reviews of Astronomy and Astrophysics*, **21**, 165–76.

Harrison, E. R. (1963). Alternative approach to the problem of producing controlled thermonuclear power. *Physical Review Letters*, **11**, 535–7.

Hatchett, S. (1991). Ablation gas dynamics of low-Z materials illuminated by soft X-rays. Lawrence Livermore National Laboratory, Livermore, CA, Report UCRL-JC-108348.

Hatchett, S., Jones, O. S., Tabak, M., Turner, R. E., and Stephens, R. B. (2002). *Cone-focused Fast Ignition: Sub-Ignition Proof-of-Principle Experiments*, (ed. M. Key) contribution to 6th Workshop on Fast Ignition of Fusion Targets, 16–18 November 2002, St. Petes Beach, Florida USA, Compact Disk.

Hattori, F., Takabe, H., and Mima, K. (1986). Rayleigh–Taylor instability in a spherically stagnating system. *Physics of Fluids*, **29**, 1719–24.

Hecht, J., Ofer, D., Alon, U., Shvarts, D., Orszag, S. A., and McCrory, R. L. (1995). Three-dimensional simulation of the nonlinear stage of the Rayleigh–Taylor instability. *Laser and Particle Beams*, **13**, 423–40.

Heinz, D. and Jeanloz, R. (1984). The equation of state of the gold calibration standard. *Journal of Applied Physics*, **55**, 885.

Hemley, R. J. and Ashcroft, N. W. (1998). The revealing role of pressure in the condensed matter sciences. *Physics Today*, August, 26–32.

Herrmann, M. C., Tabak, M., and Lindl, J. D. (2001). A generalized scaling law for the ignition energy of inertial confinement fusion capsules. *Nuclear Fusion*, **41**, 99–111.

Hively, L. M. (1977). Convenient computational forms for maxwellian reactivities. *Nuclear Fusion*, **17**, 873–6.

Hively, L. M. (1983). A simple computational form for maxwellian reactivities. *Nuclear Technology/Fusion*, **3**, 199–200.

Hoffmann, D. H. H., Brendel, C., Genz, H., Löw, W., Müller, S., and Richter, A. (1979). Inner-shell ionization by relativistic electron-impact. *Zeitschrift für Physik*, **A293**, 187–201.

Hoffmann, D. H. H., Weyrich, K., Wahl, H., Gardes, D., Bimbot, R., and Fleurier, C. (1990). Energy loss of heavy ions in a plasma target. *Physical Review*, **A42**, 2313–21.

Hoffman, N. M. (1995). Hydrodynamic instabilities in inertial confinement fusion. In *Laser Plasma Interactions 5: Inertial Confinement Fusion* (ed. M. B. Hooper), pp. 105–37. Institute of Physics Publishing, Bristol.

Hofmann, I. (1998). HIDIF—an approach to high repetition rate inertial fusion with heavy ions. *Nuclear Instruments and Methods in Physics Research*, **A415**, 11–19.

Hogan, W. J., Bangerter, R., and Kulcinski, G. L. (1992). Energy from inertial fusion. *Physics Today*, September, 32–40.

Holmes, R. L., Dimonte, G., Fryxell, B., Gittings, M. L., Grove, J. W., Schneider, M., Sharp, D. H., Velikovich, A. L., Weaver, R. P., and Zhang, Q. (1999). Richtmyer–Meshkov instability growth: experiment, simulation and theory. *Journal of Fluid Mechanics*, **389**, 55–79.

Honda, M., Nishiguchi, A., Takabe, H., Azechi, H., and Mima, K. (1996). Kinetic effects on the electron thermal transport in ignition target design. *Physics of Plasmas*, **3**, 3420–4.

Honda, M., Pukhov, A., and Meyer-ter-Vehn, J. (2000). Collective stopping and heating in REB transport for fast ignition. *Physical Review Letters*, **85**, 2128–31.

Honrubia, J. J. (1993). A synthetically accelerated scheme for radiative transfer calculations. *Journal of Quantitative Spectroscopy and Radiative Transfer*, **49**, 491–515.

Honrubia, J., Ramirez, J., Ramis, R., Cerrada, J. A., and Gomez, R. (2000). High-gain capsule design for the HIDIF project. In *Inertial Fusion Sciences and Applications* (eds. C. Labaune, W. J. Hogan, and K. A. Tanaka), pp. 515–20. Elsevier, Paris.

Hooper, M. B. (ed.) (1986). *Laser Plasma Interactions 3*, Scottish Universities Summer School in Physics No. 29. IOP, Bristol.

Hooper, M. B. (ed.) (1996). *Laser Plasma Interactions 5: Inertial Confinement Fusion*, Proceedings of the Forty Fifth Scottish Universities Summer School in Physics, St Andrews, August 1994, Scottish Universities Summer School in Physics No. 45. IOP, Bristol.

Hora, H. (1981). *Physics of Laser Driven Plasmas*. Wiley, New York.

Hora, H. and Miley, G. (eds.) (1991). *Laser Interaction and Related Plasma Phenomena*. Kluwer Academic, New York.

Huebner, W. F. (1986). Atomic and radiative processes in the solar interior. In *Physics of the Sun* (ed. P. A. Sturrock.), Vol. I. D. Reidel Publishing Company, Dordrecht.

Huebner, W. F., Merts, A. L., Magee Jr., N. H., and Argo, M. F. (1977). Astrophysical Opacity Library. Los Alamos Scientific Laboratory Manual, LA-6760-M, Los Alamos N.M.

Hüller, S., Mounaix, Ph., and Tikhonchuk, V. T. (1998). SBS reflectivity from spatially smoothed laser beams: Random phase plates versus polarization smoothing. *Physics of Plasmas*, **5**, 2706–11.

Humphries, S. (1990). *Charged Particle Beams*. Wiley Interscience, New York.

IAEA (1995). *Energy from Inertial Fusion*. International Atomic energy Agency, Vienna.

Ichimaru, S. (1994). *Statistical Plasma Physics*, Vol. II: Condensed Plasmas. Addison-Wesley Publishing Company, Reading, MA.

Ichimaru, S. and Kitamura, H. (1999). Pycnonuclear reactions in dense astrophysical and fusion plasmas. *Physics of Plasmas*, **6**, 2649–70.

Imshennik, V. S., Mikhailov, I. N., Basko, M. M., and Molodtsov, S. V. (1986). Lower bound on the Rosseland mean free path. *Soviet Physics JETP*, **63**, 980–5.

Inogamov, N. A. (1999). The role of Rayleigh–Taylor and Richtmyer–Meshkov instabilities in astrophysics: an introduction. *Astrophysics and Space Physics Reviews*, **10**, 1–335.

Jackson, J. D. (1999). *Classical Electrodynamics*. 3rd edn. Wiley, New York.

Jacobi, J., Hoffmann, D. H. H., Laux, W., Müller, R. W., Wahl, H., Weyrich, K., Boggasch, E., Heimrich, B., Stöckl, C., and Wetzler, H. (1995). Stopping of heavy ions in a hydrogen plasma. *Physical Review Letters*, **74**, 1550–3.

Jacobs, J. W. and Catton, I. (1988). Three-dimensional Rayleigh–Taylor instability Part 1. Weakly nonlinear theory. *Journal of Fluid Mechanics*, **187**, 329–52.

Johnson, Th. H. (1984). Inertial confinement fusion: review and perspective. *Proceedings of the IEEE*, **72**, 548–94.

Johzaki, T., Nakao, Y., Murakami, M., and Nishihara, K. (1998). Ignition condition and gain scaling of low temperature ignition targets. *Nuclear Fusion*, **38**, 467–79.

Junkel, G. C., Gunderson, M. A., Hooper, C. F., and Haynes, D. A. (2000). Full Coulomb calculation of Stark broadened spectra from multi-electron ions: a focus on the dense plasma line shift. *Physical Review*, **E62**, 5584–93.

Kauffman, R. L., Suter, L. J., Darrow, C. B., Kilkenny, J. D., Kornblum, H. N., Montgomery, D. S., Phillion, D. W., Rosen, M. D., Theissen, A. R., Wallace, R. J., and Ze, F. (1994). High temperatures in ICF radiation cavities heated with 0.35 μm light. *Physical Review Letters*, **73**, 2320–3.

Kemp, A. (1998). Das Zustandsgleichungs-Modell QEOS für heisse, dichte Materie (in German). Max-Planck-Institut for Quantum Optics, Garching (Germany), Report MPQ229; www.mpq.mpg.de/library/mpq-reports.html.

Kemp, A., Meyer-ter-Vehn, J., and Atzeni, S. (2001). Stagnation pressure of imploding shells and ignition energy scaling of inertial confinement fusion targets. *Physical Review Letters*, **86**, 3336–9.

Kerley, G. I. (1983). *Molecular Based Study of Fluids*. ACS, Washington D.C.

Kessler, G., Kulcinsky, G. L., and Peterson, R. P. (1993). ICF reactors—conceptual design studies. In *Nuclear Fusion by Inertial Confinement: A Comprehensive Treatise* (eds. G. Velarde, Y. Ronen, and J. M. Martinez-Val), pp. 673–723, CRC Press. Baton Roca, Florida.

Key, M. H., Toner, W. T., Goldsack, T. J., Kilenny, J. D., Veats, S. A., Cunningham, P. F., and Lewis, C. L. S. (1983). A study of ablation by laser irradiation of plane targets at wavelengths 1.05, 0.53, and 0.35 μm. *Physics of Fluids*, **26**, 2011–26.

Kidder, R. E. (1974). Theory of homogeneous isentropic compression and its application to laser fusion. *Nuclear Fusion*, **14**, 53–60.

Kidder, R. E. (1976a). Nuclear fusion, laser-driven compression of hollow shells: power requirements and stability limitations. *Nuclear Fusion*, **16**, 3–14.

Kidder, R. E. (1976b). Energy gain of laser-compressed pellets: a simple model calculation. *Nuclear Fusion*, **16**, 405–8.

Kidder, R. E. (1998). Laser fusion: the first ten years (1962–1972). In *High-power Laser Ablation*, SPIE Proceedings (ed. C. R. Phipps) Vol. 3343, pp. 10–33. SPIE, Bellinghmam, WA.

Kilkenny, J. D., Glendinning, S. G., Haan, S. W., Hammel, B. A., Lindl, J. D., Munro, D., Remington, B. A., Weber, S. V., Knauer, J. P., and Verdon, C. P. (1994). A review of the ablative stabilization of the Rayleigh–Taylor instability in regimes relevant to inertial confinement fusion. *Physics of Plasmas*, **1**, 1379–89.

Kirzhnitz, D. A. and Shpatakovskaya, G. V. (1972). Atomic structure oscillation effects. *Soviet Physics JETP*, **35**, 1088–94.

Kishony, R. and Shvarts, D. (2001). Ignition conditions and gain predictions for perturbed inertial confinement fusion targets. *Physics of Plasmas*, **8**, 4925–36.

Kitamura, H. and Ichimaru, S. (1998). Metal–insulator transitions in dense hydrogen: equations of state, phase diagrams and interpretation of shock-compression experiments. *Journal of the Physical Society of Japan*, **67**, 950–63.

Knudson, M. D., Hanson, D. L., Bailey, J. E., Hall, C. A., and Asay, J. R. (2003). Use of a wave reverberation technique to infer the density compression of shocked liquid deuterium to 75 GPa. *Physical Review Letters*, **90**, 0355051–4.

Kodama, R., Norreys, P. A., Mima, K., Dangor, A. E., Evans, R. G., Fujita, H., Kitagawa, Y., Krushelnick, K., Mijykoshi, T., Miyanaga, N., Norimatsu, T., Rose, S. J., Shozaki, T., Shigemori, K., Sunahara, A., Tampo, M., Tanaka, K. A., Toyama, Y., Yamanaka, T., and Zepf, M. (2001). Fast heating of super solid density matter as a step toward laser fusion ignition. *Nature*, **412**, 798–802.

Kodama, R., Shiraga, H., Shigemori, K., Toyama, Y., Fujioka, S., Azechi, H., Fujita, H., Habara, H., Hall, T., Izawa, Y., Jitsuno, T., Kitagawa, Y., Krushelnick, K., Lancaster, K. L., Mima, K., Nagai, K., Nakai, M., Nishimura, H., Norimatsu, T., Norreys, P. A., Sakabe, S., Tanaka, K. A., Youssef, A., Zepf, M., and Yamanaka, T. (2002). Fast heating scalable to laser fusion ignition. *Nature*, **418**, 933–4.

Konopinski, E. J. and Teller, E. (1948). Theoretical considerations concerning the $D+D$ reactions. *Physical Review*, **73**, 822–30.

Kraeft, W. D., Kremp, D., Ebeling, W., and Röpke, G. (1986). *Quantum Statistics of Charged Particle Systems*. Akademie Verlag, Berlin.

Krall, N. A. and Trivelpiece, A. W. (1973). *Principles of Plasma Physics*. McGraw Hill, New York.

Kramers, H. A. (1923). On the theory of X-ray absorption and of the continuous X-ray spectrum. *Philosophical Magazine*, **46**, 836–71.

Krokhin, O. N. (1971). High temperature and plasma phenomena induced by laser radiation. In *Physics of High Energy Density*, Proceedings of the International School of Physics 'Enrico Fermi', Course XLVIII (eds. P. Caldirola and H. Knoepfel), pp. 278–305. Academic Press, New York.

Krokhin, O. N. and Rozanov, V. B. (1973). Escape of α-particles from a laser-pulse-initiated thermonuclear reaction. *Soviet Journal of Quantum Electronics*, **2**, 393–4.

Kruer, W. L. (1988). *The Physics of Laser Plasma Interactions*. Addison-Wesley, New York.

Kulcinski, G. L., Hogan, W. J., Moir, R. W., Mima, K., and Kharitonov, V. V. (1995). Reaction chamber systems. In *Energy from Inertial Fusion*, pp. 184–226. International Atomic Energy Agency, Vienna.

Kull, H. J. (1983a). Linear-mode conversion in laser plasmas. *Physics of Fluids*, **26**, 1881–7.

Kull, H. J. (1983b). Bubble motion in the Rayleigh–Taylor instability. *Physical Review Letters*, **51**, 1437–40.

Kull, H. J. (1989). Incompressible description of Rayleigh–Taylor instabilities in laser-ablated plasmas. *Physics of Fluids*, **B1**, 170–82.

Kull, H. J. (1991). Theory of the Rayleigh–Taylor instability. *Physics Reports*, **206**, 197–325.

Kull, H. J. and Anisimov, S. I. (1986). Ablative stabilization in the incompressible Rayleigh–Taylor instability. *Physics of Fluids*, **29**, 2067–75.

Kulsrud, R. M., Furth., H. P., Valeo, E. J., and Goldhaber, M. (1982). Fusion reactor plasmas with polarized nuclei. *Physical Review Letters*, **49**, 1248–51.

Kulsrud, R. M., Valeo, E. J., and Cowley, S. C. (1986). Physics of spin-polarized plasmas. *Nuclear Fusion*, **26**, 1443–61.

Lamb, H. (1993). *Hydrodynamics*. 6th edn. Cambridge Univ. Press, Cambridge.

Landau, L. D. (1946). On the vibrations of the electronic plasma. *JETP*, **16**, 574; reprinted in *Collected Papers of Landau*, pp. 445–60. Pergamon Press, Oxford.

Landau, L. D. and Lifshitz, E. M. (1959). *Fluid Mechanics*. Pergamon Press, Oxford.

Landau, L. D. and Lifshitz, E. M. (1962). *Classical Theory of Fields*, revised 2nd edn. Pergamon Press, Oxford.

Landau, L. D. and Lifshitz, E. M. (1965). *Quantum Mechanics*, revised 2nd edn. Pergamon Press, Oxford.

Landau, L. D. and Lifshitz, E. M. (1987). *Fluid Mechanics*, 2nd edn. Butterworth-Heinemann, Oxford.

Lawson, J. D. (1957). Some criteria for a power producing thermonuclear reactor. *Proceedings of the Physical Society (London)*, **70**, 6–10.

Layzer, D. (1955). On the instability of superposed fluids in a gravitational field. *Astrophysical Journal*, **122**, 1–12.

Lee, R. and Lampe, M. (1973). Electromagnetic instabilities, filamentation, and focusing of relativistic electron beams. *Physical Review Letters*, **31**, 1390–3.

Lee, Y. T. and More, R. M. (1984). An electron conductivity model for dense plasmas. *Physics of Fluids*, **27**, 1273–86.

Le Levier, R., Lasher, G. J., and Bjorklund, F. (1955). Effect of a Density Gradient on Taylor Instability. Technical Report UCRL-4459, LLNL, Livermore.

Lehmberg, R. H. and Obenschain, S. P. (1983). Use of induced spatial incoherence for uniform illumination of laser fusion targets. *Optics Communications*, **46**, 27–31.

Lewis, J. D. (1950). The instability of liquid surfaces when accelerated in a direction perpendicular to their planes. II. *Proceedings of the Royal Society (London)*, **A202**, 81–96.

Liberman, D. A. (1979). Selfconsistent field model for condensed matter. Physical Review, **B20**, 4981–9.

Lieb, E. H. (1981). Thomas–Fermi and related theories of atoms and molecules. *Reviews of Modern Physics*, **53**, 603–41.

Lindl, J. (1995). Development of the indirect-drive approach to inertial confinement fusion and the target physics basis for ignition and gain. *Physics of Plasmas*, **2**, 3933–4024.

Lindl, J. D. (1997). *Inertial Confinement Fusion: The Quest for Ignition and High Gain Using Indirect Drive*. Springer and AIP, New York.

Lindl, J. D. and Mead, W. C. (1975). Two-dimensional simulation of fluid instability in laser-fusion pellets. *Physical Review Letters*, **34**, 1273–6.

Lindl, J. D., Bangerter, R. O., Mark, J., and Yu-Li Pan (1986). Review of target studies for heavy ion fusion. In *Heavy Ion Inertial Fusion* (eds. M. Reiser, T. Godlove, and R. Bangerter), AIP Conference Proceedings 152, pp. 89–99. American Institute of Physics, New York.

Lindl, J. D., McCrory, R. L., and Campbell, E. M. (1992). Progress toward ignition and burn propagation in inertial Confinement Fusion. *Physics Today*, September, 24–31.

Lindl, J. D., Amendt, P., Berger, R. L., Glendinning, S. G., Glenzer, S. H., Haan, S. W., Kauffman, R. L., Landen, O. L., and Suter, L. (2004). The physics basis for ignition using indirect drive targets on the National Ignition Facility. *Physics of Plasmas*, **11**, 339–491.

Liu, M., An, Zh., Tang, C., Luo, Zh., Peng, X., and Long, X. (2000). Experimental electron-impact K-shell ionization cross sections. *Atomic Data and Nuclear Data Tables*, **76**, 213–34.

Lobatchev, V. and Betti, R. (2000). Ablative stabilization of the deceleration phase Rayleigh–Taylor instability. *Physical Review Letters*, **85**, 4522–5.

Lohse, D. (2003). Bubble Puzzles. *Physics Today*, February,

Lokke, W. A. and Grasberger, W. H. (1977). A Non-LTE Emission and Absorption Coefficient Routine. Lawrence Livermore Laboratory, University of California, Livermore, CA, Report UCRL-52276.

Longmire, C., Tuck, J. L., and Thompson, W. B. (eds.) (1959). *Plasma Physics and Thermonuclear Research*, Vol. 1. Pergamon, London.

Lotz, W. (1967). An empirical formula for electron-impact ionization cross-section. *Zeitschrift für Physik*, **206**, 205–7.

Löwer, Th., Sigel, R., Eidmann, K., Földes, I., Hüller, S., Massen, J., Tsakiris, G., Witkowski, S., Preuss, W., Nishimura, H., Shiraga, H., Kato, Y., Nakai, S., and Endo, T. (1994). Uniform multi-megabar shock waves in solids driven by laser-generated thermal radiation. *Physical Review Letters*, **72**, 3186–9.

Löwer, Th., Kondrashov, V. N., Basko, M., Kendl, A., Meyer-ter-Vehn, J., and Sigel, R. (1998). Reflectivity and optical brightness of laser-induced shocks in silicon. *Physical Review Letters*, **80**, 4000–3.

Maaswinkel, A. G. M., Eidmann, K., and Sigel, R. (1979). Comparative reflectance measurements on laser-produced plasmas at 1.06 and 0.53 μm. *Physical Review Letters*, **42**, 1625–8.

Maisonnier, C. (1966). Macroparticle accelerators and thermonuclear fusion. *Nuovo Cimento*, **42**, 332–40.

Mannheimer, W. M., Colombant, D. G., and Gardner, J. H. (1982). Steady-state planar ablative flow. *Physics of Fluids*, **25**, 1644–52.

Marinak, M. M., Tipton, R. E., Landen, O. L., Murphy, T. J., Amendt, P., Haan, S. W., Hatchett, S. P., Keane, C. J., McEachern, R., and Wallace, R. (1996). Three-dimensional simulations of Nova high growth factor capsule implosion experiments. *Physics of Plasmas*, **3**, 2070–6.

Marinak, M. M., Kerbel, G. D., Gentile, N. A., Jones, O., Munro, D., Pollaine, S., Dittrich, T. R., and Haan, S. (2001). Three-dimensional simulations of National Ignition Facility targets. *Physics of Plasmas*, **8**, 2275–80.

Marshak, R. E. (1958). Effect of radiation on shock wave behavior. *Physics of Fluids*, **1**, 24–9.

Marshall, T. C. (1985). *The Free Electron Laser*. MacMillan, New York.

Matthews, J. and Walker, R. L. (1970). *Mathematical Methods of Physics*, 2nd edn. Benjamin and Cummings, Menlo Park.

Maxon, S. (1972). Bremsstrahlung rate and spectra from a hot gas ($Z = 1$). *Physical Review*, **A5**, 1630–3.

Mayer, H. (1947). Methods of Opacity Calculations. Los Alamos Scientic Laboratory, Los Alamos, NM, Report LA-647.

McCall, G. H. (1983). Laser-driven implosion experiments. *Plasma Physics*, **25**, 237–85.

McCrory, R. L. and Verdon, C. P. (1989). Computer modeling and simulation in inertial confinement fusion. In *Inertial Confinement Fusion*. Proceedings of the Course and Workshop, Villa Monastero, Varenna, Italy, 6–16 September 1988 (eds. A. Caruso and E. Sindoni), pp. 83–123. Compositori—Società Italiana di Fisica, Bologna.

McCrory, R. L., Montierth, L., Morse, R. L., and Verdon, C. P. (1981). Nonlinear evolution of ablation-driven Rayleigh–Taylor instability. *Physical Review Letters*, **46**, 336–9.

McKenty, P. W., Goncharov, V. N., Town, R. P. J., S. Skupsky, R. P. J., Betti, R., and McCrory, R. L. (2001). Analysis of a direct-drive ignition capsule designed for the National Ignition Facility. *Physics of Plasmas*, **8**, 2315–22.

McWirther, R. W. P. (1965). Spectral intensities. In *Plasma Diagnostic Techniques* (eds. R. H. Huddlestone and S. L. Leonard), Chapter 5, pp. 201–64. Academic Press, New York.

Mehlhorn, Th. A. (1981). A finite material temperature model for ion energy deposition in ion-driven inertial confinement fusion-targets. *Journal of Applied Physics*, **52**, 6522–32.

Menikoff, R., Mjolsness, R. C., Sharp, D. H., and Zemach, C. (1977). Unstable normal modes for Rayleigh–Taylor instability in viscous fluids. *Physics of Fluids*, **20**, 2000–4.

Meshkov (1969). Instability of the interface of two gases accelerated by a shock wave. *Izv. AN SSSR. Mekhanika Zhidkosti i Gaza*, **4**, 151–7.

Messiah, A. (1999). *Quantum Mechanics* (trans. G. H. Temmer and J. Rotter). Dover, New York; previously published by Wiley, New York (1958) and North-Holland, New York (1961–2).

Metzler, N., Velikovich, L., Schmitt, A. J., and Gardner, J. H. (2002). Laser imprint reduction with a short shaping laser pulse incident upon a foam-plastic target. *Physics of Plasmas*, **9**, 5050–8.

Meyer-ter-Vehn, J. (1982). On the energy gain of fusion targets: The model of Kidder and Bodner improved. *Nuclear Fusion*, **22**, 561–5.

Meyer-ter-Vehn, J. and Schalk, C. (1982). Selfsimilar spherical compression waves in gas dynamics. *Zeitschrift für Naturforschung*, **37a**, 955–69.

Meyer-ter-Vehn, J. and Sheng, Zh. M. (1999). On electron acceleration by intense laser pulses in the presence of a stochastic field. *Physics of Plasmas*, **6**, 641–4.

Meyer-ter-Vehn, J., Pukhov, A., and Sheng, Zh. M. (2001). Relativistic laser plasma interaction. In *Atoms, Solids, and Plasmas in Super-Intense Laser Fields* (eds. D. Batani, C. J. Joachain, S. Martelucci, and A. N. Chester), pp. 167–92. Kluwer, Dordrecht.

Mihalas, D. and Weibel Mihalas, B. (1984). *Foundations of Radiation Hydrodynamics*. Oxford University Press, Oxford.

Mikaelian, K. O. (1990). LASNEX simulations of the classical and laser-driven Rayleigh–Taylor instability. *Physical Review*, **A42**, 4944–51.

Miley, G. H. (1976). The potential role of advanced fuels in inertial confinement fusion. In *Laser Interaction and Related Plasma Phenomena* (ed. J. Schwartz), Vol. 5, pp. 313–39, Plenum Press, London.

Miyamoto, K. (1988). *Plasma Physics for Controlled Nuclear Fusion*, 2nd edn. MIT, Cambridge, USA.

Mora, P. (1982). Theoretical model of absorption of laser light by a plasma. *Physics of Fluids*, **25**, 1051–6.

More, R. (1982). Electronic energy-levels in dense plasmas. *Journal of Quantitative Spectroscopy and Radiative Transfer*, **27**, 345–57.

More, R. (1983). Nuclear spin-polarized fuel in inertial fusion. *Physical Review Letters*, **51**, 396–9.

More, R. (1985). Pressure ionization, resonances, and the continuity of bound and free states. *Advances in Atomic and Molecular Physics*, **21**, 305–56.

More, R. (1991). Atomic physics of laser-produced plasmas. In *Handbook of Plasma Physics* (eds. M. N. Rosenbluth and R. Z. Sagdeev), Vol. 3: Physics of laser plasma (eds. A. M. Rubenchik and S. Witkowski), pp. 63–109. North-Holland, Amsterdam.

More, R., Warren, K. H., Young, D. A., and Zimmermann, G. (1988). A new quotidian equation of state (QEOS) for hot dense matter. *Physics of Fluids*, **31**, 3059–78.

Mostovych, A. N., Obenschain, S. P., Gardner, J. H., Grun, J., Kearney, K. J., Manka, C. K., McLean, E. A., and Pawley, C. J. (1987). Brillouin-scattering measurements from plasmas irradiated with spatially and temporally incoherent laser light. *Physical Review Letters*, **59**, 1193–6.

Motz, H. (1979). *The Physics of Laser Fusion*. Academic, London.

Mourou, G. A., Barty, C., and Perry, M. D. (1998). Ultrahigh intensity lasers: physics of the extreme on a tabletop.

Physics Today, January, 22–28.

Mulser, P. (1991). Resonance absorption and ponderomotive action. In *Handbook of Plasma Physics* (eds. M. N. Rosenbluth and R. Z. Sagdeev), Vol. 3: Physics of Laser Plasma (eds. A. M. Rubenchik and S. Witkowski), pp. 435–82. North-Holland, Amsterdam.

Munro, D. H. (1988). Analytic solutions for Rayleigh–Taylor growth rates in smooth density gradients. *Physical Review*, **A38**, 1433–45.

Murakami, M. and Nishihara, K. (1987). Efficient shell implosion and target design. *Japanese Journal of Applied Physics*, **26**, 1132–45.

Murakami, M. and Meyer-ter-Vehn, J. (1991). Indirectly driven targets for inertial confinement fusion. *Nuclear Fusion*, **31**, 1315–31.

Murakami, M., Meyer-ter-Vehn, J., and Ramis, R. (1990). Thermal X-ray emission from ion-beam-heated matter. *Journal of X-ray Sciences and Technology*, **2**, 127–48.

Nakai, S., Yamanaka, T., Izawa, Y., Kato, Y., Nishihara, K., Nakatsuka, M., Sasaki, T., Takabe, H. *et al.* (1995). Present status and future prospects of laser fusion research at ILE, Osaka. In *Plasma Physics and Controlled Fusion Research 1994*, Fifteenth International Conference Proceedings, Seville, Spain, 28 September–1 October 1994, Vol. 3, pp. 3–12. IAEA, Vienna.

Nardi, E. and Zinamon, Z. (1982). Charge state and slowing of fast ions in plasma. *Physical Review Letters*, **49**, 1251–4.

Nellis, W. J. (2003). Metallization and dissociation of fluid hydrogen and other diatomics at 100 GPa pressures. *High Pressure Research*, **23**, 365–71.

Nellis, W. J., Mitchell, A. C., van Thiel, M., Devine, G. J., Trainor, R. J., and Brown, N. (1983). Equation-of-state data for molecular hydrogen and deuterium at shock pressures in the range 2–6 GPa (20–60 kbar). *The Journal of Chemical Physics*, **79**, 1480–6.

Nevins, W. M. and Swain, C. (2000). The thermonuclear fusion coefficient for p-^{11}B reactions. *Nuclear Fusion*, **40**, 865–72.

Nikolaev, V. S. and Dmitriev, I. S. (1968). On equilibrium charge distribution in heavy element ion beams. *Physics Letters*, **28A**, 277–8.

Norreys, P., Allott, R., Clarke, R. J., Collier, J., Neely, D., Rose, S. J., Zepf, M., Santala, M., Bell, A. R., Krushelnick, K., Dangor, A. E., Woolsey, N. C., Evans, R. G., Habara, H., Norimatsu, T., and Kodama, R. (2000). Experimental studies of the advanced fast ignitor scheme. *Physics of Plasmas*, **7**, 3721–6.

Northcliffe, L. and Schilling, R. (1970). Range and stopping-power tables for heavy ions. *Nuclear Data Tables*, **A7**, 233–463.

Nozachi, K. and Nishihara, K. (1977). Thermonuclear reaction wave in high-density plasma. *Journal of the Physical Society of Japan*, **43**, 1393–9.

Nuckolls, J. H. (1980). Target design—introduction. In *Laser Program Annual Report 1979* (ed. L. W. Coleman), Vol. 2, pp. 3.1–3.2, Lawrence Livermore National Laboratory, Livermore, Report UCRL 520021-79.

Nuckolls, J. H. (1982). The feasibility of inertial confinement fusion. *Physics Today*, September, 56–61.

Nuckolls, J. H., Wood, L., Thiessen, A., and Zimmermann, G. B. (1972). Laser compression of matter to super-high densities: thermonuclear (CTR) applications. *Nature*, **239**, 139–42.

Obenschain, S. P., Colombant, D. G., Karasik, M., Pawley, C. J., Serlin, V., Schmitt, A. J., Weaver, J. L., Gardner, J. H., Phillips, L., Aglitskiy, Y., Chan, Y., Dahlburg, J. P., and Klapisch, M. (2002). Effects of thin high-Z layers on the hydrodynamics of laser-accelerated plastic targets. *Physics of Plasmas*, **9**, 2234–43.

Ofer, D., Alon, U., Shvarts, D., McCrory, R. L., and Verdon, C. P. (1996). Modal model for the nonlinear multimode Rayleigh–Taylor instability. *Physics of Plasmas*, **3**, 3073–90.

Oliphant, M. L., Harteck. P., and Rutherford (1934a). Transmutation effects observed with heavy hydrogen. *Nature*, **133**, 413.

Oliphant, M. L. E., Harteck. P., and Lord Rutherford (1934b). Transmutation effects observed with heavy hydrogen. *Proceedings of the Royal Society (London)*, **144A**, 692–703.

Olver, P. J. (1986). *Applications of Lie Groups to Differential Equations*. Springer, Heidelberg.

Oparin, A. M., Anismimov, S. I., and Meyer-ter-Vehn, J. (1996). Kinetic simulation of DT ignition and burn in ICF targets. *Nuclear Fusion*, **36**, 443–51.

Oron, D., Alon, U., and Shvarts, D. (1998). Scaling laws of the Rayleigh–Taylor ablation front mixing zone evolution in inertial confinement fusion. *Physics of Plasmas*, **5**, 1467–76.

Ovsiannikov, L. V. (1982). *Group Analysis of Differential Equations*. Academic Press, New York.

Paisner, J. A., Lowdermilk, W. H., Boyes, J. D., Sorem, M. S., and Soures, J. M. (1999). Status of the National Ignition Facility project. *Fusion Engineering and Design*, **44**, 23–33.

Pakula, R. and Sigel, R. (1985). Self-similar expansion of dense matter due to heat transfer by nonlinear conduction. *Physics of Fluids*, **28**, 232–44.

Pankratov, P. and Meyer-ter-Vehn (1992a). Semiclassical energy levels and the corresponding potentials in nonhydrogenic ions. *Physical Review*, **46**, 5497–9.

Pankratov, P. and Meyer-ter-Vehn (1992b). Semiclassical description of dipole matrix elements for arbitrary $nl \rightarrow n'l'$ transitions in nonhydrogenic ions. *Physical Review*, **46**, 5500–5.

Pavlovskii, A. I. (1991). Reminiscences of different years. *Soviet Physics Uspekhi*, **34**, 429–36.

Pert, G. J. (1986a). Models of laser ablation. *Journal of Plasma Physics*, **35**, 43–74.

Pert, G. J. (1986b). Models of Laser plasma ablation: 2. Steady-state theory—self-regulating flow. *Journal of Plasma Physics*, **36**, 415–46.

Peter, Th. (1990). Linearized potential of an ion moving through plasma. *Journal of Plasma Physics*, **44**, 269–84.

Peter, Th. and Meyer-ter-Vehn, J. (1991a). Energy loss of heavy ions in dense plasma. 1. Linear and nonlinear Vlasov theory for the stopping power. *Physical Review*, **A43**, 1998–2014.

Peter, Th. and Meyer-ter-Vehn, J. (1991b). Energy loss of heavy ions in dense plasma. 2. Non-equilibrium charge states and stopping powers. *Physical Review*, **A43**, 2015–30.

Piera, M. and Martinez-Val, J. M. (1993). ICF neutronics. In *Nuclear Fusion by Inertial Confinement: A Comprehensive Treatise* (eds. G. Velarde, Y. Ronen and J. M. Martinez-Val), pp. 241–67. CRC Press, Baton Roca, Florida.

Piriz, A. R. (2001a). Compressibility effects on the Rayleigh–Taylor instability of an ablation front. *Physics of Plasmas*, **8**, 5268–76.

Piriz, A. R. (2001b). Hydrodynamic instability of ablation fronts in inertial confinement fusion. *Physics of Plasmas*, **8**, 997–1002.

Piriz, R. and Wouchuk, J. G. (1992). Energy gain of spherical shell targets in inertial confinement fusion. *Nuclear Fusion*, **32**, 933–43.

Plesset, M. S. (1954). On the stability of fluid flows with spherical symmetry. *Journal of Applied Physics*, **25**, 96–8.

Pomraning, G. C. (1973). *The Equations of Radiation Hydrodynamics*. Pergamon Press, Oxford.

Ponomarev, L. I. (1990). Muon catalyzed fusion. *Contemporary Physics*, **31**, 219–45.

Post, R. F. (1956). Controlled fusion research—An application of the physics of high temperature plasmas. *Reviews of Modern Physics*, **28**, 338–62.

Post, D. E., Jensen, R. V., Tarter, C. B., Grasberger, W. H., and Lokke, W. A. (1977). *Atomic Data and Nuclear Data Tables*, **20**, 397.

Price, D. F., More, R. M., Walling, R. S., Guethlein, G., Shepherd, R. L., Stewart, R. E., and White, W. E. (1995). Absorption of ultrashort laser pulses by solid targets heated rapidly to temperatures 1–1000 eV. *Physical Review Letters*, **75**, 252–5.

Pukhov, A. (2003). Strong field interaction of laser radiation. *Reports on Progress in Physics*, **66**, 47–101.

Pukhov, A. and Meyer-ter-Vehn, J. (1996). Relativistic magnetic self-channeling of light in near-critical plasma: three dimensional particle-in-cell simulation. *Physical Review Letters*, **76**, 3975–8.

Pukhov, A. and Meyer-ter-Vehn, J. (1997). Laser hole boring into overdense plasma and relativistic electron currents for fast ignition of ICF targets. *Physical Review Letters*, **79**, 2686–9.

Pukhov, A., Sheng, Z. M., and Meyer-ter-Vehn, J. (1999). Particle acceleration in relativistic laser channels. *Physics of Plasmas*, **6**, 2847–54.

Ragan, C. E. (1981). Shock compression measurements at 1 to 7 TPa. *Physical Review*, **A25**, 3360–75.

Ramis, R., Schmalz, R., and Meyer-ter-Vehn, J. (1988). MULTI—a computer code for one-dimensional multigroup radiation hydrodynamics. *Computer Physics Communications*, **49**, 475–81.

Ramis, R., Ramirez, J., Honrubia, J. J., Meyer-ter-Vehn, J., Piriz, A. R., Sanz, J., Ibanez, L. F., Sanchez, M. M., and de la Torre, M. (1998). A 3 MJ optimized hohlraum target for heavy ion inertial confinement fusion. *Nuclear Instruments and Methods, Physical Research*, **A415**, 93–7.

Ramis, R., Honrubia, J., Ramirez, J., and Meyer-ter-Vehn, J. (2000). Hohlraum targets for HIDIF. In *Inertial Fusion Sciences and Applications* (eds. C. Labaune, W. J. Hogan, and K. Tanaka), pp. 509–14. Elsevier, Paris.

Read, K. L. (1984). Experimental investigation of turbulent mixing by Rayleigh–Taylor instability. *Physica*, **12**, 45–52.

Redmer, R. (1997). Physical properties of dense, low-temperature plasmas. *Physics Reports*, **282**, 35–157.

Redmer, R. (1999). Electrical conductivity of dense metal plasmas. *Physical Review*, **E59**, 1073–81.

Reif, F. (1965). *Fundamentals of Statistical and Thermal Physics*. McGraw-Hill, New York.

Reinicke, P. and Meyer-ter-Vehn, J. (1991). The point explosion with heat conduction. *Physics of Fluids*, **A3**, 1807–18.

Remington, B. A., Haan, S. W., Glendinning, S. G., Kilkenny, J. D., Munro, D. H., and Wallace, R. J. (1991). Large growth Rayleigh–Taylor experiments using shaped laser pulses. *Physical Review Letters*, **67**, 3259–62.

Remington, B. A., Arnett, D. A., Drake, R. P., and Takabe, H. (1999). Modeling astrophysical phenomena in the laboratory with intense lasers. *Science*, **284**, 1488–93.

Rhodes, R. (1995). *Dark Sun: The Making of the Hydrogen Bomb*. Simon & Schuster, New York.

Richardson, M. C. (1991). Direct drive fusion studies. In *Physics of Laser Plasma*, Handbook of Plasma Physics (eds. A. Rubenchik and S. Witkowski; series eds. M. N. Rosenbluth, and R. Z. Sagdeev), Vol. 3, pp. 199–246. North-Holland, Amsterdam.

Richtmyer, R. D. (1960). Taylor instability in shock acceleration of compressible fluids. *Communications on Pure and Applied Mathematics*, **13**, 297–319.

Rickert, A. (1993). Zustand und optische Eigenschaften dichter Plasmen (in German). Report MPQ175. Max-Planck-Institute for Quantum Optics, Garching, Germany.

Rickert, A., Eidmann, K., Meyer-ter-Vehn, J., Serduke, F., and Iglesias, C. A. (eds.) (1995). *Third International Opacity Workshop & Code Comparison Study. Final Report.*, Report MPQ204. Max-Planck-Institute for Quantum Optics, Garching, Germany.

Roepke, G. (1988). Quantum-statistical approach to the electrical conductivity of dense, high-temperature plasmas. *Physical Review*, **A38**, 3001–16.

Rogers, F. J. (1986). Occupation numbers for reacting plasmas: the role of the Planck–Larkin partition function. *Astrophysical Journal*, **310**, 723–8.

Rogers, F. J. and Iglesias, C. A. (1994). Astrophysical opacity. *Science*, **263**, 50–5.

Rose, D. J. and Clark, M. Jr. (1961). *Plasmas and Controlled Fusion*. The MIT Press, Cambridge, USA, and Wiley, New York.

Rosen, M. D. (1999). The physics issues which determine inertial confinement fusion target gain and driver requirements: a tutorial. *Physics of Plasmas*, **6**, 1690–9.

Rosen, M. D. and Lindl, J. D. (1984). Simple models of high gain targets—comparisons and generalizations. In *Laser Program Annual Report 1983*. Lawrence Livermore National Laboratory, Livermore, Report UCRL-50021-83, pp. 3.5–3.9).

Rosmej, O. N., Pikuz Jr., S. A., Wieser, J., Blazevic, A., Brambring, E., Roth, M., Efremov, V. P., Faenov, A.Ya., Pikuz, T. A., Skobelev, I.Yu., and Hoffmann, D. H. H. (2003). Investigation of the projectile ion velocity inside the interaction media by the X-ray spectromicroscopy method. *Review of Scientific Instruments*, **74**, 5039–45.

Ross, M. (1998). Linear-mixing model for shock-compressed liquid deuterium. *Physical Review*, **B58**, 669–77.

Rostoker, N. and Tahsiri, H. (1977). Rayleigh–Taylor instability of impulsively accelerated shells. *Comments on Plasma Physics and Controlled Fusion*, **3**, 39–45.

Roth, M., Cowan, T. E., Key, M. H., Hatchett, S. P., Brown, C., Fountain, W., Johnson, J., Pennington, D. M., Snavely, R. A., Wilks, S. C., Yasuike, K., Ruhl, H., Pegoraro, F., Bulanov, S. V., Campbell, E. M., Perry, M. D., and Powell, H. (2001). Fast ignition by laser-accelerated proton beams. *Physical Review Letters*, **86**, 436–9.

Rubenchik, A. and Witkowski, S. (eds.) (1991). *Physics of Laser Plasma*, Handbook of Plasma Physics Vol. 3, (eds. M. N. Rosenbluth and R. Z. Sagdeev). North-Holland, Amsterdam.

Ruhl, H., Bulanov, S. V., Cowan, T. E., Liseikina, T. V., Nickles, P., Pegoraro, F., Roth, M., and Sandner, W. (2001). Computer simulation of the three-dimensional regime of proton acceleration in the interaction of laser radiation with a thin spherical target. *Plasma Physics Reports*, **27**, 387–96.

Sacharov, A. D. (1989). Passive Mesons. *Muon Catalyzed Fusion*, **4**, 235–40.

Sakagami, H. and Nishihara, K. (1990). Three-dimensional Rayleigh–Taylor instability of spherical systems. *Physical Review Letters*, **65**, 432–5.

Salpeter, E. E. (1954). Electron screening and thermonuclear reactions. *Australian Journal of Physics*, **7**, 373–88.

Salpeter, E. E. and Van Horn, H. M. (1969). Nuclear reaction rates at high densities. *Astrophysical Journal*, **155**, 183–202.

Sanz, J. (1994). Self-consistent analytical model of the Rayleigh–Taylor instability in inertial confinement fusion. *Physical Review Letters*, **73**, 2700–3.

Sanz, J., Ramirez, J., Ramis, R., Betti, R., and Town, R. P. J. (2002). Nonlinear theory of the ablative Rayleigh–Taylor instability. *Physical Review Letters*, **89**, 195002.

Schiff, L. I. (1968). *Quantum Mechanics*. McGraw-Hill, New York.

Schwinger, J. (1981). Thomas–Fermi model: the second correction. *Physical Review*, **A24**, 2353–61.

Scott, J. M. C. (1952). The binding energy of the Thomas–Fermi atom. *Philosophical Magazine*, **43**, 859.

Seaton, M. J. (1995). *The Opacity Project*. IOP publishers, Bristol.

Sedov, L. I. (1959). *Similarity and Dimensional Methods in Mechanics*. Academic Press, New York.

Segrè, G. E. (1964). *Nuclei and Particles*. Benjamin, New York.

Seka, W., Williams, E. A., Craxton, R. S., Goldman, L. M., Short, R. W., and Tanaka, K. (1984). Convective stimulated Raman scattering instability in UV laser plasmas. *Physics of Fluids*, **27**, 2181–6.

Sentoku, Y., Mima, K., Kaw, P., and Nishikawa, K. (2003). Anomalous resistivity resulting from MeV-electron transport in overdense plasma. *Physical Review Letters*, **90**, 155001.

SESAME (1983). Report on the Los Alamos Equation-of-state Library. T-4 group, Los Alamos National Laboratory, Los Alamos, N. M., Report LALP-83-4.

Sharp, D. H. (1984). An overview of Rayleigh–Taylor instability. *Physica*, **12D**, 3–18.

Shaviv, G. and Shaviv, N. J. (1999). Is there a dynamic effect in the screening of nuclear reactions in stellar plasmas? *Physics Reports*, **311**, 99–114.

Sheng, Z. M., Mima, K., Sentoku, Y., Jovanovic, M. S., Taguchi, T., Zhang, J., and Meyer-ter-Vehn, J. (2002). Stochastic heating and acceleration of electrons in colliding laser fields in plasma. *Physical Review Letters*, **88**, 055004.

Shkarofsky, P., Johnston, T. W., and Bachynski, M. P. (1966). *The Particle Kinetics of Plasmas*, Chapter 7. Addison-Wesley Publishing Company, Reading, MA.

Shvarts, D. (1986). Studies of thermal electron transport in laser fusion plasmas. In *Laser Plasma Interactions 3* (ed. M. B. Hooper), Proceedings of the 29th Scottish Universities Summer School in Physics, SUSSP Publications, Edinburgh.

Shvarts, D., Oron, D., Kartoon, D., Rikanati, A., Sadot, O., Srebro, Y., Yevdab, Y., Ofer, D., Levin, A., Sarid, E., Ben-Dor, G., Erez, L., Erez, G., Yosef-Hai, A., Alon, U., and Arazi, L. (2000). Scaling laws of nonlinear Rayleigh–Taylor and Richtmyer–Meshkov instabilities in two and three dimensions. In *Inertial Fusion Sciences and Applications 99* (eds. C. Labaune, W. J. Hogan, and K. A. Tanaka), pp. 197–204. Elsevier, Paris.

Shvarts, D., Sadot, O., Oron, D., Rikanati, A., and Alon, U. (2001). Shock-induced instability of interfaces. In *Handbook of Shock Waves*, (eds. G. Ben-Dor, O. Igra, and T. Elperrin), Vol. 2, pp. 489–543. Academic, New York.

Sigel, R. (1991). Laser-generated intense thermal radiation. In *Handbook of Plasma Physics* (eds. M. N. Rosenbluth and R. Z. Sagdeev), Vol. 3: Physics of Laser Plasma (eds. A. M. Rubenchik and S. Witkowski), pp. 63–109. North-Holland, Amsterdam.

Simonsen, V. and Meyer-ter-Vehn, J. (1997). Self-similar solutions in gas dynamics with exponential time dependence. *Physics of Fluids*, **9**, 1462–9.

Sivukhin, D. V. (1966). Coulomb collisions in fully ionized plasma. In *Reviews of Plasma Physics* (ed. A. M. Leontovich), Vol. IV, pp. 93–241. Consultants Bureau, New York.

Skupsky, S., Short, R. W., Kessler, T., Craxton, R. S., Letzring, S., and Soures, J. M. (1989). Improved laser-beam uniformity using the angular dispersion of frequency-modulated light. *Journal of Applied Physics*, **66**, 3456–62.

Skupsky, S. and Lee, K. (1983). Uniformity of energy deposition for laser driven fusion. *Journal of Applied Physics*, **54**, 3662–71.

Smalyuk, V. A., Delettrez, J. A., Goncharov, V. N., Marshall, F. J., Meyerhofer, D. D., Regan, S. P., Sangster, T. C., Town, R. P. J., and Yaakobi, B. (2002). Rayleigh–Taylor instability in the deceleration phase of spherical implosion experiments. *Physics of Plasmas*, **9**, 2738–44.

Snavely, R. A., Key, M. H., Hatchett, S. P., Cowan, T. E., Roth, M., Phillips, T. W., Stoyer, M. A., Henry, E. A., Sangster, T. C., Singh, M. S., Wilks, S. C., MacKinnon, A., Offenberger, A., Pennington, D. M., Yasuike, K., Langdon, A. B., Lasinski, B. F., Johnson, J., Perry, M. D., and Campbell, E. M. (2000). Intense high-energy proton beams from Petawatt-Laser irradiation of solids. *Physical Review Letters*, **85**, 2945–8.

Sobelman, I. I., Vainshtein, L. A., and Yukov, E. A. (1995). *Excitation of Atoms and Broadening of Spectral Lines*. 2nd edn. Springer, Berlin.

Spitzer, L. J., Jr. (1962). *Physics of Fully Ionized Plasmas*. 2nd edn. Wiley Interscience, New York.

Stanyukovich, K. P. (1960). *Unsteady Motion of Continuous Media*. Pergamon Press, New York.

Stott, P. E., Wootton, A., Gorini, G., Sindoni, E., and Batani, D. (eds.) (2002). *Advanced diagnostics for magnetic and inertial fusion*, Kluwer Academic, New York.

Sun, G., Ott, E., Lee, Y. C., and Guzdar, P. (1987). Self-focusing of short intense pulses in plasmas. *Physics of Fluids*, **30**, 526–32.

Tabak, M. (1996). What is the role of tritium-poor fuels in ICF? *Nuclear Fusion*, **36**, 147–57.

Tabak, M., Munro, D. H., and Lindl, J. D. (1990). Hydrodynamic stability and the direct drive approach to laser fusion. *Physics of Fluids*, **B2**, 1007–14. 299]

Tabak, M., Hammer, J., Glinsky, M. E., Kruer, W. L., Wilks, S. C., Woodworth, J., Campbell, E. M., Perry, M. D., and Mason, R. J. (1994). Ignition and high gain with ultrapowerful lasers. *Physics of Plasmas*, **1**, 1626–34.

Takabe, H., Mima, K., Montierth, L., and Morse, R. L. (1985). Self-consistent growth rate of the Rayleigh–Taylor instability in an ablatively accelerating plasma. *Physics of Fluids*, **28**, 3676–82.

Takabe, H., Montierth, L., and Morse, R. L. (1983). Self-consistent eigenvalue analysis of Rayleigh–Taylor instability in an ablating plasma. *Physics of Fluids*, **26**, 2299–307.

Taylor, G. I. (1950a). The formation of a blast wave by a very intense explosion. I. Theoretical discussion *Proceedings of the Royal Society, London*, **A201**, 159–74.

Taylor, G. (1950b). The instability of liquid surfaces when accelerated in a direction perpendicular to their planes. I. *Proceedings of the Royal Society, London*, **A201**, 192–6.

Teller, E. (ed.) (1981). *Fusion*, Vol. 1, Parts A and B, 2nd edn. Academic, New York.

Teller, E. (2001). *Memoirs*. Perseus Publishing, Cambridge, MA.

Town, R. P. J. and Bell, A. R. (1991). Three-dimensional simulations of the implosion of inertial confinement fusion targets. *Physical Review Letters*, **67**, 1863–6.

Town, R. P. J., Findlay, J. D., and Bell, A. R. (1996). Multimode modelling of the Rayleigh–Taylor instability. *Laser and Particle Beams*, **14**, 237–51.

Tsakiris, G. D. and Eidmann, K. (1987). An approximate method for calculating Planck and Rosseland mean opacities in hot, dense plasmas. *Journal of Quantitative Spectroscopy and Radiative Transfer*, **38**, 353–68.

Urey, H. C. and Teal, G. K. (1935). The hydrogen isotope of atomic weight two. *Reviews of Modern Physics*, **7**, 34–94.

USGS (2001). *Mineral Commodity Summaries*. US Geological Survey; http://minerals.usgs.gov/minerals/pubs/mcs/.

Vandenboomgaerde, M., Mügler, C., and Gauthier, S. (1998). Impulsive model for the Richtmyer–Meshkov instability, *Physical Review*, **E58**, 1874–82.

Van Sieclen, C. DeW. and Jones, S. E. (1986). Piezonuclear fusion in isotopic hydrogen molecules. *Journal of Physics G: Nuclear Physics*, **12**, 213–21.

Velarde, G., Ronen, Y., and Martinez-Val, J. M. (eds.) (1993). *Nuclear Fusion by Inertial Confinement: A Comprehensive Treatise*. CRC Press, Baton Roca, Florida.

Vladimirov, A. S., Voloshin, N. P., Nogin, V. N., Petrovtsev, A. V., and Simonenko, V. A. (1984). Shock compressibility of aluminium at p$\gtrapprox$1Gbar. *JETP Letters*, **39**, 82–5.

von Weizsäcker, C. F. (1937). Über Element Umwandlungen in Innern der Sterne I. *Physicalische Zeitschrift*, **38**, 176–91.

Weibel, E. S. (1959). Spontaneously growing transverse waves in a plasma due to an anisotropic velocity distribution. *Physical Review Letters*, **2**, 83–4.

Wesson, J. (1987). *Tokamaks*. Clarendon Press, Oxford.

Wesson, J. (2003). *Tokamaks*, 3rd edn. Clarendon, Oxford.

Whittaker, E. and Watson, G. N. (1946). *A Course of Modern Analysis*. Cambridge University Press, London.

Wilks, S. C., Langdon, A. B., Cowan, T. E., Roth, M., Singh, M., Hatchett, S., Key, M. H., Pennington, D., MacKinnon, A., and Snavely, R. A. (2000). Energetic proton generation in ultra-intense laser–solid interactions. *Physics of Plasmas*, **8**, 542–9.

Willi, O., Barringer, L., Bell, A., Borghesi, M., Davies, J., Gaillard, R., Iwase, A., MacKinnon, A., Malka, G., Meyer, C., Nuruzzaman, S., Taylor, R., Vickers, C., Hoarty, D., Gobby, P., Johnson, R., Watt, R. G., Blanchot, N., Canaud, B., Croso, H., Meyer, B., Miquel, J. L., Reverdin, C., Pukhov, A., and Meyer-ter-Vehn, J. (2000). Inertial confinement fusion and fast ignitor studies. *Nuclear Fusion*, **40**, 537–45.

Wilson, D. C., Bradley, P. A., Hoffman, N. M., Swenson, F. J., Smitherman, D. P., Chrien, R. E., Margevicius, R. W., Thoma, D. J., Foreman, L. R., Hoffer, J. K., Goldman, S. R., Caldwell, S. E., Dittrich, T. R., Haan, S. W., Marinak, M. M., Pollaine, S. M., and Sanchez, J. J. (1998). The development and advantages of beryllium capsules for the National Ignition Facility. *Physics of Plasmas*, **5**, 1953–9.

Woodward, P. (1970). Compton interaction of a photon gas with a plasma. *Physical Review*, **D1**, 2731–7.

Woolsey, N. C., Hammel, B. A., Keane, C. J., Back, C. A., Moreno, J. C., Nash, J. K., Calisti, A., Mosse, C., Godbert, L., Stamm, R., Talin, B., Hooper, C. F., Asfaw, A., Klein, L. S., and Lee, R. W. (1997). Spectroscopic line shape measurements at high densities. *Journal of Quantitative Spectroscopy and Radiative Transfer*, **58**, 975–89.

Wouchuk, J. G. and Nishihara, K. (1996). Linear perturbation growth at a shocked interface. *Physics of Plasmas*, **3**, 3761–76.

Yaakobi, B., Steel, D., Thorsos, E., Hauer, A., and Perry, B. (1977). Direct measurement of compression of laser-imploded targets using X-ray spectroscopy. *Physical Review Letters*, **39**, 1526–9.

Yabe, T., Hoshino, H., and Tsuchiya, T. (1991). Two- and three-dimensional behavior of Rayleigh–Taylor and Kelvin–Helmholtz instabilities. *Physical Review*, **A44**, 2756–8.

Yamanaka, C. (1991). *Introduction to Laser Fusion*. Harwood, Chur, Switzerland.

Young, F. C., Mosher, D., Stephanakis, S. J., Goldstein, S. A., and Mehlhorn, T. A. (1982). Measurements of Enhanced Stopping of 1-MeV Deuterons in Target-Ablation Plasmas. *Physical Review Letters*, **49**, 549–53.

Youngs, D. L. (1984). Numerical simulation of turbulent mixing by Rayleigh–Taylor instability. *Physica*, **12D**, 32–44.

Youngs, D. L. (1994). Numerical simulation of mixing by Rayleigh–Taylor and Richtmyer–Meshkov instabilities. *Laser and Particle Beams*, **12**, 725–50.

Zeldovich, Ya. B. and Raizer, Yu. P. (1967). *Physics of Shock Waves and High Temperature Hydrodynamic Phenomena*. Academic Press, New York.

Zhang, Q. (1998). An analytical solution of Layzer-type approach to unstable interfacial fluid mixing. *Physical Review Letters*, **81**, 3391–4.

Zimmermann, G. and More, R. (1980). Pressure ionization in laser-fusion target simulation. *Journal of Quantitative Spectroscopy and Radiative Transfer*, **23**, 517–22.

Zwicknagel, G. (2002). Nonlinear energy loss of heavy ions in plasma. *Nuclear Instruments and Methods in Physics Research*, **B197**, 22–8.